KB001774

현대 중국의 군사전략

Active Defense
China's Military Strategy since 1949
by M. Taylor Fravel

Copyright © 2019 by Princeton University Press
All rights reserved. No part of this book may be reproduced or transmitted in any
form or by any means, electronic or mechanical, including photocopying, recording
or by any information storage and retrieval system, without permission in writing from
the Publisher.

Korean translation copyright © 2024 by HanulMPlus Inc.
Korean translation rights arranged with Princeton University Press, through EYA(Eric
Yang Agency).

이 책의 한국어판 저작권은 EYA(Eric Yang Agency)를 통해 Princeton University Press
와 독점계약한 한울엠플러스(주)에 있습니다. 저작권법에 의하여 보호를 받는 저작물이
므로 무단전재와 복제를 금합니다.

Active Defense
China's Military Strategy since 1949

현대 중국의 군사전략

적극방어에서 핵전략까지

테일러 프래블 지음

이강규 옮김

한울
아카데미

차례

옮긴이의 말

　미·중 전략경쟁의 시대를 살아가는 우리에게 중국에 대한 이해, 특히 강대
국이자 이웃 국가인 중국의 군사전략을 이해하는 것은 매우 필요하며 중요한
일이다. 수많은 국제정치 이론을 떠올리지 않더라도 우리는 직관적으로 우리
의 최대 위협인 북한만이 아니라 주변국들의 국방에 대해서도 많은 관심을 기
울여야 한다. 그럼에도 중국의 국방과 군사에 대한 국내 연구가 필요한 정도에
한참 모자란다는 사실은 부끄러우면서도 안타까운 일이 아닐 수 없다. 이는 크
게 두 가지 이유에서 비롯된 것일 수 있다. 하나는 그 중요성과 필요성에 비해
정작 연구 수요가 크지 않기 때문일 수 있다. 한·중 수교 이후 중국에 대해 경
제적 관점을 우선시하느라고 의도적이든 의도적이지 않든 안보적 관점을 소홀
히 해온 관성의 탓일 수 있다. 다른 하나는 연구를 하고 싶어도 연구의 기반이
되는 자료에 접근하기가 어렵기 때문일 수 있다. 많은 정보를 비롯해 다양한
층위의 전략을 공개하는 미국에 비해, 중국이 발표하는 자료는 여전히 턱없이
부족하다. 여기에 더해 최근에는 외부 세계를 향해 자료 접근을 더욱 철저히
관리하고 있어 앞으로도 중국의 국방과 군사에 대한 연구는 어려움이 많을 것
으로 예상된다.

　그렇기 때문에 중국의 안보를 오랜 기간 연구해 온 테일러 프래블(M. Taylor
Fravel) 교수의 『현대 중국의 군사전략: 적극방어에서 핵전략까지』는 중요한 의
미를 지닌다. 중국의 국방을 역사적인 변화를 통해 이해하면서 저자는 중국의
군사전략은 중요한 외부 환경 변화와 당의 통일성이라는 두 요인이 작용할 때
새로운 군사전략으로 변화한다고 주장한다. 전쟁 수행 방식의 중대한 변화를
인식하고 그 상황에서 당이 통일되어 단합을 유지하고 있다면 군사전략도 크

게 변화한다. 반면에 단합을 유지하더라도 전쟁 수행 방식에서 큰 변화가 발생했는데 이를 제대로 인식하지 못하면 군사전략의 변화는 크지 않다. 또한 변화의 인식 여부와 관계없이 당이 분열되어 있다면 군사전략의 변화도 이루어지지 않는다. 이러한 접근법을 적용하면 중국의 군사전략은 전환기를 맞이하고 있을 수 있다. 주지하듯이 러시아의 우크라이나 침공으로 기존과 상이한 전쟁양상이 펼쳐지고 많은 교훈이 제기되는 상황에서 미국을 비롯한 각국은 제4차 산업혁명으로 대표되는 새로운 기술 발전을 국방에 접목시키려고 노력하고 있다. 여기에 더해 중국공산당에서는 시진핑(習近平) 국가주석이 총서기로서의 지위를 확고히 하고 있으며, 3연임을 이루어낸 시점에서 당이 분열되어 있다고 보기는 어렵다. 물론 2019년 『신시대의 중국 국방(新時代的中國國防)』이라는 국방백서를 통해 '신시대 중국의 방위적 국방정책'을 제시한 바 있으나, 앞의 두 요인이 작용한다면 우리는 예상보다 이른 시기에 중국 군사전략의 변화를 다시 한번 경험할 수도 있다. 이는 미·중 전략경쟁의 새로운 전개를 추동할 수도 있으므로 우리로서도 관심을 갖지 않을 수 없다.

내용적인 의미를 떠나 프래블 교수의 『현대 중국의 군사전략』은 중국의 국방을 연구하고자 하는 사람들에게 자료로서의 가치도 풍부하다. 앞서 말했듯이 외부에서 중국 측 자료에 대한 접근이 점점 더 어려워지는 현실에서 역사적 접근에 기초한 1차 문헌의 분석과 인용은 관련 연구에도 많은 도움이 될 것으로 기대된다. 특히 국방 및 군사와 관련된 공식 문서와 고위 지도부의 담화 등은 비단 중국의 국방과 군사 분야뿐 아니라 중국의 엘리트 정치나 정책 결정 과정 등을 이해하는 데도 매우 유용할 것으로 생각된다.

『현대 중국의 군사전략』의 번역은 원서의 출간과 함께 진즉에 초고를 완성했으나, 옮긴이의 부족함으로 이제야 출간을 맞이하게 되었다. 그럼에도 원고를 다시 읽을 때마다 여전히 오역과 누락이 눈에 띄기 때문에 출간이 주저되지만, 중국의 국방에 대한 연구에 조금이나마 도움이 되고자 하는 마음에서 일단 마무리하려고 한다. 번역은 전문 서적이라는 특성을 고려해 다소 어색함이 있더라도 원문에 충실하고자 직역을 위주로 했으며, 영어 원문에 없더라도 가능한 부분은 중국어 표기를 병기하려고 노력했다. 끝으로 여러 가지 어려운 여건 속에서도 흔쾌히 출판을 맡아주신 한울엠플러스(주)에 감사드린다. 또한 번역 기간 중 업무 외 작업으로 함께 더 많은 시간을 보내지 못한 가족들에게도 미안한 마음과 사랑을 전하고 싶다.

감사의 말

대학원 공부를 시작했을 때 중국의 군사전략에 관한 박사학위 논문을 쓰려고 했다. 하지만 결국에는 관심이 중국이 주변국들과 겪는 수많은 영토 분쟁에서 나타나는 협력과 갈등으로 옮겨갔다. 그럼에도 불구하고 원래의 계획이 미루어진 것은 다행이었다. 그 어느 때보다도 지난 10년간 중국 군사에 관한 많은 자료가 이용 가능해졌기 때문이다. 이런 자료들 덕분에 1949년부터 지금까지 70년 동안 군사전략 형성에 대한 중화인민공화국(People's Republic of China: PRC)의 접근법을 연구할 수 있게 되었다.

매사추세츠 공과대학교(이하 MIT)의 정치학과와 안보 연구 프로그램은 이 책을 집필하고 필요한 연구를 하는 데 이상적이고 지적인 기반을 제공해 주었다. 신출내기 학자로 정치학과에 들어온 2004년부터 배리 포젠(Barry Posen) 교수와 리처드 새뮤얼스(Richard Samuels) 교수는 독특하고 환상적인 우정과 멘토로서의 역할, 이 두 가지 모두를 베풀어주었다. 이 두 분은 나를 학자로서뿐 아니라 인간으로서 성장하도록 도움을 주었다. 스티븐 반 에베라(Steven Van Evera) 교수는 어김없이 가장 핵심적인 질문을 던지며 나와 많은 동료가 학문을 추구하도록 이끌었다. 오언 코티(Owen Cote)는 어떻게 군사 하드웨어와 기술이 실제로 작동하는지(또는 작동하지 않는지)에 관한 나의 초보적인 질문에 항상 시간을 내 대답해 주었다. 비핀 나랑(Vipin Narang)과 내가 20년 전 스탠퍼드 대학교에서 처음 만났을 때는 나중에 같은 분야에서, 그것도 같은 학과에서 동료가 될 것이라고는 상상도 하지 못했다. 그는 나의 전우가 되어주었다.

MIT의 대학원생들 중 일부가 이 책의 여러 부분에 관한 연구를 도와주었다. 피오나 커닝햄(Fiona Cunningham), 케이시 미우라(Kacie Miura), 미란다 프리브

(Miranda Priebe), 조슈아 시프린슨(Joshua Shifrinson), 조셉 토리지안(Joseph Torigian), 케시안 장(Ketian Zhang)의 전문적인 도움에 감사한다. 또한 이 프로젝트에 관한 연구를 도와준 두 명에게도 감사를 표하고 싶다. 그들은 조너선 레이(Jonathan Ray)와 특히 트레버 쿡(Trevor Cook)이다.

많은 동료가 친절하게 전체 원고를 읽고 도움이 되는 많은 논평과 제언을 해주었을 뿐 아니라 수정과 교정도 도와주었다. 피오나 커닝햄, 데이비드 에델스타인(David Edelstein), 조셉 퓨스미스(Joseph Fewsmith), 리 천(Li Chen), 비핀 나랑, 배리 포젠, 리처드 새뮤얼스, 조셉 토리지안, 그리고 익명의 심사위원들에게 신세를 졌다. 원고의 일부를 읽어준 동료들은 더 많다. 그들에게도 감사를 표하고 싶다. 데이비드 바크먼(David Bachman), 데니스 블라스코(Dennis Blasko), 하센 카스틸로(Jasen Castillo), 조너선 카벨리(Jonathan Caverley), 데이비드 핀켈스타인(David Finkelstein), 조지 가브릴리스(George Gavrilis), 유진 골즈(Eugene Gholz), 스테이시 고더드(Stacie Goddard), 에이버리 골드스타인(Avery Goldstein), 에릭 헤긴보덤(Eric Heginbotham), 마이클 호로위츠(Michael Horowitz), 앤드루 케네디(Andrew Kennedy), 케빈 나리즈니(Kevin Narizny), 로버트 로스(Robert Ross), 랜들 스웰러(Randall Schweller), 케이틀린 탈마지(Caitlin Talmadge)가 그들이다.

스티브 골드스타인(Steve Goldstein)에게는 특별히 감사한다. 바쁜 와중에도 비판자로서 여러 장을 읽어주었다. 각 장들은 그의 편집자적인 시각에 도움을 받았다. 동료로서는 중국 정치 연구와 그 발전 내용을 더 잘 이해할 수 있도록 도움을 주었다. 멘토로서는 항상 가장 도움이 되는 지침과 조언을 이끌어낼 수 있는 질문을 던졌다. 그리고 친구로서는 항상 그와의 점심식사가 기대되었다. 식사를 하면서 우리는 학교 일을 이야기하기도 하고 최신 제품이나 스파이 소설에 대해 이야기를 나누기도 했다.

이 책의 초고를 발표했던 포럼에서 만난 참여자들도 최종본을 완성하는 데 도움을 주었다. 여기에는 다음 학교들에서 열린 워크숍과 세미나들이 포함된다. 조지워싱턴 대학교, 조지타운 대학교, 하버드 대학교, 노스웨스턴 대학교, 프린스턴 대학교, 오하이오 주립대학교, 터프츠 대학교, 툴레인 대학교, 스탠퍼드 대학교, 시카고 대학교, 워싱턴 대학교 등이다. 이 책 중 몇몇 장들에 대해 비판적인 의견을 들을 수 있었던 론스타 포럼에서 만난 참가자들에게도 특히 고마움을 전한다.

몇몇 재단들은 고맙게도 금전적인 지원을 해주었다. 덕분에 수업에서 벗어나 연구와 집필에 집중할 수 있었으며 중국 출장도 다녀올 수 있었다. 미국 평화연구소(The United States Institute of Peace)와 스미스 리처드슨 재단(Smith Richardson Foundation)에 감사한다. 이들의 도움으로 신진 학자 때 이 프로젝트에 착수할 수 있었다. 카네기 코퍼레이션(Carnegie Corporation)에도 감사한다. 덕분에 이 책을 끝마칠 수 있었다. 또한 방문학자로 받아준 하버드 대학교의 페어뱅크 중국연구센터(Fairbank Center for Chinese Studies)에도 고마움을 전하고 싶다.

몇몇 사람들의 도움이 없었다면 이 책은 불가능했을 것이다. 이 프로젝트의 모든 단계를 비롯해 MIT에 합류한 이래로 신세를 진 린 러빈(Lynne Levine)의 지원이 빠질 수 없다. 머리디언 매핑(Meridian Mapping)의 필립 슈워츠버그(Philip Schwartzberg)는 중국이 직면한 전략적 도전들의 성질을 보여주는 지도를 만들어주었다. 프린스턴 대학교 출판부에 관해서는 원고를 완성하는 동안 에릭 크래한(Eric Crahan)이 보여준 지속적인 지원과 격려(그리고 인내심)에 감사한다. 또한 에밀리 셸턴(Emily Shelton)의 뛰어난 교열과 마크 벨리스(Mark Bellis)와 제작 팀의 노력에 감사한다. 이전에 발표된 논문에서 자료를 사용하도록 허락해 준 ≪국제안보(International Security)≫의 편집자들에게도 고마움을 전한다.

마지막으로 가족들에게 감사한 마음을 전하고 싶다. 아내인 안나(Anna)는 내가 돌려줄 수 있는 것보다 많은 사랑과 지지를 계속해서 베풀어주었다. 그녀는 바위처럼 든든하게 옆을 지켜주었고 진북(true north)처럼 나아갈 길을 알려주었다. 그녀가 아니었다면 이 책뿐 아니라 많은 것이 불가능했을 것이다. 딸인 라나(Lana)는 내가 이 프로젝트를 시작한 직후에 태어났다. 그녀 덕분에 큰 즐거움을 누렸으며 매일 웃을 수 있었다. 하늘만큼 땅만큼 사랑한다. 내 삶을 가족들과 나눌 수 있어서 행복하다. 여동생인 베한(Behan)과 토템(Totem)호를 타고 항해할 만큼 용감한 그녀의 가족들은 가장 중요한 것을 추구해야 한다는 것을 계속해서 상기시켜 주었다. 부모님이신 마리스(Maris)와 주디(Judy)는 내가 소년 시절 제2차 세계대전에 대한 '타임라이프(Time-Life)' 시리즈를 구독하게 해달라고 조르던 때부터 국제분쟁에 대한 나의 관심을 지지해 주셨다. 그 후 16세 때 나와 여동생을 데리고 대만으로 이주한 부모님의 용기 덕분에 더 넓은 세계에 눈을 뜰 수 있었다. 이렇듯 다양한 방식으로 이 책은 우리에게 주어졌던 인생의 경험에서 비롯되었다. 그들에게 이 책을 바친다.

표·그림·지도 차례

약어

약어	영어	우리말
AMS	Academy of Military Science	군사과학원
CCP	Chinese Communist Party	중국공산당
CMC	Central Military Commission	중앙군사위원회
COSTIND	Commission for Science, Technology, and Industry for National Defense	국방과학기술공업위원회
CSC	Central Special Commission	중앙전문위원회
GAD	General Armaments Department	총장비부
GLD	General Logistics Department	총후근부
GPD	General Political Department	총정치부
GSD	General Staff Department	총참모부
ICBM	Intercontinental Ballistic Missile	대륙간탄도미사일
MIRV	Multiple Independently targetable Reentry Vehicle	다탄두 각개목표설정 재돌입 비행체
MR	Military Region	군구
NDIC	National Defense Industry Commission	국방공업위원회
NDIO	National Defense Industry Office	국방공업국
NDSTC	National Defense Science and Technology Commission	국방과학기술위원회
NDU	National Defense University	국방대학
PAP	People's Armed Police	인민무장경찰부대
PLA	People's Liberation Army	인민해방군
PLAAF	People's Liberation Army Air Force	인민해방군 공군
PLAN	People's Liberation Army Navy	인민해방군 해군
PLARF	People's Liberation Army Rocket Force	인민해방군 로켓군
SSF	Strategic Support Force	전략지원군

서론

1980년 9월 중국의 고위급 군 장교들은 한 달 내내 회의를 갖고 행여 있을 소련의 침공을 격퇴하기 위한 군사전략을 논의했다. 당시 소련은 중국의 북쪽 국경을 따라 거의 50개 사단을 배치해 두고 있었다. 마지막 날 회의에서 덩샤오핑(鄧小平)은 으레 그러했듯이 단도직입적으로 다음과 같이 말했다. "공격에 대항하기 위한 미래 전쟁에서 정확히 어떤 방침을 우리가 채택해야 하는가? 나는 '적극방어(積極防禦)', 이 네 글자를 승인하고자 한다." 이처럼 간략한 말과 함께 덩샤오핑은 1960년대 이래로 인민해방군(People's Liberation Army, 이하 PLA)이 사용해 왔던 군사전략의 변화를 승인했을 뿐 아니라 소련의 침공에 맞서기 위한 새로운 전략도 승인했다. 전자는 적을 중국 영토 깊숙이 유인해 지구전으로 싸우는 것을 기반으로 하고 있었던 반면, 후자는 당시 회의에서 PLA 최고사령관들이 고안해 낸 것으로 PLA의 현대화에 박차를 가하는 데 중점을 두고 있었다.

  중국은 1949년 이래 '전략방침'이라고 불리는 군사전략을 아홉 차례 채택했다. 이들 방침은 중국공산당 중앙군사위원회(中央軍事委員會, 이하 중앙군사위)가 제시한 작전교리, 전력 구조, PLA 훈련 등에 관한 권위적인 지침이다. 1956년, 1980년, 1993년에 각각 채택된 방침들은 새로운 방식의 전쟁을 수행하기 위한 PLA의 변혁을 담고 있었다. 중국은 언제 그리고 어떻게 군사전략의 중대한 변화를 추진했는가? 왜 중국은 다른 시기가 아닌 이 세 번의 시기에 그러한 군사전략의 변화를 도모했는가?

이들 질문에 대한 해답은 다음과 같은 이유들로 매우 중요하다. 첫째, 이론적인 면에서 군사전략에 대한 중국의 접근 방식이 달라지는 것은 중국 군 조직의 변화에 대한 근원을 보다 깊이 있게 이해할 수 있는 사례를 제공한다. 일반적으로 기존의 연구들은 상대적으로 적은 수의 사례들만을 다루었고, 그 사례들조차 미국이나 영국과 같이 민주 사회의 선진화된 군대에 한정되었다.[1] 더군다나 대부분의 연구가 두 가지 시점에 치중되어 있었다. 즉, 제1차 세계대전과 제2차 세계대전 사이의 전간기와 냉전 종식 이후의 시기를 주로 다루었다.[2] 전간기의 일본을 제외하면, 중국과 같은 비서구 국가들에는 학자들이 별로 관심을 두지 않았다.[3] 마찬가지로 소련을 제외하면 당의 군대로 이루어진 사회주의 국가들에서의 군사 변화를 다룬 연구도 여전히 부족한 실정이다.[4] 게다가 미국과 소련은 예외지만, 개별 국가의 군사전략을 시간에 따라 살펴보려는 연구도 별로 없다. 이런 연구를 통해서 문화나 지리와 같은 상수를 배경 요인으로 삼아 전략 변화를 훌륭히 설명할 수 있는데도 말이다.

1949년 이후 중국 군사전략의 변화를 살펴보는 것은 군사교리와 군사혁신에 대한 기존 문헌을 여러 면에서 더욱 풍부하게 해준다. 첫째, 현대 중국의 새로우면서도 중요한 사례를 가지고 기존 이론들을 검증해 볼 수 있다. 둘째, 폭넓은 잠재적 변수들의 효과를 알아볼 수 있다. 1949년 이후 중국의 여러 특징을 한번 떠올려보자. 독특하고 풍부한 문화유산을 가진 비서구 국가, 당의 군대를 가진 사회주의국가, 다민족국가, 폭력을 거쳐 탄생한 혁명 국가, 다른 강대국들에 비해 상대적으로 뒤처진 군의 현대화 등 중국은 차별화되는 특징이 아주 많다. 서구 사례를 가지고 만든 이론들이 중국의 군사 변화를 설명할 수 있다면, 일련의 중요하고도 어려운 검증을 통과한 셈이 될 것이다. 그 반면에 기존 이론들이 중국의 전략 변화를 설명하지 못한다면, 적용 가능성의 범위를 다시 생각해 보아야 할 것이다.

두 번째로 방법론적인 면에서 1949년 이래 중국 군사전략의 변화를 포괄적이고 체계적으로 연구한 문헌이 없다. 현대 중국 관련 연구만 놓고 보자면, 활발한 연구를 하는 소수의 학자가 세대를 넘나들며 조직적 측면에서 PLA의 진화와 더불어 사회와 정치 그리고 국방 관련 정책에서 PLA의 역할을 연구해 왔다.[5] 이들 기존 연구가 중국의 국방정책에 대한 접근법을 이해하는 데 크게 기여한 것은 사실이지만, 세 가지 면에서 한계를 지닌다.

우선 중국의 군사전략에 대한 기존 연구들은 실증적 범위나 시간적 영역이 제한적이다. 통상적으로 중국의 군사전략은 두 가지 관점에서 검토되어 왔다. 첫 번째 접근법은 PLA의 조직적 발전에 대한 설문조사로 훈련, 전력 구조, 조직, 정치 업무, 민군관계와 같은 주제들과 함께 전략을 살펴본다.[6] 보다 일반적인 두 번째 접근법은 당시의 변화를 기록한 책의 장절이나 논문에서 나타난다. 1970년대 중반 이후 리 난(Li Nan), 데이비드 핀켈스타인과 함께 해당 분야에 관해 가장 많은 글을 남긴 학자는 폴 고드윈(Paul Godwin)이다.[7] 발표 당시에는 이들 연구가 최신 내용을 다루고 있었지만, 중국의 군사전략에 대한 접근법을 포괄적으로 연구하지는 못했다. 물론 전력 발전과 현대화 등의 분야에서 선도적인 역할을 한 것은 사실이지만 말이다.[8]

또한 2000년대 이전의 중국 전략에 관한 문헌 대부분은 한정된 수의 번역 자료에 의존했다. 그렇지만 현재의 군사전략과 과거의 군사전략 모두에 관해 지난 10년간 중국 측 자료의 이용이 가능해졌다.[9] 이전에 중국어 자료의 이용이 거의 불가능했다는 점은 두 가지 이유에서 문제가 된다. 첫째, 중국의 군사전략에 관한 많은 연구가 어떤 현상을 설명하더라도 PLA가 직접 사용하는 용어로 그러한 현상을 설명하지는 못했다. 서구 학자들은 최근에야 각기 다른 시기에 중국 전략의 정수를 반영하는 전략방침의 개념적 중요성에 주목하기 시작했다.[10] PLA 내에서 차지하는 중요성에도 불구하고 대부분의 이전 연구들은 이들 전략방침의 채택과 그 내용을 체계적으로 살펴보지 않았다.[11] 둘째, 고의적인 것은 아니었지만, 중국의 과거 군사전략들 중에 일부는 특징이 잘못 알려졌다. 예컨대 (저자를 포함한) 많은 학자가 1980년대 초 PLA의 전략을 "현대적 조건하에서의 인민전쟁"이라고 기술했다. 몇몇 유명한 장성들이 PLA를 현대화하고자 하는 바람에서 이러한 문구를 사용했기 때문이다.[12] 하지만 중앙군사위는 중국의 군사전략을 말할 때 이런 표현을 사용한 적이 없다. 게다가 중국의 고위급 장성들은 이 용어를 1950년대 말에 처음 사용하기 시작해 1990년대까지도 사용했는데, 이들 시기에 중국은 상이한 군사전략을 추구했다.[13] 마찬가지로 1980년대 이전 중국의 군사전략은 종종 '인민전쟁'을 특징으로 한다고 일컬어졌다.[14] 그러나 이 시기에 PLA는 네 개의 다른 전략방침을 채택했으며, 이들 중 겨우 두 개만이 마오쩌둥(毛澤東)이 인민전쟁이라고 설명한 것과 그나마 유사한 특징을 담고 있었다.

끝으로 PLA에 대한 기존의 연구는 정치학의 측면에서 군사교리와 혁신에 관한 문헌과의 통합이 충분하지 못했다. 이러한 통합 부족은 아마도 1차 자료에 대한 접근이 잘 이루어지지 않았기 때문일 것이다. 이유야 어찌되었든 제대로 통합하지 못한 대가는 크다. '중국 사례'를 통해 얻은 연구 결과가 폭넓은 이론 관련 문헌들에서 학자들의 주장에 많이 활용되지 못하고 있다. 또한 세계 강대국 중 하나인 중국에 관한 사례 간 비교가 이루어지지 못하며, 새로운 연구 틀이 중국 정치 연구에 적용되지도 못한다.

세 번째이자 마지막 이유는 중국 군사전략을 이해하는 것이 오늘날보다 더 중요한 적이 없었다는 점이다. 40여 년에 걸친 급속한 경제 성장으로 중국은 이제 세계에서 두 번째 경제대국이 되었다. 미국을 제외하면 중국은 오늘날 그 어느 나라보다 많은 돈을 국방에 쓰고 있다. 현역만 200만 명에 달하는 PLA는 세계 최대의 군대다. 그렇지만 단순히 국내총생산(GDP)이나 국방 예산과 같은 숫자만 가지고서는 몇 가지 정말 중요한 질문에 답할 수가 없다. 예컨대 중국은 증강되는 군사력을 어떻게 사용할 것이고 무슨 목적을 위해 사용할 것인지와 같은 질문들이 그러하다. 그러한 질문에 대한 답의 핵심은 군사전략이다. 중국의 전략에 대한 과거와 현재의 접근법을 이해하는 것은 미래의 변화를 평가하는 기준점이 된다. 또한 중국 군사력에 관한 평가, 중국 국정에서 강압의 역할, 동아시아에서의 안보경쟁 심화, 미·중 간에 분출될 갈등의 고조와 심화 가능성 등에 대해 중요한 함의를 제공한다.

1. 주장의 개요

중국이 언제, 왜, 어떻게 군사전략의 주요 변화를 추진하는지를 설명하기 위해 이 책에서는 두 단계 주장을 제시한다. 중국은 전쟁 수행의 변화에 대응해 군사전략의 주요 변화를 추진해 왔다. 다만 중국공산당이 단결되어 있고 안정적일 경우에만 그러하다.

내 주장의 첫 번째 부분은 전략 변화 추진에 대한 동기에 초점을 두고 있다. 즉각적인 위협과 같은 군사 변화의 외부 근원의 역할을 강조하는 주장을 확장해 필자는 전략 변화를 추진하는 한 가지 이유가 간과되어 왔다고 주장한다. 그것은 바로 강대국 또는 그 예속 국가들이 연관된 마지막 전쟁에서 드러났듯이 국제 체제에서 전쟁 수행의 중대한 변화다. 국가의 현재 능력과 미래 전쟁에 예상되는 요건들 간에 간극이 존재한다면, 그러한 변화는 새로운 군사전략을 채택하도록 만들 강력한 유인이 될 것이다. 이들 변화의 효과는 중국과 같이 능력을 향상시키고자 노력하는 개발도상국이나 군사 현대화가 늦은 국가들에서 특히 두드러질 것이다. 이들 국가는 이미 비교열위에 처해 있으며 보다 강력한 국가들과 비교해 자신들의 능력을 더욱 면밀히 들여다볼 필요가 있다.

내 주장의 두 번째 부분은 전략 변화가 발생하는 메커니즘에 대한 것인데, 이러한 메커니즘은 민군관계의 구조에 따라 만들어진다. 당이 군대를 가진 사회주의국가들에서는 당이 군무(military affairs) 관리의 상당한 자율권을 고위 관리들에게 부여할 수 있으며, 이들은 자국의 안보 환경 변화에 대응해 군사전략을 조정하게 된다. 이들 관리는 당원이기도 하기 때문에 쿠데타에 대한 우려나 군부가 당의 정치적 목표에 맞지 않는 전략을 추구할 것이라는 염려 없이 당은 군무에 대한 책임을 위임할 수 있다. 그러나 그러한 위임은 당의 정치적 지도력이 권위구조와 기본 정책에 관해서 통일되어 있을 때만 가능하다.

종합해 보면 중국 군사전략의 주요 변화는 당이 통일되어 있을 때 등장하는 전쟁 수행의 중대한 변화에 대응해 발생할 것이다. 당이 통일되어 있지만 전쟁 수행의 중대한 변화가 없는 경우라면 고위 군 장교들은 군사전략에서 사소한 변화만을 추진할 가능성이 더 크다. 하지만 당이 분열되어 있을 때는 전략 변화가 일어나지 않을 것이다. 외부적으로 전략 변화의 동기를 부여할 만한 전쟁 수행의 중대한 변화가 있더라도 군부가 당내 정치에 관여되어 있을 수도 있고, 혹은 당의 최고 지도자들이 정책에 동의하지 않을 수도 있으며, 군무에 관한 책임을 군대에 이양하기를 꺼려할 수도 있고, 또는 군무에 개입하려고 할 수도 있다. 군사전략의 입안과 더 넓게는 군무의 관리를 포기하면서도 말이다.

2. 책의 개요

제1장은 세 가지 목적을 가지고 있다. 첫 번째 목표는 무엇이 설명되는지를 기술하는 것이다. 즉, 한 국가의 군사전략에서 주요 변화가 그것이다. 두 번째 목표는 언제 그리고 왜 국가들이 군사전략의 주요 변화를 추진하는지를 설명할 수 있는 경쟁적인 동기와 메커니즘을 고려하는 것이다. 이 장은 중국 군사전략의 변화를 이해하는 데 핵심인 두 가지 변수를 강조한다. 첫 번째 변수는 국제 체제에서 전쟁 수행의 변화로, 이러한 변화는 새로운 군사전략을 채택하는 데 강력한 동기를 부여한다. 두 번째 변수는 집권 공산당의 단결로 장교들이 민간의 간섭 없이 새로운 전략을 입안하고 채택할 수 있게 권한을 부여해 준다. 이 장의 마지막 목표는 연구 설계를 논의하는 것으로 여기에는 추론 방법, 변수 측정, 데이터 출처 등이 포함된다.

1949년 이후 중국 군사전략의 주요한 변화를 살펴보기에 앞서 제2장에서는 1927년부터 1949년까지 국공내전 시기 중국공산당이 채택한 군사전략을 검토한다. 이들 전략 중 일부는 방어적이며, 다른 것들은 공격적이다. 대부분의 전략은 정규 부대들이 기동전(運動戰)을 수행하는 것을 강조하지만, 다른 전략들은 비정규 부대들을 이용해 게릴라전을 벌이는 것을 더 중시하고 있다. 제2장은 이러한 전략을 검토하는데 '적극방어', '인민전쟁'과 같이 중국 전략의 주요 용어들과 함께 중국 성립 당시 PLA가 직면했던 도전들을 살펴본다.

제3장에서는 1949년 중화인민공화국 설립 이후 중국의 첫 번째 군사전략의 채택을 살펴본다. 1956년 전략방침이 채택된 시점은 두 가지 이유에서 혼란스럽다. 첫째, 전략이 채택되었을 때 중국은 안보에 대한 즉각적이거나 긴급한 위협에 처해 있지 않았으며 대신 사회주의 현대화를 통해 경제 발전에 자원을 집중하고 있었다. 둘째, 중국이 소련과 동맹을 맺기는 했지만 중국은 소련의 전략을 모방하지(emulate) 않았다. 수천 명의 군사고문과 전문가뿐 아니라 60개 보병 사단을 무장시키기에 충분한 물자를 받았음에도 말이다. 오히려 중국은 선제타격과 예방공격(preemption)에 대한 강조를 비롯한 소련 모델의 기본 요소들을 거부했다.

전쟁 수행의 변화와 당 통일성은 1956년 중국이 첫 번째 군사전략을 채택했을 때 그 시점과 이유를 가장 잘 설명해 준다. 새로운 전략에 대한 주된 동기는 PLA가 싸워야 할 전쟁의 유형이 바뀌었다는 평가였다. 1950년대 동안에 중국은 제2차 세계대전과 한국전쟁에서의 교훈을 흡수하는 데 노력했을 뿐 아니라 기존 작전에 대해 핵무기가 갖는 함의도 고려했다. 펑더화이(彭德懷) 같은 고위 장교들은 필수적인 군사 개혁과 1956년 전략방침의 입안에 착수했다. 그러한 군부 주도의 변화는 중국공산당 내의 유례없던 단결 때문에 가능했다. 이러한 통일성은 PLA가 당내 정치에 관여할 유인을 없앴으며 군사전략을 포함한 군무 관리에 대해 실질적인 자율성을 부여해 주었다. 제3장은 1956년 전략방침의 채택에 대한 다른 설명들을 검토하는 것으로 마무리된다. 이러한 설명에는 특히 모방(emulation)에 관한 주장들이 포함된다.

제4장은 1964년 중국 군사전략의 이례적이지만 대단히 흥미로운 변화를 알아본다. 이전의 전략으로 회귀하는 사례로 이 경우에는 내전 기간의 '유적심입

(誘敵深入, 깊은 곳으로 적을 끌어들임)' 개념으로의 복귀였다. 이 사례는 또한 고위 장성이 아닌 당 최고 지도자가 시작한 전략 변화라는 점에서 유일한 경우이기도 하다. 이러한 채택은 당의 분열을 야기하는 지도부의 분열이 어떻게 전략적 의사결정을 왜곡할 수 있는지를 잘 보여준다. 1964년 5월 마오쩌둥이 공산당 내의 수정주의에 대해 점점 더 우려하게 되면서 농업에 중점을 둔 경제정책을 뒤집어 중국의 내륙 지방 혹은 3선(The third line)의 산업화를 추진하는 쪽으로 바꾸었다. 이렇듯 정책을 뒤집은 것의 정당화를 위해 마오는 주요 전쟁에 대비한 후방 지대를 만들어둘 필요가 있었다. 3선 개발에 대한 요구로 대약진운동(Great Leap Forward) 이후 처음으로 마오가 경제정책을 관장할 수 있게 되었으며 이를 통해 그가 수정주의자라고 생각하는 당 지도자들이 당의 중앙집권화된 관료주의를 공격할 수 있었다. 하지만 대규모 전쟁에 대비해야 할 필요가 있다는 3선에 대한 마오의 구실은 그가 원용한 위협과 일치하는 군사전략을 필요로 했다. 경제정책으로서 3선과 군사전략으로서 유적심입은 당·국가의 관료주의를 약화시키기 위한 상호보완적인 조치였다. 이는 1966년 당 지도부에 대한 마오의 전방위적인 공격의 전조였다.

제5장은 1980년 10월에 있었던 중국의 국가 군사전략상 주요한 두 번째 변화를 살펴본다. 대표적으로 유적심입 전략에서 완전히 벗어나면서 1980년 전략방침은 전진방어태세와 통합 군사작전을 수행할 수 있는 기계화 부대를 통해 소련의 침공을 격퇴하는 것을 그리고 있다. 그렇지만 이와 같은 전략 변화의 시점은 의문을 낳게 한다. 중국은 1960년대에 소련을 군사상 잠재적 적국으로 확인했으며, 1969년 전바오[珍寶島, 소련명 다만스키(Damansky)]섬을 둘러싼 소련군과의 충돌 이후 북으로부터 소련의 침공은 중국이 마주한 주된 국가안보적 위협이었다. 그럼에도 불구하고 1970년대 말까지 중국의 북부 국경을 따라 소련이 50개가 넘는 사단을 배치했는데도 10년이 넘도록 PLA는 이러한 위협에 대처하기 위해 전략을 조정하지 않았다.

전쟁 수행과 당 통일성의 변화는 1980년에 왜 그리고 하필 그때 중국이 군사전략을 바꾸었는지를 설명하는 데 도움이 된다. 소련의 위협이 중요한 요인이기는 했지만, 새로운 전략을 채택하는 데 핵심적인 자극은 소련이 할 수 있는 작전의 종류에 대한 중국의 평가였다. 이러한 평가는 1973년 아랍·이스라엘 전쟁(Arab-Israeli War)에서 나타난 전쟁 수행의 변화와 관련이 있었다. PLA의 노련한 장성들은 이들 변화에 대응해 일찍이 1974년부터 새로운 전략을 추진하기 시작했다. 하지만 당내 분열이 전략의 변화를 늦추었다. 고위급 당원들은 문화대혁명(文化大革命)의 파벌 갈등에 휩싸여 있었으며, 이는 1975년 덩샤오핑의 짧았던 복권 과정에 잘 나타나 있다. 더군다나 PLA가 문화대혁명 기간에 질서 회복에 이용되면서 전투 대비 대신에 내부 통치에 집중하게 되었다. 또한 비전투적인 행정 역할과 정치적 역할을 맡은 장교가 많아지면서 이러한 경향이 더욱 심해졌다. 1970년대 말 당의 통일성이 점차 복구되었는데, 이는 먼저 1976년 10월 4인방(Gang of Four) 체포를 통해서, 그다음으로는 1978년 12월의 역사적인 3중전회에서 덩샤오핑의 권력이 공고화되면서 이루어졌다. 1979년 PLA 장교들이 다시 전략 변화를 추진하자 이번에는 성공했다.

중국 군사전략의 세 번째 주요 변화인 1993년 전략방침의 채택은 제6장에서 검토한다. 이 전략은 PLA가 '첨단 기술'을 특징으로 하는 주변부에서의 국지전에서 싸워 승리할 수 있도록 요구하고 있다. 이 전략의 채택도 기존 이론의 관점에서 보자면 납득이 되지 않는다. 1990년대 초에 중국의 당·군 고위 지도자들은 대체로 소련 위협의 소멸 때문에 중국의 역내 안보 환경은 1949년 이래 "최고로 좋다"라고 주장했다. 하지만 국가 안보에 대한 명백하고 현시적인 위험이 없음에도 불구하고 중국은 주변부의 광범위한 우발 사태에서 합동작전을 수행하기 위한 능력을 개발하고자 함으로써 그때까지 중에서 가장 야심 찬 군사전략을 채택했다.

전쟁 수행과 당 통일성은 중국이 군사전략을 언제 그리고 왜 바꾸었는지를 가장 잘 설명해 줄 수 있다. 주요 동기는 1990~1991년 걸프 전쟁에서 보여준 전쟁 수행의 심오한 변화에 대한 평가였다. 중국 전략가들에게 현대전은 이제 정밀유도탄뿐 아니라 우주에 기반한 플랫폼을 통한 최신 감시와 정찰을 비롯한 첨단 기술의 사용을 특징으로 하는 것으로 비쳤다. 그러나 중국은 톈안먼사건(天安門事件) 이후 당과 군부 내의 갈등 때문에 1993년까지는 전략을 수정하지 않았다. 1992년 말에야 개혁 정책에 관한 합의를 재건하려는 덩샤오핑의 노력을 통해 당의 통일성이 회복되었다. 당의 통일성 회복을 반영한 14차 당대회 직후 PLA는 새로운 전략방침의 초안을 만들기 시작했으며, 이어서 1993년 초에 채택되었다.

제7장은 1993년 전략방침에 대한 두 가지 조정에서 나타난 중국 군사전략의 최근 전개 상황을 검토한다. 2004년 전략방침은 '정보화 조건하 국지전 승리'를 강조하는 것으로 변경되었다. 2014년에는 '정보화 국지전에서의 승리'로 정보화를 더욱 강조하는 것으로 다시 조정되었다. 소스 자료의 이용이 제한되기 때문에 이들 두 가지 변화 이면의 의사결정을 자세히 분석하지는 못한다. 그럼에도 불구하고 이 두 가지는 군사전략의 주요한 변화가 아니라 작은 변화로 보아야 한다. 각각의 조정이 전쟁에서 첨단 기술의 핵심으로 정보화의 역할을 보다 강조하고 있으며 합동작전을 수행할 수 있어야 한다고 강조하고 있기 때문이다. 2004년 전략을 검토해 보면 PLA가 1999년 코소보 전쟁과 2003년 이라크 전쟁에 기반해 전쟁 수행의 경향에 대한 평가를 변경하고 있었다는 것을 알 수 있다. 2014년 방침은 1950년대 중반 이래 단일 규모로는 가장 큰 PLA의 조직적 개혁에 대한 최고 수준의 방침을 제공하기 위해 채택되었다. 이들 개혁에 대한 가장 주요한 동력은 합동작전을 수행할 수 있는 PLA의 능력을 개선하는 것이었다. 합동작전의 수행은 1993년 전략에서 전쟁의 미래로 식별된 바있다. 2014년 방침이 새로운 방식의 전쟁 수행을 그리지는 않고 있지만, 그것이 정당화하는 개혁은 성공적으로 구현된다면 PLA의 효율성에 중대한 영향을 미칠 수 있는 것이었다.

제8장은 중국 핵전략의 진화를 알아본다. 중국의 핵전략은 두 가지 이유에서 혼란스럽다. 한 가지 이유는 확증보복을 통해 핵 억지를 달성하는 것에 기

반을 두고서 첫 번째 핵실험에 성공한 1964년 10월 이후로는 실질적인 변화가 없기 때문이다. 게다가 중국은 미국이나 소련에 의한 선제타격에 대한 취약함을 극복하기 위해 전략을 바꾸려고 하지도 않았다. 이것은 전략방침의 재래식 작전용 군사전략의 역동적 성질에 반대된다. 또 다른 이유는 중국의 핵전략과 이 책에서 기술된 여러 기존의 전략들 간에 통합이 결여되어 있다는 점이다. 심지어 1993년 전략방침의 채택 이후에도 그러하다.

제8장에서는 핵전략이 일반적인 규칙의 예외라고 주장한다. 전통적인 군사전략과 달리 당의 최고 지도자들은 핵전략에 대한 권한을 PLA에 결코 위임하지 않았다. 핵전략은 고위 군 관리뿐 아니라 민간의 과학 전문가들과의 협의를 통해 당 지도부가 결정해야 하는 국가정책의 문제로 여겨졌다. 특히 1950년대에 군 원로들은 대규모 핵 프로그램의 개발을 지지했지만, 이러한 제안은 일관되게 거부되었다. 핵전략이 PLA에 위임된 적이 없었기 때문에 중국의 당 최고 지도자들이 핵무기에 대해 가지고 있던 시각은 오늘날까지도 특히 강력한 영향을 미치고 있으며, 특히 마오쩌둥과 덩샤오핑의 경우가 그러하다. 이 지도자들은 핵무기의 효용성을 핵 강압이나 공격을 억제하는 데 그치는 것으로 생각했기 때문에 핵전략은 전통적인 군사전략에 통합되지 못했고 확증보복을 달성하는 데 집중하는 것으로 그쳤다.

결론에서는 이 책의 주요한 결과물들, 국제관계이론에 대한 이들 결과물의 함의, 중국 군사전략의 향후 변화에 대한 전망을 검토한다.

제1장

—

군사전략의 주요 변화에 대한 설명

국가가 왜 군사전략의 주요한 변화를 추구하는지에 관한 설명은 두 가지 질문을 해결해야 한다. 첫째, 어떤 요인들이 국가가 전략을 수정하도록 촉진하거나 유발하는가? 둘째, 어떤 메커니즘에 따라 새로운 전략이 채택되는가? 이 장에서는 이들 질문에 대한 해답을 제공하고, 이어서 이러한 해답들이 1949년 이래 중국 군사전략의 변화를 검토하는 데 어떻게 사용될지를 논의한다.

군사 변화에 대해 외부 소스의 역할을 강조하는 기존 주장들을 확장해 보면 국가들이 군사전략의 변화를 추구하는 이유에 대한 가능성 높은 동기 중 한 가지가 간과되어 왔음을 알 수 있다. 강대국이나 관련국들이 참여한 가장 최근의 전쟁에서 보이듯이 이 동기는 바로 국제 체제에서 전쟁 수행의 중대한 변화다. 전쟁 수행의 변화는 이로 인해 국가의 현재 능력과 수행해야 할 수도 있는 미래 전쟁에 대한 기대 요건 사이에 간극이 강조되는 경우, 국가가 새로운 군사전략을 채택하도록 하는 강력한 유인을 만들어낸다.

새로운 전략이 채택되는 메커니즘은 국가 내 민군관계의 구조에 달려 있다. 민군관계의 구조는 민간 혹은 군 엘리트 중 어느 쪽이 전략 변화를 시작할 수 있도록 권한을 부여받을 가능성이 높을지를 결정한다. 국가의 군대가 아닌 당의 군대를 가진 사회주의국가인 경우 당은 고위 군 장교들에게 군무 관리에 대한 실질적인 자율권을 부여할 수 있다. 이들은 민간인인 당 지도자들보다 전략 변화에 착수할 가능성이 더 크다. 그러나 그러한 위임은 당의 정치 지도부가 권위 구조와 기본 정책에 대해 단결되어 있을 때만 발생한다.

이 장은 다음과 같은 내용들을 다룬다. 첫 번째 절은 설명되어지는 것(즉, 군사전략)과 살펴보려는 변화의 유형(즉, 군사전략의 주요 변화)을 기술한다. 두 번째 절은 전쟁 수행의 중대한 변화를 중점으로 국가들이 언제 그리고 왜 군사전략의 중대한 변화를 추구하는지를 설명할 수 있는 대조적인 동기들을 생각해 본다. 세 번째 절은 민군관계의 구조와 사회주의국가의 당 통일성이 어떻게 고위 군 장교들이 전략 변화에 착수하도록 권한을 부여하는지를 중심으로 군사전략이 수립되는 메커니즘을 검토한다. 네 번째이자 마지막 절에서는 연구 설계를 논의한다. 여기에는 이들 변수의 추론 및 측정 방법과 1949년 이후 중국의 군사전략 연구에 대한 적용 방법이 포함된다.

1. 군사전략의 주요 변화

국가 군사전략은 군사 조직이 미래 전쟁을 위해 가져야 할 아이디어들의 집합이다. 군사전략은 국가 대전략의 일부이면서도 대전략과는 구별된다.[1] 때로는 고차원적인 군사교리로 기술되기도 하지만, 국가 군사전략은 군대가 국가의 정치적 목표를 진전시키는 군사목표를 달성하는 데 어떻게 이용될지를 설명하거나 대략적인 내용을 그리는 것을 말한다. 전략은 어떤 부대가 필요하고 어떤 방식으로 이들 부대를 사용할지를 기술함으로써 목적과 수단을 연계시키는 것이다. 그다음으로 전략은 또한 작전교리, 부대구조 및 훈련 등을 비롯한 전력 발전의 모든 측면에 영향을 미친다.[2]

국가 군사전략은 국가의 군대 사용에 관한 전반적인 전략을 말한다. 분석 수준을 국가에 두는 것은 여러 이유에서 중요하다. 첫째, 검토되는 변화의 유형을 특정함으로써 다른 부대의 전략 변화 과정과 비교하기가 용이하다. 둘째, 군사교리와 혁신에 관한 문헌에 나오는 관련 설명과 주장들을 식별한다. 예컨대 이들 문헌의 상당 부분은 군사 조직 내의 변화, 특히 전투병과와 무기체계 발전의 변화를 다루고 있다. 이들 변화에 관한 설명은 병과 안에서의 또는 병과 사이에서의 경쟁을 보여주는 경우가 많은데, 이러한 경쟁은 한 국가의 국가 군사전략의 변화를 검토할 때는 눈에 잘 띄지 않을 수 있다.[3]

국가 군사전략은 다양한 차원에서 분석이 가능하다. 여기에는 전략의 공격적 또는 방어적 내용이라든지 더 넓은 국가 대전략과의 통합 등이 포함된다.[4] 하지만 이 책에서는 실질적인 조직 변화가 필요한 새로운 군사전략을 채택하기로 국가가 언제 그리고 왜 결정하는지를 설명하고자 한다. 어떤 전략의 공격적 또는 방어적 내용이 국제 체제의 안정성에 영향을 미칠 수 있기는 하지만 작전개념, 작전교리, 구조 및 훈련의 변화와 같이 군사 조직에서 발생하는 일들의 상당 부분이 반드시 그 내용에 반영되는 것은 아니다. 더군다나 핵 혁명과 정복 전쟁의 쇠퇴 이후 여러 국가 군사전략들에서 제한된 목표를 추구하는 데 공격·방어 작전이 결합되고 있다. 공격적이든 방어적이든 이들 전략을 둘 중 어느 하나로 특징짓는 것은 문제가 많다. 마찬가지로 국가는 군사목표를 여러 개 가질 수도 있으며, 이들 중 몇몇은 방어 능력을 필요로 하는 반면에 다른 것들은 공격 능력을 필요로 할 수도 있다. 다양한 우발 사태에서 군사력을 사용하는 데 있어 각기 다른 계획을 가지고 있는 국가들을 범주화한다는 것은 학자들에게 주어진 도전 과제다.

군사전략은 교리의 아이디어와 보다 폭넓게 관련된다. 그러나 이 책에서는 여러 이유에서 교리라는 개념을 규정하지는 않는다. 우선 학자들이 다양한 정의를 제시해 왔으며, 이는 곧 다른 개념과 종속변수들이 많다는 것을 의미한다.[5] 게다가 학자들이 교리라는 용어를 사용하는 방식과 군사 전문가와 실무자들이 교리를 이해하는 방식 사이에 차이가 존재한다. 학자들은 종종 교리를 군대나 국가에 의한 전략적 수준의 활동 원칙을 말하는 데 사용하지만 현대 군대 다수는 군사 조직이 수행하는 모든 수준에서의 활용 유형, 특히 작전과 전술 활동을 관리하는 원칙이나 규칙을 말하는 데 교리라는 말을 쓰고 있다.[6] 끝으로 군대마다 교리라는 용어 자체의 의미가 다양해서 비교 연구가 어려울 수 있다.

교리는 미군 내에서는 전술 수준에서 사용되는 말이지만, 소련에서는 대전략 개념이었고, 중국에서는 전혀 사용된 바가 없다.[7]

새로운 군사전략의 채택으로 군사 조직이 작전과 전쟁을 수행할 준비 방법을 변경할 때 중대한 변화가 발생한다. 중대한 변화는 현재 수행이 불가능한 활동을 하기 위해 기존에 보유하고 있지 않던 능력을 개발하도록 군대에 요구한다. 이에 따라 중대한 변화는 전략상 소폭의 변화나 점진적인 적응과는 구분된다. 사소한 변화나 점진적인 적응의 경우에도 기존 전략이 수정되거나 다듬어지기는 하지만 상당한 조직 변화를 요구하지는 않기 때문이다.

중대한 변화에 대한 필자의 정의는 군사 개혁의 개념을 따른다. 수잰 닐슨(Suzanne Nielsen)에 따르면, 군사적 맥락에서 "개혁은 식별된 결점을 교정하기 위한 중대한 신규 프로그램이나 정책의 개선이나 창출이다".[8] 개혁은 반드시 어떤 조직이 모든 핵심 임무를 수행하는 방식을 성공적으로 바꿀 것을 요구하지는 않는다. 그럼에도 불구하고 개혁이 성공하고 결점이 해소된다면, 조직 능력을 상당히 향상시킬 수 있다. 평시 군사 개혁의 중요 요소에는 교리 변화뿐 아니라 훈련 관행, 인력정책, 조직과 장비에 대한 변화가 포함된다고 닐슨은 강조한다.[9] 개혁이라는 개념은 군사 조직이 하는 일, 특히 평시에 하는 일의 상당 부분을 포함한다.

군사전략의 중대한 변화는 군사 개혁과 연결된 두 가지 요소를 가지고 있으며 높은 수준의 군사 개혁으로 간주될 수 있다. 첫째는 전략이 전쟁의 새로운 비전과 미래 전쟁에 대한 군대의 대비 방법상 변화를 분명히 요구한다는 점이다. 둘째는 새로운 전략은 작전교리, 군 구조 및 훈련을 비롯해 과거 관행에 대해서 어느 정도의 조직적 변화를 요구할 것이라는 점이다. 주요한 변화는 성공적인 제도화에 대해 중대한 조직적 개혁을 추구하고자 하는 열망을 강조한다. 국가가 새로운 군사전략을 채택하기로 결정할 수 있는 이유들은 어떤 군사 조직 내의 성공적인 개혁을 설명하는 이유들과는 다를 가능성이 있다. 그렇지만 조직 개혁에 대한 시도들을 알아봄으로써 중대한 변화는 미래 전쟁에 대한 추상적인 비전을 명료하게 설명하는 것에 그치지 않는다.

주요 변화는 혁신 개념과 밀접한 관련이 있다. 한 가지 중요한 측면에서 차이가 있다. 많은 학자가 혁신을 변화의 또 다른 표현으로 사용하지만, 어떤 학자들은 군사 조직의 혁신을 유례없거나 혁명적인 변화, 즉 과거 관행에서 크게 벗어난 것으로, 또는 대개는 효율성을 개선시키는 군사 조직 내에서 성공적으로 제도화되거나 구현된 변화로 사용한다.[10] 달리 말해 혁신은 제도화된 변화다. 그럼에도 불구하고 혁신을 제도화된 변화로 보는 개념은 국가 군사전략을 이해하는 데 큰 도움이 되지 못한다. 성공적인 제도화는 정도와 지속적인 절차의 문제일 가능성이 크기 때문이다.[11] 게다가 주지하듯이 전략을 바꾸고자 하는 열망을 촉진시키거나 유발하는 요인들은 특정 조직 내의 성공적인 제도화를 설명하는 요인들과 동일하지 않을 수 있다.

본격적인 논의에 앞서 끝으로 두 가지를 더 명확히 짚고 넘어갈 필요가 있다. 하나는 군사전략의 주요 변화는 두 가지 다른 결과와는 구분해야 한다는 것이다. 첫째는 군사전략의 변화가 없는 경우고, 둘째는 기존 전략의 정교화나 조정으로 정의되는 군사전략의 소폭 변화가 있는 경우다. 국가가 새로운 국가 군사전략을 채택하지만 변화의 목적이 기존 전략에 담긴 비전을 더욱 잘 달성하려는 경우가 여기에 해당한다.

나머지 하나는 필자가 군사전략의 평시 변화에 초점을 둔다는 것이다. 이 점에서 전시 변화와는 구분된다.[12] 하지만 평시라는 개념에는 국제 위협 환경의 광범위한 변형들이 포함된다는 점을 유념하는 것이 중요하다. 즉, 특정 분쟁에 대해 전시에 고안된 군사전략만이 배제된다.

2. 군사전략의 주요 변화에 대한 동기

군사교리와 혁신에 대한 문헌 내에는 강대국들이 군사전략의 변화를 추구하는 데는 외부 동기가 핵심이라는 공감대가 느슨하게나마 존재한다. 강대국들은 위부 위협에 대한 방어 혹은 타국에 대한 힘의 투사를 위해 군대를 발전시키기 때문에 외부 요인에 대한 강조는 당연하다. 기존의 변화에 대한 외부 유인들은 군사전략의 외부 소스의 일반 모형을 형성하는 것으로 간주될 수 있다. 하지만 어떤 경우 다른 것보다 더 제한적인 범위 조건들이 특정 사례에서는 이 유인들의 효과를 제한할 수 있으며 모든 유인이 중국의 과거 전략에 적용될 수 있는 것도 아니라는 점을 주의해야 한다.

첫 번째 동기는 즉각적이고 임박한 외부 안보 위협이다. 어떤 국가의 현행 군사전략이 그 국가가 직면하고 있는 위협에 잘 맞지 않는 경우라면 전략 변화를 추진할 것이다. 즉각적인 위협의 한 가지 소스는 국가가 처한 안보 환경의 변화를 통해 발생할 수 있는데, 적의 능력이 향상되거나 다른 능력을 가진 새로운 적이 출현하는 등이 그 예다. 또 다른 소스는 가장 최근의 분쟁 동안 국가의 군대가 기대한 바와 같은 능력을 보여주지 못한 경우에 생길 수 있다. 특히 전장에서 패배하거나 군사목표를 달성하지 못한 경우에 그러하다. 패배나 실패는 새로운 군사전략의 채택을 통해 바로 잡아야 할 취약성이나 약점이 있음을 암시한다. 오히려 패배로 현재 전략의 이행을 강화할 수도 있지만 말이다.[13] 즉각적이고 임박한 위협의 효과는 모든 국가에 적용되며 범위에 크게 제한받지 않는다. 즉, 기존 전략과 새로운 위협 사이에 간극이 존재할 뿐이다.

전략 변화에 대한 두 번째 동기는 즉각적인 위협과 밀접한 관련이 있는데, 적의 군사전략에 대한 평가다. 군은 적의 전쟁계획이 변경되는 것에 대응하기 위해 새로운 전략을 채택할 수도 있다. 소련의 군사교리에 대한 연구에서 킴벌리 마텐 지스크(Kimberly Marten Zisk)는 즉각적인 위협이 없더라도 발생할 수 있는 이러한 변화를 "반응적 혁신(reactive innovation)"이라고 설명한다.[14] 반응적 혁신이 일어날 가능성은 적이 전략을 바꿀 경우 더 큰 위협에 직면하게 되는 전략적 혹은 지속적 경쟁관계에 이미 놓여 있는 국가들에 국한된다.[15] 경쟁자들은 적의 전쟁계획과 능력을 면밀히 감시하고 자신의 전략을 상황 필요에 따라 바꾸어야 한다. 예컨대 지스크는 소련의 교리는 미국의 대전략과 군사교리의 변화에 대응해 바뀌었다고 주장한다. 미국이 서유럽을 방어하기 위해 재래전력의 역할을 확대한 '유연 대응(flexible response)'을 채택하자 소련의 교리도 제한전과 '재래식 옵션(conventional option)'을 강조하는 쪽으로 바뀌었다.[16]

주요 변화에 대한 세 번째 동기는 국가가 군에게 새로운 임무와 목표를 설정해 부여하는 것이다. 이러한 변화의 소스는 군사전략과는 무관하게 일어나기 때문에 환경적인 측면에서 설명이 가능하다.[17] 새로운 임무는 다양한 이유에서 생겨날 수 있다. 예컨대 방어해야 할 새로운 해외 이익의 획득, 동맹국의 안보 수요 변화, 새로운 능력이 필요한 무력 사용의 정치적인 목표상 변화[상실한 영토를 다시 찾거나 완충지대(buffer zone)를 설정하려는 열망이 이에 해당함] 등이다. 예컨대 20세기 초 미국·스페인 전쟁 후 필리핀을 취득함으로써 미국은 새로운 해외 이익을 얻게 되었으며 이에 맞추어 군사전략을 변경했다. 태평양에 식민지를 갖게 되면서 미국은 본토에서 멀리 떨어진 곳에서 해전을 치를 수 있는 준비를 해야 했다. 이에 따라 역내 작전을 지원할 해군기지를 확보하는 상륙전의 중요성이 강조되었다.[18] 마찬가지 사례로 아돌프 히틀러(Adolf Hitler)의 야심은 전격전 능력을 갖춘 부대를 필요로 했다.[19] 새로운 임무를 위해서는 군대가 수행할 새로운 형태의 작전이 필요하며, 이에 따라 다시 새로운 군사전략이 필요해진다. 그러나 변화의 자극은 국가가 처한 더 넓은 국제정치 환경에 놓여 있다.[20] 변화의 소스로서 새로운 임무는 능력이 확대됨에 따라 지켜야 할 새로운 이익이 생겨나는 신흥 강대국과 특히 관련이 깊을 수 있다.

전쟁의 기본적인 기술적 변화가 갖는 장기적 함의는 군사전략의 변화에 네 번째 외부 동기가 된다. 신기술의 출현으로 국가들은 이러한 기술이 전쟁에 갖는 함의를 생각해 보게 되고 따라서 군사전략도 이에 맞추어 조정하게 된다. 이러한 과정에서는 국가가 즉각적이거나 임박한 위협에 직면하지 않는다. 그 대신에 오늘날의 기술 발전이 내일의 전쟁에 어떻게 영향을 미칠지를 고민한다. 예컨대 스티븐 로즌(Stephen Rosen)은 비행기의 발명으로 항공모함이 개발되었으며, 이를 통해 궁극적으로는 전함을 대체해 항공모함이 해군 화력의 중추가 되었다고 주장한다.[21] 하지만 변화의 이와 같은 동기는 국제 체제에서 가장 발전된 국가에게만 주로 적용된다. 이들 국가는 이러한 기술을 개발하거나 전쟁에 적용할 수 있는 성숙한 산업 및 기술적 능력과 함께 군사력을 발전시킬 수 있는 자원도 상대적으로 풍부하기 때문이다.[22]

이들 동기는 각기 다른 상황에서의 전략 변화를 설명할 수 있지만, 완전하지는 못하다. 특히 국가가 이들 동기가 없는데도, 그러니까 즉각적이거나 임박한 위협에 처해 있지 않은데도 왜 군사전략을 바꾸는지를 설명해 주지 못한다. 전략 변화의 또 다른 가능한 동기는 하나 이상의 강대국 또는 (후견국의 무기를 구비한) 그들의 피후견국들이 참여한 마지막 전쟁에서 드러났듯이 국제 체제에서 전쟁 수행의 변화다.[23] 그러한 전쟁들은 마이클 호로위츠가 별도화된 군사혁신들의 맥락에서 "현시점(demonstration point)"이라고 기술한 것과 유사하다.[24] 이 동기는 국가가 전쟁을 계획하는 방법과 미래 전쟁의 요건 사이에 차이가 존재한다고 생각되는 경우에 특히 강력하다. 예컨대 1973년 아랍·이스라엘 전쟁은 1945년 이후 군사 전문가들의 크나큰 관심을 불러일으킨 사건인데 장갑전의 함의와 작전적 수준의 전쟁에 대한 중요성 때문이었다.[25] 마찬가지로 1990~1991년의 걸프 전쟁은 최신의 지휘·통제·정찰·감시 체계와 함께 사용될 때 정밀타격무기가 가진 잠재력을 보여주었다.[26] 물론 모든 국가가 같은 분쟁을 보고 같은 교훈을 얻는 것은 아니다. 그 효과는 국가의 안보 환경, 군사 능력 및 자원들에 따라 달라질 것이다.[27] 그럼에도 불구하고 다른 국가들이 벌이는 전쟁들은 기존 관행뿐 아니라 학자들이 군사 혁명이나 혁신이라고 부르는 것들의 중요성이나 효용성을 보여줄 수도 있다.

이러한 주장은 모방과는 어떻게 다를까? 케네스 월츠(Kenneth Waltz)는 『국제정치이론(Theory of International Politics)』에서 국제정치가 "경쟁적인 영역(competitive realm)"이기 때문에 국가들은 체제에서 가장 성공적인 군사 관행을 복사하고 모방할 것이라고 주장한다. 특히 월츠는 "교전국들은 (무기와 전략을 포함해) 가장 능력 있고 독창적인 국가가 만들어낸 군사혁신을 흉내 낸다"

라고 생각한다. 월츠의 주장에는 변화에 대한 잠재적 동기(경쟁)뿐 아니라 그러한 변화가 발생하는 메커니즘(뒤에서 논의할 모방) 모두가 포함된다. 하지만 언제 그리고 왜 국가들이 군사전략의 변화를 추진하는지에 관한 가능한 동기 면에서 볼 때 월츠의 주장은 구체적이지 못하다. 월츠가 전략 변화의 이유로 경쟁을 강조하지만 특정 시점의 변화에 대한 구체적인 동기가 분명하지 않다. 앞서 논의한 바와 같이 기존 문헌의 다수는 전략을 변경하는 데 있어 국제 체제의 경쟁적인 압력이 만들어내는 상이한 동기들을 확인하고자 하는 쪽으로 치우쳐 있다. 무정부상태하에서의 경쟁으로 국가들이 군사전략을 바꾸지만, 더욱 흥미로운 질문은 언제 그리고 왜 그러한 변화가 발생하는가이며, 이는 월츠가 제시하는 일반적인 주장을 넘어서 살펴보아야만 대답이 가능하다.

전쟁 수행의 변화는 군사전략의 주요 변화에 대한 그러한 인센티브 중 하나다. 국제 체제에서 전쟁이 발발하면 국가들은 그 전쟁이 보여주는 주요 특징과 자국 안보에 대한 함의를 평가할 가능성이 크다. 자국의 전략 상황에 따라 국가들은 모방하려고 하거나 대항 조치와 같이 다른 대응을 발전시킬지도 모른다. 1999년 코소보 전쟁은 흥미로운 사례다. 스텔스와 정밀타격 능력의 발전을 강조했을 뿐 아니라 위장과 같은 단순한 전술과 절차가 정밀타격무기의 파괴적인 효과를 잠재적으로 둔화시킬 수 있음을 보여주었기 때문이다.[28] 공습에 취약한 국가들은 전자보다 후자에 초점을 두어왔을 것이다. 월츠도 모방이 비슷한 경쟁국이나 "교전국들" 사이에서 발생할 가능성이 가장 크다고 주장한다. 그렇지만 현대 분쟁에서 얻을 수 있는 교훈들은 개발도상국이나 중국처럼 군 현대화가 늦은 국가들에게 특히 의미가 있어야 한다. 이들 국가는 아직 비슷한 수준의 경쟁국은 아니지만 군대를 강화하고자 하면서 부족한 자원을 조심스럽게 방어에 할당해야 하는 국가들이다.

외부 위협에 대항해 국가를 방어하는 것이 대부분 강대국이나 강대국이 되고자 하는 국가의 군대에게는 기본적인 임무이기 때문에 변화에 대한 외부 동기가 학술 문헌에서 가장 많은 관심을 받았다. 그럼에도 불구하고 내부 동기도 전략 변화의 촉발점이 될 수 있다. 그러나 다음에서 간단히 살펴볼 조직적 편견과 군대 문화에 관한 주장들은 대개 군사 조직의 정체나 변화 부족을 설명하기 위해 제시된다. 이런 이유로 이 책에서 제기하고 있는 '언제 그리고 왜 중국이 군사전력을 바꾸는가'라는 질문에 대답을 주기에 적합하지 못하다.

변화에 대한 내부 동기 중 첫 번째는 자율성, 위신 혹은 자원을 증가시키는 공격적 작전에 대한 선호나 군대의 조직적 성향이다. 이러한 동기의 논리는 조직 이론에 크게 의존하고 있다. 하지만 그러한 편견들은 민간 통제가 약하거나 우호적인 외부 환경으로 민간의 감시가 제한되거나 조직적 편견이 전략에 영향을 미칠 수 있게 하는 경우에만 전략에 대해 영향을 미칠 수 있다.[29]

두 번째 내부 동기는 공격적 성향 외에 군대의 조직 문화다. 군대의 조직 문화는 군대가 채택하고 싶어 할 만한 전략을 비롯해 군대의 선호에 영향을 줄 수 있다. 전간기 영국군과 프랑스군의 조직 문화의 역할을 검토한 연구에서, 엘리자베스 키어(Elizabeth Kier)는 프랑스의 민간 정부가 징병제를 1년으로 제한했을 때 군대가 방어적 교리를 채택했다고 주장한다. 그러한 모병으로는 보다 강건한 방어에 필요한 공격적인 작전을 수행할 수 없을 것이라고 군부가 생각했기 때문이다.[30] 보다 최근에는 대반란(counterinsurgency) 작전에 관한 자세한 연구에서 오스틴 롱(Austin Long)은 미국 육군, 미국 해병대, 영국 육군에 깊이 뿌리박힌 문화가 그들이 채택한 공식 교리나 작전교리와는 무관하게 그러한 작전을 수행하는 방법을 어떻게 형성했는지를 보여준다. 조직 문화의 영향은 정보가 확실하지 않은 작전 환경에서 특히 두드러진다.[31]

3. 군사전략의 주요 변화 메커니즘

전략 변화에 관한 설명 중 두 번째 구성 요소는 변화가 발생하는 메커니즘으로 이는 새로운 군사전략이 어떻게 마련되고 채택되는지에 영향을 준다. 군사교리와 혁신에 관한 문헌에서 군사 조직에서 어떻게 변화가 일어나는지에 관한 논쟁의 대부분은 민간의 개입이 필요한지, 변화가 군 장교들이 주도할 수 있는지, 변화가 독자적으로 일어날 수 있는지 등에 집중되어 있다. 이에 대한 해답은 민군관계의 구조와 그러한 구조가 군 지도자들에게 권한을 부여하는지에 달려 있다. 중국처럼 국가의 군대가 아닌 당의 군대를 가지고 있는 사회주의국가에서는 민군관계의 구조 때문에 특정 조건하에서 고위 군 장교들이 전략 변화에 착수할 수 있는 권한을 부여받는다. 여기서의 특정 조건은 당이 단결 상태에 있고 군사에 관한 책임이 군에 위임되어 있는 경우를 말한다.

1) 민간의 개입 vs 군 주도의 변화

군사 조직에서 변화 메커니즘 중 가장 많이 논의된 두 가지는 민군 엘리트의 상대적 역할에 관한 것이다. 어떤 학자들은 민간의 개입이 중대한 변화에 필요하다고 주장하는 반면에 다른 학자들은 그러한 변화는 고위 군 장교들이 독자적으로 그리고 독립적으로 주도할 수 있다고 주장한다.

군사전략의 주요 변화에 대한 메커니즘으로서 민간의 개입은 가장 일반적으로는 높은 위협에 놓인 환경이나 수정주의적 목표를 가진 국가들과 관련이 있다. 이들 두 조건은 국가의 안보를 보장하거나 야심 찬 정치적 목적을 달성하기 위해 국가의 대전략을 군사전략과 통합하도록 한다.[32] 그럼에도 연역적으로 생각해 보면 전략 변화에 대한 다른 동기들도 민간의 개입을 통해 생겨나지 않을 이유가 없다. 다만 기본 기술 변화의 장기적인 군사적 함의에 관한 경우는 예외다. 그렇지만 이 경우에도 새로운 무기체계를 개발하려는 노력들은 민간의 통제를 받는 재원을 필요로 할 것이다.

군사 변화에 대한 민간의 개입은 직접적일 수도 있고 간접적일 수도 있다. 직접적인 예로는 민간인 정치 지도자가 군대의 변화를 밀어붙이는 경우를 들수 있는데 제2차 세계대전 전에 독일 국방군(Wehrmacht)에 대한 히틀러의 개입이 여기에 해당한다.[33] 간접적인 형태로는 문민통제 메커니즘의 구조와 강도의 측면에서 민간인들이 바라는 변화를 추진하도록 하는 강력한 인센티브를 군 장교들에게 부여하는 경우다. 대반란 교리에 관한 연구에서 데버라 아반트 (Deborah Avant)는 군대의 진급을 관리하는 내각에 문민 감시와 감독이 집중되어 있었기 때문에 영국군은 정치 지도자들이 원하는 대반란 작전에 적응했음을 보여준다. 미군은 행정부와 입법부가 군대에 대한 통제를 공유하기 때문에 그러한 작전에 적응할 능력이 적었다. 통제가 공유되면 일부 문민 감독에 군 엘리트들이 저항할 수 있기 때문이다.[34]

민간이 개입하지 않는 군 주도의 변화는 전략 변화의 또 다른 메커니즘이다. 이 메커니즘은 변화가 내부로부터 발생할 수 있다고 상정하며 민간의 압박 없이 고위 군 장교들이 주도하는 군대의 자율성을 강조한다.[35] 원칙상 앞에서 확인된 외부 동기 중 어느 하나에 대응하기 위해 전략을 바꾸는 것을 고위 장교들은 지지할 것이다. 몇몇 학자가 강조하듯이 군 장교들은 민간인보다 전쟁 수행의 변화에 더 민감할 수 있다. 장교들은 전장에서 이러한 변화에 맞설 계획을 세워야 하기 때문이다.

이들 두 가지 메커니즘, 즉 민간의 개입과 군대의 자율성은 대개 상반되는 주장으로 여겨진다. 군사혁신에 관한 대부분의 연구가 이들 두 가지 접근법을 비교하며 시작한다.[36] 그럼에도 불구하고 이들 메커니즘은 두 가지 범위 조건에 따라 일반적으로 생각되는 것보다 매우 상호보완적일 수 있다. 첫 번째 범위 조건은 국가가 직면하는 외부 위협의 긴급성과 강도다. 위협이 더 긴급하고 클수록 민간인 지도자들은 군의 전략을 감시하고 위협에 잘 대처하지 못하는 경우에는 개입할 가능성이 더욱 커진다.[37] 반대로 위협이 그다지 긴급하거나 강력하지 않다면 전략 변화는 군사 조직 내부에서 발생할 가능성이 더 커진다. 군이 미래 안보 환경에 대한 요건들을 고려하기 때문이다.

두 번째 범위 조건은 설명하고자 하는 조직 변화의 수준과 관련이 있다. 민간의 개입은 전술과 작전 수준에서 전략 수준으로 옮겨갈 때, 정보 비대칭이 감소할 때, 군대에 대한 민간의 영향력이 전달되는 공식 채널이 많아질 때 발생할 가능성이 더 클 것이다. 반면에 군 주도의 변화는 전략 수준에서 작전과 전술 수준으로 군사 조직 내의 이동이 있을 때 발생할 가능성이 더 클 것이다. 이는 특화된 기술 지식의 중요성 때문인데 대부분의 민간인들에게는 이러한 지식이 부족하다.

국가 군사전략은 군무 수준에 해당하는 것으로 이 수준에서는 민간과 군 엘리트들이 전략 변화의 과정을 형성하는 데 있어 서로 동등한 위치에 놓이게 된다. 민간인들은 전략을 고안하고 실행하기 위해 군의 전문적이고 기술적인 지식에 의존해야만 하는 반면에, 군대는 새로운 전략을 실행하기 위해 필요한 자원을 민간인에게 의존한다. 정말 그렇다고 한다면 민군관계의 구조와 군대에 대한 위임의 정도는 군사전략의 주요 변화에 착수하는 민간인이 되었든 고위 군 지도자가 되었든 어느 한쪽에게 상대적으로 더 큰 기회를 만들어주는 중요한 역할을 해야 한다.

민군관계의 구조가 민간 엘리트와 군 엘리트 중 누가 군사전략의 변화를 추진할 가능성이 더 큰지를 결정할 수는 있지만, 군사혁신과 민군관계에 관한 학자들의 의견이 완전하게 일치된 것은 아니다. 한편으로 민군관계에 관한 연구들은 작전교리나 효율성이나 혁신과 같이 흥미로운 군사적 결과를 설명할 수 있는 독립변수로서 그러한 주제를 거의 다루고 있지 않다.[38] 그 대신에 대부분의 연구는 민군관계의 역학과 민간 영역에서 군사적 개입의 가능성을 설명하고자 한다. 민간 영역에서 군사적 개입은 쿠데타, 쿠데타를 제외한 정치에 대한 군의 영향, 민군 갈등, 민간 요구에 대한 군의 준수, 민간 위임의 동학 등을 말한다.[39] 학자들은 이제 막 민군관계를 군사뿐만 아니라 정치적 결과를 설명할 수 있는 변수로 살펴보기 시작했다. 이 경우 군무에 있어 매개변수와 독립변수 둘 다로 더 많은 관심을 기울여야 한다.[40]

다른 한편으로 군사혁신에 대해서 민군관계와의 명백한 연결 고리를 보여주는 연구도 거의 없다. 물론 민간의 개입이 논의되기는 하지만 대개 민군관계에 대한 이론적 접근의 맥락에서는 아니다. 예컨대 제1차 세계대전에 관한 많은 연구는 갈등으로 치닫는 과정에서 군부가 보여준 공격적 성향의 주요 근원으로 약한 문민통제를 꼽고 있다.[41] 유사하게 아반트도 제도론의 측면에서 주장을 전개하기는 하지만, 주장의 논리는 민주적 체제에서 문민통제의 상이한 메커니즘이 만들어낸 군사 변화에 대한 유인책과 이들 메커니즘이 어떻게 민간인의 선호에 대해 군의 반응성을 형성했는지에 기반하고 있다.[42] 마찬가지로 전간기 프랑스군과 영국군 교리에 관한 키어의 연구에서도 핵심 변수는 사회에서 군대의 역할에 대해 민간 엘리트 사이에서 이루어진 합의의 정도. 합의가 없는 경우 정치 엘리트들은 군무에 더 많이 개입하려고 한다.[43] 끝으로 자율성을 위한 투쟁은 지스크의 소련군 교리에 관한 연구에서 두드러지지만, 소련의 민군관계에 관한 연구나 민군관계에 대한 더 일반적인 이론들의 측면에서는 논의된 적이 없다.[44] 이와 같은 연구들은 매우 지엽적이다. 그 대신에 이들 연구는 주어진 사회에서 민군관계의 구조로 인해 민간 엘리트나 군 엘리트가 어떻게 전략 변화의 과정을 이끌고 이러한 변화에 착수할 기회를 만들어내는지를 보여준다.

2) 사회주의국가의 당 통일성과 군사 변화

중국과 같은 사회주의국가에서 두드러지는 민군관계는 민간의 개입 없이 고위 군 장교들이 군사전략의 변화를 시작할 권한을 위임받을 수 있음을 암시한다. 민군관계에 관한 논의는 거의 늘 새뮤얼 헌팅턴(Samuel Huntington)이 『군인과 국가(The Soldier and the State)』에서 제기한 주장들로 시작한다.[45] 그럼에도 불구하고 그의 프레임워크는 사회주의국가들에게는 잘 들어맞지 않는다. 사회주의국가들은 일련의 강력한 정치적 통제에 놓여 있고 일상적으로 군 영역 외의 활동에 연관되며 때로는 당내 갈등에 참여하는 전문적인 군대를 특징으로 하고 있다. 간단히 말해 민간 영역과의 관계에서 당군은 국군과는 근본적으로 다르다. 사회주의국가에서 보다 적합한 연구 주제는 민군관계가 아니라 '당

군'관계다.[46] 헌팅턴은 국가와 군대 사이에는 태생적으로 갈등이 존재하며, 가장 큰 위험은 특히 쿠데타와 같이 정치에 대한 군대의 개입이라는 전제에서 시작한다. 그러나 당군을 가진 대부분의 사회주의국가에서는 이러한 문제점이 없다. 공산주의 국가에서 군대가 주도하는 쿠데타, 특히 폭력 혁명을 통한 쿠데타가 전혀 없었다고 할 수는 없지만 거의 없었다.[47] 군대가 정치에 정말로 개입할 경우에는 군이 자체적으로 권력을 잡는 것이 아니라 집권 공산당의 헤게모니를 유지하려고 한다.

중국과 같은 사회주의국가에서 전략 변화의 시기와 프로세스에 대한 민군관계의 영향은 이들 사회의 정치 권위의 구조를 반영한다. 소련 민군관계의 다양한 개념화를 기반으로 아모스 펄머터(Amos Perlmutter)와 윌리엄 리오그랜드(William Leogrande)는 사회주의국가에서의 민군관계에 대한 통합된 이론을 개발하려고 했다.[48] 그들은 사회주의국가들이 전위(vanguard) 정당의 정치적 헤게모니를 특징으로 한다고 설명한다. 이러한 헤게모니는 군을 비롯한 정당이 아닌 모든 제도가 (당이 통제하는) 국가가 아닌 당에 종속될 것을 요구한다. 비정당 행위자들의 종속은 수많은 메커니즘을 통해 이루어지고 유지된다. 이를테면 당과 군 모두에서 고위직을 차지하는 겸직위원(interlocking directorate)이라고 알려진 이중 엘리트의 창설뿐 아니라 군내 정치위원과 당위원회(黨委)라는 당 구조의 건설 등이 그것이다. 그러나 당에 대한 군의 종속이 군사 영역에서 군이 자율성을 갖지 못함을 의미하지는 않는다. 당이 요구하는 업무를 수행할 수 있도록 당은 군에게 충분한 자유를 부여해야 한다. 예컨대 전쟁 진행이 기술적으로 복잡하기 때문에 사회주의국가의 군대는 필요한 업무를 수행하기 위해 군무에서 더 많은 자율성을 누릴 가능성이 크다.[49]

펄머터와 리오그랜드는 그들의 분석에서 사회주의국가의 민군관계에 관해 몇 가지 결론을 도출한다. 첫째, 국가정책에 대한 갈등은 당과 국가 혹은 당과 군과 같은 제도 사이에서가 아니라 당내에서 해결된다. 둘째, 이러한 제도적 방식으로 인해 군대가 정치에 참여하는 것은 비공산권 국가에서처럼 예외적인 것이 아니라 규범이다. 윌리엄 오덤(William Odom)이 적었듯이 당적을 가진 군 장교는 '당의 대리인'이기 때문에 당군이 정치에 관여할 수 있다. 셋째, 군이 단호하게 정치 영역에 개입할 때는 권력을 잡기 위해서라기보다는 당과 당의 국가에 대한 헤게모니를 지지하고 유지하기 위한 것이다. 군이 당내 한 분파를 지지하기 위해 개입할 때조차도 이러한 내용이 적용된다. 개입을 촉발하는 것은 군의 권력에 대한 욕망이 아니라 헤게모니 지위를 위협하는 당의 분열이다. 펄머터와 리오그란드가 다루지 않은 마지막 함의는 군이 국가에 대한 외부 위협뿐 아니라 지속적인 헤게모니를 위협하는 내부 위협에 대해서도 당을 지켜야할 필요가 있다는 점이다. 따라서 사회주의국가의 군대는 반체제 인사와 반대운동을 진압하는 것을 비롯해 당이 계속해서 생존하는 데 필요하다고 생각하는 임무를 수행할 것으로 기대된다.

펄머터와 리오그란드는 당군관계가 어떻게 군이나 전략적 결과에 영향을 미칠 수 있는지를 고려하지 않는다. 그럼에도 불구하고 당군관계의 구조는 사회주의국가에서 당의 엘리트와 군의 엘리트 중 어느 쪽이 군사전략상 변화를 추진할지 그리고 언제 추진할지에 영향을 준다. 사회주의국가의 군대는 상당한자율성을 누릴 수 있기 때문에 전략 변화의 프로세스를 개시할 위치에 있다. 그러나 군 지도자들도 당원이기 때문에 당의 더 큰 정치적 목표와 우선순위에 부합하는 새로운 전략을 마련할 것이다. 오덤이 주장하듯이 사회주의국가의 군대는 다른 국가기관들과 마찬가지로 당의 "행정 부문(administrative arm)"이며, "(다른 국가기관들에서) 분리되거나 (이들과) 경쟁적인 무언가는 아니다".[50]

당군관계에 관한 이러한 견해가 맞는다면 사회주의국가에서 전략 변화의 시기와 프로세스는 당의 통일성에 달려 있다. 이러한 통일성이 군무를 고위 군 장교들에게 실질적으로 위임할 수 있는 조건이다. 당 통일성이란 근본적인 정책질문[잘 알려진 당노선(party line)이나 일반 지침]과 당내 권력 구조에 대한 당 최고 지도자들의 합의를 말한다. 당이 통일되어 있는 경우 미미한 감시만 유지한채 군무에 대한 책임을 군대에 위임할 것이다. 그 결과 고위 관료들은 국가의 외부 안보 환경에 따라 필요하다면 군사전략의 주요 변화에 착수하고 새로운 군사전략을 마련하는 데 결정적인 역할을 할 가능성이 크다. 당이 통일되어 있을 때 군대는 오직 하나의 행위자, 즉 당에만 예속되며 이를 통해 군의 영역에서는 전략 변화를 추진하기 위한 자율성을 유지한다. 당의 다양한 통제 메커니즘을 고려할 때 군은 확실히 당의 더 큰 정치적 목표에 부합하는 정책을 채택할 것이다. 군사정책과 전략에 대한 논의는 물론 가능하지만 당내에서 이루어진다. 이런 식으로 당의 통일성은 헌팅턴의 객관적인 문민통제라는 이상과 비슷한 환경을 조성한다. 즉, 당군은 정치화된 군대지만 전문성을 함양한다. 헌팅턴의 말을 빌리자면, 이것은 "주관적인 객관적 통제(subjective objective control)"라고 할 수 있을 것이다.[51]

당의 통일성이 사회주의국가에서 전략 변화를 가능하게 하는 이유는 전략 평가에 관한 리사 브룩스(Risa Brooks)의 주장을 통해 설명이 가능하다. 브룩스는 전략 평가라는 문제에 대해 민간 엘리트와 군 엘리트 간에 선호 차이가 적을 때 그리고 군대의 정치적 지배가 높을 때 국가들은 '최고'의 평가를 내놓을 가능성이 가장 많다고 주장한다.[52] 여러 방식으로 당군관계는 그러한 관계성을 반영한다. 동일한 헤게모니 사회주의 정당의 일원으로서 당 최고 지도부와 고위 군 장교 간에 발생하는 선호의 차이는 적어야 한다. 동시에 당군은 정의상 공산당의 정치적 지배하에 있다.[53]

반대로 당 최고위층의 분열은 국가가 변화에 대한 강력한 외부 유인에 직면한 경우라도 주요한 전략 변화가 이루어지지 못하게 할 가능성이 있다. 분열은 당군의 전략적 의사결정을 몇 가지 이유에서 무력화시킬 수 있다. 첫째, 군은 통치나 법과 질서 유지와 관련된 비군사적 업무를 수행해야 할 수도 있다.[54] 정치적 분열에 따라 국내 불안정이 야기되면 (또는 그 반대라면) 군은 법과 질서를 회복하거나 유지하라는 새로운 우선 임무를 부여받게 될 수 있다. 둘째, 군은 당의 최고위급에서 정치적 논쟁의 대상이나 초점이 될 수도 있다. 군이 당의 헤게모니 지배를 궁극적으로 보장하는 역할을 맡기 때문에 반목하는 집단이나 파벌들은 당내 투쟁에서 우위를 점하기 위해 군에 대한 자신들의 영향력을 확대하고자 할 수 있다. 당내 파벌 다툼은 군에까지 퍼져 군이 군무에 집중할 수 없도록 하기도 한다. 셋째, 당군으로서 군은 당의 정책, 특히 집체활동(mass campaign)과 같은 이데올로기적 활동도 해야 한다. 그러한 활동은 군의 훈련을 방해하고 전략 변화와 같은 더 큰 정책의 결정을 정치화할 것이다. 넷째, 군이 분열의 시기에도 단결을 유지하고 비정치화된 상태로 남아 있더라도 당은 전략 변화에 대한 제안을 고려하지 않으려고 할 수 있다. 또는 분열된 당은 주요 정책 결정의 경우와 마찬가지로 군사 변화에 대해 어떤 합의에도 도달할 수 없을 것이다. 다섯째, 군 최고 지도자들도 당내 정치에 관련될 것이며, 이 경우 전략과 같은 군사문제는 뒷전이 된다.

연역적으로 당 분열의 시기는 통일성이 회복되면 자신의 이익을 위해 그 파벌이나 집단의 지지를 얻는 대가로 군에게 한 파벌이나 집단을 지지할 기회를 줄 수도 있다. 예컨대 군은 분열의 시기를 끝내기 위한 지지의 대가로 새로운 군사전략의 승인이나 더 많은 예산을 요구할 수 있을 것이다. 그럼에도 불구하고 당군은 이러한 종류의 거래에 그다지 참여할 수 없거나 참여하고 싶어 하지 않을 것이다. 군의 개입은 통일성을 회복시키는 것이 아니라 사실상 당과 군에 더 많은 해를 끼치는 더 큰 당내 긴장의 근원이 될 것이다. 군은 명시적인 정치적 행위자이자 장기적으로 분열과 불안정을 증가시킬 수 있는 힘의 독립적인 소스로 여겨질 것이다. 게다가 분열로 당내 파벌주의가 생겨난다면 당내 경쟁에서 통합된 방식으로 행동할 수 없을 것이다. 그 대신에 군이나 군 내의 파벌은 편협한 조직적 이익을 위해서가 아니라 당의 단결을 회복하기 위해서만 개입할 가능성이 가장 크다.

생각해 보아야 할 마지막 질문은 당의 통일성이 변화에 대한 외부 동기와 독립적인지 하는 것이다. 예컨대 즉각적이거나 임박한 위협의 징후는 당의 통일성을 향상시키고 그에 따라 당 통일성은 외부 환경의 함수가 된다. 민주주의국가에서는 궁극적으로 지도자들이 대중에게 책임을 져야 하고 압박을 받는 동안에는 당파성을 접어둘 가능성이 크기 때문에 외부 위협으로 엘리트의 단결이 향상될 가능성이 있다. 그럼에도 불구하고 외부 위협은 사회주의국가에서는 균열된 공산당을 통일시킬 가능성이 적다. 당 지도부는 대중에게 책임을 질 필요가 없고 당내 권력 분산 또는 기본적이거나 근본적인 정책과 관련된 질문들에 분열을 야기하는 이슈들이 연관되기 때문이다. 외부 위협은 지도자들에게 이러한 차이를 해소하도록 강제할 가능성이 없다. 예컨대 중국의 경우에 문화대혁명 동안 분열된 당 지도부가 1969년 이후 소련과의 긴장이 고조되었는데도 별로 단결된 모습을 보여주지 못했다.

3) 모방 혹은 확산?

민간 개입을 둘러싼 논쟁에 대한 메커니즘의 주요한 대안은 모방과 확산의 과정이다. 군사전략의 변화에 적용해 보면, 모방이나 확산에 관한 주장들은 모두 한 국가가 다른 국가의 전략을 베끼거나 모방하기 때문에 군사전략의 변화가 발생한다고 예상한다. 민간인 지도자와 군 지도자들의 상대적 역할은 대체로 무관하다. 모방과 확산이 선호되는 행동 과정에 관해 엘리트들이 합의를 이룬다고 가정하기 때문이다.

모방은 전략 변화가 발생할 수 있는 한 가지 메커니즘을 제시한다. 이러한 메커니즘은 "힘의 기술과 도구에서 (경쟁은) (……) 경쟁자들과 동질성을 갖게 되는 경향을 만들어낸다". 월츠는 더 나아가 군사적으로 가장 강력한 국가들의 관행을 채택해야 한다고 주장한다. "주요 경쟁국들의 무기나 심지어 전략조차도 전 세계적으로 동질적이 되어[갈 것이다.]"[55] 경쟁은 베끼기와 수렴을 가져온다.[56] 모방은 개발도상국이나 중국과 같은 후발 군사 현대국에게 특히 중요한 잠재적 메커니즘이다. 이들 국가는 군사 능력을 증가시키려는 열망을 가지고 있을 뿐 아니라 현대화 동력을 추동시키기 위해 수입하려고 하는 본보기나 모델을 찾을 것이다.[57]

국제 체제의 경쟁적인 압력은 확실히 새로운 군사전략을 국가들이 채택하도록 이끌 것이지만, 전략의 주요한 변화에 대한 메커니즘으로서 모방은 몇 가지 한계를 지닌다(월츠는 이 문제에 대해 고작 두 단락만 할애했다는 점을 주지하자).[58] 첫 번째 한계는 그것이 가진 논리는 국가들이 선도적인 관행을 흉내 내기 때문에 동일한 전략 환경에 직면할 때 동일한 유형의 전쟁을 벌여야 한다는 점을 암시한다(그러한 전쟁 유형은 완전히 같은 급 혹은 거의 같은 급인 강대국들 간에 산업화된 정복 전쟁일 가능성이 가장 큼). 물론 국가들이 다양한 전략 환경에 직면할 수도 있고, 반드시 다른 나라를 베끼거나 흉내 내지 않고도 대항 조치나 반혁신이나 단순히 다른 전략을 통해 안보 극대화를 가장 잘 달성할 수 있을지도 모른다.[59]

두 번째 한계는 군대들 간에 제도적이나 조직적 유사성이 발생하더라도 국가들의 군사전략에 대한 선택을 설명하는 데는 그다지 도움이 되지 못한다는 점이다. 1918년 이래로 대부분의 국가는 스티븐 비들(Stephen Biddle)이 "현대 체제(modern system)"라고 부른 것의 요소들을 채택하는 쪽으로 옮겨갔다. 이 체제는 "압도적 화력(radical firepower)에 직면해" 군사작전을 수행하기 위한 방법들의 집합으로 정의된다.[60] 현대 체제의 선구자로서 더 이전에는 많은 국가가 대규모 육군(mass army)을 육성했다.[61] 이런 점에서 흉내 내기는 국가들이 가장 높은 수준의 제도적 설계에서 행하고 현대 체제의 형성과 특히 전쟁의 산업화 동안 관련이 있을 수 있는 선택을 설명할 수는 있다. 이와 동시에 전장에서 국가가 현대 체제를 어떻게 구현하려고 하는지를 설명하지는 못한다.[62] 월츠는 군사전략들이 수렴할 것으로 예상했지만 국가들의 상이한 목표, 환경, 능력 때문에 발산된다고 보는 것이 맞을 것이다. 아마도 이런 이유에서 주앙 헤젠시-산토스(Joao Resende-Santos)는 그의 모방에 관한 방대한 연구에서 군사전략을 명시적으로 배제한다.[63]

끝으로 제도와 조직적 형태의 가장 일반적인 수준에서 국가들이 할 만한 일은 다른 국가들이 발전시킨 군사 관행(또는 혁신)을 선택적으로 수용하는 것이다. 사실 국가의 특정한 위협 환경이나 자원 부존과 자원 동원 능력이나 자국 군사 현대화의 수준이나 산업화의 수준 때문에 그러한 선택적 수용이 이루어졌다면 그것은 모방이 아니다. 막대한 지출을 하면서까지 국가들이 대대적으로 모방을 하지는 않을 것이다. 게다가 다른 곳에서 혁신을 수입하는 데 소요되는 시간이 길다는 점을 감안할 때 항상 실용적인 것은 아니다. 그 대신에 국가들은 안보 문제를 위해 가장 효율적인 해결책을 찾을 것이다. 전쟁형식은 현대 체제와 유사하더라도 어떻게 활용할지와 무슨 목적을 위한 것인지는 여전히 국가전략이 결정할 것이다.

군사혁신의 확산에 관해 가장 긴밀하게 관련된 문헌을 보면 언제 그리고 어떻게 모방과 흉내 내기의 과정이 일어나는지를 보다 자세히 이해하고자 한다. 비슷한 점이 있기는 하지만 이 책은 월츠의 모방에 관한 주장과 몇 가지 면에서 차이가 있다. 첫째, 군사혁신의 채택에서 변이를 검토한다. 군사기술의 전파가 어떻게 체제의 힘의 배분에 영향을 미칠 수 있는지를 이해하기 위한 더 넓은 노력의 일환으로 특히 새로운 무기체계의 개발과 같은 기술적 혁신이 검토된다. 둘째, 통상적으로 항공모함이나 핵무기와 같은 별개의 혁신을 검토한다. 셋째, 개별 국가의 선택에 영향을 미칠 수 있는 변수를 검토하기 위해 구조적 요인을 넘어선다. 여기에는 국가들에게 외국의 관행을 수용하도록 하는 요인들뿐 아니라 수용을 못 하게 하는, 특히 문화와 같은 요인들이 포함된다. 잠재적인 요인들의 범위에는 지리, 금융 자원, 새로운 작전교리나 소프트웨어의 채택에 필요한 군의 하드웨어에 대한 접근, 사회적 환경, 민족 문화, 조직 자본, 조직 문화, 관료정치 등이 포함된다.[64]

모방과 같이 확산에 대한 주장들은 목적론적 품질, 즉 군사혁신, 특히 기술적 혁신의 채택이 불가피하고 제한 사항이 적고 자원은 풍부한 경우 발생할 것이라는 감각을 가지고 있다. 예상컨대 국가가 모방을 할 수 있는 수단과 능력을 가지고 있다면 혁신을 베낄 것이라는 점이 기저에 자리 잡고 있다. 수입에 대해 문화나 자원 부족이나 국내 정치와 같은 장벽이 존재한다면 채택은 발생하지 않는다. 예컨대 확산에 관한 최근의 한 연구에서 호로위츠는 국가들은 기술 개발에 자금을 지원할 수 있는 금융 자원과 자생적으로 개발할 수 있는 조직 자본을 갖추고 있을 때 "주요 군사혁신"을 채택할 가능성이 매우 크다고 주장한다. 그러나 확산에 관한 많은 설명은 국가의 안보 환경과 전략 목표에 대한 평가를 고려하고 있지 않다. 이러한 평가는 이어서 국가를 방어하는 데 필요한 능력과 군사혁신에 대한 선호를 식별한다. 다른 적을 마주하고 있고 다른 목표를 추구하는 국가들은 군대를 어떻게 조직하고 외국의 어떤 관행과 혁신을 채택할지에 관해 다르게 결정할 가능성이 크다.

4) 주장의 요약

요컨대 중국이 군사전략의 주요한 변화를 추구하는지는 변화에 대한 강력한 외부 유인에 직면하는지, 그리고 필요하다면 당내 정치가 고위 군 장교들에게 새로운 군사전략을 수립함으로써 이들 변화에 대응할 수 있도록 하는지에 달려 있다. 외부 자극, 즉 전쟁 수행의 변화는 주요한 변화가 발생하는 데 필요조건이 된다. 당의 통일성은 군부가 외부 자극에 대응할 수 있도록 해주는 충분조건이다.

〈그림 1-1〉에서 보듯이 네 가지 결과가 가능하다. 중국이 전쟁 수행의 변화에 직면하고 당이 통일되어 있다면 고위 군 장교들은 군사전략의 주요한 변화를 추진할 것이다. 중국이 전쟁 수행의 중대한 변화에 직면하지만 당이 통일되어 있지 않다면 분열로 인해 군부가 외부 자극에 대응하지 못하기 때문에 (중대하든 사소하든) 아무런 전략 변화도 일어나지 않을 것이다. 반면에 중국이 전쟁 수행의 중대한 변화에 직면하지 않지만 당이 통일되어 있다면, 고위 군 장교들은 외부 환경이 요구하는 경우 군사전략의 작은 변화를 추구할 것이다. 중국이 전쟁 수행의 중대한 변화에 직면하지도 않고 당도 통일되어 있지 않다면 당의 분열로 인해 군부는 전략의 사소한 변화조차도 추진하지 못할 것이다.

그림 1-1 **전략 변화에서 전쟁 수행과 당 통일성**

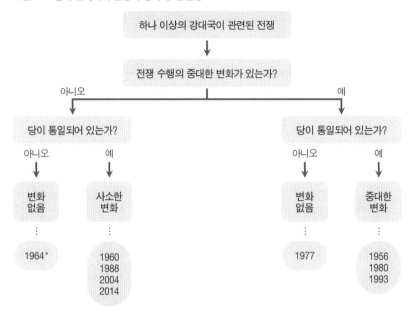

주: 연도는 각 중국 전략방침의 필자 주장의 예상을 말한다. *는 필자 주장에서 예측하지 못한 방침의 채택을 의미한다.

이러한 프레임워크는 군사전략의 변화를 촉진할 수 있는 모든 외부 동기를 수용할 수 있다. 이 책은 과거 중국 전략의 변화들이 전쟁 수행의 변화에 대한 평가에 대응해서 발생했다고 주장한다. 그러나 해외 이익의 확대에 따라 군에 부여되는 새로운 임무와 같이 앞으로는 다른 외부 요인들에 대한 대응으로 중국이 전략의 주요 변화를 추진할 수 있다. 이러한 이익의 강도에 따라서 이러한 과정은 당이 통일된 채로 남아 있는 한 중국 군사전략의 주요한 변화를 야기할 것이다. 그럼에도 불구하고 1949년 이후 전쟁 수행의 중대한 변화는 중국의 고위 군 장교들이 군사전략에서 주요한 변화를 추구한 이유를 가장 잘 설명해 준다.

4. 연구 설계

군사전략의 주요한 변화에 대한 모든 설명은 두 가지 실증적 작업을 완료해야 한다. 첫째는 '주요'하다고 생각될 수 있고 과거 전략과는 확연히 구분되는 군사전략의 변화를 식별해야 한다. 두 번째 작업은 왜 주요 결정들이 다른 시기가 아닌 특정 시기에 행해졌는지를 입증해야 한다. 다음에서는 이 책의 나머지 부분에서 이들 작업을 어떻게 완료할지를 논의하고자 한다.

1) 방법

이 책은 두 가지 추론 방법을 사용한다. 첫째, 중국 군사전략의 세 가지 주요 변화는 각각 전략의 작은 변화 및 전략의 변화가 없던 시기와 비교된다. 이를 통해 어떤 동기와 메커니즘이 주요 변화를 가장 잘 설명하는지를 결정할 것이다. 이러한 비교는 '구조적이고 집중적인 비교' 방법의 변형이다.[65] 두 가지 주요 변화뿐 아니라 작은 변화들 그리고 연속성의 시기까지 모두 검토함으로써 (결과에 편견을 가져올 수 있는) 주요 변화의 사례뿐 아니라 중국 군사전략의 전 범위에 걸친 상이한 결과(variation)를 살펴본다.

둘째, 변화가 발생하는 과정은 군사전략의 변화를 어떤 메커니즘이 가장 잘 설명할 수 있는지를 결정하기 위해 검토된다. 공식 문서와 지도부 담화 등 군무에 관한 1~2차 자료들에 대한 검토는 새로운 전략을 채택하기로 한 결정이 새로운 전략을 채택하는 동기와 일치하는지, 그리고 변화가 고위 군 장교들에 의해 개시되는지를 결정하는 데 도움이 될 것이다. 그러한 과정 추적은 전략의 변화가 발생하는 메커니즘에 대한 평가를 가능하게 해준다.[66]

한 국가의 군사전략에 대해서 수십 년에 걸친 변화의 추적 연구(longitudinal study)는 몇 가지 장점을 갖는다. 정권 형태, 문화 및 지리와 같은 여러 잠재적인 교란 요인들이 통제되는 반면에 국가의 안보 도전, 위협 환경 및 부(富)에서의 광범위한 변동은 허용된다. 또한 한 국가에만 자세히 초점을 맞춤으로써 전략 변화의 과정에 대한 완전한 검토가 가능해지며, 변화가 추진되지 않은 시기와 70년의 시기 동안 발생할 것이라고 기대된 시기를 학사들이 검토할 수 있도록 해준다.

이러한 접근법은 두 가지 측면에서 기존의 추적 연구를 개선한다. 첫째, 동일한 유형의 변화, 즉 새로운 군사전략의 채택으로 분석을 제한한다. 검토되는 변화 유형과 변화가 발생하는 군 조직 내의 수준을 불변으로 유지함으로써 단위 동질성을 확보할 수 있다. 예컨대 지스크의 소련 교리 변화에 대한 연구는 ('유연 대응'에 대한 반응인) 대전략의 변화와 [공지전투(AirLand Battle)에 대한 반응인] 작전교리의 변화를 비교했다.[67] 둘째, 주요한 변화와 사소한 변화와 변화 없음을 구분함으로써 주요 변화에 관한 사례만을 검토함으로써 생기는 선택 편향(selection bias)을 줄이는 비교가 가능하다. 이러한 접근법은 사소한 적응이 아니라 전략의 주요 변화와 연계된 이들 요인을 격리시킬 수 있다.

중국은 군사전략의 변화에 관한 연구에서 풍부한 실증적 환경을 제공한다. 상이한 잠재적 동기들이 많이 제시된다. 우선 1949년 이래 중국이 직면한 위협의 강도가 크게 다르다. 한 가지 수준에서 중국이 즉각적인 공격 위협을 느낀 시기가 몇 차례 있었다. 대만이 군대를 동원한 1962년 봄, 소련과 전바오섬을 놓고 충돌한 후인 1969년, 소련이 수십만 명의 병력을 중국 북쪽 국경에 배치한 1970년대 등이 그러하다. 중국 안보에 대한 위협이 지속된 시기도 있었다. 예컨대 중국이 양대 초강대국에 맞서던 냉전 시기 동안 중국은 반응적 혁신을 촉진할 수 있었던 방식으로 자체 군사전략을 바꾸었다. 마찬가지로 중국의 안보 환경은 지난 70년간 상당히 변했다. 본토 안정과 중국이 영유권을 주장하는 지역에 대한 방어가 중국공산당이 인민해방군(이하 PLA)에 부여한 주요 임무였지만, 중국 경제가 성장하면서 이들 임무는 지난 20년간 확대되기 시작했다. 전쟁 수행에 영향을 미칠 수 있는 기본적인 기술에 관해 중국의 첫 번째 군 현대화가 제2차 세계대전 동안에 나타난 화력 혁명과 핵 혁명의 탄생이라는 그늘 속에서 시작되었다. 커져가는 정보 기술의 중요성과 이에 따라 육성되었다고 알려진 군사혁신(Revolution in Military Affairs: RMA)이 지난 30년 동안 PLA의 현대화와 겹쳐진다. 마지막으로 전쟁 수행에 관해 전시효과를 갖는 수많은 주요 전쟁이 제2차 세계대전부터 2003년 이라크 전쟁에 이르는 이 시기에 발발했다.

2) 중국의 군사전략

중국에서 전략방침은 중국 국가 군사전략의 기초로 작용한다. 중국 지도자였던 덩샤오핑이 1977년에 말했듯이 "명확한 전략방침이 없다면 많은 일들이 잘 해결될 수 없다".[68] 1988년 이후 '전략방침'은 '군사전략방침'으로 기술되어 왔다.[69] 일관성을 위해 이 책에서는 단순히 전략방침이라는 말을 사용하기로 한다.

전략방침은 보다 일반적으로는 전략 개념과 긴밀하게 관련되어 있다. 중국의 군사과학에 대한 접근법 안에서 군사전략에 대한 정의에는 마오쩌둥이 작성한 글의 영향이 남아 있다. 군사 용어에 대한 『인민해방군 해설집』 2011년판에 따르면 전략은 "전쟁 상황의 전반을 이끌고 대비하는 원칙과 계획"이라고 정의되어 있다. 여기에는 공격 전략과 방어 전략 모두가 포함된다.[70] 언어는 다르지만 본질적으로는 미군이 강조하는 전쟁의 '어떻게'에 대한 전략의 정의와 같다.[71]

그러나 군사전략에 대한 PLA의 정의는 추상적이다. 전략은 군 기획, 훈련 및 작전에 대한 일련의 원칙들이 명료하게 전파되었을 때만 구현될 수 있다. 중국의 전략방침은 이러한 원칙들을 담고 있다. PLA가 정의하듯이 전략방침은 "핵심적이고 선별된 군사전략의 구현"이다.[72] 유사하게 중국의 군 학자들은 전략방침을 "전략의 주요 부분이자 중심"으로 기술한다.[73] 공식적으로 방침은 "주어진 기간에 전반적인 전쟁 상황을 기획하고 이끄는 프로그램과 원칙"을 담고 있는 것으로 정의된다. 방침은 군사작전의 전체 과정에 관한 일반적인 원칙과 특정 유형의 작전에 대한 구체적이거나 특정적인 원칙을 모두 포괄한다.[74] 요 건대 전략방침은 중국이 어떻게 앞으로의 전쟁을 수행하려고 하는지에 관한 개 요를 제시한다.

권위 있는 중국 자료에 따르면 방침에는 몇 가지 구성 요소가 있다. 하나는 중국의 안보 환경에 대한 전략적 평가와 중국의 국가이익에 대해 인지된 위협 에 기반한 '전략적 적'과 '작전 대상'의 식별이다.[75] 또 다른 요소는 '최우선 전략 방향'으로 전반적인 분쟁뿐 아니라 군사 배치와 전쟁 대비를 결정적으로 형성 하는 지리적 중심을 말한다. 아마도 핵심적인 구성 요소는 '군사투쟁에 대한 준비의 기초'일 것인데, 이는 어떻게 전쟁이 수행될지를 그리는 전쟁과 작전의 형식(form)이나 형태(pattern)를 기술한다. 전략방침의 마지막 구성 요소는 군 대의 전반적인 사용과 분쟁에서 적용될 일반적인 작전원칙에 대한 '기본적인 지도사상'이다.

전략방침은 재래식 군사작전에 중점을 둔다. 이용 가능한 자료들은 1949년 이후 아홉 개의 전략방침 중 어느 것도 핵무기 사용에 관한 명시적인 지침을 제 시하지 않았다는 것을 보여준다. 중국의 핵전략이 일반적 의미에서 전략방침 과 일치하도록 마련되어 왔음에도 불구하고 말이다. 방침들은 재해 구조나 인 도적 작전과 같은 비전투 작전에 대한 지침도 제시하지 않는다. 때로는 그러한 비전투 임무들이 PLA에 할당되었으며, 2004년 새로운 역사 사명(New Historic Mission)이라는 지시하에 공식화되었다.

전략방침의 수립과 구현은 서구의 군사 기획이 아니라 중국공산당이 어떻 게 정책을 만드는가라는 렌즈를 통해 보아야 한다. 예외가 한 번 있기는 했지 만 중국의 전략방침은 중앙군사위원회(이하 중앙군사위)가 초안을 만들고 채택 한다. 중앙군사위는 PLA에 속하지 않는다. 그 대신에 군사의 모든 측면을 지 도할 책임을 가진 중국공산당 중앙위원회 산하의 당위원회다. 당위원회이기 때문에 당의 최고 지도자가 항상 위원회의 주석을 맡지만, 나머지 위원은 대부분 (그리고 대개는 모두가) 당을 대신해 군무를 관리하는 PLA 지도자들로 채워진다. 새로운 방침은 중앙군사위 판공청이나 총참모부의 지휘부(指揮部)가 초안을 마련한다. 이들은 종종 중앙군사위의 참모부로 기술된다. 「미국 국방전략(US National Defense Strategy)」과는 다르게 직접적인 민간(혹은 당)의 투입은 아주 적다. 당 지도자들은 군사전략을 바꾸려는 고위 군 장교들의 제안에 대응해 대체로 새로운 전략방침의 일반적인 한도(general parameters)를 승인할 뿐이다.

초안이 마련되면 새로운 전략방침은 중앙군사위 확대회의에서 채택된다. 이러한 확대회의에는 중앙군사위 위원들뿐 아니라 부서, 군종, 전구 및 그 밖에 중앙군사위 직속의 최고위급 단위 지도부가 모인다. 통상적으로 새로운 전략방침은 확대회의 참석자들에 대한 연설이나 보고에서 소개된다. 이러한 연설은 중국공산당 전국인민대표대회(全國人民代表大會)에 대한 업무 보고와 같은 지위를 가지며 그 내용은 권위를 가진다고 여겨진다. 그러나 이 책에서 식별된 아홉 개의 전략방침 가운데 새로운 방침을 소개하는 완전한 연설문은 1977년과 1993년에 채택된 방침들의 경우에만 공개적으로 이용 가능하다. 가령 1956년 전략방침은 펑더화이가 중앙군사위 부주석이자 국방부장이었던 때에 발표한 보고에 담겨 있으며, 이 보고 내용은 공개적으로 출판된 적이 없다.

하지만 PLA는 전통적으로 어떤 장교(혹은 군인)라도 전략 수준의 문서를 읽을 수 있게 교리를 출간하는 법이 없다. 따라서 새로운 전략방침과 그에 따라 새로운 전략을 소개하는 연설의 내용은 '전달 문건'이라는 과정을 통해 PLA 내에 전파된다. 이 과정을 거쳐 발췌, 주요 인용, 연설의 요약본이 하위 단위까지 배포되는데, 대개 이들 단위의 지도부가 소집하는 회의에서 이루어진다. 예컨대 1980년에 숭쓰룬(宋時輪) 군사과학원 원장은 다음과 같이 불만을 표시했다. "기본적으로 전략방침 문제에 관한 마오쩌둥 동지의 완전한 지시 문건이 없다. 그 대신 회의에서 연설의 일부나 당과 군 지도자들 간의 대화에서만 언급되어 왔다."[76]

전략방침은 방침에 불과하다. 높은 수준의 중국공산당 정책 수립과 마찬가지로 새로운 전략방침의 채택은 새로운 전략의 개시만을 제시한다. 방침들은 달성해야 할 주요 목표와 이러한 목표 달성을 이끌 원칙을 담고 있다. 새로운 방침은 대개 어떻게 새로운 전략이 구현되어야 하는지를 자세히 보여주지 않거나 PLA 자료가 "국방과 군 건설"이라고 기술하는 것을 달성하기 위해 수행해야 할 임무들의 분명하고 완전한 목록을 담고 있지 않다. 방침의 목표와 원칙에 부합하는 방식으로 자세한 내용은 나중에 추가될 것이라고 기대된다. 많은 사례에서 계획에 따른 세부 내용은 군대의 다음번 5개년 규획을 개발할 때 결정된다.

전략적 결정 분석을 어렵게 하는 것은 PLA 외에 공개적으로 이용 가능한 방침에 관한 정보가 매우 적다는 점이다. 대체로 중앙군사위 확대회의들은 군이나 당 기관지에서 보도되지 않는데, 즉 이러한 회의의 내용도 보도되지 않는다는 것을 의미한다. 따라서 새로운 전략방침은 채택된 당시에는 PLA 외부로 발표되지 않는다. 예컨대 펑더화이가 개발한 1956년 방침은 PLA의 주요 신문인 ≪해방군보(解放軍報, Liberation Army Daily)≫나 중국공산당 중앙위원회의 기관지인 ≪인민일보(人民日報, People's Daily)≫에 전혀 발표된 적이 없다. 마찬가지로 1993년 전략방침을 수정한 2004년 개정에 관해 처음으로 언급한 것도 나중에 『장쩌민 선집[江澤民文選]』의 마지막 항목에 각주로 들어간 것이었으며, 『2004년 국방백서』에서는 간접적으로만 언급되었다.[77]

이러한 어려움에도 불구하고 새로운 전략방침이 수립되고 전파되는 절차의 몇 가지 측면은 중국 군사전략의 변화를 설명하기에 적합하다. 첫째, 방침이 내부적으로 제시되고 공개적으로 발표되지 않기 때문에 분석가들은 외국의 적이나 국내 청중에게 신호를 보내기 위한 노력의 일환으로 채택된 것이 아니라는 점을 확신할 수 있다. 둘째, 다른 몇몇 군대들과 달리 중국의 새로운 전략들은 일정표에 따라 채택되지 않는다. 예컨대 미국의 '4개년 국방검토(Quadrennial Defense Review)'나 일본의 '방위계획대강(防衛計劃の大綱, National Defense Program Outline)'은 각각 4년과 10년이라는 거의 정해진 일정에 따라 발표된다. 그 대신에 중국의 전략방침은 PLA 지도부가 (당 최고 지도자의 승인에 따라) 전략 변화가 필요하다고 결론을 내렸을 때 수립된다. 이러한 이유로 새로운 방침의 채택을 촉발하는 이들 요인을 따로 떼어놓는 것이 보다 용이해진다. 끝으로 새로운 전략이 채택될 수 있는 속도도 시간과 밀접한 상관성을 갖기 때문에 새로운 방침의 수립을 촉진하는 이들 요소를 식별하는 데 도움이 된다.

3) 중국 군사전략의 주요 변화 식별

국가의 국가 군사전략의 변화가 주요한지 아닌지를 결정하는 데는 세 가지 지표가 활용될 수 있다. 전략의 주요 변화의 본질은 군대가 미래 전쟁을 어떻게 대비하도록 요구하는지다. 특히 이는 군의 작전교리, 군 구조, 훈련의 변화를 요구한다.

작전교리　작전교리(operational doctrine)는 군이 작전 수행 계획을 어떻게 세울지를 설명하는 원칙과 개념을 말한다. 작전교리는 대개 야전교범이나 수칙으로 성문화되고, 그다음에 조직 전체에 배포된다. 작전교리의 변화는 두 가지 각기 다른 기준에서 주요 변화로 간주된다. 첫째, 새 교리의 내용과 그것이 기존 교리와 차별성을 보이는지 여부다. 예컨대 1982년 미국 육군이 『필드 매뉴얼 100-5(FM 100-5)』의 신판을 발간했는데, 이는 기본 작전교리를 담고 있었다. 이 버전은 동일한 문서의 1976년판과 비교했을 때 보다 공격적이고 보다 기동 위주인 접근법을 채택함으로써 미국이 서유럽을 지키기 위해 어떻게 준비할지에 관한 극적인 변화를 반영했다.[78] 둘째, 새 교리가 모든 관련 단위에 전파되는지 여부다. 새로운 교리가 작성되었지만 전파되지 않았다면, 부대들이 훈련하는 방식과 군대가 장비를 갖추는 방식에 영향을 미칠 가능성이 없다. 예컨대 1990년대 초 영국 육군은 대반란 작전의 새로운 교리에 관한 초안을 마련했다. 그러나 이 문서는 단지 200부의 복사본만 제작되었고 영국 육군은 이라크 전쟁과 아프가니스탄 전쟁까지도 이 교리를 채택하지 못했다.[79] 중국에서 작진교리는 작진수칙에 담기는데, 작진수칙에는 전투수칙과 「전역강요(戰役綱要)」가 포함된다.

군 구조   군 구조(force structure)는 (육군, 해군과 같은) 다른 군종의 그리고 (육군이나 기갑부대와 같은) 특정 군종이나 병과나 전투병과 내에서 상대적 역할의 측면에서 군대의 구성을 말한다. 군종 간 및 군종 내 군 구조의 변화는 전략 변화의 중요한 지표다. 조직 내 희소한 자원의 배분과 특정 작전을 수행하는 다른 군종의 상대적 능력과 관련이 있기 때문이다. 또한 지휘 구조의 내재적 변화를 반영할 수도 있다.

군사전략의 주요 변화는 군 구조에 다양한 방식으로 반영될 수 있다. 첫째, 전략 변화는 자원의 분배와 서로 다른 군종 병과의 상대적 중요성을 바꿀 수 있다. 한 가지 예가 육군 예산을 삭감해 해군에 자원을 배분함으로써 육군 대신 해군을 강화하는 것이다. 둘째, 새로운 전략은 새로운 임무를 완수하기 위해 새로운 전투병과나 다른 부대의 창설을 요구할 수 있다. 셋째, 새로운 전략은 부대들이 어떻게 장비와 무장을 갖추는지를 바꿀 수 있다. 예컨대 보병 사단은 부대가 차량으로 전장에 이동하도록 되었는지 아니면 구보로 이동하도록 되었는지에 따라 가볍고 차량화되거나 기계화될 수 있다. 유사하게 해군은 잠수함만을 갖추거나 수상 전투함만을 갖추거나 아니면 이 둘의 조합을 가질 수 있다. 넷째, 전략 변화는 특정 군종이 조직되는 방식을 바꿀 수 있다. 예컨대 육군은 사단을 조직의 기본 단위로 사용하거나 아니면 더 작은 여단을 사용할 수도 있다. 마지막으로 군이 부대에 제공하는 무기와 장비의 유형과 더불어 이들 무기의 연구·개발에 투자하는지 아니면 외국에서 구매하는지도 조직 변화의 중요한 지표들이다.

훈련 어떤 군 조직 내에서든 훈련(training)은 비용이 많이 들고 복잡한 활동이다. 어떻게 군이 부대를 훈련하고 얼마나 자주 훈련하는지는 군사전략의 주요 변화를 또 다른 측면에서 이해할 수 있게 해준다. 훈련의 첫 번째 요소는 직업 군 교육체계의 교과과정과 그 교육체계가 사병과 장교들에게 그들이 새로운 전략을 실행하는 데 필요한 기술을 제공하는지 여부다. 교과과정이 전략의 내용에 부합하지 않으면 조직이 주요 변화를 추진하려고 하지 않았음을 암시한다. 훈련의 두 번째 요소는 군 연습의 빈도, 범위, 내용으로 이것들이 교실에서 배우고 전략에서 요구하는 것과 일치하는지 여부다.

중국에서 PLA는 1949년 이후 군 교육에 관한 군 전체회의를 14차례 개최했다. 이들 회의의 다수는 1950년대에 열렸는데 이 시기는 중국이 직업 군 교육체계를 마련하던 때다. 이들 회의는 중국의 직업 군 교육에 지침을 제공하려는 목적이었다. 그 결과, 회의들은 주요 군사 변화를 측정하는 데 한 가지 잠재적인 데이터 소스를 제공한다.[80] 훈련에 관해 PLA는 군사훈련의 목적과 특히 군의 연습이 매년 어떻게 행해져야 하는지의 측면에서 전체 군에 지침을 제시하는 여덟 개의 훈련대강을 발표했다. 이들 훈련대강의 발표는 그것을 구현하는 연습의 내용과 함께 군사전략의 변화가 주요한지 사소한지를 결정하는 데 사용될 수 있다.

〈표 1-1〉은 이들 기준에 따라 중국의 아홉 개 전략방침의 목록을 제시한다. 표에서 보듯이 PLA는 1956년, 1980년, 1993년에 군 전략의 주요 변화를 추진했다.

4) 전쟁 수행의 변화

군사전략의 주요 변화에 대한 한 가지 외부 동기는 전쟁의 작전적 수행에서의 중대한 변화다. 그러한 변화에 대한 평가는 적어도 강대국 중 한 국가나 강대국의 무기와 장비를 사용하는 강대국의 피후견국 중 한 국가가 연관된 전쟁

표 1-1 1949년 이후 중국의 군사전략 방침

연도	명칭	방침 구성 요소					주요 변화의 지표	
		작전 대상	우선 방향	군사투쟁 준비의 근거	작전의 주요 형식	작전교리	군구조	훈련
1956	조국보위	미국	동북	미국 상륙 공격	진지방어 및 기동 공격	작전수칙 초안 작성 개시 (1958)	신규 병과 및 전투병과 창설; 350만 병력 감축; 총참모체계 수립; 군구 창설	훈련 프로그램 초안 발표(1957)
1960	북정남방(北頂南放)	미국	동북	미국 상륙 공격	진지방어 및 기동 공격 (삼선인 북부)	작전수칙 발표 (1961)	-	-
1964	유적심입(誘敵深入)	미국	-	미국 상륙 공격	기동 및 게릴라전	작전수칙 초안 작성 개시 (1970)	제2포병 창설; 630만 명으로 병력 확대	-
1977	적극방어, 유적심입	소련	북중	소련 기갑 및 공수 공격	기동 및 게릴라전	작전수칙 발표 (1979)	-	훈련 프로그램 발표 (1978)
1980	적극방어	소련	북중	소련 기갑 및 공수 공격	고정방어의 진지전	작전수칙 작성 및 발표(1982~1987)	육군 군단에서 통합집단군단으로 변화; 300만 명 병력 감축(1980, 1982, 1985)	훈련 프로그램 발표 (1980)
1988	국지전 및 군사 분쟁대응	-	-	-	-	-	-	훈련 프로그램 발표 (1989)
1993	첨단기술 조건하 국지전 승리	대만	동남	첨단 기술 조건하 전쟁	합동작전	작전수칙 및 전역강요 초안 작성 및 발표 (1995~1999)	여단으로 전환; 총정비부 창설; 70만 명 병력 감축(1997, 2003)	훈련 프로그램 발표 (1995, 2001)
2004	정보화 조건하 국지전 승리	대만 (미국)	동남	정보화 조건하 전쟁	통합 합동작전	작전수칙 초안 작성 개시 (2004)	여단으로 더욱 전환	훈련 프로그램 발표 (2008)
2014	정보화 국지전 승리	대만 (미국)	동남 및 해양	정보화된 전쟁	통합 합동작전	?	지휘관리 구조 재편(2016); 전략지원군 창설; 30만 명 병력 감축(2017)	훈련 프로그램 발표 (2018~2019)

이 체제에서 발발했을 때 발생할 가능성이 가장 크다. 변화의 핵심 요소에는 어떻게 새로운 장비가 사용되고, 어떻게 기존 장비가 새로운 방식으로 활용되고, 보다 일반적으로는 어떻게 작전이 실행되고 군이 활용되는지와 같이 군사작전이 수행되는 방식이 포함된다. 1945년 이후 전쟁에 관한 2차 문헌의 검토를 통해 국가가 군사전략을 바꾸거나 고치도록 하는 동기를 만들어낼 수 있는 과거 분쟁의 핵심 특징들이 식별되고 요약될 수 있다.

그러나 이러한 핵심 특징들은 개별 국가들이 이러한 분쟁들에서 얻는 교훈과는 구별된다. 달리 말해 학자들이 어떤 분쟁의 주요 특징에 대해 합의할 수 있다고 하더라도 국가들은 자국의 전략 환경과 능력에 기반해 다른 교훈을 얻을 가능성이 있다. 특정 분쟁들에서 중국이 얻게 될 교훈들이 반드시 다른 국가들이 식별하는 교훈들과 같은 것은 아니다. 국가들이 얻는 교훈은 아주 다양하다고 예상하는 것이 맞을지도 모른다. 예컨대 걸프 전쟁에 대한 반응에 관한 어떤 연구는 걸프 전쟁 직후 국가들이 추론한 교훈들이 크게 다르다는 것을 보여준다.[81]

이 책은 1949년 이후의 시기를 다루기 때문에 군사전략에 영향을 줄 수 있는 전쟁의 작전적 수행에서의 모든 잠재적 변화에 대한 맥락은 제2차 세계대전의 경험에서 시작된다. 이 전쟁의 주요 특징을 한 문단으로 요약하는 것은 불가능하지만 몇 가지는 언급해 둘 필요가 있다.[82] 첫째는 포병의 발전에 더해 특히 탱크와 항공기처럼 제1차 세계대전에서 처음으로 개발되고 배치된 무기들에 기반한 전쟁의 지속된 기계화다. 이 모두는 살상력과 파괴력을 증가시켰다. 둘째는 방대한 양의 탄약과 물자로, 이는 전쟁의 기계화와 이처럼 많은 무기와 장비를 대량으로 생산할 수 있는 산업화된 경제를 가진 국가들의 능력에 기인했다. 셋째는 합동군 작전의 발전으로, 보병과 포병 같은 상이한 형태의 부대들이 전장에서 보다 큰 살상력을 얻기 위해 합쳐졌다. 넷째는 특히 전쟁 개시 초기에 독일 육군이 보여준 성과에 관한 것으로 국가들이 전쟁의 작전적 수준에 관심을 갖게 된 것을 말한다.

1949년 이후 강대국이나 강대국의 장비와 교리를 쓰는 피후견국이 관여한 국가 간 전쟁이 10번 있었다. 1950~1953년 한국전쟁, 1967년 아랍·이스라엘 전쟁, 1971년 인도·파키스탄 전쟁, 1973년 아랍·이스라엘 전쟁, 1980~1988년 이란·이라크 전쟁, 1982년 레바논 전쟁, 1982년 포클랜드 전쟁, 1990~1991년 걸프 전쟁, 1999년 코소보 전쟁, 2003년 이라크 전쟁이다. 베트남에서의 미국이나 아프가니스탄에서의 소련처럼 대반란전은 강대국 군사전략의 초점인 재래전에 대한 중요한 교훈들을 보여줄 것 같지 않아 배제한다.[83] 군사사나 군사작전을 연구하는 학자들 간에 1973년 아랍·이스라엘 전쟁과 1990~1991년 걸프 전쟁은 국가들이 전쟁 수행을 바라보는 방식에 가장 크게 영향을 미친 것으로 여겨진다.[84] 중국은 이들 분쟁에 대한 대응으로 군사전략을 바꿀 가능성이 가장 컸을 것이다.

5) 당 통일성

공산당 내의 통일성과 안정성은 당 지도자들에 의한 당 정책의 수용과 지지뿐만 아니라 당내 권력 배분에 관한 최고 지도자들 간의 합의를 가리킨다. 물론 당 통일성은 관찰하기가 쉽지 않으며, 불화나 분열을 공개적으로 드러내고 싶어 하지 않는 공산주의 정당의 경우에는 특히 그러하다. 게다가 당 통일성은 이상적으로는 최고 지도자들의 숙청과 같이 지도부 갈등의 관찰 가능한 사례와는 독립적으로 측정되어야 한다. 하지만 그러한 측정은 가능하지 않을 것이다. 그럼에도 불구하고 통일성의 정도는 몇 가지 다양한 방식으로 측정이 가능하다.

분열을 알 수 있는 한 가지 척도는 당을 이끌게 될 지명된 후계자의 변경 여부일 것이다. 그러한 변화는 관찰하기 어려운 당내 파벌 정치의 산물일 수 있다.[85] 그러한 변화는 장쩌민(江澤民), 후진타오(胡錦濤), 시진핑 시기보다 마오쩌둥과 덩샤오핑 시기 대부분에 걸쳐 보다 흔했다. 류사오치(劉少奇)는 1966년까지 마오쩌둥이 선택한 후계자였다. 그다음에 린뱌오(林彪)가 1971년 불가사의한 비행기 사고로 사망하기 전까지 지명된 후계자였다. 화궈펑(華國鋒)은 1976년에 마오가 사망하기 불과 몇 달 전에 지명된 후계자가 되었으며, 이는 덩샤오핑과의 권력투쟁을 촉발했다. 1980년대는 후야오방(胡耀邦, 1980~1987년)과 자오쯔양(趙紫陽, 1987~1989년)이 중국공산당 총서기로 재임하며 불안한 상태가 이어졌지만, 당 최고 지도부는 이 둘의 제거를 지지했다. 장쩌민(1989~2002년) 시기에는 덩샤오핑이 장쩌민의 후계자로 선택한 후진타오가 2002년 총서기가 되면서 보다 안정적이 되었다. 후진타오의 후계자인 시진핑은 2007년 제17차 당대회에서 정치국 상무위원회에 입성했다.[86] 그러나 아직 시진핑이 후계자로 지명되지는 않았다.

당의 통일성에 관한 또 다른 척도는 당 지도부 자격의 연속성이다. 최고 통치 기구는 중국공산당 중앙위원회로 위원들은 당대회에서 선출된다. 그러나 실질적인 권력은 보다 적은 수의 정치국과 특히 정치국 상무위원회가 쥐고 있다. 정치국은 통상 가장 중요한 관료 부처와 지방의 최고 지도자들로 구성된다. 정치국 상무위원회는 당과 국정의 서로 다른 측면을 직접적으로 책임지고 있는 소수의 지도자들로 구성된다.[87] 이들 기구 구성의 변화는 당의 분열과 불안정에 관한 한 가지 지표를 제공한다. 특히 회원 자격 조건을 갖춘 기존 위원이 재선출되지 못하고 새로운 위원이 갑자기 추가되거나 현 위원들이 많은 수가 제거되는 경우에 그러하다. 마찬가지로 이들 기구에서 자격의 연속성은 아마도 통일성의 중요한 지표일 것이다. 이와 관련된 지표는 당의 기존 구조 밖에서 새로운 지도 기구가 창설되었는지가 될 것이다. 예컨대 문화대혁명의 초기에 중앙문혁소조(中央文化革命小組, Cultural Revolution Group)는 중앙위원회와 정치국의 일부 권한을 넘겨받았다.

통일성의 마지막 척도는 당의 핵심 정책과 방침에 대한 합의와 관련이 있다. 정책에 대한 논쟁이 크면 클수록 잠재적인 분열도 더욱 커진다. 전형적인 사례가 1989년 톈안먼사건 이후 더 넓은 개혁 의제에 대해 지지를 유지하기 위한 덩샤오핑의 노력이다. 1992년 중반 남순강화(南巡講話) 전까지 개혁·개방을 지속할지 그리고 어떤 속도로 할지에 대한 문제로 지도부가 분열되었다. 그럼에도 불구하고 1992년 10월 14차 당대회에서 덩은 중앙위원회와 다른 지도 기구들에서 그의 정책에 대한 합의를 다시 이끌어낼 수 있었다.[88]

6) 자료

이 책은 더욱더 가용성이 좋아지고 있는 PLA에 관한 중국어 자료들을 활용한다. 이들 자료의 다수는 불과 지난 10년 안에 발간되었거나 그 이전에 발간되었지만 중국 밖에 있는 학자들에게는 최근에야 조금 더 접근이 가능해진 것들이다. 아마도 중국어 자료들 중 가장 중요한 것은 군과 당 출판부가 발간한 당사(黨史) 자료일 것이다. 당의 역사가들이 팀별로 모은 몇 가지 다른 유형의 자료들이 이제는 이용 가능하다. 첫 번째 당사 자료는 연보(年譜)다. 군과 당의 최고 지도자들의 일상 활동을 기록한 것으로 중요한 회의와 사건에 대한 서술에 더해 다른 자료에서 항상 발견되는 것은 아닌 주요 연설문과 보고서의 발췌본을 담고 있다. 두 번째 당사 자료는 문선(文選), 선집(選編), 원고[文稿], 논술(論述)이다. 이들은 연설, 보고, 기타 문서를 포함하는데 이 중 다수는 처음으로 발간되는 것들이다.

그 밖에 이 책에 사용된 보다 일반적인 형태의 중국어 자료는 군 지도자들의 전기와 회고록[回憶錄]이다. 대부분의 전기(傳)는 공식 출판물로 대개 총참모부나 총정치부의 지시하에 편찬되거나 PLA 산하의 출판사에서 발행한 것이다. 이들 전기는 당과 군의 역사가들뿐 아니라 지도자의 개인 직원들로 구성된 편찬 팀이 썼다. 전기들은 대개 지도자 사후에만 출판되지만, 1949년 이후 많은 핵심 군 지도자가 그들의 회고록을 출판했다. 다른 자료에서도 개인적인 회상이 등장하는데 구전된 역사, 특정 지도자에 대한 회고담, 역사적 소장품 등이 여기에 포함된다.

군사에 관한 공식 역사는 이 책에 사용된 세 번째 형태의 자료다. 이들 역사는 당이나 PLA에 소속된 역사가들이 집필했다. 전반적인 PLA의 역사를 비롯해 폭넓은 주제가 혁명 시기와 1949년 이후에 다루어졌다. 한국전쟁과 같은 특정 전쟁이나 분쟁에 관한 역사와 PLA 내부의 특정 기관이나 특정 업무 영역에 관한 역사들도 다루고 있다.

전문적인 군 출판물들은 중국의 군 전략에 관해 지금 이용 가능한 가장 최신이자 가장 빠르게 성장하는 자료 중 하나일 것이다. PLA가 전문적인 군 관련 서적을 1980년대 초에 출판하기 시작했지만, 1990년대 중반부터 출판물의 양이 극적으로 늘어났다. 주제는 전략(戰略), 전역(戰役), 작전(作戰), 전술(戰術), 정치공작(政治工作), 조직편제(組織編制), 군대 건설(軍隊建設), 외국군 역사 등이다.

이들 자료는 중국 군사전략의 변화에 대한 출처를 검토할 만한 풍부한 문서와 데이터를 제공한다. 그렇지만 동시에 한계도 지니고 있다. PLA(그리고 중국 공산당)의 문서고는 외국 학자들에게는 여전히 닫혀 있다. 문서, 연설, 원고 등이 다양한 자료에서 이용 가능하지만, 그럼에도 출판용으로 선별된 것들이다. 어떤 자료를 포함시키고 어떤 자료를 배제하는지에 관한 기준이 항상 불분명하다. 이 때문에 학자들은 각각 출판된 문서들을 어느 정도는 주의 깊게 다루어야 할 뿐 아니라 전체 문서의 일부에 불과하다는 점을 기억해야 한다. 똑같은 문제가 전기와 연보 같은 다른 공식 자료들에도 적용된다. 물론 회고록도 저자의 회상과 의제에 따라 왜곡될 수 있다. 따라서 1차 자료의 제한된 이용가능성과 이들 자료가 어떻게 선택되었는지의 문제 때문에 이 책에서 주장하는 결론의 일부가 선입견으로 물들 수도 있다. 그럼에도 불구하고 이제는 이용 가능한 상당량의 자료들, 특히 마오쩌둥과 덩샤오핑 시기의 자료들 덕분에 많은 문제들에 대해 전반적으로 편견의 가능성이 줄어든다. 상이한 조직들이 서로 다른 기준을 가지고 자료를 내보내고 있기 때문에 학자들은 어느 한 문서에 담긴 정보를 다른 자료들과 비교할 수 있다. 특정 문제에 대한 문서나 정보의 부재도 문제가 될 수 있다.

5. 결론

이 책의 나머지 부분은 이 장에서 개발한 주장을 적용하는 내용이다. 중국이 1949년 이래 채택한 아홉 개의 전략방침이나 국가 군사전략들이 각각 검토된다. 1956년, 1980년, 1993년의 주요 변화와 이것들과 관련된 사소한 전략적 조정들이 하나의 장에서 다루어진다. 게다가 당 최고 지도자였던 마오쩌둥이 당 지도부 내 분열이 불거지기 시작하자 군사전략을 바꾸기 위해 개입한 사례도 다룬다. 끝으로 이 책은 중국 핵전략의 연속성을 검토한다. 중국의 핵전략은 당 지도부가 결코 고위 군 장교들에게 위임한 적이 없는 중국 국방정책의 한 가지 영역이다.

제2장

—

1949년 이전 중국공산당의 군사전략

1949년 중화인민공화국 설립 이전에 중국공산당 지도부와 당의 군 최고 지휘관들은 전장에서 20년 이상 경험을 쌓은 사람들이었다. 당의 통제하에 있던 군대는 1927년에는 수천 명에 불과했으나 본토에서 국공내전이 끝날 무렵에는 500만 명 이상으로 늘어났다. 전장의 경험은 1949년 이후 인민해방군(이하 PLA)이 군사전략의 개발과 형성에 어떻게 접근하는지에 영향을 미쳤다. 이 시기에 중국공산당은 다양한 군사전략을 채택했다. 어떤 것들은 방어적이었고 다른 어떤 것들은 공격적이었다. 정규 부대를 활용해 재래식 작전, 특히 기동전에 투입하는 것이 가장 강조되었으며, 다른 전략들은 게릴라전에 비정규 부대를 사용하는 데 더 중점을 두었다.

이 장에서는 이들 전략과 함께 중국의 전략에 관한 어휘를 구성하는 핵심 용어들을 살펴본다. 1949년 이후 전장 경험은 전략적 사고의 경계를 설정하고 중국이 새로운 군사전략을 수립할 때 고위 군 장교들이 어떻게 전략적 이슈들을 개념화하고 논의하는지에 영향을 미쳤다. 그러한 전통에는 여러 상이한 전략들이 관련되기 때문에 복잡한 것이기도 하다. 이러한 전략들은 내전 동안 경쟁을 벌였고, 1949년 이후 전략에 대한 논쟁은 1960년대 중반과 1970년대 말에 각각 다시 등장했다. 이 장에서는 중국이 설립되고 고위 군 장교들이 어떤 국가 군사전략을 채택해야 하는지를 놓고 논의를 시작했을 때 PLA가 안고 있던 도전을 그려봄으로써 결론을 내리고자 한다.

1. 국공내전 시기 공산당의 군사전략

1949년 이전 중국공산당의 군사전략에 대한 접근을 가장 잘 이해하려면 국공내전을 단계적으로 검토하는 것이 가장 좋다. 첫 번째 단계인 1920년대 말에 중국공산당은 몇몇 성에서 현지의 권력 중심지를 쟁탈하기 위해 1927년 8월 난징(南京) 봉기를 시작으로 도시 봉기와 폭동을 감행하고자 했다. 두 번째 단계는 이들 폭동이 실패하고 나서 홍군(紅軍, Red Army)으로 알려진 군대를 육성하는 피신처로서 시골 지역에 진지를 건설하는 방향으로 공산당의 전략이 이동했을 때다. 세 번째 단계는 1930년 여름 중국공산당이 도시를 다시 장악하고자 한 뒤부터 시작된다. 이에 맞서 국민당은 이들 진지에 대해 포위토벌(圍剿, encirclement and suppression) 작전이라고 불리는 일련의 공격을 감행해 홍군을 파괴했다. 이에 따라 내전에서 처음으로 대규모 재래식 교전이 발생했다. 이 단계는 1934년까지 지속되다가 제5차 포위토벌 작전으로 홍군이 패배하고 대장정(大長征)을 시작하며 끝났다. 중국공산당은 장시(江西)성에서 출발해 1년간 다른 진지들을 전전한 끝에 산시(山西)성에 도착해 장정을 마쳤다. 네 번째 단계는 중일전쟁 시기에 해당한다. 1940년 백단대전(百團大戰)을 제외하면 중국공산당은 일반적으로 일본군과의 직접적인 교전을 피해왔다. 이는 힘을 보존하고 일본의 패배 후에 국가에 대한 통제권을 얻고자 진지를 구축하고 확대하기 위함이었다. 1945년 일본의 항복 이후 중국의 지배권을 놓고 경쟁이 재개되면서 내전의 다섯 번째와 여섯 번째 단계가 이어졌는데, 이는 1946년 6월 국민당이 공산당에 대해 총공세를 펼치며 시작되었다.

1) 배경과 개요

1945년 일본이 항복하기까지 중국공산당 군대는 주로 경보병부대로 구성되었다. 이들 부대는 소총, 수류탄, 약간의 경기관총으로 무장했으며 중기관총,

박격포, 야포와 같은 중화기는 거의 갖고 있지 못했다. 통상적으로 중국공산당은 군대를 세 유형으로 조직했다. 첫째는 재래식 부대 또는 정규군으로 다른 군대들과 유사하게 편제되어 있으며 재래식 군사훈련을 강조했다. 중국공산당의 재래식 부대는 처음에는 홍군이라고 불렸다가 1946년에 인민해방군으로 이름을 고쳤다[국민당 군대의 명칭은 국민혁명군(國民革命軍)이었음]. 이들은 또한 주력부대나 특정 구성에서는 야전군을 말하기도 한다. 중국공산당이 국민당에 대해 주요 군사작전을 수행할 계획을 세웠을 때는 재래식 부대를 활용하려고 했다. 두 번째 유형은 지방 부대인데, 마찬가지로 재래식 부대로 편제되었지만, 특정 지역에 대한 재래식 방어에 중점을 두었으며 무장과 훈련이 부족했다. 세 번째 유형에는 민병대와 자경단이 포함되었다. 이들은 시민 병사로 구성되었으며 중국공산당 통제하의 지역뿐 아니라 국민당이나 일본 통제하에 있던 지역에서도 조직될 수 있었다. 그들은 게릴라 작전과 지원 활동, 특히 첩보, 물류, 공급에 참여했다.

경보병만으로 하는 세 가지의 전쟁형식, 또는 전투 방식이 1949년 이전에는 가장 우세했다. 기동전은 유동 전선(fluid front)에서 싸우기 위해 재래식 부대를 사용하는 것으로 전력의 국지적 우세나 전술적 기습이 가능할 때 적 부대를 교묘하게 공격하는 것이다. 이는 1930년 초부터 국공내전 말까지 중공군이 사용한 주요 전투 형태로 공격·방어 작전 모두에서 그리고 전술과 작전 수준 모두에서 행해졌다. 진지전은 유동 전선이 아닌 고정 전선의 전투에서 고정 진지를 공격하거나 방어하기 위해 재래식 부대를 사용하는 것을 말한다. 아마도 내전 시기에 가장 드문 형태의 전투는 진지전이었을 것이다. 다만 1946년 국민당과 공산당 간의 적대 행위가 재개된 후로는 조금 더 흔해졌다. 게릴라전은 적의 전선 배후에서 소규모로 벌이는 요란과 태만(harassment and sabotage) 작전을 말한다.[1] 이 시기 분석이 혼란스러운 것은 중국공산당이 상황에 따라 주력 부대, 민병대, 자경단을 모두 사용해 게릴라 작전을 펼쳤기 때문이다. 1949년 이전에 채택된 중국공산당의 군사전략은 이들 세 가지의 전쟁형식을 결합했지만, 가장 흔한 형식은 기동전이었다.

1949년 이전에는 대부분에 걸쳐 중공군이 국민당군이나 일본군보다 숫자상으로나 기술적으로나 열위에 있었다. 1940년대 말 중국공산당은 유사한 전략적 문제에 직면했다. 어떻게 보다 우수한 적에 맞서 생존을 확보하고 궁극적으로는 전력 균형을 뒤집어 국민당을 패배시킬 수 있을지의 문제였다. 그러한 조건 때문에 전략적 방어를 강조하게 되었다. 1948년 말에서야 처음으로 중국공산당이 국민당을 수적으로 능가했다. 그러나 그때조차도 장비, 특히 포병, 기갑, 공군력, 수송에서는 우위를 차지하지 못했다. 그럼에도 불구하고 이렇듯 전략적 방어의 넓은 지향 내에서 중국공산당은 자신의 전력을 보존하고 자신의 통제하에 있는 영토, 인민, 자원을 점차적으로 늘리기 위해 다양한 전략을 채택했다. 이러한 접근들에 대해서는 다음 절에서 기술한다.

홍군의 열위와 생존의 절박함이 이 시기 전쟁 방식(戰爭方式)에 관해 몇 가지 중요한 함의를 지닌다. 첫째, 중공군은 때로는 교전을 피하면서 멀리 후퇴해 자신의 전력을 강화하는 데 시간을 보내려고 했다. 둘째, 중국공산당은 정규 부대를 활용할 때는 '속전속결'식의 전투나 교전을 원했다. 즉, 현지에서 우위를 점하면 공격하고 그다음에는 퇴각하는 방식을 취했다. 적을 파괴하거나 '섬멸'하는 것이 목적이기 때문에 격파한 부대에서 무기, 물자, 병력을 얻으면서 전력 균형이 서서히 바뀌었다. 셋째, 섬멸 작전(annihilation operation)을 통해 적의 전력을 줄이는 것이 영토를 확보하고 유지하는 것보다 더 중요한 경우가 많았다. 홍군은 방어가 불가능하다고 결론을 내리거나 국민당 부대를 격파하려는 책략의 일환으로 점령지에서 퇴각했다. 끝으로 전력 차이에 따라 어떤 충돌도 자연히 시간이 걸리게 되었다. 중국공산당이 전략적 방어에서 전략적 공세로 전환할 수 있으려면 평형을 이루어야 하는데 여기에는 시간이 많이 소요되기 때문이다.

요컨대 이와 같이 다양한 형태의 군사작전을 감안할 때 '인민전쟁' 개념에서 제시한 대로 단순히 게릴라전이 이 시기에 압도적인 전략이었다고 보는 것은 옳지 못하다. 홍군이나 PLA의 주력부대는 큰 규모의 군사적 교전을 수행했으며 민병대와 자경단은 지원을 제공했다. 대중적 지지와 대규모 동원은 인력뿐 아니라 물사, 병참, 첩보를 홍군에 공급하는 네 필수었다. 중국공산당이 통제나 영향력을 확보한 지역에서는 종종 이 지역을 국민당으로부터 되찾기 위해 더 강하게 나갔다. 전투부대가 취약했기 때문에 인민의 지지가 아주 중요했다. 그럼에도 불구하고 인민의 지지를 등에 업고서 진행된 결정적인 군사작전들은 홍군의 재래식 부대에 의해 수행되었다.

2) 도시 봉기와 농촌 진지

국민당과 공산당 간의 무력 충돌은 1927년 8월 1일 난창(南昌) 봉기로 시작되었다. 이 봉기에는 1949년 이후 PLA의 고위급 인사로 성장하게 되는 인물들 다수가 연관되었으며 중국공산당이 정치적 목표를 달성하기 위해 군대를 사용한 첫 사례였다.[2] 중국공산당은 1921년에 설립되었으며, 1924년에는 중국의 일부 지역을 나누어 통제하던 군벌들을 격파함으로써 중국을 통일시키겠다는 야망을 품고 국민당과 연합 전선을 형성했다. 그러나 1927년 장제스(蔣介石)는 공산당을 공격해 상하이(上海)에서 수천 명의 공산당원을 살해하거나 감옥에 집어넣었다. 그에 맞서 중국공산당은 무기를 탈취해 장시성의 도시였던 난창을 장악하고자 첫 번째 군사작전을 감행하기로 결정했다.[3]

난창 봉기는 불과 며칠 만에 끝이 났다. 그럼에도 불구하고 중국공산당은 중국 동남부의 여러 지역에서 더 많은 무장봉기를 시도했다. 예컨대 1927년 9월 마오쩌둥은 '추수(秋收) 봉기'라고 알려진 일련의 반란을 후난(湖南)성과 장시성에서 주도했다. 봉기는 광저우(廣州)를 비롯해 다른 지역에서도 일어났다. 공식적인 역사 기록에 따르면 1927년 7월부터 1929년 말까지 모두 합처 100건 이상의 봉기가 있었다.[4] 이러한 전략이 암시하는 바는 중국공산당이 지역의 통제, 대개 도시에서의 통제를 확보할 필요가 있었다는 것이다. 이를 통해 노동자계급과 농민계급에 혁명을 확산시킬 수 있으며, 그다음에는 점차 전국으로 힘을 확대시킬 수 있기 때문이다.

권력을 차지하기 위한 이러한 초기 시도는 모두 실패했다. 당원 중 일부는 노동자계급을 동원해 공산주의 혁명을 일으키는 데 가장 적절한 방법은 도시 지역을 장악하는 것이라고 계속 주장했다. 마오를 비롯한 다른 이들은 농촌에 진지를 만들어 '농촌으로 도시를 포위'하기로 결정하는 한편, 동시에 중공군의 규모와 힘을 키우기 위해 대규모 충돌을 피하는 것이 보다 긴급하고 실제적이라고 깨달았다. 농민을 동원해 혁명을 지원한다는 중국공산당의 구상이 이 시기에 완전히 개발되었던 것은 아니지만, 농촌 진지는 어느 정도 피난처의 역할을 했으며, 이를 통해 공산당은 군대를 개발하고 조직해 점진적으로는 자신들의 통제하에 있는 영토와 인구를 확장할 수 있었다.

1927~1930년에 중국공산당은 10개 이상의 진지를 만들었다. 이들 진지는 장시성, 푸젠(福建)성, 후난성, 허난(河南)성, 후베이(湖北)성, 안후이(安徽)성, 쓰촨(四川)성 등과 같이 멀리 중국 남중부의 국경 지대에 있는 성들에 위치했다.[5] 이 시기 만들어진 진지 중 아마도 가장 유명한 것은 1927년 말 마오가 만든 장시성 징강(井岡)산에 있는 진지일 것이다. 그러나 〈지도 2-1〉에서 보듯이, 주더(朱德)와 함께 마오는 후에 남쪽으로 이동해 장시·푸젠 경계에서 또 다른 진지를 구축하려고 했다.[6] 후난·후베이와 후베이·후난·안후이의 경계를 따라서도 다른 중요한 진지들이 만들어졌다. 공식 역사에 따르면, 농촌 진지의 설치와 확대는 게릴라전에서 활용하려는 목적이었다. 이들 지역에서 현지 권력을 쥐고 있던 사람들을 제거하려는 목적에 기여하면서 동시에 취약했던 홍군에도 적합했기 때문이다.[7] 그렇지만 게릴라전은 임시방편에 불과했다. 즉, 재래식 작전을 수행하기 위해 정규군을 개발하고 훈련하는 데 충분한 인력, 무기, 물자를 당이 얻을 때까지만 사용되었다. 주더와 같은 당시의 여러 지휘관들은 군벌이 보유했던 부대를 통해 현대식 군사훈련을 받았기 때문에 국민당을 격퇴하기 위해 이와 유사한 재래식 전력을 구축하고자 했다.[8] 게다가 홍군 지휘부의

지도 2-1 **중국공산당 근거지와 대장정(1934~1936년)**

중국공산당 근거지

포기된 중국공산당 근거지(1932~1933)

제1군 이동 경로(1934~1935)

기타 홍군 이동 경로(1934~1936)

만주국

몽골

지린성

창춘

차하르성

러허성

랴오닝성

닝샤후이족자치구

간쑤성

쑤이위안성

베이징

다롄

칭하이성

란저우

산시성

황허강

연안

허베이성

산둥성

서해

쭌이

싼시성

시안

뤄양

정저우

장쑤성

난창

상하이

허난성

후베이성

안후이성

시캉성

청두

쓰촨성

충칭

양쯔강

이창

우한

저장성

난창

장시성

윈난성

쿤밍

구이저우성

후난성

창사

닝두

간저우

루이진

장저우

푸젠성

푸저우

대만

광시좡족
자치구

광둥성

광저우

홍콩

프랑스령
인도차이나

시암

하노이

하이난성

남중국해

0   500 마일

대부분은 정규군을 강조하는 재래식 군사교리를 지지하고 있었으며, 러시아나 군벌 군대에 대한 경험이 이러한 인식을 형성했다. 반대로 마오를 포함한 지도자들 중 일부만이 게릴라 교리를 수용했다.[9]

3) 포위작전(1930~1934년)

1930년 여름 농촌에 진지를 설치하고 국민당 부대와의 교전을 피한다는 전략이 성과를 거두기 시작했다. 중공군은 10만 명 남짓으로 불어났으며, 이 중 홍군이 7만 명, 현지 부대가 3만 명이었다.[10] 가장 큰 진지는 푸젠성과의 경계를 따라 위치한 장시성에 자리 잡고 있었으며 '중화 소비에트(Central Soviet)'라고도 알려져 있다. 여기에는 약 4만 명의 병력이 포진해 있었다. 이러한 전력에 기반해 중국공산당 지도부는 재차 1930년 여름 난창과 창사(長沙)를 비롯해 장시성과 후난성의 몇몇 도시를 장악하려고 했다. 그러나 1927년 봉기와 마찬가지로 이들 시도도 실패했다. 그러나 이들 봉기는 중공군의 힘이 커지고 있음을 보여주었으며, 이는 장제스가 북벌을 통해 중국을 명목상으로나마 통일한 후에도 계속해서 국민당에 도전이 되었다. 1930년 11월 장제스는 공세적으로 나가기로 하고 진지에 있는 중공군을 '포위토벌' 또는 선무 작전으로 공격했다.

1930년 10월에서 1934년 10월 사이에 국민당은 중국공산당을 향해 다섯 차례에 걸쳐 공세를 퍼부었다. 이들 중 가장 잘 알려진 공격은 공산당의 최대 진지였던 중화 소비에트를 겨냥한 것이었다. 국민당은 후난·후베이 경계와 후베이·후난·안후이 경계에 있는 진지들을 비롯해 다른 곳들도 공격했다.* 공산

● 　허룽(賀龍) 치하의 후난·후베이 진지는 '샹어시(湘鄂西) 소비에트'로 알려져 있다. 허는 이 지역에서 제2군(Second Front Army)을 지휘했다. 장궈타오(張國燾) 치하의 후베이·허난·안후이 진지는 '어위완(鄂豫皖) 소비에트'로 알려졌다. 장은 제4군(Fourth Front Army)을 지휘했다. 중화 소비에트의 홍군은 제1군(First Front Army)으로 알려졌다. 이들이 1930년대 초 세 개의 중공군 주력부대들이었다.

당이 '반포위 토벌'이라고 불렀던 이 작전들은 중국공산당의 군사전략 진화에 중요한 사례를 제공한다. 각 작전마다 홍군은 방어적이었고 수적으로 압도당했으며 생존을 확보하고자 했다. 그럼에도 불구하고 방어와 공격작선을 섞어 사용하는 등 국민당의 공격에 맞서기 위해 다양한 전략이 사용되었다. 당시 중화 소비에트의 주석을 맡고 있던 마오쩌둥은 처음 세 차례 반포위 토벌작전에서 홍군의 군사전략의 발전에 긴밀히 관여했으며, 이는 후일 마오가 군사사상(軍事思想)을 발전시키는 데 도움이 되었다.

공식 역사는 반포위 토벌 시기 기동전을 중심으로 홍군의 작전을 기술하고 있다. 홍군의 작전은 지원, 물자, 첩보에 대해 진지에 있는 사람들에게 직간접적으로 의존하는 식이었으며, 홍군의 주력부대와 연관되었다.[11] 공격 대상으로 선택한 국민당군을 공격하고 파괴하기 위한 적절한 순간을 노리면서 홍군 부대들은 익숙하지 않은 지형에서 작전을 벌이는 국민당군을 상대로 매복 공격을 하거나 서서히 약화시키는 전술을 사용했다. 하지만 전력이 우세하거나 급습이 가능할 때는 직접 공격을 했다.

1930년 12월부터 1931년 1월에 걸친 제1차 포위작전은 '유적심입'의 사용을 강조했다. 국민당은 대략 4000명 정도였던 홍군을 공격하기 위해 10만 명의 병력을 보냈다. 마오의 지시에 따른 작전의 기본 개념은 국민당군을 진지가 있는 산악으로 유인한 다음 매복 공격을 하는 것이었다. 홍군은 전술적 기습을 감행해 국민당군 한 개 사단을 격멸하고 다른 사단에는 중대한 손실을 입힌 후에 철수해 작전을 마쳤다.[12]

1931년 4월부터 5월까지의 제2차 포위작전에서 중국공산당의 전략은 첫 번째와 유사하면서도 국민당군을 진지로 유인하고자 하는 적극적인 기만책은 없었다. 이번에 국민당은 대략 30만 명에 달했던 홍군에 맞서 20만 명을 배치했다.[13] 중공군은 국민당군 중 비교적 약한 부대였던 5사단을 목표로 삼았고 이 부대가 진지에 진입하자 매복 공격을 가했다. 그다음에 퇴각하는 국민당군을 쫓으며 지배 지역을 세 배로 확대했다.[14] 국민당 부대 사이에 협조가 원활하지

않아 홍군은 성공을 거둘 수 있었다.[15]

제3차 포위작전은 1931년 7월부터 9월까지 진행되었다. 공식 역사 기록에 따르면 국민당은 30만 명을 동원했다고 하지만, 국민당군의 부대들은 대부분 병력이 부족한 상황이었기 때문에 실제로는 13만 명 정도였을 것이다. 공산당은 3만 명에서 5만 5000명 사이를 동원했다.[16] 공산당의 전략은 한 달 정도 국민당과 교전하지 않고 진지 내에서 버티면서 익숙하지 않은 지형에서 작전을 하는 적을 지치게 만드는 것이었다. 또한 그 장소는 물자를 공급받지 못하도록 의도적으로 비워둔 곳이기도 했다. 홍군은 8월 둘째 주에 국민당군 중 가장 강력한 부대는 피하면서 상대적으로 약한 사단 몇 개를 공격해 파괴했다. 대담해진 홍군은 그다음에는 가장 강력한 국민당 부대 중 하나인 제19로군을 공격했다. 이전에는 홍군이 마주치지 않으려고 했던 부대다. 그러나 중공군은 패배해 병력의 20% 정도를 잃었다.

제3차 포위작전에 이어서 국민당은 중화 소비에트에 대한 공격을 중지했다. 장제스는 1931년 6월 몇몇 군벌이 연합해 광저우에 국민당 정부를 설립한 사건을 처리하는 것에 먼저 병력을 사용해야 했으며, 이어 1931년 9월 묵던사건(Mukden, 만주사변) 이후 일본의 만주(滿洲) 침공도 시작되었다.[17] 홍군이 제3차 작전에 참여한 국민당의 가장 강력한 군대를 파괴하지 않았다는 점을 고려할 때, 국민당군이 이처럼 병력 투입을 변경한 덕분에 중국공산당은 더 많은 손실을 보지 않을 수 있었다.[18] 그럼에도 불구하고 국민당의 관심이 다른 곳으로 옮겨진 틈을 타 중화 소비에트는 250만 명의 인구와 5만 제곱킬로미터의 면적을 가질 정도로 확대될 수 있었다.[19]

제3차 포위작전 후에 중국공산당의 최고 지도부는 군사전략에 대해 다시 생각하기 시작했다. 군사적으로 성공을 거두기는 했지만, 처음 세 차례 작전은 논란이 되었다. 어떤 이들은 중국공산당이 대중을 동원하고 토지개혁과 같은 사회주의 정책을 추진하는 데 필요한 진지가 전투로 파괴된다고 반대했다. 마오의 전략인 유적심입은 중국공산당이 지지를 얻고자 하는 인민들의 마음속에서 공산당의 이미지와 지위를 약화시키는 것으로 비쳤다. 일본의 만주 침공에 이어 제3차 포위작전의 분명한 성공과 함께 중국공산당은 공세적으로 나가기로 결정했다. 1932년 1월 상하이에서 당 지도부는 "한 개 이상의 성에서 혁명의 초기 성공을 거두기 위해서는 중요한 핵심 도시 한 곳이나 두 곳을 확보해야 한다"라는 지침을 발표했다.[20] 목표는 후난성, 후베이성, 장시성을 중심으로 고립된 진지를 통합하고 중국공산당의 지배하에 있는 영토를 확장하는 것이었다. 이러한 새로운 정책하에서 초기 행동으로 장시성 간저우(贛州)에 대한 포위가 1932년 2월 말부터 3월 말까지 계속되었다. 공격은 비록 실패로 돌아갔지만 공산당은 이러한 새로운 접근 방식을 이어갔다. 1932년 여름에 당 문건은 새로운 전략을 "적극공격[積極進攻]"이라고 기술했다.[21]

마오는 당의 군사전략에 대한 이와 같은 변화를 반대했다. 1932년 1월 한두 개의 주요 도시를 장악하라는 지침이 나온 뒤에 그는 병가를 떠났다. 간저우 포위가 실패한 후 그는 업무에 복귀해 달라는 요청을 받았다. 마오가 복귀를 거절하자 중화 소비에트의 당 지도자들은 장시성 북부의 국민당 지역을 공격하기로 결정했다. 그 대신에 마오는 공개적인 반발 차원에서 자신의 지휘하에 있던 부대들을 이끌고 푸젠성 서부를 공격했다. 마오의 장저우(漳州) 급습은 성공했지만 당시 중화 소비에트의 지도부는 1932년 닝두(寧都) 회의에서 마오의 군사 업무에 대한 책임을 박탈하기로 결정했다.[22] 이 지도부에는 저우언라이(周恩來)와 같은 상하이 출신의 지도자들이 포함되어 있었다. 마오가 당의 지침을 어기고 중화 소비에트 밖에서 국민당과의 교전을 피하는 데 기초한 "오로지 방어노선(單純防禦路綫)"을 지지하고 적이 공격하기를 기다리는 "우파적 위험"을 저질렀다는(유적심입에 대한 직접적 비판) 이유에서였다.[23] 따라서 당 지도부는 초기 세 차례의 포위작전에 사용된 마오의 전략을 거부했다.

제4차 포위작전은 1933년 1월부터 4월까지 이어졌다. '적극적 공격'의 원칙에 맞추어 닝푸(寧波) 회의에서는 홍군이 중화 소비에트에 대한 또 다른 공격을 준비 중이었던 국민당을 진지로 끌어들이는 대신 주위를 따라서 국민당군의 취약점을 노리고 선제공격을 가하기로 결정했다. 마오는 훗날 이러한 접근법을 "적을 국문의 밖에서 막아낸다(御敵于國門之外)"라고 설명했다.[24] 이 작전은 포위된 부대를 구하기 위해 파견되는 증원부대를 목표로 삼는 중국공산당의 친숙한 전술을 특징으로 하기도 했다. 작전이 시작되자 국민당은 6만 5000명의 홍군을 대상으로 15만 4000명의 병력을 집결시켜 24만 개의 저지 진지를 점령했다.[25] 첫 번째 단계에서는 홍군 부대들이 진지의 북부와 서부 가장자리를 따라 공격을 감행해 국민당군을 몰아붙였다. 두 번째 단계에서는 난펑(南鵬)에서 국민당군을 포위한 후 증원 병력으로 오던 두 개 사단을 공격해 하나는 격파하고 다른 하나는 약화시켰다. 작전이 어정쩡하게 끝나는 바람에 상당수의 국민당 부대가 여전히 건재했다.[26]

제5차이자 가장 결정적이었던 포위작전은 1933년 10월부터 1934년 10월까지였다. 이번에 국민당은 전략을 바꾸었다. 전에는 국민당 부대가 중화 소비에트에 깊숙이 들어가고자 했다. 이번에는 서로 연결되게 토치카(tochka)를 빙둘러서 진지 주변을 그물망으로 서서히 조여가며 안에 있는 홍군을 가두어 격파하기로 했다.[27] 이러한 접근은 "전략적으로는 공격적이지만 전술적으로는 방어적"인 것이었다.[28] 중국공산당 통제하에 있던 지역을 점차 줄여나감으로써 국민당은 홍군의 자원을 제한하고 더욱 중요하게는 이전의 포위작전이 실패하는 데 중요한 역할을 했던 장점을 활용하는 홍군의 능력을 제한하고자 했다. 장제스가 이 작전에 부여한 중요성을 반영해 국민당은 약 100만 명의 병력을 배치했다. 여기에는 12만 명의 중공군에 대해 진지를 공격할 50만 명의 병사가 포함되었는데, 이는 이제까지 중 최대의 전력 차였고 이에 따라 홍군에게는 가장 가혹한 조건이 되었다.[29]

장제스가 도입한 새로운 전략의 결과는 매우 파괴적이었다. 홍군의 공격은 국민당군이 중화 소비에트에 만든 동서선(east-west line)을 넘어서지 못했으며, 이 때문에 홍군은 수동적인 입장이 될 수밖에 없었다. 이처럼 고정된 위치에 대한 단촉돌격(短促突擊)으로 알려진 공격은 아무런 돌파구를 마련하지 못했으며 오히려 많은 희생을 치러야 하는 교전만이 이어졌다. '붉은' 토치카를 구축하려는 노력은 국민당의 압도적인 화력 때문에 국민당의 진격을 멈추지 못했다. 에드워드 드라이어(Edward Dryer)는 다음과 같은 결론을 내렸다. "이와 같이 복합적인 요소들에 대해서 우세를 점할 수 있는 공산당의 전략을 상상해 낸다는 것은 어려운 일이다."[30] 포위작전은 홍군이 크게 열위에 놓인 상황에서는 진지방어전을 수행할 수 없음을 보여주었다.[31]

1934년 여름에 포위가 좁혀지자 중국공산당 지도부는 진지를 떠나는 문제를 논의하기 시작했다. 이러한 움직임을 그들은 "전략적 이동(戰略轉移, strategic transfer)"이라고 불렀다. 1934년 10월 수 개월의 기획 끝에 후일 (〈지도 2-1〉에서 보듯이) 대장정이라고 알려진 것에 착수했다. 1935년 3월 장궈타오의 부대들은 지금의 쓰촨성에서 서쪽으로 행진하기 시작했으며, 지금의 후난성에서 허룽의 부대가 뒤를 따랐다. 일부 홍군 부대는 장시성에 남아 퇴각하는 부대들을 보호하고 국민당군에 대해 게릴라 작전을 벌였다.[32]

장정의 전략적 목표는 중공군을 재건하고 정비할 수 있는 새로운 진지를 건립하는 것이었다. 최종 목적지와 함께 장정에서의 전략도 자주 바뀌었다. 그러나 장정의 결과는 끔찍했다. 1934년 10월 중화 소비에트를 출발한 약 10만 명의 병사 중에서 불과 1만 명만이 4800킬로미터를 넘게 걸어 1935년 10월 산시성 북부에 도착했다. 다른 진지에서 각자의 대장정을 시작한 장궈타오와 허룽의 나머지 부대는 약 1년이 지나서야 산시성에 도착할 수 있었다.

4) 포위작전에 대한 마오쩌둥의 평가

1934년 말과 1935년 초에 중국공산당 지도부는 대장정 기간에 일련의 회의를 열어 전략을 논의하고 홍군이 제5차 포위작전에서 패배한 이유를 검토했다. 이 중에 구이저우(貴州)성의 쭌이(遵義)에서 있었던 회의가 가장 유명했다. 이 회의들은 우연찮게도 마오에게 정치적 서막을 열어주었다. 마오는 1932년 10월 군무에 대한 책임을 완전히 박탈당했기 때문에 제5차 포위작전에서 홍군이 패배한 것을 가지고 그를 비난할 수 없었다. 오히려 마오는 당이 패배한 것에 대해 결함이 있는 전략을 추진한 다른 이들을 비난할 수 있었으며 이렇게 해서 당내에서 자신의 입지를 끌어올릴 수 있었다. 시간이 지나면서 쭌이에서 마오가 행한 군사전략에 대한 비평이 결국에는 정통 마오쩌둥 군사사상의 일부가 되었다.

연설과 정치국 최종 결의에서 마오는 홍군의 실패가 압도적으로 강한 적과 약한 공산당이라는 '객관적인' 요인들 때문일 수 있다는 견해에 이의를 제기했다. 1932년 10월 닝두 회의에서 자신의 군사전략을 비판했던 사람들에게 비난을 퍼부으며 당이 진지전과 토치카전에서 '단순 방어노선'이나 '전수방어(專守防禦, protective defense)'를 채택한 것을 비판했다. 당은 마오가 '공격방어(攻勢防禦, offensive defense)'라고 했던 '결전방어(決戰防禦, decisive defense)'를 택했어야 했다. 결전방어는 기동작전을 통해 적의 취약점을 공격하는 데 우월한 전력을 집중하는 것이다.[33] 달리 말해 당은 처음 세 차례의 포위작전에서 사용했던 마오의 전략을 채택했어야 했던 것이다.

1936년 12월 마오는 강연을 하며 이러한 생각을 다듬었다. 이 강연 내용은 군무에 관한 마오의 가장 영향력 있는 에세이 중 하나가 되었다. 「중국 혁명전쟁의 전략 문제(中國革命戰爭的戰略問題, Problem of Strategy in China's Revolution War)」라는 제목의 이 글은 중국공산당이 혁명에서 사용하게 될 '올바른' 군사전략을 확인하려는 목적으로 제5차 포위작전 시기의 성공과 실패에 대한 원인들을 검토했다.[34] 이 에세이는 그의 많은 초기 주장들을 확장한 것이지만 당의 주도권 경쟁의 일환으로 군무에 대한 마오의 권위를 공고화하는 정치적 목적에도 기여했다. 결국 이 강연은 1945년 당 역사에 대한 결의에서 승인되어 마오 군사사상의 일부로 공식 인정받았으며, 1949년 이후 군사전략 수립의 중요한 참고 자료로 사용되었다.

마오의 출발점은 전력 균형에 관한 논의였다. 그의 주장에 따르면 국민당군은 "크고 강력한 적"인 반면에 홍군은 "작고 약하다".[35] 이처럼 극도로 열위에 놓인 조건하에서 어떻게 우세를 차지할 것인지가 핵심적인 전략 과제였다. 마오는 전략적 방어에서 "어떻게 우리의 힘을 보존하고 적을 격퇴할 기회를 기다릴 것인가"를 "최우선 문제"로 보았다.[36] 가장 일반적인 상황에서는 전략적 수준에서의 지구전과 작전적 수준에서의 "신속한 결정" 작전을 옹호했다. 기동전 또는 "이길 수 있을 때 싸우고 싸워서 이길 수 없을 때는 도망간다"라는 것이 전쟁의 주요 형태가 되어야 했다.[37] 작전은 기동전과 일치하는 유연한 방식으로 공격과 방어를 결합해야 하며, 이것을 마오는 다음과 같이 요약했다. "공격하기 위해서 방어하고, 진격하기 위해서 후퇴하며, 전진하기 위해서 측면으로 가고, 빠른 길로 가기 위해서 우회로를 택한다."[38]

마오는 전술적이나 작전적 수준의 조건에서 기술되기는 했지만, 그가 "전략적 후퇴(戰略退却)"라고 이름을 붙인 것의 역할을 강조했다. 전략적 후퇴의 주요 목적은 대부대가 패배할 수도 있는 교전을 피하는 것이다. 후퇴는 약한 적부대를 파악하고 전력의 국지적인 우세를 확보하거나 적이 실수를 하도록 무리하게끔 만들어 우호적인 조건을 조성할 수 있었다. 마오는 다음으로 1932년에 당이 채택한 전략을 비판했다. 즉, 유적심입이 아니라 "적을 국문 밖에서 막아낸다", "전선출격(全綫出擊)"하고 특정 방향에 노력을 집중시키지 않는다, "주요 도시 점거"를 하고 농촌 진지까지 확대하지 않는다, "선발제인(先發制人)"하고 2차 타격을 하지 않는다, 마지막으로 "처처설방(處處設防)"하고 책동하지 않는다 등이 그러한 전략의 사례다.[39] 제5차 반포위작전에 대한 실패를 가지고 다른 사람을 비난하는 것이 성급하기는 했지만, 이 에세이에서 마오가 제시한 그자신의 생각들, 즉 국민당군을 중화 소비에트로 깊숙이 유인한다거나 적의 배후로 침투하기 위해 기동전을 사용한다거나 하는 것들도 처참한 실패를 경험하게 되었을 것이다. 그럼에도 불구하고 제5차 포위작전의 실패에 대한 마오의 평가는 군무에 대한 당의 정통이 되었으며 1949년 이후에는 다른 군사전략을 비판하는 수사적 도구로 사용되었다.

5) 항일전 시기(1937~1945년) 중국공산당의 전략

1935년 말 마오쩌둥 휘하의 홍군 부대들은 산시성에 도착해 비교적 괜찮은 도피처를 갖게 되었다. 그와 동시에 중국에 대한 일본의 위협, 특히 중국 북부에 대한 위협은 더욱 심해졌다. 1935년 12월 정치국은 와야오부(瓦窯堡)의 마을에 모여 다가올 시기에 대한 새로운 군사전략을 개발했다. 이 전략은 중앙위원회의 승인을 받았으며 앞으로 중국공산당이 취하게 될 접근의 단초를 제공했다.[40]

첫 번째이자 가장 중요한 전략 요소는 국민당과의 내전에서 공산당의 입지를 강화하기 위해 일본에 대한 민족적 저항이라는 슬로건을 사용하는 것이었다. 회의에서 통과된 결의안은 이를 "내전을 민족 전쟁과 합한다"라고 기술했다.[41] 이 발상은 중국공산당의 모든 행동을 대일 항전의 일환으로 그리면서 "홍군은 대일 항전에서 중국 인민의 선봉"과 같은 구호를 사용하는 한편, 국민당군과 군벌 군대 내에서 동조하는 부대를 포섭하려고 했다.[42] 이러한 전략의 즉각적인 목표는 직접적으로 일본군을 공격하려고 준비하면서 일본군에 협력하는 중국인 부대를 공격하는 것이었다. 두 번째 목표는 홍군의 규모를 크게 확대하는 것이었다.[43] 세 번째 목표는 소련과의 육로 통로를 만들어 소련에서 직접 물자와 지원을 받는 것이었으며, 네 번째 목표는 게릴라전을 사용해 중국의 주요 성에서 중국공산당의 통제를 받는 지역을 확장하려는 것이었다.

다음으로 중국공산당이 군사전략을 고려하게 된 계기는 1937년 노구교사건(盧溝橋事件) 이후 일본이 중국 전체를 정복하려고 하면서다. 이 무렵 장궈타오와 허룽 휘하의 홍군은 산시성에 도착했으며 중국공산당은 본거지를 옌안(延安)으로 옮긴 상태였다. 1945년 일본이 항복하기까지 중국공산당은 여기에 머물렀다. 당시 중국공산당은 일본에 맞설 목적으로 국민당과 협력하기 위해 제2차 국공합작에 관한 협상을 하고 있었다.

1937년 8월 정치국은 산시성의 뤄촨(洛川)에서 상황 변화를 다루기 위한 확대회의를 소집했다. 회의에서 결정된 첫 번째 쟁점은 새로운 단계 동안 추진할 중국공산당 군대의 조직과 전략이었다. 국민당과 예정되어 있던 국공합작의 일환으로 홍군의 주력부대는 명목상 국민당이 이끄는 국민혁명군의 일부가 되어 두 개의 부대로 재편되었다. 팔로군(八路軍)은 중화 소비에트와 다른 진지를 떠나 일본의 배후나 일본의 통제가 미치지 않는 지역에서 작전을 하는 부대들로 구성되었다. 신사군(新四軍)은 대장정 이후 남쪽에 남은 중국공산당의 게릴라 부대로 구성되었으며 중국 남부에서 작전하도록 되어 있었다.

두 번째 쟁점은 중국공산당의 전반적인 군사전략과 중국 북부에서 활동하는 팔로군의 군사전략이었다. 회의에서 마오는 군사에 관한 보고를 통해 이러한 쟁점들을 제기했고, 정치국은 추인을 했다. 홍군은 일본과의 지구전으로 전략변환(戰略轉變, strategic transformation)을 하게 되었다. 우려스러운 점은 장제스가 일본의 침공을 기회삼아 중국공산당을 제거할지도 모른다는 것이었다. 그렇기 때문에 그러한 변환이 필요했다. 기동전을 벌이는 정규군을 변환시켜 게릴라전을 벌이는 유격군으로 만드는 것으로, 이는 비정규 부대로 구성한다는 것이 아니라 분산된 방식으로 작전을 수행한다는 의미였다.[44] 홍군의 목표는 중국 북부에 진지를 건설하고 일본군을 묶어두고 격멸하며 그 지역의 '우호적인' 군벌과 협조하고 홍군의 전력을 보존하고 확대하며 항일전에서 주도권을 쥐기 위해 노력하는 것이었다.[45] 새로운 군사전략에 대한 슬로건은 "독립적이고 자주적인 산악 유격전"이었다.[46] 북부의 홍군 부대들은 은신처를 쉽게 구할 수 있는 산악에 진지를 만들고 주도권을 쥘 것으로 보였으며, 전력을 분산시켜 이들 지역에 있는 주민들을 동원하고 기회가 생기면 일본군을 공격하는 데 집중하면 되었다. 이러한 전략에는 1920년대 말 징강산 진지를 구축했던 마오의 경험에서 비롯된 정신이 반영되었다. 그는 현 상황에도 그러한 방식이 적합하다고 생각했다.

그러나 1937년 12월 정치국은 중국공산당의 군사전략을 수정했다. 주더와 펑더화이 같은 홍군의 지휘관들 다수는 새로운 진지를 건설하는 것뿐만 아니라 기동전을 벌여 일본군을 공격하기를 원했다.[47] 그렇게 하지 않는다면 그들은 중국공산당의 위신이 추락할 것이라고 생각했다. 그래서 '기동 유격전[運動游擊戰, mobile guerilla warfare]'이나 '유격 기동전[游擊運動戰, guerilla mobile warfare]'으로 전략을 바꾸기를 요구했다. 전략의 명칭은 기존 전략 내에서 그러한 작전을 정당화하기 위한 수사적 노력을 보여준다. 뤄촨 회의 후에 마오는 9월에 펑더화이(당시 팔로군 정치위원)에게 새로운 전략을 설명하기 위해 여러 차례 전보를 보냈다. 이는 새로운 전략과 게릴라전을 강조하는 것을 펑더화이가 불만스럽게 생각한 데 대한 대응일 가능성이 컸다.[48] 1937년 12월 정치국은 군사전략을 조정해 "우호적인 조건하에서" 기동전을 허용했다.[49] 1938년 5월 마오는 중국공산당의 군사전략을 "기본적으로 (……) 게릴라전이지만 우호적인 조건하에서 기동전을 수행할 기회를 포기하지는 않는다"라고 기술했다.[50]

1938년 마오는 중국의 항일전 전략에 대한 일련의 강연을 했는데 포위작전에 대한 그의 평가와 내용이 많이 겹쳤다. 그는 전력이 차이가 나기 때문에 항일전은 3단계로 나아가는 지구전이어야 한다고 강조했다. 즉, 일본이 공격할 때의 전략적 방어, 일본이 이득을 공고히 하려고 할 때의 전략적 교착, 일본을 패배시키기 위한 전략적 공세를 가져오게 될 반격이 그것이다. 마오는 재래식 작전, 특히 기동전을 궁극적으로 일본을 격파하기 위한 핵심으로 여겼다. 동시에 적이 증강되어 이득을 공고히 하려는 시점 이후의 전략적 교착 기간에는 게릴라전이 우선이 된다. 적이 게릴라 작전으로 약화되고 홍군의 규모가 일본에 맞서 재래식 작전을 벌일 수 있을 만큼 증가한 후에만 기동전으로 전환한다.[51]

그 후 몇 해 동안 홍군은 자신의 통제하에 있는 지역을 확장하는 데 중점을 두었으며 대부분은 중국 북부 지역이었다. 이는 산시성이나 싼시(陝西, 섬서)성과 같이 일본의 통제하에 있던 지역뿐만 아니라 그 외의 지역에서도 행해졌다. 중국공산당은 전력이 위험에 놓일 수 있는 일본과의 대규모 교전은 피하면서 정규군과 민병대를 증가시켰다. 국민당은 난징과 우한(武漢) 같은 주요 도시를 방어하는 데 몰두하고 있었기 때문에 사실상 혹은 기본 전략으로서 이는 매우 성공적이었다. 1938년 말에 북부의 팔로군은 약 15만 6000명까지 늘어났으며 남부의 신사군은 2만 5000명을 상회하게 되었다.[52] 이들 주력부대에 50만 명의 현지 자경단과 16만 명의 게릴라부대가 너해졌다.[53] 1940년 중국공산당 진지 내 인구는 4400만 명으로 늘어났다.[54] 팔로군은 40만 명으로 증가했으며 신사군은 10만 명으로 커졌다.[55] 이들 부대는 게릴라전이 아닌 주로 기동전을 사용해서 진지를 만들고 확장했다.[56]

홍군 접근의 유일한 이탈은 1940년 8월 백단대전에서 발생했다. 새로 확보한 역량과 함께 중국공산당의 항일전 활동을 돋보이게 하고 일본군의 중국 북부에서의 선무 노력을 약화시키려는 열망에서 펑더화이는 1940년 7월 팔로군에게 스자좡(石家莊)에서 타이위안(太原)에 이르는 정타이(正太) 철로를 중심으로 허베이(河北)성과 산시성의 일본군을 공격할 것을 지시했다.[57] 목표는 선을 끊어 그 일대에서 일본군의 통신을 방해하려는 것이었다. 1940년 8월 20일 공격이 감행되었으며 9월 초순에 접어들면서 홍군은 몇몇 인상적인 승리를 거두었다.[58] 그럼에도 불구하고 일본군의 증원부대가 도착하면서 10월 초에는 그러한 노력이 무색해졌다. 공식적인 중국 역사에 따르면 팔로군은 474킬로미터의 철로와 1500킬로미터의 도로를 파괴했지만 1만 7000명의 사상자를 냈다.[59] 동일한 자료에 따르면 일본은 2만 645명의 사상자를 기록했다고 되어 있지만, 일본 측 자료에 따르면 그 수가 훨씬 적어 약 4000명이 전사했고 부상자와 실종자의 수는 알려지지 않은 것으로 되어 있다.[60] 마오를 비롯한 당 지도부가 공격을 승인하기는 했지만, 이것이 기회주의라든가 전략의 변화를 나타내는 신호는 아니었다.

하지만 그러한 공격은 일본 전략의 극적인 변화를 가져왔다. 중국 북부 일본군 사령관이었던 오카무라 야스지(岡村 寧次)는 "삼광작전[三光作戰, 전부 죽이고(殺光), 전부 불태우고(燒光), 전부 빼앗음(搶光)]"을 전개해 중국공산당을 몰아세웠다. 지난 수년간 구축된 진지는 축소되었고 중국공산당 통제하에 있던 주민들도 거의 절반으로 줄어 2500만 명이 되었다.[61] 중국공산당의 주력부대는 산재되어 소규모 게릴라전에 집중했으며 일본군과의 교전을 대개 회피했다. 팔로군의 규모는 25% 감소해 30만 명 정도가 되었다.[62]

1945년 일본이 항복하기까지 홍군은 진지를 재건하는 데 집중했으며 게릴라 작전을 제한적으로 수행했다. 여기에 일조한 것이 일본군의 이치고(一號) 작전으로의 전환이었다. 이 작전은 한국과 인도차이나를 연결하는 일본의 통제하에 있는 통로를 만들어 태평양 전구의 다른 부분에서도 작전을 수행하려는 것이었다. 그 결과 일본은 기존 일본군의 위치를 보호하기 위해 중국 북부에 대체로 위수부대를 남겨두었는데, 이 덕분에 중국공산당과 홍군은 재건과 성장을 할 수 있었다. 1945년 4월 북부에 있던 중국공산당 팔로군은 60만 명 이상의 병력을 갖게 되었으며 신사군은 29만 6000명으로 커졌다. 다만 이와 같은 증가의 일부는 현지 부대가 주력부대에 속한 부대로 재편되었기 때문이기도 했다.[63]

6) 국공내전(1945~1949년)

1945년 8월 일본이 항복하자 국민당과 공산당 사이의 전력 균형이 극적으로 뒤바뀌었다. 국민당군이 수백만 명의 병력을 갖고는 있었지만, 홍군은 대장정에서 살아남은 병력이 91만 명으로 늘었으며 여기에 200만 명의 민병대도 있었다.[64] 공산당은 19개 진지에서 1억 2500만 명의 주민을 통제했는데, 이는 대략 중국 인구의 20%에 달하는 숫자였다.[65] 그렇지만 중국공산당과 홍군의 인상적인 성장에도 불구하고 여전히 열등하고 미약했다. 이 시기에 선택된 군사전략은 국공내전 초기의 전략적 의사결정에서 두드러졌던 생존에 대한 우려와 유사했다. 결국 내전에서 중공군의 승리는 당의 지도부가 기대했던 것보다 훨씬 빨랐다.

국민당과 공산당 간의 적대 행위가 일본의 항복 이후 곧바로 시작된 것은 아니지만, 양쪽 모두 우위를 차지하려고 일찍부터 다투기 시작했다. 내전의 이 단계에서 중국공산당의 첫 번째 전략은 마오쩌둥과 저우언라이가 충칭(重慶)에서 국민당과 평화 회담을 하고 있던 1945년 9월 마련되었다. 류사오치가 이끌던 중앙위원회는 향북발전·향남방어(向北發展·向南防禦) 전략을 세웠다.[66] 목표는 중국 동북부나 만주에 대한 통제를 확보하는 것이었다. 스티븐 러빈(Steven Levine)이 "승리의 모루(anvil of victory)"라고 기술했듯이, 중국 동북부는 가장 산업화된 지역이면서 일본 점령기에도 가장 파괴되지 않은 지역이었다.[67] 만주를 지배하는 사람은 이들 자원을 차지할 수 있을 뿐 아니라 베이징(北京)을 포함한 중국 북부 전부를 위협하는 위치를 점할 수 있었다.

류사오치의 전략은 1920년대 말과 1930년대 초에 했던 것과 비슷하게 동북부에 커다란 진지를 개발하는 것이었다. 공산당 부대들은 북부의 다른 지역에 배치되어 동북부로 향하는 주요 접근로를 방어했다. 반면에 남쪽에서는 예상되는 국민당의 공격을 방어하기 위해 진지를 줄이도록 지시하고, 일부는 북으로 옮기도록 했으며, 다른 부대들은 산둥(山東)으로 들어가 북으로 가는 접근로를 방어하도록 했다.[68] 1945년 가을에 국민당과 공산당이 만주의 지배권을 서로 차지하려고 하면서 몇몇 충돌과 전투가 벌어졌지만, 대체로 양쪽 모두 큰 규모의 군사 교전은 피하면서 평화 회담을 유지하고자 했다. 공산당이 만주에 먼저 도착하기는 했지만 뒤이어 들어온 국민당이 숫자에서 훨씬 앞섰다. 1945년 말과 1946년에 홍군은 몇 달 앞서 차지한 도시들의 대부분을 포기하고 쑹화(松花)강을 건너 만주의 북부 농촌 지역으로 후퇴했다.

1946년 6월 국민당이 공산당에 대해 전국적인 공격을 개시하면서 상황이 변했다. 중공군이 120만 명인 데 비해 국민당 부대는 430만 명에 달했으며 국토의 25% 정도를 차지하고 있었다.[69] 이 시기에 홍군은 인민해방군으로 명칭을 변경했다. 국민당의 공세는 중국 전체를 지배하고 공산당을 완전히 격멸하겠다는 장제스의 의지를 반영한 것이었다. 다소 아이러니한 것은 장제스의 전략이 양쯔(揚子)강 북부 도시들 간의 통신을 장악하고 주요 도시들을 차지해 중국을 정복하려던 일본과 똑같았다는 점이다. 이를 통해 국민당은 방어 거점과 수송로를 만들 수 있었는데, 이를 통해 공산당이 장악한 지역을 지속적으로 공격했다.

이에 맞서 중국공산당은 기동전 전략으로 대항했다. 다만 1930년대 초 포위작전과 비교하면 훨씬 큰 규모로 기동전을 벌였다. 편법으로 중국공산당은 장악했던 도시와 영토를 포기했는데, 이는 마오가 1946년 7월 "불가피할 뿐만 아니라 필요하다"라고 기술한 것이다.[70] 이런 식으로 중국공산당의 전략에는 대규모의 결정적인 교전을 피하고 내선에서 싸우기 위해 부대를 철수했던 진지전 시기와 항일전 시기로의 회귀가 반영되었다. 이 전략은 후에 "영토를 지키지(保守) 않고 국민당 전력을 파괴한다"로 서술되었다.[71] 교전이 발생하면 전술적 승리를 얻기 위해 우세한 전력을 집중시켜 국민당의 전력을 점차 감소시키려는 생각이었다.[72] 전략과 작전적 수준에서 PLA는 내선방어에 중점을 둠으로써 1920년대 말과 1930년 대 초 지휘관들에게 아주 익숙했던 전쟁 양상으로 회귀했다.

공세 속에서 국민당은 그들이 추구하던 영토를 많이 얻었다. 상징적이기는 하지만 (중국공산당이 철수를 결정하고 약간의 방어 병력만 남겨둔 후인) 1947년 3월 중국공산당의 본거지였던 옌안을 점령하기도 했다. 그럼에도 불구하고 국민당은 공산당의 대규모 부대를 파괴할 수도 없었고 어느 지역을 완전히 선무해 통제할 수도 없었다. 특히 1947년 전반기 산둥과 산시에서의 국민당의 공격은 중국공산당 대부대를 파괴하는 데 실패했다.[73] 이 작전은 또한 국민당군이 만주를 벗어나게 해서 진지가 더욱 발전될 수 있도록 해주었다. 1947년 7월 국민당군의 규모는 370만 명으로 줄어든 반면에 PLA는 195만 명으로 늘어났다.[74] 게다가 국민당군이 점점 거점을 확보해 나가기는 했지만 지나치게 확대되었다. 도시와 도시 사이의 통신을 지키기 위해 많은 병력이 위수근무를 해야해서 공산당이 장악한 지역에 대해 공격을 가할 수 있는 야전 부대들은 더욱 줄어들었다.[75]

1947년 여름 중국공산당은 군사전략을 변경하기로 결정했다. 7월 초 마오는 산둥을 제외하고는 모든 곳에서 국민당의 공격이 중단되었으며 중국공산당이 이제 반격에 나서 공세로 전환할 수 있게 되었다고 결론지었다. 그는 국민당이 전쟁에 지친 민중의 지지를 잃어가고 있으며 점차 고립되어 가고 있다고 평가했다. 상황 변화에 대한 지나친 낙관주의를 반영해 그는 PLA가 향후 12개월 동안 100개의 여단을 궤멸시킬 수 있다고 생각했다.[76] 1947년 9월 1일 중국공산당은 다음 해의 군사전략에 대한 개요를 마련했다.[77] 문서에 따르면 여름 동안 마오가 내린 결론은 다음과 같았다. 중국공산당은 주력부대를 사용해 공세로 전환해 외선에서 싸우거나 국민당군이 차지하고 있는 지역을 공격한다. 일부 부대들은 여전히 공산당이 장악한 지역을 방어하도록 하지만, 다른 부대들은 이제 국민당군과의 전투에 나선다.

하지만 첫 번째 대규모 공격은 새로운 전략이 공식적으로 나오기도 전에 취해졌다. 대상은 중국 중부의 평야 지대로, 특히 1946년 포기했던 후난·허베이·안후이 경계의 다볘(大別)산맥에 위치한 평야였다. 중부 평야에 새로운 진지를 설치하는 것이 목표였으며, 이를 통해 남부에 있는 국민당을 위협하고 만주에서 전력을 분산시킬 수 있었다. 류보청(劉伯承)과 덩샤오핑이 이끄는 공격에는 세 개의 육군 군단이 동원되었으며 대담하게 황허(黃河)강을 가로질렀다.[78] 다른 전투들은 북부에서 벌어졌으며, 1947년 11월 주요 통신 요지인 허베이성의 스자좡을 차지하기도 했고, [랴오선(遼瀋)으로 알려진] 만주의 랴오둥(遼東)과 선양(瀋陽)을 잇는 국민당 부대에 맞서 동북부에서 일련의 공격을 감행하기도 했다. 그럼에도 불구하고 이 시기 중국공산당의 전략은 다소 기회주의적이었으며 1946년 이후 국민당군에 빼앗긴 것을 수복하는 데 중점을 두었지 국민당의 전력을 약화시키는 것은 그다지 중요하지 않았다.

1948년 9월 중국공산당 지도자들은 허베이성의 스바이포(西柏坡)에서 만나 차년도 군사작전 계획을 고민했다. 그들은 전쟁이 1951년까지 앞으로 3년간 지속될 것으로 예상하고 PLA를 500만 명까지 늘려 1년에 국민당 여단 100개를 파괴해야 한다고 생각했다.[79] 작전은 중국 북부와 만주를 포함해 양쯔강 북쪽 지역에서만 계획되었다. 중앙군사위원회(이하 중앙군사위)는 128개의 국민당군 여단을 격파할 계획을 세우고 PLA가 작전을 벌이는 지역들에 대략적인 숫자를 할당했다. 만주의 랴오선을 재공격할 준비를 하고 있었던 동북부의 린뱌오 부대들에게 가장 많은 할당이 주어졌다. 이들 계획은 전쟁이 길어질 것이며, 중국공산당이 공세로 전환했지만 승리는 결정적인 전투들로 단기에 얻어지는 것이 아니라 몇 년에 걸쳐 국민당의 전력을 약화시킴으로써 얻어진다는 견해를 반영했다.

그럼에도 중국공산당 지도자들이 예상했던 것보다 훨씬 빨리 전쟁이 끝났다. 〈지도 2-2〉에서 보듯이 1948년 가을 세 번의 주요 전투들에서 각각 예상치 못한 승리를 거두었는데, 이에 따라 전세가 바뀌게 되었다. 9월에서 11월에 걸쳐 만주에 있던 린뱌오의 부대는 랴오선 전역(campaign)을 벌였다. 그것은 소도시인 진저우(錦州)를 확보하는 데 중점을 두는 것으로 시작되었지만, 창춘(長春)에서 선양에 이르는 국민당 지배 지역을 탈취하는 데 성공해 전체 만주를 지배하게 되었다. 그것은 당시까지 내전에서 가장 큰 규모의 전투였으며, 70만 명의 중공군과 55만 명의 국민당군이 동원되었다. 국민당군의 대다수는 도망치거나 포로가 되었으며 이 때문에 전력 균형이 크게 바뀌었다.[80]

1948년 11월과 12월에는 화이하이(淮海) 전역으로 알려진 두 번째 큰 전투가 중부에서 치러졌는데, 이 전역으로 내전에서 중국공산당의 승리가 빨라졌다. 목표는 양쯔강 북부의 통신 중심 도시인 쉬저우(徐州)였다. 전역은 국민당 제7군(약 7만 명)을 격퇴하려는 아주 제한적인 목적으로 시작되었지만, 곧바로 각각 60만 명씩 참전한 중부 평야에서의 전투로 확전되었다.[81] 전역이 끝났을 때 국민당군은 32만 335명의 포로와 6만 3593명의 탈주병을 포함해 55만 명 이상의 병력을 잃어버렸다.[82]

끝으로 1948년 11월 말부터 1949년 1월 말까지 핑진(平津) 전역에서 린뱌오의 부대들은 베이징과 톈진(天津)을 함락시켰다. 50만 명에 달했던 국민당군은 패배했으며 그들 중 대다수는 포로로 잡히거나 도주했다. 랴오선 전역과 더불

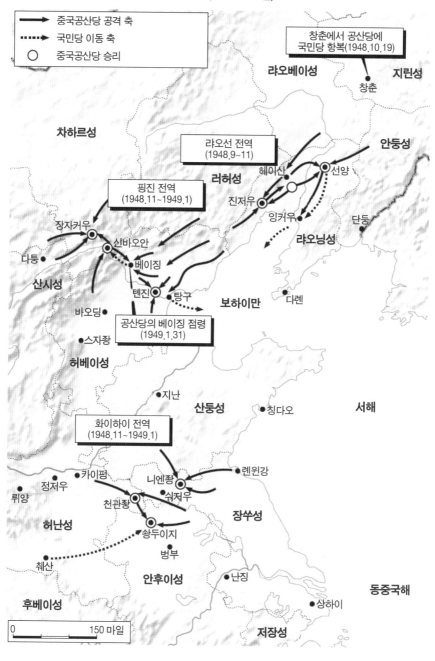

지도 2-2 **중국 국공내전의 결정적 전투들(1948~1949년)**

중국공산당 공격 축
국민당 이동 축
중국공산당 승리

창춘에서 공산당에
국민당 항복(1948.10.19)

랴오베이성

지린성

창춘

차하르성

랴오선 전역
(1948.9~11)

안둥성

헤이산

선양

핑진 전역
(1948.11~1949.1)

러허성

진저우

장자커우

신바오안

잉커우

단둥

다퉁

베이징

랴오닝성

산시성

톈진

탕구

보하이만

바오딩

다롄

스자좡

공산당의 베이징 점령
(1949.1.31)

허베이성

지난

칭다오

서해

산둥성

화이하이 전역
(1948.11~1949.1)

카이펑

니엔좡

롄윈강

정저우

뤼양

천관좡

쉬저우

쑹두이지

허난성

벙부

장쑤성

안후이성

난징

상하이

동중국해

후베이성

쉐산

0   150 마일

저장성

어 핑진 전역으로 중국공산당은 이제 중국 북부의 대부분을 장악했다. 따라서 1949년에 시작되어 불과 6개월 만에 국민당군은 150만 명의 병력과 양쯔강 북부의 영토 대부분을 잃어버렸다. 내전은 사실상 끝났다.[83]

세 개의 전역은 대규모 전투였으며, 그때까지 PLA가 행한 작전 중 가장 큰 규모였다. 그들은 내전의 모든 단계에서 작전과 기동전의 유연한 성질 덕분에 성공했으며, 국민당의 어리석은 지휘 결정, 특히 화이하이 전역에서의 결정과 특정 지역에서 중국공산당이 얻을 수 있었던 대중적 지지도 성공의 원인이었다. 대규모 가을 공세로 시작된 것이 전쟁의 종결이 시작되었음을 알리는 결정적인 교전으로 발전했다. 대규모 전투 작전들은 국민당 주둔지였던 하이난(海南)섬이 함락되는 [그리고 1951년의 티베트(Tibet) 점령과 함께] 1950년 5월까지 지속되었지만, 국민당군은 이들 세 가지 전역 이후 어떠한 의미 있는 저항을 시작할 수 없었다.

2. 전략에 관한 중국 어휘

1949년 이후 고위 군 장교들이 군사전략 수립에 어떻게 접근했는지는 국공내전에서 PLA의 경험과 전략의 유산에 따라 영향을 받았다. 전장에서의 경험과 더불어 이러한 유산의 중요한 측면은 '전략방침', '적극방어', '유적심입', '인민전쟁'을 비롯해 전략을 논의하는 개념들이다. 이 절에서는 이들 개념을 내전과의 관련을 중심으로 검토하고, 이 책의 전반에 걸쳐 등장하는 PLA가 사용하는 다른 군사 용어들을 논의한다.

1) 전략방침

1949년 이후에 PLA는 전략방침이라는 개념을 사용해 군사전략을 수립하고 기술했다. 그러나 전략방침 개념은 국공내전 시기 중국공산당이 어떻게 군사전략을 개발했는지에 기원을 두고 있다. 앞에서 말한 단계를 거치며 내전이 전개되면서 전략방침 개념은 중국공산당이 수립하는 전반적인 군사전략과 동의어가 되었다.

언제 처음으로 중국공산당이 '전략방침'이라는 말을 사용했는지는 불분명하다. 이용 가능한 당 문서들에 따르면 제5차 포위작전 전인 1933년 여름에 처음으로 사용되었을 가능성이 크며, 그 후 대장정 기간에 보다 널리 사용되었다.[84] 예컨대 1934년 12월 대장정 동안 정치국은 구이저우성의 리핑(黎平)에 모여 '홍군의 전략방침'을 논의했다.[85] 이 회의에서 내려진 주요 결정은 이전의 서부 후난성의 진지 설치 계획을 폐기하는 대신에 쓰촨·구이저우 경계 지역에 하나를 설치하는 것이었다.[86] 1935년 1월 제5차 포위작전 때 당의 전략에 대한 논의를 가졌던 쭌이 회의는 당이 올바른 전략방침을 채택했었는지에 관한 질문을 중심으로 짜여졌다. 쭌이에서 통과된 결의는 "올바른 전략방침으로만 전역이 올바르게 지도될 수 있다"라고 결론지었다.[87]

쭌이 회의 이후 전략적 의사결정의 맥락에서 중국공산당의 용어 사용은 더욱더 흔해졌다. 1935년 6월 대장정에 올랐던 홍군의 주력부대들이 쓰촨성의 량허커우(兩河口)에 집결하자 중국공산당 지도부는 북쪽으로 나아가 쓰촨·간쑤(甘肅)·싼시(섬서)의 경계 지역에서 진지를 구축하려는 새로운 전략방침을 발표했다. 1935년 8월 정치국은 이 방침을 개정해 싼시·간쑤 경계 지역의 훨씬 북쪽에 진지를 세우는 데 집중하도록 했다. 1935년 12월 마오 휘하의 홍군이 싼시성에 도착한 후에 당 지도부는 또 다른 전략방침을 발표해 국민당과의 내전을 항일전과 합치도록 했다. 와야오부 회의에서 정치국이 승인한 군사전략에 대한 결의에서 문서의 첫 부분의 제목이 '전략방침'이었다.[88] 그 후 내전에서 군사전략 문제들에 대한 다른 모든 주요 결정은 전략방침으로 기술되었다. 여기에는 중국 북부의 일본군에 저항하기 위해 1937년 8월 뤄촨 회의에서 만들어진 전략, 류사오치의 1945년 '향북발전·향남방어' 전략, 1946년 6월 국민당의 전국적인 공세에 대한 중국공산당의 대응, 1947년 9월 공세로 전환하는 중국공산당의 결정, 1948년 9월에 마련된 전쟁 3년 차에 대한 중국공산당의 전략 등이 포함된다. 공식 역사에서도 '전략방침'이라는 용어를 사용해서 내전 동안 이루어진 중요 결정들을 설명하고 있다. 예컨대 1930년대 포위작전 전략들, 1939년 중남부에서 신사군의 게릴라 작전에 대한 접근법,[89] 1940년 초 내전에서의 전반적인 전략 등이 그것들이다.[90]

따라서 중화인민공화국이 건립되었을 때 전략방침 개념은 군사전략을 구상하는 방법에 대한 기본적인 토대를 제공했다. 1957년 펑더화이가 말했듯이 "전략방침은 군 건설, 부대 훈련, 전쟁 준비(戰爭準備)에 영향을 미친다".[91] 앞 장에서 기술한 바와 같이 전략방침은 중국이 다음 전쟁을 어떻게 치를지에 대한 개요를 제시한다.

1949년 이후로 전략방침의 구성 요소는 서구 학자들이 상위 수준의 군사교리라고 기술할 만한 것의 대부분을 담고 있다.[92] 첫 번째는 적에 의한 특정 군사 위협에 기초한 전략적 적과 작전 대상에 대한 식별이다. 전략적 적과 작전 대상의 결정은 전반적인 안보 환경과 직면하고 있는 위협에 대한 당의 평가를 반영한다. 따라서 그것은 고위 군 장교들에 의해 주로 결정되지 않는 전략방침의 한 가지 구성 요소다. 전략적 적에 대한 어떤 '투쟁'도 군뿐 아니라 모든 국력의 요소를 동원할 필요가 있으므로 당의 결정이어야 한다. 군대는 특정한 작전상 목표 대상에 대한 평가와 적과 같은 대응에 대한 군사 계획의 발전을 지배한다.

전략방침의 두 번째 주된 구성 요소는 1차적인 전략방향이다. 이것은 군대 배치와 작전 준비태세를 향상시키거나 유지하려는 노력을 비롯해 전반적인 충돌을 결정적으로 야기하는 잠재적 갈등에 대한 지리적 중심과 무력 사용에 대한 중심을 가리킨다. 내전에서 홍군의 약점은 더 약한 전력의 사용에 대한 무게중심이나 초점의 중심 영역을 식별해서 효율성을 극대화할 필요성에 영향을 주었다. 홍군은 보다 쉽게 격파될 수 있는 전장에 전력을 분산하지 않으려고도 했다.

전략방침의 세 번째이자 아마도 핵심적인 구성 요소는 군사투쟁 준비의 기반이다. 이는 전쟁 형태와 작전 형태나 작전 양식을 말하는데 이들 모두 미래 전쟁이 어떻게 전개될지를 설명한다. 내전 동안에 그리고 1980년대 초로 접어들면서 '전쟁 형태'에 대한 주요 논쟁은 기동, 진지, 게릴라전을 어떻게 통합할지와 어떤 전쟁 형태를 강조하고 우선순위를 둘지에 있었다. 그 후에는 보병과 지상군의 기갑부대와 같은 전투부대의 합동작전으로 초점이 옮겨졌으며, 다시 육해공군의 합동과 관련된 연합작전의 다양한 개념화로 옮겨갔다.

전략방침의 네 번째 구성 요소는 군대의 사용에 대한 기본지도사상(基本指導思想)이다. 이것은 분쟁에 적용되는 일반적인 작전원칙들을 말한다. 주요 전쟁 형태에 기초해 그러한 원칙들은 어떻게 작전을 수행하는지를 설명하려는 의도이며, 그에 따라 전쟁의 작전적 수준에 대한 방침을 제공하는 것으로 이해되어야 한다. 가령 내전 동안 기동전은 종종 신속한 결정에 따른 전투를 강조하는 것과 흐름을 같이했다. 침공의 총력전에 맞선 방어에서 평시 현대화와 1980년대 말 국지전으로 이동하면서 군사력의 전반적인 사용에 대한 전략지도사상, 특히 위기와 같이 전쟁이 없는 상황에서의 사용은 '작전에 대한 기본지도사상'에 더해 전략방침의 보다 중요한 부분이 되었다.

내전 기간과 1949년 이후 전략방침들 간의 몇 가지 차이점은 주목해 보아야 한다. 내전 기간의 방침들은 평시가 아닌 전시 전략의 변화를 반영했다. 따라서 많은 방침이 1927년부터 1949년 사이 20년이 넘는 내전 동안 발표되거나 조정되었다. 반면에 1949년 이후 중국은 거의 8년마다 하나씩 아홉 개의 방침만을 발표했으며 내전 기간보다 빈도수가 줄어들었다. 게다가 내전 동안 개발된 방침들은 일반적으로 당의 최고 지도자들, 특히 정치국이나 다른 지도 기구의 지도자들이 결정했다. 1949년 이후의 방침들은 당 최고 지도자의 동의 내지 승인을 얻어 중앙군사위에 속한 고위 군 장교들이 마련했다.

2) 적극방어

1949년 이후 중국의 아홉 개의 전략방침들은 모두 '적극방어' 원칙을 구현하는 것으로 기술되어 왔다. 전략적 개념상 적극방어는 수적으로나 기술적으로 우세한 적과 마주했을 때, 그리고 그에 따라 전략적 방어를 취해야 할 때 작전을 수행하는 방법에 대한 방침을 제공한다. 이러한 조건하에서의 주요 도전 과제는 전력을 보존하는 방법과 그다음으로 점차 주도권을 확보하는 방법이다. 따라서 적극방어는 전략적 공세에 있을 때 또는 전반적인 우세를 점하고 있는 위치에서 적과 교전할 때 어떻게 작전을 수행할지가 아닌 약점을 어떻게 극복할지에 대한 비전을 제공한다.

적극방어라는 용어는 1935년 12월 와야오부 회의의 당 문건에서 처음 사용되었다. 승인된 결의안의 주 저자는 마오쩌둥이었으며, 이 결의안은 그의 공식 선집에 포함되었다.[93] 결의안에 따르면 홍군은 '단순 방어'와 '선발제적(先發制敵)' 행위 모두를 반대해야 한다. 홍군의 열악함을 고려할 때 수동 방어나 선제 공격은 중국공산당의 전력을 크게 파괴할 위험이 있으며, 특히 내선이나 공산당이 통제하는 지역 내에서 작전을 할 때 더더욱 그러했다. 그 대신에 홍군은 '적극방어'와 '후발제인(後發制人)'•을 해야 한다.[94] 이런 식으로 적이 공격하기를 기다려 반격하는 것으로 정의되는 적극방어는 더 강한 적을 만났을 때 "내선에서 싸우는 데 있어 올바른 원칙"으로 자리매김했다. 이것들이 홍군이 국공내전의 대부분 기간에 직면한 조건들이었다. 또한 미국과 소련이 중국의 주요 적이었던 1949년 이후 중국이 직면한 조건들이기도 했다.

• '후발제인'의 통상적인 번역은 "적이 공격한 이후에 주도권을 쥔다(gaining mastery after the enemy has struck)"이다. 스튜어트 슈람은 이 용어를 "뒤에 공격해 지배권을 갖는다(gaining control by striking last)"로 번역했으며, 나는 이것을 약간 수정했다. 다음을 참고하라. Stuart R. Schram(ed.), *Mao's Road to Power, Vol. 5: Toward the Second United Front, January 1935~July 1937*(Armonk, NY: M. E. Sharpe, 1997), p.80.

그러나 적극방어를 뒷받침하는 생각은 와야오부 회의 전에 나왔다. 여러모로 마오와 주더가 징강산 진지에서 개발한 게릴라전에 대한 초기 작전원칙들은 동일한 아이디어를 담고 있다. 당시 홍군의 접근법을 설명하는 구호는 "적이 나아가면 우리는 물러서고, 적이 야영을 하면 우리는 괴롭히며, 적이 피로해지면 우리는 공격하고, 적이 후퇴하면 우리는 쫓아간다"였다.[95] 마찬가지로 1930년대 포위작전 시기(특히 처음 세 번의 작전), 홍군은 타격 전에 국민당군이 공격하기를 기다렸다. 1935년 1월 쭌이 회의에서 마오는 기동전에 기반한 '공격적 방어'가 제5차 포위작전에서 국민당군에 맞서는 데 사용되었어야 하는 홍군의 가장 좋은 전략이었다고 주장했다.

마오는 1936년 12월 '중국 혁명전쟁의 전략 문제' 강의에서 보다 완성된 적극방어에 대한 정의를 제시했다. 앞서 논의한 바와 같이 이 강의는 홍군이 수적으로 그리고 기술적으로 열세에 있을 때 사용해야 하는 전략적 방어와 전략을 검토했다. 마오의 해법은 '적극방어'였는데, 그는 이를 "공격적 방어 혹은 결정적인 교전을 통한 방어"라고 정의했다. 제5차 포위작전에 대한 논쟁과 쭌이 회의에서의 주장을 다시 거론하며 그는 적극방어를 '수동적 방어' 또는 '단순 방어적 방어'와 대비시켰다. 전역과 전술적 수준에서 공격적 행동은 전략적 방어와 궁극적으로는 반격으로 이행하려는 목적을 달성하기 위해 수동적 입장에서 주도권을 확보하는 데 사용될 수 있었다. 그럼에도 불구하고 전략적 방어를 하는 동안 마오가 요구한 주요 작전 행동은 단기간의 신속한 전투와 함께 (적을 지치게 만드는) 책략과 후퇴였으며, 이는 영역을 확보하거나 지키는 것이 아니라 적의 전력을 파괴하는 데 목적이 있었다. 우세한 전력을 특정 시점과 장소에 집중시킴으로써 교전에서 승리할 수 있는 대규모 책략과 함께 후퇴를 가능하게 했기 때문에 전쟁의 주요 형태는 기동전이었다. 하지만 전체적인 구상은 방어적 목표를 달성하기 위해 어떻게 공격적 행동을 사용할지라는 것으로 이 경우에는 국민당의 공세에 맞서 중국공산당의 진지를 방어하는 것이었다.

1949년 이후 중국의 아홉 가지 전략방침들은 적극방어에 뿌리를 두고 기술되었다. 오늘날 PLA는 적극방어를 "공격하는 적을 방어하기 위해 적극적이고 공격적인 행동을 사용하는 것"으로 정의한다.[96] PLA의 정의는 적극방어가 대개 내선에서 지구적 방어의 일환으로 외선에서 공격적 작전을 결합하는 것을 더욱 강조한다. 뒤에서 살펴보겠지만 적극방어의 의미는 중국이 채택한 전략 방침마다 다르다. 그럼에도 불구하고 적이 공격하기를 기다려 반격한다는 주된 원칙은 공통되며 정당한 전쟁의 개념과도 연결된다. 2000년대 초가 되어서야 반격을 촉진하는 '선제타격'을 구성하는 것이 무엇인지에 대한 더 많은 논쟁이 나타났다. 군사과학원의 전략가들은 "민족 분리주의자들"로부터의 도전을 강조하며 적극방어라는 지시하에 반격을 가할 수 있는 침공이나 공격에 더해 "정치 차원"에서 "선제 발사(first shot)"를 주장한다.[97] 하지만 이런 맥락이라고 하더라도 중국의 핵심 이익을 해하는 적의 행동, 특히 대만의 법률상 독립 추구와 같은 행동에 맞서 반격에 중점을 둔 점은 여전하다.

적극방어에 대한 지속적인 강조는 중국의 군사전략에 대한 접근을 어떻게 이해할지에 대해 몇 가지 함의를 지닌다. 첫째는 중국이 무력을 사용하는 목표가 방어적이라는 믿음이다. 예컨대 침략에 대해 국토를 방어하거나 주변국들과의 분쟁에서 중국의 지속적인 영유권 주장을 지키는 것 등을 말한다. 적극방어에 대한 문헌들의 함의는 명시적이지는 않지만 중국이 방어적 목표를 추구한다는 것이다. 둘째는 중국이 더 약자이며 그에 따라 더욱 취약하다는 묵시적 가정이다. 이는 중국이 방어적 목표를 달성하기 위해 공세적 행동을 취하도록 장려한다. 셋째는 중국이 먼저 공격하지는 않지만 중국에 대한 공격이 발생하면 반격에 초점을 둘 것이라는 점이다. 마오는 1939년 이러한 구상을 가지고 "우리는 공격받지 않는 한 공격하지 않을 것이다. 공격받는다면 확실히 반격할 것이다"라고 밝혔다.[98] 이들 구상이 1949년 이후 중국의 군사전략이 가진 대부분의 특징을 보여주지만, 과거 10년간 중국이 갖추게 된 물질적인 힘의 변화는 향후 적극방어가 가지는 의미에 대해 진지한 의문을 제기하고 있다. 중국은 더 이상 물질적으로나 기술적으로 열위에 있지 않을 것이기 때문이다.

3) 유적심입

유적심입은 국공내전에서 적극방어의 초기 형성에 밀접한 관련을 갖는다. 이 두 가지가 1930년대에는 서로 얽혀 있기는 했지만, 군사 개념으로서 유적심입은 사실 적극방어보다 먼저 구체화되었다.

유적심입은 1930년 10월 제1차 포위작전에서 국민당에 맞서기 위한 전략의 한 부분으로 처음 도입되었다. 이 개념은 마오쩌둥에게서 기인했는데, 그는 "전선군(Front Army)의 주요 업무는 적을 적색 지대로 깊이 끌어들여 [국민당군을] 지치게 만들어 섬멸하는 것이다"라고 설명했다.[99] 그다음 분석에서도 마오는 제2차와 제3차 포위작전에서의 성공이 유적심입 덕이라고 보았다. 그럼에도 불구하고 앞에서 논의한 것처럼 홍군이 국민당군을 중화 소비에트 내에서 공격하기는 했지만, 유적심입은 이들 작전에서 그다지 두드러지지 않았다. 두 번째 작전에서 홍군은 중화 소비에트를 공격하는 국민당 사단을 매복해 공격한 반면에 세 번째 작전에서는 교전하지 않고 계속해서 책동해 국민당군을 약화시켰다.

적극방어 개념이 1935년 12월에 처음 도입되었을 때 유적심입이 개념 설명의 중추적 역할을 했다. 전체적인 약세에도 불구하고 공격에 우호적인 조건을 만드는 유적심입이 1935년 적극방어의 핵심이었다. 그렇지만 포위작전에서의 역할에도 불구하고 유적심입이 대장정 이후 자주 사용된 것도 아니다. 1930년대 말 중국공산당은 자신들의 영역에 유적심입을 하지 않고서 방어할 수 있는 진지를 만들었다. 공격받았을 때 홍군은 단순하게 가능한 한 교전을 피하려고 했지만 결과적으로는 진지의 크기만 줄어들었다. 더군다나 앞에서 논의한 대로 1930년에 채택되었을 때조차도 그러한 접근에 반발이 있었으며, 이에 대한 반대는 1932년 닝두 회의에서 마오가 군무에서의 책임에서 물러나도록 만든 결정에도 일부 작용했다.

4) 인민전쟁

아마도 국공내전 동안 중국의 군사전략과 가장 밀접하게 관련되었던 개념은 인민전쟁이다. 이 용어는 서로 다른 의미를 지니는데 군사전략에 직접적으로 관련된 것은 일부에 불과하다.[100] 가장 일반적인 의미로는 '인민'을 대신해 무력 분쟁을 통해 추구되는 목표의 올바름이나 정의로움을 말한다. 중국에서 그 목표는 (국민당에 대항하는) 사회주의 혁명과 (일본에 대항하는) 민족해방이었다. 또한 당의 목표에 대한 더욱 폭넓은 정치적 지지와 군대에 대한 인력과 물질적 지원을 늘리기 위해 '군중'을 동원하고 조직함으로써 그러한 분쟁에서 약점을 극복하기 위한 일반적인 정치·군사 전략을 말한다. 중국에서 그러한 동원의 목표 대상은 농민이었다. 그리고 개발될 전력의 종류뿐 아니라 사용될 방식을 비롯해 그러한 분쟁의 군사적 측면을 의미한다. 인민전쟁은 특히 중국 외에서는 자주 게릴라전과 동의어로 여겨진다. 민병대와 게릴라 전술이 특히 내전의 한 부분을 차지하기는 하지만, 그렇더라도 한 부분에 불과하다. 내전에서 중국공산당의 군사전략이 보여주듯이, 주요 군사 전력은 민병대가 아닌 정규 주력부대이며 전투의 지배적인 방식은 게릴라전이 아닌 기동전이었다.

보다 복잡한 문제는 중국공산당이 사용한 '인민전쟁'이란 용어의 역사적 용례다. 아이러니하게도 중국공산당 지도자들은 내전 동안에는 이 말을 널리 그리고 빈번하게 사용하지 않았다. 사실 마오의 군사사상과 밀접하게 연관되어 있기는 했지만, 그는 이 용어를 1945년 4월 중국공산당 제7차 전국대표대회 보고에서 처음으로 사용했다.[101] 게다가 그 후 1940년대 말에도 그는 이 용어를 자주 사용하지 않았으며, 당의 주요 신문인 ≪인민일보≫에도 드물게 등장했다. 그럼에도 불구하고 지금의 인민전쟁과 결합된 많은 구상들, 특히 군중을 동원하고 조직하는 것을 강조하는 구상은 인민전쟁 개념의 일부로 명명되지 않기는 했지만 거의 20년 전에 처음으로 나타났다. 예컨대 마오의 후난성 농민 상황에 대한 1927년 보고서는 정치적 동원의 가능성을 확인하고 있다.[102] 중국

혁명전쟁의 전략에 대한 마오의 1936년 글에는 인민전쟁과 관련된 대부분의 구상이 담겨 있지만 결코 그 용어를 사용하지는 않았다.[103]

인민전쟁의 기본 구상은 다음과 같다. 혁명전쟁이나 민족해방은 더 약한 쪽이 훨씬 더 강한 쪽과 겨루는 정당하거나 정의로운 분쟁이다. 그러한 전쟁들은 약점을 점차 극복해서 전투에서 이기고 최후의 정치적 목적이 달성될 수 있도록 당이 인민을 "동원하고 조직하고 지시하고 무장시키는" 것이 가능할 경우에만 승리할 수 있다.[104] 마오가 1938년에 적었듯이 "군과 인민이 승리의 초석이다".[105] 현대화된 군은 "[일본을] 압록강 너머로 쫓아 보낼" 것이다. 동시에 "전쟁에서 가장 풍부한 힘의 원천은 군중에 있다".[106] 유사하게 마오는 인민의 정치적 동원이 "적을 익사시킬 거대한 바다를 만들고, 무기와 다른 것들의 부족을 상쇄할 조건을 만들며, 전쟁의 모든 어려움을 극복하기 위한 전제 조건을 만들 것"이라고 주장했다.[107]

인민들이 동원되면, 그들은 점차 힘의 균형이 혁명운동 혹은 민족해방운동으로 기울도록 해주는 인력, 물자, 자금을 제공했다. 동원이 없었다면 이러한 것들을 이용할 수가 없었다. 동원된 대중은 승리를 가져오는 군사 영역 외에서 전개되는 '투쟁'에도 참여할 수 있다.[108] 군사적인 면에서는 홍군의 정규 부대에 대한 인력 충원 외에 농민들에게 특정 지역을 할당해 민병대나 자위대(self-defense corps)를 조직했는데, 이들은 지역 방어와 소규모 게릴라 작전 및 활동 지원과 물자 이동의 임무를 담당했다.[109] 내전의 마지막 국면에서 PLA의 규모가 커지면서 게릴라 야전군에게 지원과 지지를 제공하는 데 민병대와 자위대의 역할이 더욱 두드러졌다.

1930년대 강연에서 마오는 혁명이나 해방전쟁을 지연된 경쟁(protracted contest)으로 보았다. 그러한 분쟁은 세 가지 단계를 거쳐 진행되는 것으로 이해되었다. 즉, 적이 공격할 때의 전략적 방어, 적이 이득을 공고히 할 때의 전략적 교착 상태, 중국이 반격할 때의 전략적 공세가 그것들이다. 이들 전쟁은 중국이 약해서뿐만 아니라 인민을 동원하고 인민의 폭넓은 지지를 발전시키고 당의 목표에 맞게 이들을 조직하고 적을 군사적으로 약화시키고 점진적으로 공격적인 군사작전을 펼치기 위해서는 시간이 필요했기 때문이다. 혁명이나 민족해방을 위해 시간이 지날수록 증대되고 육성될 필요가 있는 인민의 지지가 가지는 장점과 절박함과 긴요함을 감안할 때, 승리에 대한 전망은 장기전이 단기전보다 훨씬 강했다.

게릴라전이 인민전쟁의 동의어로 이해되는 경우가 많기는 하지만, 그러한 결론이나 견해는 옳지 않다. 마오의 글과 내전의 여러 단계를 살펴보면 게릴라전은 1930년대 중반 국민당이 차지하고 있던 지역처럼 적이 점령한 지역에서만 행해졌다. 다른 곳에서는 정규 부대가 수행하는 기동전이 강조되었다. 내전의 다양한 단계 중에 게릴라전은 1920년대 말 처음으로 중국 중부의 진지가 설립되었을 때와 1937년 이후 일본 전선 배후에서 작전을 벌일 때 가장 두드러졌다. 1930년대 초 포위작전, 1930년대 말 중국 북부의 진지 설립과 1945년 이후 국민당에 대한 작전과 같이 그 밖의 단계에서는 재래식 부대의 기동전이 지배적이고 주요한 전쟁형식이었다. 즉, 지구전의 세 가지 정형화된 단계에서 게릴라전은 두 번째 단계인 전략적 교착 상태에서만 두드러졌다. 적이 이 단계에서 확보할 수 있는 영토의 양을 극대화했기 때문에 적이 통제하고 있고 적의 전선 배후의 진지에서 사람들을 동원하고 조직했지만, 적을 약화시키기 위해 게릴라전을 사용할 기회는 늘어났다. 반면에 전략적 방어와 공세 동안 군사작전의 주된 형식은 기동전이었다. 유동적인 전선과 기동성에 대한 강조 때문에 기동전은 때로 게릴라전의 요소를 가진 것으로 설명된다. 그럼에도 불구하고 기동전은 게릴라가 아닌 직접 교전에서 재래식 전략을 사용하는 데 기반을 두고 있다.

인민전쟁에 대한 구상과 중국공산당의 농민 동원에서의 우세는 군대 발전의 중요하면서도 당연한 결과였다. 핵심 구상은 군이 인민에 속하고 인민을 해방하기 위해 존재한다는 것이다. 높은 수준의 '정치적 의식'은 사기를 진작시키고 효율성을 개선한다. 더욱 폭넓은 인민 동원을 지원하기 위해 그들을 착취하던 탐욕스러운 군벌 시절과는 달리 군도 인민과 통합된 것으로 보이고 스스로도 그렇게 볼 필요가 있었다.[110] 군대에 대한 당의 통제는 1929년 구티안(古田) 회의에서 처음 정립되었으며 1930년대 초에 발표된 행동 및 훈육에 대한 규율과 더불어 핵심을 이루었다.[111] 게다가 군은 전투 외에 더 폭넓은 당의 인민 동원을 지원할 임무도 갖고 있었다. 군은 당의 군중 동원 노력을 촉진하기 위해 직접적인 정치 업무에 참여했을 뿐 아니라 농민에 대한 경제적 부담을 완화하기 위해 농업과 기타 형태의 생산에도 참여했다. 이러한 역할은 특히 더 강한 적과의 직접적인 교전을 피하면서 진지를 설립하고 확대하고자 할 때 더욱 두드러졌다.

1949년 이후 인민전쟁의 의미가 변했다. 중국 내에서 이 용어는 (다음 장에서 논의하는 바와 같이) 대약진운동 기간인 1958년과 군사와 관련해 소련식 아이디어에 지나치게 의존하는 것을 방지하기 위한 '반교리주의' 운동에서만 널리 사용되기 시작했다. 1965년에 이 개념은 린뱌오가 서명한 「인민전쟁 승리 만세(人民戰爭勝利萬歲)」라는 제목의 일본 항복 20주년 기념 글이 출판되면서 국내외적으로 더욱 인기를 얻었다.[112] 인민전쟁에 대한 논의는 그다음에 문화대혁명이 급진화되는 동안 정점에 달했다. 인민전쟁은 특히 베트남에서 그랬듯이 다른 사람들이 추종한 모델로서 마오의 군사적 천재성을 반영한 중국식 접근으로 여겨졌다. 중국 밖에서는 이 용어가 대륙 방어 전략과 결합되었는데, 중국이 공간을 포기하는 대신에 시간을 버는 식으로 지구전에서 침략이나 공격을 격퇴하기 위해 넓은 영토와 인구를 활용한다는 것이다.[113] 1980년대에 해외 분석가들은 중국의 전략을 "현대적 조건하에서의 인민전쟁"으로 설명했다.[114] 이 책의 뒷부분에서는 인민전쟁에 관한 그러한 견해가 정확하지 않다는 점도 보여줄 것이다. 그것은 비정규 부대, 게릴라전, 사회적 동원의 과장된 역할을 암시하고 재래식 전력과 운영의 중심성 및 PLA에 인력을 제공하는 군사작전을 직접적으로 지원하는 데 있어 동원의 역할을 경시한다.

더욱 일반적으로는 1949년 이후 인민전쟁이 다른 의미를 가지게 되는데, 이는 내전 동안 PLA의 경험과 맞닿아 있는 의미들이다. 실제로 새롭게 독립했지만 물질적으로는 취약한 국가였던 중국이 주요 분쟁에서 우세를 차지하기 위해, 특히 공격을 받았을 경우 국민과 자원을 계속해서 동원해야 한다는 구상을 담고 있다. 냉전이 종식된 후에도 인민전쟁에 대한 계속된 언급들은 중국의 힘을 높이기 위해 사회적 동원에 대한 초점을 강조한다.[115] 예컨대 오늘날 PLA는 인민전쟁을 "넓은 인민 대중을 조직하고 무장시켜 계급 억압에 저항하거나 외국 적의 침입에 저항하기 위한 전쟁을 수행하는 것"으로 정의한다.[116] 현재의 예로는 아마 '민군 융합'에 대한 강조가 있을 것인데, 이는 새로운 전투 기술 개발을 위해 민간의 전문성을 이용하는 것이다.[117] 인민전쟁은 또한 명확한 정치적 의미나 함의를 갖고 있기도 하다. 즉, PLA가 중국공산당의 절대 통제하에 있는 당의 군대라는 사실을 잊어서는 안 된다는 것이다.

5) 군대 건설

군대 건설(軍隊建設)은 전력 현대화와 개발과 관련된 모든 노력을 말한다. 중국어로 '젠써(建設)'는 건설, 건축이나 개발을 의미한다. 따라서 '쥔뚜이젠써(軍隊建設)'는 통상적으로 '군 건설(army building 또는 army construction)'로 번역된다. 또한 '군사 건설(military building 또는 military construction)'로도 번역될 수 있다.

'젠써'에 해당하는 영어가 없기 때문에 간단하게 용어를 설명할 필요가 있겠다. 처음 이 용어가 널리 사용되기 시작한 것은 1950년대 초로, 당시 당의 주요 목표는 '사회주의 현대화'였다. 즉, 당국가의 다른 부분들을 건설하고 구축할 필요가 있었다. 따라서 이러한 노력 중에 군 요소가 '군대 건설'이었다. 예컨대 경제 발전은 때로 '경제 건설'로 기술되었다. 오늘날 PLA는 군대 건설을 "군대를 조직하고 군사력의 체계를 유지하고 개선하며 전투력을 향상시키기 위한 모든 활동의 일반적인 명칭"이라고 정의한다.[118]

6) 군사투쟁, 군사투쟁에 대한 준비와 전투 준비태세

흔하게 사용되는 다른 용어들은 군사투쟁(軍事鬪爭) 및 전쟁 준비와 관련된다. 이것들은 국공내전의 경험과 관계가 밀접하지는 않다. 다만 중국의 지배권을 놓고 중국공산당이 벌인 국민당과의 투쟁의 일반적인 의미는 담고 있다. 오늘날 PLA는 정치 혹은 경제적 목표를 달성하기 위한 국가 간 경쟁을 언급하며 군사투쟁을 "군사적 수단을 최우선으로 사용해 투쟁을 수행하는 것"으로 정의한다.[119] 그러나 군사투쟁이 반드시 실제 전투나 군사작전뿐 아니라 군사력의 일반적인 억제와 강압 역할을 말하는 것은 아니다. 따라서 PLA의 정의는 "전쟁은 군사투쟁의 가장 높은 형식이다"라고 강조한다.

그러므로 군사투쟁준비(軍事鬪爭準備)는 싸우기 위한 군대를 준비시키는 모든 노력을 말한다. PLA는 군사투쟁에 대한 준비를 "군사투쟁을 위한 요건을 충족시키기 위해 수행되는 준비"로 정의한다.[120] 핵심은 "전쟁 준비" 혹은 "전비(戰備)"로, 더 좋은 번역은 "전투 준비태세"가 될 것이다. PLA는 '전비'를 "전쟁이나 갑작스러운 사건에 적시에 대응하기 위한 평시 부대의 준비와 경계태세"로 정의한다.[121] "평시 군대의 정규적이고 기본적인 업무"로 기술한다.[122]

3. 인민해방군과 1949년의 도전 과제

1949년 중화인민공화국이 건립되기 전 20년이 넘는 동안 홍군과 이를 이은 PLA는 권력을 차지하고 새로운 사회주의국가를 건설하기 위해 중국공산당의 생존과 국민당을 물리치는 데 집중했다. 그러나 1949년 이후에는 새로운 임무들을 갖게 되었다. 이들 임무는 중국의 첫 번째 국가 군사전략의 개발과 얽혀 있다.

첫 번째 주요 임무는 권력을 얻는 데 중점을 둔 혁명군에서 신생 민족국가의 주권과 영토적 통합을 지켜낼 수 있는 군대로 어떻게 전환할 것인지였다. 이

전에는 생존을 강조하고 효과적인 힘을 유지함으로써 교전을 회피하거나 다음에 싸울 수 있도록 영토를 포기하기까지 했다. 그러한 접근 방식은 중공군이 국민당군보다 매우 약했던 내전 동안에는 적절했지만 민족국가를 방어하는 데는 맞지 않았다.

중국의 안보 환경은 여러 면에서 국가 방어라는 임무를 아주 복잡하게 만들었다. 첫째, 중국은 도전적인 지정학적 상황에 처해 있었다. 중국 내부 및 국경 주변의 다양한 지형과 기후를 비롯해 국토의 크기 자체가 상이한 환경에서 작전이 가능한 군대를 필요로 했다.[123] 중화인민공화국이 들어섰을 때 중국공산당은 국토에 대한 완전한 지배권을 갖고 있지도 못했다. PLA는 1951년 티베트를 복속시키기 위한 전역을 강화했을 뿐 아니라 1949년부터 1952년까지 국민당의 잔여 부대와 토비를 토벌하는 '초비(剿匪, bandit suppression)' 전역을 통해 공산당의 통제를 계속해서 공고히 했다. PLA는 긴 해안선을 방어해야 할 뿐 아니라 더 긴 육지 국경도 방어해야 했다. 중국은 주변국들과 육지와 바다에서 영토 분쟁에 관련되었으며, 이것이 무력 분쟁으로 분출될 가능성이 있고, 때로는 다른 안보 이슈에 집중하지 못하게 할 가능성이 있는 지금 진행 중인 분쟁을 야기했다.[124]

둘째, 새로운 국가를 건립했지만 중국공산당이 내전에서 국민당을 완전히 패퇴시킨 것은 아니었다. 장제스가 이끄는 정부를 비롯해 국민당군의 상당수는 1949년 말 대만으로 퇴각했다.[125] 섬에 있는 국민당군을 물리치는 것은 침공과 상륙전을 필요로 한다. 이는 어느 군대에게든 엄청난 군사 임무이지만, 공군과 해군을 갖추지 못하고 보병 단위로만 구성된 채 머물러 있던 PLA와 같은 군대에게는 특히 도전적인 문제였다. 1949년 푸젠성의 해안에서 불과 1마일 떨어진 진먼(金門)섬을 점령하려고 했던 PLA의 시도가 실패한 사례는 이러한 도전이 얼마나 어려운 일인지를 반영한다.[126]

셋째, 1년이 채 지나지 않아 중국은 당시 세계 최강이었던 미국과의 대립 상황에 처하게 되었다. 공산당이 훨씬 더 강력한 국민당에 맞서며 당의 생존을 확보하기 위해 노력했던 이전의 역사를 감안할 때 더 강한 적과 대결하는 것은 친숙한 도전이었다. 하지만 이제는 당이 아니라 국가가 위험에 놓이게 되었다. 게다가 당시 중국은 동북부 등 몇몇 지역에서만 산업화가 시작되었을 뿐이며 나머지 지역은 농업에 기반한 경제였기 때문에 빠른 시일 안에 따라잡을 수도 없었다. 중화인민공화국의 건립을 선포한 지 1년이 지난 1950년 가을에 중국은 북한을 구원하고 동북 국경을 방어하기 위해 한반도에 개입해 미국과 전장에서 싸웠다.[127]

두 번째 주요 임무는 이러한 새로운 환경이라는 도전에 직면한 군대를 어떻게 건설할 것인지였다. 신생 국가의 주권과 영토적 통일성을 확보하고, 대만을 점령해 국민당을 격퇴하며, 훨씬 더 강력한 적에 맞서 중국을 방어해야 했다. 국공내전에서 PLA를 군대로 발전시켰던 방식은 극복해야 할 몇 가지 유산을 남겼다.

첫 번째는 분권화된 작전, 지휘 및 통제의 유산이었다. 1930년대 홍군은 세 가지 주력 전선군으로 조직되었는데, 이들은 당 지휘부의 느슨한 지휘를 받았고 대개는 진지에서 독립적으로 활동했다. 팔로군의 일부가 중국 북부 전역에 진지를 세웠을 때도 유사한 형태가 반복되었다. 내전에서 PLA는 부대의 작전 범위에 따라 지역적으로 조직되었다. 전쟁이 끝날 무렵에는 네 개의 큰 야전군들이 있었으며 서로 다른 지역에서 운영되었다. 당의 중앙 본부는 지역 사령관들에게 특히 작전과 전력 수준에서 상당한 결정 권한을 위임했다. 이는 지역 상황에 대해 중앙에서 자세한 지식을 갖고 있지 못하고 통신을 유지하는 것이 어려운 일이었다는 사실과 함께 부대들이 각기 다른 지역에서 활동하는 거리가 상당했다는 점을 반영한 것이었다. 지역마다 달성해야 할 목표에 대한 일반적인 지침을 중앙에서 내리기는 했지만, 이러한 목표들에 대한 평가와 논의조차도 지역 사령관의 상당한 관여를 반영했다. 이 책에서 주장하듯이 1949년 이후 당은 군사에 관한 상당한 책임을 군 지도자들에게 위임했다. 당 지휘부가 그와 같은 책임을 기꺼이 위임한 것은 내전에 그 바탕을 두고 있다.[128]

두 번째이자 상당히 관련된 유산은 부대들이 훈련되고 조직되며 장비를 갖추는 방식이 크게 상이했다는 점이다. PLA가 서로 다른 시기와 지역에서 조직된 부대들로 구성되었기 때문에 전 부대에 걸쳐 사용할 만한 장비와 조직의 표준표가 없었다. 통상적으로 PLA 병사들은 패하거나 항복한 국민당 혹은 일본군 부대로부터 얻거나 적의 무기고에서 탈취하는 등 전장에서 획득한 무기로 무장했다. 내전이 끝날 즈음에 PLA 보병부대들은 구경이 12개가 넘는 제각각인 소총을 사용했다.

1945년부터 PLA의 규모가 상당히 증가했다. 작전의 규모와 범위도 수만 명이 관련되는 수준에서 수십만 명 수준으로 늘어났다. 이는 작전교리, 훈련, 조직, 물자, 공급 및 지휘 등 전력 개발의 모든 분야에 영향을 미쳤다. 그러한 노력들은 제4야전군으로 알려진 린뱌오가 발전시킨 대규모 부대가 있던 동북 지역에서 아마도 가장 두드러졌다. 대규모 상비군을 개발하려는 초기 노력과 그것을 관리하는 도전들은 내전의 마지막 단계 동안 이루어졌고 중화인민공화국이 수립된 후에 지도부가 맡아야 할 중요한 임무가 되었다.[129] 국가 방위의 다양한 도전을 관리하기 위해 표준화된 조직, 장비, 훈련 및 절차를 갖춘 통합 부대를 창설하는 것은 1950년대 고위 장교들이 해결해야 할 주요 임무 중 하나였다.

세 번째 유산은 중국 경제의 약점을 반영한 것으로 PLA의 기술적 취약점이었다. 1949년에 PLA는 탄약과 경화기를 제외하면 토착적인 방위산업이 거의 없었다. 중국은 장갑차와 비행기 등 현대적인 군대에 필요한 무기를 제작할 능력이 없었다.

4. 결론

중화인민공화국이 1949년에 설립되었을 때 새로운 지도부는 1931년 이후 일본 점령과 더불어 국민당과의 20년이 넘는 국공내전을 거쳐 새로운 국가를 건설해야 한다는 엄청난 임무와 마주하게 되었다. 중국의 최고 지도자들이 이러한 노력에 착수하면서 중국의 첫 번째 국가 군사전략의 초안을 마련했으며, 이 초안은 1956년에 채택되었다. 전장에서 쌓아온 수년간의 경험과 기동, 진지 및 게릴라전을 어떻게 통합할지 등 전투에 대한 주요 접근 방식이 1993년 전략이 채택될 때까지 전략 형성에 큰 영향을 미쳤다. '전략방침', '적극방어', '인민전쟁' 등을 비롯해 이 기간에 개발된 전략과 결합된 개념들이 중국이 오늘날 군사전략을 이해하는 방법의 틀을 짜게 되었다.

제3장

—

1956년 전략: '조국보위'

1956년 3월 중국공산당 중앙군사위원회(이하 중앙군사위)는 고위 군 장교들을 모아 확대회의를 개최했다. 회의가 끝날 때 중앙군사위는 중국의 첫 번째 국가 군사전략을 발표했는데, 이는 전진방어 전략을 통해 어떻게 미국의 침입에 맞설지에 대한 개요를 보여주었다. 전략은 대부분 경무장한 육군 부대가 공군과 해군의 지원을 받아 침입을 격퇴하는 제병협동작전(combined arms operation)을 수행할 수 있게 부분적으로 이를 기계화된 부대로 전환할 것을 제시했다.

1956년 전략방침의 채택은 몇 가지 이유에서 혼란스럽다. 우선 새로운 전략은 중국 지도자들이 비교적 안정적인 안보 환경이라고 인식한 기간에 발표되었다. 중국이 동아시아에서 미국과의 대립에 처해 있기는 했지만 적어도 10년간은 전쟁이 벌어지지 않을 것으로 예상했다. 그러한 인식에 맞추어 국가 예산 중 국방 지출은 이 기간 동안 꾸준히 감소했다.

게다가 소련과의 동맹 관계에도 불구하고 중국은 안보 협력국인 소련의 군사전략을 모방하려고 하지 않았다. 1956년 전략방침은 중·소 군사 협력이 최고조일 때 채택되었다. 당시에는 수천 명의 소련 군사 고문단과 기술 전문가들이 인민해방군(이하 PLA)의 현대화를 지원하고 있었다. 소련도 PLA 보병 사단의 절반 이상을 무장시키기에 충분한 무기와 장비를 제공했으며, 태동하고 있던 중국의 방위산업에 청사진, 기술, 공장까지 제공했다. 이처럼 중국은 모방 메커니즘에 기초한 주요 군사 변화에 대한 주장과 관련해 가장 가능성이 높은 사례를 보여주었다. 그럼에도 불구하고 중국은 소련 전략을 모방하지 않았다. 오히려 중국은 선제타격과 예방 조치에 대한 강조를 비롯해 소련식 접근의 기본 요소를 거부했다. 1958년 중앙군사위는 소련식 모델을 무시하고 무기 기술과 제병협동전술과 관련된 요소만을 선별적으로 채택하기로 결정했다.

1949년 이후 채택된 첫 번째 군사전략이기에 1956년의 전략방침은 PLA 역사에 분수령이 되었다. 새로운 전략은 대부분의 PLA 연구에서 일반적으로 생각되었던 것보다 훨씬 일찍 현대적인 군대를 건설하고자 하는 중국의 노력이 시작되었음을 보여준다. 대개의 연구는 이 시기를 마오쩌둥의 '인민전쟁론'을 통해 이해하고자 한다.[1] 하지만 군 계급이 폐지되고 중국의 군사전략을 마오가 다시 '유적심입'으로 바꾸려고 시작한 이후에도 간헐적이나마 제병협동작전에 대한 강조가 문화대혁명까지 이어졌다. 1956년 전략의 핵심 구상 가운데 일부는 PLA가 1970년대 말 북쪽에서의 소련 위협을 어떻게 가장 잘 대처할지를 고민하기 시작했을 때 다시 등장했다. 마찬가지로 1993년 전략의 초안을 마련할 때도 장전(張震) 장군은 1956년 전략을 참고 자료로 사용했다.[2] 따라서 군사전략에 대한 접근 방식을 중국이 완전히 이해한 것은 1956년 전략방침에서부터 시작된다.

중국의 첫 번째 군사전략에서는 전략을 수립하는 데 외부 동기가 과도하게 영향을 미쳤을 가능성이 있다. 중국은 1949년 이후 어느 때든 군사전략을 채택할 필요가 있었고 더욱이 미국과 적대 관계에 놓여 있었다. 그럼에도 불구하고 주요한 동기로 작용한 것은 전쟁 시 작전적 수행에서의 중대한 변화에 대한 인식이었다. 1950년대 초 중국은 제2차 세계대전과 한국전쟁에서 획득한 교훈을 흡수했을 뿐만 아니라 재래식 작전에 대한 핵 혁명의 함의도 고려했다. 또한 고위 군 장교들은 당 최고 지도자들의 입김을 거의 또는 전혀 받지 않으면서 1956년 전략 수립을 이끌었다. 이와 같은 군 주도의 변화는 1950년대 초부터 중반에 이르기까지 전례 없던 중국공산당 내의 통일성 때문에 가능했다. 이러한 단결은 당 정치와 군을 분리시켰고 군사를 관리하는 데 상당한 자율권을 부여했다.

이 장에서는 다음과 같은 내용을 다룬다. 첫 번째 절은 1956년에 채택된 전략이 군사전략에 대한 중국의 접근법에서 주요한 변화를 반영했다는 것을 보여준다. 특히 앞 장에서 논의한 국공내전의 다양한 단계에서 사용되었던 접근법들과 비교한다. 두 번째와 세 번째 절에서는 방침의 채택을 설명하는 요인들을 강조한다. 즉, 전쟁 수행 방식의 변화에 대한 인식과 당의 통일성이다. 네 번째 절에서는 1950년대 초 PLA를 재편하기 위해 실시한 초기 개혁들을 검토하고, 다섯 번째 절에서는 1956년 새로운 전략의 채택을 살펴본다. 여섯 번째 절에서는 대안적인 설명에 대해 생각해 본다. 즉, 중국은 소련의 전략을 베끼거나 모방하고자 했다는 주장이다. 마지막 절에서는 루산(廬山) 회의에서 펑더화이가 숙청된 후 린뱌오가 군사에 관한 지휘를 맡은 뒤에 발표된 새로운 1960년 전략방침의 채택을 검토한다. 1956년 전략에서 아주 조금만 수정되었다는 점을 주장하고자 한다.

1. '조국보위'

1956년 전략방침은 1949년 이후 중국 군사전략의 주요한 세 가지 변화 중에 첫 번째를 보여준다. '조국보위에 관한 전략방침(關于保衛祖國的戰略方針, Strategic Guideline for Defending the Motherland)'으로 명명된 이 방침은 미국이 침공할 경우 초기 6개월 동안 중국의 해안 지대에 대한 전진(forward)방어 전략을 제시하고 있다. 이 전략은 진지전을 중시하고 국공내전에서 훨씬 더 많이 사용되었던 기동전과 게릴라전을 경시하고 있다. 미국의 침입에 맞서려면 PLA가 합동군 작전을 수행해야 했다. 즉, 공군과 해군뿐만 아니라 위수부대와 기동대를 조율해야 하며 이 모든 것은 핵 조건하에서 이루어져야 했다.

1) 1956년 전략의 개관

1956년 전략방침에서 '군사투쟁에 대한 준비의 출발점'은 기술적으로나 물질적으로나 더 강한 적이었던 미국에 의한 기습 공격[突然襲擊]이었다. 한반도에서 교착 상태에 빠진 이후 중국은 중국 본토에 대한 미국의 상륙 공격 가능성, 즉 랴오둥반도나 산둥반도에 미국이 상륙해 공격을 감행할 가능성을 고민하기 시작했다. 그러나 고위 군 장교나 당의 최고 지도자들은 아무도 공격이 급박하다고 생각하지 않았다. 방어 기획 시나리오는 한국전쟁 기간인 1952년에 처음 확인되었으며 1955년 3월 다시금 강조되었다. 이는 미국이 역내에 동맹 네트워크를 구축하고, 1954년에 '대량보복(mass retaliation)' 교리를 선언하면서 역내에서 미국의 힘이 늘어나고 있다는 마오쩌둥의 평가에 기반한 것이었다. 1956년 전략방침이 미국을 중국의 '전략적 적(strategic opponent)'으로 규정하고 있었기 때문에 새로운 전략은 기술적으로 우수한 능력을 가진 적과 싸우는 방법에 초점을 두었다. 방침은 또한 '핵 조건하에서' 싸우는 방법도 강조했는데, 거의 보편적으로 미국의 공격은 핵무기를 사용하면서 개시될 것이라고 가정하고 있었기 때문이다.[3]

1956년 전략은 전략적 방어 전략이었다. 미국이 분쟁을 개시해 중국 영토를 공격하면 어떻게 대응해야 하는지를 기술했다. 1956년 전략의 핵심은 상하이 등 중국의 산업과 경제 지역을 방어하고 더불어 북부의 잠재적인 침공로를 비롯한 중국의 해안 지대에 대한 전진방어를 하는 것이었다. 전략에 따르면 공격받은 경우 PLA는 "강력한 반격으로 즉시 대응하고 적의 공세를 예정된 요새 지대에서 멈출 수 있어야만 한다"라고 되어 있다. 펑더화이는 "우리 군대의 적극 방어 전략방침의 기본 내용"을 "전선을 안정화하고 신속한 공격과 승리를 위한 적의 계획을 분쇄하며 우리 군과 지구전을 벌이도록 적을 강제하며, 이를 통해 우리는 적의 전략적 주도권을 서서히 없애 우리 군으로 넘어오게 한다. 즉, 전략적 방어에서 전략적 공격으로의 전환이 이루어지도록 한다"라고 요약했다.[4]

2) 작전교리

전략방침의 핵심적인 구성 요소는 PLA가 미래에 수행할 준비를 해야 하는 작전형식(作戰樣式, form of operations)의 식별에 대한 것이었다. 1956년 방침은 PLA가 과거에 유동 전선에서 기동전을 담당하게 될 경무장 보병부대의 사용을 강조했던 것에서 벗어났다. 그 대신에 전략은 "진지전과 기동전의 융합이어야 한다. 즉, 기동적 공세전을 진지적 방어전에 결합하는 것이다"라고 펑더화이는 설명했다.[5] 이러한 형식의 작전은 국공내전에서 각광받았고 PLA의 작전에 대한 접근 방식에서 분수령이 되었던 기동전과 게릴라전을 크게 경시하는 것이었다.

'작전에 대한 기본적인 지도사상'은 진지전과 기동전을 결합하는 방식이다. 위수부대는 그들의 위치를 사수함으로써 미국의 공격을 늦추고 미군을 압박하도록 해변과 해변의 섬들을 따라 구축된 영구적인 요새를 방어한다. 그 후에 기동부대가 미군을 격파할 목적으로 배치된다.[6] PLA는 초기 공격에서 상실한 영토에서 전개되는 게릴라 작전에만 참여한다. 미국이 신속하게 승리를 거두는 것을 거부하고 공급선을 확장시키며 미군을 파괴하고 축출하기 위해 필요한 전면적인 동원을 실시할 시간을 벌면서 3개월에서 6개월 혹은 그 이상 공격에 저항하는 것이 목표다.[7]

1956년 전략방침의 채택 이후 PLA는 제병협동작전을 수행하는 방법을 기술하기 위한 전투수칙의 초안을 만들었다. 1950년부터 PLA는 사관학교와 군사학교에서 소련군 야전교범을 번역해 사용했다. 하지만 새로운 전략은 중국 자체의 군사학을 개발할 것을 요구했다. 1958년 중앙군사위는 외국 군대의 관행에 덧붙여 PLA 자체의 전투 경험에 기반한 전투수칙 초안을 마련하기로 결정했다. 수칙의 초안 작업은 1958년 말에 시작되었다. 1961년 5월 중앙군사위는 두 개의 수칙을 먼저 발표했다. '합동군 전투수칙 개칙'과 '보병전투수칙'이 그것들이다. 1965년까지 공군·해군·포병·통신·화학방어·공병·철도 부대에 관한 수칙들이 군종과 군별에 따라 발표되었다.[8] 이 시기에 발표된 수칙들은 1세대 전투수칙으로 알려지게 되었다.[9]

3) 군 구조

1956년 전략방침은 다양한 군종과 군별의 합동군 창설을 그리고 있다. 이 전략은 해군보다 지상군과 공군의 발전을 강조했다. 지상군은 중국 방어의 방벽으로 여겨졌으며 공군은 미국의 초기 폭격에 대항해 지상군을 보호한다. 지상군 내에서 전략은 기계화의 개선과 함께 기갑·대전차·방공 부대뿐 아니라 포병의 비중을 늘리도록 요구했다. 해군은 여전히 중요하지만 부차적이었으며 어뢰정과 잠수함의 개발을 통해 연안방어에 집중하게 된다.[10]

새로운 전략을 실행하기 위해 PLA의 군 구조가 1950년에서 1958년까지 크게 바뀌었다. 공군과 해군의 인력은 각각 PLA의 12.2%와 5.8%를 차지할 만큼 늘어났다. 마찬가지로 중앙군사위에 속한 포병과 기갑부대의 인력은 4.8%와 2.3%를 차지했다. 동일한 시기에 보병 사단들도 제병협동으로의 전환을 반영해 변화했다. 보병부대의 인력 비중은 1950년 61.1%에서 1958년에 42.3%로 감소한 반면에 포병부대는 20.4%에서 31.9%로, 공병부대는 1.6%에서 4.4%로 늘었다. 1950년에는 없었던 기갑부대와 화학방어부대가 1958년에 각각 4.7%와 1.2%를 차지했다.[11]

1956년 방침은 군의 총규모를 350만 명으로 제한했던 이전의 결정을 재확인했는데, 이는 한국전쟁이 절정에 달했을 때 기록했던 600만 명에 비해 감소한 것이다. 제2차 5개년 규획의 실시로 국방 지출의 부담을 제한하고 군에서 양보다 질을 강조하기 위해 대폭적인 인원 감축이 필요했다. 1956년에서 1958년까지 군 규모는 더욱 줄어 240만 명 정도가 되었다. 국가 예산에서 국방 부문이 차지하는 비중도 32.2%에서 12%를 약간 상회하는 수준으로 줄어들었다.[12]

4) 훈련

제병협동작전에 대한 강조에 맞추어 PLA는 훈련에 대한 접근 방식도 조정했다. PLA의 첫 번째 훈련 프로그램은 1957년에 초안이 마련되었으며 1958년 1월에 잠정적인 형식으로 실시되었다. ≪해방군보≫는 프로그램의 목적을 "어느 때든 긴급 상황에 대처하기 위해 현대적 조건에 대한 전투 기술을 배우는 것"으로 기술했다. 1956년의 전략에 맞추어 새로운 프로그램은 현대전에 대한 당시 중국의 시각을 집약해 보여주고 미래의 훈련은 "계속해서 현대 군사기술을 향상시키고 핵, 화학, 미사일과 기타 복잡한 조건하에서의 제병협동작전을 배워야 한다"라고 설명했다.[13]

1956년 방침의 채택을 전후로 PLA는 전문적인 군사교육체계를 마련했다. 펑더화이가 마련한 전략의 한 요건은 개별 부대가 사용할 새로운 유형의 무기와 장비를 운영하는 기술적으로 능숙한 병사와 함께 숙련된 장교가 제병협동작전을 지휘하고 이끄는 것이었다. 1957년에 PLA는 고등군사학원(高等軍事學院, Advanced Military Academy)을 설립해 고위 장교에게 현대식 지휘와 전쟁의 작전적 수준에서의 원칙과 기법을 교육했다. 군사학원(軍事學院, military academy), 정치학원(政治學院, political academy), 후근학원(後勤學院, logistics academy) 등 여러 교육기관이 이때 설립되었다.[14] 1958년 3월 군사과학원(軍事科學院, Academy of Military Science)이 창립되었으며, 예젠잉(葉劍英) 원수가 초대 원장을 맡았다. 혁명전쟁의 10대 원수 중 한 명을 원장으로 임명한 것은 중국의 군사과학 발전에 대한 중요성을 강조한 것이었다.

중국은 각 군과 전투병과가 동원된 대규모 군사 연습도 실시하기 시작했다. 이들 가운데 대부분은 중국이 수행할 수 있어야 하는 현대전과 작전의 다양한 측면을 강조하는 시범 연습이었다. 방침이 마련되기 전에 그러한 연습의 첫 번째는 상륙 공격에 맞서기 위한 전역을 시뮬레이션하는 것이었으며, 랴오둥반도에서 진행되었다. 각 군에서 여러 부대가 연습에 참여했으며, 총 6만 8000명의 인원이 동원되었다.[15] 1957년 소련 및 북한과의 연합 연습과 1959년 5월 대규모 상륙 시뮬레이션을 비롯해 그 후 매년 총참모부가 제병협동 연습을 주관했다.[16]

2. 제2차 세계대전과 한국전쟁

1950년대 초부터 중반까지 세 가지 사건이 작전적 전쟁 수행의 전환에 대한 중국의 인식에 영향을 주었다. 이들 세 가지는 제2차 세계대전, 한국전쟁, 핵 혁명이다. 후발 군사 현대화 국가로서 이들 사건에 대한 중국의 인식은 국공내전 말기에 중국이 보유했던 군대의 영향을 받았다. 1949년 중화인민공화국이 건립되었을 때 PLA에는 500만 명 이상의 군인이 있었으며 거의 전부가 경보병이었다. PLA에는 공군이나 해군이 없었고, 지상군 중에서도 아주 일부만이 포병이나 기갑부대와 같은 전투병과였다. 지상군에는 상이한 전투병과 간의 행동을 조정할 필요가 있는 제병협동작전의 전통이 없었다. 제2장에서 논의한 바와 같이 내전 중에는 지휘부가 분권화되어 있었다. 다양한 야전군의 사령관들은 병사를 모집하고 조직하며 훈련하는 일뿐만 아니라 그들의 작전 지역 내에서 작전을 수행하고 기획할 때도 폭넓은 재량권을 부여받았다.

제한된 능력으로 신생 국가를 방어해야 하는 PLA의 광범위한 책임을 감안할 때 군 지도자들이 어떻게 국가를 방어할지 고민하면서 지배적인 전쟁 수행 방식을 연구했던 것은 그다지 놀라운 일이 아닐 것이다. 1950년 11월 2일 연설에서 참모차장이자 내전 당시 유명한 지휘관이었던 쑤위(粟裕)는 제2차 세계대전에 근거해 현대전의 네 가지 특징을 강조했다. 중요한 것은 쑤의 연설이 불과 몇 주 뒤에 벌어지게 되는 한반도에서의 중국과 미국의 충돌이 발생하기 전 전쟁 수행에 대한 견해를 반영한다는 점이다. 쑤는 바다의 위아래, 육지의 위아래, 전선 및 이제는 취약한 후방 지역 내에서 펼쳐지는 여러 차원의 전쟁을 강조했다. 적이 가장 선진화된 무기를 사용하고자 하는 전장에서 벌어지는 '첨단 기술의 경쟁'이 전쟁이다. 쑤가 강조한 또 다른 핵심적인 특징은 현대전에서 나타난 신속한 전개 속도였다. 이는 기계화에 따라 촉진되었으며 그로 인해 물자 소비와 작전 속도가 증가했다. 끝으로 작전 속도도 전투병과 간에 조정의 중요성을 강조했다.[17] 쑤가 청중에게 말한 대로 "이러한 특징에 따라 우리는 현대화를 달성하고 숙달해야" 했다.[18]

중국의 고위 군 장교들은 세계에서 가장 발달된 군대인 미군과 한반도에서 전쟁을 치르면서 현대전에 대한 부가적인 통찰력을 얻었다. 한국전쟁의 경험으로 중국은 제2차 세계대전에서 드러났던 전쟁 수행의 전환에 대한 평가를 확인했다. 중국의 공식 한국전쟁사에 따르면 한국전쟁은 "중국의 군사기술을 크게 전진시켰으며 1950년대 중국의 군사 변혁을 크게 가속화했다".[19] 한국전쟁의 영향을 받은 변혁은 다음에 관한 연구들에서 강조되었다. 즉, 보병만의 작전에서 여러 군종과 병과가 참여하는 합동군으로, 지상작전에서 (육해공의) 입체적 작전으로, 전선 작전에서 전후방 총작전으로의 변혁 등이다.[20]

그렇지만 이것들이 중국이 한반도에서 겪은 경험을 통해 얻은 유일한 교훈은 아니다. 전쟁은 삼팔선을 따라 교착 상태로 이어졌지만 현대전이 특히 약자에게 얼마나 파괴적일 수 있는지를 보여주었다. 중국의 사상자 수는 추정치에 불과하기는 하지만 미군 한 명당 중공군 10명이 사망했으며 부상자 수는 미군과 중공군이 동일했다.[21] 현대전의 파괴성에 더해 PLA는 수행할 수 있는 공격적인 작전의 범위와 정도를 제한하는 물류와 보급 문제도 배웠다. PLA는 기계화되지 않아 대부분 도보로 이동했기 때문에 전장에서 발생하는 어떤 돌파구도 쉽게 활용할 수가 없었다. 마찬가지로 보급선을 구축하고 유지하며 방어하기 위한 철도부대와 방공부대의 노력에도 불구하고 운송과 보급 문제는 물자를 금방 소진함에 따라 공격적인 작전을 유지하기 위한 PLA의 능력을 제한했다.[22] 1953년 펑더화이가 말한 바와 같이 "한국전쟁의 경험은 현대전에서는 후방으로부터 충분한 물자 보급이 확보되지 않는다면 전쟁을 수행할 수 없음을 보여주었다".[23] 마찬가지로 공군력이 충분하지 않아 국지적인 공중 우세를 유지할 능력이 없는 것이 아마도 PLA가 직면한 최대의 도전으로 여겨졌다. 이 때문에 사상자가 많았고 보급선이 쉽게 붕괴되었다.[24]

그럼에도 불구하고 한국전쟁 동안 중국은 기술적 열위를 극복하기 위한 방법들을 개발했다. 첫째, 미국이 더 강하기는 하지만 미군이 해결하지 못하는 취약점으로 여겨지는 것을 공격함으로써 PLA는 개별 전투에서 승리할 수 있었다. 여기에는 야간에는 공군 활용이 제한된다는 점과 후방 지역과의 물리적 접촉을 유지하고자 하는 미군의 열망이 포함되었다. 이 때문에 PLA는 야간에 작전을 수행하고 근접전(close-quarter combat)을 벌이며 소부대를 대부대에서 떨어뜨려 놓을 수 있었다.[25] 둘째, 한국전쟁이 통제하에 있는 영토를 방어하면서 협상을 진행하는 방향으로 바뀌면서 PLA는 삼팔선 인근의 광범위한 땅굴과 거친 언덕 지형에 있는 방어 요새를 활용해 공군과 포병에 대한 취약성을 감소시켰다.[26] 이러한 방어적 체계는 중국이 1950년대에 미국의 침공을 대비할 때 다시 사용되었다.

중국은 존 포스터 덜레스(John Foster Dulles) 미국 국무부 장관이 1954년 대량보복전략을 명시적으로 밝힌 후에 핵 혁명에 더욱 많은 관심을 기울였다. 대부분의 중국 장성은 전쟁이 개시되면 핵무기가 전략적 폭격 캠페인에서 사용될 것이라고 생각했다. 제트 추진력의 등장과 결합되면서 1955년 쑤위는 미래 전쟁이 산업 중심지, 도시, 군사목표를 포격하는 데 사용될 '원자전격[原子閃擊, atomic blitz]'으로 시작될 것이라고 설명했다.[27] 핵무기는 후방 지역의 취약성도 더욱 증가시켰다. 그럼에도 불구하고 쑤위와 예젠잉과 같은 군 원로들은 핵무기가 영토를 점령하는 데 사용될 수는 없기 때문에 보병부대를 유지하는 것이 중심이 되어야 한다고 주장했다.[28] 핵무기의 출현은 핵 타격을 방어하기 위한 공군력의 중요성과 핵 전장에서 전력을 보호하고 신속한 대응 능력을 촉진시키기 위한 기계화의 중요성을 강조했다.[29]

3. 혁명 승리 후 당의 통일성

중국공산당 내의 타의 추종을 불허하는 통일성은 1950년대 군대 주도의 변화에 대해 우호적인 조건을 만들었다. 프레더릭 티위스(Frederick Teiwes)가 보여준 바와 같이 이러한 통일성에 관한 한 가지 지표는 중국공산당 중앙위원회 구성의 연속성이었다. 1945년에 선출된 모든 위원이 1956년에 (새로운 위원들과 함께) 다시 선출되었다. 마찬가지로 정치국 구성도 변화가 거의 없었다.[30] 그렇기 때문에 지도부 구성의 극적인 변화가 생기면 커다란 당내 갈등이 존재한다는 신호가 되었다. 통일성에 관한 다른 지표는 스탈린(Stalin) 치하의 소련이나 문화대혁명 동안의 중국과 달리 숙청이 상대적으로 없는 편이었다는 점이다. 고위 당 지도자 두 명만이 1959년 루산 회의 전에 숙청되었다. 즉, 1954년에 숙청된 가오강(高崗)과 라오수스(饒漱石)가 그들이다. 게다가 그들의 숙청은 당내 통일성을 위협하지 않았다. 류사오치와 저우언라이를 당 최고 지도자와 국가 관료 체계에서 각각 제거하고자 했던 가오와 라오는 대개 당의 규범을 위반한 것으로 간주되었다. 지도부는 이들의 숙청을 허용했다.[31]

이 기간 동안 당의 통일성은 여러 측면에서 달성되었다. 혁명에서의 승리, 그 결과로 성취한 국가 통일 등이 혁명 지도자들의 권위를 공고히 했다. 당의 최고 지도자들은 마르크스 이데올로기와 소련 모델을 통한 사회주의 현대화에 대한 헌신을 공유하고 있었다. 1949년 이후 1953년에 시작된 제1차 5개년 규획이 공고화되던 시기 동안 초기에 거둔 성공은 통일성을 더욱 강화했다. 끝으로 고위 당 지도자들은 의심할 여지없이 1942년에 확립된 마오쩌둥의 권위를 인정했다.[32] 이후의 시기와 달리 마오는 집단지도원칙을 준수했고, 그와의 개인적인 관계와 무관하게 가장 유능한 당 지도자들에게 권한을 위임했으며, 주요 쟁점에 대해 당내의 논쟁을 장려했다.[33]

당내 통일성은 고위 군 장교들이 전략적 변화를 시작할 수 있는 여건을 만들어주었다. 당이 통일되어 있었기 때문에 당 최고 지도자들은 PLA를 당내 정치에 끌어들일 유인이 없었다. 마찬가지로 당이 통일되어 있어 PLA는 엘리트 정치에 발을 담그려고 하지 않았다. 그러므로 고위 군 장교들은 군무에 집중할 수 있었고 중국의 당 최고 지도자들의 격려까지 받았다. 1949년 9월에 마오가 강조했듯이 "우리 인민의 군대는 유지되어야 하며 발전되어야 한다. 우리는 강한 군대를 가져야 할 뿐만 아니라 강한 공군과 해군도 가져야 한다".[34]

확실히 PLA는 여전히 이 시기에 정치적 역할을 했지만, 그 역할은 당의 대리인으로서였다. 1949~1953년에 많은 PLA 부대가 국공내전에서 자신들이 점령한 지역을 관리했다. 공산당 최고 지도자들이 예상했던 것보다 훨씬 빠르게 혁명에서 승리했기 때문에 당에는 국가를 관리할 민간인 간부가 충분하지 않았으며 이러한 임무를 군대에 의존했다.[35] PLA는 국민당 잔여 부대와 지방 군벌을 비롯해 공산당 통치에 반대하는 무장 세력을 제거하기 위한 군사작전도 벌였다. '초비' 전역으로 알려진 작전들이 전국에서 진행되었지만, 남서와 북서에서 특히 활발했다.[36] 1954년 농촌 지역의 폭력적인 토지개혁과 도시에서의 대중 캠페인을 통해 당국가인 중국이 권위를 공고히 하면서 PLA는 통치에서 많이 물러났다. 그럼에도 불구하고 계속해서 내부 안전에서는 역할을 했다. 이 기간 동안 공안부대(公安部隊, public security force)가 군대에 속해 있었기 때문이다.[37]

이러한 통일성에 기반해 당 최고 지도자들은 군무에 대한 실질적인 책임을 PLA 최고사령부에 위임했다. 제1차 5개년 규획의 초안이 마련되면서 1952년 중반부터 그러한 과정이 시작되었다. 당시 한반도에 파견된 중공군 사령관을 맡고 있던 펑더화이에게 당을 대신해 군무에 대한 책임을 지게 했다. 저우언라이가 1947년 이래로 이러한 역할을 맡아왔지만 이제는 정부 행정과 경제 발전에 관심을 쏟기로 했다. 펑이 만성질환을 치료하기 위해 1952년 4월 베이징으로 돌아오자 정치국은 펑이 베이징에 남아 중앙군사위의 일상 업무를 담당하고 중앙군사위 판공실을 운영해야 한다고 결정했다.[38] 몇 달간 휴식을 취하고 나서 펑은 1952년 7월 19일에 공식적으로 새로운 책임을 맡게 되었다. 중앙군사위가 전 부대에 회람시킨 내용에 따르면 "오늘부로 모든 관련 문건과 전보는 전부 복사되어 펑 부주석에게 보내야 한다"라고 되어 있었다.[39]

군무의 위임은 1954년 9월 처음 전국인민대표대회가 열리고 새로운 중앙군사위가 구성되었을 때 다시 확인되었다. 마오가 새로운 중앙군사위의 주석을 맡았고, 그다음 해에 원수의 칭호를 받게 되는 내전에서 활약한 10명의 노장들과 함께 덩샤오핑이 위원에 포함되었다.[40] 첫 회의에서 중앙군사위는 펑이 중앙군사위의 일상 업무를 책임지고 효과적으로 군무의 모든 면을 감독하도록 한 1952년의 결정을 확인했다.[41] 당시 총참모부 부참모장으로 펑과 직접 일했던 황커청(黃克誠)은 마오가 "펑이 관리하도록 부대의 모든 일을 맡겼다"라고 당시를 회고했다.[42] 동시에 "주요 안건은 중앙군사위가 결정"하도록 했다.

이 시기에 펑과 다른 퇴역 사령관들에게 군무를 위임한 것은 다음 두 가지 사례에서도 확인된다. 첫 번째는 1958년 6월까지 마오가 모든 중앙군사위 확대회의에 참석하지 않았다는 사실이다. 공식적인 당사(黨史) 문건에는 마오가 중앙위원회 회의에 참석했다는 자료가 없다.[43] 펑은 마오와 협의하기는 했지만 주로 회의가 열리고 난 다음에 그렇게 했다. 두 번째는 마오 자신의 발언이다. 예컨대 1958년 6월 마오는 고위 군 장교들에게 책임을 이양했다는 점을 인정하며 "나는 4년간 군무에 간섭하지 않았다. 모두 펑더화이 동지에게 맡겼다"라고 언급했다.[44] 펑은 주요 결정에 대해 마오 및 당의 다른 최고 지도자들과 자주 협의했지만 변화의 이니셔티브는 펑과 그의 동료 장교들에게서 나왔다.

4. 초기 개혁과 새로운 전략의 개발

1956년 이전에 고위 군 장교들은 PLA 조직 전체에 걸쳐 근본적인 개혁을 실시했다. 수년 뒤에 발표될 중국의 첫 번째 군사전략의 공식적인 채택에 앞서 같은 이유로 개혁이 추진되었다. 이것은 PLA가 현대전을 치를 수 있도록 하기 위해서였다. 일부 개혁에는 이후 1956년에 발표될 전략방침에서 공식화되는 전략의 여러 요소에 대한 결정이 포함되었다. 이들 개혁이 시작된 과정은 당 최고 지도부에서 고위 군 장교들에게로 군사의 책임이 이양된 것을 보여준다. 마오가 중앙군사위 주석으로서 이들 개혁을 승인했지만 그러한 개혁들이 결정된 과정에 개입하지는 않았다.

1) 군 발전 5개년 규획

1952년 중반에 총참모부는 PLA의 첫 번째 5개년 규획의 초안을 마련했다. 「군대건설발전규획강요(軍隊建設發展規劃綱要, Outline of the Five-Year Plan for Military Development)」라는 문서에는 1956년 전략방침의 일부가 되는 중국의 군사전략에 관한 일곱 개의 결정이 담겨 있었다. 즉, 중국의 주적 식별, '1차 전략방향(primary strategic direction)' 또는 미래 전쟁의 중심, 그러한 분쟁에서 중국을 방어하는 데 필요한 전력 구조 등이 포함되었다. 규획에는 한 원로 장성이 PLA 현대화의 '청사진'이라고 기술한 내용도 포함되었다.[45]

1952년 초 당 최고 지도부는 중국 경제의 발전을 위한 첫 번째 5개년 규획을 마련하는 작업에 착수했다. 경제 발전을 위해서는 국방 분야의 요구 사항을 조정할 필요가 있었기 때문에 저우언라이는 총참모부에 군대의 발전에 관한 5개년 규획을 마련하도록 지시했다.[46] 1952년 4월 초에 총참모부 부참모장이었던 쑤위는 발전 계획을 마련하기 전에 중앙군사위가 먼저 중국의 전략방침을 결정해 줄 것을 제안했다. 쑤는 중앙군사위에 그러한 내용을 담아 보고서를 제출했는데, 고위 군 장교가 국가 군사전략의 수립을 제안한 것은 처음이었다.[47] 쑤는 "전체적인 전략방침에 따라서 전반적인 국가 방어 계획들이 수립"될 수 있도록 "[우리는] 우리 조국에 대한 전반적인 전략방침을 먼저 결정해야 한다"라고 촉구했다.[48] 전략이 없으면 발전 계획들이 명확한 방향성을 잃어버리고 조정이 잘되지 않으며 궁극적으로는 효과가 없을 것이라고 쑤는 우려했다. 쑤는 적의 1~2차 공격의 방향을 결정할 필요와 더불어 그러한 공격에 맞서는 PLA의 작전계획이 필요하다고 강조했다.[49] 당시에 중앙군사위가 전략방침을 수립하지는 않았지만, 쑤의 보고는 PLA의 5개년 규획에 포함되어야 할 일부 "긴급한 전략 이슈들"을 명료화하도록 촉진했다.[50]

1952년 5월 총참모부는 각 군과 모든 병과 및 부서에 5개년 규획을 제출하도록 요청했다. 총참모부의 작전국 부국장으로 임명된 저우의 군사 비서였던 레이잉푸(雷英夫)가 5개년 규획의 초안을 작성했으며, 이는 6월 초에 완성되었다. 초안에는 적에 대한 평가, 계획의 목표, 계획의 필요 요건, 방어 배치, 인가된 인력과 장비 등이 포함되었다.[51] 총참모부는 6월 24일 초안을 마오와 다른 당 최고 지도자들에게 제출했으며 7월 중순에 승인을 받았다.

전략을 이용해 군사 기획을 마련하려던 쑤위의 구상이 5개년 규획으로 실현되지는 못했지만, 1956년 전략의 몇 가지 구성 요소를 담고는 있었다. 규획의 첫 번째 부분은 중국의 외부 안보 환경에 대한 평가였다. 당연하게도 한반도에서 진행 중이던 한국전쟁을 고려해 미국을 중국의 주적으로 인식했다. 규획은 미국과 국민당의 합동 공격을 가정해 "적국들"이 450만 명에서 600만 명의 병력으로 중국을 공격할 수 있다고 언급했다.[52] 중국 북부가 주요한 전략적 방향으로 식별되었으며 "죽음으로 사수하고 결정적인 전투를 치러야 할 지역"으로 설명되어 있다.[53] 중국 북부는 장쑤(江蘇)성 해안의 롄윈강(連雲港)에서 끝나고 산둥반도와 랴오둥반도를 포함하는 룽하이(隴海) 철도의 북부 지역을 말한다. 중국 동부는 2차 전략방향이며 "우리가 간수해야 하는 지역"으로 기술되어 있으며 특히 난징, 상하이, 쉬저우, 닝보(寧波)를 말한다.[54] 중요한 세 번째 지역은 하이난섬을 중심으로 한 중국 남부다.

〈표 3-1〉에서 보듯이 규획에서 제안된 PLA의 배치는 위협 평가를 반영했다. 이들 배치는 중국이 유적심입 전략을 채택하지 않을 것이라는 점을 암시했다. 그 대신에 PLA가 '섬멸 작전'이라고 기술한, 주전장에서 적 부대를 성공적으로 격파하는 능력을 유지할 것을 요구했다.[55] 그러나 1956년 전략방침에서 다룰 주제인 침공을 받을 경우 중국이 어떻게 싸울지는 규획에서 논의되지 않았다.

표 3-1 **1952년 부대 유형 및 지역별 전력 배치안** (단위: %)

전구	보병 사단	포병부대	기갑부대	공군 부대
북부	54.0	83.0	90.0	60.0
동부	16.0	10.0	10.0	17.3
중남부	16.0	3.3	0.0	16.0
남서부	8.0	3.3	0.0	4.0
북서부	6.0	0.0	0.0	2.7

주: 전시에는 북부 전구의 사단 수가 모든 사단의 70%까지 증가하게 된다.

군 구조에 관해서 규획은 해군보다는 지상군과 공군의 발전을 강조했으며, 평시에 28개 사령부에 소속된 100개 사단의 약 157만 명 병력을 유지할 것을 제안했다.[56] 전시에는 지상군을 300개 사단으로 확대해 80개 사령부로 조직하도록 규획은 요구했다. 규획은 또한 1957년까지 공군에 6200대의 항공기와 45만 명의 인력을 갖춘 150개의 비행전대를 육성하도록 요구했다. 한국전쟁의 경험에서 얻은 주요한 교훈 중 하나는 국지적 공중 우세를 확보할 능력이 없다면 중국은 미래에 항상 수동적인 위치에 놓일 것이라는 점이었다.[57] 반면에 해군의 발전은 연안방어와 연안 요새에 국한되었다. 그럼에도 불구하고 규획은 함정을 298척에서 785척으로 늘리고 톤수도 1150만 톤에서 2500만 톤으로 늘리는 등 해군의 확대를 요구했다. 규획은 포병·기갑·공병 부대뿐 아니라 방공부대를 비롯한 병과의 규모를 늘리는 데 대한 대략적인 내용도 제시했다.[58]

규획은 토착의 방위산업을 설립해 새로운 부대를 무장시키고 당시 소련에서 구입하던 장비를 대체하는 데 필요한 무기와 장비를 생산하도록 요구했다. 규획은 200개의 추가적인 사단이 사용할 경화기와 함께 100개 사단이 사용하기에 충분한 무기, 화포, 탱크를 구매하거나 생산할 것을 예정하고 있었다.[59] 중국이 소련에서 계속해서 무기를 구하고는 있었지만, 국내 생산을 통해 요구 사항을 충족하는 것을 선호한다는 점을 규획은 명백히 보여주었다. 또한 규획은 민영 산업의 발전이 전시 부대가 사용할 무기와 탄약을 생산하기 위한 요건을 고려해야 한다고 제시했다.[60]

한국전쟁이 지속되면서 5개년 규획의 이행은 첫 해에는 연안 지역에 항구적인 요새와 방비에 대한 체계를 발전시키는 데 국한되었다. 그러한 요새에 대한 필요성은 제2차 세계대전, 특히 소련 침공에 맞선 핀란드의 강력한 방어에서 펑더화이가 얻은 한 가지 교훈이었다.[61] 1952년 8월 25일 중앙군사위는 다섯 개 지역에 요새를 건설하기로 결정했다. 〈지도 3-1〉에서 보듯이 이들 중 처음 세 개는 주요 전략방향으로 식별되었던 북동에 위치했다. 즉, 랴오둥반도, 톈진 북동 해안에 있는 친황다오(秦皇島)에서 탕구(塘沽)에 이르는 지역, (산둥반도의 대부분 지역에 해당하는) 쟈오둥(膠東)반도 등이다. 나머지 두 개 지역은 상하이 인근의 저우산(舟山)군도와 하이난섬이었다.[62] 1953년 1월에 중앙군사위는 1956년까지 184개의 방어진지를 건설하는 계획을 승인했으며, 이는 나중에 1957년으로 연장되었다.[63] 1952년 가을부터 펑은 연안 지역에 대한 순찰을 시작해 미국 공격의 잠재적 상륙 구역을 식별하고 요새 건설에 대한 지침을 내렸다. 1952년 랴오둥반도를 방문하면서 이러한 순시가 시작되었는데, 한국에서 미군이 중공군의 측면을 공격하려고 할 것이라는 두려움 때문이었다.

2) 1953~1954년 고위 군 간부 회의

5개년 규획이 승인된 후 초기 개혁의 두 번째 단계는 1953년 12월과 1954년 1월에 열린 고위 군 지도자 회의 중에 이루어졌다. 펑더화이는 현대화의 중요성과 그 달성 방법에 관해 PLA 지도부 간의 컨센서스를 도출하는 데 회의를 이용했다.

국방 예산을 줄이기 위한 1953년 7월의 긴급 지침이 회의의 중요한 이슈였다. 적자가 12%를 넘어서면서 중국은 예산 위기에 직면하게 되었다. 부족분을 충당하려면 정부와 군 기관들에 대한 지출을 크게 줄여야 했다. PLA는 1953년 지출이 1952년 수준을 넘지 않도록 요구받으면서 야심 차게 준비한 5개년 규획도 크게 제한받게 되었다. 공군, 해군, 전투부대를 확대하고 무장시키는 데 사용될 새로운 무기를 중국이 더 이상 수입할 여력이 안 되었기 때문에 규획은 수정되어야만 했다.

이러한 조건들하에서 어떻게 PLA의 현대화를 추구할지가 중국의 고위 군 장교들이 직면한 중추적인 도전 과제였다. 1953년 8월과 9월에 펑은 대응 방안을 마련하기 위해 여러 차례 중앙군사위 회의를 소집했다. 이 그룹은 전력의 감축 규모와 각 군과 병과의 역할에 대해 논의했다. 중앙군사위는 현대화에 대한 일반적인 틀에 합의했다. 첫째, 병력은 2년 내에 130만 명을 줄여 (무장경찰부대를 포함해) 350만 명으로 감축한다.[64] 이것은 (예산 차이가 발표되기 전에 내려진) 이전 결정을 재확인한 것으로 대부분 보병부대를 해산시켜 달성한다는 계획이었다. 둘째, 각 군과 병과의 확장은 향후 5년간 동결된다. 셋째, "과도하게 커진" 총부서(general departments)와 군구는 간소화하고 재편한다. 넷째, 중앙군사위는 복잡하고 현대적인 작전에 필요한 지휘의 효율성과 효과성을 향상시키기 위해 징병제, 계급, 봉급 등과 같은 다양한 제도를 연구한다.[65]

중앙군사위의 제안들은 작전적 수준에서 군대 건설의 모든 측면에 영향을 미치게 되기 때문에, 펑은 군 전반에 걸친 고위 장교 회의를 개최할 것을 제안했다. 펑은 1952년에 5개년 규획의 초안을 마련했던 중앙군사위와 총참모부의 인원을 넘어 보다 넓은 PLA 지도부로부터 그의 비전에 대한 동의를 얻어야 했다. 펑은 회의 목표를 지난 4년간의 군 업무를 요약하고 "미래 군 건설에 대한 방침을 논의하고 해결하는 것"으로 정했다.[66] 펑의 목표는 야심 차게 PLA를 "세계에서 우수한 현대화된 혁명군"으로 전환하는 것이었다.[67]

회의는 12월 7일에 시작되어 거의 두 달간 지속되었다. 총부서, 군구, 각 군, 병과, 사관학교 등에서 120명 이상의 지휘부가 참가했다. 회의의 중요성을 반영해 최고회의에는 (당시에는 군무에 관련되지 않았던) 덩샤오핑을 제외한 모든 중앙군사위 위원과 그 밖의 여러 지도자가 포함되었다.[68] 대부분의 중앙군사위 위원이 연설했다. 펑은 보고에서 "무시되어서는 안 되는" 현대화에 대한 몇 가지 장애물을 식별했다.[69] 첫 번째 장애물은 PLA를 변혁하는 데 필요한 현대전에 대한 이해 부족과 변화에 대한 불충분한 인식이었다. 펑은 현대화를 중대한 조직적 변화 없이 단순히 탱크나 항공기와 같은 새로운 장비를 추가하는 것으로 보는 "몇몇 동료들"을 비판했다. 그 대신에 펑은 변화를 "보병 위주에서 다양한 군종과 병과의 조정으로, 낙후된 무기와 장비에서 현대적 방비로, 분산된 작전에서 중앙 집중식의 현대적으로 표준화된 작전"으로의 전환이라고 생각했다. 펑은 이들 변화는 "대약진이 되며, 단순한 수량의 증가가 아닌 본질적인 변화"라고 강조했다.[70]

두 번째 장애물은 PLA의 조직적 결함에 관한 것이었다. 펑은 PLA의 "조직, 인력, 체계가 현대적인 군대를 건설하기 위한 수요에 적합하지 않다"라고 지적했다. 문제의 핵심은 내전 동안 있었던 지휘의 분권화였다. 즉, 개별 부대가 각기 다른 종류의 무기를 사용하고 훈련과 규율 등에서 자체적인 조직 관행을 채택하고 있었다. 다른 지역 출신 부대들 간의 조정은 드물었다. 다시 한번 펑은 "여전히 군이 더 현대화할수록 중앙 집중과 긴밀한 협력에 대한 요구도 더 커진다는 것을 충분히 이해하지 못하는 일부 동지들"을 비판했다.[71] 과다한 인력과 중복된 조직들도 조정과 표준화를 방해했다.

1954년 1월 회의가 끝났을 때 PLA 지도부는 어떻게 현대화를 추구할지에 대해 합의에 이르렀다. 회의는 중국의 사회주의 발전을 보호하고 "제국주의 공격"에 맞서 방어하기 위해 "현대화된 혁명군"을 건설하는 "일반 방침과 일반 임무"에 대한 개요를 제시했다.[72] 펑이 말했듯이 현대화된 군을 지원할 수송 인프라와 함께 "현대화된 군은 현대화된 무기와 장비를 가져야만 한다".[73] 중국은 이러한 목표를 달성하기 위해 해외 수입에 의존해서는 안 되며, 자체 산업 기지, 특히 중공업을 발전시켜야 한다. 국방 지출을 줄이고 병력을 350만 명으로 감축함으로써 국가 산업 발전에 자원을 더 투입한다. 회의에서는 각 군과 전투병과의 증가를 중지하는 대신에 기존 병력의 질을 향상시키는 데 집중한다는 결정이 확인되었다.

PLA의 현대화에 대한 이러한 일반적인 목표를 넘어 회의에서는 많은 정책

이슈도 결정되었다. 이들 결정 가운데 한 가지는 공식 교육과 장교 교육을 특히 강조했다. 장교 교육은 "현대화된 군을 건설하는 핵심 중의 핵심"으로 기술되었다.[74] 1957년까지 PLA는 106개의 포괄적이고 특화된 군사 아카데미를 설립했다.[75]

또 다른 결정은 펑이 자주 "정규화"라고 기술한 것에 우선순위를 부여한 것이었다. 이것은 "군의 모든 영역에서 공식적인 표준"을 사용해 내전에서 비롯된 지휘와 조직의 분권화를 극복하는 것을 의미했다.[76] 가장 중요한 것은 정규화가 "현대전에서 통합된 지휘와 조율된 행동에 대한 요건을 충족하는 데" 또는 PLA가 미래에 싸워야 할 방법에 필요했다는 점이다.[77] 정규화의 다른 요소들에는 통합된 체계, 조직, 훈련, 규율이 포함되었다.[78] 그다음 해에 중앙군사위는 1955년에 발표된 징병, 급여, 계급의 '3대 제도'를 개발하는데, 이는 내전 동안 사용되었던 지원, 배급, 비공식적 계급을 대체하기 위한 것이었다.[79] 회의에서는 또한 대군구(military region), 군구(military district), 군관구(military sub-district)의 책임과 조직과 더불어 각 군과 병과의 지도 기구와 작전부대의 승인된 병력 수도 결정했다.[80]

아울러 사령부와 다른 지휘 부대의 역할을 강화하는 결정도 있었다. 사령부는 현대전을 조직하고 다양한 군종 및 병과와 함께 통합군의 전역과 전투를 지휘하는 기구로 여겨졌다.[81] 성공적인 지휘는 "건전하며 능력 있고 효과적인 지휘 기관"을 요구했다.[82] 지휘를 개선하기 위한 일환으로 중앙군사위는 1954년 말에 12개 군구를 설립하기로 결정했는데, 이는 내전에서 생겨난 보다 성가신 관리와 지휘 체계를 대체했다. 중앙군사위의 전반적인 지도하에 군구는 주력 부대[나중에 국방군(national defense army)으로 불림]의 지휘에 대한 책임을 가지고 있었으며 성(省)의 군구와 현(縣)의 군관구는 지방군만을 지휘하게 되었다.[83] 지휘 단계를 줄이고 PLA를 작전 목표와 방향, 지리적 조건, 교통, 그 밖의 요인에 따라 조직하기 위해서라는 것이 이유였다. 예컨대 중국 북부에 있는 주요 전략방향에서 선양 군구, 베이징 군구, 지난(濟南) 군구는 수도와 주요 침공로로를 방어하는 데 중점을 두고 설립되었다.

1954년 2월부터 1955년 말까지 전력의 21%가 감축되어 350만 명이 되었다. 감축은 각 군과 병과에서 비율이 증가하던 보병부대에서 대부분 이루어졌다.[84] 철도·통신·화학방어 부대 등 새로운 병과도 설립되었다. 기갑·포병·공병 부대까지 합쳐 이제 PLA는 7개 군종[兵種]을 갖게 되었다. 또 다른 주목할 만한 발전은 기갑부대의 확대였다. 그럼에도 불구하고 1952년에 채택된 5개년 규획과 유사하게 고위 간부 회의에는 이러한 전력이 어떻게 사용될지에 대한 명확한 전략이 담겨 있지 않았다. 그 대신에 일단 전략이 채택되면 효과적으로 사용될 수 있는 현대 전력의 조직과 개발에 대한 토대를 세우는 데 집중했다.

3) 1955년 랴오둥반도 연습

1955년 11월 PLA는 랴오닝(遼寧)성의 랴오둥반도에서 1949년 이래 최대의 연습을 실시했다. 이 연습은 중국이 직면할 것이라고 생각되는 최우선 위협, 즉 북동부에 대한 미국의 상륙 강습에 중국이 어떻게 맞설지에 기반을 두었으며 현대식 작전을 수행하는 PLA의 능력을 향상시키기 위해 고위 간부 회의에서 식별된 조직 개혁을 강조했다. 달리 말해 이 연습은 PLA 지도부가 불과 몇 달 뒤에 채택될 새로운 전략에 영향을 미치는 전쟁 수행을 어떻게 바라보고 있는지를 보여주었다.[85]

1955년 7월 중앙군사위는 랴오둥반도에서 대규모 연습을 열기로 결정했다. 중앙군사위 부주석이자 훈련감독부 주임대리였던 예젠잉이 이 연습의 감독[導演]을 맡았다.[86] 연습은 핵무기와 화학무기를 사용하는 상륙과 공중 강습에 어떻게 대응하는지를 보여주기 위한 '상륙저지전역(抗登陸戰役)'의 '시범연습(示範性演習)'이었다. 예 부주석은 연습 목적을 사령관들과 사령부가 "현대적 조건하에서 복잡한 전역과 전투를 조직하고 지휘하는 방법을 배우도록" 돕는 것이라고 설명했다.[87]

랴오둥반도 연습은 1981년 '802 회의'가 열리기 전까지 PLA가 가진 최대 규모의 연습이었다. 1952년 중국이 식별한 주요 위협 중 하나를 반영해, 연습의 대항군은 상륙 거점을 구축하고 보하이(渤海)만에 항구를 장악한 다음 베이징과 선양을 공격하려고 했다.[88] 중국은 제병종집단군(諸兵種集團軍)을 이용해 연안 방어 전역으로 반격하는 방법을 연습했다. 육해공에서 6만 8000명 이상이 참가했는데, 262대의 항공기와 18척의 선박과 함께 32개 연대에서 병사가 동원되었다.[89] 류사오치, 저우언라이, 덩샤오핑을 비롯한 대부분의 당 최고 지도자들과 중앙군사위 위원들이 소련, 북한, 베트남, 몽골에서 온 대표단과 함께 연습을 참관했다.[90]

연습을 논의하면서 고위 군 장교들은 몇 달 후에 채택될 전략에 영향을 줄 현대전을 공부하는 것이 중요하다고 강조했다. 연습에 대한 평가에서 예젠잉은 미사일과 기동화와 함께 핵·화학 무기가 "전쟁의 돌연성과 파괴성을 증가"시키면서 또한 "더 힘들고 잔혹해진" 전쟁의 규모도 증가시킨다고 했다. 예에게 이러한 변화의 결과는 "전쟁의 조직과 지휘가 보다 복잡해지고 어려워진다"라는 것이었다.[91]

펑더화이도 연습이 현대전의 특징을 보여준다고 했다. 폐회식에서 펑은 과거 전투 경험에만 의존하고 훈련을 수용하지 못하는 "몇몇 동료들"을 비판했다. 펑은 "과거 경험에 의존해 현대전의 지식을 학습하지 않으면 현대 군을 지휘해 승리하는 것이 불가능하다"라고 경고했다.[92] 펑은 군종과 병과 간의 조율된 행동의 중요성을 강조했다. 그는 "현대전에서는 어떤 병과도 혼자서 전략과 전역 임무를 해결할 수 없으며 어떤 병과도 다른 병과를 대체할 수 없다"라고 밝혔다.[93] 펑에게 "다양한 병과의 조율된 행동(協調動作)은 현대전에서 가장 중요한 문제"였다.[94] 전쟁에서 신기술의 사용은 현대 전력의 속도와 기동성을 향상시켰다. 그 결과 현대전의 전투와 전역에서 "환경의 변화는 빠르고 복잡해질 것이다".[95] 작전 행동의 강력한 협동 없이는 "전투나 전역에서 승리를 얻기는 어려울 것이다"라고 펑은 역설했다.[96]

전술과 작전적 수준에서 협동의 향상은 신기술을 숙달할 것을 요구했으며, 이것이 랴오둥반도 연습이 보여주고자 의도했던 것이다. "현대전은 군대가 다양한 무기의 전술과 기술적인 성능에 능숙할 것을 요구한다"라고 펑은 강조했다.[97] 이러한 기술들은 전술의 토대를 형성하며 전술적 성능에 기반한 전역 계획을 달성하는 데 필요했다. 정규화에 대한 강조와 더불어 펑은 이에 맞게 군 규율을 실시할 것도 요구했다. 그는 "공통의 규율을 실시하는 것은 군의 정규화를 향한 핵심이다"라고 했다.[98] 그는 모든 병과에 대한 전투 규율의 필요성을 강조했는데, 이는 평시의 훈련을 지도하고 전시 전투 수행과 조직의 기초로 작용했다.[99]

5. 1956년 전략방침의 채택

중국의 첫 번째 전략방침을 마련하기로 한 결정은 1955년 봄에 이루어졌으며 중앙군사위는 1956년 3월에 새로운 전략을 수립했다. 새로운 전략을 채택하기로 한 결정은 고위 군 장교들이 전략적 변화 과정을 어떻게 이끌었는지를 보여준다.

1) 전략방침의 채택 결정

고위 간부 회의에서 현대화에 대한 합의를 마련하고 군의 정규화를 심화하기 위한 개혁을 시작한 뒤에 펑더화이는 중국의 첫 번째 전략방침을 세우는 데 착수했다. 소련 고문단은 일찍이 1952년 7월 펑에게 대규모 전쟁에 대한 군 차원의 작전계획 초안을 마련할 것을 촉구했다. 그러나 당시에 펑은 소련에서 획득한 새로운 장비를 흡수하고, 새로운 군종과 병과를 개발하는 것을 비롯해 군을 현대화하는 초기 조치를 취하는 것이 먼저 필요하다고 생각했다. 우선 군에 장비를 갖추게 하기 위한 진전이 이루어지기만 하면 효과적인 작전계획이 수립되어 실행될 수 있다고 펑은 생각했다.

마오쩌둥은 1955년 3월 중국공산당 전국대표대회에서 중국의 안보 환경을 평가하면서 펑에게 길을 열어주었다.[100] 전체적으로 마오는 낙관적이었으며 "국제 조건들", 특히 사회주의 진영의 힘이 중국의 사회주의 발전에 우호적이라고 관측했다. 그럼에도 불구하고 미국과의 충돌 가능성은 배제할 수 없었다. 중국은 "제국주의 세력"으로 둘러싸여 있으며 따라서 "급작스러운 사태(突然事變)에 대처할 준비를 해야만" 했다.[101] 마오는 전쟁의 가능성이 있거나 임박하다고 말하지는 않았지만 "제국주의자들이" 공격한다면 "기습(突然的襲擊)"으로 시작할 것이고 중국은 "준비되지 않은 상태를 피해야만 한다"라고 생각했다.[102] 이 회의는 제1차 5개년 규획 등 거의 전적으로 국내 문제에 중점을 두기는 했지만, 마오의 논평은 1954년 대만해협 위기 이후의 경계심에 대한 요구와 역내 미국 동맹국들의 확대를 반영했다.

펑도 군 차원의 작전계획을 수립할 시기가 왔다고 결심했다. 하지만 개발을 위해서는 중국의 전략방침에 대한 결정이 필요했다. 4월 초 전쟁 준비 실무회의를 주재하면서 펑은 대규모 전쟁에 대한 작전계획이 작성되어야 한다고 말했다. 펑은 진지전과 기동전 간의 관계에 대한 자신의 견해와 작전에 대한 지도원칙을 대략적으로 설명했다. 4월 총참모부는 계획의 개요를 마련했으며 펑은 4월 29일 중앙위원회 서기처에 제출했다.[103] 발표를 통해 펑은 작전계획의 틀을 제공하기 위해 "먼저 전략방침의 문제를 해결하는 것이 필요하다"라고 했다.[104] 이에 대해 마오는 "우리의 전략방침은 항상 적극방어였으며, 우리의 작전은 반격이 될 것이고, 우리는 결코 먼저 전쟁을 개시하지 않을 것이다"라고 재확인했다.[105] 펑이 그다음 달 소련 방문을 준비하자 마오는 소련 측 상대방과 중국의 전략과 작전 조율을 논의하라고 제안했다.

6월 초 전략방침 개발을 위한 진전은 펑이 모스크바(Moskva)에서 돌아온 후에 계속되었다. 당 지도부에 대한 출장 보고에서 펑은 "중국의 전략방침을 기술한 문서를 작성"하기 위한 허가를 요청했다. 문서는 그 후에 중앙군사위 확대회의에서 논의되고 "전체 군과 전체 당의 사고를 통일"시키기 위해 배포될 것이라고 밝혔다.[106] 펑은 또한 그의 출장에 기반해 그 밖에 두 가지 제안을 했다. 첫째, 중국은 군사과학을 개발할 필요가 있으며, 이를 통해 소련과 소련식 접근법에 의존할 필요가 없게 될 것이다. 둘째, 중국은 두 가지 버전의 작전계획을 수립해야 한다. 하나는 일반 원칙을 반영하고 전시 협동의 기초로서 사용하기 위해 소련 고문단과의 협력에 따른 것이고, 다른 하나는 중국의 전략방침과 실제 조건에 기반해 중국이 스스로 작성하는 것이다.[107] 8월 16일 작전계획을 논의하는 회의에서 펑은 "우리가 특히 현명해서가 아니라 우리의 위치와 방법이 우리의 낙후된 상황에 맞기 때문에" 소련과의 차이점이 많이 해결되었다고 했다.[108]

1955년 11월 랴오둥반도 상륙 방어 연습이 완료된 후에 새로운 전략 채택을 향한 마지막 조치는 1955년 12월 초에 이루어졌다. 12월 1일 중앙군사위는 마오에게 보고서를 제출하며 1956년 초에 확대회의를 열어 군 전체 전략 논의의 일환으로 전략방침을 토론할 것을 제안했다. 보고에 따르면 "이 방침에 대한 모두의 이해와 지식이 여전히 일치되지 못하고 있다"라고 했다. "모두가 통합된 작전방침하에서 모든 업무를 완전히 계획할 수 있기" 위해서는 합의가 필요했다. 중국 방위산업의 발전뿐 아니라 새로운 군종과 병과를 감안해 보고서는 "조건들이 이제 이러한 중요한 문제를 해결하는 데 비교적 무르익었다"라고 결론지었다.[109] 마오는 동의했고 보고서의 초안 작업이 시작되었다. 초안 작성에 참여한 사람들 중에는 펑의 비서진인 쑤위(총참모장)와 레이잉푸(작전부 과장)가 포함되었다.[110]

2) 펑더화이의 새로운 전략에 대한 보고서

1956년 3월 중앙군사위 확대회의가 중국의 첫 군사전략을 채택하기 위해 소집되었다. 중앙군사위 위원들에 더해 총부서, 각 군, 병과, 모든 군구의 지도자들뿐 아니라 소련 군사 고문과 대리인까지 참석했다. 임무의 중요성과 군사전략이 경제에 미치는 폭넓은 영향을 반영해 국무원, 재무부, 교통부 등 아홉 부처의 주요 관리들도 참석했다.[111]

3월 6일 회의가 열렸을 때 펑더화이는 「조국보위에 관한 전략방침과 국방 건설(關于保衛祖國的戰略方針和國防建設問題, On the Strategic Guideline for Defending the Motherland and National Defense Building)」이라는 보고서에서 중앙군사위를 대신해 새로운 전략을 소개했다. 보고서의 첫 번째 부분은 '전략방침에 대하여'로 새로운 전략의 내용을 기술했으며, 두 번째 부분인 '국방 건설에 대하여'에서는 전략의 실행을 논의했다.[112] 회의에서 발언한 다른 위원들은 예젠잉, 네룽전(聶榮臻), 쑤위, 황커청 등이었다. 3월 15일 회의가 끝났을 때 참가자들은 펑의 보고서에 기술된 전략을 채택하는 데 동의했다. 마오쩌둥은 회의에 참석하지 않았지만 4월 초에 펑의 보고서를 검토하고 승인했다. 이는 군무를 감독하는 일을 높은 수준에서 당 최고 지도자들에게서 고위 군 장교들로 위임했음을 반영한다.[113]

새로운 전략은 미국과의 대규모 전쟁이라는 하나의 우발 사태에 초점을 두었다. 펑이 회의에서 논의했듯이, 그의 보고서는 "미래의 적이 대규모의 직접적인 공격을 조국에 할 때 우리 군이 채택해야 하는 전략방침"에 중점을 두었다. 특히 이 전략은 '전쟁의 초기 또는 1단계'를 다루었다.[114] 대략 최소 6개월 이상 지속될 이 기간 동안 PLA의 방어는 미국의 신속한 승리를 거부하고 지구전을 벌이기 위한 전국적인 동원에 필요한 시간을 버는 것이었다.

전략의 핵심은 적극방어 구상이었다. 펑이 훗날 설명했듯이 "조국은 전략적 방어의 방침을 가져야 한다".[115] 그러나 "이러한 종류의 방어는 소극적 방어어서는 안 되며 적극방어의 전략방침이어야 한다".[116] 펑은 1930년대 중반에 시작된 마오의 개념을 조정하고자 했다. 당시에는 홍군이 훨씬 더 강력한 국민당군에 맞서 생존을 위해 싸우던 시기였다. 펑은 이를 새로운 국가의 주권, 영토 완전성 및 안보에 맞추고자 했다.

첫째, 가장 분명한 것은 제안된 전략은 방어적이라는 것이다. 간단히 말해서 미국에 비해 떨어지는 중국의 물질적 능력이 방어적 태세를 취하게 했다. 중국은 침입에 맞서기 위해 노력할 수밖에 없었다. 중국은 선제공격을 할 능력이 없었으며 하물며 적에게 쳐들어갈 수는 없었다. 방어적 태세는 (다른 국가를 공격하지 않는) 사회주의국가로서 중국의 정체성에도 부합했으며, 무력 사용은 국가 방어와 같이 '올바른' 이유에서만 정당화된다고 보는 '정당한 전쟁'의 전통과도 일치했다.[117] 1950년대 중반 중국은 사회주의 현대화를 추구하기 위해 평화로운 환경을 원했고, 비동맹국가들과의 관계를 강화하고자 했다. 중국이 '평화공존 5원칙'을 강조하기 시작한 1955년 반둥(Bandung) 회의 이후 특히 더 그러했다.[118] 중국이 공세적인 전략을 채택한다면 이와 같은 목표와 미국과 제국주의를 공격적으로 묘사하려는 노력이 훼손되었을 것이다.

둘째, 방어적 태세를 채택했음에도 불구하고 중국을 방어하려는 전략은 소극적인 것이 아니라 적극적인 것이 될 것이다. 이것이 마오 자신의 정의에 부합하지만 소극적이 아닌 적극적임을 강조하는 것은 새로운 의미를 지녔다. 중국의 물질과 기술적 열위를 감안할 때 전략의 목적은 적에게 충분한 사상자를 발생시켜 전략적 수준에서 방어에서 공격으로의 전환을 가져올 조건들을 만드는 것이었다. 공격할 경우에 중국은 "강력한 반격에 즉시 대응할 수" 있어야 했다.[119] 따라서 방어는 전략적으로 전역과 전술적 수준에서 적극적인 공격과 결합된다. 이러한 공세적 행동의 목적은 적을 약화시켜 중국이 처음 공격받았을 때의 소극적인 위치에서 적극적인 위치로 전환할 수 있도록 하는 것이었다.

셋째, 1930년대와 가장 다른 것은 아마도 새로운 전략이 "전쟁 발발을 예방하거나 연기하기 위한 조치를 적극적으로 취할" 충분한 준비를 할 것을 요구했다는 점이다.[120] 펑은 그러한 조치가 "조국의 군사력을 끊임없이 강화하고 국제 연합 전선에서 조국의 활동을 확대한다"라고 설명했다.[121] 즉, 전략은 승리에 관한 것 못지않게 억제에 관한 것이기도 했다. 중국의 소련과의 동맹·비동맹 운동 사이에서 지지를 구축하고자 하는 노력이 분쟁을 억제하는 데 도움이 되기는 하겠지만, 1956년 전략은 중국의 군사력과 전투 준비태세를 계속해서 향상시키려는 중국 자신의 노력을 중국의 역할로 강조했다. 펑이 동료들에게 말한 바와 같이 "우리는 모든 준비를 적극적으로 수행해야 한다".[122] 여기에는 중요한 연안 지대에 요새를 건설하는 것, 전역 계획을 수립하는 것, 기초산업들이 집중되지 않고 분산되도록 하는 것, 도시민들에게 핵과 화학방어를 교육하는 것, 공격 징후나 대량살상무기의 사용을 탐지하기 위해 정찰·방공 능력을 개선하는 것 등이 포함되었다.[123] 이것은 "우리 군의 전선과 심층에서 전력들을 전투에 신속히 진입할 수 있으며, 전체 국가가 평시에서 전시태세로 빠르게 전환할 수 있다"라는 것을 보장했다.[124]

종합하자면 적극방어에 대한 펑의 해석은 중국에 승리 이론을 제공했다. 침공이 시작되면 "중국은 몇 차례 지속적인 적의 공격에 저항하고 예정된 지역으로 적이 진격하는 것을 제한"하기 위해 노력할 것이다.[125] 침공이 예방되지 못하고 미국이 연안을 따라 일부 영토를 차지한다고 전략에서는 가정했지만, 미국이 빠른 승리를 얻지 못하도록 막으면서 지구전으로 끌어들이려고 했다.

1956년 전략의 중요한 혁신은 사용될 작전의 우선적 형식이었다. 이는 "위수부대의 진지방어전을 기동부대의 기동 공격전과 결합하는" 형식이었다.[126] 진지전에 대한 강조는 국공내전에서 1951년 한반도에서의 교착 상태에 이르기까지 사용되는 중국의 지배적인 전투 방식에서 분명히 벗어났음을 보여주었다. 펑이 언급했듯이 진지전은 "우리 군의 역사에서 드문" 것이었다.[127] 이제 국가 영토를 방어하는 임무를 맡았기 때문에 1956년 전략은 "연안을 따라 핵심 지역, 도서, 중요 도시들을 방어하기 위해 할 수 있는 모든 것을 해야 한다".[128] 그러지 않고 PLA가 적이 "곧장 진격해 들어오도록" 허용한다면, 중국은 내전에서 사용한 기동전으로 복귀해야 할 것이고 국가는 "큰 어려움을 겪을 것이다". 그러므로 "적을 섬멸하기 위해 기동전에 완전히 의존하는 것은 아주 잘못된 것이다".[129] 게릴라전은 더 이상 "전략적 지위"를 갖지 못하며 적이 일시적으로 점령한 지역에서만 사용될 것이다.[130]

새로운 전략에서 작전의 개념 혹은 '작전에 대한 기본지도사상'은 진지와 기동전의 결합이 어떻게 전략의 방어적 목표들을 달성하는지를 설명했다. 전략은 "지상군을 주요 요소로 사용하고 공군과 해군의 협동을 보완적으로 해서 우리 국토인 연안 지역을 공격한 적의 주력부대를 섬멸"하는 것을 구상했다.[131] 지상군의 4분의 1을 넘지 않는 병력이 수비부대(守備部隊, garrison unit)로 지정되어 경계방어[環形防禦, parameter defense]를 하기 위해 아주 요새화된 선별된 연안 지역을 방어할 것이다.[132] 이들 부대는 탄약을 대량으로 비축해 이들 진지를 "끈기 있게 방어"할 수 있으며 "진지를 굳건하게 지키고 적절한 반격작전을 펼침으로써 적을 붙잡아 두는 데 할 수 있는 모든 일을 다한다".[133] 이런 식으로 위수부대들은 "기동부대가 적을 섬멸할 조건들을 만들게 된다".[134] 같은 지역에 있는 연안 도서들도 적의 공격 속도를 늦추기 위해 요새화될 것이다. 방어가 잘 준비되고 부대들이 잘 훈련되어 있다면 위수부대들은 "몇 차례에 걸친 기습 공격을 저지[攔住]"할 수 있을 것이다.[135]

지상군의 나머지 4분의 3은 기동부대(機動部隊, maneuver unit)가 될 것이다. 이들 부대는 침공 전에 전략적 폭격을 받아 쉽게 파괴되지 않도록 제대에 깊숙이 그리고 분산되어 배치될 것이다. 위수부대가 공세를 막거나 늦출 수 있다면 기동부대가 적을 쳐부수기 위해 이용될 것이다. 그러나 그들을 배치하는 시점이 결정적이며 "주의 깊게 선택되어야 한다".[136] 너무 빨리 혹은 너무 성급하게 사용하면 미군을 격파할 수 없거나 취약해질 수 있다. 성공 가능성을 높이기 위해 이들 부대는 "적을 단호하게 무찌르기 위해 은밀한 기습을 사용"하려고 노력할 것이다.[137] 따라서 전략은 방어에 참가하는 군종과 병과와 더불어 위수부대와 기동부대 간의 협동을 필요로 한다.

보고서의 두 번째 절반은 군 현대화, 기동화, 군사과학 연구에 대한 목표를 논의했다. 군 건설 측면에서 보고서는 전력 규모를 350만 명으로 제한하기로 한 이전의 결정을 재확인했으며, 1957년 말까지 240만 명으로 감축하는 계획을 제시했다. 보고서는 공군과 방공부대의 개발에 "특별한 관심을 기울일 것"

을 요구했다. 보조 임무들은 해군의 잠수함과 어뢰정에 중점을 두고 지상군에서는 포병·탱크·화학방어·통신 부대의 비중을 늘려 전반적인 기계화 수준을 높이는 것이었다.[138] 군 구조의 이러한 모든 변화는 보병부대의 숫자를 줄이면서 달성된다. 지금 보면 상당히 비현실적이지만, 전략은 10년 뒤인 1967년에 "선진국에 근접하는 기술 성숙도에 도달"할 수 있을 것으로 기대했다.[139] 좀 더 현실적으로는 연안방어 시설뿐 아니라 이들과 내륙을 잇는 수송망을 1962년까지 건설할 것을 요구했다.[140] 도서, 항만, 수송 거점뿐 아니라 연안 지대의 정치적·경제적 중심지들이 방어선을 구축하기 위해 강조되었다.[141] 그러한 요새의 건설은 이 장에서 앞서 논의했던 1952년에 시작된 노력을 이어갔다.

동원에 관해서 보고서는 중국의 대비를 향상시킬 것을 강조했다. 그 전략은 전국적인 동원을 위해 시간을 버는 것을 전제로 했기 때문에 어떻게 동원할지가 해결해야 할 중요한 화두였다. 주요 임무에는 1957년까지 동원소 설치와 전체적인 동원 계획 개발이 포함되었다. 계획의 중요한 부분은 충분한 인력과 물자를 확보해 전쟁 초기 6개월 동안 군을 확대하고 부대를 보충하도록 되어 있었다. 이것은 무기, 물자 등의 충분한 재고를 확보함으로써 전시에 군을 확대하는 계획을 포함했다.[142]

마지막 논의 주제는 군사과학 연구를 위한 중국 자체의 능력을 개발하는 것이었다. 펑이 보기에 "미래 전쟁은 과거 내전이나 항일전쟁과는 다를 것이며, 소련의 대조국전쟁(Soviet Patriotic War)과도 다를 것이다".[143] 펑은 "미래 전쟁의 방법과 형태가 많은 새로운 특징을 가지게 될 것"이라고 결론을 지으며 "최근 과학기술의 발전을 군사문제에 폭넓게 적용하는 것과 수많은 대량파괴무기가 출현한 것"을 지적했다.[144] 이들 변화에 기초해 펑은 전략, 전역, 전술, 군사사, 군 기술을 연구하기 위한 중국 자체의 군사과학 연구 기관을 "적극적으로 발전시킬 것"을 요구했다.[145] 펑의 공식 전기에 따르면, 회의에서 이 주제에 대한 논의가 "군 차원의 군사학 개발을 위한 첫 번째 프로그램이었다".[146]

이 기간 동안 중국은 해군 전략의 요소를 결정했다. 이것은 결과적으로 '연안방어[近岸防禦, near-coast defense]'로 알려지게 되었는데, 아이러니하게도 당시에는 PLA가 이 용어를 사용하지 않았다.[147] 전략방침에 포함된 일반적인 내용 외에 해군 전략에 관해서는 6월 9~19일 해군에서 열린 제1차 당 대표자회의에서 더욱 상세하게 설명되었다. 참가자들이 승인한 결의안은 '세 가지 복종(服從)'을 담았다. 즉, 해군은 전력 규모를 제한해 국가 경제 발전에 관한 지침을 따라야 하고, 공군과 방공부대에 우선권을 부여하면서 자체 발전을 추진해야 하며, 해군 항공, 잠수함, 어뢰정에 발전을 집중해야 한다는 것이었다.[148] 이러한 내용 안에서 해군은 두 가지 임무를 부여받았다. 첫 번째는 상륙 공격을 분쇄하고 그러한 공격에 대항하기 위한 모든 노력을 지원하는 것이었다. 두 번째는 특히 국민당의 교란과 침투작전을 방어하고 중국 어민과 선박을 보호하기 위해 중국 연안을 순찰하는 것이었다.[149] 이 전략은 중국의 해군 전략에 대한 전략적 개념으로 '근해방어(近海防禦, near-sea defense)'가 명시된 1986년까지 계속되었다.

6. 중국이 소련 모델을 '모방'했는가?

1950년대 초반에서 중반까지의 초기 개혁과 1956년 전략방침의 채택은 모방에 관한 주장에 대한 '쉬운' 사례를 보여준다. 중국은 국제 체제에서 두 개의 가장 강력한 군대 중 하나를 보유한 소련과 연합을 맺은 군사 현대화 후발국이었다. 무기, 장비, 관련 기술 등 소련의 하드웨어는 물론 작전교리, 훈련법, 조직 관행 등 소프트웨어에도 접근했다. 중국과 소련은 또한 전략의 선택에 영향을 줄 수 있는 유사한 전략적 특성들을 일부 공유했다. 예컨대 전략종심(strategic depth)과 육지 강국으로서의 오랜 역사 등이 그것이다. 모방이 국가에 상관없이 군사전략의 변화를 설명하고자 한다면, 1950년대 중국을 설명할 수 있어야 한다.

확실히 PLA에 대한 소련의 영향력은 무시할 수 없다. 펑더화이의 전기 작가들이 다른 출처에서는 언제나 찾아보기 어려운 솔직함으로 "소련의 군대와 전략사상은 중국의 군대에 영향을 끼쳤다"라고 적었다.[150] 무기와 장비 면에서 소련은 60개 보병 사단이 사용할 장비뿐 아니라 중국의 방위산업 발전을 추동할 계획, 기계, 기술 등을 중국에 판매했다. 소련이 중국에 제공한 156개 공장 중 30%가 넘는 44개 공장이 방산용이었다. 중국 병사는 소련식 군복을 입고 소련식 견장을 달았다. 소련의 주요 야전교범은 중국어로 번역되어 1950년대 대부분의 기간 동안 중국의 사관학교와 군사학교에서 교재로 사용되었다. 소련 고문들은 해군과 공군뿐 아니라 비전투병과와 전투병과의 중국 군인들도 직접 훈련시켰다. 전체적으로 보아 1950년대 중국에는 약 600명의 군사고문과 최소 7000명의 기술 전문가가 있었다.[151]

중국은 1950년대 초 현대전의 내용과 실행을 연구하는 수단으로 확실히 소련을 활용했다. 그럼에도 불구하고 핵심 질문은 중국이 현대전 수행을 위한 소련 모델과 특히 소련의 전략을 모방하려고 했는지에 관한 것이다. 다음에서는 전략과 작전적 분석 수준에서 모방의 가능성을 검토하는데, 결과는 모방에 대한 제한적인 지지만을 보여준다. 1950년대 초 소련으로부터의 학습과 성과에 대한 도취에도 불구하고, 중국 전략가들은 1950년대 중반까지 '어떻게' 배울지에 초점을 맞추었다. 이러한 변화의 주된 이유는 국가 조건과 전투 역사의 차이 때문에 소련의 모든 것이 반드시 중국에 적합하지는 않다는 인식이었다. 중국 지도자들은 소련이 보유한 형태의 기계화 병력을 가능하게 할 산업 기지가 부족하다는 점도 확실히 인정했다.

논의를 진행하기에 앞서 유의해야 할 점이 두 가지 더 있다. 우선 중국은 소련만이 아니라 많은 국가로부터 현대전에 대해 배우려고 했다. 소련의 교범 외에도 미국의 야전교범을 번역했다. 이는 중국이 흉내나 베끼기보다는 그들이 싸워야 할지도 모르는 전쟁의 유형을 이해하는 데 관심이 더 많았음을 암시한다. 예컨대 1957년 1월 펑은 PLA의 규정은 "중국 고유의 전통과 경험에 근거하고, 소련의 경험을 참조하며, 자본주의국가에서 유용한 것들을 흡수해야 한다"라고 했다.[152] 1957년 4월 펑은 고등군사학원 인력들에게 자본주의국가들도 공부하라고 촉구했다. 펑은 "자본주의국가들에는 진보된 것이 없다? 나는 믿지 않는다. 그렇다면 히틀러의 군대는 어떻게 모스크바 외곽까지 진격했을까? 미군은 어떻게 해서 압록강까지 진격했는가?"라고 물었다.[153]

게다가 소련과 중국이 조약에 따른 동맹국이기는 했지만 그 관계는 평등하지 않았다. 중국은 소련이 기꺼이 공유하고자 하는 것에 의존하는 나약한 협력자였는데, 이러한 역학 관계 때문에 시간이 지나면서 중국은 소련식 접근법이 갖는 장점에 의문을 품게 되었다. 예컨대 소련이 장비와 전문 지식을 제공했지만, 중국은 그 모든 것에 대해 비용을 지불해야 했다. 소련이 제공한 무기는 대부분 제2차 세계대전 때의 것이었으며 소련군 무기고에 있는 최신형이 아니었다.[154] 1954년 일련의 훈련에서 소련군이 쓰는 무기가 중국에 판매하는 무기보다 더 새롭고 좋다는 것을 관찰한 후에 펑 자신도 이러한 사실을 깨달았다.[155] 소련은 자국의 군대를 현대화하기 위해 남아도는 무기를 중국에 팔고 있었다. 중국이 압박을 가했지만 소련은 당시 최신 모델을 파는 것을 별로 내켜하지 않았다.[156]

1) 전략적 모방

모방을 반박할 만한 강력한 증거는 전략적인 분석 수준에서 찾을 수 있다. 앞에서 논의한 것처럼 1956년 전략은 전략적 방어, 즉 보복을 하기 전에 1차 공격을 흡수하는 데 기초했다. 그러나 이 전략이 구상되고 채택되었을 때 소련식 전략사상은 점점 예방적 행동과 선제공격을 강조하게 되었다. 중국은 소련식 사고에서의 변화를 완전히 인식하고서 이를 거부했다.[157]

중국과 소련 사이의 전략에 대한 이견은 펑더화이가 폴란드에서 열린 바르샤바조약기구(Warszawa Treaty Organization: WTO)의 창설 회의에 참석한 후에 1955년 5월 모스크바를 방문했을 때 가장 뚜렷하게 나타났다. 5월 22일 그는 게오르기 주코프(Georgy Zhukov) 소련 국방부 장관과 만나 군사전략을 논의하고 잠재적인 침략에 대처하기 위한 중국의 계획을 개략적으로 설명했다.[158] 펑은 주코프에게 중국의 전략은 '적극방어'와 '후발제인' 원칙에 입각할 것이라고 알렸다.[159] 주코프는 중국식 접근법에 반대했다. 그는 펑에게 핵 공격이 결정적일 것이며 현대전에서는 불과 몇 분 안에 승패가 결정될 것이라고 했다.[160] 주코프에게 핵무기의 등장은 제2차 세계대전이나 한국전쟁과 같은 과거의 재래식 전쟁과는 분명히 다른 변화를 나타내는 사건이었다. 핵무기로 얻게 되는 선제타격의 이점 때문에 주코프는 일단 공격을 받으면 어느 나라도 회복할 수 없을 것이라고 생각했다.

펑은 주코프의 견해에 이의를 제기했다. 그는 중국이나 소련과 같은 강대국들은 핵 공격을 견딜 수 있는 충분한 준비를 할 수 있다고 했다. 더구나 펑에게 있어 1차 타격을 통해 얻을 수 있는 군사적 이익은 일시적일 뿐이며 그러한 무기를 사용하는 데 따른 정치적 비용을 상쇄할 수는 없었다. 펑은 제2차 세계대전 당시 선제공격에도 불구하고 어떻게 독일과 일본이 패배하게 되었는지에 주목했고, 중국은 국공내전과 항일전쟁과 같은 과거 전쟁들에서 전략적 방어를 강조함으로써 승리했다는 것을 주장하기도 했다.[161] 핵무기에 대한 펑의 견해가 반드시 정확한 것은 아니었다. 그럼에도 불구하고 중국은 체제에서 주도적인 군사 강국 가운데 하나임에도 불구하고 군 전략에 대한 소련식 접근을 거부했다.

펑의 군사 비서였던 왕야즈에 따르면 주코프와의 교류가 심대한 영향을 미쳤으며, 중국의 군사전략에 대한 펑의 접근 방식을 명확히 하는 데 도움이 되었다고 한다. 그것은 전략에 대한 접근 방식의 차이를 강조했는데, 이는 차례로 작전교리, 전력 구조, 훈련에도 영향을 미치게 된다. 펑은 그 시점까지 별로 비판적인 성찰 없이 받아들여져 온 소련 군사과학의 효용성과 권위에 의문을 제기했다. 펑은 또한 소련이 우수한 기술과 장비를 통해 승리를 달성하는 것을 강조하는 경향이 있는 반면에 PLA는 우수한 적들을 물리치기 위해 열등한 장비를 사용하는 방법을 찾아냄으로써 승리를 쟁취해 냈다고 언급했다. 미국에 비해 열세인 중국의 기술과 산업을 감안할 때, 소련 전략은 특히 매력(또는 실현 가능성)이 없었다.[162] 따라서 펑은 주코프와의 회담을 통해 전략적 방어와 적극방어 개념의 중요성을 확인했는데, 펑은 이것이 중국의 상황에 잘 맞는 것으로 보았다. 그것은 또한 그의 출장 전에 표현된 그의 바람을 재확인시켜 주었다. 그는 중앙군사위가 공식적인 전략지침을 채택하고, 1956년 보고서에 수록된 바와 같이 중국이 자체적인 군사과학을 개발하기를 원했던 것이다.

아마 놀랄 일도 아니지만 이용 가능한 정보들에는 1956년 전략방침에 관한 보고서 초안을 작성할 때 펑이 소련 고문들과 상의했다는 언급이 포함되어 있지 않다. 사실 1956년 3월 중앙군사위 회의에는 군사고문단장이었던 페트로셰프스키(Petroshevskii) 장군이 참석했으며, 펑은 이 보고서의 사본을 그 후 소련 고문단과 공유했다. 그러나 이들의 반대는 그 전략이 전쟁에 대한 소련식 접근법을 모방하려는 것이 아니었음을 시사한다. 실제로 이들은 1956년 방침의 적극방어 개념을 공개적으로 조롱했다. 소련 고문들은 "공세는 승리를 쟁취하기 위한 유일한 군사적 수단"이라고 주장했다.[163] 난징 사관학교의 소련 고문단장은 적극방어를 "형이상학"이라고까지 말했다.[164]

2) 작전과 조직 모방

확실히 1955년 랴오둥반도 연습은 방어전에 대한 소련식 접근법을 반영했다. 펑더화이의 비서에 따르면 "어느 정도 수준에서는 소련군의 야전 작전규범을 배우는 연습이었다".[165] 소련군 구조에 따라 부대들은 방면군(方面軍)과 집단군(集團軍)으로 편성되었다. 이 연습의 목적은 제대병력(echeloned force)과 예비부대(reserve unit)를 이용해 해변에서 침공을 저지하는 것이었다.[166] 그럼에도 불구하고 1956년 방침에 포함된 작전원칙은 상륙 공격으로부터 이런 식으로 중국을 방어하는 것을 계획하지 않았다. 그 대신에 중국은 미군이 상륙한

다음에야 주요 공격 방향에 대해 기동 부대를 이용해 고정된 위치를 방어하면서 미군과 교전할 수 있음을 받아들였다. 이런 점에서 그것은 단연코 소련식이 아니었다. 사실 연습의 주요 교훈 중에 하나는 중국이 주요 안보 위협으로 간주한 것에 대해 소련 모델을 적용할 수 없다는 것이었는지도 모른다. 소련과의 그러한 불일치는 아마도 훨씬 더 일찍부터 시작되었을 것이다. 1952년 8월 펑이 항구적인 해안 요새 체계를 구축하기로 결정했을 때, 소련 고문들은 이 계획에 반대했다. 그러나 펑은 소련의 반대를 "이해할 수 없었고" 요새 건설을 계속했다.[167]

마찬가지로 1949년 이전에도 그리고 중국이 한국전쟁에 참가한 이후에도 확실히 PLA는 소련군 야전교범의 번역본을 사용했다. 예컨대 PLA는 한반도에서 보병부대에서 포병 비율을 늘릴 때 소련의 포병규범을 사용했다.[168] 류보청 자신이 1954년 소련군 야전교범의 번역을 감독했다.[169] 그러나 1956년 중반에 펑은 중국이 3년에서 5년 안에 자체적인 작전규범을 마련해야 한다고 결론을 내렸다.[170] 1957년 1월 그는 "우리가 다른 나라들을 따라간다면 우리는 항상 돌아가게 될 것이다"라고 언급했다.[171] 1958년 초 그는 이 임무를 신설된 군사과학원에 맡겼다. 중국 자체의 규범 초안을 마련하기 위한 움직임은 1958년 5월 말부터 7월 중순까지 이어진 중앙군사위 확대회의에서 진행된 소련 체제의 '교조주의'와 '맹목적인 베끼기'에 대한 토론에서 탄력을 받았다. 이 회의에서 당시 난징 사관학교 총장이었던 류보청 원수와 샤오커(蕭克) 총참모부 훈련주임 등 '교조주의자'로 추정되는 고위 장교들이 강등되었다.[172] 회의는 중국이 자체적인 전투규범 초안을 마련해야 하며, 그렇게 함으로써 "중국의 경험을 기본으로 이용(以我爲主)"하고 "소련을 참고로 이용"해야 한다고 결의했다. 소련식 접근 방식을 최고로 삼는 것은 몇 가지 이유로 거부되었지만, 가장 중요한 것은 중국의 실제 지리적·경제적·산업적 조건에 맞지 않는다는 점이었다. 간단히 말해 그것은 중국의 안보를 강화시키지 못할 것이기 때문에 모방할 수 있는 모델이 아니었다.

아마도 모방을 지지하는 가장 강력한 증거 중 하나는 1954년에 소련의 총참모 구조를 채택한 결정일 것이다. 1954~1955년에 기존의 총참모부, 총정치부, 총후근부, 총간부부 등에 군계부, 훈련감독부, 군대감독부, 재무부 등이 추가되었다. 이 개편이 완료되었을 때 중국의 총참모부는 소련의 것을 그대로 재현한 셈이 되었다. 그러나 2년 뒤인 1957년 소련식 체계가 해체되고 여덟 개 부서가 세 개(총참모부, 총정치부, 총후근부)로 통합되었으며, 이 구조가 40년간 변하지 않고 있다.[173] 권위 있는 역사에 의하면 "노동의 분업이 지나치게 상세"하고, 군구와 야전군에 비해 상대적으로 일반 직원 구조가 얇은 PLA와 같은 군사 조직으로는 아마도 너무 경직된다는 이유로 소련식 체계가 해체되었다.[174]

마찬가지로 중국은 1954년에 채택된 소련의 새로운 지휘 구조를 고려했지만 결국 거부했다. 중국 내전에서 PLA는 한 부대의 지휘관과 최고 정치장교 둘 다 의사결정권을 갖는 이중 지휘의 전통을 발전시켰다. 그러나 1953년에 정치 공작을 위한 규범을 어떻게 개정할지 고민할 때, 펑은 소련이 사용하는 '단일 지휘 체계(一長制, single command system)'를 모든 대대와 중대에 도입하는 것을 고려했다.[175] 정치적 공신들의 지위를 위협하고 PLA의 '명예로운 전통'에 부합하지 않는 것으로 보였기 때문에 이 제안은 즉시 논란을 일으켰다. 1954년 중앙군사위가 새로운 정치공작규범을 발표했을 때 소련식 지휘 체계는 채택되지 않았으며 이중 지휘 체계가 보존되었다.[176]

마침내 중국은 일상과 다른 활동을 통제하기 위해 소련의 규칙과 규범을 사용하는 데서 벗어났다. PLA에서 이러한 규칙은 서비스, 훈련, 규율에 대한 공통규범에 담겨 있다. 비록 PLA가 1949년 이전에 여러 버전의 이러한 규범들을 갖고 있었지만, 1953년 개정안은 소련에서 사용된 규정에서 많이 차용했다.[177] 그러나 1년 후에 고위 군 장교들은 이러한 규정, 특히 기강을 다루는 규정의 시행이 PLA의 풀뿌리 전통과 '내부 민주주의'와 상충되어, 내전 당시 PLA를 특징지었던 장교와 사병들의 단결을 해치는 것으로 간주된다고 인정했다. 소련군은 PLA보다 훨씬 위계적이었고 군대 간의 기강을 다잡기 위해 구속 등 엄격한 처벌에 의존했기 때문에 이는 아마 놀랄 만한 일이 아닐 것이다. 총정치부의 징계규정 시행에 관한 보고서를 읽은 후에 1956년 말 펑은 그것들에 결함이 있다고 결론을 내렸으며, 이는 앞서 논의한 바와 같이 그해 초 중국이 자체 규정을 마련해야 한다는 결정을 확인했다.[178] 1957년 8월 1일 중앙군사위는 새로운 징계규정을 발표했는데, 이 규정은 처벌을 낮추고 구속 관행을 폐지했다. 같은 해 10월 24일에는 일상 업무에 대한 새로운 규정도 발표되었다.[179]

7. 1960년 전략: '북정남방'

1960년 2월 중앙군사위는 새로운 전략방침을 채택했다. 비록 새로운 중점인 '북정남방(北頂南放, Resist in the North, Open in the South)', 즉 "북쪽으로부터의 침입은 막고 남쪽은 열어둔다"라는 표현을 내세우기는 했지만, 중국 군사전략의 내용은 대체로 바뀐 것이 없었다. 1960년 방침은 1956년 전략에 대한 사소한 변화를 보여주는데, PLA 배치에는 약간의 제한된 조정이 있었지만 작전교리, 전력 구조나 훈련 등은 변경되지 않았다.

1) 1960년 전략의 배경

1960년 전략방침은 1959년 7월 펑더화이 숙청으로 끝났던 루산 회의에서의 정치적 격변에 뒤이어 채택되었다. 그 회의는 원래 어려움에 봉착하기 시작한 대약진운동이라는 경제정책을 점검하기 위해 소집되었다.[180] 펑은 마오쩌둥에게 보낸 개인적인 서한에서 우려를 표명했다. 마오는 이미 회의에서 제기되고 있던 비판을 감안해 펑의 서한을 회람시키고 이를 회의의 초점으로 삼아 펑을 공격해 모든 반대를 잠재우기로 결심했다. 그 후 몇 주 동안 펑은 '반당 범죄'를 저지르고 '부르주아 군사 노선'을 추구했다는 비난을 받았으며, 이로 인해 당과 군의 모든 직위에서 해임되었다. 다른 고위 당 인사들도 대약진운동에 의구심을 갖고 있었지만, 펑의 숙청에 당의 분열이 반영된 것은 아니었다. 마오는 회의에서 그러한 조치에 대한 당 지도부 사이의 공감대를 얻어냄으로써 이러한 목표를 달성했다. 그 움직임에 공개적으로 반대한 사람은 거의 없었다.

당시 정치국 상무위원이었던 린뱌오는 펑을 대신해 중앙군사위 초대 부위원장과 국방부장이 되었다. 국공내전 당시 린은 만주의 주요 전역에서 결정적인 역할을 한 제4야전군을 지휘했다. 루산에서 린은 펑에 대한 자신의 비판과 마오에 대한 지지로 스스로를 돋보이게 했다. 펑과 관련된 다른 고위 장교들이 좌천되거나 강등되면서 1959년 9월 새로운 중앙군사위가 결성되었다. 린뱌오가 중앙군사위의 일상 업무를 책임지게 되었다. 또 당시 공안부장이었던 뤄루이칭(羅瑞卿)은 황커청을 대신해 총참모장이 되었다. 곧이어 중앙군사위는 두 개의 새로운 조직을 만들었다. 첫 번째는 중앙군사위원회 사무회의(軍委辦公會議, CMC office meeting)였다.[181] 린의 허약한 건강을 고려할 때 이 조직이 그를 대신해 중앙군사위의 일상 업무를 감독하게 되었다. 그러나 중요한 것은 린에게서 부하들로 집행 권한이 실질적으로 위임되었다는 점과 뤄루이칭 비서장에게 권한을 부여했다는 점이다. 두 번째는 류보청이 조장을 맡고 쉬샹첸(徐向前)과 뤄루이칭이 부조장을 맡은 중앙군사위원회 전략연구소조(軍委戰略研究小組, CMC strategy research small group)였다.[182]

2) 1960년 전략의 개관

1960년 1월 22일 새롭게 구성된 중앙군사위는 광저우에서 확대회의를 열어 PLA의 전략방침과 국방 발전에 대해 한 달 동안 논의했다. 이번 회의가 소집된 이유는 미국의 기습 공격에 맞서 어떻게 방어할지에 대한 중앙군사위 전략연구소조의 연구 때문이었다. 이는 1955년 3월 마오쩌둥이 처음 제기한 기습 공격과 같은 중국의 안보 환경 변화를 반영한 것으로 보이지는 않지만, 미국의 핵무기와 탄도미사일 프로그램의 진전에 대한 우려를 부각시킨 것으로는 보인다.[183] 그러나 또 다른 이유는 군 건설과 전반적인 국가 경제 발전을 통합하기 위한 기본 원칙을 정하려는 것이었는데, 이는 경제 위기가 대약진운동에 따라 조성되었기 때문일 가능성이 크다.[184] 마지막 이유는 정치적인 것이었다. 펑더화이의 전기 작가가 지적하듯이, 펑이 숙청되었을 때 그의 1956년 전략방침에 대한 보고서는 "부정되었다(被否定)".[185] PLA는 불명예스러운 지도자가 개발한 전략을 계속 사용할 수 없었으며, 따라서 새로운 전략을 채택할 필요가 있었다. PLA의 새로운 지도자로서 린뱌오도 자신의 이름과 관련된 전략을 갖고 싶어 했을 것이다. 따라서 회의에서 중앙군사위는 '새로운 정신' 아래 새로운 전략방침을 채택했다.[186]

1960년 전략방침의 평가는 몇 가지 이유에서 문제가 있다. 모든 소스가 그 회의에서 전략방침을 조정했다는 사실을 보여주지만, 린이 새로운 전략을 소개한 연설에 대한 기록이 존재하지 않는다.[187] 게다가 전략방침의 내용에 대한 린과 마오의 협의나 심지어 마오의 새로운 방침에 대한 승인도 기록에 없다.[188] 그럼에도 불구하고 이용 가능한 소스들은 1960년 방침이 1956년 방침과 몇 가지 면에서 약간만 차이가 있을 뿐이라고 암시한다.

첫째, 가장 주요한 변화는 중국이 진지전을 벌이려는 지역의 전환이었다. 린은 중앙군사위 회의에서 "[우리는] 양쯔강을 경계선으로 삼아야 한다"라고 했다. 북쪽에서 중국은 "침략하는 적에 충분히 대비하고 단호하게 저항해서 우리 영토의 구석구석을 방어해야 한다". 그러나 남쪽에서는 "[우리는] 적들이 들어오도록 허용하는 것을 고려하고 그 뒤에 적을 공격할 수 있다".[189] 구체적으로 중국은 닝보 바로 남쪽인 저장(浙江)성 상산(象山)만 북쪽의 진지방어를 계속 추구할 것이다.[190] 이 노선의 남쪽에서는 PLA가 '유적심입'의 원칙을 사용하게 된다. 따라서 1960년 방침은 '북정남방'으로 알려지게 되었다.[191] 1960년 8월 중앙군사위는 1956년 전략에서 나온 말을 반복하며 "북쪽에서 적군이 들어오는 것을 단호히 막을 것"이며, 동북부와 산둥반도는 "결사적으로 방어"할 것이라는 점을 명확히 했다. 1961년 1월 중앙군사위 확대회의는 중국이 스스로 적에게 "열어놓으려는" 지역을 더욱 제한했다. 회의에서는 북쪽은 "결사적으로 방어"하고, 양쯔강 이남은 "완강하게 방어"하며, PLA는 광둥(廣東)성과 광시(廣西)성만 "열어"둘 수 있다고 단언했다.[192]

린의 새로운 구호는 중국의 기존 군사전략에서 크게 바뀐 것이 없었다. 린이 PLA에 저항하라고 지시한 지역에는 1952년 제1~2차 전략방향으로 식별된 북부·동부 전구가 포함되었다. 린은 1952년 계획을 반복하면서 북부를 중국이 "결사적으로 방어해야 할 지역"이라고 기술했다.[193] 예컨대 1960년 5월 린은 산둥반도를 포함하는 지난 군구를 시찰하면서 진지전을 통해 "어떤 대가를 치르더라도" 사수해야 할 지역이라고 설명했다.[194] 평도 남쪽이 북쪽보다 전략적으로 훨씬 더 중요하지 않다고 보았다. 린이 방어하고자 하는 지역에는 이미 지상군의 70% 이상 배치되어 있었다.[195] 그럼에도 불구하고 1954년 9월 푸젠성, 광둥성, 하이난성 순방에서 평은 현지 지휘관들에게 미국이 공격할 경우 "곧바로 진격해 들어오는 것"을 막기 위해 주요 지역에 요새를 구축하라고 지시했다.[196] 평의 비서들은 이러한 지시들이 평과 린이 서로 차이를 보이게 되는 바탕이 되었다고 추측하고 있다.[197] 어쨌거나 린은 북쪽으로 조금 더 많은 병력을 이동시킬 것을 제안했다.[198] 그는 12군을 저장성 진화(金華, 상하이 남쪽)에서 장쑤성 쑤베이(蘇北, 상하이 북쪽)로 옮길 것을 명령했다. 또 하이난섬의 127사단을 다시 본토로 재배치했다.[199] 그럼에도 불구하고 이러한 재배치는 당시 현역 복무 중이던 약 100개 사단 중 약 네 개에만 해당되었다. 새로운 명칭에도 불구하고 린의 조치들은 평의 전략에 도전하기보다는 평의 전략을 확인시켜주었다.

작전형식 면에서 1960년 전략은 1956년 전략방침과 비교했을 때 기동전과 게릴라전의 상대적 중요성을 약간 높였다. 1960년 전략은 중국이 양쯔강 남쪽에서(이후에는 광둥성이나 광시성에서만) 진지전에 임해서는 안 된다는 점을 분명히 함으로써, 남쪽에서 일어날 초기 공격에서 더 넓은 지역이 미국에 빼앗길 가능성이 있기 때문에 기동전과 게릴라전에 대한 더 큰 역할을 강조했다. 그럼에도 중국이 공격이 있을 것으로 예상했던 주요 전략방향은 남쪽이 아니라 계속해서 북쪽이었다. 유적심입은 남쪽이 북쪽보다 훨씬 방어하기 어렵기 때문에 어쩔 수 없다는 식으로 되어가고 있었다.

둘째, 린 휘하의 PLA는 훈련에서 정치 업무에 대한 강조를 상대적으로 강화했다. 1960년 10월 중앙군사위 확대회의에서 린은 총정치부 주임인 탄정(譚正)을 공격했다. 정치공작에서 마오의 사상을 강조하려는 린 자신의 노력을 지지하지 않았다는 이유에서였다.[200] 그러나 린은 펑과 거의 유사하게 "60~70%, 심지어는 80%의 [훈련 시간]을 군사훈련에 써야 한다"라면서 훈련에서 군사 요소에 우선순위를 부여하는 데 전념했다.[201] 다시 말하지만 이러한 노력은 비록 본질은 유사하게 남아 있음에도 불구하고 중앙군사위에서 린의 리더십과 펑의 리더십을 구별하기 위한 것으로 가장 잘 해석된다. 군사과학원의 한 저명한 전략가에 따르면 1960년 전략에는 1956년 전략에 대한 "일부 조정과 보충"만이 포함되어 있다고 한다.[202] 1차 전략방향은 물론이고 군사투쟁의 준비 기초와 주요 작전형식도 그대로 유지되었다.[203]

3) 전략적 변화의 지표

모든 전략적 변화의 지표는 1960년에 채택된 전략방침이 1956년 방침의 사소한 변경에 불과하다는 것을 보여준다. 1960년 방침은 1956년 전략을 계속해서 이행한 것으로 보아야 한다.

1961년 군 전체 작전계획에 대한 논의는 린뱌오하에서 중국의 작전교리가 거의 변하지 않았음을 보여준다. 이 계획은 루산 회의 이후 2년여 만에 펑더화이의 접근 방식과의 연속성을 반영한 것으로, 적국이 신속한 해결을 위해 노력하는 대규모 전쟁에 대한 최악의 경우를 상정했다. 결정적인 반격은 중국 영토에서 이루어지게 된다. 전략예비군은 신속한 동원과 함께 핵심적인 역할을 맡게 될 것이다.[204] 1960년 12월 결성된 작전계획연구소조는 1961년 7월 초부터

중순까지 군 전체의 작전계획을 논의한 뒤 중앙위원회와 중앙군사위에 보고서를 제출했다.[205]

중국의 1세대 전투규범 초안은 1956년 방침과 함께 또 다른 연속성에 관한 지표를 제공한다. 펑에서 린으로 교체된 지 1년여 만인 1961년에 처음 두 가지 규범이 발표되었지만 규범의 내용에 대한 틀은 변함이 없었다.[206] 그 어떤 소스도 내용이나 작성 과정이 펑의 해임이나 1960년 전략방침의 채택에 따라 현저하게 변경되었다는 점을 보여주지 않는다. 1961년부터 1965년 사이에 발표된 18개 규범의 내용은 펑 자신이 구상했던 대로 제병협동작전을 수행하는 방법을 강조했다.[207]

1960년 전략방침에서는 PLA의 전력 구조나 어떻게 부대들이 장비를 갖추어야 하는지에 대해 주요한 변화를 요구하지 않았다. 1960년 10월 확대회의에서 중앙군사위는 PLA의 조직과 장비에 대한 8개년 계획을 입안했다. 이 계획은 1967년까지 현대 무기를 군이 갖추도록 계획했던 1956년 전략과의 연속성을 반영한다.[208] 계획은 해군보다 공군 개발을 우선시하면서 중국의 방산 기반을 강화할 것을 요구했다. 지상군에서는 경보병부대를 위한 전투 무기의 개발이 우선시되었다.[209] 이러한 정신으로 1963년 2월 네룽전은 PLA의 구식 장비를 현대화하려는 야심 찬 계획을 개략적으로 수립했고, 1970년 이전에 완전한 현대적 재래식무기로 PLA를 무장시킬 것을 구상했다. 그는 핵미사일 기술에서 돌파구를 마련하는 한편 충분한 화포와 탱크로 군을 무장시키기를 희망했다.[210] 서로 다른 군종 간의 자원 배분도 변하지 않았다. 1960년 방침에 따라 현대화 노력은 PLA 내에서 공군과 해군을 증강하는 데 초점을 맞추었다. 1958~1965년에 해군 편제 인원은 51.6% 증가한 반면에 공군은 41.8% 증가했다.[211]

1960년 전략방침의 채택 이후 새로운 훈련 프로그램은 발표되지 않았다. 훈련의 연속성에 관한 지표 중 한 가지는 베이징에 있는 고등군사과학원의 교과 과정에서 나온다. 이 기간 동안에 정치교육도 포함되기는 했지만, 교과과정의 상당 부분은 전략과 운영 문제를 검토하는 데 할애되었다. 각 군과 전투병과를 지휘하는 군구 사령부뿐만 아니라 사단에서 복무하는 지휘관들의 훈련에도 여전히 초점이 맞추어져 있었다.[212] 예컨대 1963년 교육과정에는 전략 연구, 전역, 각 군 병과와 전투병과, 시나리오, 전역 분석, 외국 군사학 등이 포함되었다. 전문 군사훈련에 대한 강조는 1964년 말 마오쩌둥이 중국의 군사전략을 바꾸기 위해 개입하기 시작할 때까지 계속되었다.[213]

훈련에 관한 한 가지 중요한 변화는 주로 마오의 사상과 특히 그의 군사 저작에 관한 연구와 관련된 정치 훈련의 비율이 증가했다는 것이다. 이러한 변화는 처음에는 작았지만 1964년 이후에는 보다 뚜렷해졌다. 1961년 중앙군사위는 사단급 이상 간부들에게 훈련의 3분의 1을 마오의 저술을 연구하는 데 사용하도록 지시했다.[214] 그와 동시에 1962년 더욱 첨예해진 각종 위협에 대응해 중앙군사위는 다음 장에서 자세히 논의하듯이 전투 요건에 따라 훈련 방향을 조정했다.[215]

8. 결론

1956년 채택된 전략방침은 중국 군사전략의 첫 번째 주요 변화를 보여준다. 새로운 전략에 선행하는 초기 개혁의 내용뿐 아니라 전략 자체도 모두 미래에 발생할 것이라고 군 원로들이 믿었던 전쟁의 유형에 대처할 수 있도록 PLA를 현대화하기 위해 새로운 방침이 채택되었음을 보여준다. 군 원로들은 제2차 세계대전의 교훈과 그보다는 덜하지만 한국전쟁의 교훈으로 그러한 믿음을 갖게 되었다. 당내의 두드러진 단결은 PLA를 당내 정치로부터 격리시킴으로써 초기 개혁과 1956년 방침의 채택을 용이하게 했다. 중국을 어떻게 방어할지를 계획하기 위해 홀로 남겨진 군 원로들, 특히 펑더화이는 당시 세계 최강의 군대에 맞서 현대적이고 기계화된 전쟁을 벌일 수 있는 군대를 건설하고자 했다.

제4장

—

1964년 전략: '유적심입'

1964년 6월 마오쩌둥은 군사문제에 직접 개입해 중국의 군사전략을 변경시켰다. 동북부를 미국이 침략을 감행할 수 있는 중국의 1차적 전략방향으로 식별하는 것과 그러한 공격에 대응하기 위해 전방방어(forward defense)를 사용하는 것을 거부했다. 그 후 12개월 동안 마오는 '유적심입'이라는 개념을 중심으로 중국의 군사전략을 다시 수립하려고 했는데, 이 개념에서는 기동전과 게릴라전을 통해 장기화된 분쟁(protracted conflict)에서 침략국을 물리치기 위해 영토를 침략자에게 넘겨주게 된다.

1964년 전략방침의 채택은 변칙을 제시한다. 즉, 당 최고 지도자가 군사전략의 변화를 개시했을 때의 사례를 보여준다. 1949년 이후 채택된 다른 여덟 개의 전략방침은 군 원로들이 시작했다. 이 사례는 또한 전략의 반대 또는 역행적 변화의 예를 보여주는데, 예전의 전략이 현재의 전략을 대체하는 식이다. 1964년 전략은 전쟁의 새로운 비전에 근거한 주요한 변화나 기존 전략의 요소를 조정하는 사소한 변화에 해당되지 않았다. 그 대신 제2장에서 논의했듯이 '유적심입'은 홍군이 훨씬 더 강한 국민당군으로부터 자신을 방어하려고 했던 1930년대의 포위작전 중에 발전된 작전개념이었다. 마오는 이제 이 구상을 미국의 공격에 대항하는 조직 원리로 사용하려고 했다.

중국의 군사전략을 바꾸기 위한 마오의 개입은 의아하다. 왜냐하면 중국을 어떻게 방어할지에 있어 그러한 극적인 전환을 보증할 수 있는 즉각적이거나 절박한 외부 위협에 직면하지 않았기 때문이다. 중국의 안보 환경은 1962년에 악화되었는데 그해 6월에는 우려되는 국민당의 침략을 물리치기 위해 그리고 10월과 11월에는 인도와의 국경 전쟁으로 대규모 동원이 이루어졌다. 그러나 이들 위협은 1963년 무렵에는 줄어들었고 1964년이 되면서 확실히 소멸했다. 미국이 1964년 중반까지 남베트남에서 군사고문단의 수를 늘려가고 있었지만, 17도선을 넘어 중국 국경으로 베트남 전쟁이 확대될 조짐은 여전히 보이지 않았다. 소련과의 이념적 긴장에도 불구하고 중국의 북부 국경은 1965년 말까지도 군사화가 시작되지 않았다. 끝으로 중국은 마오가 전략을 바꾼 지 몇 달 만에 첫 원자폭탄 실험에 성공했다. 이는 안보와 침략 방지에 대한 중국의 자신감을 크게 높여준 사건이었다.

1964년 전략의 채택은 당의 분열과 지도력의 분열이 어떻게 전략적인 의사 결정을 왜곡하고 정치화할 수 있는지를 보여준다. 1960년대 초 마오는 중국공산당 내부의 수정주의 위협에 대해 점차 더 우려하게 되었는데, 이로 인해 중국 혁명의 지속과 심화가 방해받게 되기 때문이었다. 마오는 중국의 안보를 강화하기 위해서가 아니라 '3선 건설(三綫建設, developing the third line)'로 중국의 내륙 지대를 산업화하기로 결정하는 등 그가 수정주의자로 생각했던 당 지도자들을 향한 광범위한 공격의 일환으로 유적심입 전략을 밀어붙였다. 이러한 마오의 노력은 이로부터 2년 후에 문화대혁명이 시작되면서 절정에 이르게 되었다.

1964년 전략방침의 기원을 이해하는 것은 몇 가지 이유에서 중요하다. 한 가지 이유는 유적심입 전략이 10여 년의 시간 동안 중국의 군사전략에 영향을 미쳤다는 점이다. 이 전략은 중국의 군사전략에 2차 주요 변화가 일어난 1980년 9월이 되어서야 폐기되었다. 중국은 1969년 3월 전바오섬에서 소련과 충돌한 뒤 이런 전략적 후퇴 전략을 유지했다. 그 시점까지 중국공산당 지도부의 분열과 법과 질서를 유지하는 인민해방군(이하 PLA)의 주도적인 역할은 새로운 전략의 형성을 방해했을 가능성이 있다. 또 다른 이유는 1964년 방침의 기원을 놓고 볼 때 마오 스스로는 이 기간(또는 1969년 이전)에 "일찍 싸우고, 크게 싸우고, 핵전쟁을 치를(早打, 大打, 打核戰爭)" 준비를 해야 할 필요가 있다고 말한 적이 없음이 강조되기 때문이다.[1] 중국은 미국과의 전쟁이 핵무기와 관련된다는 것을 인정했지만, 이 문구는 1969년 중국이 소련의 위협에 직면한 뒤까지도 일반적으로 사용되지 않았다. 마지막으로 그것은 마오 자신의 동기에 대한 수정주의적 해석을 제공한다. 그 시대에 관한 대부분의 중국사와 서양사 연구는 마오의 3선과 군사전략에 대한 접근법을 점점 커지는 대외 위협에 대한 대응으로 묘사하고 있다. 이 장은 수정주의의 형태를 띤 내부 위협이 마오의 계산에서 결정적 요인이었다고 주장한다.

이 장은 다음과 같이 진행된다. 첫 번째 절에서는 중국이 동시다발적으로 커져가던 위협에 직면했던 1962년을 살펴본다. 이에 대응해 중국은 '전방방어'라는 기존 전략을 실시했으며, 해안을 따라 국민당의 침공에 맞서기 위해 동원을 시행한 뒤에 분쟁이 벌어진 국경선을 따라 인도군을 공격했다. 두 번째 절에서는 전략방침이 중국의 기존 전략에 대한 반대 또는 역행적 변화를 구성했음을 보여주기 위해 1964년에 시작된 전략방침의 내용을 설명한다. 세 번째 절은 마오의 개입에 대한 정치적 논리와 중국공산당 내의 수정주의에 대한 그의 우려가 전쟁에 대비하기 위한 일반적인 권고의 모습으로 포장되어 3선의 개발과 경제정책의 분권화를 요구하게 된 경위를 간단하게 설명한다. 네 번째 절에서는 1964년 전략이 바뀐 과정을 살펴보면서, 수정주의에 대한 마오의 우려와 내륙지대의 산업화에 대한 그의 열망이 또한 유적심입이라는 구상하에 어떻게 군사전략에 대한 분권화된 접근을 요구했는지를 강조한다. 마지막 절은 1969년 소련 침공이 중국의 안보에 가장 긴급한 위협이 된 이후 이 전략의 지속성을 간략히 검토한다.

1. 1962년의 새로운 위협과 전략적 연속성

1960년 1월 초에 중앙군사위원회(이하 중앙군사위)는 중국이 상대적으로 안정된 외부 안보 환경에 처해 있다고 평가했다. 마오쩌둥 자신의 판단은 큰 전쟁도 핵전쟁도 일어날 가능성이 없다는 것이었다. 마찬가지로 1960년 2월 쑤위는 미국 대(對)사회주의 진영의 약점과 취약성에 주목했다.[2] 그럼에도 불구하고 1950년대 중반의 평가와 같이 "제국주의가 존재하는 한 전쟁의 위협은 여전히 존재한다"라고 마오도 믿었다.[3] 예젠잉 원수는 중국은 계속해서 최악의 경우를 대비해야 하며 "가장 위험한 측면에 집중"해야 한다고 보았다.[4] 따라서 중국의 군사전략은 '기습 공격'을 방어하기 위해 전방방어태세를 채택함으로써 이전과 같은 방식을 유지했다.[5]

그러나 1962년 중반에 접어들면서 중국의 대외 안보 환경이 악화되었다. 그해 6월이 되자 신장(新疆)과 인접한 소련은 물론이고 인도와의 국경 분쟁뿐만 아니라 대만해협 등 여러 방향에서 동시에 위협에 직면했다. 그러나 이러한 위협에 직면해서도 중국은 군사전략을 바꾸려고 하지 않았다. 그 대신에 중국 지도부는 전투태세(戰備, combat readiness)를 개선하려는 방향으로 움직였는데, 병력을 재편하면서 1961년 대략 300만 명이었던 병력이 1965년 초에는 447만 명으로 늘어났다.[6] 중국은 또한 당시 가장 즉각적이고 심각한 위협인 국민당의 공격 가능성에 대응하기 위해 병력을 동원하고 전방방어태세를 취함으로써 침공을 격퇴하려고 했다. 이러한 조치는 중국의 기존 군사전략에 부합했다. 새로운 위협들이 발생했다고 해서 새로운 군사전략으로 바뀌는 것은 아니었다. 1964년 6월 마오가 기존의 전략을 거부했을 때 그는 외부 위협에 맞서고 중국의 안보를 강화하기 위해서가 아니라 국내 정치 의제를 추구하기 위해 그렇게 했던 것이다.

1) '전방위 위협'

중국의 안보 환경 악화의 배경은 존 F. 케네디(John F. Kennedy)의 미국 대통령 당선, '유연 대응'으로의 전환, 미군의 확대였다. 1962년 2월 저우언라이가 지적했듯이 "적은 군비를 확장하고 전쟁을 준비하고(擴軍備戰)" 있었다.[7] 특히 우려되는 것은 미국이 아시아와 유럽에서 동시에 전쟁을 준비하고 있음을 암시하는 '2.5 독트린(two-and-a-half doctrine)'이었다. 저우는 1962년 6월 "동남아시아는 전략적 지역이며 미국 제국주의가 장기적으로 경쟁하고 있는 곳"이라며 미국의 존재감이 커짐에 따라 야기되는 위협을 강조했다.[8] 중국은 베트남에서 미국 군사원조사령부(Military Assistance Command)가 1962년 말 창설되고 미국 고문단이 증가한 것을 중국을 포위하기 위한 노력의 일환으로 보았지만, 이는 1950년대부터 양국 간의 적개심이 지속되고 있음을 반영하는 것이지 구체적인 위협은 아니었다.[9]

중국에 대한 가장 직접적인 위협은 국민당의 침공이었다. 특히 미국의 지원을 받는다고 가정할 경우 그러했다. 대약진운동 이후 본토의 약점을 감지했기 때문에 장제스는 공격할 기회를 엿보고 있었다. 장은 1962년 신년사에서 국민당의 본토 복귀가 임박했다는 호전적인 발언을 했다.[10] 3월에 국민당 정부는 인력을 늘리기 위해 징병 동원령을 내리고, 전시 동원 노력에 대한 특별예산을 채택했으며, 그 노력의 재원을 마련하기 위해 '본토 귀환' 세금을 부과했다.[11] 5월 말이 되자 공산당 지도자들은 국민당이 공격할 가능성이 있다고 결론지었다. 중앙군사위 전략연구소조에 따르면 "매우 드문 좋은 기회"를 보여주었기 때문에 국민당은 "다가올 우리(중국) 경제난의 기회를 확실히 포착해 우리를 공격할 것이다"라고 판단했다. 소조는 "동남 해안을 따라 교전이 일어날 가능성이 가장 크다"라고 결론지었다.[12] 6월 초 저우는 가장 유력한 시나리오는 푸젠성과 저장성 해안의 여러 상륙 거점을 확보해 전력을 급파함으로써 본토에 대한 대규모 공격을 감행하는 기지로 사용하는 것이라고 평가했다.[13]

대만해협 전반에 긴장이 고조될 때 중국은 그보다는 덜했지만 소련과 인접한 중앙아시아의 서쪽 측면에서도 두 번째 위협에 직면했다. 1962년 4월 말부터 5월 말까지 6만 명이 넘는 카자흐(Kazakh)인이 신장에서 소련으로 이탈했으며, 이 와중에 1962년 5월 29일 이리[伊犁, 카자흐명 쿨자(Kulja)]에서 대규모 폭동이 일어났다. 중국은 소련이 이리와 타청[塔城, 몽골명 코케크(Qoqek)]에서 신장 주민에게 허위 시민권을 발급하고, 소련에서 누릴 수 있는 기회에 관한 인쇄물과 라디오 선전물을 퍼뜨리고, 이민이 쉽도록 국경 철책의 출입구를 열어주면서 이러한 이탈을 조장하고 있다고 비난했다. 중국의 입장에서 보면 소련은 중앙정부의 권위가 취약한 중국의 일부 지역을 불안정하게 만드는 한편, 이 지역에 대한 중국의 미흡한 국경 방어와 국경 통제를 노출시키려고 하고 있었다. 이타사건[伊塔(Yi-Ta)事件]이 전쟁 개시나 군사적 충돌로 번질 정도로 위협적이지는 않았지만, 1962년 중국이 느낀 불안감은 확실히 보여주었다.[14]

끝으로 서남부에서는 인도가 중국과의 국경 분쟁 지역을 점령하는 '선도 정책(forward policy)'을 감행했다. 이 정책의 시행은 1962년 2월 타왕(Tawang) 주변의 동부 지역과 1962년 3월 칩채프밸리(Chip Chap Valley)의 서부 지역에서 시작되었다. 중국은 4월 중순 서부 지역 순찰을 재개하겠다고 발표했고, 총참모부는 신장의 부대에 국경 수비를 강화하라고 지시했다. 총참모부는 5월 말까지 국경 지역의 전투태세 강화에 관한 보고서와 병력, 물자, 요새 및 전투 준비 훈련에 관한 지시 사항을 발표했다. 그럼에도 불구하고 마오쩌둥과 저우는 모두 국민당의 공격이 1차적 위협이라는 뜻을 내비쳤고, 인도와는 인도가 선제공격을 하는 경우에만 싸워야 한다는 명령을 내렸다.[15]

2) 외부 위협에 대한 중국의 반응

중국은 이러한 위협에 몇 가지 상이한 방식으로 대응했다. 그러나 종합해서 볼 때 그러한 방식들이 기존의 군사전략의 효용성을 중국이 재평가하도록 촉구하지는 않았다. 그 대신에 중국은 기존 전략의 재연에 나섰다.[16] 중국은 국민당의 침공에 대항하기 위해 동원을 하면서 공격 가능성이 있는 지역에서 전방방어를 준비했다.

1962년의 새로운 위협들이 등장하기 전에 PLA는 1960년 10월에 승인한 8개년 조직편제계획(組織編制計劃)을 시행하고 있었다. 기존 전략과 마찬가지로 이 계획은 PLA가 경보병군에서 여러 군종과 병과로 구성된 제병협동군으로 계속 변환되는 것을 표시했다. 이 계획은 작전 및 전투부대의 규모를 약간 확대하고, 새로운 장비 생산이 허락하는 대로 공군, 해군, 특수부대를 강화하며, 국경 지역에 병력을 늘리고, 공병과 연구부대를 창설하는 데 초점을 맞추었다. PLA는 1961년 9월까지 약 30만 명에서 300만 명으로 증가했다.[17] 이러한 과정에서 많은 단점이 발견되어 추가 개편의 필요성을 시사했다. 향후 개혁을 위해 식별된 분야로는 비대해진 기관, 넘처나는 장교들, 인원이 부족한 보병부대(특히 국경과 해안 방어에 종사하는 부대), 사단급 이하 부대들의 제한된 기동성 등이 포함되었다.[18]

중국의 안보 환경 악화의 정도가 명확해지기 전인 1962년 2월 중앙군사위는 이들 단점을 해결하기 위해 조직과 장비에 관한 군 차원의 회의를 소집했다. 이 회의는 몇 달 동안 계속되었다. 2월 말 저우언라이는 이 회의에 참석해 군은 "군대 재편, 전투태세 개선(整軍備戰)"을 강조해야 한다고 말했다.[19] 이번 회의에서는 조직 개편 원칙이 "네 가지는 가볍게, 네 가지는 무겁게(四輕四重)"가 될 것이라고 결정했다. 이 구호는 중무기를 북쪽과 군단 이상에 집중시키는 한편 남쪽과 군단 이하에는 더 가볍게 무장할 것을 요구했다. 비전투 부서[機關]는 줄이고 작전부대(連隊)는 늘려야 한다.[20] 이 계획은 또한 남침의 제1방어선이 될 북쪽과 연안 도서에 배치된 병력의 기계화를 개선하고 열대 지형 때문에 차량의 기동이 제한되는 남쪽에서는 계속 경보병부대로 그에 맞는 장비를 갖추는 것을 도모했다.[21] 지상군을 신무기로 무장시켜야 한다는 난제 때문에 최고의 장비를 갖추기 위해서는 보병 사단의 55%가 정원을 모두 갖춘 전투임무 사단으로 지정되어야 했다. 반면에 27%는 1년 중 절반은 경제 생산에 종사하는 통상적인 사단으로 지정되었고, 18%는 훈련에 중점을 두는 '소규모' 사단으로 지정되었다.[22]

중국은 한국전쟁 이후 최대 규모의 병력을 동원해 대만해협의 위협에 대응했다.[23] 전방방어 전략에 맞추어 국민당 공격에 대응하기 위한 작전지침은 "저항하라, 적을 들이지 말라"라는 것이었다.[24] 5월 말 산둥성, 저장성, 푸젠성, 장시성, 광둥성 등에 분쟁에 대비하라는 지시가 내려졌다. 동남 해안을 따라 33개 보병 사단, 10개 포병 사단, 3개 전차 연대, 그 밖의 병력이 삼엄한 경계태세에 들어갔다.[25] 이들 병력을 보충하기 위해 10만 명의 퇴역 군인이 추가로 동원되었고, 10만 명의 민병대를 추가로 동원하기 위한 노력이 시작되었다.[26] 중앙군사위는 1962년 6월 10일 '동남 연안의 국민당군 침입 분쇄를 위한 지시'를 발표했는데, 이 지시에 따라 해안 성들에서 광범위한 국내 동원을 실시했다.[27] 그해 6~7월에 랴오닝성, 허베이성, 허난성, 광저우 등에서 차출된 7개 전투임무 사단과 2개 철도군단, 기타 특수부대가 푸젠성에 배치되었으며, 동시에 공군은 거의 700여 대의 전투기를 경계태세에 돌입시켰다.[28] PLA는 공격을 물리치기 위해 모두 합쳐 약 40만 명의 군인과 1000대의 비행기를 동원했다.[29]

대만위협은 6월 2일 바르샤바에서 미국과 중국 대사들 간의 회담 이후 사라지기 시작했다. 미국은 자신들은 장제스의 당시 움직임을 장려하지 않으며 국민당의 공격이 있을 경우 대만에 군사적 지원을 하지 않을 것임을 시사했다.[30] 그럼에도 불구하고 중국 해안 지역의 안보에 대한 우려는 그 후 몇 년간 PLA의 전략기획에서 지배적인 사항이었다. 1962년 10월 연안방어에 대한 의지를 강조하기 위해 대만과 인접한 푸저우(福州) 군구가 약 3만 6500명의 병사를 투입해 대규모 상륙 저지 실사격 훈련을 실시했다.[31] 1963년과 1964년 연안의 섬들은 공격에 대한 중국의 제1선 방어의 외곽 한도가 되기 때문에, 연안 도서 방어가 PLA 작전계획의 중심이 되었다.[32]

1962년 여름 대만해협의 긴장이 완화되자 중국과 인도의 국경 상황이 악화되었다. 9월에 촐라[(Chola, 또는 돌라(Dohla)]라는 이름을 가진 지역을 둘러싼 동부 지역에서의 교착 상태가 긴장 고조를 촉발시켰다. 중국은 10월 중순 '전진 주둔정책(forward policy)'의 일환으로 배치되었던 인도 부대를 공격하기로 하고 20일 동부와 서부 모두에서 인도군을 공격했다. 중국은 인도가 협상에 나오도록 압박하기 위해 공격을 잠시 중단했다가 11월에 재개해 분쟁 지역에서 나머지 인도군을 격파한 후 일방적으로 적대 행위 중단을 선언하고 충돌이 시작되기 전에 실질적인 통제선이었던 지역으로 철수했다.[33]

1962년 말이 되자 중국의 안보 환경이 안정되었다. 국민당의 침공은 일어나지 않았고 PLA는 인도군을 손쉽게 격파했다. 그럼에도 불구하고 PLA의 규모는 1963~1964년에 현저하게 늘어났다. 1962년 개편안에서는 군을 현재 규모로 유지할 것을 요구했지만, 이와 같은 병력 증가는 증대하는 위협과 전투임무부대를 증원하고 복수의 위협에 동시에 대처해야 한다는 필요성에 부합했다. 1961년 말에는 병력 규모가 대략 300만 명이었다. 1963년부터 수가 늘어나기 시작해 1965년 초에는 447만 명에 이르렀다.[34] 외부 위협에 초점을 맞춘 것을 반영하듯 병력의 79%가 전투부대로 구성되어 있었는데, 문화대혁명 시기였던 1969년 이후 다시 병력이 확대되었을 때는 50%를 약간 상회하는 수준으로 줄어들었다.[35]

2. '유적심입'

1964년 6월 마오쩌둥은 베이징 외곽의 명십삼릉(明十三陵)에서 행한 연설에서 '전방방어'라는 기존의 군사전략을 거부했다. 그 대신 마오는 적을 깊숙이 유인해 적군이 영토를 점령할 수 있게 한 다음 중국의 광활한 영토와 많은 인구를 활용하는 지구전을 통해 적을 격파하는 계획을 구상했다.

1949년 이후 중국의 모든 군사전략 중 1964년 전략방침은 변칙에 해당한다. 첫째, 그것은 전쟁의 새로운 비전이 아닌 익숙한 전투 방식으로의 복귀를 구상했고, 그에 따라 중대한 조직 개혁의 추진을 PLA에 요구하지 않았다. 둘째, 이 새로운 전략은 중국의 군 원로들이 논의하고 초안을 작성하고 승인한 보고서에서 성문화되지 않았다. 그 대신 마오가 그다음 해에 했던 여러 발언을 바탕으로 했다. 1980년 군사과학원의 쑹스룬(宋時輪) 원장은 이 시기부터 마오의 전략 발언 중 "단편들"만이 이용 가능했다고 한탄했다.[36]

1964년 군사전략은 여전히 미국의 침략에 대항하는 것을 전제로 했다. 그럼에도 마오는 1960년에 수정된 기존 전략방침 중에서 핵심 요소를 바꾸었다. 첫 번째는 '1차 전략방향'의 변화였다. 중국의 기존 전략은 산둥반도에 대한 미국의 공격을 전제로 삼았다. 그럼에도 불구하고 마오는 공격 방향이 불확실하며 톈진에서 상하이까지 해안을 따라 어디에서나 공격이 이루어질 수 있다고 믿었다. 따라서 중국은 북부 지역, 특히 산둥반도의 전방방어를 전제로 했던 '북정남방'에 더 이상 의존할 수 없었다. 더 넓은 함의는 중국이 군사전략의 방향을 집중할 1차 전략방향을 갖고 있지 않고 여러 방향의 공격에 대비해야 한다는 것이었다.

두 번째 변화는 1차 전략방향의 부재에서 비롯되었으며 '작전에 대한 기본적인 지도사상'에 관한 것이었다. 내전에서의 작전개념이었던 '유적심입'은 고정된 진지방어에 대한 강조를 대체한 것이었다. 유적심입은 전략적 후퇴의 한 형태였다. 이 경우 PLA가 소모적인 지구전으로 적과 교전할 수 있으려면 적이 중국 영토에 대한 발판을 마련할 수 있게 된다. 그 뒤를 이어 기동전과 게릴라전은 PLA가 수행할 수 있어야 할 주요 작전형식으로서 진지전을 대체했다.

1964년 전략은 전략적 방어 전략인 채로 남아 있었다. 1964년 전략의 주요 목표는 중국 영토에서 지구전을 통해 적을 물리치는 것이었다. 마오는 침략자에게 주요 도시를 비롯한 영토를 넘겨주어 적이 보급선을 늘리도록 하면 지구전을 통해 적이 약화될 것이라는 구상을 했다. 지구전에는 군인뿐 아니라 민간인도 동원된다.[37] 즉, 마오는 PLA 주력부대가 핵심 전투부대로 남아 있으되, 다른 지역에서 독립적인 작전을 수행할 수 있는 현지 부대와 민병대로 이를 보완하려고 계획했다. 게릴라전은 적에게 넘겨준 지역에서 이루어지는 반면에 주력부대는 중국 내륙의 유동 전선을 따라 기동작전을 벌이게 될 것이다.

1966년 문화대혁명의 시작과 격변 탓에 1964년 전략의 이행을 관찰하는 것은 불가능하다. 따라서 이 장에서 살펴보는 주된 변화는 새로운 전략의 실행이 아니라 기존의 낡은 전략을 변형한 것을 마오가 거부했다는 사실이다. 일반적으로 기동전과 유적심입으로 되돌아가는 경우라면 PLA가 새로운 작전교리를 개발할 필요가 없었다. 그 대신에 내전에서 얻은 '명예로운 전통'을 부활시킬 것을 PLA에 요구했을 뿐이다. 새로운 작전교리를 입안하려는 노력은 전혀 없었다. 1969년까지 631만 명의 병력 수준을 상정하는 것으로 전략이 바뀌면서 1965년 초에 447만 명이었던 병력 규모는 크게 늘게 된다. 1966년에서 1968년까지 19개 사단이 구성되거나 재편되었지만, 병력 증가의 대부분은 1969년 3월 전바오섬을 둘러싼 소련과의 충돌 이후 이루어졌다.[38] 실제로 훈련을 할 때는 군사문제가 아닌 정치학습이 점차 강조되었지만, PLA는 새로운 훈련 프로그램을 입안하지 않았다.

마오는 중국에 대한 미국의 잠재적 위협을 다루기 위해 전략 변화를 추진했다. 그럼에도 불구하고 1969년 소련의 위협이 미국 위협을 대체한 후에도 중국은 1964년의 전략방침을 계속 고수했다. 그것이 지상 침공에 대처하기 위해 적절한 전략이었든 아니었든 간에, 문화대혁명이 만들어낸 당 지도부와 군 지도부 사이의 깊은 분열 때문에 전략은 변경될 수 없었다.

3. 마오쩌둥 개입의 정치 논리

1964년 마오쩌둥은 중국 안보에 대한 외부 위협보다 자신의 혁명에 대한 수정주의와 내부 위협에 대응하기 위해 군사전략을 바꾸었다. 마오는 대약진운동의 여파로 당 지도부가 기존의 중앙 기획 관행으로 돌아가고 당이 중앙 관료체제의 역할을 강화함에 따라 중국공산당 내 수정주의의 가능성에 대해 점점 더 우려하게 되었다. 마오가 대약진운동을 시작할 때 피하려고 했던 것이 바로 이러한 관행들이었다. 이러한 경향에 도전하고 의사결정을 다시 분산시키기 위해 그는 '3선 건설', 즉 제3차 5개년 규획에서 전체 자본 투자의 절반 이상을 소비할 중국 서남부 내륙 지대의 대규모 산업화를 요구했다.[39] 그와 같은 변화는 전쟁 대비에 필요하다는 명분으로만 정당화될 수 있을 정도로 급진적이었다. 그 때문에 마오는 경제정책뿐만 아니라 중국의 군사전략을 바꾸기 위해 개입했다.

마오가 1964년 3선을 개발하고 중국의 군사전략을 변화시켜 외부 위협이 아닌 내부 위협에 맞섰다는 주장 자체가 이 시기에 대한 수정주의적인 해석이다. 중국 내외의 거의 모든 학술 저작과 역사는 마오가 3선 건설을 추진한 이유로 악화된 중국의 안보 환경을 강조한다.[40] 당 역사학자 리샹첸(李向前)의 논문만이 유일한 예외로, 이 논문은 마오의 3선 건설 결정에서 베트남 전쟁에서의 고조된 확전 가능성이 역할을 했다는 데 의문을 제기하고 마오도 국내적 동기를 염두에 두고 있었을지 모른다고 주장한다.[41]

1) 커져가는 수정주의에 대한 우려

수정주의는 정통 마르크스·레닌주의 이데올로기에서 받아들여질 수 없는 이탈을 의미하며 결국 사회주의 퇴행(degeneration)을 야기한다. 마오쩌둥은 대약진운동 이후 중국 혁명의 가장 큰 위험은 외부의 공격이 아니라고 결론지었다. 그 대신에 주된 위협은 내부적인 것이었다. 즉, 중국공산당 내 "수정주의자들"이 이끄는 "자본주의의 회복"이었다. 수정주의와 싸우기 위한 마오의 노력은 2년 후에 프롤레타리아 문화대혁명의 개시로 절정에 이르게 된다.[42] 마오는 1966년에 대부분 숙청된 당 고위 지도부와 그들이 국가를 통치하기 위해 만든 광범위하고 중앙집권적인 관료주의를 목표로 삼았는데, 마오는 아래로부터의 "대규모 반란(mass insurgency)"을 통해 이를 바로잡고자 했다.[43] 물론 당내에서 자신의 권력과 마오 자신이 정의한 중국 혁명의 유산을 모두 보존하려고 했기 때문에 그의 동기는 어느 하나라고 할 수 없었다. 그럼에도 불구하고 그는 이데올로기라는 렌즈를 통해 자신의 권력에 대한 위협을 이데올로기적 위협으로 보았다.

당내 수정주의에 대한 마오의 두려움은 대약진운동의 결과에서 시작되었다. 대약진운동의 시작으로 마오는 중국이 제1차 5개년 규획에서 사용했던 소련식 접근법을 피해서 잘 알려진 대중 동원 기법을 경제에 적용함으로써 급속한 성장을 이루려고 했다.[44] 실제로 대약진운동에서 추진된 정책들은 경제에 대한 중앙 관료주의의 통제를 약화시켰고, 야심 찬 생산 목표를 달성하는 책임을 맡게 된 현지 당 지도자들에게 힘을 실어주었다. 농민들은 농촌의 대규모 인민공사로 조직되어 당시 중공업 투자를 지원하는 데 사용될 수 있었던 잉여 곡식을 극적으로 증가시켰다. 앤드루 월더(Andrew Walder)가 적었듯이, 대약진운동은 "정치적 충성의 측면에서 경제정책을 제시하는 정치 운동으로 계급투쟁과 동일시되었다".[45]

그러나 대약진운동은 처참히 실패했다. 곡물 생산량은 1958년 2억 톤에서 1961년에는 1400만 톤으로 떨어졌다. 1966년에야 곡물 생산량이 다시 2억 톤을 넘어서게 된다.[46] 마찬가지로 1960년부터 1962년까지 산업 생산량은 50% 감소했고 1965년에야 1958년의 생산량을 겨우 넘어섰다.[47] 중국 전역에서 수천만 명의 사람이 기아로 사망했는데, 그 수가 3000만 명에서 4500만 명에 달했을 것으로 추산된다.[48]

1960년 말에 재앙이 닥치자 당은 위기를 막고 경제를 재건하기 위한 조치를 취하기 시작했다. 이런 조치들을 종합해 보면 관료주의 경제에 대한 지배력을 당으로부터 되찾으려고 했다. 실제로 감산은 '조정(調整, adjustment), 통합[鞏固, consolidation], 보충[充實, replenishment], 개선[提高, improvement]'이라는 슬로건(1961년 1월 승인됨) 아래 생산 목표의 하향 조정, 대규모 동원 중단, 인민공사 해체, 농민에 대한 물질적 인센티브의 확대와 산업보다 농업의 우선시 등을 포

함했다. 농촌 경제를 대약진운동 이전에 조직되었던 방식으로 되돌리는 것이 목표였다.[49]

대약진운동이 가져온 경제적·인간적 황폐화는 마오의 지도력에 의문을 제기했다. 1962년 초가 되자 당 최고 지도자들은 그러한 재앙에 대해 당의 정책과 그에 따른 마오에 대해 비난하기 시작했다. 회복 노력에 대한 지지를 촉구하고 '사상 통일'을 하기 위해, 1962년 1월 당 중앙은 당 중앙에서 현(縣)과 공장 수준에 이르기까지 7000명이 넘는 간부를 소집해 전례 없는 회의를 가졌다.[50] 당 최고 지도자들은 위기에서 보여준 당의 역할을 비판했다. 당시 당 부서기이자 마오의 후계자였던 류사오치는 기근은 "3할이 천재(天災)고 7할이 인재(人災)였다"라고 주장했다.[51] 마오는 그러한 발언을 직설적인 비판으로밖에 볼 수 없었다.[52] 1959년과 1960년에 마오는 대약진운동의 '성과'는 9할이고 '실패'는 1할에 불과하다고 반복해 말했다.[53] 류는 1949년 이후 열린 사상 최대 규모의 당 간부 회의에 앞서 마오를 비난하며 공개적으로 이러한 평가를 뒤집었다.

마오는 그 회의에서 모호하기는 하지만 드물게 자기비판을 했다. 그런데도 대재앙을 낳은 정책을 비판하고 자연재해를 탓할 뿐 아니라 당까지 비난하는 것은 마오에게 류사오치와 덩샤오핑(중앙위원회 서기처 총서기) 등 일상적인 정책 수립을 담당하는 지도자들의 충성심과 마오의 혁명을 이어가려는 그들의 의지에 대해 의문을 불러일으켰다. 1958년 말 마오는 스스로 '제2선'으로 물러나기로 결정하면서 일상 당무에 대한 책임을 류와 덩에게 위임하기 시작했고, 더 이상 정치국 회의에 정기적으로 참석하지 않았다. 마오는 그 결정을 후회하기 시작했다.

1962년 초 류와 덩은 중앙 통제를 재정립해 경제를 살리기 위한 노력을 배가시켰다. 농촌 경제와 산업 경제의 균형을 복구하기 위해 경제 회복 조치를 실시했는데, 주로 농업에 대한 지원을 늘리기 위해 산업에 대한 투자를 줄이는 것이었다. 이들 조치는 생산 증가에 필요한 물질적 인센티브를 만들어냈다. 여기에는 도시 인구를 줄이고, 자본 프로젝트에 대한 투자를 줄이며, 가정연산승

포책임제(家庭聯産承包責任制, Household Responsibility System) 등 가정 농업 방식에 대한 실험을 지속하는 것 등이 포함되었다. 류와 덩은 1958년 반우파 투쟁에서 탄압받은 일부 간부의 사례도 재검토하기 시작했는데, 7000명이 참가한 간부 회의에서 이 주제가 제기되었을 때 마오는 반대 의사를 밝혔다.[54] 류와 덩의 접근 방식은 분권과 지방에 대한 권한 부여를 강조한 마오의 생각에 역행해 경제정책에 대한 보다 중앙집권적이고 관료적이며 기술관료제적인 접근 방식으로의 회귀를 보여주었다. 그러한 접근 방식은 대약진운동을 시작할 때 마오가 거부했던 것들이었다.

1962년 여름 마오는 경각심을 갖게 되었다. 그는 생산 할당량을 정해 잉여 생산량은 농민들이 가져갈 수 있도록 하는 가사 농업 제도에 특히 우려를 보였다. 동시에 경제 회복에 도움이 될 수 있는 전문 지식을 활용하기 위해 당은 지식인에 대한 규제를 완화하기 시작했다.[55] 7월 류사오치와 긴장된 교류를 하던 중에 마오는 "내가 죽고 나면 어떻게 되겠느냐"라고 물으면서 류가 혁명을 포기했다고 비난했다.[56] 1962년 8월 베이다이허(北戴河)에서 열린 연례 지도부 회의에서 마오는 더 많은 청중 앞에서 그의 의구심을 드러냈다. 상황 평가에서 그가 보기에 지나쳤던 비관론을 비판했고, 가계 농업이 계층 양극화를 심화시킬 수 있다는 위험성에 주목했다. 그는 또한 농업의 집단화를 계속해야 할 필요성을 강조했으며, 우파로 간주되는 사람들, 특히 펑더화이에 대한 결정을 뒤집어서는 안 된다고 역설했다.[57]

수정주의와 계속되는 계급투쟁의 중요성에 대한 마오의 우려는 1962년 9월 10중전회에서 두드러지게 나타났다. 그는 "사회주의 길을 떠나 자본주의 길을 따라가려는" 사람들이 있기 때문에 "계급투쟁은 피할 수 없다"라고 지적하며 편집된 중전회의 공식성명에서 본보기를 제시했다. 더구나 "이 계급투쟁은 당에 반영될 수밖에 없을 것이다". 따라서 공식성명은 "국내외의 계급 적들(階級敵人, class enemies)과 투쟁하면서도 당내 모든 형태의 기회주의적인 이데올로기 경향을 경계하고 단호히 반대해야 한다"라고 경고했다.[58] 당의 역사가들이 나중에 말했듯이, 회의에서 마오는 국내외에서 "수정주의를 반대하고 수정주의를 방지하는(反修防修, opposing revisionism and preventing revisionism)" 그의 "기본 전략"의 대강을 제시했다.[59] "자본주의의 부활"을 막기 위한 계급투쟁을 계속해야 한다는 절박함은 4년 뒤 문화대혁명을 개시하는 마오의 결정을 재촉하게 된다.[60]

계급투쟁의 문제를 제기했음에도 불구하고 경제는 여전히 취약해서 중전회는 회복 조치를 계속하기로 합의했다. 마오가 계급투쟁을 강조했지만 경제를 희생시키면서까지 그것을 추진할 수는 없었다. 1963년 4월 정치국 상무위원회 확대회의에서 "수정주의를 반대하는 것"은 전 세계 공산주의 운동의 방향을 둘러싼 소련과의 긴장 고조에 초점을 두기로 했다. 당은 1963년 9월부터 1964년 7월 사이에 아홉 건의 공개서한이나 논쟁을 발표하며 대내외 정책에서 소련의 수정주의를 비난하고 소련의 지도력에 대한 권위를 깎아내렸다. 그러나 소련에 대한 많은 비판은 중국공산당의 궤도에 대한 마오의 우려를 반영했다. 정치국 상무위원회도 국내에서의 '수정주의 방지'는 사회주의 교육운동(Socialist Education Movement)에서 출발한다고 결정했다.[61] 이 운동은 농촌의 '4청(四淸, four cleans)'과 도시의 '5반(五反, five antis)'으로 시작되었으며 문화대혁명이 시작될 때까지 계속되었다.[62]

1964년이 되자 마오를 몰아붙여 당 지도부를 공격하고 문화대혁명을 일으키게 하는 흐름이 나타났다. 당의 최고 지도부는 이데올로기보다는 실용주의를 선호했다. 중앙 관료 체제는 대약진운동 기간 잃었던 대부분의 기업과 물품의 분배에 대한 권한을 되찾았다.[63] 국무원은 대약진운동 시작 전인 1956년의 규모로 되돌아갔다.[64] 사회주의 교육운동조차 당 조직 강화와 부패 척결을 강조했으며 수정주의를 뿌리 뽑거나 계급투쟁을 벌이지 않았다.[65] 월더가 기술한 대로 1964년 7월 소련에 대해 "문화대혁명을 위한 이데올로기적 정당성이 무엇인지를 표현"한 아홉 번째 논쟁이 발표되었다.[66] 이 문건은 "진정한 프롤레타리아 혁명가들"이 중국의 당과 국가에 대한 통제권을 유지할 것인지를 묻기 전에 "수정주의자 흐루쇼프(Khrushchyov) 일파"의 대내외 정책을 비난했다. 서한에서 결론을 내렸듯이 혁명적 후계자의 선정은 "우리 당과 조국의 생사가 걸린 문제"였다.[67]

2) 경제계획에 대한 마오쩌둥의 공격

1964년 3월 중순 마오쩌둥은 이제 중국 내부의 수정주의에 초점을 맞추기로 결심했다. 그의 결정은 곧 있을 중앙공작회의를 논의하기 위한 정치국 상무위원회 회의에서 발표되었다. 그는 동료들에게 "지난 1년간 나는 주로 흐루쇼프와의 투쟁에 노력을 기울였다. 수정주의에 반대하며 수정주의를 내부적으로 방지하는 것과 연계(聯系)해 이제 나는 국내 문제로 돌아가야 한다"라고 전했다.[68] 국내 수정주의에 집중하기로 한 마오의 결정은 1958년 말 후퇴했던 경제정책을 둘러싼 충돌의 계기를 마련했다.

중앙공작회의의 주요 주제 중 하나는 제3차 5개년 규획의 틀을 만드는 것이었다. 국가계획위원회(國家計劃委員會, State Planning Commission)는 1962년 말부터 이 계획에 착수하기 시작했으며 경제 회복을 강조했다. 리푸춘(李富春) 국가계획위원회 주임은 이 계획이 농업 생산과 "식품, 의류, 생활필수품(吃, 穿, 用)" 생산에 중점을 두어야 한다고 제안했다.[69] 즉, 기간산업과 국방은 후순위가 된다. 1963년 여름 경제 회복에 시간을 더 주기 위해 제3차 5개년 규획의 시작을 연기하자는 리푸춘의 제안에 마오도 동의했다. 1963년부터 1965년까지는 다시 농업에 중점을 둔 제2차 5개년 규획과 제3차 5개년 규획 사이의 "이행 단계(transitional stage)"가 되었다.[70] 국가계획위원회 부주임이었던 보이보(薄一波)는 이 과도기에 "농업이 1순위, 기간산업이 2순위, 국방이 3순위였다"라고 회고했다.[71]

1964년 초에 제3차 5개년 규획에 대한 리푸춘의 접근 방식은 이러한 목표에 집중되어 있었다. 1964년 4월에 회람된 초안에는 달성해야 할 세 가지 주요 과제가 포함되어 있었다. 첫 번째 과제는 "농업을 크게 발전시켜 기본적으로 인민의 식량, 의류, 생활필수품 문제를 해결한다"라는 것이었다. 두 번째와 세 번째 과제는 "적절히 국방을 발전시키고, 정교한 기술의 돌파구를 마련하기 위해서 노력한다"라는 것과 "기간산업을 강화한다"라는 것이었다.[72] 즉, 국방과 기간산업의 발전은 우선순위가 낮아져, 농업에 기반한 경제 회복에 해가 되지 않는 경우에만 추진하게 되었다.[73] 보이보에 따르면 농업이 "계획"의 "토대"가 되었다.[74]

그러나 중앙공작회의 전날에 마오는 이전에 승인했던 경제정책에 대한 접근 방식을 공격했다. 농업에 대한 강조를 지지하는 대신 마오는 중국 내륙[75]의 산업화나 '3선 건설'을 요구했다.* 5월 초 리푸춘이 마오에게 브리핑했을 때, 마오는 국방과 중공업이 더 큰 관심을 받아야 한다고 반응하며 계획 초안에 담긴 우선순위를 거부했다. 그는 쓰촨성 판즈화(攀枝花)와 간쑤성 주취안(酒泉)의 제철소가 건설되지 않으면 "안심할 수 없다"라며 "전쟁이 일어나면 무엇을 해야 하는지"를 묻고는 중국은 이런 산업 공장이 부족하다고 했다.[76] 이 프로젝트들은 1958년에 시작되었고 나중에 경제 위기로 연기되었다.[77] 마오는 또 "방위산업"은 농업뿐 아니라 경제에도 "주먹"이 되어야 한다고 언급했는데, 이는 마오가 방위산업이 경제에서도 똑같이 중요한 역할을 해야 한다고 생각했음을 보여준다.[78] 리푸춘의 전기 작가들이 말하듯이, 마오는 이제 "제3차 5개년 규획의 출발점은 보다 더 전쟁 준비에 관한 것"이라고 보았다.[79]

중앙공작회의가 시작되자 마오는 당 최고 지도부를 앞에 두고 제3차 5개년 규획의 기본 틀을 공격했다. 5월 27일 정치국 상무위원회 회의에서 그는 규획

---

* 영어로는 'the third line'이나 'third front'로 번역되는 3선은 중국 내륙의 두 부분을 말하는데, 남서(후난성과 후베이성의 서쪽을 따라 위치한 윈난성, 구이저우성, 쓰촨성)와 북서(허난성과 산시성의 서쪽을 따라 위치한 싼시(섬서)성, 간쑤성, 칭하이(青海)성)를 가리킨다. '1선'은 연안의 성들을, '2선'은 중부 지역을 말한다.

이 중국의 "엉덩이"와 "후방" 또는 "3선"의 개발에 충분한 관심을 기울이지 않았다고 주장했다. 마오는 "핵시대에 후방 지역이 없다는 것은 용납할 수 없다"라고 했다.[80] 그는 앞으로 6년간 야금, 국방, 석유, 철도, 석탄, 기계 등의 산업 시설을 갖춘 "서남부에 기반을 마련해야 한다"라고 주장했다.[81] 3선을 개발하는 주요 이유는 "적의 침략에 대비(防備敵人的入侵)"하기 위해서였다.[82]

마오의 개입은 놀라운 일이었고 리푸춘과 최고 지도자들도 틀림없이 놀랐을 것이다. 마오가 이 회의 전에 3선을 언급한 사례는 이용 가능한 소스에는 찾아볼 수가 없다.[83] 그의 개입에 따른 즉각적인 효과는 회의의 중점을 바꾼 것이었다. 다음 날인 5월 28일 류사오치는 3선을 건설하라는 마오의 지시를 공작회의의 영도소조에 전달했으며, 그렇게 함으로써 회의가 시작되자 참가자들 중 누구도 예상하지 못했던 방식으로 회의 방향이 바뀌었다.[84] 마오는 대약진운동 이후 경제정책을 피했지만 다시 관여하기로 결심했다. 그의 개입은 무시될 수 없었다.

6월 8일 마오는 처음으로 중앙공작회의에 참가해 정치국 상무위원회 확대회의를 주재했다. 이 회기의 여러 발언에서 그는 수정주의에 대해 자신이 가진 우려를 제3차 5개년 규획에 대한 비판과 3선을 발전시킬 필요성에 연관 지었다.[85] 그는 "기본적으로 소련에서 배웠다"라든가 단순히 "계산기를 사용한다"라면서 중국의 계획 방법을 비판했다.[86] 따라서 마오는 중국의 계획이 수정주의고 그것을 실행하는 사람들은 수정주의자라고 암시했다. 그는 이 방법은 자연재해나 전쟁과 같이 예기치 못하게 발생할 수 있는 사건들을 설명할 수 없기 때문에 "현실에 맞지 않는다"라고 비난했다. 마오는 불만을 드러내며 "[우리는] 계획 방법을 바꾸어야 한다"라고 역설했다. 일단 소련식 접근법을 채택하고 나면 바꾸기 어렵기 때문에 그는 그러한 과제를 "혁명"이라고 표현했으며, 제3차 5개년 규획의 골격을 이루는 내용뿐만 아니라 규획이 개발되어 온 과정과 그에 따라 그것을 수립하고 승인한 당 최고 지도자들도 비판했다.[87]

다음으로 마오는 전쟁 준비에 대한 필요성에 계획이 어떻게 확고하게 맞추어져야 하는지를 강조했다. 이러한 주장은 중앙집권적 계획의 결함과 지역 간부들의 안일함 등 그가 당내에서 수정주의로 본 것을 공격하기 위한 수단이었다.[88] 마오는 동료들에게 "제국주의가 존재하는 한 전쟁의 위험은 있다"라고 상기시켰다.[89] 그는 연안에 있는 모든 성에는 병기창이 있어야 한다고 말했다. 이들 성은 전쟁이 시작되면 2선과 3선에서의 공급을 기다릴 수 없기 때문이다. 마오는 또 각 성마다 자체적인 1, 2, 3선이 있어야 한다며 "각 성마다 소총, 기관단총, 경기관총, 중기관총, 박격포, 탄환, 폭발물 등을 생산할 수 있는 군수산업이 있어야 한다. 이것들만 있으면 우리도 안심할 수 있다"라고 촉구했다.[90]

동시에 마오는 지역 간부들이 최악의 상황에 대비하는 데 관심이 없으며 안일하다고 보았다. 그는 "지금의 지방 단위들은 군무에 관여하지 않는다"라고 불만을 표한 뒤 1, 2선 성들에서 현지군(地方部隊)을 발전시킬 것을 요구했다.[91] 그렇지 않으면 "무슨 일이 일어나자마자 준비가 안 될 것"이라고 했다. 마오는 남베트남에서 게릴라전을 벌이고 있던 베트콩보다 현지 간부들이 준비가 덜 되어 있다고 말하며 청중을 더욱 꾸짖었다. 그는 "전쟁이 일어나면 어떻게 되는가? 적이 우리 국토를 침범[打進]할 때는? 남베트남 같지는 않을 것이라고 나는 단언한다"라고 밝혔다. 마오에게는 "모든 지역의 당위원회가 민사에만 신경을 쓰고 군무에는 신경을 쓰지 않으며, 돈에만 신경을 쓰고 무기에는 신경을 쓰지 않는다"라는 것이 문제의 핵심이었다.[92] 유적심입을 강조할 것을 미리 보여주기라도 하듯이 마오는 "싸움이 시작되자마자 [적을] 산산조각 낼 준비를 하고, 도시를 버릴 준비를 하라. 성마다 해결책을 갖추어야 한다"라고 지적했다.[93]

당내의 수정주의에 대한 마오의 우려는 그가 계획과 지역 간부들을 비판하는 동기가 되었다. 류사오치가 중국에서 일어나고 있는 수정주의를 주제로 거론하자 마오는 "이미 나타났다"라고 했다.[94] 더 불길하게 다시 현지 간부들에게 암시를 주면서, 마오는 "국가가 가진 힘 중 3분의 1은 우리 손에 있지 않고, 적들의 손에 있다"라고 경고했다.[95] 그리고 나서는 다음과 같이 말했는데 보이보는 이를 엄숙한 호소였다고 회상했다. "[이 메시지를] 현(縣) 단위까지 전부 전달하라. 만약 흐루쇼프 같은 인물이 나타난다면? 수정주의가 중국의 중앙을 차지한다면? 현의 당위원회는 수정주의 중앙에 저항해야 한다."[96] 마오는 현지 단위들이 침략에 대처하기 위한 준비를 해야 할 뿐만 아니라 수정주의적인 중앙 지도부에도 대처해야 한다는 뜻을 내비쳤다.

덩샤오핑은 이후 1964년 경제정책을 뒤집은 마오의 결정이 문화대혁명의 시작을 알리는 것이었다고 결론지었다. 덩은 마오가 대약진운동의 '패배' 이후 "경제에 대해 거의 물어보지 않았다"라며 마오는 계급투쟁에 주력했다고 회상했다. 그러나 1964년 마오는 "왜 중국이 3선을 개발하지 않고 있느냐"라고 물으면서 리푸춘, 리셴녠(李先念), 보이보를 "꾸짖었다". 덩은 "그에 따라 중국은 크고 작은 3선을 개발하는 데 열을 올리게 되었다. 그때 문화대혁명이 그 기원을 찾았다고 나는 생각한다"라고 말했다.[97]

4. 1964년 전략방침의 채택

중앙공작회의가 끝날 무렵 마오쩌둥은 베이징 외곽의 명십삼릉에서 정치국 상무위원들과 지역국 당 제1비서들을 만났다. 류뤼칭이 회상한 바와 같이 마오는 발언에서 '북정남방'의 기존 전략방침을 "부정했다".[98] 그 대신 어떤 방향에서든 공격에 대비하고, 유적심입에 유리한 전방방어를 포기하는 데 기초한 전략을 요구했다. 그러한 군사전략은 지역 당위원회 군무의 중요성을 증가시킴으로써 마오의 경제계획 분권화와 당 관료주의 내부의 수정주의 퇴치 계획을 보완했다.

1) 기존 군사전략에 대한 마오쩌둥의 반대

마오쩌둥 연설의 몇 가지 특징은 그의 국내 정치적 동기를 강조한다. 우선 기존 군사전략에 대한 그의 우려는 중앙군사위 회의 등 중국 군 원로들의 회의나 린뱌오와 뤄루이칭 등 고위 장성들의 비공식 모임에서도 제기되지 않았다. PLA를 책임지고 있는 고위 당원인 린뱌오는 몇 주가 지나서야 마오의 연설 내용을 간단히 보고받았을 뿐이다.[99] 그 대신 마오는 고위급 군사문제에 전혀 또는 거의 직접 관여하지 않는 중앙과 지역의 당 지도부 앞에서 중국의 기존 군사전략에 도전하는 쪽을 택했다. 회의 장소에 관한 선택만 보더라도 그의 전략에 관한 논평이 중국의 안보가 아니라 자신의 정치적 의제를 강화하기 위한 것임을 알 수 있다. 게다가 마오의 발언은 군사전략에 배타적으로나 우선적으로 초점을 맞추지 않았다. 그 대신 연설의 두 가지 화두는 지역 당위원회들이 군사문제를 '파악'해야 할 필요성과 당내의 리더십 승계에 대한 문제였다. 이것들은 수정주의에 관한 그의 우려 앞에 놓인 두 가지 분야였다.

마오 연설의 첫 부분은 지역 당위원회가 군사문제에 대한 그들의 업무를 중시할 필요성을 재차 강조했다. 이를 위해 마오는 1960년 방침의 1차 전략방향에 의문을 제기했다. 앞에서 지적한 바와 같이 그는 지방 관리들이 방만하고 안일하다고 믿었다. 지역 당 지도자들이 해결해야 할 일반적인 문제를 파악하는 것은 이러한 안일한 태도에 대항하게 한다. 이 경우에 만약 중국이 공격을 받는다면, 그들로서는 그들 지역에서 독립적인 군사작전을 수행할 준비가 부족하다는 지적이었다. 만약 중국이 1차적인 전략적 방향을 갖지 못하고 어디서든 공격이 일어날 수 있다면, 군사문제와 전쟁 준비는 미국의 공격 가능성이 높은 북방 지역에 있는 지도자들만이 아니라 모든 현지 지도자들의 책임이 된다. 독립적 작전에 대한 강조는 다시 수정주의에 대한 마오의 우려를 반영해 내전의 혁명 정신을 떠올리게 했다.

마오는 "지역 당위원회들이 군사문제에 대해 일할 필요가 있다"라고 말하며 연설을 시작했다. 마오는 "운동을 보는 것만으로는 부족하다"라고 보았다. 그는 이어 모든 지역[大區]과 성은 "인민 민병대 근무와 기계·군수 공장 보수 등을 포함하는 계획을 세울 필요가 있다"라고 했다. 그는 "성 내의 부대와 민병대에 관심을 가질" 필요가 있다면서 성 당위원회 위원들의 책임을 묻고, 또한 정치위원(political commissar)이던 성의 당 제1비서들도 책임을 회피하는 "위선자(phony commissar)"들이라고 비난했다.

그러고 나서 마오는 "오랫동안 고민했다"라는 전략방침으로 화두를 돌렸다. 그는 먼저 북동부, 특히 산동반도에서 발생하는 공격을 전제로 했던 1960년 전략의 1차 전략방향에 대해 의문을 제기했다. 마오는 "과거에 우리는 북정남방을 논의했다. 내 견해로는 반드시 그렇지는 않다"라고 말문을 열었다.[100] 그다음 마오는 적군이 "반드시 북동쪽에서 와야 하는가"라고 물었다. 광시성을 통한 남서쪽에서의 공격 가능성을 일축한 뒤, 그는 대안적인 공격 방향을 제시했다. 〈지도 4-1〉에서 보듯이 톈진과 베이징을 점령하기 위해 보하이만에 있는 탕구에 상륙하거나, 톈진이나 쉬저우를 점령하기 위해 칭다오(青島)에 상륙하거나, 쉬저우·카이펑(開封)·정저우(鄭州)로 진격하기 위해 롄윈강에 상륙하거나, 난징과 우한을 차지하기 위해 상하이에 상륙하는 것 등을 포함한다. "이들 어느 곳에서나 적이 쳐들어올 가능성이 있다"라는 점에서 단일한 전략방향에 치중하는 것은 위험하다는 데 더 큰 방점이 있었다.

그 후 마오는 1960년 전략의 두 번째 요소인 고정된 위치를 사수함으로써 침략에 "저항한다(頂)"라는 기본적인 지도사상에 의문을 제기했다. 마오는 혁명 시기를 원용하며 "우리는 여전히 예전 전투 방식을 사용할 수 있다"라고 했다. 이 방식은 기동전의 핵심인 전투와 이동을 결합한 것을 말한다. 그는 혁명의 군사전략을 주제로 한 1936년 강연을 언급하며 "싸워서 이길 수 있다면 싸우고, 싸워서 이길 수 없을 때는 움직여라"라고 말했다. 보다 일반적으로 그는 "전적으로 적에게 저항할 수 있는 능력을 바탕으로 한 행동을 고려하는 것"은 용납될 수 없다고 주장했다. 따라서 "반드시 적에게 저항할 수 없는 상황을 고려해야 한다. 적에게 저항할 수 없으면 가는 것이 좋다!"라고 마오는 주장했다. 청중 누구나 마오가 유적심입과 기동전에 대한 자신의 선호를 내비쳤음을 이해하게 되었다.

마오쩌둥은 이러한 기존 전략에 대한 비판들을 사용해 각 성(省), 지(地), 현

지도 4-1 **마오쩌둥이 본 침공 가능 경로(1964년 6월)**

내몽골
선양
랴오닝성
북한
동해
베이징
친황다오
텐진
탕구
평양
허베이성
서울
타이위안
스자좡
한국
산시성
지난
서해
칭다오
옌안
황허강
산둥성
카이펑
롄윈강
정저우
시안
쉬저우
장쑤성
싼시성
허난성
안후이성
허페이
난징
상하이
후베이성
저우산섬
양쯔강
우한
항저우
닝보
샹산만
저장성
동중국해
난창
창사
장시성
후난성
푸젠성
푸저우
타이베이
광시장족
자치구
대만
광둥성
태평양
광저우
홍콩
남중국해
하이난성
미군의 상륙 가능 경로
예상 침공 경로
0
300 마일

(縣)급이 대규모 전쟁에서 독자적인 작전을 수행할 수 있는 자체 민병대와 지방군을 개발해야 한다고 주장했다. 전쟁이 발발하면 "중앙정부에 기대지 말고, 수백만 명의 인민해방군에게만 의존하지 말라. 이 정도 크기의 나라에서, 그리고 전선이 이렇게 긴 나라에서 인민해방군에만 의존하는 것은 충분하지 않다"라고 지시했다. 다시 한번 자력갱생의 필요성을 강조함으로써 지방 관리들은 그들 자신의 지역을 방어할 책임을 지게 되었다. 마오는 "준비가 있어야 한다. 여기 있는 당신들은 총이 아니라 돈만 요구한다"라며 그들을 한 번 더 꾸짖었다. 그는 또한 성들이 군수공장을 건설할 것도 요구했다. 마오는 "싸움이 시작되고 당신이 고립되면 그렇게 하기에 너무 늦다"라고 생각했다.

마오 연설의 두 번째 부분은 7월에 발표될 예정이었던 소련에 대한 아홉 번째 공개서한을 예고한 것으로 후계자 선정의 필요성에 초점을 두었다. 마오는 당의 '수정주의 방지'와 '후계자 선정' 문제를 연계시켰다. 그는 중앙, 성급, 지급, 현급 등 모든 급의 후계자를 선발할 필요가 있다고 주장했으며, 이 임무를 당 비서들에게도 맡겼다. 그 후 그는 마르크스·레닌주의를 실천하고, 소수가 아닌 다수의 인민을 섬기는 데 주력하며, 대다수의 인민과 단결하고, 민주적인 업무 방식을 채택하고, 실수를 저지르면 자아비판을 하는 등 차세대 지도자들의 수정주의를 방지하는 몇 가지 방법을 개략적으로 설명했다.[101]

이후 마오는 6월 16일 연설에서 언급했던 주제를 계속 강조했다. 7월 2일 향후 몇 년간 여전히 미국에 주로 초점을 맞추기는 했지만, 그는 우려의 범위를 넓혀 소련을 포함시켰다. 마오는 "북부가 아닌 동부에만 관심을 가져서는 안 되고 수정주의가 아닌 제국주의에만 관심을 가져서도 안 된다"라고 지적했다. 그리고 나서 그는 모든 성이 자체적인 군수공장을 건설해야 할 필요성을 다시금 강조했다. 나아가 전쟁과 같은 "문제가 생기면 성이 스스로 책임지고", "중앙이 처리할 수 없기" 때문에 "중앙과 중앙군사위에 의존해서는 안 된다". 마지막으로 마오는 또한 군사 준비를 이용하는 그의 동기 중 적어도 일부는 수정주의에 대항하기 위한 것임을 강조했다. "모든 것이 준비가 잘되면 적은 오지 않을 수 있지만, 준비가 잘되지 않으면 적이 올 수 있다."[102]

7월 15일 마오는 '작전에 대한 기본지도사상'으로 유적심입을 다시 암시했다. 그가 저우언라이에게 말했듯이 "만약 '내'가 '너'를 물리칠 수 있다면, 나는 너를 물리칠 것이라는 것이 우리의 전투 방식(打法)이다. 내가 너를 이길 수 없을 때는, 네가 나를 이길 수 있도록 허락하지 않을 것이다. 기회가 무르익지 않으면 아군의 주력부대는 너희와 필사적으로 싸우지 않고 거리를 유지할 것이다. 우리가 너희를 전멸시킬 수 있는 그때가 되면 우리는 너희를 전멸시킬 것이다. 조금씩, 넌 패배할 것이다".[103] 마오는 또 "베이징을 잃는다고 해도 중요하지 않다"라며 당 지도자들은 "베이징과 타이위안 사이 산속의 동굴에 가서 그곳에서 적과 싸울 것"이라고 했다.[104] 그는 지방군의 발전과 독립적인 작전을 수행할 수 있는 능력의 중요성에 대해 다시 한번 강조하며, 이러한 작전을 수행하기 위한 민병대를 발전시키고 훈련시키기 위해 11개 또는 12개 사단을 해안과 국경에 있는 성들로 파견할 것을 주장했다.[105] 마오에게는 다가오는 전쟁에서 "이들 사단이 저항의 근간을 형성할 것"이었다.[106]

2) 3선을 이용해 중앙의 계획을 공격

마오쩌둥은 기존의 군사전략을 거부하며 중앙의 계획 기구에 대한 공격을 이어갔다. 1964년 5월 마오의 초기 개입 이후 리푸춘은 마오의 3선 지시 사항을 어떻게 제정할지를 연구하기 시작했다. 6월 중순 국가계획위원회 소속 팀들이 3선의 일부가 될 여러 지역을 방문했다. 그럼에도 불구하고 마오의 야심찬 계획을 실행에 옮기는 것은 어려운 일이었다. 예컨대 계획 과정에서 판즈화 제철소를 어디에 배치할지를 놓고 논쟁이 일어났다. 서남국(西南局)과 쓰촨성 당위원회 소속 지방 관리들은 제안된 장소가 너무 멀고 조건이 열악하다고 생각해, 마오의 바람을 입안하려는 국가계획위원회 관리들과 충돌했다.[107]

8월 중순에 이르러 마오는 3선 개발 계획의 속도에 "크게 불만족"하게 되었다. 그는 리푸춘에게 "3선 건설이 왜 이렇게 느린가?"라고 물었다.[108] 리는 경제기획자 중 한 명이 답변하면 좋겠다고 하며, 판즈화를 둘러싼 여건이 복잡하고 자금이 부족하며 투자 계획 수립에 추가적인 회의와 분석이 필요할 것이라고 말했다. 리의 대답은 타당했지만 마오는 국가계획위원회를 비난했다. 그리고 나서 그는 계획 방법이 "부적절"하며 작업도 "효과적이지 않다"라고 비난했다.[109] 마오의 비판은 그것이 실행되도록 고안된 소련식 계획 과정에 대한 불만과 보다 일반적으로는 당 관료주의에 대한 불만을 반영했다.

8월 초 베이다이허 지도부 연례 모임에서는 국가계획위원회에 대한 비판이 고조되었다. 천보다(陳伯達) 중앙선전부 부부장은 "꾸물거리고 방만한 업무 방식"이라고 공격했다.[110] 천은 위원회의 소련식 "관리 체계가 수정주의를 성장시키는 데 일조했다"라고 주장하며 마오에게 호응했다.[111] 마오는 천의 견해를 모든 지역 당위원회에 배포하고 10월에 열릴 중앙공작회의 의제로 올리라고 지시했다. 마오는 그의 의도에 대해 의심의 여지가 없도록 위원회에 대한 자신의 비판도 포함시켰다. 그는 "앞으로 2년 안에 작업 계획을 세우는 방법이 바뀌어야 한다. 바뀌지 않으면 계획위원회를 없애고 다른 기구로 대체하는 것이 낫다"라고 선언했다.[112] 월말에는 국가계획위원회가 "업무 보고"를 하지 않고 자신과 류사오치를 "봉쇄"하고 있다고 비판하기도 했다.[113] 국가계획위원회 지도부의 다수가 중앙위원회 서기처도 맡고 있음을 감안할 때, 마오의 주장은 솔직하지 못했으나 분명히 당의 최전방 지도부에 대한 불만을 반영한 것이었다.

8월 중순에는 3선을 개발하려는 노력의 속도가 빨라졌다. 1964년 4월에 작성된 총참모부 보고서에 대해 마오는 전쟁 시 공격에 취약한 해안 지방의 인구, 인프라, 산업의 집중 심화를 정리한 논평을 했다.* 마오의 이 같은 논평으로

---

* 많은 학자가 이 보고서가 1964년 5월 3선 개발에 대한 마오의 열망에 대한 토대를 이룬다고 보고 있다. 그러나 마오는 이 보고서를 8월에야 읽었다. 더군다나 이 보고서는 연안 지역 중국 경제의 취약성을 파악하고 3선 개념을 언급하지 않았다.

리푸춘이 이끄는 영도소조가 조직되어 3선 개발 계획의 입안을 총괄하게 되었다. 보다 광범위하게 마오는 또한 경제적 의사결정에서 분권화를 추진하기 시작했다. 배리 너턴(Barry Naughton)은 이 시기 중국 경제에 대한 연구에서 경제적 분권화와 3선 개발은 "상호보완적"이었다고 결론짓고 있다.[114] 1964년 9월 지방정부에게 소규모 공장의 생산량을 통제하고 임시직 노동자를 고용할 수 있는 권한을 주어, 지방정부가 "진정한 자율적인 산업 체계"를 운영할 수 있도록 했다.[115] 국가계획위원회의 역할은 각 성과 여러 성에 걸친 경제 권역에 대한 권한 부여를 위한 것으로 한정되었다. 이들은 자기 지역 내에서 경제 발전에 더욱 자립적이고 책임을 지도록 권장되었다. 따라서 모호한 위협을 구실로 한 3선 개발은 마오가 수정주의와 결부시킨 관료주의의 핵심 축을 약화시키는 데 도움이 되었다.

12월 마오는 리푸춘 주임을 일상 업무에서 배제하면서 국가계획위원회에 대한 공격을 끝냈다. 마오는 위치우리(余秋里)를 다칭(大慶) 유전에서 데려와 국가계획위원회 부주임 겸 당서기를 맡게 했다. 위는 내전 당시 제1야전군에서 정치위원을 지냈으며, 1958년 헤이룽장(黑龍江)성 다칭 유전의 개발을 담당하는 석유공업부 부장이 되었다. 위는 국가계획위원회 내에 '소계위(小計委)'로 알려진 그룹을 만들어 마오에게 직접 보고하며 기존의 당 채널을 와해시켰다. 이 그룹은 전쟁 준비에 박차를 가할 3선 개발과 경제에 핵심이 될 제3차 5개년 규획의 초안 작성을 감독했다.[116] 마오가 통제권을 되찾게 된 것이다.

3) 외부 위협?

3선을 개발하고 1964년 중국의 군사전략을 바꾸려는 마오쩌둥의 욕구에 대한 기존의 설명은 외부 위협, 특히 베트남에서 미국의 전쟁 확대 고조 등을 강조한다. 그럼에도 불구하고 외부 안보 우려는 마오의 계산에서 일부를 차지했을지 모르지만, 몇 가지 이유에서 경제정책과 군사전략에 관한 마오의 결정을 설명하기에는 부족하다.

첫째, 1962년 중국이 높아진 안보 불안을 경험했음에도 불구하고 중국의 외부 환경은 1963년까지 안정되었다. 1962년에 패전한 뒤로 인도는 중국의 국경 통제에 도전하는 것을 자제했다. 1962년 6월 본토 공략을 중단한 이후 국민당은 소규모 해안 급습에 주력했는데, 대부분의 경우에 쉽게 격파당했다.[117] 남쪽으로는 미국이 1962년 이후 남베트남을 방어하겠다는 의지를 높였으며, 점점 더 많은 수의 고문단을 파견했다. 그러나 1964년 봄에는 미국이 북베트남에 대한 공격이나 남베트남에 전투부대의 배치를 포함해 전쟁 확대를 계획하고 있다는 징후는 없었다.[118] 마침내 소련과의 국경을 지킬 만한 능력이 중국에게 없음을 보여준 1962년 신장에서의 이타사건 이후에 중국은 북서 지방의 취약한 국경 방어를 바로잡기 시작했다.[119] 그럼에도 불구하고 1964년 초에도 소련은 여전히 중국의 북쪽 국경을 따라 병력을 증가시키지 않았다. 1965년 말에야 병력 증강은 시작되었다.[120] 더구나 1964년 상반기 내내 중국과 소련은 분쟁 중인 국경에 대한 실질적인 협상을 벌여 동부 지역의 경계를 어떻게 구분할지에 대한 합의에 이르렀다.[121] 소련과 중국의 관계는 열악했지만 무력 충돌이 임박한 정도는 결코 아니었다. 중국의 군사 기획자들은 국경 안보를 향상시키는 방법을 연구했지만, 대규모 공격에 대한 방어를 준비하기보다는 주로 1950년대의 방어 부족을 바로잡기 위해서였다.[122] 마침내 마오가 3선을 추진했을 때 중국은 (1964년) 10월에 첫 원자폭탄을 실험하려고 하고 있었다. 이러한 상황이 커져가는 외부 위협에 대한 우려를 누그러뜨렸을 것이다.

둘째, 마오의 3선 추진과 기존 군사전략의 거부는 1964년 8월 초 통킹만사건(Gulf of Tonkin Incident) 3개월 전에 일어났다. 따라서 미국의 베트남 전쟁 확대 조치는 마오의 경제정책이나 군사전략에 대한 접근 방식의 변화를 설명할 수 없다.[123] 6월에 기존 전략을 거부하기 일주일 전 마오는 "우리는 미국 참모총장이 아니다. 우리는 미국이 언제 싸울지 알지 못한다"라면서 미국의 공격이 임박했다고 보지 않았다.[124] 8월 초의 통킹만사건조차도 미국과의 충돌 가능성에 대한 마오의 평가를 바꾸지 못했다. 예컨대 마오는 8월 13일 베트남 지도자 레주언(Le Duan)을 만난 자리에서 통킹만사건 이후 미국의 북베트남 폭격에 대해 언급하며 "미국은 지상군을 파견하지 않았다"라고 했다. 그는 "보기에 미국은 싸우고 싶어 하지 않고, 당신은 싸우고 싶어 하지 않으며, 우리는 싸우고 싶지 않다"라고 결론지었다.[125]

셋째, 마오는 미국과 중국이 충돌할 가능성이 가장 높은 방법을 거부하는 것처럼 보였다. 그는 6월 연설에서 베트남과의 국경을 따라 중국 남부를 미국이 공격할 가능성을 낮게 평가하며 "적군이 광시성과 광둥성을 통해 치고 들어와도 윈난(雲南)성, 구이저우성, 쓰촨성으로 들어올 수는 있겠지만, 아무것도 얻지는 못할 것이다"라고 말했다.[126] 미국이 남베트남에서 확전을 한 후 1965년 11월의 연설과 발언에서 마오는 연안을 따라 위치한 다른 공격 지점들을 계속 강조했다. 즉, 가장 가능성이 높은 시나리오를 다루는 쪽으로 중국의 전략을 바꾸자는 제안은 하지 않는 대신에 그 방향이 명확하지 않다는 점을 계속 강조했다. 외부 위협은 마오 사상의 이런 측면을 설명할 수 없지만, 내부 위협과 수정주의는 설명할 수 있다. 연안을 따라서 넓은 가능성에 초점을 맞추면서 마오는 중국이 직면한 위협을 과장해, 3선 개발과 유적심입으로의 전략 변화를 정당화할 수 있었다.

넷째, 1964년 5월과 6월에 마오가 외부 위협에 대해 논의할 때, 그는 이를 막연하고 긴박하지 않게 묘사했다. 다음에서 논의된 바와 같이 그는 1965년 봄의 짧은 기간을 제외하고는 당장 중국이 공격받을 것이라고 생각하지 않은 것 같다.[127] 1964년 5월 기습 공격에 대비하기 위한 성명에서 마오는 글자 그대로 1955년과 거의 비슷한 말을 반복했다.[128] 두 발언 모두 급박한 위협보다는 미국과 중국 간에 진행 중인 적대감을 반영했다. 1964년 7월 초에 중앙공작회의에서 마오가 행한 발언을 요약하면서 류사오치는 어떤 긴박감도 담지 않았다. 류는 "우리는 제국주의자들이 언제 공격할지에 관한 조짐을 아직 보지는 못했지만, 준비를 해야 하고 매일 적의 존재를 경계해야 한다"라고 했다.[129] 결국

1965년 7월 중순 뤄루이칭은 마오의 전략에 대한 언급에 대한 그의 이해를 "더 어려운 상황을 생각하고, 모든 가능한 어려움을 고려하라"라고 요약했다.[130]

다섯째, 1964년 가을의 3선 개발 계획은 외부 위협의 증가와 관련되는 긴박감을 반영하지 않았다. 이 당시 3선에 대한 계획은 산업 발전에 관한 것 못지않게 특정 방위산업과 전쟁 준비에 관한 것이기도 했다. 예컨대 마오가 식별한 주요 프로젝트는 제철소, 기타 기간산업, 철도 네트워크였다. 이 프로젝트들은 7년에서 10년의 긴 소요 시간을 가진 자본집약적인 노력으로 경제정책에서 농업보다 산업에 중점을 두고 있었으며 전반적으로 긴박함이 없었다. 만약 이러한 프로젝트가 마오가 상상한 대로 중국이 스스로를 방어하는 데 필요하다면, 그것들이 가진 오랜 소요 시간은 대규모 전쟁이 임박하지 않았음을 암시했다. 그러나 이러한 프로젝트들은 당의 관료주의를 약화시키고 자력갱생을 가능하게 하는 데는 필요했다.

4) 베트남에서 미국의 확전

1965년 베트남 전쟁이 확대되면서 중국은 미국의 위협을 재고할 기회를 갖게 되었다. 확전의 전망은 마오쩌둥이 1964년 6월 이후 제기했던 '최악에 대비하라'와 같은 일반적인 권고를 포함해서 많은 구상을 다시 강조할 기회를 제공했다. 그러나 1965년 6월에 미국의 위협이 누그러졌을 때 그는 자신의 새로운 경제정책과 군사전략을 계속 밀고 나가며 '유적심입'의 역할에 대해 훨씬 더 노골적이 되었다. 미국의 위협이 사라진 후에도 마오가 유적심입을 강조한 것은 1964년 6월 중국의 군사전략을 바꾸려는 그의 국내적 동기와 일치한다.

1965년 초에 중국 지도자들은 미국으로부터의 위협 증가를 인식하지 못했다. 1월 9일 미국 언론인 에드거 스노(Edgar Snow)와의 인터뷰에서 마오는 비교적 낙관적으로 말했다. 중국과 미국 사이에 큰 전쟁이 일어나지 않을 것이라는 스노의 발언에 대해 마오는 "당신의 말이 옳을 수도 있다"라고 동의했다.[131]

그는 또한 미국은 남베트남에서의 전쟁을 북으로 확대하지 않을 것이며 이에 따라 미국과 중국의 직접적인 충돌이 일어날 가능성을 배제할 것이라고 말한 딘 러스크(Dean Rusk) 미국 국무부 장관의 발언에 주목했다.[132] 같은 시기에 중앙군사위는 중국 영공에 진입한 미국 항공기와 직접적인 교전을 피하라는 지침을 중국 조종사들에게 내렸다.[133]

1965년 2월 베트콩은 남베트남의 쁠래이꾸(Pleiku)에 있는 미 육군 헬리콥터 기지를 공격했다. 미국은 즉각 북부에 수차례의 폭격을 하는 것으로 대응했다. 전략적인 대응은 전투병 투입 결정이었는데, 3월 초 해병 대대 두 개가 다낭(Da Nang)에 상륙한 것을 시작으로 1965년 6월까지 8만 명 이상으로 늘어났다.[134] 미국 전투부대의 초기 배치 이후에 북베트남은 중국으로부터 더 많은 지원을 받기 위해 베이징에 대표단을 파견했다. 이러한 요청으로 중국 최고 지도자들은 베트남 전쟁에 대한 그들의 개입에 관해 일련의 결정을 하게 되었는데, 이것은 어떻게 위협의 중대한 증가, 즉 전쟁이 중국 국경까지 확대될 것이라는 전망이 군사전략에 대한 생각에 영향을 미칠지를 검토할 기회를 제공했다.

첫째, 그 후 몇 달에 걸쳐 중국은 베트남에 군사적 지원을 제공하기로 합의했다. 중국은 베트남이 요청한 조종사들을 제공하지 않았지만, 1965년 6월까지 방공, 공병, 물류, 기타 병력을 베트남에 파견하기 시작했다. 1965년 6월에서 1968년 3월까지 중국은 총 32만 명의 병력을 파병했다.[135]

둘째, 중국은 베트남 전쟁이 중국 국경이나 중국 내로 확대되는 것을 막겠다는 결의를 미국에 알리기로 결정했다. 이것은 ≪인민일보≫와 같은 매체의 '교전' 기사로 시작되었다. 4월 초에 카라치(Karachi)에 있는 동안 저우언라이는 아유브 칸(Ayub Khan) 파키스탄 대통령에게 워싱턴에 메시지를 보내달라고 부탁했다. 메시지의 핵심은 중국은 미국과의 충돌을 개시하거나 도발하지 않을 것이지만 "미국이 중국에 전쟁을 강요한다면" 격렬하게 저항하겠다는 것이었다.[136] 4월 중순 칸의 미국 방문이 연기된 후 중국은 베이징에 있는 영국 임시대리대사(chargé d'affaires)에게 동일한 메시지를 전달해 줄 것을 요청했으며,

6월 2일 워싱턴에 전달되었다.[137] 마오는 또한 4월 8일과 9일 하이난섬 영공에 미군기가 침입한 뒤 중국은 그러한 항공기를 "단호하게 공격해야 한다"라며 교전규칙의 변경을 승인했다.[138] 4월 12일 ≪인민일보≫는 이러한 변화에 부합하는 조우에 대해 강한 어조의 사설을 실었다.[139]

셋째, 마오는 중국이 국내 동원에 나서도록 지시했다. 그가 3월 말 설명했듯이 국내 동원은 "적에게 힘을 과시하고(示威), 베트남을 지원하며, 우리 일의 모든 측면을 선전한다".[140] 마오는 최악의 경우에 대한 계획을 자신이 선호하는 것을 반영해 중국이 "올해, 내년, 그다음 해에 싸울 준비를 해야 한다"라고 결론지었다.[141] 미국의 확전에 대한 위협과 불확실성 수준의 고조에도 불구하고, 동원이 "우리 일의 모든 측면"에 도움이 될 것이라는 마오의 언급은 전략을 바꾸려는 그의 노력의 이면에는 국내적 필요성이 있음을 보여준다. 4월 12일 동원을 논의하기 위한 정치국 전체회의가 열렸다. 이 자리에서 덩샤오핑은 "베트남과의 국경을 따라 위치한 중국 영토 또는 미국과의 대규모 제한전까지 포함하는 것으로 전쟁 범위가 확대될 수 있다"라고 밝혔다.[142] 4월 초의 이 시기에 미국의 확전에 대한 중국인들의 우려가 절정에 달했을 것이라는 점을 보여준다. 그럼에도 불구하고 중국은 1962년 5월과 6월에 있었던 국민당의 공격에 대항하기 위한 준비와 달리 잠재적인 미국의 공격에 대응하기 위해 아직 PLA 부대나 지역 단위들을 동원하지 않았다.

4월 12일 중앙위원회는 전쟁 준비를 강화하기 위한 지시를 내렸다. 이 문서는 베트남에서 미국의 전쟁 확대가 "우리의 안보를 직접적으로 위협한다"라고 지적했으며, 중국은 "미국이 우리 조국에 전쟁의 불길을 가져오는 데 대비해야 한다"라고 강조했다. 덩이 제기한 전쟁의 미래에 대한 불확실성을 반영해 이 지침은 또한 중국이 "소규모, 중형 또는 심지어 대규모 전쟁에 대비해야 한다"라고 언급했다. 또한 항공 공격에 대한 중국의 취약성과 주요 군사시설, 산업 기반, 수송 노드, 전략지역(要地)과 도시를 방어할 필요성도 강조했다.[143] 이 문서는 역설적이게도 마오가 전쟁을 확장하려는 미국의 임박한 위협이 없었던 1년 전에 3선의 개발을 추진하며 내세운 많은 이유를 반영했다.

넷째, PLA는 약 6주 동안 지속된 군 전체 작전회의를 개최했다. 1960년대 초 PLA는 매년 봄 3월이나 4월에 이러한 군 전체 작전회의를 소집했다.[144] 이 특별 회의의 목적은 1964년 6월 '사상 통일' 연설 이후 군사전략에 관한 마오의 다양한 지시 사항에 대해 논의한 뒤 군 전체의 작전과 전투 준비태세 계획의 초안을 작성하는 것이었다.[145] 뤄루이칭이 회상하듯이 "이번 작전회의에서는 마오 주석이 지시한 전략방침의 이행을 구체적으로 논의했다".[146] 확실히 베트남에서 미국의 전쟁 확대에 관한 우려로 논의가 물들었지만 이런 이유로 회의가 소집된 것은 아니었으며, 이 같은 사태에 어떻게 대응할지의 문제도 논의의 주요 초점은 아니었던 것으로 보인다. 예컨대 회의 중 배포된 문서가 미국이 베트남과 인접한 광시성을 통해 중국을 공격할 것이라고 주장하자, 뤄는 마오가 1964년 6월에 공격 지역은 확실하지 않으며 반드시 이 방향으로 오지는 않을 것이라고 발언한 것에 위배된다며 비판했다.[147] 회의는 또한 PLA가 최악의 사태에 대비하는 데 기반을 두어야 하지만, 중국은 "긴급한 위험이나 절박한 상황(岌岌可危 不可終日)"에 직면하고 있지 않다고 밝혔다.[148]

4월 말에 고위 군 장교들은 마오에게 군 전체 작전회의에 대해 브리핑했다. 이에 대해 마오는 1964년 이미 소개했던 주제들을 강조했다. 한편으로는 3단계 방어선을 구축해 독일의 러시아 침공 때처럼 "적"이 "바로 침입해 들어오는 것"을 허용하지 않는 데 동의했다. 다른 한편으로 그는 또한 "너무 오래" 영토에 집착하지 않는 것의 중요성도 강조했다. 마오에게 고정방어(堅守防禦, fixed defense)의 유일한 목적은 동원할 시간을 버는 것이었다. 그 후 "적을 들여보내라, 적을 깊숙이 유인하고 그 후에 섬멸하라"라고 그는 말했다. 마오는 또한 중국이 미국으로부터의 즉각적인 위협에 직면했다고 생각하지 않는다고 지적했다. 그는 미국은 다른 국가들이 전투의 대부분을 치른 뒤에야 제1차 세계대전과 제2차 세계대전에 참전했다고 주장하며 미국을 "기회주의자"이면서 "그렇게 모험적이지는 않다"라고 기술했다.[149] 분명히 마오가 중국에 대한 미국의 공격이 임박했다고 믿지 않았음을 시사했다.

당 지도부가 군 전체 작전회의에 지시한 것도 마오의 전략관과 일치했다. 5월 19일에는 류사오치, 저우언라이, 주더, 린뱌오, 덩샤오핑 등 당 최고 지도자들이 작전회의에 참석했다. 여기서 내려진 모든 지침은 즉각적인 위협에 대한 우려를 반영하지 않았다. 지도자들은 중국이 "조기 전쟁, 대규모 전쟁, 사방의 적과 싸울 준비를 해야 한다"라는 점에 주목했다. 이러한 준비는 "우리가 잘 준비되어 있는 한 적들은 쉽게 충돌을 일으키지 않을 것"이기 때문에 전쟁을 지연시키거나 심지어 예방하는 것이 관건으로 여겨졌다. 그럼에도 불구하고 지도자들은 "우리가 군에 너무 많은 자원을 쓰고 너무 많은 노력을 기울이면 국가경제 발전이 영향을 받을 것"이라고 언급하며 병력 수준을 크게 증가시키는 것에 대해 조심스러워했다.[150]

5) 유적심입의 통합

6월 7일 베이징 주재 영국 대리대사는 외교부에 중국의 경고가 딘 러스크 미국 국무부 장관에게 전달되었다고 알렸다. 전투 작전을 남베트남으로 제한한다는 미국의 성명과 함께 베트남에서 확전의 위협은 줄어들었다. 그럼에도 마오쩌둥은 1년 전 자신이 주장한 중국 군사전략의 변화를 계속 강조하며 고정 및 전방방어에 대한 '유적심입'의 역할을 강조했다.

마오 발언의 계기가 된 것은 1965년 6월 16일 항저우(杭州)에서 열린 당 지도자 회의 동안 중국 동해안의 적절한 병력 태세에 대한 논쟁이었다. 언쟁 자체가 마오의 이전 지시와 발언에도 불구하고 PLA가 중국의 군사전략에 대해 아직 '통일된 사고'를 갖고 있지 않음을 시사했다. 난징 군구 사령관 쉬스유(許世友)는 "적에게 완전히 저항"을 옹호했는데, 해안에서 적을 물리쳐 "들어오지 못하게 한다"라는 것이었다.[151] 쉬는 1950년대 중반부터 이 지역을 방어하기 위해 준비하던 전방방어 전략에 동의했다.[152] 이에 대해 마오는 "적에게 약간의 이점을 주지 않고 승리의 맛을 보여주지 않으면 적이 들어오지 않기 때문에 그렇게 하지 않을 것이다. 승리의 맛을 느낄 수 있게 해주어야만 적이 들어올 것이다"라며 유적심입을 주장했다. 이어 그는 "적에게 상하이, 쑤저우(蘇州), 난징, 황스(黃石), 우한 등을 줄 준비를 하라. 이렇게 하면 아군은 넓게 퍼져서(擺開) 싸워 승리할 수 있다".[153]

마오의 발언들은 흥미로운 사실을 보여준다. 무엇보다도 6월 중순까지 베트남과 인접한 중국 국경에서 미국과의 충돌 위협은 줄어들었다. 미국에 대한 저우언라이의 경고는 영국이 전달해 중국의 우려를 완화시켰다.[154] 미국은 북베트남이나 그 이상으로 전쟁을 확대하지 않을 것임을 시사했다. 마오는 미국과의 충돌 위협이 줄어들자 유적심입을 강조했다. 게다가 그는 1965년 하반기 내내 계속해서 유적심입을 추진했는데, 이는 앞에서 설명한 정치 논리와는 일치하지만 베트남에서 직면했던 상황에 대한 중국의 평가와는 일치하지 않는다. 마찬가지로 마오가 항저우에서 행한 6월 발언에도 베트남 정세에 대한 언급은 없었다. 뤄루이칭이 군사전략에 대한 마오의 사상을 요약한 내용도 몇 주가 지나서도 전달되지 않았다.[155]

둘째, 마오가 유적심입을 강조한 것은 미국에 대한 결정적이고 완전한 승리를 향한 욕망을 드러낸 것이었다. 마오는 중국을 보다 잘 방어할 수 있는 방법이기 때문에 유적심입을 강조한 것이 아니었다. 마오는 유적심입이 중국이 결정적인 승리를 거두는 섬멸전(殲滅戰)을 벌일 수 있는 유일한 방법이기 때문에 선호했는데, 이를 통해 아마도 국내와 사회주의 진영 내에서 그의 명성이 높아질 것이다. 이런 접근법은 의사결정권을 분산시키고 당의 중앙 관료주의를 약화시키려는 노력도 보완해 준다. 마오는 미국이 영토를 장악하는 것을 막기 위한 보다 제한적인 작전과 비교해 보면 중국 내부의 지구전이 결정적인 승리를 위한 여건을 조성할 것이라고 믿었다. 그가 말했듯이 "나는 단순히 적이 들어오지 않고 국경에서 약간 싸우기만 할까 봐 걱정이다. 적이 우리 영토 깊숙이 유인되어 들어올 때만 적과 잘 싸울 수 있다".[156] 이후 마오는 "미끼 없이는 물고기를 잡을 수 없다"라며 그러한 뜻을 더욱 분명하게 내비쳤다.[157] 그는 또 중국이 전쟁 준비를 충실히 한다면 적은 공격하지 않을 것이라고 진술함으로써 부분적으로 모순된 주장을 했다. 그럼에도 불구하고 그는 여전히 적이 어떤 영토를 점령하는 것을 막기 위한 더욱 제한적인 작전보다는 결정적인 승리를 보장해 줄 수 있는 중국 영토에서의 지구전을 준비하는 것을 선호했다.

셋째, 마오는 수정주의에 맞서고 계급투쟁을 지속하기 위한 국내 정치적 이익 때문에 유적심입을 선호했다. 마오에게는 "만일 적이 정말 오지 않는다면 그것은 사실 나쁜 일이다". 그는 침략이 없다면 대중은 어떠한 경험도 얻지 못할 것이고 지주, 부농, 반혁명분자들과 같은 사회의 "나쁜" 요소들은 "분열[分化]되지 않을 것이라고 추론했다. 게다가 "적들은 노출되지 않을 것이다". 의미상 여기서 적들은 중국의 외적이 아니라 마오의 국내 적을 말한다.[158]

유적심입 전략의 국내 정치적 이익은 왜 침략을 막는 것보다 전략적인 후퇴가 더 중요한지를 설명해 준다. 유적심입을 준비하면 중앙에서 지방으로 행정이 더욱 분권화될 것이기 때문에, 일반적인 전쟁 준비는 수정주의 배격과 자력갱생 증진이라는 마오의 목표에 도움이 될 것이다. 분권화되면 1년 뒤 문화대혁명을 일으킬 때 마오가 직접 공격하게 되는 류사오치나 덩샤오핑 같은 1선 지도자들이 약화될 것이다. 예컨대 마오는 전쟁 준비를 위한 어떤 선전에도 "네 가지 나쁜 요소"를 포함시킬 것을 요구했고, 그의 군사전략에 대한 사상에서 다시 한번 국내 계급투쟁과 수정주의에 대한 우려를 나타냈다.

1965년 6월 말이 되자 전략 변경이 완료되었다. 6월 23일 중앙위원회 서기처는 뤄루이칭에게 지난 1년간 전략에 관한 마오의 발언과 지시를 요약하는 연설을 요청했다.[159] 연설의 청중은 알려지지 않았으나, 뤄에게 그런 연설을 부탁하는 데 서기처가 나선 것을 보면 그것은 군사 지도자들이 아닌 당 지도자들을 대상으로 했을 가능성이 가장 높음을 시사한다.[160] 그 자체가 군사전략에 대한 마오의 구상을 PLA가 아닌 당내에 전달하고, 지난 1년간 전략 문제에 대한 서로 다른 발언을 통합하려는 욕구를 보여준다. 그런 연설이 필요했다는 것은 전략이 이례적인 방식으로 바뀌었음을 강조한다.

뤄는 1964년 6월 명십삼릉에서 행한 마오의 연설로 시작해 앞에서 다루었던 1965년 6월 마오와 쉬스유와의 대화로 끝냈다. 뤄는 나름대로의 해석으로 "대규모 전쟁(大打)", "신속한 전쟁(快打)", "핵무기를 사용하는 전쟁(打原子彈)"을 준비하는 데 주력하고자 하는 마오의 바람을 강조했다.[161] 혁명의 정신을 원용하며, 인민전쟁과 섬멸전에 우세한 병력을 집중시키는 등 내전 중 PLA 작전의 측면도 강조했다. 뤄가 지적했듯이 "과거에 효과적으로 사용되어 온 방침, 정책과 원칙은 계속되어야 한다". 그러나 뤄가 설명했듯이 그러한 준비의 초점은 "최선과 최악의 경우를 대비하는 것(準備兩手)"이었다.[162]

8월 11일 정치국 상무위원회는 새로운 전략방침을 논의하기 위한 회의를 열었다. 뤄루이칭은 "마오의 전략방침인 유적심입"을 실행하기 위한 린뱌오의 지침을 보고했다.[163] 이 회의에서 마오는 "우리는 적을 깊숙이 유인해야 한다"라고 반복했다. 마오는 "적을 깊숙이 유인하는 자가 적을 섬멸할 것"이라고 추론했다. 더구나 적이 몇몇 초기 전투에서 승리한다면 "의기양양"할 것이고, 더 쉽게 깊이 유인될 것이다. 마오는 적이 승리를 "맛볼" 필요가 있다는 자신의 견해를 되풀이했다. 그렇지 않으면 적은 들어오지 않을 것이다. 이어 그는 총참모부에 적을 어떤 방법으로 유인할 수 있는지 연구할 것을 요구했다.[164]

그 직후인 1965년 10월 초에 마오는 3선 개발을 수정주의와 연계시켰으며, 특히 해안 성들 내 '작은' 3선 개발에 초점을 두었다. 마오는 제3차 5개년 규획과 3선을 당 지도부와 논의하며 "당 중앙 내에 수정주의가 나타난다면 반란[造反]이 일어날 것이다"라고 경고했다. 게다가 만약 당 중앙이 큰 실수를 저지른다면, 즉 "만약 흐루쇼프와 같은 인물이 출현한다면 작은 3선이 반란을 일으키는 데 좋을 것"이라고 강조했다.[165] 수정주의 배격과 지방의 자력갱생, 특히 군사문제에서의 자력갱생 사이의 연관성은 아주 명백했다.

1965년 11월 마오는 이러한 주제들 중 대부분을 반복했다. 그는 전쟁이 일어난다면 "[성들은] 중앙을 의지해서는 안 되며 자력갱생해야 한다"라고 했다.

나아가 그들은 "3개월 동안 적에 저항한 뒤에, 적을 끌어들여 단맛을 보게 하고, 깊은 곳으로 적을 유인해 섬멸해야 한다. 먼저 대대를 섬멸하고, 그다음 연대와 사단을 섬멸"해야 한다.[166] 그다음 날에는 "유적심입이야말로 [적을] 섬멸하는 최선의 방법"이라는 견해를 되풀이했다. 이어 그는 동북부, 톈진, 칭다오, 롄윈강, 양쯔강 등 미국이 공격할 수 있는 서로 다른 방향을 개략적으로 제시했다.[167]

1966년 1월 총참모부는 베이징에서 소규모 작전회의를 소집했다. 목적은 요새개발(設防)을 위한 5개년 규획의 수정 및 조정과 함께 전략에 관한 마오의 지시를 어떻게 이행할지 연구하는 것이었다.[168] 총참모부는 적을 유인할 수 있는 두 가지 단계를 간략하게 제시했다. 1단계는 상하이 주변 지역과 함께 톈진, 지난, 쉬저우로 이루어져 있었고, 2단계는 베이징, 스자좡, 정저우, 다볘산맥의 북쪽 기슭, 난징 동쪽 지역으로 이루어져 있었다. 중국 북부와 중부의 평야에서 "적을 크게 섬멸"하는 구상이었는데, 그 자체가 1947년과 1948년의 국공내전 당시 작전을 많이 연상케 했다.[169]

5. 소련의 위협과 문화대혁명

소련 위협의 심화는 중국의 안보 환경에서 중요한 변화를 상징했다. 1966년부터 중·소 관계가 악화되면서 국경을 따라 (그리고 몽골에) 배치되는 소련 사단의 수가 증가하기 시작했다. 1969년 3월 2일 PLA 병사들은 우수리(Ussuri)강에 있는 분쟁 지역인 전바오섬에서 소련 순찰대를 공격했는데, 이는 그달 벌어진 세 번의 충돌 중 첫 번째였다. 이후 소련군은 신장에 상당한 공격을 가하는 등 중국과의 국경에서 다른 지역을 조사하기 시작했으며, 그다음으로 8월에 중국의 신생 핵 병력에 대한 선제공격을 고려하고 있다는 계획을 흘렸다. 중국은 이러한 행동들이 침략의 전조가 된다고 결론지었는데, 이러한 믿음은 1968년 소련의 체코슬로바키아 개입과 사회주의국가들에 개입할 수 있다는 브레즈네

프 독트린(Brezhnev doctrine)으로 강화되었다.[170]

소련과의 전쟁 위험은 중국 안보에 새롭고 긴급한 위협을 만들었다. 1969년 3월 마오쩌둥은 "전쟁에 대비해야 한다"라고 했는데, 이것은 그다음 날 소집된 제9차 당대회의 주요 주제였다.[171] 1970년 마오는 북한의 김일성에게 소련이 중국의 주요 지역인 황허강 이북을 점령할 의도가 있다고 말한 바 있다.[172] 그럼에도 불구하고 새로운 소련의 위협이 중국이 군사전략을 바꾸도록 촉발하지는 않았다. 그 대신에 1964년부터 유적심입 접근법에 더욱 집중했다. 1969년 4월 마오는 소련과의 대규모 전쟁에서 중국은 "유적심입 전법(戰法)을 채택해야 한다"라고 했다. 마오는 그가 전에 가졌던 견해와 일관되게 "일부 장소를 포기하는 것을 지지한다"라고 다시 강조했다.[173] 1969년 8월이 되자 중국은 소련과 인접한 지역이나 3북(三北)*을 확보하는 것을 중심으로 방어 계획을 재정비하기 시작했다. 이러한 초기 노력의 일부에는 1969년 가을에 베이징에서 주요 인력의 철수가 포함되었다.[174]

소련의 위협에 대한 중국의 주요 대응은 이중적이었다. 첫째, PLA의 규모가 크게 증가했다. 1969년 한 해 동안 PLA는 한국전쟁 당시의 정점을 넘어 631만 명으로 늘어났다. 지상군에는 세 개의 새로운 사령부(軍部)가 추가되었고 30개 사단을 창설하거나 재편성했다. 공군에는 두 개 사령부, 여덟 개 항공사단, 두 개 방공포 사단이 추가되었다.[175] 해군과 특수병과에도 병력이 추가되었다. 둘째, 소련이 공격할 경우에 사용될 전략예비군을 강화하기 위해 선별된 부대들은 북베트남과의 국경 인근인 중국 남부에 재배치되었다. 전략예비군은 중심부에 있었다. 기술부대 네 개 사단과 함께 총 다섯 개 군단이 이동했다.[176] 예컨대 1969년 11월에는 당시 광시성에 근거지를 두고 있던 제43군이 허난성으로 이전되었다.[177]

그러나 중국이 소련의 위협에 맞서기 위해 다른 전략을 채택하고 싶어도 문

---

* 시베이(西北), 화베이(華北), 둥베이(東北)를 일컫는다(옮긴이 주).

화대혁명의 격화와 그에 따른 혼란 그리고 당 지도부의 분열로 PLA는 마비되어 있었다. 문화대혁명 시기 PLA에 대한 상세한 설명은 이 책의 범위를 벗어나지만, PLA에 대한 당의 분열이 군사 조직으로서 PLA와 작전 준비태세에 미치는 주요 영향 중 일부는 다음과 같이 요약할 수 있다.[178]

첫째, 문화대혁명이 발발하기 전인 1965년 지도부에 직위를 가지고 있던 많은 베테랑 지휘관들이 핍박을 받거나 숙청되거나 자리에서 밀려났다. 이들 개개인은 중앙군사위, 총부서, 대군구, 군구, 주요 부대에서 근무했다. 1956년 제8차 당대회에서 선출된 중앙위원회 위원이나 후보위원이었던 PLA 장교 61명 중에 37명이 "모략이나 박해"를 받았다.[179] 보수적인 방법론을 사용한 1967년 미국 중앙정보국(Central Intelligence Agency: CIA)의 어느 연구는 PLA 지도부의 25~30%가 제거되었는데, 군구와 총부서에서의 비율이 훨씬 더 높았다고 결론을 내렸다.[180]

둘째, 서로 다른 파벌의 사람들이 중앙군사위에 추가되면서 이 기구가 비대해졌다. 예컨대 1969년 4월에 선출된 중앙군사위는 42명의 위원을 두고 있어 군무를 총괄하는 임무를 수행할 수 없게 되었다. 이렇게 큰 중앙군사위는 통제하기 너무 어려워 효과적이지 못했다. 이 기간 동안 중앙군사위 내의 집행 기구들도 여러 차례 뒤바뀌었다.

셋째, 마오는 국내적으로 문화대혁명에 PLA를 활용하기로 결정했다. 그는 1967년 초 PLA에 "좌파를 지지해 달라"라고 요청하기 시작했는데, 이 때문에 지방의 PLA 부대가 종종 하나 이상의 반란 집단과 반목해 폭력 사태만 늘어나게 되었다. 1967년 중반에 폭력 사태가 최고조에 달하자 마오는 대신 군사관제(軍管)를 실시하는 데 PLA를 사용하기로 결정했다. 군사관제위원회나 단체가 설치되었고, PLA 장교들은 성과 지방을 통치하기 위해 결성되고 있던 혁명위원회의 요직을 차지했으며 종종 이들 기구를 지배했다. PLA는 또한 곡식 저장, 공공 안전, 선전과 같이 지방을 통치하는 기본적인 기관들에 대한 통제도 맡았다. 게다가 PLA 부대들은 계속되는 격변에 따라 차질을 빚었던 산업과 농업 생산에 참여했다. 1967~1972년에 총 280만 명이 넘는 군인이 전통적인 군사 임무가 아닌 이런 다양한 대내 업무에 관여했다.[181] 이것이 작전 준비태세에 미친 영향은 분명했다. 한 연구는 이 기간 전투부대의 73% 이상이 "군사적 이익이 거의 없거나 전혀 없는 활동에 종사했다"라고 결론 내렸다.[182]

넷째, 군사교육과 훈련은 대체로 중단되었다. 문화대혁명이 시작될 때 린뱌오가 강조했던 '정치에 중요성을 부여하라'는 것이 PLA의 훈련을 지배했다. 한 설명에 따르면 12개월 중에 전술군사훈련에 투입된 기간은 불과 1~2개월이며, 나머지는 정치 훈련과 생산, 민병대 훈련 등 지역 내 활동이 차지했다.[183] 한 공식 역사에서는 "군사훈련은 3년 동안 중단[停頓]되었다"라고 결론을 내렸다.[184] 소련의 위협이 강화되고 난 후에 훈련이 재개되었으나 부분적으로만 재개되었다. 1969년 후반에는 부대들이 대전차 전술에 주력했다. 1970년 마오는 PLA에 1000킬로미터에 이르는 긴 행군과 기본적인 기술과 전술훈련을 병행하는 "야영훈련(野營訓練)"을 실시하도록 지시했다.[185] 그럼에도 불구하고 중국은 직면한 외부 위협에 대처하기 위한 PLA의 준비태세를 다시 한번 희생시키면서 대규모 야전훈련들은 실시하지 않았다.

6. 결론

1964년에 채택된 전략방침은 전략 변화의 이례적이면서 상당히 흥미로운 사례를 보여준다. 그것은 반대 또는 역행적인 변화라고 표현될 수 있는 것의 예로서, 이 경우 기존 전략이 그 전의 전략을 위해 버려졌다. 이 경우에는 '유적심입'이나 전략적 후퇴라는 구상들이었다. 그것은 또한 고위 군 장교들이 아니라 당 최고 지도자였던 마오쩌둥이 시작한 유일한 전략 변화였다. 비록 나의 주장이 변화의 방향이나 메커니즘을 설명할 수는 없지만, 그럼에도 불구하고 이 사례는 당과 지도부의 분열이 어떻게 전략적인 의사결정을 왜곡시킬 수 있는지를 보여준다. 1964년 마오는 중국의 안보를 강화하기 위해서가 아니라 그가 수정주의자이자 중국 혁명에 대한 위협으로 간주했던 당의 다른 지도자들을 공격하기 위해 유적심입 전략을 추진했다. 그러한 노력은 2년 후 문화대혁명의 시작으로 절정에 이른다. 문화대혁명에 따른 당의 분열 때문에 1969년에 등장한 소련 침공의 위협에도 불구하고 유적심입은 1980년까지 중국의 전략으로 남게 되었다.

제5장

—

1980년 전략: '적극방어'

1980년 9월 총참모부는 한 달간 지속된 고위 장교 회의를 소집해 소련군의 공격에 대항하는 방법을 논의했다. 회의의 목적은 그러한 전쟁의 초기 단계에서 어떤 원칙이 인민해방군(이하 PLA)의 작전을 이끌어야 하는지를 결정하는 것이었다. 회의 말미에 중앙군사위원회(이하 중앙군사위)는 단순히 '적극방어'로 알려진 새로운 전략방침을 승인했다. '유적심입'을 강조했던 기존의 전략방침과는 달리 새로운 전략은 PLA에게 진지전에 기반을 둔 전방방어를 이용해 소련의 침략에 저항하고 소련의 돌파를 막을 것을 요구했다.

중국 군사전략의 3대 변화 중 두 번째를 나타내는 1980년 전략방침의 채택은 혼란스럽다. 중국은 10년 이상 소련으로부터 명백한 군사적 위협에 직면해 있었다. 1966년 소련은 몽골과 방위조약을 체결하고 중국의 북부 국경을 따라 배치된 병력을 늘리기 시작했다. 1969년 3월 전바오섬에서 발생한 중공군과 소련군의 충돌 이후 소련의 위협은 계속 커졌으며 1979년이 되면 소련군 50개 사단이 중국을 향하게 된다. 그러나 중국은 이런 위협에도 불구하고 1980년까지 새로운 군사전략을 채택하지 않았다. 소련군의 위협만으로는 중국이 군사전략을 바꾸도록 유도하지 못했다.

소련 위협과는 별도로 1980년에 중국이 군사전략을 언제, 왜, 어떻게 바꿨는지를 이해하는 데는 두 가지 요인이 핵심이다. 첫째, 중요한 동기는 중국 침략에서 소련의 작전을 특징지을 수 있는 전쟁 수행의 중대한 변화에 대한 평가였다. 이 평가는 미국과 소련의 피후견국들이 새로운 방식으로 첨단 무기를 사용했던 1973년 아랍·이스라엘 전쟁에 대한 관찰에 근거한 것이다. 쑤위나 쑹스룬 같은 PLA 전략가들은 다른 누구보다도 소련과 갈등이 폭발할 경우 중국이 훨씬 더 불리한 위치에 처하게 될 전쟁 수행의 중대한 변화가 일어났다고 믿었다. 1980년 전략방침의 내용은 새로운 전쟁 방식을 특징으로 하는 소련의 위협에 대응하기 위한 노력을 반영했다.

둘째, 당내 최고 지도자들 간의 분열은 PLA가 소련의 위협에 대응하는 것을 막았다. 문화대혁명 내내 당 엘리트들은 권력을 다투는 서로 다른 집단들로 분열되었다. 1976년 마오쩌둥 사망 이후 당에는 권력구도에 대한 명확한 공감대가 없었다. 마오가 사망하기 몇 달 전에 마오의 후계자로 지명된 화궈펑이 당, 국가, 군에서 최고위직을 맡았다. 덩샤오핑은 1977년 복권되고 나서 화를 축출하고 중국 최고 지도자로서의 입지를 공고히 하는 데 그 후 몇 년을 소비한다. 당의 단결이 회복된 후 PLA는 전략의 큰 변화를 추진할 수 있었다.

1980년 전략방침의 채택은 몇 가지 이유로 조명되고 있다. 앞서 서구의 분석가들은 이 시기 중국의 전략을 "현대적 조건하에서의 인민전쟁"이라고 자주 표현해 왔으며, 이는 마오식 접근법과의 연속성을 내포하고 있다.[1] 일부 고위 장교들이 연설에서 이런 표현을 썼지만 새로운 전략의 정확한 표현은 아니었다. 그 대신에 소련과 중국의 능력 차이를 감안할 때 중국 영토에서 소련과의 어떤 전쟁도 지구전이 될 것이라는 견해를 반영했을 뿐이다. 이 문구는 그러한 전쟁이 어떻게 수행될지, 어떤 전력이 필요할지에 대해서는 설명하지 않았다. 마오의 사망 이후 그의 유적심입 구상을 거부한 새 방침의 작전상 중대한 변경에도 불구하고, 인민전쟁에 대한 언급들도 피상적인 이념적 연속성은 유지했을 가능성이 높다.

1980년 전략방침의 검토를 통해 1985년에 100만 명의 병력을 감축하겠다는 내용과 함께 발표된 군 건설의 '전략적 전환'과 중국 군사전략과의 관계도 명확히 알 수 있다. 전략적 전환이 새로운 군사전략 채택의 신호탄이 되지는 않았다. 그 대신 중국이 10~20년간은 전면전에 직면하지 않을 것이고, 이에 따라 '전쟁 기반(war footing)' 태세에서 평시 군사 현대화로 전환할 수 있다는 덩의 판단을 보여준다. 더욱이 1985년의 병력 감축은 1980년 전략하에서 전력의 질과 효율성을 개선하기 위해 1980년과 1982년에 실시한 병력 감축의 연속선상에 있음을 나타낸다. PLA가 어떤 전쟁을 준비해야 하는지, 어떤 방식으로 전쟁을 준비해야 하는지는 전략적 전환에서 제시되지 않았다.

이 장은 일곱 개의 절로 나뉜다. 첫 번째 절은 1980년에 채택된 전략방침이 중국 군사전략의 큰 변화를 나타냈다는 것을 보여준다. 두 번째 절은 고위 군 장교들이 전쟁 수행에서 상당한 변화를 인지했음을 보여주는데, 이는 소련의 위협 외에 새로운 전략을 채택하기 위한 외부 자극으로서의 역할을 했다. 그러나 세 번째 절이 보여주듯이 1979년과 1980년에 덩이 정치력을 공고히 하고 나서 마오 사후의 정치적 단결이 회복된 후에야 PLA의 최고 지휘부는 전쟁 수행의 이러한 변화를 따를 수 있었다. 그다음 두 개 절은 새로운 전략의 채택과 이행을 살펴보며, 마지막 두 개 절은 1985년의 감군과 1988년 전략방침 채택에 대해 검토한다.

1. '적극방어'

1980년 9월 고위 장교 회의에서 채택된 전략방침은 1949년 이후 중국 군사 전략에서 두 번째 큰 변화를 나타낸다. 단순히 '적극방어'로 알려진 1980년 방침은 소련 침공에 맞서고 전략 돌파를 방지하는 전략을 개략적으로 제시했다. 그것은 유적심입에 기초한 1960년대 중반부터의 기존 전략에 대한 확실한 거부를 보여주었다. 그 대신 1956년 전략과 유사하게 1980년 전략방침은 진지전에 기초하고 소규모 기동전으로 보완하는 전방방어를 구상했다. 그러한 전략은 PLA에게 고정된 위치의 계층화된 방어 네트워크에 배치된 탱크·화포·보병 부대를 조정하기 위한 제병합동작전을 수행하는 능력을 개발하도록 요구했다.

1) 1980년 전략의 개관

1980년 전략방침에서 '군사투쟁 준비의 기본'은 소련에 의한 기습 공격이었다. 1차 전략방향은 '3북'이라고도 하는 중국의 북부 국경이나 동부의 헤이룽장성에서 서부의 신장에 이르는 지역이었다.[2] 1969년 전바오섬을 둘러싼 소련과의 충돌 이후 중국 북쪽의 국경 상황은 악화되어 소련과 큰 전쟁이 일어날 가능성이 높아졌다.[3] 1969년 가을 중국 지도자들이 두려워했던 소련군의 대대적인 공격은 일어나지 않았지만 소련의 위협은 이후 10년 내내 커졌다. 1979년까지 중국 북부 국경을 따라 배치된 소련군은 31개 사단에서 50개 사단으로 늘어났다.[4] 1978년 11월 소련이 베트남과 방위조약을 맺고, 1979년 12월에는 아프가니스탄을 침공하자 소련의 의도에 대한 우려가 더욱 커졌다. 중국 전략가들은 소련의 공격이 신속하고 결정적인 승리를 얻기 위해 후방 지역에서의 공수작전과 함께 신속한 종심타격을 수행하는 탱크부대를 포함할 것이라고 생각했다.[5]

1980년 전략은 전략적 방어 전략이었다. 그것은 일단 소련이 침공하면 중국이 어떻게 대응할지를 기술했다. 1980년 전략의 핵심은 어떠한 전략적 돌파도 막아내면서 전국적인 동원을 위한 시간을 벌기 위해 중국의 북부 국경, 특히 장자커우(張家口)나 자위관(嘉峪關, 만리장성이 끝나는 곳)을 통한 잠재적 침략 경로에 대해 전방방어를 하는 것이었다. 이후 전략적인 내선방어를 외선에 공세적인 전역 및 작전과 결합해 교착 상태로 만들 것을 전략은 요구했다. 마지막으로 침략군의 전투력이 충분히 약화되면 PLA는 전략적 반격으로 전환하게 된다.[6] 비록 새로운 전략이 중국이 침략에 어떻게 대응할지를 바꾸기는 했지만, 여전히 소련과 지구전을 벌이는 데 기반을 두고 있었다. 후퇴보다는 전방방어가 이런 충돌에서 승리의 열쇠로 여겨졌다.

1980년 전략은 소련의 공격을 사전에 차단하는 것을 제외했다. PLA는 국경을 넘어 타격할 수 있는 믿을 만한 수단이 없었다. 중국은 '후발제인' 또는 반격

원칙에 맞추어 소련의 침공이 시작된 후에야 무력을 사용할 것이다. 초기 단계에서 공세작전의 역할은 특히 소련의 측면을 따라 고정된 위치에서 벌이는 소규모 기동작전으로 제한될 것이다. 일단 전략적 교착 상태에 들어가면 공세작전이 침략군을 퇴치하는 데 중추적인 역할을 할 것이다. 현재 중국이 가진 핵무기의 역할도 방어용에 국한되었다. '침략보증(invasion insurance)'의 형태로 핵무기를 사용할 수 있는 가능성에도 불구하고, 중국의 전략은 소련에 의한 전술핵무기 사용을 비롯해 중국에 대한 핵 공격에 대응해서만 핵무기를 사용할 것을 구상했다. 중국은 1980년대 초 중성자 폭탄을 연구했지만 결국 그런 무기를 개발하거나 배치하지 않기로 결정했으며, 1980년 전략방침하에서도 핵무기에 대한 접근법은 바꾸지 않았다.[7]

2) 작전교리

전략방침의 핵심 요소는 PLA가 향후 수행할 준비를 해야 하는 '작전형식'의 식별이다. '유적심입'의 기동전과 게릴라전에 중심을 두는 것과는 대조적으로 1980년 전략은 진지전을 PLA의 주요 작전 형태 또는 "고정방어의 진지전(堅守防衛的陣地戰)"으로 식별했다.[8] 중국 전략의 근간으로서 유적심입을 거부함으로써 고위 군 장교들은 전략적 수준에서 기동전의 역할을 경시했다. 그 대신에 1980년 방침은 방어진지의 계층적이고 심층적인 네트워크를 만들 것을 계획했다. 이렇게 되면 침략군은 각개격파를 해야 할 것이다.

'작전에 대한 기본지도사상'은 진지전, 기동전, 게릴라전이 결합되는 방식이었다. 전쟁의 초기 단계에서는 진지전이 중국의 주요 인구 지역과 외국과의 국경 지대 사이에 위치한 전방 지역에서 치러질 것이다. 새로운 전략방침은 기동전의 역할을 PLA가 사수하려고 하는 방어진지에 가까운 곳에서 행하는 중소형 규모의 공세작전으로 제한했다. 그럼에도 불구하고 소련의 공격에 최대한 오래 저항하고 교착 상태를 만들어 병력을 동원할 시간을 버는 것이 전략의 주요 목표였다.[9] 게릴라전은 신장의 일부와 같이 전쟁의 초기 단계에서 중국이 방어할 수 없는 지역으로 국한되었다.

성공적인 진지전을 위해서는 방어작전과 공격작전 모두를 위한 제병연합 능력을 개발해야 했다. 1956년 전략방침에서는 그러한 능력을 창출하는 것을 구상했지만 그 목표는 결코 달성되지 못했다. 마오쩌둥이 유적심입을 추진하기로 하고 병력의 분산과 독립적인 작전에 중점을 두었기 때문이다. 전쟁 자체가 새로운 전략을 채택하는 데 가장 주요한 요인은 아니지만, 1979년 중국의 베트남 침공은 PLA가 제병합동작전을 수행할 능력이 없음을 드러냈다.[10] PLA는 이러한 능력을 개발하기 위해 1982년에 3세대 전투규범의 초안을 마련하기 시작했으며, 이 작업은 1987년에 마무리되었다.[11] 이와 유사하게 전쟁의 작전 수준에 관한 PLA의 첫 번째 문건인 『전역학강요(戰役學綱要, Science of Campaign Outline)』의 초안 작업은 1980년대 초에 다시 시작해 1987년 『군사전략학(戰略學, Science of Military Strategy)』의 초판과 함께 출판되었다.[12]

3) 군 구조

1980년 전략방침은 중국이 보다 민첩하고 효과적인 전력을 개발할 것을 요구했다. 전략이 채택되었을 때 PLA는 대략 600만 명이었다. 1975년 초에 총참모장으로서 덩샤오핑은 1960년대 말 장교 수와 비전투부대의 급격한 증가에 따라 PLA가 "비대"해졌다고 비판했다. 1980년 전략방침의 채택에 따라 지휘의 유연성과 전반적인 군의 효율성을 향상시키는 동시에 개혁·개방에 초점을 둔 당시 국가 경제에 대한 국방비 부담을 줄이기 위해 3대 병력 감축이 실시되었다. 처음 두 번의 감군은 1980년과 1982년에 있었는데 이 과정에서 약 200만 명의 병력이 삭감되었다. 100만 명을 줄이는 3차 감군 계획은 1984년 초에 시작되었으며 1985년 6월에 발표되었다. 1987년 계획이 완료되었을 당시 총병력 규모는 320만 명이었다.[13] 1985년 감축은 사령부와 지휘 부서의 감축과 정비에 더해 11개 군구를 7개로 통합하고 35개 군단을 24개 제병연합부대로 전환하는 등 훨씬 더 광범위한 군 개편의 일환이었다.[14]

PLA의 제병합동작전 수행 능력을 향상시키기 위해 전력 구조의 변화도 추진되었다. 새로운 전략방침을 채택하기 위해 열린 1980년 세미나에서 논의된 주제 중 한 가지는 제병합동작전을 수행할 수 있는 합성군(合成軍隊, combined force)을 창설하는 것의 중요성이었다. PLA는 군단을 보병·포병·탱크·로켓·대공포병 부대로 구성되는 합성집단군으로 전환하는 실험을 하기로 결정했다. 이들은 소련의 돌파를 막기 위해 소련군의 공격 방향에 배치될 기동 예비군(預備隊)으로 사용될 것이었다. 1981년 초에 중앙군사위는 시범적으로 두 개의 부대를 구성하기로 결정했다.[15] 시범부대가 1983년에 창설되었으며, 1985년 병력 감축의 일환으로 1985년까지 모든 군단은 합성집단군으로 전환되었다.

4) 훈련

1980년 전략방침에 따라 교육 훈련의 모든 측면이 바뀌었다. 1980년 10월 총부서는 군사교육기관들의 재개와 활성화를 위한 방대한 계획을 발표했는데, 이 기관들은 문화대혁명 동안 사실상 기능이 정지되어 새로운 전략이 필요로 하는 복잡한 군사작전을 수행하도록 병사들을 훈련시키는 데 적합하지 못했다.[16] 1980년 11월 PLA는 군 전체 훈련 회의를 개최해 협동작전(協同作戰, coordinated operations)을 향후 군 훈련의 중점으로 파악했다. 협동작전은 본질상 제병합동작전을 가리킨다.[17] 1981년 2월에 총참모부는 제병합동작전에 중점을 두면서 훈련의 모든 면에 대해 새로운 틀을 제시하는 새로운 훈련 프로그램을 발표했다.[18]

PLA는 교육의 변화와 함께 군사 연습의 범위와 속도를 높였다. 1981년 9월에 베이징 군구에서 열린 연습은 연습과 훈련에 대한 새로운 강조를 상징적으로 보여주었다. '802 회의'로 불리는 이 연습은 1949년 이후 PLA가 실시한 최대 규모의 연습을 보여주었으며, 8개 사단에서 11만 명 이상의 병력이 참가했다. 목적은 소련 침공의 초기 단계에서의 방어작전을 검토해 "전략방침을 구체화"하는 것이었다.[19] 그 후 다른 군구뿐 아니라 각 군도 더 큰 규모의 보다 현실적인 연습을 실시하기 시작했는데, 이는 적어도 훨씬 높은 수준의 전문성을 군에 반영했다는 점에서 소규모 연습이 산발적으로 실시되던 1970년대와는 극명하게 대조되었다.

2. 1973년 아랍·이스라엘 전쟁과 전쟁 수행

1970년대 내내 중국은 소련으로부터 명백하고 점증하는 위협에 직면했지만 10년간 유적심입의 군사전략을 바꾸지 않았다. 그럼에도 불구하고 1970년대 중반이 되자 PLA의 고위 장교들은 소련의 위협에 대처하기 위한 중국의 접근 방식을 재고하면서 중국의 군사전략 변화를 옹호하기 시작했다. 이러한 평가는 특히 기갑전력과 공군을 동원한 현대 군사작전의 속도와 살상률 증가 등 소련이 어떻게 싸울지에 관한 특징을 보여주는 전쟁 수행의 변화에 기초했다.

1) 쑤위의 유적심입 비판

1950년대 총참모장이었던 쑤위는 중국의 전략 변화를 가장 먼저 그리고 가장 두드러지게 옹호한 사람이었다. 린뱌오가 사망한 후 1972년 쑤는 정부 관련 업무를 하던 국무원에서 복귀해 군사과학원의 정치위원 겸 당서기를 맡았다. 쑤는 걱정이 되었다. 그의 관점에서 볼 때 문화대혁명에서 PLA는 미래 전쟁에서 어떻게 싸울지를 배우지도 못한 채 전투에 영향을 줄 만한 외국의 기술 발전을 무시했다. 그 대신에 쑤의 전기에도 적혀 있듯이 "인민전쟁의 추상적인 구호가 모든 문제를 해결할 수 있는 것 같았다".[20] 당과 군 지도부에 대한 일련의 보고에서 쑤는 중국의 군사전략을 평가하고 '유적심입'에 대한 중시를 비판했다.

쑤는 중국이 미래 전쟁을 어떻게 치러야 하는지에 대한 초기 보고서를 작성하는 일에 거의 1년을 보냈다. 그는 "당내와 군내의 지배적인 견해와는 분명히 다른" 견해를 많이 가지고 있었기 때문에 초안 작성은 쉽지 않았다.[21] 그는 「미래 반침략 전쟁 작전지도사상(未來反侵略戰爭作戰指導思想, Operational Guidance in Future Anti-Aggression Wars)」이라는 제목의 보고서를 1973년 2월 마오쩌둥, 저우언라이, 예젠잉에게 제출했다.[22] 두 번째 보고서인 「미래 반침략 전쟁의 몇 가지 문제들(關于未來反侵略戰爭的幾個問題, Several Issues in Future Anti-Aggression Wars)」은 1974년 12월 말 당 최고 지도부와 중앙군사위에 전달되었고, 이후에 1975년 1월 베이징의 모든 정치국 위원에게 배포되었다.[23] 이들 보고서는 전략에 대한 쑤의 명성과 권위를 갖춘 고위 장교가 작성했으며 당과 PLA의 최고 지위에 있는 인사들에게 배포되었기 때문에, 전쟁 수행을 놓고 변화하는 견해에 대한 통찰력을 제공한다.

1973년 보고서는 쑤가 10년 중 나머지 기간 동안 발전시킬 기본 사상을 담고 있었다. PLA의 기존 전략이 공군력과 함께 전례 없는 화력과 기동력을 갖춘 광대한 기갑부대가 특징이었던 소련으로부터 직면하게 된 위협에 잘 맞지 않았다는 것을 분명하게 암시했다. 비록 쑤가 현재 PLA의 문제점을 린뱌오의 탓으로 돌렸지만 정말로 비판한 것은 린이 실행해 온 1964년 마오의 전략지침이었다.[24] 쑤는 PLA 부대가 너무 분산되어 실효성과 인원, 기동작전 능력이 약해져 있어 중국이 수동적인 입장에 놓이게 되었다고 주장했다.[25] 더욱 논란이 된 것은 그가 일부 도시와 주요 전략거점(要點)은 "철저하게 방어해야"하며 "일부는 사수해야 한다(死守)"라고 주장하면서 기동전의 우위에 의문을 제기했다는 점이다.[26] 쑤는 진지방어작전의 중요성에 대해 "충분히 이해해야 한다"라고 강조했다. 이는 공격을 둔화시키기 위해 고정된 요새에 의존하는 작전이었다.[27] 그는 또한 단지 산악 지대로 후퇴하는 것이 아니라 개방된 평야와 교통 요충지에서의 작전의 중요성을 부각시키면서 유적심입에 도전했다. 구체적으로 쑤는 그러한 작전은 침략해 오는 기갑부대를 격파하기 위해 대전차장애물의 설치와 화포의 사용 개선과 함께 병력의 종심배치(縱深配置)가 필요하다고 주장했다. 그는 또한 중국의 방공을 강화해 소련군의 공중 우세를 저지하는 것이 중요하다고 강조했다.

1975년이 되자 쑤는 전쟁 수행에 근본적인 변화가 일어났다고 생각했다. 대전차전에 관한 강연에서 그는 "미래 전쟁은 일본이나 국민당이나 미국을 상대로 한 전쟁과 다를 것"이라고 밝혔다.[28] 쑤는 소련이 보유한 첨단 무기, 특히 탱크와 장갑차 등은 PLA의 전통적인 방법인 "눈 찌르기(시야 확보를 위해 열린 곳을 통해 수류탄 투척)"와 "귀 자르기(탱크에 기어 올라가 안테나 제거)"를 사용해 파괴할 수 없다고 강조했다.[29] 항상 명백한 것은 아니었지만 쑤의 우려는 단지 소련의 의도만이 아니라 소련의 첨단 무기와 새로운 작전방법에 관해서였다.

전 세계의 군사 전문가들에게 1973년 아랍·이스라엘 전쟁은 현대 군사작전의 전환점이 되었다. 핵심적인 문제는 이집트와 시리아 군대에서 소련의 무기와 전술이 두드러졌음을 감안할 때 이 분쟁이 중국의 소련군 위협 평가에 영향을 미쳤는지 여부다. 1973년 아랍·이스라엘 전쟁이 일어났을 때 PLA의 연구기관들은 겨우 정상적인 운영을 재개하고 있었다.[30] 이 시기의 문서는 극히 제한적이다. 그럼에도 불구하고 이용 가능한 소스들은 그 전쟁이 소련의 위협에 대한 중국의 평가에 영향을 미쳤음을 암시한다.

1974년 1월 총참모부는 이집트와 시리아에 대표단을 파견해 이 분쟁을 연구했다. 일곱 명으로 구성된 대표단은 공병단 부사령관인 마쑤정(馬蘇政)이 지휘했으며 이집트군과 시리아군의 손님으로 이 지역에서 2주를 보냈다. 2월 대표단이 귀국하자 마는 총부서의 지도부에 브리핑하고 이번 전쟁에 대한 보고서를 작성했다. 그는 대전차작전과 대공작전이 "분쟁의 본질적이며 주요한 특징"이며 "양측의 전술은 기본적으로 소련과 미국의 작전사상을 반영했다"라고 지적했다.[31] 중요한 것은 그가 "10월 전쟁의 경험과 교훈은 외국 침략에 대한 우리 군의 전쟁 준비에 유익했다"라고 강조했다는 점이다.[32] 마의 보고서는 이

집트와 시리아 군부의 전쟁 관련 자료와 함께 PLA 내에 널리 배포되도록 승인을 받았으며 "모든 수준의 지도자들에게서 관심을 받았다".[33]

마의 보고서와 관련 자료들은 거의 확실하게 쑤위의 분석에 영향을 주었다. 쑤의 보고서들은 이번 분쟁의 특징, 특히 기갑 공격의 속도와 살상력, 대전차무기의 역할, 공중 우세의 확보나 거부의 중요성에 초점을 맞춘 것과 일치한다. 1973년 전쟁의 이와 동일한 특징은 1975년 ≪해방군보≫에 실린 한 기사에서 강조되었는데, 이것은 또한 전쟁의 교훈이 PLA 내에서 광범위하게 논의되었음을 시사한다. 이 기사는 정면 돌파를 위해 복수의 공격을 사용한 것, 이들 공격에서 많은 전차 대수의 역할, 대전차무기의 효과, 공중 우세에 대한 경쟁과 이집트 방공의 성공, 미국·소련 무기의 사용, 장비의 급속한 소비와 지출 등이 특징이었다고 지적한다.[34]

2) 1977년 전략방침

중국은 쑤위의 보고서에도 불구하고 군사전략을 바꾸지 않았다. 실제로 거의 열린 적이 없었던 1977년 12월 중앙군사위 전체회의에서 1960년대 중반부터 제기된 마오쩌둥의 전략을 확인하고 공식화하며 '적극방어, 유적심입'이라고 칭했다. 이번 전체회의는 1977년 8월 제11차 당대회에서 새로운 중앙군사위가 선출되고 나서 마오의 사망과 4인방 체포 이후 PLA 최고 지휘부가 가진 첫 번째 회의였다. 이 회의에서 일상 업무를 맡고 있던 예젠잉 중앙군사위 부위원장은 "마오의 전략적 사고를 행하고 전쟁 준비를 완성하라"라고 주문했다. 예는 마오 전략의 기본 교리를 되풀이하며 "기본 방법은 움직이면서(在運動中) 적을 섬멸하는 것"이고 전략방침은 '적극방어, 유적심입'이라며 "빠른 전쟁, 큰 전쟁, 핵전쟁을 하는 데 뿌리를 두어야 한다"라고 확인했다.[35]

그럼에도 불구하고 일부 고위 군 장교들은 전략 변화를 요구했다. 1977년 전체회의에서 쑹스룬 군사과학원 원장은 "권장할 만하지 못하다"라며 중국 전략방침의 일환으로 유적심입을 포기해야 한다고 주장했다.[36] 1978년 1월 쑤위는 쉬샹첸 중앙군사위 전략위원회 주임에게 유적심입에 기초한 전략을 거부하고 전방방어 전략을 대략적으로 서술한 보고서도 제출했다.[37] 쑤는 요새 구축과 반격을 위한 전략예비군 활용의 중요성, 진지전의 중요성 증대 등을 강조했다. 다음에서 좀 더 자세히 논의하겠지만 그의 보고서는 나중에 덩샤오핑을 비롯한 중앙군사위 부위원장들과 총참모부 내부에 회람되었다.

1977년 전체회의에서는 임시방편으로 유적심입을 유지했을 가능성이 가장 크다. 군 원로들은 문화대혁명으로 황폐해진 군대를 재건해야 할 필요성을 이해했다. 마오는 1964년에 중국의 전략을 유적심입으로 바꾸었지만, PLA가 공식적으로 채택한 적은 없었다. 따라서 예젠잉이 전체회의에서 지적했듯이 문화대혁명 이후 PLA에게 시급한 일 가운데 하나는 "작전사상을 통일하는 것"이었다.[38] 마오와 기존 전략을 강조함으로써 예는 PLA의 모든 사람이 지지할 수 있는 지도자인 마오를 끌어들여 PLA의 결함을 린뱌오와 4인방의 탓으로 돌렸다.[39] 마찬가지로 덩이 회의에서 말한 바와 같이 "확실한 전략방침 없이는 많은 문제를 잘 처리할 수 없다".[40] 이러한 이유에서 한 장군은 1977년 전략방침이 "4인방의 몰락 이후 군 건설과 전쟁 준비를 촉진하는 데 중요한 역할을 했다"라고 회고한다.[41] 마오 사망 직후에 군사전략 변경 문제를 제기했다면 특히 권력 구조에 대한 당 최고 지도자들 간의 분열을 감안할 때 당과 PLA가 아직 행할 준비가 되지 않은 마오의 유산에 대한 광범위한 재검토를 초래했을 것이다. 마오는 문화대혁명 당시 군에 합류한 PLA의 민초들 사이에서도 여전히 많은 찬사를 받고 있었다.

3) 최고사령관들 사이에서 형성된 변화에 대한 공감대

1978년 초 쑤위는 유적심입에 대한 도전을 계속했다. 앞에서 논의한 쉬샹첸에게 보낸 1978년 보고서에는 「전쟁 초기 단계의 전략과 전술에 대한 몇 가지

의견(對戰爭初期戰略戰術的幾點意見, Several Opinions on Strategy and Tactics in the Initial Phase of a War)」이라는 제목이 붙어 있었다.[42] 쑤는 "전쟁의 초기 국면에서 잘 싸웠는지 여부는 전쟁 전체 과정의 발전에 중요한 관계를 가질 것"이라고 관측했다.[43] 이어 그는 주요 방어 요충지(防守要點)를 파악하고 중앙의 예비군 규모를 늘리는 것이 중요하다고 강조했다. 기존 전략에 다시 도전하며 그는 "많은 과거의 전쟁들과 비교할 때 미래 전쟁의 초기 국면은 다를 것"이라고 생각했다.[44] 예컨대 기갑과 화포의 파상 공세에 맞서기 위해 "방어진지[陣地守備]의 비율을 높이고, 아군의 진지전 능력을 끌어올려야 한다".[45] 쑤는 합성군을 암시하듯이 민병대는 물론이고 보병, 기갑, 공병, 공군이 장·중·단 거리의 "빽빽한 대전차 화망(火網)"을 만들 것을 요구했다.[46]

1978년 4월 쑤는 군사과학원 강연에서 비슷한 주제를 반복했다.[47] 소련 중화기의 속도와 사정거리를 감안할 때 "우리의 작전 방식과 방법, 수단도 변경되어야 하며 심지어 변혁되어야 한다"라고 결론지었다.[48] PLA는 방어작전에 더 많은 병력을 투입하고, 방어작전을 지원하는 데 전쟁 초기 기동작전을 국한시키며, 제대로 장비를 갖추지 못한 PLA 병력이 큰 손실을 입게 되는 결정적인 전투를 피할 필요가 있었다. 내전에서 쑤는 "우리는 일반적으로 기동방어를 사용했다"라고 했지만, 이것은 더 긴 전쟁을 위해 인구를 동원할 수 있는 중국의 능력에 대한 중요성을 감안할 때 이제 결사적으로 방어해야 한다고 그가 생각했던 도시들을 포기해야만 하는 점진적인 후퇴가 요구되었다. 쑤는 자신의 주장의 근거를 전쟁 수행의 변화에 두었으며, "현대 과학기술의 급속한 발전과 군에서의 광범위한 활용"을 거듭 언급했다. 쑤에게 있어 이것은 "전쟁 준비의 새로운 문제들을 제기함으로써 불가피하게 변화와 심지어 작전방법의 변혁을 야기할 것이다".[49]

중국의 기존 전략에 대한 쑤위의 도전은 1979년 1월 PLA 사관학교와 중국 공산당 중앙당교에서 강연하도록 초청을 받으면서 훨씬 더 폭을 넓혔다. 그는 "현대적 조건하에서 작전 문제를 해결"하는 것이나, 전쟁 수행의 변화를 바탕으로 소련의 위협에 대처하는 방법을 검토했다.[50] 중요하게도 그는 그다음 달 중국의 베트남 침공 직전에 강연을 했다. 이 분쟁에서 중국의 부진이 군사 개혁의 추가적인 동력을 만들어냈을지 모르지만, 전략 변경의 이유로서 전쟁 수행의 변화에 대한 쑤의 견해는 중국의 침략 전에 형성되었으며 전장에서 어떤 교훈을 얻었을지도 모른다.[51]

그는 과학기술의 발전이 무기·장비·전쟁 발전의 새로운 단계를 예고한다는 관측에서 출발했다. 쑤에 따르면 "이 변화들은 우리 군의 일부 전통적인 작전술에 도전하고, 우리 군의 전략과 전술 개발을 시급히 요구한다". 그렇지 않으면 "적들이 대규모 침략 전쟁을 일으키자마자 우리는 전쟁 상황의 요건에 적응하지 못하고 심지어 너무 비싼 대가를 치를 수도 있다".[52] 소련군과 미군은 "기갑 무장을 하고, 빠르고, 강력하고, 사거리가 긴" 중무기가 주된 특징이었다. 이 때문에 쑤는 "현대 재래식무기의 파괴력과 살상력은 과거와는 비교할 수 없을 정도다"라며 특히 북방의 이웃 국가인 소련과의 전쟁에서 핵심적인 역할을 할 것이라고 주장했다.[53] 그가 말했듯이 "탱크에 탄환과 수류탄으로 많은 소음을 낸다고 해도 탱크를 파괴할 수는 없다".[54]

중국에게 소련과의 전쟁에서 가장 큰 도전 과제는 기습 공격에 대항하는 것이었다. 소련 군사론은 신속한 승리를 거둘 수 있을지가 정해지기 때문에 전쟁의 개전 국면을 결정적으로 보았다.[55] 소련이 가진 무기의 장점은 그들이 중국의 전략적 정치·경제·군사 중심지를 신속하게 타격할 수 있게 해주며, 이에 따라 중국의 '방어 체계'를 마비시키고 저항 능력을 파괴할 수 있게 한다. 핵심 쟁점은 PLA의 전투력을 유지하고 전력의 집중과 결정적인 전투를 피하면서 "적군의 전략적 기습 공격의 초기 몇 차례의 공세에 저항하는 것"이었다.[56]

쑤의 답변은 이전의 글들과 일관되게 기동전보다 진지전을 강조함으로써 기존의 전략과 배치되었다. 쑤가 말했듯이 "과거와의 중요한 차이점은 진지방어전의 중요성이 확연히 커진 것이다".[57] 기동전은 고정 진지 인근 지역으로 국한되고 전선 후방에 준비된 진지에서 벌어지는 중형 전투로 제한해야 한다. 그는 "현대의 전쟁 조건하에서 전쟁 초기에는 작전형식의 주요 특징이 진지작전(陣地的作戰)과 이들 진지로부터 멀지 않은 곳에서의 작전일 것"이라고 설명했다.[58] 기동전은 한국전쟁에서 PLA 공격 전역의 주축이 되었지만 지금은 국가동원의 핵심이 되는 후방을 고려하지 않고 기동성을 강조했다고 그는 말했다. 쑤도 주목했듯이 "과거에는 이길 수 있으면 공격하고 이기지 못하면 도망쳤겠지만, 지금은 승패가 갈릴지 도망갈 수 있을지 여전히 문제가 있다". 따라서 "혁명으로부터 그러한 전투 방식을 모방하면 실용적이지 않을 것이다".[59] 그 대신에 "미래 반침략 전쟁의 상황은 다르다". 중국은 주요 도시, 도서, 해안 지역뿐만 아니라 다른 전략적 지역을 비롯한 주요 요새(重點設防)와 위수 지역도 방어해야 하기 때문이다.[60] 일부 지역을 포기할 수는 있지만 다른 지역은 PLA가 '사수'해야 한다. 쑤에게 있어 일부 도시는 지켜야 할 필요가 있을 뿐만 아니라 스탈린그라드[(Stalingrad, 현재의 볼고그라드(Volgograd)]처럼 적을 약화시키는 기회로 활용할 수도 있었다.

쑤의 연설은 많이 선전되었다. 이날 회의에는 신화통신(新華通訊) 기자가 참석해 기본 구상을 보다 폭넓은 청중에게 소개했다.[61] 총참모부는 조직적으로 소속 인원들에게 녹음된 강의를 듣게 했다. 3월까지 총참모부의 간부 중 70%가 그 연설을 들었다.[62] 이 강의는 1979년 3월 군사과학원의 내부 저널인 ≪군사학술(軍事學術, Military Arts)≫에 실렸고, 같은 해 5월 15일 ≪해방군보≫에 실려 널리 배포되었다. 이를 통해 활발한 토론과 논쟁이 벌어졌다.[63] 중앙군사위는 또한 쑤의 연설을 군의 고위 간부 전부가 읽어야 할 필독서로 배포하도록 지시했는데, 이는 그의 강의 내용을 고위급들이 승인했음을 시사했다.[64]

그해 여름과 가을, 많은 고위 장교가 쑤의 구상을 공개적으로 지지하며 새로운 전략을 요구했다. 예컨대 1979년 10월 PLA의 10대 원수 중 한 명인 쉬샹첸은 중앙위원회 산하 간행물인 ≪홍기(紅旗, Red Flag)≫에 국방 현대화에 관한 장문의 글을 발표했는데, 이 글은 전쟁 수행의 변화를 전략 문제에 연관시켰다. 쉬는 군사문제에 대한 신기술 적용이 어떻게 "무기와 장비에 큰 변화를 초래"했는지에 주목했다. 더욱이 "이러한 변화는 필연적으로 그에 상응하는 작전방법의 변화를 초래할 것이다". 쉬에게 "현대전은 과거의 어떤 전쟁과도 매우 다르다". 예컨대 소련과의 전쟁에서는 "공격 대상, 전쟁 규모, 심지어 전투방법까지 우리가 전에 접하지 못한 것이다. 이런 새로운 조건에 따라 여러 새로운 문제를 연구하고 해결해야 한다". 쉬는 마오식 구상을 일축하며 "1930년대와 1940년대의 낡은 비전으로 현대전을 이해하고 지휘한다면, 우리는 반드시 미래 전쟁에서 퇴짜를 맞고 큰 고난을 겪게 될 것"이라고 했다.[65] 쉬의 발언 중 분명히 함축된 바는 중국에 새로운 전략이 필요하다는 것이었다.

이듬해 ≪군사학술≫은 쑤위의 입장을 지지하는 논문들을 실었는데 대다수가 고위 장교들이 작성한 것들이었다.[66] 예컨대 1979년 11월 양더즈(楊得志)는 쑤의 방어작전과 진지전의 중요성에 대한 생각을 지지했다. 양은 1980년 3월 덩샤오핑을 대신해 총참모장이 될 예정이었다. 양은 중앙군사위가 이미 중국의 전략방침을 결정했다고 밝혔지만 "방침을 어떻게 더 잘 이해하고 이행할 것인가"에 관한 문제가 남아 있음을 인정했다. 이는 방침이 수정되어야 한다는 것을 분명히 밝힌 것이다. 보다 단도직입적으로 그는 "적들의 전략적 돌파에 저항할지" 아니면 "깊은 곳으로 적을 유인할지"가 핵심 쟁점이라고 했다.[67] 그 후 그는 진지전을 강조하고, 성공의 관건으로서 각 군과 전투부대 간의 협동을 개선해야 한다고 주장했다.[68]

≪군사학술≫에 실린 쑤의 연설에 대한 많은 논평은 1973년 아랍·이스라엘 전쟁을 중요한 사례로 들었다. 예컨대 1980년 1월 군사과학원 연설에서 쑹스룬은 많은 무기 소비와 전략적인 기습의 중요성 등 현대전의 특성을 설명할 때 1973년 전쟁을 반복적으로 언급했다.[69] 이와 비슷하게 1980년 8월『전역학(戰役學, Science of Campaigns)』원고를 어떻게 수정할지에 대해 논평할 때, 쑹은 군사과학원 연구자들이 "외국 군의 전역작전 경험, 특히 제4차 중동전쟁의 작전 경험에서 적절하게 차용해야 한다"라고 지시했다.[70]『전역학』은 전역을 수행하는 방법에 대한 지침으로서 역할을 하며, 따라서 "현대적 조건하에서 작전

특성을 반영하기 위해 노력"해야 한다.[71]

1973년 아랍·이스라엘 전쟁도 훈련에서 중요한 참고점이 되었다. 예를 들면 1978년 말 선양 군구에서 나온 보고서는 이 전쟁이 대전차작전을 위한 주요 사례 연구(戰例)로 사용되었다고 지적한다.[72] 이 전쟁의 특징은 1979년 베이징 군구에서 열린 대전차 훈련에서 두드러지게 반영되었다.[73] 1981년 난징 군구의 한 군단에서 공부 모임을 만들어 전쟁 개시 단계에서 기습 공격을 연구했다. 이 모임은 『제4차 중동전쟁(The Fourth Middle East War)』을 포함한 세 권의 책을 사용했다.[74] 아마도 비슷한 공부 모임이 다른 군구에도 생겼을 가능성이 크다. 마찬가지로 1985년에 군사과학원은 아랍·이스라엘 전쟁에 관한 일본 연구의 번역서를 출판했다. 군사과학원이 쓴 서문에는 "지금까지 전쟁사에서 제4차 중동전쟁은 현대적 특성을 두드러지게 반영하는 하나의 전쟁"이라고 명시되었다.[75]

3. 덩샤오핑과 화귀펑 간의 권력투쟁과 당 단결의 복원

1978년까지 PLA 고위 장교들은 중국이 군사전략을 바꿀 필요가 있다고 인정했지만, 1980년 10월까지도 새로운 전략방침은 채택되지 않았다. 1976년 마오쩌둥 사망 이후에도 계속된 문화대혁명의 정치가 만들어낸 당 최고위층의 분열이 주된 걸림돌이었다. 당 단결의 회복을 위해서는 당 내부의 권력과 권위 구조에 대한 새로운 합의의 도출이 필요했는데, 이는 덩샤오핑이 중국의 최고 지도자가 되기 위한 투쟁에서 화귀펑을 물리쳤을 때 달성되었다.

1) 최고위층의 분열

1976년 9월 마오쩌둥이 사망했을 때 네 개의 엘리트 집단이나 파벌이 경쟁하며 존재했다. '좌파'들은 마오가 당에 뿌리를 내린 것으로 믿고 있는 수정주의를 바로잡기 위해 육성한 급진주의자들로, 다른 분야보다 선전과 교육을 장악하고 있었다. 이 집단의 가장 두드러진 구성원은 항상 단일 집단으로 활동한 것은 아니지만 문화대혁명 때의 이른바 4인방이었다.[76] '수혜자'들은 문화대혁명의 격변기에 경력이 각광받게 된 당 엘리트들로 보다 고위급 지도자들이 탄압받은 후에 지위가 상승했다. 원로 '생존자'에는 마오나 저우언라이의 보호를 받았거나, 당대의 변화무쌍한 정치를 성공적으로 헤쳐나간 덕분에 숙청을 피할 수 있었던 당 원로들이 포함되었다. 그러나 마지막 집단은 따로 있다. '피해자' 혹은 1966년 이전에 고위직을 맡아 당시 박해를 받았던 창단 당원들이었다. 이들 개인은 문화대혁명 전에는 더 실용적이고 덜 급진적인 정책과 종종 연관되어 있었으며 당, 국가, 군에서 중요한 위치를 차지하고 있었다. 이들은 자신들이 비웠던 직위를 차지한 수혜자들에게 분개했을 가능성이 가장 크지만, 문화대혁명이 끝났을 때 국가를 재건하는 데 필요했던 관료적 기술과 폭넓은 인맥을 갖고 있었다.[77]

다양한 수준에서 문화대혁명은 당, 국가, 군 내에 분열을 만들었다. 저우가 사망하자 1949년 이후 처음으로 국무원 총리 자리가 공석이 되었다. 그 자리에 좌파 인사를 고르면 다른 원로 지도자들의 지지가 부족했을 것이기에 마오는 저우를 대신할 수혜자로 화궈펑을 임명했다. 1975년 내내 제1부총리를 맡았기 때문에 논리적으로는 덩샤오핑이 저우의 후계자였을 것이다. 그러나 덩은 1975년 말 마오의 환심을 잃게 되었고, 1976년 4월에 다시 자리를 빼앗겼다. 총리가 되었을 때 화는 중국공산당 제1부주석으로도 지명되었는데, 이는 그가 마오의 후계자로 선택되었다는 것을 알려준다.[78]

1976년 9월 마오가 사망하자 당 주석과 중앙군사위 주석 자리는 공석이 되었다. 예젠잉이 이끄는 원로 생존자와 화궈펑과 같은 수혜자 사이에 동맹이 맺어졌다. 마오의 사망 직후에 4인방이 권력을 공고히 하려고 움직이자 주요 생존자와 수혜자들은 4인방과 그 핵심 지지자들을 체포하는 데 동의하면서 당의 미래를 위한 급진적인 비전을 거부하고 권력 다툼의 경쟁 집단 하나를 제거했다.[79] 정치국은 화를 당 주석과 중앙군사위 주석으로 지명했다. 이에 따라 화는 1949년 이후 당, 국가, 군에서 최고위직을 차지한 최초의 정치 지도자가 되었다.

그러나 화의 공식 직함들은 당내에서 그의 비공식적인 권위와 지위를 넘어섰다. 4인방 체포 이후 정치국 상무위원회는 단 두 명의 위원만 두었다. 즉, 화궈펑(주석)과 예젠잉(부주석)뿐이었다. 새로운 정치국 상무위원회를 구성해야 하는데, 이를 위해서는 당대회를 소집해야 했다. 마침내 거의 1년 후인 1977년 8월 제11차 당대회가 열렸을 때 새로운 지도부로 기구들이 구성되었지만, 새로운 기구들은 수혜자, 생존자, 피해자 간의 불안정한 균형을 반영하고 있었다. 화는 당 주석으로 남았고 이에 따라 정치국 상무위원장도 계속 맡았다. 4인방 체포에 결정적인 역할을 했던 또 다른 수혜자인 왕둥싱(汪東興)은 중국공산당의 막강한 중앙판공청을 운영하는 것 외에 당 부주석에도 임명되었다. 두 명의 생존자가 새 정치국 상무위원회에 합류했는데, PLA의 일상 업무를 담당했던 예젠잉과 저우의 경제보좌관 중 한 명인 리셴녠이었다. 마지막 상무위원은 많은 피해자들의 열망을 대변하는 덩샤오핑이었다.

1977년 덩의 복귀에는 수혜자와 원로 생존자 간의 미묘한 협상이 필요했다. 왕둥싱과 베이징 시장이자 또 다른 수혜자인 우더(吳德)는 덩의 복귀를 반대했다. 그러나 다른 많은 사람은 덩의 복귀를 지지했다. 특히 군대에서 널리 인정된 문제들을 처리할 필요성을 고려해 지지를 많이 했다. 덩은 진심은 아니었지만 1977년 5월 서한을 보내 당에서 화의 지위를 수용한다고 전했다.[80] 1977년 7월 덩은 1975년에 맡았던 당 부주석, 중앙군사위 부주석, 부총리, 총참모장 등 모든 직책을 맡았다. 권력의 3대 축에서 모든 지위를 다시 맡음으로써 덩은 화에게 분명한 위협이 되었다. 당 최고위층 내부의 분열은 정치국원들의 공식 서열에 반영되었다. 서열 1위는 수혜자 화궈펑, 2위는 생존자 예젠잉, 3위는 피해자 덩샤오핑이었다.[81]

당 최고 지도부가 여전히 분열되어 있었지만 11차 당대회 이후 구성된 새로운 중앙군사위는 그 어느 지도자보다 덩에게 유리했다. 화가 계속 주석을 맡았고 예젠잉, 덩샤오핑, 류보청, 쉬샹첸, 네룽전 등이 부주석으로 남았다. 화를 제외한 모든 사람은 1950년대부터 PLA의 현대화에 관여했던 군사 전문가들이었다. 새로운 중앙군사위의 핵심은 상무위원회(常委)였는데, 여덟 명의 위원으로 구성되고 중앙군사위의 주요 의사결정 기구 역할을 했다. 이 위원회 위원 중 오직 왕둥싱만이 화와 강한 유대를 갖고 있었다.[82] 새로운 중앙군사위에는 세 개의 총부서, 각 군, 병과, 군구, 기타 중앙군사위 산하의 부대 등이 포함되었으며, 43명의 후보위원이 있었다. 따라서 중앙군사위는 PLA 자체와 마찬가지로 비대하면서도 분열되어 있어 신속하거나 단호한 결정을 내릴 수 없었다.

2) 덩샤오핑의 권력 강화

덩샤오핑은 1977년 8월부터 공산당 내 권력 강화를 위한 꾸준한 운동을 벌였다. 4인방 체포에 이어 화궈펑을 중심으로 한 수혜자와 덩을 중심으로 한 피해(복귀)자 사이에서 주로 권력 다툼이 벌어졌다. 게다가 당과 군의 하부 계층 내에는 많은 수혜자와 좌파가 남아 있었는데, 이 두 집단은 모두 당 최고 지도자들이 동원 가능했고, 당 최고위층의 취약성을 부각시킬 수 있었다. 이 경쟁에서 화는 두 가지 장점을 가지고 있었다. 그는 권력의 세 가지 제도적 축에서 최고위직을 맡고 있었고, 또한 마오 주석이 선택한 후계자로서 정통성을 지녔다는 점도 축복이었다.[83] 그러나 마오의 후계자로서 화의 지위도 문화대혁명에 대한 재평가에서 자유롭지 못했다. 이러한 재평가는 문화대혁명에서 일어난 일들에 대한 마오의 책임을 건드리게 되기 때문이다.[84] 덩은 당, 국가, 군 서열에서는 더 낮은 지위에 있었지만 그럼에도 불구하고 당, 국가, 군에서 고위직에 있었으며, 더불어 화가 가지지 못했던 중화인민공화국 건립 이후 최고위급 정책 결정에 참여했던 수년간의 경험을 갖고 있었다. 덩은 특히 PLA 내에서 막강한 영향력을 발휘했는데, 이는 많은 중앙군사위의 최고 지도자들과 맺은 역사적 유대관계 때문만이 아니라 중앙군사위 부주석과 총참모장 등을 역임했기 때문이었다. 덩은 좌파에게 핍박받고 수혜자에게 분노하던 군 내외의 많은 이들의 염원을 대변했다.

중국의 엘리트 정치에 대한 새로운 연구가 보여주듯 덩과 화 사이의 경쟁은 정책이나 이념에 대한 근본적인 차이를 반영하지 않았다. 덩과 화는 놀랍게도 많은 정책 문제, 특히 경제 문제에 대해 이견이 없었다.[85] 그들이 동의하지 않았을 만한 것은 당의 미래, 문화대혁명의 평가, 그리고 가장 중요한 것은 당의 최고 권력 구조에 관련해서였을 것이다.[86] 화와 덩의 투쟁을 여기서 자세히 설명하지는 않겠다.[87] 중국 군사전략의 큰 변화를 설명할 목적에서, 투쟁의 가장 중요한 요소는 결과, 즉 덩샤오핑이라는 한 명의 지도자하의 권력 통합과 당내 단결의 회복이었다.

덩은 그다음 1년 반 동안 대략 두 단계로 권력을 강화했다. 1978년 12월 제11차 당대회 3중전회에서 정점에 이르렀던 첫 번째 단계에서는 화궈펑 등 수혜자 집단이 크게 약화되었다. 조셉 토리지안(Joseph Torigian)이 흥미진진한 새로운 연구에서 보여주듯 덩은 "진리를 검증하는 유일한 표준은 실천"에 대한 논쟁을 촉발함으로써 마오의 후계자로서 화의 정치적 취약성을 이용했다. 이는 '양개범시(兩個凡是, two whatevers)'라는 구호하에 마오의 사상들을 활용하는 것에 의문을 제기했다. 토리지안이 결론지었듯이 "덩은 인위적으로 그가 정치 논쟁으로 바꿀 수 있는 이념 논쟁을 만들어냈다".[88] 1978년 가을이 되자 대부분의 성과 군 핵심 부대들이 모두 덩의 '진리 추구(求是, seeking truth)' 입장에 대해 지지를 표명했다.[89]

화가 취약해지는 전기는 1978년 11월에 열린 중앙공작회의에서 발생했다. 그 회의의 목적은 그다음 달 3중전회에서 비준될 경제정책을 논의하는 것이었다. 그럼에도 불구하고 거의 회의가 시작되자마자 참석자들은 재빨리 의제를 바꾸어 화가 지금까지 번복하기를 거부했던 1976년 4월 5일 톈안먼사건에 연루되었던 사람들뿐만 아니라 문화대혁명 피해자들의 판결을 뒤집는 문제를 논의했다.[90] 첫 번째로 발언한 것은 아니지만, 회의 초기에 이러한 문제를 제기할 수 있는 가장 원로는 천윈(陳雲)으로 (자신을 포함해) 비판을 받았던 원로 당원들의 복권을 요구했다.

천윈은 경제 등 정책 현안을 다루기 전에 복권(翻案, reversal of verdicts)을 반드시 해결해야 한다고 주장했다. 결국 화는 천윈 등이 제기한 복권과 희생된 혁명가들의 정치국 추가 요구를 받아주었다.[91] 왕둥싱, 우더, 천시롄(陳錫聯), 지덩쿠이(紀登奎) 등 화의 지지자들 중 상당수가 문화대혁명과 관련된 좌파 입장을 유지한 데 대해 자아비판을 했다. 12월 중순 3중전회가 열렸을 때 더 많은 덩의 지지자를 정치국에 배치함으로써 복권을 확인했다. 왕둥싱은 당 부주석과 중앙위원회 판공청 주임에서 물러났다. 천윈이 왕을 대신해 당 부주석이 되었으며 정치국 상무위원회에도 합류했다.

이 무렵 덩은 최고 지도자의 권한을 행사하기 시작했다. 덩은 정치국과 정치국 상무위원회에 대한 업무 배정을 변경했는데, 이는 통상 화 등 당 주석에게 유보되어 있던 것이었다.[92] 공작회의가 시작하기도 전에 덩은 미국과의 국교 정상화를 위한 협상을 감독하고, 1979년 2월 베트남에 대한 징벌 차원의 공격을 추진했다. 이 공격은 베트남이 소련을 지지하고 캄보디아를 침공한 것에 대한 징벌의 의미였다.[93] 이전에는 오직 마오(또는 마오의 승인을 받은 저우)만이 무력 사용에 관한 고위급 외교 협상이나 결정을 처리했다. 화는 이러한 결정에 거의 또는 아무런 역할을 하지 않았다.

덩은 3중전회 이후 당, 국가, 군에서 권력을 계속 강화해 갔다. 1979년 11월 중앙위원회는 중앙군사위의 일상 업무 관리를 맡을 '사무회의(辦公會議, office meeting)'의 설치를 승인했다.[94] 이 행정 기구는 덩의 지지자들로 가득 차 있었다.[95] 1980년 1월 더 많은 덩의 충성파가 중앙군사위 상임위원회에 합류했다.[96] 1980년 1월에서 4월까지 여러 군구의 지도부가 개편되었다. 11개 군구 중 두 개를 제외한 모든 군구의 지휘관이 교체되었다. 기존 지휘관들을 더 고위직으로 승진시키면서 개편이 이루어진 경우가 많았다.[97] 그러나 지휘관들의 순환

교대는 PLA 군구 내의 다른 주요 지도부 변경과 마찬가지로 한 사령관이 동일한 지역에 장기간 근무할 때 발생하는 '전횡'이나 파벌 형성을 막기 위한 의도였을 수도 있다. 이러한 개편으로 상대적으로 젊은 지휘관들의 진급이 가능해졌다. 이것은 덩의 오랜 목표이기도 했다. 승진자 중에는 문화대혁명 때 박해를 받은 사람도 많았는데, 화와 강한 유대 관계를 가진 사람은 아무도 없었다. 마지막으로 개편을 실행시킬 수 있었던 것도 덩이 PLA 내 권력을 통합했다는 신호였다.[98] 화가 이러한 변화에 관여했다는 증거는 존재하지 않는다.

덩의 군부 내 권력 강화는 당과 국가 관료 체계에서 화에 반대하는 그의 움직임을 예고했다. 1980년 2월 5중전회에서 화와 가까운 정치국 상무위원 네 명이 해임되고 자오쯔양과 후야오방이 추가되었다.* 그러면서 상임위원회의 균형은 덩에게 기울어졌다. 후야오방은 중국공산당 총서기에 임명되어 당무를 맡게 되었다. 자오쯔양은 국무원 일상 업무의 책임을 맡아 8월에는 공식적으로 화를 대신해 총리가 된다.[99] 화는 몇 달 더 당 주석과 중앙군사위 주석으로 남아 있었지만, 사실상 당과 국가 관료 체계에서 배제된 상태가 되었다. 12월 일련의 정치국 회의에서 화는 이들 마지막 두 지위를 포기했으며, 이는 1981년 6월 6중전회에서 공식화되었다.[100]

4. 1980년 전략방침의 채택

이러한 당 화합의 회복은 중국의 군사전략을 변화시킬 수 있는 여건을 만들어냈다. 1979년 말이 되면 전략적 후퇴가 아닌 전방방어를 통해 소련 침공에 저항할 필요성에 대한 공감대가 형성되었다. 이제 PLA 지도부는 그 합의에 따라 행동할 수 있게 되었다. 새로운 전략방침을 마련하기로 한 결정은 1980년 봄과 여름에 이루어졌으며, 새로운 전략은 1980년 10월에 채택되었다. 새로운

---

* 이들은 1978년 말에 자아비판을 한 사람들로 왕둥싱, 우더, 천시롄, 지덩쿠이였다.

전략을 채택하기로 한 결정은 고위 군 장교들이 어떻게 전략 변화의 과정을 주도했는지를 보여준다.

1) 전략 변경의 결정

전략을 바꾸려는 움직임은 덩샤오핑이 1980년 초 총참모장에서 물러나 경제와 당무에 주력하기로 결정하며 시작되었다. 1979년 중국의 베트남 침공 때 쿤밍(昆明) 전선에서 PLA를 이끌었던 쿤밍 군구 사령관 양더즈가 덩을 대신했다. 이 점에서 세 개 총부서의 지도부와 함께 대부분의 중앙군사위 위원들은 정치가 아닌 군사문제에 초점을 맞춘 '현대화론자'로 묘사될 수 있겠다. 총참모부 내에서 양더즈의 부관들은 양용(楊勇), 장전, 우슈취안(伍修權), 허정원(何正文), 류화칭(劉華淸), 츠하오톈(遲浩田)이었다.

총참모장으로서 양의 첫 번째 임무는 병력을 '정리하고 재편하는(精簡整編)' 계획을 수립하는 것이었다. 이는 1975년 중앙군사위 확대회의에서 제기되었으나 1976년 덩의 해임과 당 및 PLA 내의 계속된 분열 탓에 제한된 진전만 이루어졌을 뿐이다. 1976년 말까지 주로 지상군에서 80만 명의 병력이 감축되었지만, PLA 규모는 1970년대 후반에 다시 증가해 1979년 602만 4000명에 달했다.[101] 다음에서 보다 상세히 논의하겠지만 조직 간소화와 개편은 1980년 3월에 개최된 중앙군사위 확대회의의 초점이 되었다.

양의 두 번째 임무는 중국의 군사전략, 특히 소련과의 전쟁 초기 단계에서 PLA의 '작전지도사상'에 관한 공감대를 이끌어내는 것이었다. 첫 번째 감군은 PLA의 조직 방안과 그것이 실행해야 하는 작전에 대한 중요한 비전에 의해 영향을 받을 필요가 있었다. 더욱 중요한 것은 쑤위의 1979년 강연을 공개적으로 출간한 데 이어 나타나던 공감대와 '적극방어, 유적심입'이라는 기존 전략방침 사이에 괴리가 생겼다는 점이다. 쑤가 진지전을 강조한 것은 기존 전략에서 전략적 후퇴라는 개념과 배치된다. PLA가 진지전을 강조하려면 중앙군사위는 전략방침을 수정해야 했다. 1979년 연설 이후 쑤의 사상을 고위 지휘부가 수용한 속도와 기존 방침과의 괴리는 전략과 작전에 대한 '사상통일[統一思想]'의 필요성을 나타냈다.

전략방침이 아직 바뀌지 않았는데도 이미 여러 군구들은 쑤의 구상을 실행하기 시작했다. 예컨대 1979년 10월 선양 군구는 초기 공격에 이어 고정된 진지방어에 더 중점을 둔 핵 조건하에서 사단급 진지방어작전 연습을 실시했다.[102] 1980년 3월 선양 군구는 쑤의 연설을 군구의 목표와 훈련 계획을 평가하는 근거로 사용해 훈련회를 개최했다.[103] 1980년 3월 총참모부와 우한 군구는 공격해 오는 적에 대항해 진지방어를 강화하기 위해 협동(協同)을 향상시키는 시범훈련을 실시하도록 127사단에 지시했다. 이것은 쑤가 PLA가 중점을 두어야 한다고 주장했던 바로 그런 형식의 작전이었다.[104]

덩을 대신한 직후 양더즈는 국제 정세와 소련과의 전쟁에서 PLA의 작전지도사상을 논의하기 위해 여러 차례 회의를 주재했다. 양은 이러한 논의를 바탕으로 5월 3일 총참모부가 고위 장교들을 위해 반침략 전쟁의 초기 작전에 대한 세미나(研究班)를 열자고 중앙군사위에 제안했다.[105] 그가 나중에 언급했듯이 최고위 장교들을 위한 그러한 세미나는 전례가 없었다.[106] 회의의 취지는 고위급 장교들의 "전략적 인식[戰略意識]"을 높이고, 소련 공격에 대한 전략적 대응방안을 논의하자는 것이었다.[107] 중국이 어떤 군사전략을 가져야 하는지를 기술하지 않고서는 소련 공격에 어떻게 대응해야 하는지에 대한 질문에 PLA가 답할 수 없었기 때문에 더 큰 목표는 전략방침을 바꾸는 것이었다. 비밀 유지를 위해 그 세미나는 '801 회의'라는 암호명을 사용했다.[108]

중앙군사위는 양더즈의 제안에 동의하면서 그에게 세미나를 조직하는 영도소조를 맡겼다. 장전은 소조의 조장을 맡아 일상적인 기획을 담당하게 되었다. 양과 그의 부관들은 결정해야 할 첫 번째 문제가 "전군의 사고를 통일"하기 위해" 전략방침의 "올바른 표현(正確表述)"이라는 데 의견을 같이했다.[109] 세미나의 목적은 소련과의 전쟁이라는 맥락에서 중국의 군사전략을 어떻게 바꿀지를

논의하는 것이었다. 예컨대 영도소조의 업무를 설명하며 장전은 방침의 수정을 여러 번 언급한다.[110]

6월 초에는 양더즈와 양용 제1부참모장이 소련과의 어떤 전쟁에서든 전선이 될 내몽골, 허시(河西)회랑, 허란산(賀蘭山)산맥 등을 시찰하는 데 한 달을 보냈다. 시찰의 목적은 전투 준비 훈련, 방어 요새, 침공이 일어날지도 모르는 지형을 점검하는 것이었다. 시찰의 중요성을 강조하며 그들은 베이징 군구와 란저우(蘭州) 군구 지도자들과 동행했다.[111] 양더즈가 몇 달 후 말했듯이 "우리는 많은 문제를 발견했다".[112] 〈지도 5-1〉에서 보듯이 1970년대 초에 세 개의 잠재적인 소련 침공로가 식별되었다.[113] 얼렌하오터(二連浩特)에서 장자커우를 거쳐 베이징으로 가는 경로가 가장 짧고 위협적이었다.

6월 중순에 장전은 세미나의 핵심 부분을 구성하는 일련의 강의를 준비하기 시작했다. 이 강의들에는 전쟁의 초기 단계에서 각 군과 병과들을 어떻게 활용할지를 연구하기 위해 15개 부대와 부서의 지도자들이 참여했다. 주제는 전력의 돌파구가 어떻게 전략적인 돌파구로 발전할 수 있는지, 각 군과 병과 간의 협동, 지휘 자동화, 전자 대응 조치, 방공, 전시 동원 등을 포함했다. 강의는 또한 제2차 세계대전의 작전적 특성과 아마도 1973년 아랍·이스라엘 전쟁을 포함한 "최근에 세계에서 일어난 몇몇 전쟁"을 다루었다.[114] "알맹이가 없는 빈말"을 피하기 위해 모든 연사는 소조가 감독하는 시범강의(試講)를 했다.[115]

8월 중순에 세미나 준비가 완료되었다. 이 과정에서 어느 시점이 되자 영도소조는 전략방침을 변경해야 하고, 방침의 공식이나 표현의 일부에서 '유적심입'을 제외해야 한다고 판단했다. 예컨대 장전은 이러한 대화가 언제 있었는지 정확히 밝히지는 않지만, 그 방침을 어떻게 바꿀지에 대해 합의했던 양더즈 및 양용과 가졌던 논의를 상기한다.[116] 영도소조는 중앙군사위 전략위원회와 "관련된 영도 간부"로부터 전략방침 변경에 관한 의견을 구했다.[117] 장전에 따르면 "모두가 전략방침에 부분적인 조정을 하는 것을 선호했다".[118]

8월 중순부터 9월 17일 세미나가 시작되기까지 영도소조는 전략 변화에 대

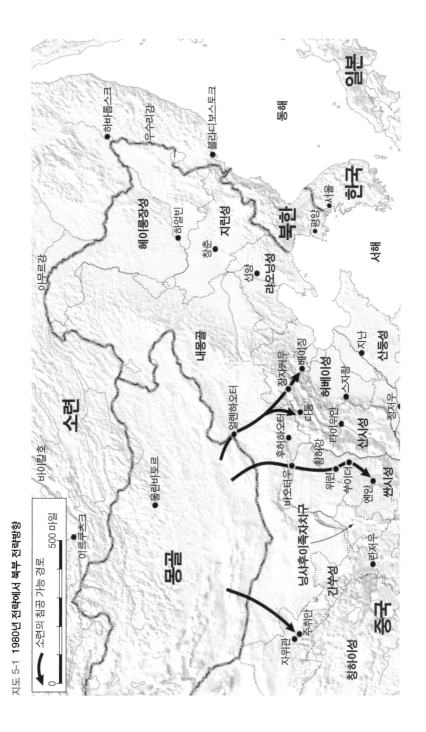

지도 5-1 1980년 전략에서 북부 전략방향

한 승인을 얻기 위해 중앙군사위의 연로한 원수와 부주석들에게 자문을 구했다. 녜룽전, 예젠잉, 쉬샹첸 등은 모두 중앙군사위의 승인만을 남겨둔 방침 수정안에 동의했다.[119] 9월 30일 영도소조는 덩샤오핑에게 브리핑을 했으며, 덩은 "우리의 견해를 분명히 반영"했다며 세미나에서 연설하고 싶다고 했다.[120] 중앙군사위는 세미나에서 방침의 변경을 승인했다.[121]

9월 9일 군사과학원의 쑹스룬 원장은 중앙군사위 부주석 중 한 명인 예젠잉에게 서한을 보냈다. 쑹은 "전체적인 전쟁 상황을 통합하는 전략방침이 될 수 없기" 때문에 전략방침에서 유적심입을 빼야 한다고 강하게 주장했다. 그 대신에 그것은 "특정 조건, 특정 전략이나 전역 방향에서 일정 기간 일종의 작전방법만 될 수 있다".[122] 쑹의 서한과 영도소조의 심의 간의 관계는 불분명하다.[123] 그럼에도 불구하고 연로한 원수들은 쑹의 서한을 지지했고, 그들은 영도소조가 제안한 대로 유적심입은 중국의 전략방침에서 제외해야 한다는 데 의견을 같이했다.[124]

2) 801 회의

군 전체 고위 장교들의 방어작전 세미나, 즉 '801 회의'는 (1980년) 9월 17일 시작되어 한 달 동안 계속되었다. 베이징 징시(京西) 호텔에는 중앙군사위, 총부서들, 군구, 각 군, 병과, 기타 부서 등에서 온 100여 명의 고위 장교가 모였다.[125] 연단에는 중앙군사위의 경뱌오(耿飈)와 양더즈, 총참모부 수뇌부, 중앙군사위 고문(顧問) 등이 자리했다. 회의 목적은 전쟁의 초기 단계에서 글로벌 전략 동향, 외세의 침략에 대한 평가, 전략방침, 작전지도사상, PLA의 전략임무(戰略任務)에 집중하는 것이었다.[126]

양더즈는 개회사에서 당의 분열이 군사전략의 발전을 얼마나 저해했는지를 인정했다. 그는 "작전사상에 관해 린뱌오와 4인방의 간섭과 파괴는 과소평가할 수 없다. 따라서 오랜 기간 작전사상을 통일할 수 있는 조건이 존재하지 않았다"라고 했다.[127] 양은 회의 목표를 "침략 전쟁 초기 단계에서의 작전 문제 학습과 연구, 중앙군사위의 전략방침에 대한 이해 심화, 작전사상의 통일, 모든 전투준비업무(戰備工作)의 심화 이행으로 정리했다".[128] 세미나 후반에 양은 또 다른 연설을 통해 소련의 침략에 대처하기 위한 중국의 새로운 전략과 작전에서 진지전이 수행해야 할 중심적 역할을 개괄적으로 설명했다.[129]

당시 마오쩌둥에 대한 공개적인 비판, 특히 군사문제에 대한 비판은 여전히 민감했다. 세미나가 열렸을 무렵 당은 1981년 6월 당사(黨史)에 관한 결의안에 담길 마오에 대한 공식적인 판단을 아직 내리지 못했다. 이를 위해 쑹스룬 지휘하의 군사과학원은 유적심입에 대해 마오가 한 발언을 전부 수집하려고 했다. 쑹은 마오가 이 용어를 사용했을 때도 대부분 전략적인 수준이 아니라 전역과 전술의 맥락에서였다고 결론지었다. 1960년대 중반 이외에 전략적인 차원에서 사용되었던 유일한 시기는 1930년대 홍군 시기였다.[130] 따라서 쑹과 다른 사람들은 전략 개념으로서 유적심입을 버리는 것은 마오가 말한 것의 대부분과 크게 다르지 않으며, 그 때문에 마오의 근본사상 중 하나에 근거한 기존 전략을 거부하는 이념적인 공간이 생긴다고 주장했다. 더구나 쑹은 적극방어의 개념에는 작전 차원의 유적심입 구상이 포함되어 있다고 교묘하게 주장했다.[131] 이러한 이념적인 유연함은 진지전을 위해 전략적 후퇴를 포기하는 것을 지지했다.

세미나가 끝나자 덩샤오핑과 예젠잉은 참가자들에게 전략의 변화를 지지하라고 연설했다. 덩은 직설적으로 "향후 우리의 반침략 전쟁을 위해 결국 어떤 지침을 채택해야 하는가? 나는 '적극방어', 이 네 글자를 승인하고자 한다"라고 했다.[132] 예는 이에 동의했다. "이 토론 동안 모든 사람이 '적극방어'를 옹호했다. (……) 나는 모두의 의견에 동의한다".[133] 양더즈는 이 회의의 성과를 요약했다. 그에 따르면 "기본적으로 중앙군사위의 전략방침에 대한 이해를 통일하고, 미래 전쟁의 초기 단계에서의 전략적 지도사상과 전략임무를 더욱 명확히 하고, 각 군과 병과의 상황에 대한 이해를 [개선]하고, 합성작전(合成作戰)의 개념을 강화했다".[134] 즉, 중국의 군사전략이 바뀌었다.

전쟁 수행의 변화는 세미나에서 두드러진 토론 주제였다. 어떤 설명에 따르면 참가자들은 "오늘의 전쟁은 어제의 전쟁과는 완전히 다르다"라고 결론지었다.[135] 게다가 "미래 전쟁의 적은 바뀌는 중이며, 무기와 장비와 전쟁 방식도 바뀌어가고 있기 때문에 사람들은 어안이 벙벙할 지경이다".[136]

세미나 말미에 행한 발언에서 예젠잉은 전쟁 수행에서 변화의 역할을 강조했다. 그는 참가자들에게 "우리의 군사사상은 전쟁의 변화에 맞추어 발전해야만 한다"라고 했다. 구체적으로는 "재래전의 전투 방식은 과거와 다를 것"이라고 했다. 예에 따르면 "미래에 전투가 벌어지면, 적들은 하늘과 땅과 바다에서 함께 올 것이다. 전후방의 차이는 미미하다. 이것은 전례 없는 입체전(立體戰, three-dimensional war), 연합전(合同戰, combined war), 총력전(總體戰, total war)이 될 것이다". 그 후 그는 1973년 아랍·이스라엘 전쟁을 예로 들며 전쟁 수행이 어떻게 변했는지와 현재 중국이 직면하고 있는 도전에 대해 설명했다.

이집트가 중동전쟁에서 이스라엘과 싸웠을 때 공중전 외에 주로 전차전과 대전차전이었다. 지상작전은 적의 공중작전과 헬리콥터 착륙을 처리해야 했다. 이것은 우리가 싸우던 방식과 다르다. 우리로서는 특수부대가 많아지고 중화기와 장비도 많아져 과거와 다른 측면이 많다. 즉, 과거의 '좁쌀과 소총(小米加步槍, millet plus rifles)'과는 다르다. 전력이 현대화되면서 군수에도 더 의존하고 군수 조직도 확대된다. 이러한 적과 우리 자신 사이의 변화는 필연적으로 미래 전쟁에서 새로운 문제와 특징을 만들어낸다.[137]

작전적 관점에서 보면 이러한 전쟁 수행의 변화는 소련이 종심타격과 신속타격을 할 수 있을 것임을 시사했다. 만약 중국이 이러한 타격을 멈추거나 늦추거나 연기시키려고 하지 않는다면, 그 결과는 파괴적일 것이다. 예컨대 베이징은 몽골과의 국경에서 불과 약 130킬로미터밖에 떨어져 있지 않다. 게다가 전략적 후퇴에서는 싸우지 않고 이러한 도시 지역을 포기해야 할 가능성이 크다. 최고위 장교들은 이런 조건하에서 소련의 공격에 저항하지 못하면 끔찍한 결과를 초래할 것이라는 데 동의했다. 저항하지 않으면 소련이 신속한 승리를 거둘 수 있거나, 더 큰 전쟁에서는 도시와 다른 산업 기반을 장악해 국가 사기를 약화시킬 뿐만 아니라 중국의 전쟁 잠재력과 반격을 위한 동원력을 떨어뜨릴 수도 있을 것이다. 쑹스룬은 더 나아가 유적심입은 제2차 세계대전 이후 전쟁의 유형상 발전과 맞지 않는다는 점에 주목했다. 쑹이 보기에 여기에는 일부 영토를 점령하기 위한 제한전, 대리전, 속전속결[速達速決]이 포함되었다. 쑹이 적었듯이 "유적심입이 모든 유형의 전쟁에 적합한 것은 아니다". 제한전의 전략적 후퇴는 적이 전투나 대가를 치르지 않고도 사실상 전쟁 목적을 달성할 수 있게 해주기 때문이다.[138]

1980년 전략방침은 또한 중국의 해군 전략이 '연안방어(coastal defense)'에서 '근해방어(offshore defense)'로 전환된 것과도 관련이 있다. 전자의 경우 해군은 상륙 공격을 저지하거나 예방하고 중국 해안을 안전하게 하는 데 초점을 맞추었다. 그러나 후자의 경우 중국과 인접한 수역을 방어하는 것으로 목적이 더 넓었다. 덩은 1979년 4월 예페이(葉飛) 해군 사령관과 만난 자리에서 근해작전(近海作戰)을 강조하며 이런 변화의 가능성을 제기했다.[139] 1979년 7월 덩은 해군 당위원회에 "우리의 전략은 근해 작전이다"라고 했다. 덩의 주된 관심사는 패권국의 '강력한 해군'에 대항하는 것이었는데, 여기서 패권국은 아마도 소련으로 추정된다.[140] 이런 식으로 해군의 작전영역 연장은 육지 경계선을 따라 전방방어를 추구하는 것과 일치했다. 1982년 감군(다음에서 논의)의 일환으로 해군의 효율화와 조직 개편을 논의할 때, 중앙군사위는 근해방어라는 요건이 해군 재편을 이끌어야 한다고 명시했는데, 이는 아마도 새로운 전략을 설명하는 용어가 처음으로 사용된 경우였을 것이다.[141]

1982년 8월 당시 총참모부 차장이었던 류화칭이 예페이를 대신해 해군 사령관이 되었다. 류는 1983년부터 해군의 전략으로 근해방어의 내용을 구체화하기 시작했다. 근해는 서해(황해), 동중국해, 남중국해, 대만 동쪽 해역 등 중국 연안에 인접한 바다다. 1986년 1월 해군 당위원회는 '적극방어, 근해방어'라는 슬로건 아래 해군 전략을 채택해, 1980년 전략과 분명한 연관성을 보여주었다.[142] 그다음 달 류와 해군 정치위원은 근해방어를 해군 전략으로 채택하는 것에 대한 허가를 요청하는 보고서를 중앙군사위에 제출했다.[143] 류의 비전에서 근해방어는 대만 통일의 실현, 영토주권과 해양 권익 수호, 해상 공격 저지를 강조했다. 전시의 핵심 과제는 해상 공격으로부터 중국을 방어하고 해상 교통로(Sea Lanes of Communication: SLOC)를 보호하기 위해 육군·공군과 협동하는 일이 될 것이다. 이러한 과제들을 수행하려면 일정 기간 제해권을 장악하고 유지할 수 있어야 했고, 근해와 연결된 해상 항로를 통제할 수 있어야 했으며, 심지어 인근 해역에서 싸울 수 있어야 했다.[144] 버나드 콜(Bernard Cole)이 관찰한 것처럼 류가 제시한 내용의 대부분이 당시는 열망이었지만, 류의 유산은 중국의 전반적인 군사전략이 전면전에서 국지전으로 전환됨에 따라 1990년대와 2000년대에 중요한 역할을 했다.[145]

3) 1979년의 부진했던 성과에 대한 반응?

1980년 전략은 1979년 2월 베트남 침공에서 PLA가 보여준 부진한 실적에 대응해 채택된 것인가? 중국은 베트남이 1978년 11월 소련과 방위조약을 체결하고 1978년 12월 캄보디아를 침공하자 이를 응징하고자 베트남을 침공했다. 또한 50개 사단을 중국 북부 국경을 따라 배치한 소련에 맞서 중국의 결의를 보여주려고도 했다. 중국의 군사목표는 중국이 하노이(Hanoi)를 차지할 수 있음을 보여주기 위해 여러 성의 성도와 통신 노드, 특히 [베트남 동북부의] 랑선(Lang Son)을 점령하는 것이었다. 그 후에 중국은 철수하게 된다.[146]

침공은 1979년 2월 17일에 시작되었다. 중국은 5만 명에서 15만 명가량인 베트남군을 상대로 9개 군단(軍)에서 33만 명에서 40만 명을 동원했다.[147] 중국은 3월 4일 랑선을 점령했을 때 군사목표를 달성한 것이었으며, 그 뒤 철군 의사를 밝히고 3월 16일에 철군을 완료했다. 중국은 숫자상으로 상당한 우위를 차지하고 있었음에도 불구하고, 7915명이 사망하고 2만 3298명이 부상하는 등 제한적인 이익을 위해 높은 대가를 치렀다.[148] 더구나 PLA는 예상했던 것보다 훨씬 느리게 진격했다. 랑선은 국경에서 15~20킬로미터 거리였지만 차지하는 데 16일이 걸렸다. 따라서 훨씬 더 강한 적과 싸웠던 한국전쟁에서의 주요 공격작전들과 비교했을 때 이번 베트남 침공에서 PLA는 전투 효율 면에서 현저한 결함을 드러냈다.[149] PLA의 저조한 실적의 원인은 다른 곳에 서술되어 있으나 단기간에 온전한 병력을 갖추기 위해 부대를 확장한 조직적 격변과 함께 거의 또는 전혀 군사훈련을 받지 않은 많은 수의 신참 병사와 간부들이 만들어낸 전술적 수준에서의 열악한 리더십과 협동에 그 원인이 포함된다.[150] 보다 일반적으로 PLA의 부진은 이전 장에서 기술한 것처럼 PLA가 방위 임무, 지역 통치, 부업 생산에 중점을 두었던 문화대혁명 기간의 준비태세와 훈련 감소를 반영했다.

그러나 1980년 10월 새로운 군사전략을 채택하기로 한 결정에서 베트남 침공 때 중국이 보여준 부진은 1차적인 요인이 아니었다. 첫째, PLA 최고사령부는 순전히 수치적 우위로 1979년에 빠른 승리를 거두기를 바랐을지 모르지만, 그들은 동시에 PLA가 가진 많은 문제를 잘 알고 있었다. 1975년 6월 덩샤오핑은 PLA를 두고 "비대하고 산만하고 거만하고 사치스럽고 게으르다"라고 묘사했다.[151] 1977년 12월 중앙군사위는 군사훈련을 재개하며 문화대혁명의 여파 속에서 내부적으로 병력을 안정시키기 위해 마오쩌둥의 '적극방어, 유적심입'을 긍정했다. PLA 지도부가 중대한 결함을 밝혀낸 시찰을 한 뒤 침공 자체가 한 달 연기되기도 했다.[152] 서부 전선의 PLA 사령관인 양더즈는 1년 뒤 덩을 대신해 총참모장으로 진급까지 한다. 그럼에도 불구하고 고위 군 장교들이 예상했던 것보다 훨씬 더 부진한 성과를 거두었을 수 있고, 이런 식으로 전쟁에서 1980년 전략의 일부였던 병력의 질 향상, 특히 군사훈련의 중요성을 더욱 강조했을 수도 있다.

둘째, 군 원로들은 1979년 침공이 있기 훨씬 전에 중국이 군사전략을 바꿀 것을 주장했다. 앞에서 설명한 바와 같이 쑤위와 쑹스룬 모두 유적심입을 재확인했던 1977년 12월 중앙군사위 회의 동안과 그 후에 중국의 전략 변경을 추진했다. 지금은 유명해진 소련의 침공에 대처하는 법에 대한 쑤위의 강연이 침공 한 달 전인 1979년 1월 초에 열렸다. 다른 어떤 사건보다 쑤의 강연 내용은 1980년 전략의 내용에 분명하고 직접적인 역할을 했다. 이 강연은 그가 당시 5년간 발전시킨 주장과 구상들을 요약한 것으로, 임박한 베트남 공격에서 PLA가 어떻게 수행할지에 대한 해답은 아니었다.

셋째, 1980년 전략의 채택에 관한 이용 가능한 소스들에는 1979년 PLA의 저조한 실적에 대한 언급이 거의 없다. 1980년 9월과 10월의 고위 장교 세미나에서는 중국에 가장 큰 위험이 되는 것(즉, 소련의 공격)에 어떻게 대응할지, 그러한 공격은 어떻게 일어날지, 중국은 어떻게 대응해야 할지, 유적심입이 여전히 최선의 접근 방법인지 등을 중점적으로 다루었다. 1979년 침공이 논의되었을지도 모르지만 두드러진 것으로 보이지는 않는다. 이용 가능한 출처들을 보아도 1980년 5월부터 8월까지의 회의 계획과 준비에서 전쟁에 대한 언급은 없다. PLA는 그 성과에 대한 비판적인 자체 평가를 실시했지만, 전술적 숙달과 정치 공작에 초점을 맞추었던 것으로 보인다.[153]

마지막으로 1979년 침공은 PLA가 훨씬 더 강한 적에 의한 침략으로부터 방어한다는 자신의 접근 방식을 재고하도록 유도할 수 있는 분쟁 유형이 아니었다. 중국의 입장에서 볼 때 1979년 침공은 베트남에게 '교훈'을 가르치려는 제한전이었다. PLA가 전쟁에서 직면했던 수많은 도전 과제는 수십 년간 실행되지 않았던 대규모 공격작전을 수행해야 한다는 요건으로 악화되었다. 그러나 새로운 전략의 목표는 침략을 늦추거나 멈추는 것이었다. 오히려 침공에 대한 베트남의 방어가 소련의 위협을 고려했을 때 PLA에 더 계몽적이었는지도 모른다.

5. 새로운 전략의 실행

PLA는 거의 즉시 새로운 전략을 실행하기 시작했다. 새로운 전투규범과 한 가지 전역 개요가 마련되었고, 300만 명의 병력이 감축되고 재편되었으며, 군사교육과 훈련이 활성화되었다. 1980년 전략방침의 시행은 중국의 군사전략에 중대한 변화를 구성했다는 점을 강조할 뿐만 아니라 전략 실행을 위한 조직적 변화가 소련의 위협에 관한 우려 중에서 당초에 변화를 촉발한 요인, 즉 전쟁 수행에서 중대한 변화와 일치했음을 보여준다.

1) 작전교리

전략의 주요한 변화에 맞추어 PLA는 작전교리의 실질적인 개정에 착수했다. 1982년부터 PLA는 3세대 전투규범을 입안하기 시작했다. 이전 세대의 전투규범들은 1975년에서 1979년 사이에 시범적으로만 발행되었고 문화대혁명 탓에 작성하는 데 거의 10년이 걸렸다. 한 중국 군사학자가 기술한 바와 같이 "[2세대] 전투규범의 내용은 '정치를 부각시켰다'".[154] 따라서 문화대혁명 당시 작전교리가 없었던 점을 감안할 때, 3세대 전투규범의 초안 작업은 "회복 기간"으로 구성되었다.[155] 중앙군사위는 작전교리의 표준화를 개선하기 위한 노력으로, 한화이즈(韓懷智) 부참모장을 단장으로 하는 검토단을 만들어 군사과학원이 초안을 마련하고 있던 『전역학강요』와 함께 제병연합 및 보병작전에 대한 규정을 검토했다.[156]

3세대 전투규범의 일환으로 30개 이상의 규범이 발표되었다. 여기에는 지상군용 16개, 해군용 10개, 공군용 5개, 로켓군용 4개과 더불어 일반 규범이 포함되었다. 그들은 처음으로 중앙군사위 주석의 서명을 받아 자신들의 선언에 부가된 중요성을 나타냈다.[157] ≪해방군보≫는 새로운 규범을 "중앙군사위의 적극방어라는 전략방침을 올바르게 이행"하고 "세계에서 벌어진 최근 국지전과 베트남에 대한 우리의 자위적인 반격에 관한 경험들을 담았다"라고 기술했다.[158] 한 권위 있는 교과서는 전략방침의 수준에서 이러한 규범들이 유적심입에서 적극방어로의 전환, 즉 1980년 전략방침을 반영하고 있다고 지적한다.[159]

중요한 것은 1973년 아랍·이스라엘 전쟁의 교훈에 따라 이들 새로운 전투규범은 또한 처음으로 전쟁의 작전 수준을 강조했다. 지상군과 관련 병과 및 각 군에 대한 제병협동작전에 대한 새로운 규범이 마련되었다. 1985년에는 보병규범이, 1987년에는 제병연합규범이 발표되었다. 전투규범의 일환으로 중앙군사위는 PLA의 첫 전역 수준 문서인 「전역강요」의 공포도 승인했다.[160] 한 소스는 이것을 전투규범에 준하는 것이라면서 "법규성을 지닌 것(帶有法規性)"으로 설명하고 있다.[161] 쑹스룬은 1956년 전략방침의 일환으로 1960년대 초 군사과학원에서 문서 초안을 작성하기 시작했으나 문화대혁명 탓에 지연되기 일쑤였다. 비록 초안 작업이 1976년 다시 시작되었지만, 쑹은 3중전회 이후에 초안을 폐기한 것으로 보이며, 이는 문화대혁명의 정치에 너무 크게 영향을 받았음을 시사한다.[162] 쑹은 1980년 8월 수정 절차를 다시 시작했는데, 특히 기본적인 전역 원칙과 제병협동작전에 중점을 두었다.[163] 1981년 11월 그는 예비안을 완성해 논평을 받기 위해 부대와 군사학교에 배포했다. 중앙군사위는 1986년에 「전역강요」를 승인했으며 총참모부가 1987년 8월에 이를 배포했다.[164]

마침내 PLA는 첫 번째 『군사전략학』을 발표했다. 이 책은 중국의 군사전략에 대해 처음으로 포괄적인 설명을 제공했으며, 중국이 소련 침공에 저항하기 위해 어떤 계획을 세웠는지를 상세히 기술했다.[165] 비록 1987년이 되어서야 책이 출판되었지만, 초안은 1982년부터 작업을 시작했으며, 다시 군사과학원에서 쑹스룬의 감독을 받았다.[166] 적극방어 개념이라는 일반 정신에 따라 이 책은 소련과의 전쟁을 3단계로 구분했는데, 이는 여전히 전면전에 대한 마오쩌둥의 접근 방식을 반영한 것이었다. 1단계는 전략적 방어인데, 적의 초기 기습 공격을 공격작전과 방어작전을 병행하며 반격함으로써 공격력을 무디게 한다. 이 단계에서는 진지전이 핵심이었다. 2단계는 전략적 반격으로, 일단 적의 공세가 교착 상태가 되면 공격작전이 시작된다. 세 번째이자 마지막 단계는 전략적 공세로 일단 적이 약화되고 전쟁의 종식을 위한 결정적인 전투를 위한 조건이 조성되는 국면이다.[167]

2) 군 구조

새로운 전략의 실행을 위해서는 병력 규모를 현저하게 줄여야 했다. PLA의 규모를 줄이는 것은 문화대혁명의 종식 전 덩샤오핑의 초기 권력 복귀를 상징한 1975년 6월 중앙군사위 확대회의에서 두드러졌다.[168] 그러나 계속되는 당의 분열 탓에 1975년 감군은 당초 계획에 크게 못 미쳤으며, 원래 계획한 전체 병력 중 26%가 아닌 13%만 감축했다.[169] 덩과 화궈펑 간의 권력투쟁과 중국의 1979년 베트남 침공 와중에 병력은 다시 증가했다. 1980년까지 PLA는 600만 명 이상의 군인을 보유해 이전의 감축으로 얻었던 이익이 모두 사라졌다.[170] 이들 병사의 거의 절반은 넘쳐나는 장교들과 더불어 본부, 병참부대, 지원부대에서 근무하는 비전투원들이었다.[171]

새로운 전략에서 그린 대로 보다 효과적이고 현대적인 전력을 만들기 위해 PLA는 1980년, 1982년, 1985년에 '정리와 재편(精簡整編)'으로 묘사되는 세 차례의 전력 감축을 실시했다. 1987년이 되자 PLA의 규모는 절반으로 줄어 대략 320만 명이 되었다. 1985년 감군은 큰 전쟁의 가능성이 크게 낮아져 전쟁 기반에서 평시 현대화로의 '전략적 전환'이 가능해졌다는 덩의 평가와 관련이 있으며, 이는 별도로 논의할 것이다. 그럼에도 불구하고 그것은 1980년에 시작된 병력을 재편하려는 노력의 지속과 절정을 나타낸다.

비록 새로운 전략이 병력을 줄이기 위한 결정의 핵심 요소였지만, 다른 요소들도 그러한 결정에 영향을 미쳤다. 덩의 개혁·개방 정책은 예산에서 국방 부담을 줄일 것을 요구했다. 1979년 국방비 지출은 정부 지출의 17.4%를 차지했다.[172] 경제개혁과 계획경제에서 시장경제로의 전환은 국방비 지출까지 줄이지 않으면 성공하지 못할 것이었다.

1980년 감군은 1980년 3월 중앙군사위 상무위원회 회의에서 처음 제기되었다. 덩이 말했듯이 "우리의 가장 큰 문제 중 하나는 군대가 비대하다(擁腫)는 것이다". 비대해진 병력은 국가 예산에 큰 부담을 줄 뿐 아니라 지휘의 유연성을 막아 실효성을 떨어뜨렸다. 예컨대 1979년에 93단(團, regiment)에는 다섯 명의 부사령관과 일고여덟 명의 부참모장이 있었다.[173] 덩은 "지방을 제거하지(消腫) 않고서는 전투력 효율을 높이는 것이 불가능할 것이다"라고 결론을 내렸다.[174] 중앙군사위는 "현재의 군 구조와 편성(體制編制)은 현대적 작전의 요건에 맞지 않았다"라고 지적하면서 이에 동의했다.[175] 따라서 "개혁은 반드시 단행되어야 했다".[176]

1980년 감축 계획은 1980년 전략방침이 공식적으로 승인되기 전에 시작되었지만, 그 목표는 전략 변경의 근거와 일치했다. 중국의 현재 병력과 지휘 구조가 중국 영토에 신속하고 깊은 타격을 가할 수 있는 보다 강력한 적과 싸우기에는 적합하지 않다는 견해를 바탕으로 보다 능력 있고 현대적인 군을 만드는 것이었다.[177] 1980년 7월 중앙군사위는 8월에 발표할 총참모부의 계획을 승인하고 "기관(機關)을 정비하고, 인력 할당을 줄이며, 지원과 비전투 인력을 축소"함으로써 150만 명의 감군을 요구했다.[178] 중앙군사위는 1980년 사사분기부터 감축을 시작해 기본적으로는 1981년 말까지 완료할 것을 총참모부에 지시했다. 비전투 인력은 내부 보안군, 철도·공병 부대, 물류·지원 부대, 통신부대, 중앙군사위 직속 세 개 총부서의 부대 등을 포함했다. 전투부대도 대상이 되었는데, 보병 사단을 편성이 완전한 부대와 편성을 축소한 부대로 나누어 전시에 확장할 수 있도록 했다. 현대화를 촉진하기 위해 간부를 줄여 재능 있는 젊은 장교들을 양성하도록 했다.[179]

1980년 감군은 목표를 달성하지 못했지만 단기간에 상당한 감축을 이루어 냈다. 전체적으로 83만 명의 병력이 줄어들어 518만 9000명이 되었다.[180] 중앙군사위 산하의 세 개 총부서와 기타 부대 중에 4만 5200명, 즉 13.8%의 병력이 감축되었다. 여기에는 총참모부(46.45%), 총정치부(14.86%), 총후근부(25%)는 물론 군사과학원과 중앙군사위 판공청 등의 부대까지 대폭 감축된 것이 포함되었다.[181] 지상군은 17.6% 줄어든 반면 해군과 공군은 각각 8.5%, 6.4% 감축되었다.[182] 끝으로 철도군단과 공병부대는 48%(20만 명)와 30%(15만 6000명)가 줄었다.[183] 국가 예산에서 PLA의 비중은 1979년 17.4%에서 1981년 14.8%로 떨어졌다.

1981년 말 당과 국가 관료의 체제개혁(體制改革)을 반영하는 2차 개혁을 위한 계획이 시작되었다. '4대 현대화'와 경제 발전을 추진하기 위해 기금을 동원하는 동시에 조직의 효율과 효과를 높이는 것이 목표였다. 총참모부는 1981년 11월 중앙군사위에 '체제개혁·축소·구조조정' 영도소조의 구성을 허락해 줄 것을 요청했으며, 1982년 2월에 영도소조가 설립되어 세 개 총부서의 지도자들이 모두 포함되었다.[184] 중앙군사위는 총참모부 자체에 "사찰을 파괴하고 불상을 옮기며 인력을 감축"하기 위해 "세 개 총부서를 개혁할 계획을 수립할 것을 요청했다.[185] 이러한 감축 작업은 무엇보다도 세 군종 중 병사 비율, 지상군 사단 수, 성 및 성급 군구 설치(設置), 군사학교의 규모, 공병군단의 편제[建制] 등 제병협동작전과 작전 효과를 향상시키기 위한 전투병력의 조직화에 초점을 맞추었다.[186]

1982년 9월 16일 중앙군사위는 새로운 병력 감축 계획을 발표했다. 주요 원칙은 "구조와 조직을 개편하고, 중앙집권적이고 통일된 지휘를 강화하며, 수를 줄이고, 질을 높이며, 전투 효과를 개선한다"였다.[187] 1983년 말 계획이 완료되었을 때 PLA는 세 분야를 중심으로 거의 100만 명을 줄여 423만 8000명이 되었다.[188] 첫째, 병과가 재편되었다. 1950년대 초 기갑·포병·공병대가 건설되었을 때 새로운 병과로서 발전을 촉진하기 위해 총참모부가 아닌 중앙군사위 직속에 배치되었다. 그러나 이 구조는 전력의 통합과 제병협동작전의 발전을 방해했다. 따라서 기갑·포병·공병 지휘부는 축소되어 총참모부 산하의 부서로 배치되었다. 이에 맞추어 군구의 해당 부대들도 축소되어 각 군구의 사령부와 군단 지휘부 소속이 되었다.[189] 둘째, 세 개 총부서도 대폭 축소되었는데 주로 국과 부서를 없애거나 통합했다. 총참모부는 추가로 19.6% 감소했고, 총정치부와 총후근부도 더 줄어 각각 20.4%와 19.2% 감소했다.[190] 셋째, 철도부대의 잔여 인력은 철도부로 이관하고, 기초 공병대는 지방 정부로 이관하는 등 일부 병력을 민간화했다.[191] 전체적으로 감축 대상은 5개 군구급 부대(軍區, military region-level units), 21개 집단군급 부대(集團軍, army-level units), 28개 사급 부대(師, division-level units)와 더불어 8개 군급 부서(軍, corps-level departments), 4개 집단군급 부서(集團軍, army-level departments), 161개 사급 부서(師, division-level departments)였다.[192] 각 군구의 사령부, 정치 부서, 병참 부서 내의 부대들은 통합되었다.[193] 국가 예산에서 군이 차지하는 비중은 1984년 10.6%로 떨어졌다.

전력 구조에 대한 두 가지 다른 중요한 변화가 이때 일어났다. 첫째, 중앙군사위는 (1965년에 폐지했던) PLA 내의 군 계급 제도를 다시 도입하기로 결정했다. 비록 1987년까지 이 과정은 완성되지 않았지만 1982년 감군 계획과 연계되었다.[194] 둘째, PLA는 중국의 지상군을 군(軍)에서 합성집단군(合成集團軍)으로 변환시키기 시작했다. 중앙군사위는 1980년에 처음으로 그러한 부대를 창설하는 것에 대해 논의했다. 1981년 3월 덩은 베이징 군구와 선양 군구에 각각 한 개씩 두 개의 실험용 합성집단군 창설을 승인했다.[195] 덩은 다음에서 논의한 것처럼 1981년 9월 열린 '802 회의'에서 "현대적 조건하에서 제병협동을 위한 작전 능력을 달성하기 위해 힘써 달라"라고 PLA에 요구하며 그러한 전환에 대한 지지를 재차 표명했다.[196] 1982년 9월 베이징 군구와 선양 군구는 이들 실험부대의 편성을 계획하기 시작했으며 1983년에 시작되었다.[197] 선택된 두 부대는 베이징 군구의 38군과 선양 군구의 39군이었다.

또한 이 시기에 열린 논의는 잠재적으로 다른 광범위한 개혁을 제안했다. 결과적으로 추진되지는 않았지만 이들 개혁은 PLA의 재편을 통한 효율성과 효과성 향상에 초점을 맞추었다. 첫째는 합동 병참시스템(聯勤)의 구축이었고, 둘째는 별도의 지상군 부서의 창설이었다.[198] 결국 PLA는 2007년과 2016년에야 이러한 개혁을 각각 채택했다.

3) 교육과 훈련

PLA는 전략에 관한 '801 회의'에서 새로운 전략방침이 제정된 후 곧바로 군사교육과 훈련 개혁에 착수했다.

(1) 군사교육

장전 부참모장은 총참모부 내부의 훈련 개편 노력을 주도했다. 장은 1980년 5월 난징 군구를 시찰한 다음 "우리 군의 학원과 학교 상태가 국방 현대화와 미래 반침략 전쟁의 요건에 매우 부적합하다"라고 결론지었다.[199] 교육과 훈련은 문화대혁명 동안 가장 심각하게 피해를 입은 분야 중 하나였다. 교과과정의 내용과 정치교육에 쏟는 시간은 지배적인 정치 노선의 변화에 취약했다. 1950년대 반교조주의 운동 이후 많은 장교가 교육기관과 연관되기를 원하지 않았다. 1969년까지 대다수의 교육기관이 문을 닫아 전문 군사훈련이 사실상 중단되었다. 1970년대 중·후반에 점차 다시 문을 열었지만 교육은 군사학습이 아니라 정치학습을 강조했다.

1980년 전략방침의 채택 이후 PLA는 세 가지 중요한 훈련 개혁에 착수했다. 우선 1980년 10월 20일부터 11월 7일까지 PLA는 군사학원들에 관한 군 전체 회의를 소집했다. 이러한 회의는 16년 전인 1964년에 마지막 회의가 있었는데, 당시는 문화대혁명 바로 직전이었다. 중앙군사위 산하 군구, 병과, 기타 부대에서 부사령관과 부정치위원 등 450명 이상의 고위 장교와 188개 전체 PLA 학원의 교장과 정치위원들이 참석했다.[200] 회의에서는 PLA의 현대전 수행 능력을 향상시키기 위해 훈련 과제[任務]를 어떻게 조정할지와 군 교육제도를 어떻게 재편[調整]할지를 검토했다. 회의에서는 일곱 건의 문서를 승인했는데, 이 문서는 후에 세 개 총부서에 의해 군 전체에 공동으로 발행되었다. 이 문서들은 포괄적인 개혁을 위한 청사진을 마련했으며, "전쟁을 준비하기 위한 전략적 단계"로 묘사되었다.[201] 중앙군사위가 이제 PLA 내에서 군사교육의 중요성을 강조하면서, 학원에서의 교육이 공식적으로 모든 장교를 대상으로 한 승진 제도에 포함되었다.[202]

또한 1980년 11월 PLA는 훈련에 대한 군 전체회의를 개최했다. 이 회의는 우한 군구 43군단의 본거지인 허난성 뤄양(洛陽)에서 열렸다. 1980년 3월 총참모부는 장완녠(張萬年) 휘하의 127사단에 협동작전을 위한 방법과 훈련에 관한 시범 계획을 실시하도록 했다.[203] 이 회의의 목적은 PLA 내 부대들의 합동작전 수행 능력을 향상시키고자 시범 계획의 결과를 검토하려는 것이었다. PLA는 탱크·포병 부대 등 현대적인 군대의 주력 전투 무기를 모두 갖추고 있었지만, 효과적으로 작전을 조율할 능력이 부족했다. 1979년 베트남 침공은 PLA에게 합동이 "취약점"임을 보여주었다.[204] 장전이 회의에서 말한 대로 "높은 수준의 합동작전 능력은 현대전의 객관적 요건이다". 더구나 그런 능력은 "우리 군의 전투 효율을 높이고 미래의 반침략 전쟁 요건에 적응하기" 위해 필요했다.[205] 장전은 "일부 동지"들이 병력과 장비를 배치하거나 활용하는 법을 모른다고 한탄했다.[206] 회의에서는 연례 훈련 계획을 통해 합동훈련을 개선하는 방법에 대해 논의했다.

마침내 PLA는 새로운 교육 프로그램을 발표했다. 초안 작업은 1980년 7월에 시작되었고, 총참모부는 1981년 2월에 군 전체에 발행했다.[207] PLA의 "현대적 조건하에서의 작전 능력"을 높이는 것이 목표였다. 더 나아가 "중앙군사위의 전략방침과 작전지도사상에 따라 미래의 반침략 전쟁의 요건에서 출발"해 프로그램이 마련되었다.[208] 정치를 경시하려는 욕구를 반영하듯이 장전은 이 프로그램하에서 군사문제가 훈련의 70%를 차지하고 정치교육과 문화는 각각 20%와 10%에 그쳐야 한다고 주장했다.[209] 1980년 11월 군 전체 훈련 회의 이후에 새로운 훈련 프로그램은 전역과 전술 수준에서 제병협동작전을 강조했다.

장전은 제병협동작전은 현대전의 본질을 반영하고 있으며, 베트남에서 PLA가 보여준 부진은 이 분야에서 PLA의 단점을 보여주었다는 점을 다시 한번 강조했다.[210]

그러나 이러한 움직임은 새로운 전략에 따라 교육을 개혁하려는 노력의 출발에 불과했다. 군사학원들에 관한 또 다른 군 전체회의가 1983년에 "현대전 조건하에서 자위적 능력을 향상시키기 위해" 개최되었다.[211] 가장 중요한 변화는 1985년 4월에 일어났다. 중앙군사위가 군사학원, 정치학원, 후근학원을 통합해 인민해방군 국방대학(人民解放軍 國防大學, 이하 국방대학)을 설립하기로 결정한 것이다. 그 중요성을 강조하기 위해 중앙군사위는 장전에게 학교를 설립하라는 임무를 부여했다. 그는 1986년 국방대학이 개교했을 때 초대 총장이 되었다. 중국의 전문 군사훈련을 약화시키고자 만들었던 1969년 린뱌오의 군사정치대학과는 다르게 1986년 국방대학 개교는 중국의 고위 장교에 대한 교육의 질을 높이기 위한 노력이 반영되었다. 국방대학은 PLA 내부에서는 고위 장교를 위한 최고위급 훈련기관으로 중국공산당의 중앙당교와 거의 같은 지위를 가진다.[212]

(2) 802 회의

총참모부는 군사전략 변경 후 대규모 군사 연습을 여러 차례 실시하기로 결정했다. 이것들은 중국 북부와 서북부, 그리고 보하이만을 포함해 소련 침공의 다른 방향들에 초점을 맞추려고 했다. 첫 번째 훈련은 가장 가능성이 높은 공격 방향인 중국 북부에서 방어작전을 구성하고 실행하는 방법을 탐구하는 것이었다.[213] '801 회의'에서 고안된 새로운 전략과의 연계를 반영해 연습 코드명은 '802 회의'였다. 훈련 책임자였던 장전 당시 부참모장은 연습이 "'적극방어'라는 전략방침의 실현(具體化)을 해소할 것"이라고 회고했다.[214]

이 연습을 위해 선정된 장소는 베이징 북서쪽에 위치한 중요한 교통로인 장자커우였다. 1981년 9월 연습이 시작되었는데 '화북연습(華北演習)'은 1949년 이후 PLA가 행한 최대 규모의 야외연습이었다. 1300대의 탱크와 장갑차, 1500문의 화포, 285대의 항공기를 비롯해 11만 명 이상의 병력이 참가했다.[215] 닷새간 지속된 연습은 전년도부터 새 전략의 핵심으로 식별된 전역 수준의 진지방어 작전을 전제로 했다. 주요 구성 요소는 진지방어와 함께 장갑·공수 공격, 대공수 연습, 전역 수준의 반격을 포함했다.[216] 연습에는 지상군의 모든 병과, 낙하산부대(당시에는 공군의 일부였음), 공군 부대 등이 참가해 "현대전의 특성을 반영했다".[217]

9월에 연습이 열리기 전 두 차례의 단체훈련(集訓)이 진행되었다. 모두 합쳐서 전체 11개 군구뿐 아니라 각 군과 병과에서 247명의 고위 장교가 참여했다. 단체훈련에는 참가자를 두 그룹으로 나누고 "중앙군사위의 전략방침과 801 회의에서 명확해진 임무"에 근거한 비상 계획을 수립할 것을 요청한 일주일간의 시나리오 기획 연습과 진지방어 전역에 초점을 맞춘 전역 이론에 대한 상세한 강의들이 결합되어 있었다.[218] 예젠잉은 "지난해 801 회의에서는 군의 전략사상을 통일해 '적극방어'를 전략방침으로 결정했다. 올해 802 회의에서는 전략방침의 실현 문제를 해결할 것이다"라고 밝혔다.[219]

1981년 9월 14일 야외연습이 시작되자 원로들의 큰 관심을 끌었다. 정치국의 대부분과 심지어 화궈펑도 이 연습을 참관했다. 당과 국가 단위에서 약 3만 2000명이 참석했으며 모든 성, 도시, 자치 지역, 지방에서 "책임 있는 사람들"도 참석했다.[220] 덩샤오핑은 연습이 진행된 닷새 내내 직접 참관했다.[221] 나중에 덩은 당시 연습이 "현대전의 특성을 비교적 잘 반영하고, 다양한 군종과 병과의 합동작전을 살펴보았으며 (……) 군의 실제 전투 수준을 향상시켰다"라고 했다.[222]

연습의 마지막 부분은 지난 몇 주 동안 익힌 것을 요약하기 위한 회의였다. 장전이 회상하듯 단체훈련과 야외연습은 새로운 전략방침의 이행 방법에 대한 공감대를 형성하는 데 도움이 되었다. 가장 중요한 것은 참가자들이 다양한 종류의 소련 공격에 대처하기 위해 "핵심 지점을 강화하고 지키며, 거대한 심층

방어 체계를 구축한다"라는 원칙을 유지하는 데 합의했다는 점이다.[223]

연습 자체는 분명히 다른 어떤 것보다 더 열망적이었다. 연습에 참가한 병력은 8월 중순 1차, 9월 초 2차 등 최소 두 차례의 예행연습(豫演)을 가졌다.[224] 장전은 부대 간의 편성과 협동, 지상군과 공군의 교신이 "잘 이루어지지 않았다"라고 진술하고 있다.[225] 그럼에도 불구하고 이 연습은 1980년대 전반기에 진행되었던 보다 소규모 연습의 모델을 만들었다.

802 회의 이후에는 전역 수준의 연습들이 빠르게 진행되었다. 1982년 8월 신장 란저우 군구는 진지방어전 외에 기동전과 게릴라전을 포함한 '3대 전쟁' 연습을 조직했다.[226] 신장에서 베이징까지의 거리, 지리, 전방 배치군의 제한 등을 감안할 때 중앙군사위는 신장이 기동작전과 게릴라 작전에 대한 의존도를 높인 '독립작전'을 실시해야 할 것이라는 점을 수용했다. 1983년 제2포병은 전역 수준에서 핵 반격 모의 연습을 처음으로 실시했다(제6장에서 보다 상세히 논의함).[227] 1984년 8월 란저우 군구는 간쑤성 자위관에서 진지방어작전을 수행하는 강화된 사단과 함께 실전부대로 실사격 훈련(實兵實彈)을 실시했다.[228]

6. 1985년 감군과 '전략적 전환'

1985년 6월 중앙군사위는 전면전의 위협이 사라지고 PLA가 평시 현대화로 전환될 수 있다고 평가한 후에 100만 명의 군인을 추가로 감축하는 계획을 승인했다. 1985년의 감군은 효율화와 재편을 위한 이전 노력의 정점을 반영하며, 그 자체로는 군사전략의 변화를 구성하지 않는다.

1) 감축 결정

100만 명의 병력을 더 감축하기로 한 것은 1984년 초부터 다음 번 병력 감축을 공식화하고 시행하기 위해 시작한 작업의 결과였다. 덩샤오핑은 1982년

3월 감군 계획을 검토할 때 "이것은 비교적 만족스러운 계획이 아니다"라고 했다. 덩은 이를 첫 번째 단계로 보고 "끝나고 나면 향후 계획이 연구될 수 있다"라고 했다.[229] 양더즈가 회상하듯 "덩 주석이 '82년 계획'을 읽고 난 뒤 불만족스러워했다".[230] 감축을 책임지고 있던 허정원 부참모장은 덩의 발언이 그에게 "큰 압박감을 느끼게 했다"라고 했다.[231] 1982년 감군이 완료된 후 1984년 2월 양더즈는 추가 감축안을 개발하도록 '효율화·조직개편' 영도소조에 임무를 부여했다. 1984년 4월 중앙군사위 확대회의에서 총참모부가 입안한 조직 개편안을 승인하고 이를 더욱 발전시키도록 지시했다. 총참모부는 9월 말까지 30만 명, 50만 명, 70만 명의 병력을 감축할 수 있는 옵션이 포함된 보다 상세한 예비 계획을 완성했다.[232]

10월에 중앙군사위는 감군 계획의 목표를 논의하기 위해 포럼을 소집했다. 덩은 그달 초 총참모부의 계획을 검토하고, 세 가지 선택지가 모두 "너무 적다"라며 100만 명은 줄여야 한다고 선언했다.[233] 포럼이 열렸을 때 양더즈가 말했듯이 "최근 덩 주석이 군을 100만 명 줄이기로 결정했다".[234] 11월 1일 덩은 이 결정을 설명했다. 덩은 (상호 공격이 억지된) 미국과 소련 간의 전쟁과 현재 덩의 새로운 '자주적 평화외교 정책'을 추구하고 있는 중국이 관련된 전쟁을 비롯해 최소 10년간은 전쟁이 일어날 것 같지 않다는 기존의 평가를 되풀이했다.[235] 따라서 덩은 "우리는 평화 속에서 발전할 수 있고 일의 초점을 발전으로 옮길 수 있다"라고 결론지었다.[236] 전쟁이 발발하더라도 덩은 "우리는 비계를 덜어내야 한다"라고 했다. PLA의 고위 지휘 기구들은 너무 비대해 "근본적으로 지휘가 불가능"할 정도였다. 인건비 절감은 "우리의 무기와 장비를 개선하고 더욱 중요하게 우리 부대(部隊)의 질을 향상시키는 것"에 쓰일 수 있을 것이다.[237] 총부서, 각 군 및 병과, 군구를 정리함으로써 덩은 "이들 기관의 효율성이 확실히 높아질 것"이라고 했다.[238]

심포지엄은 100만 명 감축이라는 목표에 합의했지만, 영도소조는 이를 어떻게 달성할지의 과제에 직면했다. 내전에서 형성된 전투부대를 해체하고 군구의 거의 절반을 제거할 필요가 있었다. 그 과정은 승자와 패자를 만들어내게 된다. 총참모부는 최종안을 마련하기 위해 42번의 당위원회 회의와 14번의 전문회의를 소집했다. 이 중 한 번은 세 개 총부서의 지도부와 군구 및 각 군 지도부도 참석했다.[239] 1985년 3월 중앙군사위 상무회의(常務會議)는 개정된 계획을 승인했다.

1985년 5월 23일부터 6월 6일까지 중앙군사위는 확대회의를 열어 이 계획을 검토하고 승인했다. 회의 초반에 양더즈는 감군 계획을 소개했는데, 이 계획이 그 후 승인되었다.[240] 회의에서는 '군 건설에 관한 지도사상의 전략적 변환'도 승인되었다. 구체적으로 이것은 "조기·중대·핵 전쟁에 근거한 임박한 전쟁에 대비하는 상태에서 평화 발전[建設]의 길로 군의 업무를 전환하는 것"이었다.[241] PLA는 이제 경제개혁에 부담을 주지 않으면서 현대화를 추구하기 위해 평화로운 환경을 최대한 활용할 수 있게 되었다.[242] 군 건설은 인력의 질을 높이면서 새로운 무기와 장비를 개발하는 데 초점을 맞추게 되었다.[243]

회의 말미에 덩은 중앙군사위의 결정에 대해 보다 광범위한 정당성을 제공했다. 그는 중국의 국제 환경 평가와 중국의 새로운 '자주적' 외교정책을 중심으로 1984년 11월 연설에서 했던 말을 일부 반복했다. "우리는 전쟁 위험이 임박했다는 우리의 견해를 바꾸었다"라고 그는 선언했다. 방대한 재래식무기와 핵무기를 가진 미국과 소련이 서로에 대한 공격을 억지하고 있고 누구도 "감히 먼저 움직이지 않을 것"이기 때문에 세계대전은 가능성이 없었다.[244] 보다 일반적으로 국제 경쟁의 중심이 과학과 기술이 핵심적인 역할을 하는 경제로 옮겨갔다. 덩의 평가도 "우리 주변 환경의 분석"에 바탕을 두고 있었는데, 이는 소련과의 대규모 전쟁도 더 이상 가능성이 없다는 견해를 참조한 것이다. 이 때문에 중국의 외교정책은 소련에 대항해 미국과 손을 잡고 '한 줄로(一條綫)' 서는 것에서 두 초강대국과의 삼각형에서 '자주적 입장'을 추구하는 것으로 옮겨갔다. 따라서 덩은 "우리는 4대 현대화를 과감하고 온전히 추진할 수 있다"라고 했다.[245] 경제성장이 국방보다 우선할 것이다. 그는 "우리의 경제적 기반이 잘 갖추어져야만 군 장비의 현대화가 가능해질 것"이라고 지적하며 PLA가 인내할 것을 요구했다.

1985년 7월 11일 중앙군사위는 국무원 및 중앙위원회와 함께 '군대체제개혁 정리재편방안(軍隊體制改革精簡整編方案, The Plan for the Reform, Streamlining, and Reorganization of the Military System)'이라는 명칭을 붙여 이 계획을 발표했다. 인원을 줄이고, 관료주의를 없애며, 부대를 축소하고, 일부 시설을 폐쇄함으로써 능률화된 행정, 보다 유연한 지휘, 더 강한 전투력을 갖춘 군대를 개발하는 것이 목표였다.[246] 1987년 감축이 완료되었을 때 병력의 약 25%에 달하는 100만 명이 넘는 병사가 감축되었다. PLA의 총규모는 323만 5000명이 되었으며, 1990년까지 319만 9000명으로 줄어들게 된다.[247] 1988년까지 국방비는 세 차례의 감군이 시작되기 전인 1979년 17.4%에서 줄어들어 국가예산 중 8.8%에 그쳤다.

1985년의 감군은 두 단계로 이루어졌다. 1단계는 세 개 총부서, 국방과학기술공업위원회, 각 군 및 병과, 군구, 성급 군구 등에 집중되었다. 총부서 인력은 총참모부(60%), 총정치부(30.4%), 총후근부(52%) 등 46.5% 줄었다.[248] 11개 군구는 7개로 통합해 소속 사무실과 부서 인원을 53% 줄였다.[249] 각 군 내에서는 지상군이 군단의 13.1%를 포함해 23.2%가 삭감되었다. 35개 군단은 24개 집단군으로 재편되어 11개 군단 사령부와 36개 사단을 없앴다. 보병부대는 북부의 기계화 보병 사단과 동력화 보병 사단, 남부의 동력화 보병 사단, 산악 지대의 동력화 경보병 사단과 보병 여단으로 나뉘었다.[250] 마찬가지로 해군은 사령부와 수상함대(surface fleet)의 감축으로 14.7% 감소했으며, 공군은 19.6% 감축되었다.

2단계는 군사학원, 지원, 병참, 기타 부대에 중점을 두었다. 군사학원의 재편은 1986년 6월에 시작되었다. PLA의 군사·정치·병참 학원들이 합쳐져 국방대학이 되었다. 군구의 중복된 기관들과 더불어 군사학원의 숫자도 117개에서 103개로 줄었고, 정원도 33만 명에서 22만 4000명으로 줄었다.[251]

2) 새로운 전략?

군대 건설을 위한 기본적인 지도사상을 바꾸고 이를 '전략적 변환'이라고 표현함으로써 1985년의 감군은 중국 군사전략의 변화로 기술되어 왔다. 전략에 중대한 함의를 가질 수는 있겠지만, 전략방침의 변경을 구성하는 것은 아니며 PLA 내에서도 전략의 변화로 보지 않았다.

첫째, 앞에서 보듯이 1985년 감축의 한 가지 동기는 1980년 전략에서 식별된 바와 같이 1980년과 1982년의 병력 감축과 재편에 동기를 부여하는 목표였던 군사적 효과성과 지휘 유연성을 향상시키는 것이었다. 그러나 이들 두 차례 감군은 공개적으로 발표되지 않았다. 1985년의 감군은 미국이나 소련과 협력 관계를 맺지 않고 중국의 새로운 '자주적' 외교정책의 일환으로 공표되었으나 1980년 이후 PLA를 재편하기 위한 노력의 정점이었다.

둘째, 중국이 더 이상 전면전에 대비할 필요가 없을 것이며, 전쟁 기반 태세에서도 물러날 수 있다는 것이 1차적 판단이었다. 따라서 이러한 결론은 소련이 1989년 양국 관계가 정상화될 때까지 중국의 주요 적으로 남아 있기는 했지만 소련 위협의 강도, 특히 1979년과 1980년에 소련 위협에 관한 1980년 전략에서의 중국의 안보 환경에 대한 평가를 변경시켰다. 이렇게 해서 전략방침의 주요 구성 요소 중 하나가 변경되었다. 그럼에도 불구하고 1985년 회의에서는 중국 군사전략의 방향을 결정할 새로운 위협이 무엇인지 파악하지 못했다. 그 대신에 한 PLA 학자가 기술한 대로 중국이 직면하고 있는 위협과 싸울 필요가 있을지도 모르는 전쟁에 대해 "열띤 논쟁"을 벌였다.[252] 1985년 회의에서는 중국의 전면전이나 침략이라는 한 가지 유형의 분쟁만 배제했을 뿐 새로운 분쟁은 식별하지 못했다. 1985년 회의 이후 3년여 만인 1988년 12월에야 '국지전(局部戰爭)'이 중국이 전투를 준비해야 할 주요 분쟁의 종류로 식별된다. 오히려 1985년 회의로 전략적 표류와 탐색의 시기가 도래했다.

셋째, 중앙군사위 회의는 '작전형식'이나 '작전에 대한 기본지도사상' 등 전략방침의 다른 요소를 변경하지 않았다. 중앙군사위가 전략방침이 아닌 100만 명 감군과 전력 재편을 승인하는 것에 주력했기 때문이다. 그럼에도 불구하고 1985년 회의에는 국지전에 집중할 수 있는 가능성을 열어놓은 핵심 평가가 포함되었지만, 그러한 변화를 승인하는 것은 회의 목표가 아니었다. 이용 가능한 소스는 전쟁형식이나 작전에 대한 기본지도사상에 대한 평가의 변경이 1985년에 논의되지 않았음을 보여준다.

넷째, 1985년 회의에서는 군사전략의 중대한 변경을 보여줄 만한 지표에 변화가 나타나지 않았다. 비록 3세대 전투규범의 초안이 1987년 말에 완료되었지만, 초안 작업은 1980년 전략이 채택된 후인 1982년에 시작되었다. 마찬가지로 1987년에 출판된 『전역학강요』와 『군사전략학』도 1980년대 초에 초안이 마련되어 국제 정세에 대한 새로운 평가를 반영하지 못했다. 전력 구조의 측면에서 1985년 감군의 내용, 특히 합성집단군의 창설은 1980년 전략을 실행하기 위해 개발된 사상을 반영했다.

7. 1988년 전략: '국지전과 무력 분쟁'

1988년에 채택된 전략방침은 1980년 전략에 대한 사소한 변경으로 특정 적과의 특정한 종류의 전쟁이 아닌 PLA가 전투를 준비하기 위한 일반적인 전쟁 유형을 식별했다. 그럼에도 중국이 이러한 전쟁에 어떻게 대비해야 하는지는 기술하지 않은 채 기획의 초점이 되어야 한다고만 기술했다.

1) 1988년 전략의 배경

놀랍게도 1988년 전략방침과 관해서는 이용 가능한 정보가 거의 없다. 그러한 한 가지 이유는 그것이 전략상의 사소한 변화만을 보여주기 때문이다. 한 군사과학원 소속 학자에 따르면 1988년 전략방침은 1980년대 초부터 시작된 군사전략방침의 조정이 완료되었다는 것을 반영했다.[253] 또 다른 이유는 새로운 방침이 톈안먼사건이 있기 불과 몇 달 전에 채택되었다는 점이었다. 대학살 이후 PLA는 다음 장에서 설명한 대로 내부 정치교육에 중점을 두며 안쪽으로 방향을 틀었다.

1988년 전략방침은 평화와 발전에 대한 덩의 평가와 PLA의 평시 현대화로의 전환을 확인한 1985년 중앙군사위 회의 후에 채택된 첫 번째 전략이었다. 만약 PLA가 전면적인 침략 전쟁에 대비할 필요가 없다면, 가장 가능성이 높은 분쟁은 제한적이거나 중국의 주변부에 대한 국지적인 분쟁일 것이다. 따라서 1988년 방침은 1985년에 도달한 중국의 안보 환경에 대한 평가의 중추적 함의를 반영했다. 그럼에도 1985년 평가는 중국이 어떤 종류의 전쟁을 치러야 할지를 배제하고, 중국이 앞으로 어떤 전쟁을 치러야 할지, 어떻게 싸울지, 어떻게 PLA를 구성해 훈련시킬지에 대한 지침을 제공하지 않았다.[254]

이러한 질문에 답하기 위해 PLA 전략가들은 미래를 탐구하기 시작했다. 총참모부는 1986~1988년에 일련의 강좌(講座)를 소집해 '국방 현대화와 발전 전략'(1986년), '국지전과 군 건설'(1987년), '군사투쟁을 위한 전략지침'(1988년) 등을 검토했다.[255] 장전의 지시에 따라 국방대학은 1986년과 1988년에 '전력론'과 '작전지도사상'에 관한 두 개의 주요 회의를 소집했다.[256] 마침내 PLA는 서로 다른 전략적 방향으로 국지전의 특성을 탐구하기 위해 지역별로 군사 연습을 조직했다. 1987년과 1988년 국경선에 인접한 모든 군구는 그들 지역의 특징과 국지적인 충돌에 근거한 연습을 실시했다. 이들 군구에는 지난·선양·베이징·란저우·광저우·청두(成都) 군구 등이 포함되었다.[257] 강좌와 마찬가지로 이들 연습은 탐구적인 것으로 PLA가 직면할 수 있는 국지전에서 채택해야 하는 군사전략과 전역 원칙을 결정하는 데 도움을 주도록 고안되었다.

다른 전략방침과 마찬가지로 이제는 츠하오톈이 주도하는 총참모부가 1988년 방침의 채택에 핵심적인 역할을 한 것으로 보인다. 1987년 12월에 츠하오톈은 "새로운 시대에 우리 군은 명확하고 완전한 군사전략이 시급히 필요하다"라고 선언했다. 그는 총참모부에 "우리 군의 전반적인 전략, 전반적인 방침, 전반적인 요건 등을 탐구"하기 위한 높은 수준의 작전방침을 연구하도록 지시했다. 총참모부 당위원회는 1988년 2월에 만나「세기말까지의 우리 군 전략지도의 몇 가지 문제에 대한 건의(關于到本世紀末我軍戰略指導若干問題的建議, Suggestions on Several Issues Regarding Our Army's Strategic Guidance until the End of the Century)」라는 보고서를 작성했다. 군구, 각 군, 기타 총부서와 협의하면서 보고서는 열 차례에 걸쳐 수정되었다.[258] 총참모부는 1988년 12월 24일 제안을 공식적으로 중앙군사위에 제출했지만, 1988년 방침이 채택되었던 12월 20일에 종료된 중앙군사위 확대회의에서 이것이 어떤 역할을 했는지는 불분명하다. 총참모부 보고서에는 구체적인 제안이 들어 있었으나 해당 보고서 원본은 이용이 불가능하다.

2) 1988년 전략의 개요

1949년 이후 처음으로 1980년대 후반의 중국은 군사전략의 방향을 결정할 우선적인 전략적 적수가 부족했다. 1986년 블라디보스토크(Vladivostok)에서 행한 미하일 고르바초프(Mikhail Gorbachev)의 연설과 러시아 극동에 배치된 군대의 철수를 시작하겠다는 소련의 약속 이후 소련과의 관계에 온기가 돌면서 중국이 직면했던 위협도 현저한 감소했다. 중국은 소련과의 갈등을 완전히 경시하지는 않았지만 1989년 5월 관계 정상화로 이어진 모스크바와의 따뜻한 유대로 1969년 이후 중국의 안보에 가장 큰 위협이 사라졌다. 그 대신 1988년 전략방침의 전체적인 목표는 보다 일반적이었으며, 적이 아닌 어떤 전쟁을 계획하는 데 초점이 맞추어졌다. 구체적으로 1988년 방침에서 군사투쟁의 준비의 기초가 "국지전(局部戰爭)이 발생할지도 모르는 무력 충돌[武裝衝突]을 처리하는 것"이라고 결정했다.[259] 국지전과 무력 충돌은 특히 중국의 해결되지 않은 주권과 영토 분쟁과 관련된 것들을 말했다.[260]

우선적인 전략적 적이 없음에도 불구하고 1988년 전략은 북쪽의 상황이 안정됨에 따라 중국의 남쪽 국경과 남중국해를 더욱 강조했다. 첫 번째 전략이 전면적인 침략이 아닌 잠재적인 국지전의 범위에 초점을 맞추었기에 1988년 방침 역시 '작전에 대한 기본지도사상'과 구별되는 전략적 지도사상(戰略指導思想)을 가장 먼저 강조했다. 전략적 지도사상은 "북방선을 안정시키고, 남방선을 강화하며, 국경 방어를 강화하고, 해양을 계획 및 관리한다(穩定北綫, 加强南綫, 强邊固防, 經略海洋)"였다.[261]

소련과 함께 북쪽의 전략적 상황[態勢]이 안정되었기 때문에 분쟁이 남아 있는 중국 남쪽의 전략적 상황을 개선시킬 수 있는 기회가 존재했다.[262] 여기에는 인도 및 베트남과의 육지 국경 분쟁과 중국이 스프래틀리[Spratly, 중국명 난사(南沙)]군도의 여러 암초를 점령한 사건도 포함되었다. 1980년대 내내, 특히 1984~1986년에 분쟁 중인 중국·베트남 국경의 여러 산꼭대기에서 일련의 격렬한 전투가 벌어졌다. 1988년 3월 중국이 베트남이 주장하는 여섯 개의 암초를 점령하기 위해 이동하면서 스프래틀리군도에서 양국 군대가 격렬하게 충돌했다.[263] 1986년과 1987년 동안 숨도롱추(Sumdorong Chu)에서 중국·인도 국경 관측소를 둘러싼 긴박한 교착 상태가 발생했으며, 양측에서 몇 개 사단이 동원되며 긴장이 절정에 이르렀다.[264] 이 대립은 두 나라 사이에 있는 12만 5000제곱킬로미터에 대한 훨씬 더 큰 영토 분쟁의 일부였다. 그럼에도 불구하고 군사적인 관점에서 볼 때 티베트고원에서의 영토 분쟁, 베트남과의 국경을 따라 정글에서의 영토 분쟁 또는 남중국해에서의 영토 분쟁에서 중국의 이익을 옹호하기 위해서는 다른 작전 능력과 개념이 필요했다.

이 새로운 전략방침은 차년도 군사 업무를 계획하기 위해 1988년 12월에 열린 중앙군사위 확대회의에서 채택되었다. 또한 회의에서는 전투력(戰鬪力)의 향상이 모든 군사 업무를 평가하는 기본 기준이 될 것이라고 결정했다.[265] 중앙군사위 부주석 겸 서기였던 양상쿤(楊尙昆)은 군사행정의 질(軍政素質), 무기와 장비, 체제와 조직(體制編制), 전략과 전술, 병참과 지원을 포함하도록 전투력을 폭넓게 정의했다. 전투력 강화에서 벗어나는 것은 "군 건설이 필연적으로 올바른 방향에서 벗어난다"라는 것을 의미하게 되었다.[266] 중국의 전반적인 억지력을 강화하자는 것이 기본 구상이었는데, 이전에 침략에 어떻게 대응할지를 강조했던 것에 비하면 새로운 개념이기도 했다.

3) 전략적 변화의 지표

군사 변화에 대한 다양한 지표를 찾아보면 1988년 전략방침은 1980년에 채택된 전략을 그대로 이어갔지만, 국지전의 새로운 맥락 안에서 그러했음을 보여준다.

이용 가능한 소스에 기초해 볼 때 1988년 방침에는 '작전에 대한 기본지도사상'의 변경이 없었다. 따라서 이 방침은 PLA 작전교리의 어떤 변화와도 관련되지 않는다. 1988년 6월 PLA는 1982년에 초안을 작성하기 시작해 1987년 말에 초안을 완성한 3세대 전투규범을 공식적으로 공표했다. 새로운 규범이 발표되었을 때, 그들은 "세계 전역에서 벌어지는 최근 국지전의 작전 경험과 베트남에 대한 자위적 방어에서 우리의 반격을 흡수"한 것으로 묘사되었다.[267] 이 규범은 1980년 전략에서 다시 강조되었던 제병협동작전에 중점을 두었기 때문에 "새로운 시기에 연합훈련과 작전을 위한 중요한 기반을 형성하는 것"이라고도 표현되었다.

군 구조의 변화도 거의 일어나지 않았다. PLA는 1985년 감축 계획을 1987년에 막 완료했다. 1988년 12월 중앙군사위 확대회의에서 양상쿤은 전략적 주도권을 위한 국가 간의 경쟁 속에서 군사력의 억지 기능의 성격을 상세히 설명했다. 양에 따르면 중국의 무기와 장비 개발 방침은 "정예 상비군과 예비[後備]군, 재래식 병력과 전략 핵 억지군을 결합하는 원칙을 견지하고 (……) 우리 군대의 전투력과 통합 억지력을 지속적으로 높인다"라는 것이었다.[268] '통합'에 초점을 맞춘 것은 1980년 방침에서 강조한 제병협동작전의 역할과 흐름을 같이

하지만, 중국의 군대가 어떻게 구조화되어야 하는지에 대한 새로운 비전을 담은 것 같지는 않았다.

이 시기에 중국의 훈련에 대한 접근 방식에서 주요한 변화는 1989년에 공포되어 1990년에 시행된 새로운 훈련 프로그램이었다. 이 프로그램은 지상군, 해군, 공군, 제2포병 등 네 부분으로 나뉘어 진행되었다. ≪해방군보≫에 따르면 훈련 프로그램은 군인과 소대에서 사단에 이르기까지 모든 수준에서 새로운 훈련 방침을 개발해 시범부대 세 곳에서 3년간 작업해 본 뒤에 1988년에 초안 작성이 시작되었다.[269] 이는 새로운 훈련 프로그램이 1980년 전략에 따라 개발된 구상들을 구현하기 위한 노력을 나타낸 것임을 시사한다. 특히 새 훈련 프로그램은 제병연합 전역과 전술, 새로운 집단군 중심의 군 구조, 군 내 기술부대의 역할 강화 등을 강조했다. 그러나 다시 말하지만 이것은 PLA가 이전 해에 수행해 왔던 것에서 크게 벗어나지 않았다.

8. 결론

1980년에 채택된 전략방침은 중국 군사전략의 두 번째 주요한 변화를 보여준다. 그 실행과 더불어 방침의 내용은 PLA의 고위 장교들이 소련과의 새로운 종류의 전쟁에 대비하려고 했음을 나타낸다. 1973년 아랍·이스라엘 전쟁은 소련 침공이 일어날 것이라고 PLA 장교들이 어떻게 믿고 있으며, 그러한 공격에 대해 어떻게 최선의 방어를 할지에 영향을 주었다. 그럼에도 불구하고 1973년 전후로 문화대혁명이 일으킨 당 지도부 내의 깊은 분열 때문에 PLA는 직면한 위협에 대처하기 위한 새로운 전략을 수립하지 못했다. 덩샤오핑이 화궈펑을 물리치고 당의 단합을 회복하고 나서야 PLA는 새로운 군사전략을 채택할 수 있었다.

1985년 중앙군사위의 100만 명 감군 발표는 평시 현대화에 대한 '군 건설에 대한 지도사상의 전략적 변화'를 동반했다. 전면전의 위협이 사라졌다는 덩의 평가가 주요 원인이었다. 이 평가는 전략방침의 변경이라는 문을 열었지만 새로운 군사전략은 당시 채택되지 않았다. 몇 년간 중국의 안보 환경을 연구한 끝에 1988년 12월 중앙군사위는 새로운 전략방침을 채택했는데, 이 방침은 군사투쟁 준비의 기초가 '국지전과 군사적 충돌을 다루는 것'이었다. 그러나 국지전에 대한 이 1988년 전략은 그러한 분쟁에서 어떻게 싸워야 할지 또는 어떤 전력이 필요할지에 대해서는 설명하지 않았다. 이 질문들은 다음 장에서 설명한 대로 걸프 전쟁 발발 후에야 답을 얻게 된다.

제6장

—

1993년 전략: '첨단 기술 조건하 국지전'

1992년 12월 인민해방군(이하 PLA) 최고사령부는 세미나를 소집해 중국의 군사전략을 점검했다. 그달 말에 중앙군사위원회(이하 중앙군사위)가 1993년 1월 초에 채택한 새로운 전략방침이 수립되었는데, 이는 '현대적, 특히 첨단 기술 조건하에서의 국지전 승리'로 알려졌다. 1956년 방침이나 1980년 방침과 달리 새 전략은 중국 영토 침략에 어떻게 대응하는지에 기초하지 않았다. 그 대신에 새로운 전투 방식을 특징으로 하는 한정된 목표에 대한 전쟁 수행 방법을 강조했다.

1993년 1월 채택된 전략방침은 1949년 이후 중국의 군사전략에서 세 번째로 큰 변화를 나타낸다. 1956년 전략과 1980년 전략과 마찬가지로 1993년 전략의 채택도 의아하다. 1990년대 초에 중국의 당과 군 고위 지도자들은 자국의 지역 안보 환경이 1949년 이래 '사상 최고'라고 믿었는데, 그 이유는 주로 북쪽으로부터 소련 위협의 소멸과 냉전 종식 때문이었다. 그러나 중국 본토에 대한 명백한 위협이 없었음에도 불구하고, 중앙군사위는 광범위한 우발 상황에서 주변 지역에서 합동작전을 수행할 수 있는 능력을 개발하고자 함으로써 당시까지 가장 야심 찬 군사전략을 채택했다.

중국이 1993년에 군사전략을 변경한 것에 대해 그 시점, 이유, 방법을 이해하는 데는 두 가지 요소가 핵심이다. 첫째, 걸프 전쟁은 전쟁 수행에서 중대한 변화가 일어났음을 드러냈다. 정밀유도탄 등 무기 사용으로 이라크가 금방 패배한 것은 중국의 고위 군 장교들에게 심대한 영향을 미쳤다. 중국은 1982년 포클랜드 전쟁과 1986년 미국의 리비아 공습 등 1980년대부터 이러한 전쟁의 변화를 추적해 왔지만 걸프 전쟁은 전쟁 수행이 변화함에 따라 PLA가 싸울 준비를 확실히 하기 위해 새로운 전략이 필요하다는 점을 강조했다. 둘째, PLA는 덩샤오핑의 개혁 지속 여부와 방법을 놓고 톈안먼광장 안팎에서 벌어진 시위가 진압된 후 출현한 당 지도부 내의 분열 탓에 걸프 전쟁에 즉각 대응할 수 없었다. PLA도 문화대혁명이 끝난 후에 그 어느 시기보다 정치화되었다. 1992년 10월 제14차 당대회에서 단합이 복원되고 나서야 PLA는 전략 변화를 추구할 수 있었다.

1993년 전략은 아마도 1956년 이후 중앙군사위가 채택한 가장 중요한 전략 방침일 것이다. 이는 2004년과 2014년의 조정을 거쳐 오늘날에도 중국 군사전략의 근간으로 남아 있다. 1988년 전략이 국지전으로 전환되는 신호를 보여주기는 했지만 어떻게 싸울지는 윤곽이 잡히지 않았다. 1993년 전략은 이 질문에 답을 주었다. 그것은 또한 지상군 지배에서 다른 군종의 역할을 향상시키는 것으로, 그리고 기동전 같이 내전 이후 사용된 전쟁 방식에서 각 군 간 합동작전으로의 전환을 확인했다.

이 장은 다섯 개의 절로 전개된다. 첫 번째 절은 1993년 1월에 제정된 새로운 전략방침이 중국의 국가 군사전략에 주요한 변화를 구성한다는 것을 보여준다. 두 번째 절은 고위 군 장교들이 걸프 전쟁을 국제 체제에서의 전쟁 수행에서 큰 변화를 구성하는 것으로 파악했음을 보여준다. 이는 군사전략의 변화를 촉발하는 외부 자극의 역할을 했다. 세 번째 절은 톈안먼사건 이후 당 지도부의 분열이 어떻게 커졌는지와 1992년 10월 제14차 당대회에서 단합이 복원되기 전에 PLA가 어떻게 정치화되었는지를 검토한다. 마지막 두 개 절에서는 새로운 전략의 채택과 초기 이행에 관해 논의한다.

1. '첨단 기술 조건하 국지전 승리'

1993년 1월 확대회의에서 채택된 전략방침은 중국의 군사전략에서 세 번째 큰 변화를 나타낸다. '현대적, 특히 첨단 기술 조건하에서의 국지전 승리'라고 알려진 1993년 전략은 중국이 주변 지역에서 싸울 수도 있는 다양한 유형의 국지전 또는 제한전을 중심으로 마련되었다. 합동작전은 진지전, 기동전, 게릴라전이라는 삼위일체를 대신했다. 이들 삼위일체의 다양한 조합이 1927년 창설이후 PLA의 작전에 대한 접근 방식을 구성했다.

1) 1993년 전략의 개요

새 전략의 가장 큰 변화는 '군사투쟁의 준비 기초'에 관한 것이었다. 1956년 방침과 1980년 방침과 달리 1993년 방침은 우월한 적의 중국 침략에 대응하는 데 토대를 두지 않았다. 새로운 전략을 도입할 때 장쩌민은 중앙군사위 주석의 지위에서 PLA는 "미래 군사투쟁에 대한 준비의 기초를 현대적 기술, 특히 첨단 기술 조건하에서 일어날 수 있는 국지전에서의 승리에 두어야 한다"라고 설명했다.[1] 이 판단은 "전쟁이 일어나자마자 첨단 기술의 대결이 될 가능성이 크다"라는 결론에 전제를 두고 있었다.[2] 새로운 기술을 사용할 수 있는 능력은 군이 전장에서 주도권을 잡을 수 있는지 여부를 결정할 것이다. 이러한 전쟁 수행의 변화를 고려할 때, 국가가 적절한 능력이 부족하다면 "전쟁 발발 즉시 항상 소극적인 입장에 놓이게 될 것이다".[3] 많은 나라가 새로운 기술을 채택하기 위해 자신들의 군사전략을 조정하고 있기 때문에, 중국은 전쟁 수행의 변화를 따라가기 위해 전략을 바꾸지 않으면 뒤처질 것이다.

기존 전략지침과 달리 1993년 전략은 초기에 '1차 전략방향'을 식별하지 않았다. 그럼에도 불구하고 장쩌민의 연설은 "군사투쟁의 초점은 '대만 독립'이라는 큰 사건이 일어나지 않도록 하는 것"이라고 지적했다.[4] 이를 위해서는 대만의 독립선언을 방지하는 한편 대만에 대한 중국의 영향력과 매력을 높이려는 당과 정부의 노력을 군이 지원해야 했다. 장은 PLA에 "급작스러운 사건들에 대비하라(做好應變準備)"라고 요구했는데, 이는 홍콩과 중국의 미해결 영토분쟁과 더불어 대만 우발 사태에 적용될 것이었다. 10년을 거치면서 '동남(대만)'은 중국의 주요 전략적 방향이 된다.[5]

장은 연설에서 새로운 전략방침의 내용을 요약했다. 전략의 목표는 "국가 영토주권과 해양 권익 방어, 조국 통일과 사회 안정의 수호, 개혁·개방과 현대화를 위한 강력한 안전보장 제공"이었다.[6] 새로운 방침에서 전략지도사상은 어떻게 이러한 목표를 달성할지를 강조했다. "강점을 육성하고 약점을 피하고, 비상사태에 유연하게 대처하고, 전쟁을 억제하고, 전쟁에서 승리한다(揚長避短, 靈活應變, 遏制戰爭, 贏得戰爭)."[7] 따라서 새로운 전략은 향후 10년간 더욱 발전될 위기관리와 전략적 억제에 대한 강조를 담고 있었다. 장은 또 중국의 군사전략은 "국가의 발전 전략에 종속되고 봉사하며, 발발할 수 있는 현대적, 특히 첨단 기술 조건하에서의 국지전 승리에 뿌리를 두고, 아군의 질적건설[質量建設]을 서두르고, 아군의 비상 대비 전투력 제고에 힘써야 한다"라고 지적했다.[8]

새로운 전략에 따라 구상된 변화의 전반적인 성격을 강조할 필요가 있겠다. 1994년 류화칭 중앙군사위 부주석은 첨단 기술 전쟁의 등장에 따른 중국의 군사전략에 대한 접근 방식의 변화를 기술했다. 류는 "새로운 상황은 우리에게 전쟁의 이론과 실행에서 획기적인 변화를 강요한다"라고 강조했다. 더욱이 그는 여러 변화를 담은 변혁의 범위를 식별했다. 즉, "과거 하나의 주요 적에 대한 전면적인 침략에 대처하는 것에서 복수의 적에 대한 다양한 형태의 투쟁에 대처하는 것으로, 내부에서의 단호한 방어의 장기적 작전에서부터 근대화 국경 지대에서 기동작전에 기초한 신속한 의사결정 전쟁으로, 사전에 설정된 전장에서의 대규모 작전과 장기적 준비에서 일시적 배치와 신속 대응을 갖춘 제한된 작전으로, 지상전 기반의 협동작전에서 공중전과 해군전이 강조된 3군 합동작전으로" 변화한 것이 그러한 예들이다.[9]

중국의 입장에서 보면 1993년 방침은 전략적 방어 전략을 염두에 두면서, 적극방어에 계속 토대를 둔 것이었다. 그러나 방어해야 할 것의 중심은 본토에서 중국의 주변에 이어지는 영토 분쟁과 대만의 통일로 옮겨갔다. 이러한 더욱 제한된 목표들은 침략에 대한 방어와 비교했을 때 공격 능력의 역할을 증가시켰다. 작전 수준에서, 국지전에서의 단일 군사 전역은 종전보다 선취에 대한 압박감이 더 커질 수 있을 뿐만 아니라 전쟁이 발발하는 것을 막거나 전쟁이 발발할 경우 이를 제한할 필요가 있을 것이므로 전략적 효과가 있을 수 있다. 전략적 차원에서는, '선제타격'을 구성할 수 있는 것의 범위가 10년에 걸쳐 확장되는 것처럼 보였다. 『군사전략학』 2001년판에 따르면 "정치적·전략적으로 '선제공격'을 하는 것과 전술적으로 '선제공격'을 하는 것은 차이가 있다". 구체적으로 대만을 놓고 보면 "누구든 다른 나라의 주권과 영토 보전을 침해하면 상대방에게 전술적으로 '선제타격'할 권리를 주게 될 것이다".[10]

2) 작전교리

1993년 전략은 PLA가 수행해야 할 '작전형식'을 변경했다. 적어도 1980년대 초까지 전략은 어떻게 진지, 기동, 게릴라 형식의 전쟁을 결합해 군사적 목적을 달성할지에 초점을 맞추었다. 과거의 전략들이 우월한 적에게 공격당한 후 어떻게 우세를 점할지에 바탕을 두고 있었기 때문에, 이러한 형식의 전투가 두드러지는 것은 이해할 만했다. 1980년 전략방침에서 지상군 내 제병협동작전을 강조한 후, PLA가 지금 수행할 수 있어야 할 기본적 작전형식으로서 1993년 방침이 각 군 간의 연합작전(聯合作戰)을 강조한 것은 아마 놀랄 일이 아니다.[11] 진지전, 기동전, 게릴라전은 경보병 전술에 기반했기 때문에, 연합작전에 중점을 두는 것은 지상군만을 강조하던 것에서 지상군과 해·공군을 통합하는 쪽으로 전환한다는 신호였다.

'작전에 대한 기본지도사상'은 이러한 연합작전이 어떻게 수행될지에 대해 설명했다. 1993년 방침은 '통합작전, 중점타격[整體作戰, 重點打擊]'이라는 작전을 위한 새로운 기본 지도원칙을 수용했다. 1999년에 PLA는 작전규범의 형태로 이러한 변화들을 성문화한 새로운 작전교리를 발표했다. 중앙군사위는 연합작전을 위한 최초의 「전역강요」를 포함해 일곱 개의 「전역강요」를 발표했다. 중앙군사위는 또한 1995년부터 군사과학원이 초안을 만들기 시작한 4세대 전투규범으로 알려진 새로운 전투규범을 발표했다. 현대전의 복잡성을 반영해 3세대보다 대략 세 배 많은 89개의 규범이 발표되었다.[12]

3) 군 구조

새로운 전략방침의 채택에 따라 전력 구조의 주요 변화가 빠르게 이어졌다. 거의 모든 변화는 전력의 질을 높이고, 지휘를 간소화하며, 해군과 공군을 강화하기 위해 계획된 두 개의 병력 감축에 따라 촉진되었다. 1997년 9월 중앙군사위는 병력 50만 명을 감축할 것이라고 발표했다. 공군과 해군의 규모는 각각 11.4%, 12.6% 줄었지만 육군은 18.6%가 줄었다. 비록 육군이 가장 큰 규모였지만 그에 비례해 훨씬 큰 타격을 받았다. 세 개의 사령부가 없어지고 12개의 사단이 해체되었으며, 또 다른 14개의 경보병 사단이 중국의 준군사 조직이었던 인민무장경찰부대로 이관되었다. 인민무장경찰부대는 당시 중앙군사위와 공안부 모두의 지휘하에 있었다.[13] 2003년에 중앙군사위는 지상군을 중심으로 20만 명을 추가로 감축할 것이라고 발표했다.

이러한 감축 외에 군 구조는 다른 방식으로도 변화했다. 1997년 감축에서는 약 30개 사단을 소규모 여단으로 재편해 전력의 유연성을 높였다. PLA는 또 전국적으로 신속하게 배치될 수 있는 각 군구의 긴급기동작전부대[應急機動作戰部隊][14]의 창설과 개선을 강조했다.* 무기 설계와 조달을 강화하기 위해 총장비

---

* 영어로 된 2차 문헌에서는 종종 이 부대를 '신속대응부대(rapid reaction unit)'라고 부른다.

부가 1998년에 창설되었다. 이 부서는 40년 전인 1958년 중국의 일반 인력 구조의 변경 이후 처음 만들어진 총부서였다.

이러한 변화 전반에 걸쳐 해군과 공군은 주변 지역의 잠재적 분쟁과 협동작전으로의 전환을 해결하기 위한 추가 자원을 제공받았으며 감군과 능률화 노력의 예봉을 피해갔다. 이들은 또한 1990년대 중국이 러시아로부터 구매한 새 무기체계의 수혜자였다. 해군은 킬로(kilo)급 잠수함, 소브레메니(sovremenny)급 구축함 등을, 공군은 S-300과 같은 최신 지대공미사일뿐만 아니라 수호이 27이나 수호이 30과 같은 다목적 전투기를 획득했다.

4) 훈련

1993년 전략의 채택은 PLA의 군사훈련에 대한 접근 방식을 변화시켰다. 장쩌민은 1975년 연설에서 덩샤오핑이 말했던 구절을 인용해 훈련을 "전략적 위치에 놓아야 한다"라고 거듭 강조했다.[15] 총참모부는 1995년 12월 지상군, 해군, 공군, 제2포병, 국방과학기술공업위원회, 인민무장경찰부대를 포함한 새로운 군 전체 훈련 프로그램을 발표했다.[16] 지상군을 제외하고 과거 훈련 프로그램은 총참모부가 아닌 개별 군종, 병과, 전투병과가 발표해 왔다.

2001년 8월 두 번째 훈련 프로그램이 공포되어 2002년 1월에 시행될 정도로 새로운 전략하에서는 훈련이 매우 중요해졌다. 이 프로그램의 초안 작업은 PLA가 앞에서 논의된 「전역강요」들과 전투규범을 완성하고 연합작전을 강조하면서 1998년에 시작되었다. 주요 변화 중 하나는 훈련 평가의 명확한 기준을 확인하는 것이었다. 따라서 이 프로그램은 '군사훈련과 평가 프로그램(軍事訓練與考核大綱)'으로 이름이 바뀌었다.[17]

군사훈련의 또 다른 요소는 야외연습이다. 1996년 3월 대만해협 위기 당시 PLA는 첫 번째 대규모 연합훈련으로 기술된 것을 실시했다. 그러나 1996년 이전에도 훈련 속도는 1993년 새로운 방침이 채택되기 직전에 증가하기 시작했다.[18] 10년 내내 훈련의 범위와 복잡성이 증가했다. 예컨대 2001년에 PLA는 제 3장과 제4장에서 각각 설명한 바와 같이 1955년 랴오둥반도와 1981년 장자커 우에서 행한 연습 규모에 필적하는 일련의 연습을 푸젠성 남쪽 해안 둥산다오 (東山島)에서 가졌다.[19]

2. 걸프 전쟁과 전쟁 수행

중국의 고위 군 장교들에게 1990~1991년 걸프 전쟁은 전쟁 수행에서 중대한 변화를 의미했다. PLA가 1988년부터 국지전에만 치중하기 시작했지만, 그러한 분쟁에 어떻게 대처해야 할지에 대한 명확한 전략은 아직 개발하지 못했다. 그러나 걸프 전쟁은 PLA 내에서 미래 전쟁에 대한 전면적인 재검토를 촉발했다. 1949년 이후 발생한 다른 어떤 국가 간 분쟁보다도 중국에게 (그리고 다른 많은 국가에게) 걸프 전쟁은 전쟁 수행에서 변혁을 상징했는데, 고위 군 장교들은 이를 '첨단 기술 국지전'이라고 표현하기 시작했으며, 이것이 1993년 전략에서 군사투쟁 준비의 기초를 형성했다.[20]

1) 걸프 전쟁에 대한 중앙군사위의 평가

1990년 8월 이라크의 쿠웨이트 침공 이후 미국은 국제사회를 동원해 정복된 국가를 해방시켰다. 그 후 몇 달 동안 거의 100만 명의 연합국 군대가 그 지역에 배치되었다. 1991년 1월 17일 사막의폭풍 작전(Operation Desert Storm)은 한 달 이상 지속된 항공 전역으로 시작되었다. 11만 6000회가 넘는 출격과 함께 이라크의 주력부대, 방공, 지휘통제 노드, 중요 인프라 등이 주요 목표물이 되었다. 2월 24일 시작된 지상전 국면은 100시간 동안만 지속되었다. 결과는 일방적이라고밖에 표현할 수 없었다. 700대의 전차, 2400대의 장갑차, 2600여 문의 대포를 포함해 42개 이라크 사단이 무력화되었다. 약 2만 명에서 3만 명

의 이라크 병사가 사망했지만 미군 사망자는 293명에 불과했다.[21]

이라크의 패배 속도와 (연합국의) 일방적인 승리는 많은 관찰자를 놀라게 했다. 가령 1990년 가을과 겨울에 중국의 군사 분석가들은 연합군이 전투로 다져진 이라크군과의 장기간 충돌로 수렁에 빠지고 공군은 전쟁에서 미미한 역할만 맡을 것으로 예측했다.[22] 걸프 전쟁이 끝난 지 불과 며칠이 지난 1991년 3월 초 중앙군사위는 군 전체가 걸프 전쟁의 모든 면을 공부하도록 했다. 여기에는 중국이 채택해야 할 전쟁 수행의 변화와 대응책에 대한 함의도 포함된다. PLA가 1991년 1월 제8차 5개년 규획을 막 실행하기 시작했지만, 고위급 군 장교들은 PLA의 기존 현대화 계획에 상당한 수정이 필요하다고 이미 결론을 내렸다. 중앙군사위 부주석 겸 현역 군인이었던 류화칭 제독에 따르면 "우리가 과거에 고려한 것들은 옳았지만 새로운 상황이 발생했다".[23]

걸프 전쟁을 연구하기 위한 중앙군사위의 노력의 범위는 넓었다. 중앙군사위는 군사과학원, 총참모부, 총후근부 등 최상위 부서에 구체적인 연구 주제를 부여했다.[24] 류화칭에 따르면 목표는 "국방, 군 건설, 지휘에서 직면하고 있는 새로운 문제에 답하고 해결하는 것"이었다. 검토한 주제는 군사이론, 전략 지휘부, 부대 구조와 조직, 병력 배치, 전술, 지휘 배치, 각 군과 병과의 고용, 병참과 지원, 기술, 장비를 포함한 걸프 전쟁의 모든 측면을 다루었다. 또 다른 목표는 중국이 "향후 국지전과 군사적 충돌에서 손실을 입지 않도록" PLA가 변화에 어떻게 대응해야 하는지에 대한 구체적인 제안을 개발하는 것이었다. 류화칭은 "우리는 계획을 세워야 한다. 자신의 강점을 발휘하고, 단점을 극복하며, 미래 전쟁을 치르는 방법을 연구해야 한다"라고 했다.[25]

1991년 3월과 6월 사이에 PLA 지도부는 걸프 전쟁을 연구하기 위해 일련의 고위급 회의를 열었다. 장쩌민은 중앙군사위 주석 자격으로 최소한 네 개의 세션에 참석해 중앙군사위와 당이 연습에 부여한 중요성을 강조했다.* 이 중 세

---

* 이들 회의에 장쩌민이 참석하면서 그는 PLA와 관계도 맺을 수 있었다. 1980년대 초 전자공

차례의 회의에서 장 주석이 행한 연설은 발췌문이 나중에 공개적으로 출판되었다. 첫 번째 회의는 1991년 3월 12일에 열렸는데, 당시 총참모부가 주요 부대의 작전 부서의 군 전체 세미나(硏討會)를 준비하기 위해 걸프 전쟁에 관한 좌담회(座談會)를 후원했다. 6월 초에는 전자업계와 전쟁 전반을 점검하는 회의들이 또 한 차례 열렸다.

이들 회의의 마지막에 총참모부는 걸프 전쟁에 관한 보고서를 중앙군사위에 제출했다. 보고서는 분쟁의 특성을 논의했으며, PLA는 "걸프 전쟁의 경험과 교훈을 배우고 군사전략과 다른 중요한 문제에 대한 연구를 강화"해야 한다고 제안했다.[26] 여기에는 중국의 현재 장비를 가지고 기술적으로 우세한 적과 싸우고 PLA의 질을 높이는 작전방법이 담겼다. 즉, 새로운 전략방침이 채택되기 2년 전 총참모부 지도부는 걸프 전쟁을 중국의 국가 군사전략을 재고할 필요성과 연계시켰다.

PLA는 걸프 전쟁과 전쟁 수행의 변화에 대한 의미를 연구하는 일에 10년의 나머지 기간을 보내게 된다. 1992년 국방대학의 장전 총장은 학생들에게 "걸프 전쟁을 이용해 현대전이 어떤 종류의 전쟁이 될지를 명확히 할" 것을 촉구했다.[27] 이 과정에서 고위 군 장교들은 1993년 전략의 채택에 영향을 미친 몇 가지 예비 결론을 도출했다. 한 가지 결론은 걸프 전쟁에서 드러난 전투에서의 변혁이 전장에서 첨단 기술의 적용을 중심으로 전개되었다는 것이다. 장쩌민은 1991년 3월 국방과학기술대학을 시찰하면서 "걸프 전쟁에서 볼 수 있듯이 현대전은 첨단 [기술] 전쟁이 되어가고 있으며 전자전과 미사일전을 비롯한 입체전이 되어가고 있다"라고 지적했다.[28] 약 열흘 뒤 류화칭은 전국인민대표대회 PLA 대표단에 "걸프 전쟁은 첨단 기술의 국지전이었다. (……) 첨단 기술의 개발이 국방과 경제 발전의 '추진력(龍頭)'이라는 것을 보여준다"라고 했다.[29] 류는 6월 초 국방과학기술위원회 대표들을 만난 자리에서 걸프 전쟁은 "최첨단

업무장을 맡을 만큼 장은 기술에 친숙했고 관심이 많았다.

기술 수준의 전쟁이며 제2차 세계대전 이후 가장 다양한 신무기를 사용했다"라고 강조했다.[30] 그 결과 "현대적 조건하에서 군사기술, 특히 새로운 첨단 기술이 승리의 결정적인 요인으로 점차 중요해지고 있으며, 구식 무기와 신무기 사이의 효과 차이는 배가되고 있다".

또 다른 결론은 걸프 전쟁은 첨단 기술의 국지전으로 앞으로 중국이 직면할 가능성이 있는 종류의 분쟁을 반영했다는 것이었다. 1991년 3월 츠하오톈 총참모장은 걸프 전쟁을 "현대 국지전의 대표적 사례"라고 표현했다.[31] 같은 달 장전은 "걸프 전쟁이 첨단 기술 재래식 국지전의 기본적인 특징과 작전 유형을 보여주었다"라고 결론지었다.[32] 그는 이어 전자전, 방공, 병력 이동성, 공해(公海) 협동, 작전 유형[樣式], 군 구조[編組], 병참 및 지원, 정보 등 연구해야 할 문제의 범위를 강조했다.[33]

마지막 결론은 중국이 유감스럽게도 첨단 기술의 국지전을 준비하지 못했다는 것이다. 중국은 국가 군사력을 증강시켜 주는 것으로 보이는 정교한 기술이 부족했고 따라서 점점 더 취약해졌다. 1991년 3월 장쩌민은 "기술이 뒤처졌다는 것은 수동적인 위치에 놓여 참패를 당하는 것을 의미한다"라고 지적했다.[34] 전쟁에서 첨단 기술의 역할을 검토한 뒤에 류화칭은 1991년 6월 국방과학기술위원회 위원들에게 "우리는 이러한 현실을 직시해야 한다. 결코 현 상황에 만족해 제멋대로 낙관적인 자세를 취해서는 안 된다"라고 했다.[35] 지난 6월 장쩌민은 "우리는 무기와 장비에서 매우 뒤떨어져 있으며, 일부 분야에서는 그 격차가 증가하고 있다"라고 지적했다.[36]

중국은 또한 전장에서 첨단 무기를 사용하기 위한 작전교리가 부족했다. 중국은 1980년대 말 전쟁의 작전 수준을 강조하기 시작했지만, 작전교리는 거의 이라크가 하지 못한 것, 즉 고정된 위치를 방어하는 데 중점을 두고 지상에 기반한 소련의 공격에 대항하는 데 초점을 맞춘 상태였다. 성공에는 첨단 군사기술의 획득뿐만 아니라 이것을 사용하기 위한 구상과 개념이 필요했다. 장전은 1992년 국방대학에서 학생들에게 "우리는 구역[地帶]과 제대(梯隊)를 강조하는 진지전에 대한 소련군의 접근 방식에서 해방되어야 한다. 고정된 위치에 매달리는 작전방법은 더 이상 적절하지 않다"라고 했다.[37]

이들 세 가지 결론은 군사투쟁 준비의 기초가 근본적으로 바뀌어 1980년 전략방침에 근거한 중국의 기존 전략이 쓸모없게 되었음을 시사했다. PLA는 그 후 첨단 기술 전쟁의 '특성과 법칙'을 더 잘 이해하기 위해 분쟁을 연구하는 데 지속적인 노력에 착수했다. 이러한 교훈은 2000년 군사과학원이 발간한 걸프 전쟁에 관한 PLA 자체의 공식 역사에 요약되어 있다. 이 보고서는 시기적으로 더 근접한 1991년 전쟁에 대한 군사과학원의 평가를 포함한 중국 자료와 전쟁에 관한 미국 국방부 보고서들과 같은 문서들에 광범위하게 의존하고 있다.[38] 비록 이 보고서가 1993년 전략방침이 발표된 후에 발간되었지만, 그럼에도 불구하고 이 역사는 PLA가 걸프 전쟁이 전쟁 수행의 중대한 변화를 가져왔다는 것을 어떻게 생각했는지를 보여준다.

군사과학원의 공식 역사는 걸프 전쟁의 발발과 결과가 제2차 세계대전 이후 등장한 전통적인 전투 개념에 도전했다고 결론지었다. 이에 따르면 "걸프 전쟁은 기계화전에서 정보전으로의 전환을 특징으로 하는 전 세계적인 군사 변혁을 가져왔다".[39] 전쟁 목표는 이제 더욱 제한되어 적의 영토를 점령하거나 적군의 완전한 궤멸을 도모하는 것이 아니라 그 종합적인 힘(綜合力量)을 파괴하는 것이었다. 주된 이유는 전투에서 기술의 역할, 특히 전자 기술과 정보 기술의 역할이었다. 걸프 전쟁에서 "첨단 기술" 무기의 광범위한 사용은 작전사상, 양식(樣式)과 작전방법, 지휘와 군 구조 등 전쟁의 과정과 결과에 "중대한 변화"를 초래했다. 이 연구는 또한 미래 전쟁에서는 공격과 방어, 전선과 후방 간의 구별이 모호해질 것이라고 지적했다. 부대와 장비를 집중하는 것에서 화력과 정보를 집중하는 것으로의 전환을 특징으로 하면서, 공격은 적의 작전체계를 파괴하는 데 초점을 맞출 것이다. 이러한 공격은 정밀유도무기, 정보 지원 시스템, 전자전 시스템, 자동화된 지휘 시스템을 결합한 새로운 전투 접근 방식을 반영할 것이다. 전쟁형식 면에서 "걸프 전쟁의 명백한 특징"은 육지, 하늘,

바다, 우주, 전자적 능력의 통합이었다. 전쟁은 다양한 군종과 무기체계의 심층적이고 입체적인 능력을 통한 종합적인 경쟁(全面較量)이 되었다. 지휘·통제·통신·컴퓨터·지능·감시·정찰(이하 C4ISR) 시스템은 현대전에서 통합작전 능력을 유지하는 "전력 증강자(force multiplier)"와 다양한 군종과 무기 시스템을 위한 "신경 중추(nerve center)"가 되었다.[40]

총참모부는 1991년 걸프 전쟁에 관한 보고 이후 중국의 군사전략을 재검토할 것을 계속해서 압박했다. 1992년 1월 6일 총참모부는 중국의 안보 상황을 평가하기 위해 모든 부서의 회의를 소집했고, 그 회의에서 츠하오톈은 그러한 분석이 "군사전략을 정확하게 결정하는 중요한 문제와 관련이 있다"라고 언급했다.[41] 회의에 이어 총참모부는 평가와 함께 보고서를 중앙군사위에 제출했다. 불행하게도 이 보고서에 관한 세부 내용은 이용이 불가능하다. 변화의 필요성을 인식했음에도 불구하고 새로운 전략은 1993년까지 구체화되지 않는다. 당 최고위층의 분열 탓에 중앙군사위는 총참모부가 제출한 보고서대로 움직이지 못했다.

3. 톈안먼사건 이후 당 단합의 붕괴와 회복

비록 고위 군 장교들은 걸프 전쟁이 전쟁 수행에 중대한 변화를 가져왔음을 바로 인정했지만, 중국은 1993년까지 새 군사전략을 채택하지 않았다. PLA의 정치화와 함께 톈안먼광장에서 벌어진 시위가 진압된 후 당의 최고위층에서 분열이 심화되면서 고위 군 장교들은 그러한 변화를 추구하지 못했다.

1) 톈안먼사건 이후 당의 분열

1989년 톈안먼광장 주변에서의 시위와 대학살은 당의 최고위층에 균열을 일으켰다. 덩샤오핑은 여전히 개혁에 전념했지만 천원 등 경제적 보수주의자와 덩리췬(鄧力群) 등 이념적 보수주의자들의 반발을 샀고, 이들은 시위를 야기한 상황을 놓고 덩의 정책을 비난했다.[42] 조셉 퓨스미스(Joseph Fewsmith)는 "톈안 먼사건이 유발한 당 분열의 깊이가 후야오방이 축출될 때보다 훨씬 컸다"라고 결론짓고 있다.[43] 후야오방은 1987년 1월 총서기였다. 당 지도부의 이러한 분열 탓에 1989년부터 1991년까지 당 전체회의에서 경제정책에 대한 합의를 이끌어내지 못했다.

당 지도부의 '핵심'으로 여겨졌지만 덩의 권위, 위신, 지위는 오히려 떨어졌다. 초기 시위를 촉발시킨 불만들은 덩의 개혁이 너무 멀리 그리고 너무 빨리 움직였음을 시사했다. 시위에 대한 회유적 접근을 추구했던 덩의 후계자 겸 총서기 자오쯔양은 '당 분열' 혐의가 적용되어 모든 직위를 박탈당했다.[44] 장쩌민 상하이 당서기가 자오를 대신해 총서기가 되었다. 자오와 개혁에 대한 비판 또한 덩이 자오의 후견인이었기 때문에 덩을 약화시키려는 목적이었다.[45] 이후 천원은 덩이 톈안먼사건 이전에는 "우파(자유주의적 개혁을 지지)"였고 이후에는 "좌파(폭력적인 단속을 추구)"라고 비판했는데, 이는 시위와 미흡한 사태 수습에 대해 덩을 비난함으로써 정치적으로 약화시키려는 의도였다.[46]

사회주의국가에서는 경제정책, 특히 개혁 기간의 중국에서는 아마 어떤 정책 '노선'도 경제정책보다 중요한 것은 없을 것이다. 1989년 6월 이후 보수주의자들은 중국의 경제개혁을 중단시키기 위해 톈안먼사건을 '구실'로 이용하려고 했다.[47] 1989년 11월 5중전회는 경제정책에 대한 깊은 분열을 드러냈다. 회의에서는 자오쯔양의 경제관리(와 그에 따른 덩의 개혁 정책)를 비판하고, 천원의 보다 보수적인 경제 구상인 긴축과 균형성장을 지지했다.[48] 다음 달 리펑 (李鵬)이 경제에서 국가계획의 역할을 강화하기 위해 국무원 생산위원회(State Council Production Commission)를 설치하면서 경제적 보수주의자들은 또 다른 힘을 얻었다.[49]

경제정책에 대한 불화는 1990년 내내 계속된다. 7중전회에서는 분열을 쉽게 관찰할 수 있었다.[50] 그 중전회의 목적은 제8차 5개년 규획을 검토하는 것이었다. 중전회는 당초 1990년 가을에 시행될 예정이었으나 경제정책에 대한 의견 차이로 12월로 연기되었다. 이 계획의 초안에서 또 다른 보수파인 리펑과 야오이린(姚依林)은 "지속적이고 구준하며 조정된 발전"이라는 천윈의 구상을 경제정책의 지도 원리로 받아들였는데, 덩은 이를 거부했다. 마침내 중전회가 열렸을 때 리처드 바움(Richard Baum)은 "교착 상태가 두드러졌다"라고 설명한다.[51] 최종 문서는 덩과 천의 입장의 균형을 맞추려고 했으나 실체가 부족했고 "구체적인 프로그램 지침이나 시책이 부족"했다.[52] 그 주된 목적은 최고지도부의 분열을 드러내는 것이었다.[53]

개혁을 위한 지지를 구축하기 위해 1991년 1월 초 덩은 상하이로 여행을 떠났고, 그곳에서 그는 일련의 강화(講話)를 가졌다. 이 강화는 이후 개혁 성향을 가진 지역 신문인 ≪해방일보(解放日報, Liberation Daily)≫에 황푸핑(皇甫平, '상하이 논평자'라는 뜻임)이라는 필명으로 게재된 네 개의 논평으로 요약되었다. 덩의 딸 덩난(鄧楠)과 당시 상하이 당서기 주룽지(朱鎔基)가 논평의 초안을 감독했다.[54] 이후 광둥성, 톈진 등 개혁의 지속을 지지했던 성 지도자들도 비슷한 글들을 썼다.[55]

그럼에도 불구하고 개혁을 둘러싼 공감대를 회복하려는 덩의 노력은 실패했다. 한 가지 이유는 보수주의자들이 당의 선전부와 조직부를 통제했기 때문이다. 1991년 4월 보수적인 잡지 ≪당대사조(當代思潮, Contemporary Trends)≫에 실린 논평은 덩의 강화를 비난했고, 그 후 ≪인민일보≫에 발췌되어 실렸다. 논평은 덩이 옹호하는 것으로 비치는 등 "자본주의" 정책과 연계된 "부르주아 자유화"를 계속 반대할 필요성을 강조했다.[56] 장쩌민의 7월 1일 중국공산당 70주년 기념 연설은 덩의 노력이 실패했음을 반영했다. 덩의 사상에 대한 약간의 언급이 들어갔지만 전체적인 어조는 보수적 경제관과 이념적 관점을 반영해, "부르주아 자유화", "화평연변(和平演變, peaceful evolution)", 계급 적(class enemies), 국내외 적대 세력과 싸워야 할 필요성과 함께 중앙집권적 계획과 국유 기업의 중앙집권성의 지속을 요구했다.[57]

1991년 8월 소련에서 실패한 쿠데타는 지도부의 분열을 고조시켰다. 보수주의자들은 '부르주아 자유화'와 '화평연변'에 대한 비판을 통해 개혁에 대한 공격을 강화했다. 덩은 보수주의자들에 대응하기 위해 9월 말 장쩌민과 양상쿤(중화인민공화국 주석 겸 중앙군사위 제1부주석)에게 개혁·개방으로 "단호하게 인내심을 가지고 계속하라"라고 지시했다.[58] 다음 달에 양은 당의 개혁·개방 의지의 중요성을 강조하는 연설을 했다. 이에 대해 저명한 이념적 보수주의자인 덩리췬은 ≪인민일보≫에 자유화에 대한 결연한 투쟁이 없다면 중국의 "사회주의적 명분은 망하게" 되고 서구의 "화평연변"과 개혁·개방이 결합될 것이라고 주장하는 기사를 기명으로 실었다.[59]

투쟁이 계속되면서 8중전회는 여러 차례 연기되었다. 1991년 11월 말 마침내 소집되었을 때 당 지도부의 분열 탓에 그 전해 7중전회와 마찬가지로 달성된 것이 거의 없었다. 중전회의 성명은 당 지도자들이 "가장 논란이 많은 의제들에 대해 조치를 연기"하기로 한 결정을 반영했다.[60] 여기에는 이념, 경제정책, 인사이동이 포함되었다. 그 대신 그 문서는 주로 농업을 위한 지침에 초점을 맞추었는데, 농업은 그날 가장 논쟁적인 이슈는 아니었다. 당 지도자들은 공개적인 분열을 막으려고 노력했지만, 그럼에도 불구하고 중전회의 결과는 높은 수준의 의견 불일치와 정치적 교착 상태를 반영했다.

2) 인민해방군의 정치화

톈안먼사건 이후 당의 분열이 심화되는 중에 PLA는 훨씬 더 정치화되었다. 당은 군 통제를 강화하고 '절대 충성'을 담보하기 위한 노력에 착수했다. 덩샤오핑은 어떤 지휘관도 책임을 면할 수 없도록 하기 위해 모든 군구에서 부대를 동원해 진압했지만, 당과 군 내부에서 이 같은 결정은 인기가 없었고 여전히 분열되었다. 시위에 앞서 자오쯔양과 연관이 있던 지식인들은 군대를 당으로부터 분리할 것을 요구했으며, 이는 PLA의 충성을 보장하는 것의 중요성을 더욱

분명히 했다.[61]

당 통제를 강화하는 조치는 1989년 중반에서 1990년 초 사이에 전개되었다. 첫 번째 조치는 진압 과정에서 충성심을 보이지 않은 장교와 사병들의 신원을 확인하는 것이었다. 9월 말까지 사단급 이상의 모든 영도소조를 조사했다. 조사관들은 110명의 장교가 심각한 규율 위반을 저질렀다는 사실을 발견했다. 군대를 베이징으로 진군시키는 것을 거부한 쉬친셴(徐勤先) 38집단군 사령관을 포함해서 21명의 고위 장교가 불복종으로 군법회의에 회부되었다.[62] 약 1400명의 군인이 무기를 버리고 진압에 참여하기를 거부한 것에 대해 유죄 판결을 받았다.[63]

그 후 덩은 1989년 11월 5중전회에서 중앙군사위를 재편하기 위해 움직였다. 자오쯔양이 진압 후 6월에 당직을 박탈당했기 때문에 중앙군사위는 새로운 제1부주석이 필요했다. 덩은 앞서 정계 은퇴의 일환으로 중앙군사위 주석에서 물러나겠다는 뜻을 밝힌 바 있다. 덩은 후계자로서 장쩌민 총서기의 지위를 공고히 하기 위해 장을 중앙군사위 주석에 선임했다.[64] 이미 중화인민공화국 주석 겸 중앙군사위 부주석이었던 양상쿤은 제1부주석이 되어 PLA의 일상 업무를 총괄하게 되었다. 이복동생인 양바이빙(楊白氷) 총정치부 주임 겸 중앙군사위 위원이 양상쿤을 대신해 중앙군사위 총서기를 맡아 인사 문제와 중앙군사위의 막강한 판공청을 담당하게 되었다.[65] 양바이빙도 당 서기처에 합류했다. 양씨 형제, 특히 양상쿤은 내전 시대부터 덩 자신이 당 서기처를 운영하던 1960년대까지 덩의 측근이었다. 장쩌민이 주석이라는 직함을 가지고 있었지만, 중앙군사위 내부의 권력은 양씨 형제에게 집중되었다.[66]

세 번째 조치는 PLA 전반에 걸친 정치교육 캠페인이었다. 당의 군에 대한 절대적 통제를 실시하기 위한 선전이 탄압 직후에 나타나기 시작했지만, 군 전체 정치공작회의가 1989년 12월 당의 통제를 강화하기 위한 캠페인에 나섰다. 양바이빙이 회의에서 설명한 대로 "간부와 사병의 정치적 군건함을 높이고, 정치적으로 신뢰할 수 있는 사람들이 총열을 쥐도록 만드는 것이 가장 중요한 문제다".[67] 이 회의에서는 캠페인의 기초가 된 10개 항을 문서로 작성했다. 처음 세 개 항은 확실히 PLA가 "영원히 정치적으로 자격을 갖추도록" 하고, PLA의 "생명줄"로 정치 활동을 강조하며, 군에 대한 당의 절대적인 지도력을 유지하는 것이었다.[68]

1단계인 1990년 3월까지 이 캠페인은 총참모부, 군구, 기타 주요 부대 내의 지도부를 목표 대상으로 했다. 연대급 이상 장교 1만 5000여 명이 캠페인과 연계된 강좌(각 부대에서 다른 사람을 '교육'하기 위한 것으로 추정됨)에 참석했다.[69] 1990년 3월 이후 관심은 사병을 중심으로 대대에서 중대에 이르기까지 더 밑으로 향했다.[70] 이러한 정치공작을 빛내기 위해 1989년 12월에 시작된 '레이펑에게서 배우자(向雷鋒同志學習)'라는 캠페인이 강화되었고, 당 언론 매체에 두드러지게 실렸다. 1990년 10월까지 연대급 이상의 모든 간부는 신뢰성에 대해 조사를 받았다.[71]

당의 지배력을 강화하기 위한 노력의 네 번째 조치는 PLA 내에서 당위원회의 역할을 높이는 것이었다. 당위원회는 당이 PLA를 통제하는 제도적 도구로 작용하며 많은 단위에서 실질적인 평시 의사결정 기구다.[72] PLA는 처음으로 중대 내에 당위원회를 설치했다. 이전에는 중대급 이하의 단위에는 당지부만 있었고 완전한 위원회가 아니었다.

최종적인 요소는 7대 군구와 다른 주요 부대에 속한 군 장교들의 대규모 순환과 퇴역이었다. 이러한 변화의 한 이유는 아마도 지역 파벌의 부상을 막기 위한 것으로 추정되는데, 이는 1973년과 1985년의 유사한 PLA 지도부 개편을 반영한다. 그러나 군사 진압을 지지한 사람들에게 보상을 주고 지지하지 않은 사람들을 처벌하려는 것도 한 이유였다. 일곱 개 군구 중 여섯 곳의 지휘관과 정치위원들이 각기 다른 위치로 전보되거나 퇴역했다. 군구 내에서는 부사령관급 이상의 장교가 절반 이상 바뀌었고, 특히 정치위원을 중시해 양바이빙이 정치 업무 체계에 대한 통제를 강화할 수 있게 되었다. 일부 지도자들, 특히 진압에 대한 지지가 미온적이었던 베이징 군구 출신들은 처벌을 받은 것으로 보인다. 이것들은 종전의 고위급 순환과는 달리 중앙군사위 전체에서 논의되지 않았으며, 아마도 덩과 부분적인 협의를 거쳐 양씨 형제가 결정한 것으로 보인다. 장쩌민이 아닌 양바이빙이 직접 여러 곳의 군구를 방문해 이런 인사들의 교체를 처리했다. 그러나 통상적으로는 총정치부 수장이 아닌 중앙군사위 주석이 고위 인사 교체를 관장하게 된다.[73]

PLA의 정치화는 여러 면에서 군 업무에 해를 끼쳤다. 그 교화 캠페인은 연중 대부분을 영도 단위에서 많은 시간과 에너지를 소비하게 했다. 훈련 시간의 50%까지가 정치학습에 할애되었다.[74] 1991년 소련의 혼란은 PLA의 정치적 신뢰성과 당의 통제를 보장하는 것이 중요하다는 점을 더욱 강화시킬 뿐이었다. 주요 훈련연습도 대부분 중단되었다. 1988년과 1989년 많은 군구가 란저우 군구의 '서(西)-88'과 광저우 군구의 '남해(南海)-89'와 같이 국지전으로 전환한 후 직면하게 될 위협의 종류를 탐색하기 위해 대규모 훈련을 실시했다. 그러한 훈련의 마지막이었던 '전진(前進)-89'는 1989년 12월에 선양 군구에서 실시되었지만, 톈안먼사건 이전에 계획되었을 가능성이 크다. 1990년에는 야전훈련연습이 거의 실시되지 않았고 단일 집단군 수준 이상의 훈련은 실시되지 않았다. 1991년 야전훈련이 증가했지만, 군구 차원의 군사 연습은 1993년이 되어서야 재개되었고[한 번의 연습, '서(西)-93'], 새로운 전략이 채택된 이후인 1995년이 되어서야 일관되게 재개되었다.[75]

게다가 광범위한 현대화 노력이 교착 상태에 빠졌다. 제8차 5개년 규획을 위한 계획은 교화 캠페인이 확산되어 가던 1990년 3월에 시작되었다.[76] PLA는 걸프 전쟁 이후 더욱 뚜렷해질 수많은 결함을 확인했다. 즉, 비대해진 병력, 경직된 지휘 구조, 낡은 무기와 장비, 취약한 방산 기반, 부실한 훈련 등이다.[77] 그러나 새로운 5개년 규획을 입안할 때, 특히 1991년 1월 이 계획을 논의하기 위해 소집된 중앙군사위 확대회의에서 많은 이견이 쏟아졌다. 류화칭이 회상하듯 "고위 간부들이 다양한 의견을 내면서 실무를 진행하기가 매우 힘들었다".[78]

PLA의 제8차 5개년 규획의 한 가지 요소는 조직 개편과 완만한 감축이었다.

1985년 100만 명의 군인을 감축한 이후 병력은 329만 명으로 다시 늘어났다.[79] 1991년 12월 중앙군사위는 주로 과도한 분업과 중복된 직무를 줄이면서 역할과 책임을 규정하는 것을 우선으로 하며 고위급 영도기구[領導機關]의 개혁에 초점을 두고 병력을 300만 명으로 제한하기로 결정했다.[80] 류화칭은 이들 개혁에서 "일부 대책이 시행되지 않았다"라고 부정적으로 회상한다. 그 이유는 "각 부대의 영도기구에서 비교적 큰 변화가 있었기 때문"이라고 설명했다. 또 "여러 제한적 요인 탓에 행해질 수 있었던 일부 개혁이 실제로는 진행되지 않았다"라고 했다.[81] 류가 1990년 지도부의 변화를 언급한 것인지, 아니면 제14차 당대회 이후인 1992년 말과 1993년 초에 일어날 지도부 변화를 언급한 것인지는 분명하지 않다. 어쨌거나 이것은 1989년 이후의 정치화가 PLA의 군사 업무 능력에 얼마나 영향을 미쳤는지를 보여준다.

끝으로 PLA의 고위 지휘부는 점점 더 분열되었다. 정치교육에 치중하면서 정치 업무 제도와 양씨 형제의 역할이 더욱 높아졌다. 보다 작전 지향적인 장교들은 양씨 형제의 영향력과 PLA에 대한 그들의 비전에 반대하기 시작했다. 1990년 여름 홍콩 언론에 분열에 대한 보도가 나왔으며 그 후 2년간 그러한 보도가 늘어만 갔다.[82] 많은 사람이 양바이빙에게 분개했다. 특히 그가 작전 경험이 부족하고 심지어 혁명 기간에도 그러했으며, 총참모부와 국방부에 대한 총정치부의 우위를 상징하며, 1982년 베이징 군구의 부정치위원에서 1987년 총정치부 주임으로 몇 단계를 건너뛰며 급격하게 승진했고 1988년 4월에는 중앙군사위에 들어갔다는 이유에서였다.[83]

3) 덩샤오핑을 지지한 인민해방군

덩샤오핑의 개혁·개방 정책을 공고히 하려는 노력은 PLA를 더욱 정치화했다. 그의 1991년 상하이 방문은 당내 개혁을 위한 충분한 지지를 구축하지 못했다. 1992년 1월 중순 덩은 다시 시도했는데, 이때 그는 남순강화로 알려지게 된 것을 시작했다. 한 달의 여정 동안 그는 중국 남부의 여러 도시를 방문했고, 1980년대 초 설립된 최초의 경제특구 중 하나이자 개혁·개방의 상징인 광둥성 선전에서 이를 마무리했다. 그 과정에서 그는 공장을 방문해 개혁 비전을 찬양하는 연설을 했다.

그러나 1991년 상하이 여행과 달리 덩은 전세를 뒤집기 시작했다. 정치국은 2월 중순 덩의 발언을 장관급 이상(군단급 이상 포함) 당원에게 구두로 전달하기로 결정했다. 월말에 ≪인민일보≫는 보수주의자들의 반대 목소리가 계속 나오는 중에도 덩의 개혁을 지지하는 여러 기사를 내보냈다.[84]

그러나 전환점은 1992년 3월 초 덩의 개혁·개방 정책을 가속화하기 위한 결정이 내려진 정치국 확대회의였다. 그 직후 ≪인민일보≫는 덩의 남순강화에 대한 상세한 설명을 실었다.[85] 덩이 자신의 경제정책에 대한 지지를 쌓으려고 하자 PLA는 공개적으로 그를 지지한다는 신호를 보냈다. 3월 말 전국인민대표대회에서 양바이빙은 덩의 개혁·개방 정책을 PLA가 "보호하고 호위할 것(保駕護航)"이라고 발표했다. 양의 발언은 당시 신화통신이 배포해 ≪인민일보≫와 ≪해방군보≫ 같은 권위 있는 신문에 실렸다. 양은 당의 정치토론에서 군의 역할에 대해 "PLA는 변함없이 끈질기게 개혁·개방을 지지하고, 유지하며, 참여하고, 옹호하며, 개혁·개방과 경제 발전을 '보호하고 호위할 것'"이라며 입장을 분명히 했다.[86] 따라서 PLA는 최고 수준의 당내 정치에 스스로 들어갔다. 퓨스미스가 적은 것처럼 "이러한 국내 정치에 대한 군의 개입은 당내 긴장의 정도를 분명히 보여주는 것이었다".[87]

양바이빙의 발언은 고립되지 않았다. 그 대신 PLA 지도부, 또는 적어도 양씨 형제가 경제적 보수주의자들과 심지어 이념적 보수주의자들과의 투쟁에서 덩을 지지하려는 노력을 반영했다. 가령 선전에서는 중앙군사위 부주석인 양상쿤과 류화칭이 덩을 수행했다. 3월 말에서 10월 14차 당대회 사이에 ≪해방군보≫ 지면에 "보호와 호위"라는 문구가 308번 등장했다. 예컨대 1992년 7월 PLA 창군 65주년 기념일에 양바이빙은 개혁을 "보호하고 호위하는" 장문의 글을 실었다.[88] 총정치부는 또한 1992년 봄에 네 개의 장군 그룹을 조직해 선전을 순회하며 그해 초에 있었던 덩의 행적을 일부 되짚어 보았고, 나아가 덩의 적들에게 군의 지원을 받지 못할 것임을 시사했다.[89]

4) 복원된 단합

남순강화에 이어 당 최고 지도부의 분열이 해소되기 시작했다. 덩샤오핑이 군을 향해 지지를 호소한 것은 의심할 여지없이 당 최고 지도부 내의 공감대를 형성하는 데 도움이 되었다.[90] 1992년 10월 제14차 당대회에서 당은 장쩌민이 전달한 업무 보고의 중심축이 된 덩의 개혁 정책을 옹호했다. 당대회는 그의 전반적인 정책 지침을 지지했을 뿐만 아니라 1980년대 초 개혁을 위한 그의 원래의 공식에서 벗어난 "사회주의 시장경제"의 창설을 지지했다.[91] 이전 중전회와는 대조적으로 업무 보고는 경제정책에 대한 당의 단결의 재정립과 미래에 대한 분명한 비전을 반영했다.

덩은 이념적 승리와 함께 당 최고 수준에서의 조직 변화를 추진했다. 정치국 상무위원회에서는 개혁파와 리펑 등 보수파 간의 균형을 유지했다. 일곱 명의 상무위원 중 네 명[장쩌민, 리펑, 차오스(喬石), 리루이환(李瑞環)]은 자리를 지켰고 세 명(주룽지, 류화칭, 후진타오)이 추가되었다. 그러나 PLA에서는 보다 과감한 인력 교체가 일어났다. 덩은 톈안먼사건 이후 PLA의 충성을 보장하고 그후 개혁 정책의 공고화를 지지하기 위해 양씨 형제에게 의존해 왔으나 양씨 형제와 PLA의 관계를 단절했다. 당시 86세였던 양상쿤은 모든 직위에서 물러났다. 형을 이어 중앙군사위 제1부주석을 기대했을 수 있던 양바이빙은 정치국으로 승진했지만 군직은 모두 박탈당했다.

게다가 거의 완전히 새로운 중앙군사위가 선정되었다. 중앙군사위 구성원의 변화는 정치국 상무위원회에서의 연속성과 대조를 이룬다. 이전 중앙군사위에서 유일하게 자리를 유지한 사람은 양상쿤을 대신해 제1부주석이 된 류화칭이었다. 당시 국방대학 총장이었던 장전이 제2부주석으로 임명되었다. 총참모장에서 물러나는 츠하오톈은 국방부장으로 중앙군사위에 합류했다. 총참모부, 총정치부, 총후근부를 각각 이끌게 된 장완녠, 위용보(于永波), 푸취엔여우(傅全有) 등 세 명이 마지막으로 추가되었다. 이들은 PLA 지도부의 3세대 일원으로 여겨졌고, 1995년 이후에는 '핵심'이 된다. 총부서에서도 지도부의 중대한 변화가 있었는데, 특히 당대회 이후 단 한 명의 부주임만 남게 되는 총정치부에서 그러했다.[92] 한 설명에 따르면 양바이빙과 가까운 300명의 장교가 교체되거나 전출되거나 강등되었다.[93]

덩은 1992년 10월 6일 작성된 비밀 서한에서 이러한 지도부 변화의 근거를 분명히 밝혔다. 덩은 장쩌민의 지도력하에 류화칭과 장전이 중앙군사위의 일상 업무를 관리해야 한다고 주장했다.[94] 덩은 양씨 형제가 군에 야기한 문제점도 인정하는 듯했는데 "군은 하나로 뭉쳐야 하며 분파주의의 존재나 파벌주의[山頭主義, mountain-stronghold mentality]는 절대로 용납할 수 없다"라고 강조했다.[95] 그는 PLA가 앞으로 군을 이끌 젊은 장교를 양성하고 훈련시키는 데 중점을 두어야 한다고 촉구했으며, 또한 "후계자를 뽑는 일은 군에 정통한 사람이 해야 한다"라고 말해 이것이 정치적 과업이 아닌 전문적 과업임을 시사했다.[96] PLA의 지도력을 재정비하는 것은 1997년 류와 장이 은퇴하기 전에 착수할 중요한 과제가 된다.

4. 1993년 전략방침의 채택

1992년 10월 제14차 당대회는 당의 화합을 회복하는 계기가 되었다. PLA에서는 정치위원들이 아닌 작전 위주의 지휘관들이 새로운 중앙군사위를 장악했다. 그것의 첫 번째 임무 중 하나는 1992년 12월에 완성될 새로운 군사전략을 채택하는 것이었다.

1) 새로운 전략의 입안

중앙군사위는 1993년 전략방침을 빠르게 공식화했다. 새 중앙군사위가 구성된 지 한 달도 안 되어 군구와 다른 주요 부대의 핵심 지도부에 대한 대대적인 개편을 발표했다. 이러한 변화는 양씨 형제와 관련된 고위직 지도자들을 청산하고 군 수뇌부의 3세대 구성원들을 보다 고위직으로 승진시키기 위해 행해졌다. 11월 9일 장쩌민은 이러한 인사이동의 근거를 설명하는 연설에서 PLA가 군사전략을 다룰 필요가 있다고 제안했다. 장에 따르면 "국제 정세는 지금 급변하고 있다. 우리는 상황 변화와 전개 상황을 긴밀히 관찰하고 파악해 우리의 군사전략방침을 올바르게 결정해야 한다".[97] 그는 나아가 새로운 방침은 적극방어의 개념에 근거하고 "첨단 기술이 군사문제 발전과 질 높은 군대 건설에 미치는 영향을 매우 중시하라"라고 지시했다.[98] 이에 앞서 1990년 말 군 전체 군사문제 회의에서 장은 비록 '적극방어'가 PLA의 전략방침이지만 "상황의 변화에 따라 진척시키고 발전시켜야 한다"라고 했다.[99] 걸프 전쟁과 당의 단합 회복 이후에 상황은 분명히 바뀌었다.

장의 발언은 군 최고 지도자들이 아닌 당 최고 지도자들이 새로운 전략방침의 채택을 추진했음을 시사하는 것일 수 있다. 그러나 장은 1991년과 1992년 모두 중국의 군사전략을 중앙군사위에 제출한 총참모부의 군사전략 재검토 보고서와 함께 1991년 PLA의 걸프 전쟁 논의에 직접 참여했던 것에 의존하는 것 같았다. 중앙군사위 주석으로서 장은 거의 확실히 이들 보고서를 읽었을 것이다. 그럼에도 불구하고 당시 중앙군사위는 이러한 보고서에 대해 조치를 취하지 않았다. 한 가지 가능성은 양바이빙의 지도하에 있는 총정치부를 희생시키면서 총참모부에 권한을 부여했을 가능성이 있다. 또 다른 가능성은 중앙군사위가 총정치부를 희생해 총참모부에 권한을 부여했을 가능성이 높거나 당 지도부가 분열에 정신이 팔려 있었기 때문에 보고서에 대한 합의에 이르지 못했을 수 있다는 점이다. 그럼에도 불구하고 장의 발언은 당 최고 지도자가 군 원로들이 제안한 변화에 동의했음을 보여준다.

그 후 중앙군사위는 빠르게 움직였다. 장전은 1980년대 중반에 국방대학을 설립한 경험뿐만 아니라 1980년대 초 총참모부의 작전 부서에서 근무한 경험 때문에 아마도 새로운 전략 개발의 전반적인 지휘를 맡게 된 것 같다.[100] 중앙군사위는 총참모부, 군사과학원, 국방대학, 중앙군사위 판공청에 새로운 방침의 다양한 측면에 대한 문서 초안을 작성하고 의견을 제출하라고 지시했다.[101] 중앙군사위는 장완녠에게 총참모장으로서 그의 직위에 따라 보고서의 초안을 작성하고 새로운 전략에 대한 제안을 제공할 것을 지시했다. 장완녠은 총정치부, 총후근부 소속 인원들과 더불어 작전부 주도로 조사소조[論証小組]를 설치했다. 당시 작전부장이었던 쉬후이지(徐惠滋)와 국제 정세에 대한 평가를 담당했던 군사정보부의 시옹광카이(熊光楷) 등이 핵심 멤버였다. 이 소조는 "누구와 싸울 것인가? 어디서 싸울 것인가? 우리가 싸울 전쟁의 성질(性質)은 무엇인가? 우리는 어떻게 싸울 것인가?" 등 네 가지 질문에 대한 해답을 개발하는 데 집중했다.[102]

중앙군사위도 1992년 12월 초 군사전략에 관한 소규모 좌담회(座談會)를 열기로 했다. "국제 전략적 상황을 분석하고 지역 안보 환경을 면밀히 검토"하는 것이 목적으로, 이는 새로운 방침을 마련하는 데 핵심 요인이 된다.[103] 이 좌담회는 1992년 12월 5일에 열렸다. 장완녠의 평가단이 생산한 보고서가 논의의 기초가 되었다. 이 회의는 원래 "후퇴[務虛會]"로 계획되었으나, 논의는 "열띤"으로 표현되었다. 국제 전략적 상황과 중국의 지역 안보 환경에 대한 평가를 비롯해 중국 전략방침의 역사적 발전, 무기, 훈련, 인력 등 다양한 이슈가 제기되었다.[104]

이틀에 걸친 좌담회의 막바지에 이 그룹은 새로운 전략의 "기본적 기반과 내용"에 대해 합의를 보았다. 회의에서는 전면전이 일어날 것 같지 않고, 평화와 발전이 "시대의 경향"으로 남아 있으며, 세계가 다극적인 구조로 나아가고 있고, 상호의존성이 전쟁의 발발을 제한할 것이라는 덩의 1985년 판단을 재확인했다. 그러나 지역 분쟁은 피할 수 없었고 PLA가 직면할 가능성이 가장 높은 상황이 될 것이다. 군사투쟁 준비의 기본은 첨단 기술의 국지전이어야 한다. 걸프 전쟁에 대한 이전의 평가를 고려할 때, 이것은 그리 놀라운 일이 아니다.[105]

그러나 첨단 기술의 국지전에 초점을 맞추면서, 이러한 조건하에서 '적극방어'를 어떻게 수행할지라는 또 다른 문제가 제기되었다. 참석자들은 '후발제인'과 '적을 격퇴하기 위해 열악한 장비를 사용하는 데 뿌리를 두기'와 같은 전통적인 구상이 중요하다는 데 동의했다.[106] 장전은 또한 PLA가 신속한 대응, 유연성, 효과적으로 적을 제압하기(有效制敵) 등 새로운 조건에서 해결해야 할 도전 과제들을 강조했다. 이러한 과제들을 해결하기 위해 장완녠은 중국이 "주먹(拳頭)"과 "비장의 무기(殺手鐧)"를 만들어야 한다고 제안했다. '주먹'은 강력한 기동작전 능력을 가진 부대들, 특히 해군, 공군, 재래식 미사일 부대가 될 것이다. 장완녠에 따르면 "일이 터지자마자 이들 전력이 전구로 급파되어 상황을 통제하고 문제를 해결할 수 있다". '비장의 무기'는 실제로는 "적군을 굴복시키는" 데 유용한 수단이 될 수 있는 첨단 무기의 개발을 말했다.[107]

회의가 끝난 후에 장완녠 그룹은 12월의 나머지 기간을 새로운 전략방침에 대한 권고 사항을 담은 보고서를 완성하는 데 보냈다. 중앙군사위는 또한 새로운 방침과 관련된 문제들을 논의하기 위해 상무위원회 회의를 여러 차례 열었다.[108] 1992년 12월 31일 방침에 관한 보고서가 완성되어 장쩌민에게 송부되었다. 이 보고서는 장이 새 전략을 공식적으로 채택한 1월 중앙군사위 확대회의에서 행한 연설의 토대가 되었다.

이 설명에서 알 수 있듯이 정치 지도자들이 아닌 군 최고 지도자들이 새로운 전략의 입안과 수립을 지시했다. 관련된 유일한 당 최고 지도자는 장쩌민이었지만, 대부분 직무상 중앙군사위 주석으로서 한 것이며 간접적인 역할에 그쳤다. 장은 12월 초 좌담회에 직접 참여하지 않았지만 연설과 발표 원고 등 회의 자료를 검토하며 제안과 변경 사항을 제시했다.[109] 그는 중앙군사위 상무위원회 회의에 참석하지 않았을 가능성이 매우 크지만 그들의 보고서를 검토했을 가능성은 높다.

중앙군사위 확대회의는 1월 13일에 시작되어 7일간 이어졌다. 첫날 장은 중앙군사위 주석으로서 새로운 전략과 걸프 전쟁을 명확하게 연계시킨 새로운 전략방침에 대한 보고를 했다. 그는 "걸프 전쟁의 사실들은 군사 영역에서 첨단 기술의 적용에 따라 무기의 정확성과 작전 강도가 전례 없이 높은 수준에 도달했으며, [전쟁에서] 돌연성, 삼차원성, 기동성, 신속성, 종심타격의 특징이 극히 두드러진다는 것을 보여준다"라고 했다. 그러므로 "첨단 기술 우위를 가진 사람이면 누구나 전장에서 주도권을 가진다".[110]

2) 대안적 설명들

몇몇 대안적 설명들은 1993년 초 전략방침을 변경하기로 한 결정을 설명할 수 없다. 하나는 중국이 안보에 새롭거나 더 긴급한 위협에 직면했다는 점일 것이며, 이는 중국이 기존의 전략을 재고하고 새로운 전략을 채택하도록 촉진했다. 그럼에도 불구하고 장쩌민은 새로운 전략방침을 소개하는 연설에서 "우리 (……) 주변국과의 관계는 건국 이래 최고"라고 분명히 말했다.[111] 장은 확실히 중국의 북쪽 국경에서 소련의 위협이 소멸된 것을 언급하고 있었다. 그의 발언은 현재 인도 및 베트남과의 영토 분쟁이 심각하지 않다는 결론도 나타낸다. 예컨대 류화칭은 1990년에 이러한 이슈들을 "과대평가해서는 안 된다"라고 결론지었다.[112] 류는 1990~1992년의 다른 평가에서도 중국의 안보 환경이 어떻게 개선되었는지에 주목했다.[113] 이 시기의 중국 소스들은 대외적 위협이 전략 방침에서 중요한 역할을 하는 것으로 말하지 않기 때문에 1993년 새로운 전략을 채택하기로 한 결정에 대해 빈약한 설명을 제공한다.

이와 관련된 또 다른 설명은 점점 커지는 미국의 위협에 대한 중국의 평가에 초점을 맞춘다. 양극의 붕괴는 미국을 세계의 유일한 초강대국으로 만들었고, 따라서 그 비할 데 없는 능력 때문에 일반적으로 위협적인 국가가 되었다.

1989년 톈안먼사건 이후 관계가 크게 악화되었던 중국으로서는 아마도 특히 위협적이었을 것이다. 미국의 비길 데 없는 군사력을 보여준 걸프 전쟁 이후 그러한 평가는 더 분명해졌을 것이다.

1995~1996년 대만해협 위기 이후, 특히 1999년 코소보 전쟁 이후에 미국의 위협은 국제 정세에 대한 중국의 평가에서 더 큰 역할을 하기 시작했다. 그러나 장쩌민의 1993년 연설에는 미국에 대한 직접적인 언급이 없다. "패권"과 "힘의 정치"를 간접적으로 언급한 것이 미국을 지칭한 것일 가능성이 높지만, 그것은 대체로 이념적인 이유였다. 당을 약화시키기 위해 중국의 '화평연변'을 서방이 부추기는 것으로 중국이 보고 있었기 때문이다. 장은 "세계 사회주의는 침체되어 있고, 국제적인 적대 세력은 사회주의국가 내에서 침투와 전복 활동을 늘리고 있다"라며 경계를 촉구했다.[114]

그럼에도 불구하고 새로운 방침을 소개하는 보고서에 담긴 국제 정세에 대한 전반적인 평가는 비교적 온화했다. 첫째, 중국은 냉전의 종식을 미국의 위협 증가로 보지 않았다. 그 대신에 "세계는 이제 다극화되어 가고 있고, 국제 무대에서 상호 제약이 증대하고 있으며, 평화를 위한 세력이 계속 커지고 있다"라고 판단했다.[115] 게다가 장의 보고서는 "서구 국가들 내의 그리고 그들 간의 분쟁이 매일 표면화되고 더욱 격렬해지고 있으며, 이들 국가의 대내외적 어려움이 계속 커지고 있다"라고 지적하며 서구가 아주 위협적이지는 않다고 주장했다.[116] 중국은 더 적은 제약과 더 많은 기회를 보았다. 보고서는 위협과 관련해 냉전 시대 억눌려졌던 '민족·종교·영토 분쟁'과 첨단 기술 분야에서의 글로벌 군사 경쟁을 강조했다. 따라서 이 전략이 채택될 당시에는 미국이 중국에 새로운 위협이나 당면한 위협이라는 판단은 반영되지 않았다.

추가적인 잠재적 설명은 PLA에 제기된 새로운 임무를 강조하는데, 이 임무들을 실행하기 위해서는 새로운 전략이 필요했기 때문이다. 구체적으로 양극의 붕괴는 미래에 중국이 직면할 가능성이 가장 높은 종류의 전쟁이 중국 주변 지역에서의 국지전이지 중국 본토에서의 전면전은 아닐 것이라는 판단에 힘을 실어주었다. 그러나 PLA는 1980년대 중반에 있었던 미·러 관계의 동향과 전면전의 가능성에 대한 평가를 바탕으로 일찍이 이런 결론에 도달한 바 있다. 게다가 1988년 12월에 채택된 전략방침에 국지전을 편입시키기도 했다. 1993년 방침의 본질적인 기여는 이러한 전쟁을 어떻게 치를지에 대해 중국이 생각했던 바를 기술하는 것이었다. 이러한 내용은 1988년 방침에서는 다루어지지 않았다. 걸프 전쟁은 국지전이 어떻게 전개될지에 대한 명확성을 제공했다.

마지막 대안적인 설명은 모방에 중점을 두는데, 특히 중국이 군사전략을 채택함으로써 걸프 전쟁 이후 미국을 모방하려고 했다는 것이다. 1990년대가 진행되면서 미국의 군사 경험과 작전교리를 연구하려는 PLA의 노력이 증대되었다. 예컨대 걸프 전쟁은 첨단 기술 국지전의 일례로 치열하게 연구되었다. 합동작전에 관해 출간된 미국의 교리가 그 주제에 대한 PLA 자체의 접근 방식에 대한 핵심적인 참고서였다. 지상군 간 사단에서 여단으로의 전환과 같은 군 구조의 변화 중 일부는 미국을 비롯한 선진 군대에 관한 연구를 반영했을 가능성이 있다.

그럼에도 불구하고 모방은 1993년 방침의 채택에 대한 설명으로는 불충분하다. 우선 이 방침이 채택되었을 때 중국의 초점은 기존의 장비를 어떻게 사용해 첨단 기술 조건하에서 싸울지에 대한 것이었다. 우선적인 문제는 미국처럼 싸우는 방법이 아니라 이런 조건하에서 어떻게 싸울지였다. 이러한 방식으로 1993년 방침은 특히 전략에 적용될 때 모방에 대한 논쟁의 한계를 드러내는데, 이는 군사 조직 내에서 특정한 종류의 군사 능력이나 조직 형태가 확산되는 것과 대비된다. 중국이 1990년대 내내, 특히 1990년대 말로 갈수록 미국을 집중적으로 연구한 것도 베낄 분야에 더해 악용될 수 있는 약점을 가려내려는 의도였다. 마침내 1990년대에 걸쳐 PLA는 자체적인 혁신을 추구했다. 가장 주목할 만한 점은 재래식 탄도미사일, 특히 해협 건너 대만과 인접해 배치된 단거리 미사일의 개발일 것이다.[117]

5. 새로운 전략의 실행

PLA는 1993년 1월 중앙군사위 확대회의 직후에 새로운 전략을 시행하기 시작했다. 훈련은 개혁되었고, 새로운 작전교리가 입안되어 공포되었으며, 70만 명의 병사가 감축되었다. 종합해 보면 1993년 전략방침을 이행하기 위한 조치들은 중국의 군사전략에 큰 변화를 구성했다는 것을 강조할 뿐만 아니라, 새로운 방침이 요구하는 조직 변화가 애초에 방침의 변화를 촉발시킨 요인, 즉 걸프 전쟁에서 드러난 바와 같이 전쟁 수행의 중대한 변화와 일치한다는 것도 강조한다.

1) 1993년 6월 중앙군사위 작전회의

1993년 6월 8일부터 20일까지 중앙군사위는 새로운 군사전략을 실행하기 위한 작전회의를 개최했다. 회의의 문서 소스들이 제한적이기는 하지만, 다양한 전략적 방향으로 작전 업무를 조정하고 전투태세와 향후 작전에 대한 기본 원칙을 더욱 명확히 하기 위한 목적이었다는 것을 나타낸다. 군구와 각 군의 지도부가 참석자에 포함되었다.[118]

이 자리에서 류화칭 중앙군사위 부주석은 전략적으로 방어적인 목표를 달성하기 위한 전역과 전투에서 공격작전의 역할을 강조했다. 류는 우선 중국의 발전을 확보하기 위해 적을 저지하고 전쟁을 피하는 데 군사력을 사용하는 것이 중요하다고 강조했다. 그 후 그는 첨단 기술 전쟁의 등장이 어떻게 PLA의 전통적인 방어 접근 방식에 도전했는지를 강조했다. 류에 따르면 과거 PLA는 적의 대규모 침공에 대처하기 위해 고정방어를 강조해 왔다고 한다. 이제 걸프 전쟁 등 여러 국지전을 예로 들며 "상황은 더 이상 같지 않다"라고 했다. 그는 주도권 쟁탈의 핵심은 "자신이 적극적인 공격 의식을 갖고 있는지, 강력한 공격작전을 조직할 수 있는지에 달려 있다"라고 했다.[119] 류에게 있어 이라크가 걸프 전쟁에서 패한 한 가지 교훈은 소극적인 방어를 추구한 기술적으로 열등한 쪽이 주도권을 상실하게 된다는 것이었다. 중국과 같은 약소국들은 "주도권을 쥐기 위해서 적극적인 공격작전에 의존해야 한다".[120] 그는 만약 이라크가 모든 미군이 그 지역에 배치되기 전에 미국을 공격하는 데에 전력을 집중했다면 상황을 변화시켰을 것이라고 추측했다.[121] 그는 또한 인도와의 국경 분쟁 등 1949년 이후 중국 자신의 분쟁을 언급하며 "전역과 전투에 적극적인 공격작전이 없으면 전략방어라는 일반적인 목표가 실현될 수 없다"라고 지적했다.[122]

장전 중앙군사위 부주석은 작전을 위한 지도사상에 대한 변경을 다루었다. 장은 '통합작전, 요점타격' 개념을 전역에 대한 작전지도사상으로 도입했다. 이 개념은 장이 1980년대 후반 국방대학에서 조직했던 일련의 전역에 관한 회의 중에 처음 제기되었으며, 부분적으로 미국과 소련의 교리에 대한 연구에 기반했다. 장은 이 개념이 "현대의 국지전에서 발전하는 추세와 일치하기" 때문에 새롭게 주목받았다고 말했다.[123] 미래 전쟁은 "아군에게는 유례없는 다양한 군종과 병과의 합동작전을 기반으로 할 것"이라며 새로운 전략에서 합동작전이 주요 작전형식이 되고 '통합작전'이라는 개념의 핵심이 될 것이라고 강조했다.[124] 그는 또한 첨단 기술 전쟁의 등장은 섬멸전을 치르기 위해 병력을 집중시키는 전통적인 마오주의 원칙에 도전했다고 지적했다. 장의 경우 병력 집중은 양뿐 아니라 질에도 집중해야 하는 동시에 (병사가 아닌) 화력의 집중도 겸비해야 했다. 그가 보기에 과거에 PLA는 '선제 배치[預先部署]'를 통해 전력을 집중시키려고 했다. 그러나 이제 PLA는 전력을 집중시키기 위해 작전 내에서 신속한 이동성을 활용할 필요가 있었다.[125]

류화칭과 장전 모두 중국의 새로운 작전 접근법이 몇 가지 기준을 충족시켜야 한다고 강조했다. 첫째, 군사행동은 정치적 목적에 기여하고 국정의 경제적·외교적 요소들과 조정되어야 한다. 둘째, 중국은 군사력을 현대화할 수 있는 자금이 한정되어 있는데, 이는 작전연구가 중국이 보유한 무기와 장비로 열등한 위치에서 첨단 기술전을 수행하는 방법을 강조해야 한다. 당면한 과제는 훈련을 개혁한 뒤에 중국의 작전교리를 다시 쓰는 것이었다. 회의에서는 여러 전략적 방향에 대한 작전지침도 검토하고 조정했다.

2) 훈련

PLA는 새로운 전략을 채택하자마자 곧바로 훈련 개혁에 착수했다. 훈련 개선은 PLA의 제8차 5개년 규획의 핵심 요소였지만, 총참모부는 새로운 전략에 맞추어 훈련에 대한 접근 방식을 수정했다. 장전 중앙군사위 부주석은 1993년 3월 "총참모부는 새 시기의 군사전략방침에 따라 간부와 부대에 대한 훈련 계획을 수정해야 한다. 지난해의 훈련 준비를 조정하고 필요한 개혁을 수행해야 한다"라고 지시했다.[126] 이에 대해 총참모부는 중앙군사위에 훈련 개혁 방안을 정리한 보고서를 제출했고, 이 보고서는 모든 부대와 군사학교에 배포되었다. 보고서는 훈련의 기본 원칙과 주요 임무를 담고 있으며, 1992년 말에 발표된 1993년 군 전체의 훈련 과제를 조정했다. 이 보고서는 새로운 전략을 반영해 훈련의 기초를 '전면전 대처'에서 '첨단 기술 국지전 승리'로 바꾸었다.[127]

총참모부는 1993년 6월 훈련에 관한 것과 군사학교에 관한 것 등 두 건의 통지를 발표하면서 훈련 개혁을 시작했다. 통지를 배포할 때 장완녠 총참모장은 다음과 같은 두 가지 요점을 강조해야 한다고 지시했다. 즉, "첨단 기술 조건하에서의 국지전을 위한 작전방법(戰法)과 훈련방법(訓法)"이 그것이다.[128] 훈련 개혁은 훈련 프로그램의 내용과 방법뿐만 아니라 훈련의 지원과 관리도 포함한다. 개혁을 수행하기 위한 시범부대가 각 군에서 각각 식별되었다.[129] 이를 종합하면 "한 개의 문서, 두 개의 통지"는 새로운 전략의 요건을 충족시키기 위해 훈련을 변경하는 기초가 되었다.[130]

1993년 9월 총참모부는 '934'라는 암호명으로 대규모 단체훈련을 조직했다. 이것은 훈련을 첨단 기술 전장의 특성과 연계시키는 방법을 탐구하기 위해 실시된 최초의 군 전체 훈련연습이었다.[131] '934 회의' 자체는 지난 군구와 광저우 군구뿐 아니라 PLA 해군과 PLA 공군이 상륙, 도시, 산악, 공수작전용 시범훈련개요(綱目)를 탐색하기 위해 마련한 것이었다.[132] "네 종류의 개요"는 중국이 주변부에서 직면할 수도 있는 주요 우발 상황을 다루었는데, 이는 1992년 초에 식별된 것으로 당시는 크리스 패튼(Chris Patten) 홍콩 총독이 1997년 반환 전 민주개혁을 추진한 이후 중국이 홍콩 반환을 더욱 우려하던 때였다.[133] 회의에서는 이러한 작전을 위한 각 군 간의 조직과 지휘, 작전방법, 협동을 탐구했다.[134]

주요 부대의 지도자들을 물론 핵심 부서[機關]와 각 군에서 온 인력 등 수천 명이 참여했다. 류화칭 중앙군사위 부주석은 총참모부의 지휘부 대부분을 대동하고 회의에 참석했다.[135] 류는 이번 행사를 "새로운 시기에 대한 중앙군사위의 군사전략방침을 이행하기 위한 중대한 행위"라고 설명했다.[136] 총참모부 훈련부장은 당시 "회의는 방침을 학습하고 이해하기 위한 또 다른 단계였다"라고 회고했다. 그들은 [중국이] 손에 들고 있는 장비를 가지고 전쟁을 해야 할 것이라는 생각을 확고히 하는 데 일조했다.[137] 류가 강조했듯이 PLA는 새롭고 더 발전된 장비를 획득하기 전에 보유하고 있는 열악한 장비로 어떻게 가장 잘 싸울 것인지를 결정해야 했다. 해군과 공군의 포함은 합동작전에서 협동(協同)에 대한 강조를 반영했다.

그 후 몇 년간 훈련에 속도가 붙었다. 중점 분야로는 야간전투, 방공, 전자전, 기동작전(機動作戰), 병참 지원 등이 있었다. PLA는 또한 1949년 이후 가장 대대적인 야외연습들도 실시했다. 해군은 '선성(神聖)-94'에서 (대만과 같은) '큰 섬'을 봉쇄하는 방법을 연습했고, '콩젠(空箭)-94'에서는 공군이 공습을 실시하기 위한 새로운 지도원칙을 확립했다. 한편 선양 군구는 공습에 대응하기 위해 지상·공군·해군 부대의 협동연습을 실시했다.[138] 이러한 모든 연습은 훈련연습이 어떻게 개혁되어야 하는지를 탐구하기 위해 고안되었으며 실험적이었다. 그럼에도 불구하고 그들은 새로운 방침이 수립된 후 어떻게 첨단 기술 작전에 대한 집중이 훈련연습의 계획과 실행을 이끌었는지를 보여준다.[139]

1995년 훈련 개혁의 초점은 '작전방법'으로 바뀌었다. 장완녠은 작전방법을 "전쟁을 어떻게 싸워야 하는가"로 정의했다.[140] 1995년 3월 중앙군사위는 작전방법에 대한 연구 심화를 위한 3개년 계획을 승인했는데, 이는 다음 절에서 논의하는 것처럼 작전교리의 발전과도 연계되었다. 이런 노력의 목표는 1993년 전략방침의 '작전체계'를 개발하는 것이었다. 다루어야 할 주제에는 첨단 기술 국지전에 대한 작전론, 각 전략, 전역 방향에 대한 작전지도원칙과 대응책, 사단과 연대에 대한 구체적인 작전방법이 포함되었다.[141]

1995년 10월 총참모부는 '9510'이라는 암호명으로 란저우 군구에서 작전방법에 관한 주요 회의를 마련했다. 참가자에는 란저우 군구와 총참모부 지도자들과 더불어 모든 주요 부대에서 훈련과 실험 또는 시범부대를 담당하고 있는 장교들이 포함되었다. 이번 회의의 목적은 지난 3년 동안 개발해 온 첨단 기술 전쟁을 치르기 위한 작전방법을 재검토하는 것이었다. 장완녠은 정보 기술을 "최고로 중요한 것"이자 전력 증강 수단이라고 강조하면서 과학기술을 훈련에 도입해야 할 필요성을 강조했다.[142] 또한 작전과제와 모든 전략적 방향에 대한 작전방법에 관한 연구를 연계할 필요성을 강조해 합동작전의 중요성을 강조했다. 이 점에서 1995년 6월에 장이 말한 것처럼, PLA는 "각 군 간의 합동작전은 이미 첨단 기술 국지전의 기본적 작전형식이 되었다"라고 결론을 내렸다.[143]

이 3년간의 연구에 이어 중앙군사위는 1995년 11월에 '신세대' 훈련 프로그램을 발표했는데, 이 프로그램은 연간 훈련 지침의 가장 중요한 틀을 제공했다. 새로운 전략을 반영해 1995년 훈련 프로그램은 "현대적인 첨단 기술 조건하에서의 국지전에 승리하는 것을 중심으로 전개되었다".[144] 새로운 훈련 프로그램은 지상군, 해군, 공군, 제2포병, 국방과학기술공업위원회, 무장경찰 등을 위한 군 전체의 틀을 처음으로 포함했다.[145] 다른 무엇보다도 군 전체의 첨단 기술과 기술적 숙련에 대한 지식의 향상과 더불어 보다 현실적인 전투훈련(實戰)과 첨단 기술 감시·정찰 시스템, 전자전 장비, 정밀타격무기 등에 대한 대응 등을 강조했다. ≪해방군보≫는 새로운 훈련 프로그램이 "우리 군의 군사훈련에 또 하나의 역사적 변혁을 상징적으로 보여주었다"라며 "다양한 군종과 병과훈련의 내용이 심도 있고 체계적인 개혁을 거쳤다"라고 평가했다.[146]

이후 훈련 속도가 빨라졌다. 대만해협에서 발생한 사건들이 훈련연습의 기회를 만들었다. 1995년과 1996년에 일련의 연습들은 1996년 3월 연습으로 절정에 달했다. 이들 연습에는 연합 섬 상륙작전['리안(Lian)-96']과 재래식 미사일 연습['선전(Shenjian)-95'] 등이 포함되었다. 이러한 연습들은 억제와 신호 보내기 목표 외에도 PLA가 초기 형식의 합동작전을 실천할 수 있는 기회를 나타냈다. 1997년 12월 총참모부는 군 전체 좌담회를 소집해 1993년 이후의 훈련 개혁을 검토했다. 더욱 중요한 것으로 그 회의에서는 '적의 상황(敵情)'과 새로운 작전방법에 대한 초점을 심화시키는 등 몇 가지 추가적인 훈련 개선책을 결정했다. 회의에서는 또한 훈련에서 첨단 기술의 지식과 역할을 강화하는 것과 훈련방법에 대한 보다 과학적인 접근이 필요하다고 강조했다.[147]

3) 작전교리

PLA는 작전방법에 대한 연구에 이어 새로운 작전교리의 초안을 작성해 발표했다. 장완녠이 기술한 바와 같이 "작전규범은 (……) 군대의 훈련과 작전의 근본이 된다. 이것들은 전투 효율성에 직접 관련된다".[148] 중앙군사위는 새로운 작전규범의 초안을 마련하기 위해 군 전체 위원회를 설립해 작전개념과 이러한 규범의 형식을 표준화함으로써 군종 간의 협동을 강화했다. 이전에는 개별 부대들이 서로 조율하지 않고 자체 규범을 마련했다.[149] 총참모장으로서 장완녠은 세 개 총부서의 지도자들을 포함한 위원회의 위원장을 맡았다. 위원회 사무실은 군사과학원의 전역·전술부 내에 자리 잡았다.

1995년 8월에 열린 위원회의 첫 회의들 중 하나에서, 장완녠은 새로운 규범의 입안에 대한 일반적인 원칙을 간략하게 설명했다. 가장 중요한 것은 그가 새로운 규범의 필요성을 1993년 전략과 연계시켰다는 점이다. 그는 이 전략방침은 "규범 초안을 작성하고, 최근 몇 년간 훈련과 연습을 통해 얻은 경험을 간결하게 요약할 것을 긴급하게 요구한다"라고 했다.[150] 더욱이 "규범은 현대적, 특히 첨단 기술 조건하에서의 국지전 요건에 적합해야 한다". 즉, 새로운 전략에서 군사투쟁을 위한 준비의 기초가 되어야 한다.[151] 장은 규범은 "작전 목표 대상"과 "미래 주요 작전 방향"에 기초해야 한다고도 지적했다.[152] 또한 PLA가 현재 보유하고 있는 장비를 사용해 보다 유능한 적을 물리칠 수 있는 방법을 찾는 것이 중요하다고 강조했다. 이는 중국의 작전교리가 미국을 모방하지 않을 것이며 대신 기술적으로 더 유능한 적들로부터 방어하기 위한 대책을 식별할 필요가 있음을 시사했다. 초기 중점 분야에는 첨단 기술 조건하에서 상륙작전, 시가전, 산악작전, 공수작전, 해상·공중 봉쇄, 도서·암초 작전, 야간작전 등이 포함되었다.[153]

1999년에 초안 작업 절차가 완료되었고 군 전체 위원회는 중앙군사위가 발행할 두 가지 작전규범을 승인했다. 새로운 규범의 수와 범위는 PLA가 이전에 발표했던 모든 것을 무색하게 했다. 첫 번째 규범은 1987년에 발표된 한 권짜리 『전역학강요』를 대체한 일곱 개의 「전역강요」였다.[154] 가장 중요한 「전역강요」는 PLA의 합동작전에 관한 교리를 최초로 문서화한 「합동전역강요(聯合戰役綱要, Joint Campaign Outline)」였다. 다른 「전역강요」들은 지상군, 해군, 공군, 미사일 부대, 병참, 장비와 지원을 다루었다. 1997년 군사과학원과 국방대학 연구팀이 새로운 「전역강요」들의 요점에 관한 문서를 작성했는데, 이 문서는 "우리 군이 미래에 수행할 전역은 통상 합동전역이 될 것"이라고 결론을 내렸다.[155] 1993년의 방침과 일관되게 「합동전역강요」는 PLA가 "첨단 기술 무기와 장비의 광범위한 사용 조건하에서" 국지전을 치러야 할 필요가 있다는 판단을 확인시켜 주었다.[156] 「합동전역강요」는 PLA의 주요 전역을 도서 봉쇄, 도서 공격, 접경 지역 반격, 대공습, 대상륙 전역으로 식별했으며, 그것들을 추진하는 기본 방법도 기술했다.[157] 이들 전역을 반영해 「합동전역강요」는 PLA의 작전과제를 "조국의 통일 유지, 영해주권과 해양 권익 수호, 접경 지역 영토주권

수호, 중요 해안 지역 방어, 전략 지역 상공의 영공 안보 수호"라고 설명했다.[158] 「합동전역강요」는 또한 연안 지역과 접경 지역, 특히 남동부 해안 지역, 달리 말해 대만 우발 사태가 주요 전장이 될 것이라고도 확인했다. 가장 큰 도전은 기술적으로 우월한 적과 맞서는 것이 된다.[159]

1999년 「전역강요」들은 1947년에 도입된 마오쩌둥의 '10대 군사 원칙'과 분명히 결별했음을 알렸다. 내전의 맥락에서 볼 때 마오의 원칙은 주로 경보병부대에 전술지침을 제공하고, 섬멸전과 우수 전력의 집중을 통해 적을 격파하는 것을 강조했다.[160] 장전의 1993년 제안을 토대로 한 1999년 「합동전역강요」는 '통합작전, 요충지타격'을 '전역을 위한 기본지도사상'으로 파악했다.[161] 이 개념은 가용한 모든 전력을 결합해 적의 '작전체계'를 파괴하고 마비시킬 것을 요구했다.[162] 즉, PLA는 단순히 상대 병력을 파괴하거나 전멸시키는 것이 아니라 적의 전투체계를 파괴해 전투력을 마비시키는 데 초점을 맞추게 된다. 더군다나 마오의 원칙을 대신하기 위해 전역에 관한 10개의 새로운 기본 원칙이 개발되었다. 여기에는 적을 알고 자신을 알기, 충분히 대비하기, 선제적일 것, 병력 집중, 종심타격, 기습, 통일된 협동, 지속적인 전투, 포괄적인 지원, 정치적 우월성 등이 포함되었다.[163]

1999년에 발표된 규범의 두 번째 부분은 「전역강요」에 근거한 전투규범이었다. 이것들은 각각의 군종 내에서 군사작전의 작전적·전술적 수준에 초점을 맞추었다. 그에 따라 89개의 규범이 발표되었다. 최우선 문서는 1987년에 발표된 같은 제목의 문서를 대체한 「합성군 일반 전투원칙(General Combat Principles for a Combined Army)」이었다. 전술의 기본 사상으로 확인된 핵심 원칙은 "통합·결합, 심층·다층, 중점타격[整體合同, 縱深立體, 重點打擊]"이다.[164] 전투규범은 "새로운 시기의 군사전략방침을 기본으로 하고, 현대적인 첨단 기술 조건하에서 국지전의 전투 특성과 법칙을 반영할 것을 강조"하는 초안을 마련했다.[165] 일반 원칙에 관한 문서는 해군, 공군, 제2포병, 병참, 장비 및 지원에 대한 유사한 규범들과 함께 사단, 여단, 연대의 제병협동작전을 위한 전투규범의 틀을 제공했다. 83개 규범이 군종과 병과에 맞추어 발표되었는데, 각각 지상군 27개, 해군 21개, 공군 14개, 제2포병 4개, 병참 9개, 장비와 지원 8개였다.[166]

4) 군 구조와 제9차 5개년 규획

1993년 전략은 제8차 5개년 규획의 중간에 채택되었다. 따라서 1996년 제9차 5개년 규획이 시작되고 나서야 훈련과 작전교리를 뛰어넘는 조직 개혁이 착수될 수 있었다. 이 규획의 개발과 실행은 PLA 전반에 걸쳐 새로운 전략방침이 어떻게 구현되었는지 보여주며, 새로운 전략을 추진해야 하는 근거에도 부합했다. 기획 과정에서 두 가지 중요한 개념이 나왔다. 즉, PLA가 "두 가지 근본적인 변혁", 특히 양보다 질에 중점을 두고 "과학기술을 통한 군대 강화(科技强軍)"를 겪고 있다는 생각이었다. 조직적으로 이 규획의 가장 중요한 요소는 부대의 질과 작전 효과를 높이기 위해 50만 명의 병력을 줄이기로 한 결정이었다.

1995년 1월 중앙군사위는 PLA의 제9차 5개년 규획 초안을 작성하기 위해 영도소조를 설립했다. 장완녠이 총참모장으로 소조를 이끌고 1995년 9월까지 중앙군사위 상무위원회에 초안을 제출하는 책임을 맡았다.[167] 장은 소조의 첫 회의에서 "새로운 시기의 군사전략방침을 철저히 이행하는 것이 위주가 되어야 한다"라고 지적하며 5개년 규획의 내용을 새로운 군사전략과 분명하게 연계시켰다.[168] 이 규획의 목표에는 일부 국방 기술과 무기 프로그램의 돌파구 마련, '군사투쟁'의 주요 방향에서의 핵심 부대와 준비태세 강화, 개혁의 심화와 효율화, 장교의 자질 제고 등이 포함되었다.[169] 1995년 3월의 후속 회의에서 장은 이 규획이 규모와 자금이라는 두 문제를 해결해야 한다고 했다. 첨단 기술 장비의 개발에 더 많은 자원을 투입할 수 있도록, 병력 규모를 줄여야 하기 때문에 이들 두 가지 도전은 관련이 있었다. 이는 "군사투쟁 준비"를 위한 "최적의" 선택이었다.[170]

1995년 9월 영도소조가 초안을 완성한 뒤에 중앙군사위 상무위원회는 일곱 차례나 그에 관해 논의를 가졌다. 1995년 12월 중앙군사위는 확대회의를 열었으며 장완녠이 이 계획을 요약해 소개했다.[171] 그 후 계획의 핵심은 "두 가지 근본적인 변혁"으로 알려지게 되었는데, 그것은 일반적인 국지전을 수행하고 승리하기 위한 준비를 하는 데서 첨단 기술 조건하에서의 국지전으로의 변혁이며, 전력 발전의 양과 크기에 대한 강조에서 질과 기술로의 변혁이었다. 첫 번째 변혁은 이미 1993년 방침으로 사실상 결정되었지만, 두 번째 변혁은 PLA가 새로운 전략의 요건을 어떻게 달성하는지를 반영했다. 장은 이 규획이 "3대 부적응[三個不适應]"으로 묘사된 중국의 전력 발전의 격차를 극복하도록 고안되었다고 강조했다. 3대 부적응은 중국의 국제적 위상과의 부조화, 군사기술 개발의 주요 동향과의 괴리, 현대적인 첨단 기술 조건하에서의 국지전 승리 요건과의 불일치 등을 말한다.[172]

제9차 5개년 규획의 군사 부문에는 몇 가지 요소가 있었다. 첫째, 300만 명에서 250만 명으로 병력이 줄어들 것이다. 이러한 감군에는 조직과 군 구조의 상당한 변화가 포함되었다. 둘째, 비상기동작전부대에는 통합작전 능력을 보장하기 위한 새로운 장비가 제공될 것이다. 이는 선별된 수의 부대를 현대화하는 데 많은 투자를 하려는 노력을 반영했다. 셋째, "강력한 억제력"을 갖춘 "비장의 무기"를 개발할 수 있도록 국가 국방 과학기술 연구가 강화될 것이다. 넷째, 아마도 남동쪽일 것으로 보이는 "군사투쟁의 주요 방향"에서 전투 준비태세가 강화될 것이다. 또한 규획은 장교들의 자질 향상을 위한 간부 제도 개혁, 법과 규정 강화로 표준화 증진, 병참과 지원 개혁 심화 등도 요구했다.[173]

이러한 모든 목표를 달성하기 위해 장완녠은 "과학기술을 통한 군대 강화(科技强軍)"라는 구상을 도입했다. 그에게 있어 이것이 두 가지 근본적인 변혁을 실현하는 핵심이었다. 요점은 국가 국방과학 연구 강화, 무기와 장비 개선, 장교와 사병의 과학기술적 자질 향상, 과학 체계와 조직 구축, 과학 혁신 능력과 과학 관리 수준 제고였다.[174]

같은 회의에서 다른 지도자들도 5개년 규획의 목표를 새로운 군사전략방침과 연계시켰다. 예컨대 장쩌민은 "질을 높이지 않으면 상황 전개에 적응하지 못하고 새로운 시기의 군사투쟁에 대한 준비 임무를 완수할 방법이 없다"라고 지적했다.[175] 회의에서는 무기 개발과 관련해 PLA는 방공, 대잠전, 장거리 타격, 지휘통제, 통신, 첩보와 정찰, 전자전, 정밀유도무기 등을 위한 능력을 개발하기 위해 다소 야심 찬 프로그램에 집중해야 한다고 결정했다.[176] 게다가 류화칭이 연설에서 지적한 대로 PLA는 "적에게 겁을 줄 만한 일부 '비장의 무기'를 만들어야 한다". 이러한 비장의 무기는 '신형' 무기라고도 묘사된다.[177]

5) 감축과 재편

제9차 5개년 규획의 주요 목표 가운데 하나는 PLA의 규모를 줄이면서 질과 전투력을 높이는 것이었다. 이 목적을 달성하기 위한 수단은 '정리와 재편(精簡整編)'을 하는 또 다른 노력이었다. 그렇게 함으로써 PLA는 첨단 기술 전쟁의 출현과 1993년 전략방침의 이행으로 일어난 주요 변화에 적응해 가고 있다고 믿었다.

제9차 5개년 규획은 1996년 1월 시작되었지만, 50만 명 감축 결정은 1997년 9월에야 제15차 당대회에서 발표되었다. 5개년 규획의 수립과 유사하게 당시 총참모장인 푸취엔여우가 이끄는 영도소조가 설립되었다.[178] 영도소조의 업무를 근거로, 중앙군사위 부주석인 장완녠과 츠하오톈은 1998년 1월 장쩌민에게 효율화 계획에 관한 보고서를 송부했다. 보고서는 1997년 말까지 부대(대부분 보병 사단)를 인민무장경찰부대로 이양해 24만 명의 병력을 감축했다고 밝혔다.[179] 이들 부대는 가볍게 기계화되었을 뿐이며 장갑부대와 같은 하위 전투부대를 많이 가지고 있지 않았다. 그러나 나머지 문제는 감축될 나머지 26만 명의 병력을 어떻게 식별하고 '체제와 편제(體制編制)'를 어떻게 개혁할지 하는 것이었다.

1998년 2월 초 중앙군사위는 상무위원회를 열어 영도소조의 보고서를 논의했다. 장쩌민은 '3대 이익[三有益興]'이라고 알려진 효율화와 조직 개편을 지도하기 위한 3대 원칙을 개괄적으로 설명했다. 이들 이익은 첫째, 중앙집권적이고 통일된 지도력의 강화, 둘째, 교육, 훈련, 관리, 셋째, 미래 전쟁 등이다.[180] 감축에 대한 중앙군사위의 원칙은 "숫자를 줄이고 질을 높이며 구조를 최적화하고 관계를 합리화하는 것이다".[181] 요컨대 전체적인 병력 규모 축소를 PLA의 대대적인 개편과 결합하는 것이 목표였다.

이때 PLA 지도부 내의 논쟁은 세 가지의 중요하고 잠재적으로 혁명적인 변화에 초점을 맞추었다. 여기에는 지상군을 위한 별도의 부서(陸軍部)를 신설할지, 더 이상 지상군에 대한 지휘권을 행사하지 않도록 군구의 기능을 변경할지, 일반 군비 부서를 신설할지 등이 포함되었다. 이 선택 사항들은 몇 달 동안 격렬하게 논의되었다. 역사적으로 지상군 부대는 군구의 지휘하에 있었으며, 이에 따라 (총참모부를 통해) 중앙군사위의 지휘를 받았다. 따라서 총참모부 내의 옹호자들은 지상군 부서를 설치하고, 집단군에 대한 군구의 지휘 기능을 제거함으로써 지휘 단계를 한 단계 줄이고자 했다. 그러나 다른 이들은 만약 군구와 지상군 부서가 같은 계급을 가지게 된다면(아마도 지휘 책임도 일부 있었을 것), 이것이 중복성을 일으킬 것이라고 주장했다.[182]

이 논쟁은 1998년 3월 29일 중앙군사위 상무위원회 회의에서 최고조에 달했다. 이례적으로 장쩌민이 직접 회의를 주재했다. 장완녠의 전기에 따르면 장쩌민은 종합군비부를 설치하지만 지상군 부서는 설치하지 않으며 군구의 기능은 변하지 않도록 하라고 지시했다고 한다.

지상군의 지휘를 어떻게 구조화할지는 PLA의 새로운 문제가 아니었다. 일부 장교들은 1982년 초에 지상군 사령부(陸軍司令部)를 설치할 것을 제안했다.[183] 이 토론의 갈등 내용은 그다지 명확하지 않다. 장완녠의 전기 작가들은 그를 지상군 지휘 구조에 대한 근본적인 변경에 반대하고 군구를 지휘 조직으로 유지하는 것을 지지한 것으로 묘사하고 있다. 한 가지 우려는 새로운 부서의 창설이 잠재적으로 지휘 구조에 다른 층위를 도입해 간소화 노력을 뒤집을 수 있다는 것이었다. 또 다른 우려는 한 부서가 PLA의 모든 집단군을 효과적으로 감독할 수 없을 것이며, 실제로 관리가 강화되는 것이 아니라 약화될 것이라는 점이었다. 장은 또한 아마도 합동작전을 위한 전쟁 구역으로서 군구가 첨단 기술 합동작전 수행 능력을 강화하는 데 사용될 수 있을 것이라고 생각했다. 그의 유보적인 태도는 지상군 내에서의 그의 경력과 함께 내전 이후 군구를 이용해 PLA를 잘 지휘할 수 있었다는 견해를 반영했다.[184] 그럼에도 불구하고 PLA에 대한 그러한 잠재적인 혁명적 변화에 대한 고려는 새로운 전략이 요구할 경우 근본적인 개혁에 참여하려는 의지를 반영했다.

일단 장쩌민이 감축과 효율화를 위한 전반적인 틀에 대한 지시를 발표하자 총참모부 영도소조는 세부적인 계획 초안 작성을 시작했다. 이 계획은 1998년 4월 22일 중앙군사위 확대회의에서 논의되었고 이틀 뒤 승인되었다. 5월 4일 중앙군사위는 세 단계로 진행될 축소 계획을 발표했다. 즉, 이 계획은 1998년 하반기에는 단위와 부대의 효율화를 추진하고, 1999년 상반기에는 무기와 장비와 물류 부대가 정비된다. 1999년 하반기에는 학원, 훈련기관, 기타 부서가 간소화되었다. 감축의 기본 원칙은 전력의 크기를 줄이면서 전체적인 질을 높이는 것이었다. 질 향상과 그에 따라 행정 부서, 일반 부대, 지원 부대의 수를 줄이는 동시에 핵심 부서를 강화함으로써 효과를 얻을 수 있을 것이다. 목표는 1985년과 마찬가지로 '엘리트, 통합, 효율'이었다.[185]

공개된 적이 없는 한 연설에서 장쩌민은 군 감축과 조직 개편을 1993년 전략방침의 목표와 연계시켰다. 장은 미래 전쟁이 "정보화"되고 "지식의 교환"이 될 것이며, 이는 정보 기술을 이용해 무기체계와 작전부대 간의 연계를 흐리게 할 것이라고 언급했다. 그 결과 현재의 조직 방식은 정보화 시대가 아닌 산업화 시대에 적합하기 때문에 이러한 경향은 "군 조직이 그에 따라 변혁할 것을 요구한다".[186] 감축과 개편은 "새로운 시기의 군사전략방침 이행에 중점"을 두어야 하고 "현대적, 특히 첨단 기술 조건하에서의 국지전 승리에 고정"되어야 한다.[187]

감축의 결과는 인상적이고 광범위했다. 첫째, 지휘의 유연성과 효율성은 상위 부대의 영도기구에서 생기는 중복을 줄이면서 증대되었다. 여러 부서에서 동일한 문제에 대해 책임을 지는 경우가 많았고, 많은 부서가 유사한 기능을 가지고 있었다.[188] 총부서들, 7대 군구, 각 군에서 사무실의 수가 11.5% 줄었다. 군단급 이상에서는 총 1500개의 사무실이 없어졌다. 더 많은 감축은 성급 군구와 성 이하급 군분구(軍分區) 내에서 일어났는데 인력이 20%나 줄었다.[189]

둘째, 지휘 기능의 효율화 외에 병력 구조가 최적화되었다. 지상군 수를 줄임으로써 부대를 더 작고, 더 가볍고, 더 다양하게 만드는 것이 목표였다. 전체적으로 지상군 규모가 18.6% 줄었다. 일부 사단과 연대는 집단군에서 제외되어 인민무장경찰부대 내의 사단으로 재편되었다. 지상군 내에서 새로운 장비에 대한 우선순위는 선별된 부대에 주어졌다. 공군, 해군, 제2포병의 전체 규모도 줄었지만 감축이 아주 크지는 않았다. 각 군에서는 노후화된 장비가 퇴장하고 오래된 군항과 비행장이 문을 닫았다. 조직 단위[建制單位]와 지휘 수준이 줄어들었다. 해군은 11.4%, 공군은 12.6%, 제2포병은 단지 2.9% 줄었다.[190]

셋째, 완전히 새로운 무기와 장비 시스템이 구축되었다. 군 전체의 무기와 장비 관리 문제를 해결하고자 총장비부가 신설되었다. 이는 1958년 중국의 일반 직원 구조 변경 이후 처음 만들어진 총부서였다. 중국은 러시아로부터 현대식 장비를 구입해 전투 서열의 핵심 공백을 메우려고 했지만, 토착 생산이라는 장기 목표는 그대로 유지했으며, 이는 1993년 방침에도 암시되어 있다. 프랑스 방위사업청(French Directorate General of Armaments)을 모델로 한 것으로 보도된 새 부서의 목적은 무기 연구, 개발, 생산에 대한 중앙 통제를 강화하는 것이었다. 총장비부는 국방과학기술공업위원회를 대체한 것으로, 여기에 속해 있던 핵과 재래식무기용 시험장, 시설, 연구소 등 "가장 명망이 있고 이득이 되는 자산"과 군 인력을 모두 흡수했다.[191]

2003년에 중앙군사위는 20만 명을 더 감축할 것이라고 발표했다. 이때 감축은 거의 모두가 지상군에서 나왔다. 전체적으로 13만 명이 줄었는데, 이 밖에

6만 명은 군구와 성군구의 사령부(육군이 지배적이었던 군 지휘 구조였음)에서 감축되었다. 이들 인력은 거의 모두 장교들이었다. 2005년에 감축이 완료되었을 때 육군은 1.5% 줄어든 반면 공군, 해군, 미사일 부대는 3.8% 성장했다.[192] 2003년 감축에서는 더 많은 사단이 여단으로 축소되거나 차량화 보병부대나 기갑부대와 같은 다른 종류의 부대로 재편되었다. 더군다나 일부 사단에서는 세 개 보병연대 중 한 개 보병연대가 기갑연대로 재편되었다.[193]

6. 결론

1993년 채택된 전략방침은 중국의 군사전략에서 세 번째로 큰 변화를 나타낸다. 이 방침의 실행과 더불어 내용은 PLA의 고위 장교들이 '첨단 기술 국지전'이라는 새로운 종류의 전쟁에 대비하려고 노력했음을 보여준다. 1991년 걸프 전쟁은 PLA 장교들이 미래에 치러야 할 것으로 전쟁을 어떻게 생각하는지에 결정적으로 영향을 미쳤다. 그럼에도 PLA 최고 지휘부는 톈안먼광장에서의 진압 이후 당과 그 후 군 내부의 분열 때문에 중국의 군사전략을 즉각 조정할 수 없었다. 덩샤오핑이 개혁을 계속하는 것과 그의 지도력에 대해 합의를 재구축한 후에야 PLA는 새로운 군사전략을 채택할 수 있었다.

제7장

—

1993년 이후 중국의 군사전략: '정보화'

중국은 1993년 이후 2004년과 2014년 두 차례에 걸쳐 군사전략을 조정했다. 그러나 이들 전략방침은 중국의 군사전략에서 중대한 변화가 아닌 경미한 변화만 보여주었다. 그럼에도 불구하고 이것들은 중앙군사위원회(이하 중앙군사위)가 채택한 가장 최근의 방침이기 때문에 검토할 가치가 있다. 2004년 방침은 국지전에 치중했지만 전쟁에서 '정보화'의 역할을 부각시켰고, 주요 작전형식이 합동작전에서 '통합 합동작전'으로 전환되는 것을 보여주었다. 2014년 방침은 정보화를 더욱 강조했으며 통합 합동작전에 계속 중점을 두었다.

이 장의 분석은 여전히 예비적이다. 이전의 전략방침이 세워질 때와는 달리 2004년과 2014년 방침이 채택된 이면의 의사결정을 연구할 수 있는 문서화된 증거가 거의 없다. 방침을 수립하는 데 관여한 군 원로들은 아직 회고록을 쓰지 않았거나 심지어 여전히 현역인 경우도 있다. 이러한 조정이 이루어졌을 때 중앙군사위의 고위 군 장교들을 위한 공식적인 문서 모음과 연대기는 아직 편찬되지 않았다.

이 장은 다음과 같이 진행된다. 첫 번째 절은 2004년 전략방침을, 두 번째 절은 2014년 전략방침을 검토한다. 각 절에서는 이러한 방침의 채택 배경, 그 내용과 전략 변경이 가능했던 이유를 설명한다.

1. 2004년 전략: '정보화 조건하 국지전 승리'

2004년 6월 중앙군사위 확대회의는 새로운 전략방침을 채택했다. 이용 가능한 소스들은 2004년 전략방침은 중국의 군사전략에 큰 변화를 가져오지 않았음을 암시한다. 그 대신에 1993년 전략에 대한 조정을 반영해 전쟁에서 첨단 기술의 발현을 '정보화'로 강조하거나 군사작전의 모든 측면에 정보 기술을 적용하는 것을 강조했다. 한 권위 있는 소스에 따르면 2004년 방침은 1993년 방침을 "보강 및 개선(充實完善)"했다. 이 말은 군사전략의 중대한 변화가 아니라 제한적인 조정이 이루어졌음을 의미한다.[1]

1) 2004년 전략의 개관

2004년 방침의 내용을 평가하기 위해 이용 가능한 정보는 제한적이다. 그것을 소개하는 연설이나 문서 등의 자료가 출판되지 않았다.[2] 1993년 전략과 마찬가지로 2004년 방침은 중국 영토에 대한 전면적인 침략 전쟁이 아닌 중국 주변 지역에 대한 국지전에 계속 전제를 두고 있었다. 주요 전략적 방향은 여전히 남동쪽이었는데, 특히 대만에서 일어날 수 있는 전쟁과 미국을 개입시킬 수 있는 전쟁을 언급했다. 교리에 관한 권위 있는 소스에 따르면, 그중에서도 인민해방군(이하 PLA)은 도서 공격(대만), 도서 봉쇄(대만), 접경 지역 반격(인도) 전역 등 이전의 전략하에서 식별된 것과 동일한 주요 합동전역에 계속해서 초점을 맞춘 것으로 나타났다.[3] 새로운 방침에서 전략적인 지도사상은 "위기 억제, 전쟁 국면 통제, 전쟁 승리[遏制危機, 控制戰局, 打贏戰爭]"였다.[4] 이런 식으로 1993년의 전쟁 억제 전략과 전쟁 수행 전략에 대한 강조를 유지함과 동시에 위기 예방, 관리, 통제를 더욱 강조했다.

2004년 방침은 2004년 6월 중앙군사위 회의에서 채택되었다. '정보화 조건[信息化條件]'이 1993년 방침의 '첨단 기술 조건'을 대체함에 따라 군사투쟁 준비의 기초에 대한 평가가 핵심적인 변화로 작용했다.[5] 이 회의에서 장쩌민은 "군사적 투쟁 준비의 기초를 정보화 조건하에서 국지전 승리에 명확히 두어야 한다"라고 했다. 이러한 변화는 "첨단 기술전의 기본적 특징은 정보전이다. 21세기 전쟁의 기본 형태(形態)는 정보전이 될 것이다"라는 중앙군사위의 판단을 반영했다.[6] 장은 PLA는 "군사투쟁 준비의 기초에서 변혁에 적응하고, 중국적인 특색을 가진 군사 변혁의 심층적 발전을 촉진하며, 정보화 군대(軍隊) 구축이라는 전략적 목표를 실현해야 한다"라고 지시했다.[7] 전략방침의 변경은 2004년 12월 『국방백서』에서 PLA가 "정보화 조건하에서 국지전 승리에 근간을 두어야 한다"라고 명시하며 간접적으로 발표되었다.[8]

'정보화(informatization)'는 중국어의 '신시화[信息化]'를 어색하게 번역한 것이다. 중국에서 정보화는 정보 기술의 개발, 보급, 적용으로 발생한 산업 시대에서 정보화 시대로의 전환을 기술하기 위해 군사문제뿐만 아니라 민간에서도 사용하는 국가 차원의 개념이다. 조 맥레이놀즈(Joe McReynolds)와 제임스 멀베넌(James Mulvenon)이 설명하듯이 정보화는 "정보의 더 큰 수집, 체계화, 유통, 활용으로 나아가는 과정을 말한다".[9] 따라서 정보화는 전쟁뿐만 아니라 경제와 통치를 포함한 사회의 모든 측면에 영향을 미친다. 예컨대 2006년에 중국 국무원은 정보화의 전반적인 발전을 이끌기 위해 '국가정보화 발전전략[國家信息化發展戰略]'을 발표했다.[10] 2008년 국무원은 우편 서비스와 통신뿐만 아니라 정보 기술 하드웨어와 소프트웨어의 발전을 감독하고 규제하고자 공업정보화부(工業和信息化部, Ministry of Industry and Information Technology: MIIT)를 설치했다.

군사 영역 내에서 정보화는 군사력이 어떻게 생성될지, 전쟁이 어떻게 치러질지를 변화시킨다. 정보 자체는 새로운 전장영역일 뿐만 아니라 육지, 바다, 하늘과 같은 다른 전장영역들을 연결하는 영역이기도 하다. '정보화 조건하' 전쟁이란 무기체계와 플랫폼에 있는 센서와 전자장치, 자동화된 지휘통제 시스템, (정보전, 사이버전, 전자전, 여론전, 심리전, 법률전과 같은) 비살상 정보작전 등 군사작전의 모든 측면에 정보 기술을 적용하는 것을 말한다.[11] 무기의 '정보화'는 무기를 더 정밀하고 더 치명적이게 하며, 네트워크로 함께 연결되면 서로 다른 부대와 전력에 대해 통일된 동시 지휘가 가능해진다.[12] 지휘·통제·통신·컴퓨터·지능·감시·정찰(이하 C4ISR) 시스템이 대규모의 정보를 수집하고 처리해 정보화된 무기, 플랫폼, 부대를 지휘해 군대의 효율성, 유연성, 대응성, 효과성을 높인다. 정보화 조건하에서 작전은 빠른 속도로, 넓은 물리적 영역에 대해, 복수의 전장영역에서 동시에 그리고 전천후 조건에서 이루어진다. 이러한 작전은 개별 플랫폼 또는 각 군 간의 더 전통적인 대립과는 대조적으로 종종 '복합시스템(system of systems)' 대립으로 자주 묘사된다. 이러한 복합시스템은 "정보 기술을 군사 활동의 모든 측면에 수용함으로써 스스로 생성되는 정보 흐름의 통합을 통해 생성된다".[13]

(1) 작전교리

2004년 전략방침에서 PLA는 수행할 주요 작전형식에 대한 기술을 변경했다. 주요 작전형식에서 '통합 합동작전[一體化聯合作戰]'이 '합동작전'을 대체했다. 이 새로운 용어는 『2004년 국방백서』에 처음 등장했는데, PLA가 "통합 합동작전 요건에 적응해야 한다"라고 명시했다.[14] 앞서 2004년 2월 총참모부의 연례 훈련 지침에서는 "통합 합동작전 요건에 따른" 훈련을 강조했다.[15] 이 개념은 2005년 12월에 열린 중앙군사위 확대회의에서 후진타오의 연설과 국방대학이 펴낸 권위 있는 교과서인 『전역학』 2006년판에 포함되었다.[16] 2006년 6월 후진타오가 요약한 바와 같이 "정보화 조건하 국지전은 복합시스템의 대립이며, 기본적인 작전형식은 통합 합동작전이다".[17]

합동작전에 관한 1993년과 2004년 개념들 간의 주요 차이점은 각 군의 부대들이 전역에서 상호 작용하는 방식에 관한 것이다. 일부 분석가들은 새로운 개념을 "완전히 통합된" 또는 "통합된" 합동작전이라고 설명했고, 예전의 합동작전은 단지 "협동된" 합동작전이라고 기술했다.[18] 후자의 원칙하에 상이한 군종들의 행동은 작전 또는 전역 목표를 달성하기 위해 대개 별개의 역할과 임무를 각기 다른 부대들에 할당함으로써 조정된다. 전자에 따르면 각 군의 부대들은 그들의 행동에서 협동할 뿐 아니라 융합되거나 통합될 것이며, 이것을 이제 정보화가 분명히 가능하게 한다. 딘청(Dean Cheng)이 기술한 대로 "PLA의 합동작전에 대한 개념화는 동일한 물리적 공간에서 함께 협동 방식으로 작전으로 하는 복수의 개별적인 군종들에서 단일한 지휘통제 네트워크하에서의 통합작전으로 전환되었다".[19]

주요 작전형식의 조정에 맞추어 PLA는 또한 '작전에 대한 기본지도사상'을 조정했다. 그러나 새로운 표현에 관해 약간의 불확실성이 존재한다. 국방대학에서 나온 전역에 관한 2006년 교과서에는 "통합작전, 정밀타격으로 적을 제압함(整體作戰)"이 1993년 전략의 "통합작전, 요점타격"을 대체한다고 명시되어 있다.[20] 그러나 전역에 관한 2012년 교과서에서 기본적인 지도사상이 "정보 우위, 정밀작전, 시스템 파괴, 전체적인 승리(信息主導, 精确作戰, 體系破擊, 整體致勝)"라고 기술되었다.[21] 합동작전에 관한 2013년 교과서는 "시스템 파괴"를 "전략지점 파괴(重打要害)"로 대체함으로써 기본적인 지도사상을 유사한 방식으로 기술하고 있다.[22] 합동전역에 관한 또 다른 2013년 교과서는 "통합작전, 시스템 파괴, 비대칭작전, 신속한 결정을 위해 노력(一體化作戰, 體系破擊, 非對稱作戰, 力求速決)"이라는 다른 표현을 제시한다.[23]

통합 합동작전을 위한 기본지도사상의 표현이 서로 다른 이유는 PLA가 5세대 작전규범의 초안을 확정하지 않았기 때문이다. 초안 작업은 2004년에 시작해 2009년에 완료되었다. 2010년 시범적으로 일부 규범을 부대에 내려보냈지만 5세대 규범은 결코 공포되지 않았다. 작전규범 초안 작업을 담당한 양즈위안(楊志遠) 장군에 따르면, 이들 규범에는 정보전과 전자전을 비롯해 정보화 요소들이 포함되어 있다.[24] 합동작전은 훨씬 더 두드러졌다.[25] 개정된 「합동전역강요」에 더해 이들 규범에는 각 군에 대한 「전역강요」, 무장경찰, 정치 활동, 대테러작전, '3대(여론·심리·법률) 전쟁'과 함께 합동작전의 다양한 측면에 대한

11개의 「강요」가 포함되었다.[26] 각 군, 무장경찰, 병참, 지원에 대해서는 86개 규범이 입안되었다.

(2) 군 구조

2004년 방침이 채택된 지 몇 달 지나지 않은 2004년 9월에 새로운 중앙군사위가 결성되었다. 합동작전에 관해 중국 고위 지휘부가 부여하는 중요성이 점점 커지는 점을 반영해 처음으로 각 군종의 지휘관들뿐 아니라 제2포병의 지휘관들도 위원으로 포함되었다. 이전에는 지상군 장교들이 중앙군사위에서 대부분의 직위를 차지했는데, 이러한 구성은 육군이 지배적인 군구 지휘 구조체계의 지속과 함께 효과적으로 합동작전을 수행하는 데 분명한 장애물로 작용했다.

그럼에도 불구하고 2004년 방침의 조정에 이어 각 군과 소속 병과들이 실질적으로 개편되지는 않았다. 그 대신에 각 군은 재자본화되었는데, 이것은 해군과 공군에서 가장 명백하게 드러난 과정이었다. 예컨대 해군에서는 '신형' 또는 현대적 구축함과 프리깃함의 수가 2007년 27척에서 2014년 49척으로 늘어났다.[27] 마찬가지로 '신형' 또는 현대적 잠수함은 2007년 21척에서 2014년 45척으로 증가했다.[28] 공군에서는 지상 공격과 지원 항공기의 비율이 거의 공군 내 50%까지 증가해, 제한된 영토 방위 역할을 가진 요격기에 몰렸던 거의 독점적인 의존도를 한층 더 줄였다.[29] PLA는 또한 각 군종과 병과 내에 별도로 있던 병참 병과를 대체하기 위한 통합 합동 병참 시스템 개발에도 착수했다.[30]

게다가 PLA는 전력의 정보화를 촉진하기 위해 소규모의 개혁을 단행했다. 2005년에 중앙군사위는 2020년까지 정보화를 이끌기 위해 '군 정보화 구축과 계획(全軍信息化建設規劃)'에 대한 개요를 발표했다. 2006년 업데이트된 사령부 규범도 정보화 확대에 대한 필요성을 강조했다. PLA는 2003년 초에 총참모부 아래에 군 전체의 정보화 영도소조를 설치했다.[31] 마찬가지로 2000년대 후반부터 작전 수준에서 PLA의 C4ISR 능력을 개선하기 위해 '통합지휘플랫폼(一體

化指揮平臺)'을 배치하기 시작했다. 이 플랫폼은 첩보, 날씨, 지리공간 데이터와 함께 병력 지휘를 향상시키기 위해 전장에 대한 실시간 정보를 제공하는 것으로 알려졌다.[32]

(3) 훈련

2008년 7월에 새로운 군사훈련과 평가 프로그램이 발표되어 2009년 1월에 시행되었다. 새 프로그램의 초안 작업은 2006년 6월 군 전체 훈련 회의를 거쳐 시작되었으며, 통합 합동작전과 정보화 조건의 요건에 맞게 개정되었다. 야간 훈련, 고강도 훈련, 통합작전 능력 창출을 위한 훈련 등 훈련에 쏟는 전체 시간도 늘리려고 했다.[33] 새로운 훈련 프로그램은 보통 여단급과 단일 군구 내에서 실시하던 합동훈련의 증가를 촉발시켰다.[34] 2009년 새로운 훈련 프로그램이 발표되자 PLA는 주로 다른 군구의 부대들이 참여하는 합동전역 훈련연습 개발에 착수했다.[35] 아마도 가장 주목할 만한 연습은 네 개 군구에서 네 개 사단이 참여한 '스트라이드(Stride)-2009'였다. 이것은 PLA 역사상 최초로 지역을 넘어서 행한 연습으로, 단순히 다른 군구 부대가 참가한 것을 넘어 서로 다른 군구에서 참가한 부대들의 협동과 관련되었다. 또 2009년 중앙군사위는 지난 군구에 전구급 합동훈련 지도부 조직을 만들어 군구 차원의 합동훈련 협동과 개발을 위한 시범 사업으로 활동하도록 임무를 부여했다.[36]

2) 2004년 전략방침의 채택

중국의 군사전략에서 사소한 변화임에도 불구하고, 이용 가능한 소스들은 이 책의 핵심적인 주장에 부합하는 이유에서 2004년 방침이 채택되었음을 시사해 준다. PLA 소스들은 미국이 관련된 분쟁에서 드러난 바와 같이 전쟁 수행에서 '첨단 기술' 정보의 중심성에 대한 인식이 증가하고 있음을 나타낸다. 군사과학원에서 나온 교과서의 설명처럼 "최근의 국지전, 특히 1999년 코소보 전쟁과 2003년 이라크 전쟁은 우리에게 정보화 조건하에서 일어난 국지전의 생생한 현실을 엿보게 해주었고 우리에게 많은 교훈을 주었다".[37]

(1) 1999년 코소보 전쟁

1999년 3월 24일 미국 주도의 나토(NATO)군은 코소보를 둘러싸고 유고슬라비아를 상대로 78일간의 폭격 전역을 개시했다. 중국이 보기에 정치적으로뿐 아니라 군사적으로도 명백히 분쟁에 해당되었기 때문에 중국은 유엔(UN)에서 전쟁에 반대했다. 게다가 1999년 5월 7일 베오그라드에 있는 중국 대사관에 다섯 개의 미국 제이담(Joint Direct Attack Munition: JDAM) 폭탄이 떨어져 중국 기자 세 명이 사망하고 20명이 부상을 입었다.

대사관 폭격 사건 이전에도 코소보 공습은 '평화와 발전'이 '시대의 경향'을 대변한다는 덩샤오핑의 평가에 대해 중국 내부에서 중대한 논쟁을 촉발했다. 핵심 쟁점은 중국이 PLA가 덜 제약되고 긴급한 조건하에서 현대화될 수 있도록 하는 경제 발전에 집중할 시간과 안보를 여전히 향유하고 있는지에 대한 것이었다. 토론은 다극화를 향한 점진적인 전환과 함께 평화와 발전이 계속될 것임을 재확인하며 마무리되었다.[38] 그럼에도 불구하고 '패권주의'가 군사개입의 빈도와 함께 증가하는 것처럼 보였다. 코소보 전쟁은 또한 미국이 대만을 둘러싼 분쟁에 개입할 의사가 있으며, 따라서 중국은 '강한 적'에 저항할 준비를 해야 한다는 것도 암시했다. 이런 식으로 코소보에서의 공중전은 1995~1996년 대만해협 위기보다 PLA의 위협 인식에 더 큰 영향을 끼쳤다.[39]

PLA 최고사령부는 그 전쟁을 면밀하게 연구했다. 비대칭적 분쟁으로 여전히 군사적인 면에서 상대적으로 약하다고 스스로 생각하고 있는 중국에 중요한 함의를 갖는다. 전쟁이 끝나기도 전에 푸취엔여우 총참모장은 총참모부에 "미군 작전의 스타일과 특징을 연구하라"라고 지시했다.[40] 총참모부는 1999년 5월 21일 19개 부대의 참가자들이 참여한 코소보 전쟁 관련 첫 회의를 소집한 뒤 중국의 방공 개선의 필요성을 강조한 예비 보고서를 중앙군사위에 제출했다. 1999년 10월 중순에 군사과학원과 중앙군사위 판공청은 유고슬라비아가 나토 작전에 대항하기 위해 어떤 방법을 모색했는지를 연구하기 위해 군사 전문가들을 파견했다.[41]

군사적으로 PLA는 코소보 전쟁에서 중요한 교훈을 얻었으며, 2004년 이는 1993년 전략방침에 대한 조정에 영향을 주게 된다. 1999년 7월 중앙군사위의 장완녠 부주석은 코소보 전쟁은 걸프 전쟁과 더불어 "우리나라의 국방, 군 건설, 군사투쟁 준비에 대해 일련의 중요한 질문들을 제기했다"라고 결론지었다.[42] 2000년 2월 푸취엔여우는 전쟁의 가장 중요한 측면을 육지, 바다, 하늘, 우주, 전자기 작전을 중심으로 한 "군종의 통합 합동작전"이라고 기술하며 합동작전에서 통합 합동작전으로 주요 작전형식이 전환될 것임을 예고했다.[43]

2000년 3월 국방대학은 전쟁에 대한 상세한 평가를 작성했고 이어서 총참모부 훈련부가 이를 발간했다. 이 보고서는 전쟁 수행에 대해 "현대 전쟁에서는 정보의 우월성이 기본적 우월성이다. 정보 우위를 가진 자가 (……) 전쟁에서 주도권을 잡을 수 있을 것이다"라고 결론을 내렸다. 이 보고서는 나토가 "유고슬라비아의 지휘소와 통신 시스템의 총체적인 와해, 억압, 파괴를 가져오기 위해" 첨단 기술을 사용했다고 묘사했다. 더구나 나토는 정교한 C4ISR 덕분에 "전장에서 완전한 정보 우위성을 획득해 전쟁에서 승리할 수 있는 조건을 만들었다".[44] 첩보전, 전자전, 심리전, 네트워크, 기타 형태의 정보전의 결합이 나토 승리의 핵심으로 묘사되었다.[45] 강조된 구체적인 능력에는 정보 수집을 위한 인공위성, 정찰기, 조기경보기의 사용[46]과 함께 지속적인 정찰과 광범위한 교란,[47] 유고슬라비아 통신과 레이더를 교란시켜 다수의 "소프트킬(soft kill)"을 가능케 한 "전자기 우위"의 사용 등이 포함되었다.[48]

이 보고서의 두 번째 주요 결론은 현대전에서 공습의 살상력과 중국이 적절한 대응책을 개발할 필요성에 초점을 맞추었다. 이는 물론 지상군이 사용되지 않고 공습이 주된 공격 수단이라는 사실을 반영했다. 그럼에도 불구하고 국방대학의 연구는 단거리·장거리 공습, 정밀타격, 스텔스 항공기의 사용을 강조했다.[49] 중국에 대한 지상 침공은 가능성이 적기 때문에, 공습은 앞으로 중국 영토가 공격받을 가능성이 가장 높은 방법으로 여겨졌다. 연구 결과에 따르면 "공습에는 항공·우주 통합, 장거리 타격, 초장거리 타격, 스텔스 타격, 정밀타격, 속도, 유연 제어 특성이 포함된다. 공습의 강력한 공격과 빠른 기동은 적에 대한 종합적이고 심층적인 '비접촉' 타격을 수행할 수 있다".[50] 물론 그러한 공습은 '강한 적'으로서 미국이 중국을 공격할 가장 가능성 높은 방법으로 여겨졌으며, 이러한 우려는 공중전의 정치·군사적 맥락에 따라 고조되었다.[51]

1999년 코소보 전쟁 이후 PLA 내에서 정보화 조건과 정보화 전쟁에 대한 논의가 증가했다. 2000년이 되자 정보화의 중요성에 대한 공감대가 형성되기 시작했다. 2000년 9월 푸취엔여우가 말한 바와 같이 "정보화 전쟁은 점차적으로 전쟁의 지배적인 형태가 되고 있다".[52] 장쩌민은 2000년 12월 중앙군사위 확대회의에서 행한 연설에서 "걸프 전쟁 이후의 첨단 기술 국지전은 정보 기술이 현대전에서 극히 중요한 역할을 한다는 것을 보여준다. 첨단 기술 전쟁의 주요 특징은 정보화다. 새로운 군사 변혁은 본질적으로 군사정보화의 혁명이다. 정보화는 군대 전투력의 승수가 되고 있다".[53]

2002년이 되면 정보화가 국지전에서 첨단 기술의 핵심 징후라는 공감대가 공고해진 것으로 보인다. 2002년 12월 장쩌민은 중앙군사위 확대회의 연설에서 정보화의 중요성에 주목했다.[54] 중앙군사위 주석 자격으로 발표한 장의 다른 연설들처럼, 그 연설도 중앙군사위 판공청이나 총참모부가 초안을 작성했을 가능성이 크다. 장은 전쟁에서 첨단 기술의 역할 증가는 1980년대 시작된 '혁명'의 일부라고 묘사하면서 코소보와 아프가니스탄에서의 전쟁에 따라 새로운 국면으로 접어들고 있다고 했다. 장에 따르면 "군사문제에서 새로운 변혁은 질적 변화의 새로운 단계로 접어들고 있으며, 전 세계로 퍼져 모든 군사 분야를 아우르는 심오한 군사 혁명으로 발전할 가능성이 크다".[55] 장은 정보화를 이러한 변화의 '핵심'이라고 묘사하고 네 가지 동향을 식별했다. 첫째, 정보화된 무기와 장비가 군대의 전투 능력의 핵심을 결정할 것이다. 둘째, 비접촉·비선형 작전으로 묘사되는 스탠드오프(stand-off) 타격의 역할이 더욱 중요해질 것이다. 그러한 타격은 적의 C4ISR, 방공, 기타 시스템을 목표 대상으로 하는 데 사용될 것이다. 셋째, "시스템 간의 대립은 전장 대치의 기본 특징이 될 것이다". 넷째, 우주는 "새로운 전략적 고지"가 되었다.[56]

장의 연설은 정보화를 중국과 PLA에 큰 도전으로 묘사했다. 그것은 "우리 중국이 아직도 선진국의 경제적·과학적 우위로부터 직면하고 있는 압력의 중요한 징표"라고 묘사되었으며, 이는 선진국들이 발휘할 수 있었던 정치적 압력을 보충했다. 게다가 군사문제의 정보화는 "중국과 세계 주요 국가들 간의 군사력 격차를 더 벌리고 우리 조국의 군사 안보에 대한 잠재적 위협을 증가시킬 것"으로 보인다.[57] 이렇게 해서 장의 연설은 보다 선진화된 군사력을 따라잡으려고 노력함으로써 군사 현대화 후발국으로서 중국의 정체성을 반영했다.

그럼에도 장은 전략방침의 변화를 발표하지 않았다. 그 대신에 그는 고위 지휘부의 추가 논의를 위해 몇 가지 문제를 제기했는데, 이는 정보화의 중요성에 대한 합의가 아직 중국의 군사전략을 어떻게 조정해야 하는지에 대한 합의로 이어지지 못했음을 시사했다. 이를 직접 언급하면서 장은 "전략적 지도사상과 원칙에 대한 우리의 연구를 더욱 심화시켜야 한다"라고 했다.[58] 구체적으로는 전략적 억지력과 합동작전에 대한 더 많은 연구가 필요하다고 강조했다. 후자에 대해서는 "1993년에는 계속적으로 협동작전 구상을 강조했으나 이제는 우리 합동작전의 이론과 실천의 발전을 도모하기 위해 다양한 군종과 병과의 합동작전 연구를 크게 강화해야 한다"라고 했다.[59]

중앙군사위는 2002년 전략방침을 왜 바꾸지 않았는가? 두 가지 이유가 있을 것이다. 첫째, PLA는 전쟁 수행에서 정보화의 중요성이 커지고 있음을 인정했지만, 코소보로부터의 교훈은 공군력의 맥락에서 정보화에만 국한되었기 때문에 정확하게 향후 작전을 어떻게 구체화할지는 여전히 불분명했다. 비록 코소보 전쟁에 사용된 미국 항공기의 일부가 아드리아(Adria)해의 항공모함들에서 발진했지만, 전쟁은 수상함이나 잠수함 전투원과 같은 다른 해군 전력의 중요한 사용이나 지상군의 어떠한 사용도 수반하지 않았다. 아프가니스탄에서 미국의 작전은 계속되고 있었고, 2002년 12월경에는 미국이 이라크를 침공할 가능성이 점점 더 높아졌다. 이는 보다 광범위한 교훈을 보여주게 된다.

둘째, 후진타오 주석이 2002년 10월 제16차 당대회에서 중국공산당 총서기가 된 후에도 장쩌민이 중앙군사위 주석을 유지하기로 한 결정과 관련이 있을 수 있다. 중앙군사위에 계속 남아 있으면서 장은 1987년 제13차 당대회에서 다른 당직을 모두 내준 후에 중앙군사위 주석으로 남아 있던 덩샤오핑의 전철을 밟았다. 장은 신세대 지도자로의 원활한 이행을 보장하거나 당 정책 방향에 영향을 미치는 그의 능력을 유지하려고 했을 수 있다. 그러나 그는 13년간 총서기로 군사문제에 대한 관심을 키웠으며, 첨단 기술 조건에서 정보화 조건으로 전략방침의 공식 전환을 주도함으로써 이 분야에서 자신의 유산을 공고히 하고 싶었는지도 모른다.

코소보 전쟁에 대한 중국의 평가는 모방이 2004년 전략의 동인이라는 증거를 거의 제공하지 못한다. 주요 결론은 무기체계의 발전뿐만 아니라 정보화에 따라 가능했던 공습은 종전에 상상했던 것보다 더 강력하고 파괴적이었으며 중국은 그러한 공격에 아주 취약하다는 것이었다. PLA는 비슷하게 공격적인 항공작전을 수행할 수 있는 자체 능력을 개발하기보다는 대응책을 개발하기 위해 움직였다. 국방대학 보고서의 결론을 보면 PLA는 "대공습작전에 대한 연구를 강화해야 한다".[60] 여기에는 "세 가지 공격과 세 가지 방어"라는 새로운 변형이 포함되었다. 세 가지 공격은 정찰, 교란, 정밀타격이었고, 세 가지 방어는 초기 경보와 대정찰, 기동성, 지대공 미사일 시스템이었다.[61] 더 일반적으로 나토 작전에서 정보의 역할은 중국이 미국에 얼마나 뒤처졌는지를 보여주었다. 보고서는 또한 중국이 "선진국과의 격차를 줄이기 위해서는 정보시스템과 무기 그리고 정보작전을 위한 장비를 대폭 발전시킬 필요가 있다"라고 결론지었다. 비록 PLA가 전쟁에서 미국의 작전을 면밀히 연구했지만, 세르비아의 대응도 똑같이 주목하고 주의 깊게 연구했다.

(2) 2003년 이라크 전쟁

2003년 3월 20일 미국과 영국은 30개 국가와 38만 명의 병력으로 구성된 연합군을 이끌고 이라크를 침공해 사담 후세인(Saddam Hussein)을 축출했다. 연합군은 4월 14일 바그다드를 점령하고 전쟁의 고강도 국면을 마무리했다. 5월 1일 조지 W. 부시(George W. Bush) 미국 대통령은 주요 군사작전의 종료를 선언했다. 코소보 전쟁이 전쟁에서 정보의 역할을 강조했다면, 이라크 침공은 훨씬 더 넓은 분야에 걸쳐 더 크고 더 다양한 병력으로 정보의 광범위한 적용과 효과를 보여주었다.

PLA는 이라크 침공을 면밀히 지켜보았다. PLA 연구소들은 9개월 만에 전쟁의 기원, 양측의 작전, 주요 특징, 중국에 대한 시사점을 분석하는 세 개의 평가서를 발표했다. 첫 번째는 국방대학이 발표한 연구이고,[62] 두 번째는 PLA의 난창 지상군학원(南昌陸軍學院, Nanchang Ground Forces Academy)에서 나온 연구이며,[63] 세 번째는 군사과학원이 발간한 군사과학원과 국방대학의 저명한 전략가들의 에세이 모음집이었다.[64] 고위 군 장교들의 견해를 직접 밝힐 수 있는 소스가 없는 상황에서, 이러한 내부 평가들은 PLA가 전쟁의 주요 특징으로 간주한 것과 드러났을지도 모르는 전쟁 수행의 변화를 엿볼 수 있는 대용물이다. 이들 보고서 중 두 건은 PLA 내(軍內)에서 배포가 제한되어 있어 고위 장교나 그들의 참모들이 읽었을 가능성이 높았다.

첫째, 이러한 평가들은 이라크 전쟁이 정보화가 가능하게 하는 합동작전에서 군사작전의 완전한 통합과 전쟁에서의 정보화 추세를 보여주었다고 결론짓는다. 난창 학원의 연구는 이라크 전쟁이 "오늘날까지 세계에서 가장 높은 수준의 정보화로 치러진 전쟁"이라고 결론을 내렸다.[65] 군사과학원의 보고서에 따르면 이라크 침공은 "정보화 전쟁을 향해 첨단 기술 전쟁이 크게 전진했다"라는 것을 보여주었다.[66] 국방대학의 연구는 "미군의 정보화된 무기와 장비들이 전쟁의 형태를 점차 정보화 방향으로 움직이게 하고 전장을 장악하기 시작했다"라고 결론지었다.[67] 정보화는 군사작전의 효과성, 살상력, 속도를 증가시

컸는데, 이 과정에서 서로 긴밀하게 협동하고 통합된 전력이 적을수록 훨씬 더 큰 효과를 얻는다. 국방대학 연구의 저자들은 "미국이 이 전쟁에서 사용한 전력의 양은 제1차 걸프 전쟁의 절반도 되지 않았지만, 더 짧은 기간 안에 이라크를 점령할 수 있었다"라고 했다.[68]

각각의 PLA 연구는 약간씩 다른 침공의 요소들을 강조했지만, 군사작전 수행과 정보화에 관한 논의에서 몇 가지 공통 주제를 확인할 수 있다. 한 가지 주제는 정보화된 무기 시스템과 플랫폼의 배치와 사용이었다. 난창 학원의 연구는 해군 무기와 시스템의 60% 이상과 공군 무기와 시스템의 70% 이상이 정보화된 것을 관찰했다.[69] '비접촉' 작전이나 스탠드오프 타격을 가능하게 함으로써 시각적 범위를 벗어나 사용할 수 있는 시스템의 사용에 특별히 초점을 맞추었다. 또 다른 주제는 정밀유도탄약의 사용이 크게 확대된 것이었다. 세 가지 연구 모두 정밀유도탄약의 사용이 1990~1991년 걸프 전쟁에서 사용된 전체 탄약 중 8%에서 이라크 전쟁에서는 68%로 증가했다는 점에 주목했다.[70] 마지막 주제는 광활한 지역에 걸쳐 서로 다른 군종이 제어하는 무기와 탄약을 통합하기 위해 광범위한 C4ISR 시스템을 이용한 것이다. 부대들이 훨씬 더 빠르고 쉽게 서로 통신하면서 지휘관들은 이러한 부대를 전장영역이나 전장에 배치하는 데 높은 수준의 전장이나 전장영역 인식을 가지고 있었다.[71]

둘째, 높은 수준의 정보화를 통해 합동작전을 수행할 수 있는 전력의 심층적 통합이 가능해졌다. 앞의 세 연구 모두 2004년 전략의 주요 작전형식으로서 '통합 합동작전'을 강조할 것임을 예시했다. 예컨대 군사과학원의 보고서는 "각 군과 병과의 긴밀한 협동, 즉 통합 합동작전이 전례 없던 수준까지 올라가고 전체적인 작전력을 한껏 보여주는 혼연일체(渾然一體)"를 강조했다.[72] 그러한 예에는 지상부대 간의 협동, 공군과 지상부대 간의 협동, 특히 지상의 기갑부대 및 특수부대와 합동해 정밀타격이 이루어진 바그다드로의 진격이 포함되었다.[73] 이러한 통합의 한 가지 결과는 난창 학원의 연구가 "정밀타격 합동작전"이라고 불렀던 것으로, 정밀유도탄약의 사용이 아니라 정보 우위성과 미국과 동맹국들이 사용하는 강력한 C4ISR에 따라 가능하게 되었을 때 작전이 수행될 수 있는 정밀성을 가리킨다.[74]

셋째, 전쟁 시 군사작전에서 정보의 중심적 역할은 항공 우위 외에 정보 우월성을 달성하는 것의 중요성을 강조했다. PLA 분석가들에게 이라크 전쟁은 코소보 전쟁이 시사했던 것, 즉 정보 지배가 전쟁 수행과 결론에 영향을 주는 핵심 요소가 되었다는 것을 확인시켜 주었다. 정보 우위의 확보는 이제 전쟁에서 '최우선 과제'가 되었다.[75] 정보를 통제하는 쪽이 압도적으로 유리한 반면 통제력이 부족한 쪽은 실효성이 없게 된다. 전쟁에 대한 모든 PLA 연구는 이라크의 지휘통제 시스템을 와해하기 위한 전쟁 초기의 노력을 강조했는데, 그렇게 함으로써 정보 우위를 확보하는 동시에 효과적인 방어를 증강시킬 수 없게 제한했다.

이러한 PLA 평가에서 다른 두 가지 주제에도 주목해야 한다. 첫째, 공군력은 전쟁에서 결정적인 역할을 하는 것으로 간주되었다. 어떤 연구도 공군력만으로 승리를 거둘 수 있다고 주장하지 않았지만, 공군력의 부족은 작전을 크게 복잡하게 만든다.[76] 둘째, PLA 분석가들은 이라크 지도부 내의 분열과 지도부와 이라크 국민 간의 분열을 싹트게 하고 이라크군의 사기를 약화시키는 것과 같은 심리전을 강조했다. 난창 학원의 연구는 "정보화 전쟁의 도래와 더불어 심리전이 점점 더 중요한 역할을 한다"라고 결론지었다.[77]

(3) 인민해방군의 '새로운 역사적 사명'

후진타오는 장쩌민을 대신해 중앙군사위 주석이 되자마자 2004년 12월 중앙군사위 확대회의에서 PLA를 위한 '새로운 역사적 사명' 구상을 소개했다. 이 새로운 사명은 PLA가 당을 위해 수행해야 할 4대 과제에 중점을 두었다.* 그

---

* 많은 영어 분석은 이를 '새로운 역사적 사명들(new historical missions)'로 기술하지만, 여기에서 본 것처럼 여기에는 한 가지 사명(使命)과 네 가지 하위 임무(任務)가 들어 있다.

럼에도 불구하고 이를 전략방침의 변경으로 여겨서는 안 된다(PLA도 그렇게 보지 않았음). 한 가지 목표는 PLA의 역할을 전투를 넘어 재해 구호 등 '비전쟁 군사작전[非戰爭軍事行動]'으로 기술되는 것으로 확대해 당이 중국과 해외에서 안정을 유지하는 데 도움을 주는 것이었다. 또 다른 목표는 해상, 우주, 전자기 영역과 같은 중국의 이익을 지키기 위해 PLA가 운영해야 할 새로운 작전영역을 강조하는 것이었다. 우주와 전자기 영역 등 두 가지는 이미 2004년 방침에서 중요 분야로 식별되었으나 추가적으로 강조되었다.

PLA의 새로운 역사적 사명에서 처음 두 가지 과제는 체제 안전 강화라는 내부 목표와 전적으로 연결되었다. 첫 번째 과제는 "당의 통치 지위를 공고히 할 수 있는 중요한 강력한 보증을 제공하는 것"이었다.[78] 당과 체제 안보의 수호는 덩샤오핑의 개혁보다도 앞서는 PLA의 오랜 목표였지만, 계획경제에서 시장경제로의 전환이 가속화되면서 당이 직면한 새로운 도전 때문에 후진타오가 다시 강조했다. 중국 지도자들은 정치 불안이 경제성장을 저해할 뿐만 아니라 중국공산당의 정당성에도 분명히 도전을 야기할 수 있다고 보았다. 마찬가지로 두 번째 과제는 "국가발전을 위한 전략적 기회의 위대한 시기를 보호하기 위한 강력한 안전보장을 제공하는 것"이었다.[79] 이는 대만에서의 독립운동에 더해 다른 국가들과의 영토·국경 분쟁, 중국 내 신장과 티베트 등에서의 분리주의 운동, 대규모 사건과 대중 시위의 증가 속에서 국내 안정을 유지해야 하는 도전 등을 말한다. 비록 이 과제는 주권에 대한 대내외 문제를 종합한 것이지만, 이 두 가지 모두 이들 중 어느 한 분야에서의 파행이 사회 안정을 어떻게 뒤엎고 당에 도전하게 되는지를 반영했다.

PLA의 새로운 역사적 사명에서 세 번째 과제는 재래식 군사전략과 가장 밀접하게 관련되었다. 이는 해양, 우주, 사이버 영역에서 증가하는 중국의 이익을 지키는 것을 특히 강조하며 "국익 보호를 위한 강력한 전략적 지원을 제공하는 것"이었다.[80] 앞의 두 가지 과제가 체제 안정성에 대한 명확한 함의를 바탕으로 당의 전통적인 우려를 강조했다면, 세 번째 과제의 구성 요소인 우주와 사이버는 2004년 초 군사전략의 조정을 촉진했던 정보화의 핵심 요소를 더욱 강조하는 한편 이와 중복되기도 했다.

네 번째 과제 역시 대외적이라는 점이 분명했지만 그 목적이 전투 지향적이지는 않았다. PLA의 이 과제는 "세계 평화를 유지하고 공동 발전을 촉진하는 데 중요한 역할을 하는 것"이었다.[81] 이는 중국이 세계의 다른 지역, 특히 무역과 투자에 관련된 지역과의 통합이 증가하고, 중국이 이들 지역의 안정을 유지하는 데 기여하는 것이 중요하다는 점을 반영했다.

후진타오는 PLA의 새로운 역사적 사명 개념을 소개하며 PLA가 갖추어야 할 역량에 대해서도 개략적으로 제시했다. 2005년 12월 중앙군사위 확대회의에서 그는 "우리 군이 위기 대처, 평화 유지, 전쟁 억제, 다양한 종류의 복잡한 상황에서 전쟁 승리를 할 수 있도록 여러 안보 위협에 대처하는 능력을 우리는 끊임없이 높여야 한다"라고 했다.[82] 2006년 전국인민대표대회 PLA 대표단과의 회담에서 후는 PLA에 "여러 종류의 안보 위협에 대처하는 능력을 개발하고 다각화된 군사 임무를 완수하기 위해 노력하라"라고 지시했다.[83]

'여러 종류의 안보 위협'이란 말은 전통적인 군사적 과제 외에 PLA의 새로운 역사적 사명을 위한 네 가지 과제의 일부였던 목표를 가리킨다. '다각화된 군사 임무'는 중국의 군사력 증강을 두 가지 다른 방법으로 활용하는 것을 의미한다. 첫 번째는 2004년 전략방침의 일부였던 재래식 전투 능력을 강조한다. 그러나 두 번째는 대내외 안정을 유지함으로써 체제 안보를 강화하고 경제 발전을 촉진하기 위한 비전투 작전을 강조한다. 권위 있는 소스에서 가장 자주 논의되는 비전투 작전의 유형은 국가가 공공질서를 유지하고 궁극적으로 당을 지키는 데 도움이 되는 것들이다.[84] 국내 비전투 작전은 세 가지 광범위한 범주로 분류할 수 있다. 첫째는 2008년 쓰촨성 원촨(汶川) 대지진 이후 PLA가 수행한 작전과 같은 재해 구호다. 둘째는 시위, 폭동, 봉기, 반란, 특히 중국의 소수민족 지역에서 사회질서를 뒤엎을 만한 대규모 군중 사건을 억제하는 것을 비롯해 사회 안정을 유지하는 것이다. 셋째는 1990년대 신장 내 여러 지역에서 관리들에 대한 공격이나 2008년 [베이징] 올림픽과 2009년 10월 중화인민공화국 건국 60주년에 테러에 대한 우려가 고조되는 등 주로 국내 테러를 다루는 대테러를 포함한다.[85] 국경 경비와 위수작전 등 다른 임무들과 이러한 유형의 작전을 통합하는 것은 이들 모두가 사회질서의 유지와 당에 대한 내부의 도전 관리를 통해 체제 안보를 강화한다는 것을 강조한다.[86]

하지만 PLA가 식별한 새로운 비전투 작전들이 모두 국내용은 아니다. 가장 자주 논의되는 국제 비전투 작전 두 가지는 평화 유지와 재난 구호다. 평화 유지는 국내 작전만큼 중국어로 된 글들에서 많은 관심을 받는 유일한 국제 비전투 작전이다.[87] 이러한 작전은 국제사회에서 중국의 이미지를 제고하는 것 외에 중국의 발전을 촉진하고, 체제 안보를 간접적으로 강화하는 안정적인 대외 환경을 유지하는 데 중요한 역할을 하며, 선발 부대가 원정군 경험을 얻을 수 있도록 해주었다. 평화 유지야말로 가장 많은 관심을 끌었고 PLA와 인민무장 경찰부대가 가장 많은 경험을 쌓은 유일한 국제 비전투 작전이다.

3) 2014년 전략: '정보화 국지전 승리'

2014년 여름 PLA의 전략방침이 아홉 번째로 변경되었다. 이용 가능한 소스들은 2014년 전략이 중국의 군사전략에 큰 변화를 구성하지 않았음을 시사한다. 그 대신에 그것은 전쟁에서 정보화의 역할을 더욱 강조하고 합동작전을 효과적으로 실행하기 위해 PLA가 수행해야 했던 광범위한 조직 개혁을 정당화함으로써 2004년 전략에 대한 조정을 반영했다.

전략방침의 변경이 공개적으로 발표된 것은 아니었다. 다만 2015년 5월에 발간된 중국의 『2015년 국방백서』에 실린 새로운 언어는 방침이 바뀌었음을 시사했다. 중국은 『백서』에서 밝힌 바와 같이 "전쟁형식과 국가 안보 상황의 진화에 따라" 전략을 조정한다.[88] 『백서』에는 변화에 영향을 준 두 가지의 새로운 평가가 담겨 있었다. 첫 번째 평가는 전쟁의 가속화된 진화는 "정보화 국지전에서의 승리에 군사투쟁 준비의 기초를 둘 것"이라고 언급하며 PLA를 향해 군사투쟁 준비의 기초에 변화를 요구했다는 것이다. 이 조정은 '정보화 조건하 국지전 승리'에서 '정보화 국지전(打贏信息化局部戰爭)'으로 바꾸며 2004년 전략에서 네 개의 글자만 삭제하는 것으로 구성되었다. 한 군사과학원 소속 학자가 기술하듯이 이러한 글자의 제거는 "질적 변화가 일어났다"라는 것을 나타낸다.[89]

『백서』의 중국의 국가 안보 상황에 대한 섹션에는 전쟁형식이 바뀌었다는 평가가 요약되어 있다. 넓게 정의하자면 정보는 이제 전쟁에서 "주도적인 역할"을 하고 있으며 더 이상 전쟁의 "중요한 조건"이 아니다.[90] 『백서』에 따르면 "전쟁형식은 정보화로의 변혁을 가속화하고 있다". 이러한 변화에는 장거리·정밀·스마트·무인 무기 및 장비 개발과 사용으로의 "명확한 경향"이 포함되었다. 우주와 사이버 영역은 "전략적 경쟁의 정점"이 되는 것으로 묘사된다. 지난 10년간 발생해 온 이러한 경향은 어떤 전략방침의 토대를 형성하는 군사투쟁 준비의 기초에 변화를 요구한다.

2014년 전략에도 새로운 전략지도사상이 담겨 있었다. 전략의 목표는 "국가영토주권, 통일, 안보를 확고히 수호"하고 중국의 발전을 뒷받침함으로써 안정 유지와 중국의 권익 수호 간의 균형을 강조했다.[91] 이를 위해 새로운 전략지도사상은 "앞을 내다보는 계획과 관리를 강조하고, 유리한 상황을 조성하며, 위기를 포괄적으로 관리하고, 전쟁을 단호히 억제하며 전쟁을 이긴다(注重深遠經略, 塑造有利態勢, 綜合管控危機, 堅決遏制和打贏戰爭)"라는 것이었다. 이 전략방침은 영토 방어에서 중국의 발전 이익을 보호하고, 경제·외교 도구와 군사 도구를 조율해 발전에 유리한 환경을 조성하는 방향으로 전환할 것을 강조했다. 또한 전쟁 억제에 있어 전략적 억제의 중요성에 더해 위기가 터지는 것을 막되 만약 터지는 경우 이를 통제할 것을 강조했다.[92] 이러한 노선들을 따라 새로운 전략의 중요한 요소들은 "가능할 수 있는 연쇄 반응을 적절히 다룸으로써 주요 위기를 효과적으로 통제하는 것"이었다.[93]

그러나 중요한 것은 전략의 주요 작전형식은 변하지 않았다는 점이었다. 즉, 2004년 전략에서 확인된 바와 같이 주요 작전형식은 '통합 합동작전'으로 유지되었다. 『백서』에서는 PLA가 통합 합동작전을 위해 "새로운 기본 작전사상을 창출"할 것을 요구하고 있다. 구체적으로는 작전지도사상이 "정보 지배, 전략점에 대한 정밀타격, 승리를 얻기 위한 합동작전(信息主導, 精打要害, 聯合制勝)"임을 시사하지만, 이는 2004년 전략의 지도사상과 유사해 보인다. PLA는 이러한 전략 변경의 일환으로 마련되어야 할 새로운 작전규범의 초안 작업을 아직 하지 않고 있다.

두 번째 평가는 중국이 특히 해양 영역에서 더 긴박한 국가 안보 위협에 직면해 있다는 것이다. 『백서』는 "해양 군사투쟁의 역할"과 "해양 군사투쟁에 대한 준비"를 강조한다. 이전의 전략방침은 특정 영역을 강조하지는 않았지만 그럼에도 불구하고 지상전의 우세성을 시사했다. 한 가지 분명한 요인은 중국과 인접한 해역, 즉 근해에서 영토주권과 해양 관할권에 대한 분쟁이 격화되고 있다는 점이다. 『백서』는 "해양 권리 수호 투쟁은 오래도록 존재할 것"이라고 결론짓는다. 두 번째 요인은 "중국 국익의 지속적인 확대"로 시장 접근과 개방된 통신선(SEALOC) 등 해외 이익이 "두드러지게 되었다"라는 점이다. 이것들이 중국에 새로운 우려는 아니지만 『백서』의 이전 판들에 비해 중국 안보 환경 평가에서 더욱 두드러지게 되었다.

해양 전장영역에 대한 중점이 증가되는 것에 맞추어 『백서』는 처음으로 중국 해군의 전략 개념이 '근해방어'에서 '근해방어'와 '원해보호[遠海護衛]'의 결합으로 점차 전환될 것"이라고 공개적으로 밝히고 있다.[94] 근해방어는 특히 중국 본토와 인접한 바다에서 영토와 관할권 분쟁을 벌이는 중국의 당면한 해양 권익 수호를 강조한다. 원해보호는 해양 통신선과 해외의 중국 사업체 보호와 같이 중국의 확대되는 해외 이익을 보호하는 것을 강조한다.[95] 전자는 적극적인 태세를 필요로 하는 반면에 후자는 대응적인 태세를 암시한다.[96]

『백서』는 전략의 지리적 초점을 정의하는 주요 전략방향을 식별하지 않는다. 그럼에도 불구하고 1차적인 전략방향은 대만과 중국의 남동부를 중심으로 동일한 듯 보이지만, 서태평양 또는 왕훙광(王洪光) 예비역 중장이 말하는 '대만해협·서태평양' 방향으로 확대되었을 수도 있다.[97] 남중국해가 1차 전략방향의 일부가 되었는지는 여전히 불분명하다. 왕은 그러한 연결 고리에 주목하면서도 여전히 "대만해협은 1차 전략 전역 방향"과 "소의 코처럼 급소"라고 쓰고 있다.[98]

『백서』는 전략방침이 조정되었음을 확인해 주지만 언제 그렇게 결정되었는지는 명시되지 않았다. 역사적으로 중앙군사위는 확대회의에서 전략방침을 채택하거나 조정했다. 그러나 이런 회의는 거의 공개되지 않는다. 가령 2004년에는 6월에 열린 중앙군사위 확대회의에서 전략 변화가 도입되었다.[99] 그러나 전략에 대해 처음으로 공개적인 언급이 있은 것은 6개월 후에 『2004년 국방백서』가 발간되고 나서다. 회의 자체는 결코 공개되지 않았다. 마찬가지로 새로운 전략방침에 대한 연설도 방침이 도입될 때 공개적으로 발표되지 않으며 때로는 아예 공개적으로 발표되지 않는 경우도 있다. 예컨대 1993년 방침을 소개하는 장쩌민의 연설은 2006년에야 발표되었다.

중앙군사위는 2014년 여름에 전략방침을 조정하기로 결정했을 가능성이 크다. ≪해방군보≫에는 "정보화 국지전에서 승리"라는 문구가 94차례나 등장했다. 그러나 이 중 81건은 2014년 8월 중순 이후였다(2018년 9월 기준). 이 용어는 2014년 8월 21일 현실적인 훈련 수준 향상에 관한 총참모부의 새로운 문서를 발표하는 기사에서 처음 등장했다.[100] 같은 기간 308건의 기사에서 "새로운 상황에서의 군사전략방침(新形勢下軍事戰略方針)"이라는 말이 사용되었는데, 이는 2014년 전략을 간접적으로 언급한 것이다. 이 용어는 2014년 8월 2일 발간된 PLA 창립 87주년 기사에 처음 등장해 전략 변화가 7월 중에 있었음을 시사하고 있다.[101] 이 용어는 이전에는 2010년 9월에 단 한 번 등장했고, 현재는 시진핑 시기에 채택된 전략을 언급하는 많은 PLA 공식 문서에 등장하고 있다. 따라서 2014년 7월에 전략이 바뀌었을 것이다. 2014년 7월 7일 '중요회의'에서 시는 고위 간부들에게 "군대 건설, 개혁, 군사투쟁 준비에서 군사전략방침의 요건을 촉진함으로써 군사전략방침의 이행"을 촉구했다.[102] 이후 2014년 10월 군수준(軍級)에서 새로 임명된 장교들을 만난 자리에서 '새로운 상황에서의 군사전략방침'을 언급하며 "군 전역의 모든 공사는 새로운 전략방침에 따라 수행되어야 하며 전략방침에 부합하는 요건의 적용을 받아야 한다"라고 청중에게 촉구했다.[103]

이 방침은 2015년 11월 발표된 PLA의 조직 개혁에 대한 최고 수준의 지원과 정당성을 제공하기 위해 2014년 여름에 조정되었을 것이다. 넓게 보면 이 개혁은 군대를 지휘하는 책임을 병력 개발과 훈련 관리와 분리함으로써 합동작전을 향상시키려는 것이다. 이를 위해 전례 없던 조직 변화가 이루어졌다. 일곱 개 군구를 다섯 개 전구 사령부로 전환하고, 네 개 총부서를 중앙군사위 직속의 15개 소규모 조직으로 세분화하며, 제2포병을 병과에서 군종으로 격상시키고, 별도의 지상군 사령부를 창설하고, 우주와 사이버에 중점을 둔 전략지원군을 창설하며, 30만 명의 군 병력을 감축하는 것 등이었다.[104] 특히 1980년대 초에 처음 제기되고 1990년대 후반에 다시 제기된 지상군 사령부를 창설하는 것처럼 개혁에는 과거에 PLA가 고려했던 변화들이 담겨 있었다. 다른 목표는 전력 발전과 규율의 과정을 개선하는 것이었다.

군사전략의 조정과 PLA 개혁은 2013년 11월에 당, 국가, 경제의 모든 분야에서 '개혁 심화'를 위한 야심 찬 계획을 개략적으로 제시한 제18차 당대회 3중전회에서 함께 예고되었다. 과거에 PLA의 모든 개편이나 감축은 새로운 전략을 채택한 지 불과 몇 년 후에 일어났다. 그러나 이번에는 군사전략을 변경하고 PLA를 재편하겠다는 의도가 동시에 발표되었다. 이는 전략방침을 개정하는 주요 이유가 앞으로 진행될 개혁에 대한 중요한 틀을 제공하기 위한 것임을 강력하게 시사한다.

중전회가 끝나자 중앙위원회는 추진될 개혁을 요약한 '결정'을 발표했다. 국방 섹션의 서문에는 "새로운 시기의 군사전략방침을 개선[完善]"하거나 중국의 군사전략을 조정할 필요가 있다고 언급되어 있다.[105] 그다음으로 이번 결정은 "군 수뇌부 체제의 개혁"을 요구했다. 다음 달인 2013년 12월 시진핑은 중앙군사위 확대회의에서 과거 PLA 개혁 노력에도 불구하고 "뿌리 깊은 모순이 해소되지 않았다"라고 설명했고, 이는 "근본적으로 군대 건설과 군사투쟁 준비를 제한한다"라고 했다. 시는 PLA의 "지도력과 관리 체제는 비과학적"이라며 "합동작전을 위한 지휘 체계가 허술하다"라고 강조했다.[106] 그는 연설 후반에 "합동작전을 위한 지휘 체계를 폭넓게 탐구했지만 문제가 근본적으로 해결되지 않았다"라고 언급했다.[107] 따라서 전략 변경의 목적은 PLA의 개혁 필요성과 밀접하게 연관된 것으로 보인다. 2004년부터 2014년까지 새로운 전략의 채택을 촉진하는 전쟁 수행에 있어 중대한 전환은 일어나지 않았고, 또한 새로운 전쟁 비전을 담고 있지도 않았다. 그럼에도 불구하고 이 전략은 2004년에 확인된 통합 합동작전을 효과적으로 수행하는 데 필요한 개혁을 정당화했다.

해양 영역을 강조한 대목도 중국의 안보 환경과 위협 인식에서의 변화가 새로운 2014년 전략을 채택하기로 한 결정의 2차적 요인이었음을 시사한다. 해양 위협은 지배적인 것으로 묘사되지는 않고 단지 "더 두드러진" 것으로만 묘사되며, 따라서 중전회에서 개략적으로 제시한 개혁을 추진하는 것과 비교할 때 중요성이 떨어진다. 이를 토대로 전망해 보면 『2015년 국방백서』에서 해양 영역에 초점을 맞춘 것은 개혁이 성공적으로 추진된다고 가정했을 때 위협 인식이 향후 중국 전략의 변화에 훨씬 더 중요한 역할을 맡을 가능성이 크다는 것을 시사한다.

2. 결론

중국은 1993년 전략방침을 두 차례 조정했다. 2004년 전략과 2014년 전략 모두 PLA가 앞으로 수행할 주요 작전형식으로서 통합 합동작전을 강조한다. 각 방침은 이전 방침을 "풍부하게 하고 개선한다"라고 설명하며, 이는 PLA가 이러한 전략 변화를 큰 변화가 아닌 사소한 것으로 보고 있음을 나타낸다. 그러나 2004년 전략에서 변화 방향은 이 책에서 내가 발전시킨 주장, 즉 전쟁 수행의 전환과 일치한다. 2014년 전략에 따라 추진된 조직 개혁은 광범위하지만, 1993년 전략방침에서 처음 확인된 목표인 합동작전을 PLA가 보다 잘 수행할 수 있도록 의도되었다.

제8장

—

1964년 이후 중국의 핵전략

재래식 작전을 강조하는 중국의 군사전략은 1949년 이후 아홉 번이나 바뀌는 등 역동적이었다. 이와 대조적으로 확증보복을 통한 억지력 달성을 바탕으로 하는 중국의 핵전략은 1964년 10월 중국이 첫 번째 핵폭발 실험을 한 이후 크게 변하지 않고 있다. 여러 시기에 미국이나 소련의 침략이나 핵 선제공격에 취약했음에도 불구하고 중국은 또한 핵전략을 바꾸려고 하지 않았다. 게다가 중국의 재래식 전략과 핵전략 사이에는 뚜렷한 관계가 전혀 없다. 중국의 핵전략은 '적극방어'라는 일반적 원칙과 일치하기는 하지만, 핵무기 사용 계획은 재래식 전력 사용에 관한 계획에서 벗어나 있었다. 중국의 선언적 전략과 작전교리는 재래식 분쟁이 아닌 핵 공격에 대응해서만 핵무기를 사용하는 것을 구상하고 있다. 왜 중국의 핵전략은 일정했던 반면에 기존의 전략은 종종 실질적으로 달라져 왔을까? 왜 중국의 재래식 전략과 핵전략은 더욱 밀접하게 통합되지 않았을까?

이 장에서는 이러한 질문에 답하기 위해 몇 가지 주장을 전개한다. 첫째, 기존 군사전략과 달리 당 최고 지도자들은 핵전략에 대한 권한을 고위 군 장교들에게 위임한 적이 없다. 핵전략은 제2포병이나 총참모부를 비롯해 보다 폭넓게는 인민해방군(이하 PLA) 지도부가 결정할 수 있는 것이 아니라 당 최고 지도자들만이 결정할 수 있는 최고 국가정책의 문제로 여겨졌다. 당 최고 지도자들은 군 구조와 전력태세에 관한 결정을 포함해 중국의 핵전략을 고위 군 장교들에게 위임한 적이 없다. 1970년대 후반 제2포병이 작전병과로 발전하기 시작한 후에도 당의 군사문제 결정 기구인 중앙군사위원회(이하 중앙군사위)의 철저한 감독 아래 주로 중국 핵군의 관리인 역할을 해왔다. 둘째, 당 최고 지도자들이 군 원로들에게 핵전략을 위임한 적이 없기 때문에 중국의 당 최고 지도자들의 핵무기에 대한 견해, 특히 마오쩌둥, 저우언라이, 덩샤오핑 등의 견해는 오늘날까지도 중국의 핵전략에 유달리 강력한 영향을 끼쳤다. 그들의 견해는 핵무기의 제한된 효용에 기초해 확증보복전략을 유지하고 재래식 전략과 핵전략을 통합하거나 제한적인 핵전쟁을 추구하지 않는 것을 지지한다.

새로운 소스들은 존 루이스(John Lewis)와 쉬에리타이(薛理泰, Xue Litai)가 출간한 획기적인 책인 『중국이 폭탄을 만든다(China Builds the Bomb)』(1988)에서 전개된 중국의 핵무기 개발에 관한 기존 주장을 재고할 수 있게 했다.[1] 첫째, 중국은 루이스와 쉬에의 주장보다 앞서 폭탄을 추구하는 것을 심각하게 고려했다. 루이스와 쉬에는 1955년 1월 중국의 폭탄 제조 결정에서 1954~1955년 대만해협 위기와 미국이 대량보복(전략)으로 전환한 것의 역할을 강조한다. 그럼에도 불구하고 1952년 봄 한국전쟁 당시 미국의 핵 위협에 직접적으로 대응해 중국의 최고 지도자들 간에 핵무기 획득에 대한 합의가 이루어졌다. 더욱이 1955년 이 폭탄을 개발하기로 한 정치적 결정은 강화된 외부 위협에 대한 대응을 반영한 것이 아니라 1954년 광시성에서 우라늄을 발견한 후 중국이 이제 그러한 프로젝트를 시작할 수 있었다는 견해를 반영했다.

둘째, 중국의 핵전략에 대한 루이스와 쉬에의 설명은 기술적 결정론에 바탕을 두고 있다. 중국의 핵전략은 중국이 이용할 수 있는 기술과 중국이 개발할 수 있는 능력에 따라 위태롭게 형성되었다고 주장한다. 루이스와 쉬에가 기술한 대로 "중국은 초기 핵무기 조달과 배치 정책을 구체화할 뚜렷하게 명문화된 핵 독트린이 없었다". 더욱이 "기술적 필수 요소들이 군대의 실제적인 정책 결정을 밀어붙이기 시작했다".[2] 마찬가지로 루이스와 또 다른 공동 저자인 화디(Hua Di)도 "전략이 아닌 기술이 적어도 1970년대 후반까지는 탄도미사일 프

로그램의 속도와 주요 방향을 결정했다"라고 결론짓는다.[3]

그러나 중국 지도자들은 기술적으로 가능한 것을 바탕으로 핵전략이나 군구조를 발전시키지 않았다. 그 대신 핵무기의 효용성에 대한 그들의 견해는 그들이 추구했던 확증보복전략의 매개변수를 형성했다. 중국 지도자들은 핵무기의 역할이 핵 강제 방지와 중국에 대한 핵 공격 억제에 국한된 것으로 보았다. 이들은 재래식 위협을 막기 위해 핵전쟁을 벌이거나 핵무기를 사용하는 것을 상상하지 않았기 때문에 그러한 목표들은 반격을 가할 수 있는 소규모 전력만 필요로 했다. 중력폭탄보다는 미사일에 초점을 맞추고, 선제불사용 정책을 채택하고, 제2포병에 핵 반격을 실시하는 단독 임무를 부여하는 등 중국 핵 프로그램의 초기에 이루어진 선택들은 이러한 목표를 반영하고 있다. 중국 지도자들의 핵전략에 대한 견해의 영향을 받은 이러한 초기 결정들은 1970년대에 제2포병이 반격작전을 실행하기 위한 작전교리를 개발하기 시작한 매개변수를 계속 형성했다. 좀 더 넓게 보면 기술이 중국의 핵전략을 결정했다는 주장에 반대되는 가장 강력한 증거는 기술의 이용가능성이 극적으로 변화한 지난 50년간 보여준 중국 핵전략의 일관성이다.

이 장은 다음과 같이 진행된다. 첫 번째 절은 중국의 핵전략이 1964년 이후 핵 강제나 가능한 최소의 전력으로 공격하는 것을 저지하는 데 초점을 맞추어 대체로 일정하게 유지되어 온 방법을 기술하고 있다. 두 번째 절에서는 채택된 전략뿐만 아니라 재래식 전략과 핵전략을 분리하기로 한 결정에도 영향을 미친 핵무기의 효용성에 대한 중국 최고 지도자들의 신념을 검토한다. 세 번째 절에서는 핵폭탄을 추진하기로 한 초기 결정부터 중국 로켓군 작전교리의 발전에 이르기까지 중국 핵군과 핵전략의 발전에 대해 살펴보고, 이러한 결정에서 당 최고 지도자들의 역할을 강조한다. 마지막 절에서는 중국의 핵전략과 이 책의 다른 곳에서 논의된 전략방침 간의 관계를 논한다.

1. 중국의 핵전략

중국은 1964년 10월 첫 원자탄을 실험한 이후 확증보복이라는 핵전략을 추구해 왔다. 중국은 확실한 2차 타격 능력을 개발함으로써 다른 국가들이 핵무기를 이용해 중국을 강제하거나 공격하는 것을 막으려고 한다. 수십 년간 중국의 핵전략은 중국 지도자들의 진술과 내부 교리적 출판물에 기초했다. 2006년 중국의 핵전략은 『국방백서』에서 공개적으로 명시되었다.

1) 핵전략에 대한 지도부의 시각

몇 세대에 걸쳐 중국의 당 최고 지도자들은 확증보복을 통한 억제라는 관념을 받아들였다. 이는 소수의 생존 가능한 무기가 보복 공격에서 수용 불가능한 피해를 가해 핵 공격이나 강압을 저지하기에 충분하다는 믿음이었다. 이런 구상은 1960년대 마오쩌둥과 저우언라이가, 그리고 1970년대 후반에서 1980년대 초반에 덩샤오핑이 가장 강력하게 표현했다. 그 뒤 중국 지도자들은 동일한 핵전략을 채택했다.[4]

작지만 생존 가능한 무기 건설에 대한 강조는 마오가 시작했다. '억지한다'는 단순한 관념과 함께 중국의 핵군 규모에 대한 그의 생각은 수십 년간 지속되었다. 1960년 마오는 "앞으로 우리나라가 약간의 원자폭탄을 생산하겠지만 우리는 결코 그것들을 사용할 의도가 없다. 우리가 그것들을 사용할 생각이 없다면 왜 그것들을 생산할까? 우리는 그것들을 방어 무기로 사용할 것이다"라며 몇 개만 있어도 억지에는 충분하다고 주장했다.[5] 저우는 1961년 "[우리가] 미사일과 핵무기를 보유해야만 타국이 그것을 사용하는 것을 막을 수 있다. 미사일과 핵무기를 보유하지 않으면 제국주의자들이 미사일과 핵무기를 [우리에게] 사용할 수 있다"라고 언급하며 마오에게 동의했다.[6] 중국의 첫 핵폭발이 성공한 뒤 몇 달이 지나 마오는 에드거 스노와의 인터뷰에서 "우리 스스로 너무 많

은 원자폭탄을 갖고 싶지는 않다. 아주 많이 가지면 어떻게 되겠는가? 몇 개만으로 괜찮다"라고 했다.[7]

억지력에 대한 이러한 관점은 공격을 받은 후 중국의 보복 능력만 요구했을 뿐 적대국과의 핵 대등성은 요구되지 않았다. 1964년 발표된 중국의 선제불사용 서약을 감안할 때 확증보복은 PLA가 1차 타격에서 살아남은 뒤 보복을 감행할 수 있는 능력을 요구했다. 녜룽전 원수가 회고록에서 설명한 것처럼 중국은 "조국이 핵무기에 의한 제국주의 습격을 당했을 경우 반격을 위한 최소한의 수단을 갖기 위해(有起碼的還擊手段)" 핵무기를 개발할 필요가 있었다.[8] 1978년 덩이 칠레 외무부 장관에게 말했듯이 "우리도 약간의 핵무기는 만들고 싶지만 많이 만들 준비는 되어 있지 않다. 우리가 반격[還擊]할 수 있는 힘(力量)을 갖게 되면 우리는 그것들을 계속 개발하지는 않을 것이다".[9] 덩은 1983년 캐나다 총리와의 회담에서 핵 억지력에 대한 중국 지도자들의 견해를 가장 완벽하게 설명했다.

우리는 핵무기를 몇 개 가지고 있다. 프랑스도 몇 개 있다. 이 무기들은 그 자체만으로도 압박을 만들어내는 데에 유용하다. 우리는 그것이 우리의 몇 안 되는 핵무기의 요점이라고 여러 번 말해왔다! 단지 우리가 그들이 가진 것을 우리도 가지고 있다는 것을 보여주기 위해서였다. 그들이 우리를 파괴하고 싶다면 그들 자신도 약간의 보복을 겪게 될 것이다. 우리는 일관되게 우리는 초강대국이 핵무기를 사용할 엄두를 내지 못하도록 강요하고 싶다고 말해왔다. 과거에 이것은 소련에 대처하기 위한 것이었고, 이 무기들을 섣불리 사용하지 말라고 강요하기 위한 것이었다. 결국 무기를 몇 개라도 갖는 것은 일종의 억제력(制約力量)이다.[10]

덩의 발언은 "약간의 보복"을 가할 수 있는 능력이면 적을 억제하는 데 충분하며, 하물며 초강대국이라도 가능하다는 것을 시사한다.

마오, 저우, 덩은 중국 핵군의 작전 요건에 대한 어떤 세부 사항도 공개적으로 논의한 적이 없다. 예컨대 1970년 저우는 국방과학기술위원회 기획회의에서 중국은 다른 국가를 위협하기 위해 핵무기를 사용할 의도가 없고 따라서 많은 무기가 필요하지 않다고 밝힌 바 있다. 그럼에도 불구하고 저우는 "중국은 일정 품질과 일정 종류의 일종 수량을 구축해야 한다"라고 했다.[11] 1978년 중국이 첫 대륙간탄도미사일(이하 ICBM)인 둥펑(東風, DF)-5를 개발하고 있을 때 덩은 중국 핵전력 발전에 대한 일반적인 요건을 개략적으로 설명했다. 덩에 따르면 "우리의 전략무기는 업데이트되어야 하며(更新) [그들의 개발에 대한] 방침은 적으나마 능력은 있어야 한다(少而精)는 것이다. 적다는 것은 숫자를 말하며, 능력은 각 세대에 따라 늘어나야 한다".[12]

장아이핑(張愛萍) 장군은 처음 두 세대 지도자들 중에서 중국의 억지력 요건에 대한 관점을 가장 상세하게 기술했다. 장은 1960년대 초반과 1970년대 후반에서 1980년대 초반에 걸쳐 중국의 전략무기 프로그램에서 주도적인 역할을 했다.[13] 1980년에 장은 "전략무기에 관해서는 (……) 우리의 임무는 반격할 수 있는 일정한 힘을 확보하는 것이다. 이것은 물론 적과 수치적으로 비교하자는 것은 아니며 또한 정밀도에 우선적으로 초점을 맞추는 것도 아니다. 그 대신 완성[完善]되어 작전상 사용될 수 있는 핵무기를 보유하는 것이 핵심이다"라고 밝혔다. 장은 또 "적들이 기습 핵 공격을 감행할 때 우리가 갖고 있는 미사일을 보존한 뒤 반격에 활용할 수 있도록, 즉 '후발제인'할 수 있도록 이들 무기의 생존력을 강화하고 준비 시간을 단축할 수 있는 방안을 고민해야 한다. 이를 위해 무기를 신뢰할 수 있고 준비 시간은 더욱 단축되어야 한다. 이 두 가지 문제가 해결되고 나면 다시 정밀성을 고려할 수 있다"라고 주장했다.[14]

장은 중국이 DF-5 시험발사에 성공한 지 몇 달 만에, 그리고 첫 잠수함발사 탄도미사일(SLBM)인 쥐랑(巨浪, JL)-1을 개발하기 위한 막바지 단계에 있는 동안 이같이 말했다. 그의 연설이 중국이 소련으로부터 압도적인 재래식·핵 위협에 직면했던 1980년대 핵군 개발을 위한 중국의 향후 계획의 개요라고 본다면 신뢰성과 생존성이 무엇보다 중요했다. 덩의 시각에 부합되게, 비록 몇 개의 무기만 있어도 보복 능력을 갖추는 것은 중국에 대한 핵 공격을 억지하기에 충분한 것으로 간주되었다.

이용 가능한 소스들을 보면, 왜 소수의 핵탄두만이 용납할 수 없는 피해를 주고 잠재적 적들이 중국을 공격하지 못하게 하는 데 충분한지에 관한 중국 지도부의 견해를 다룬 논의가 부족하다. 그럼에도 불구하고 중국 지도자들이 소규모의 보복 전력에 초점을 맞추었다는 일관성은 그들이 그러한 피해에 대한 기준점을 낮게 보았음을 암시한다. 1967년 마오는 앙드레 말로(André Malraux)에게 "내가 여섯 개의 원자폭탄을 가지고 있으면 아무도 내 도시를 폭격할 수 없다. (……) 미국인들은 결코 나에게 핵폭탄을 사용하지 않을 것이다"라고 말했다고 한다.[15] 덩은 1981년 이러한 견해를 확장해 "미래에 핵전쟁은 없을 것이다. 우리는 그들이 핵무기를 가지고 있기 때문에 [핵무기를] 가지고 있다. 그들이 더 많이 가지고 있다면 우리도 더 많이 가질 것이다. 아마 모두가 감히 사용하지는 못할 것이다"라고 지적했다.[16]

덩 이후에도 억제에 대한 중국 지도자들의 신념은 변함이 없었다. 놀랄 일도 아니지만 장쩌민의 견해는 그의 전임자들과 매우 유사하다. 1990~1991년 걸프 전쟁의 여파로 장은 중국이 "필요한 억지력(威懾能力)"을 유지하겠지만, 소규모의 생존 가능한 핵군에 대한 선호를 시사하면서 국방비를 다시 핵이 아닌 재래식 전력에 집중할 것이라고 언급했다.[17] 장의 군사사상에 관한 어떤 권위 있는 저서에 따르면, 그는 억지에 관한 소스들과 동일한 견해를 견지했다. 즉, "중국은 공격이 아니라 방어를 위해 전략 핵무기를 개발했다. (……) 핵무기 국가에 대한 일종의 위대한 억제 수단이며, 그들이 무차별적으로 행동할 엄두를 내지 못하게 만든다".[18] 2002년 그는 "핵무기가 핵심 능력이었다"라고 언급한 중국의 더 넓고 다면적인 "전략적 억지(戰略威懾)" 개념을 강조했다.[19]

핵전략에 관한 의문들에 대해 후진타오와 시진핑이 발표한 공개 성명은 아주 적다. 그러나 이들 성명에 관한 보도는 핵무기의 억지 역할에 초점을 맞추었기 때문에 이전 지도자들의 견해와 일치함을 보여준다. 2006년 제2포병 창설 40주년을 맞아 후진타오는 핵무기가 "전쟁과 위기를 억제하고 국가 안보를 수호하고 세계 평화를 유지하는 데 극히 중요한 역할을 했다"라고 밝혔다.[20] 마찬가지로 2012년 말 제2포병 제8차 당대회에서 행한 발언에서 시진핑은 장쩌민에게 동조해 제2포병은 "중국의 전략적 억제의 핵심전력[核心力量]"이라고 언급했다.[21] 제2포병 고위층이 쓴 핵전략에 관한 기사는 후진타오와 시진핑의 견해를 이전 지도자들의 견해와 일관되는 방식으로 언급하고 있다.[22]

2) 중국 핵전력에 대한 작전교리

제2포병의 작전교리는 중국이 확증보복에 기반한 일관된 핵전략을 추구해왔음을 보여준다. 마오쩌둥이 "사령부를 폭격하라"라고 요구하면서 문화대혁명을 시작하기 불과 몇 주 전인 1966년 7월 1일 제2포병이 공식적으로 창설되었다. 이 조직은 중국의 핵 무장 미사일 작전부대가 되려고 하면서 수많은 도전에 직면하게 되었다. 이 기간 동안 중국은 기존 미사일인 DF-2와 DF-3용 기지 개발을 계속했지만, 그 외에는 별다른 성과를 거두지 못했다.[23] 문화대혁명 말기에 제2포병은 덩샤오핑으로부터 새로운 지도부와 명확한 지침을 얻었고, 이를 통해 작전교리를 비롯한 발전에 박차를 가했다.

제2포병이 창설된 후 처음 몇 년간 발표된 성명은 확증보복전략의 채택을 반영하고 있다. 제2포병은 1970년대 후반이 되어서야 작전교리의 초안을 작업하기 시작했지만 원래 임무는 보복력을 개발하는 것이었다. 1967년 7월 중앙군사위는 제2포병에 대한 임시규범을 발표하면서 그 임무(任務)는 "적극방어를 실현하기 위한 핵 반격 전력을 구축하는 것"이라고 규정했다.[24] 이것은 오늘날에도 중국 핵군의 사명으로 남아 있다. 1977년 덩의 옛 친구인 리수이칭(李水淸)이 제2포병 사령관에 임명되었을 때, 그는 제2포병의 작전원칙이 "부대에 반격작전(反擊作戰)의 방법을 알려주어야 한다"라고 강조하며, 다시 이 단일한 사명에 초점을 맞추었다.[25] 1978년 작전과 관련된 한 회의에서 리는 다시 제2포병을 '핵 반격군'으로 발전시킬 것을 강조했다.[26] 이 회의에서는 "전략적 반격의 지도적 사고, 방침과 원칙, 주요 임무"의 이행 방안이 논의되었다.[27] 1979년 12월 제2포병은 작전운용(作戰運用, operational employment)을 연구하기 위해 회의를 소집했다. 이 회의의 최종 보고서는 "제2포병 반격작전의 원칙과 방침"을 강조했다.[28] 1980년 훈련 프로그램은 제2포병 지휘관(指揮幹部)이 "방어작전과 반격작전을 위한 지휘 훈련"에 집중해야 한다고 언급했다.[29]

중국의 핵전략에 대한 접근법은 PLA가 1949년 이후 발간한 최초의 군사전략에 대한 포괄적인 문건인 『군사전략학』 1987년판에 자세히 설명되어 있다. 이 책은 마오, 저우, 덩 등의 견해를 반영해 핵무기의 1차 목적을 중국에 대한 핵 공격을 억지하는 것으로 기술하고 있다.[30] 제2포병의 임무는 "핵 독점, 핵 공갈, 핵 위협"에 맞서기 위해 "억지력과 보복 능력"을 보유하는 것이다.[31] '핵 반격(核反擊)'은 핵무기가 사용될 전역을 책에서 유일하게 설명한 내용으로 "적이 먼저 핵무기를 사용한다면 우리는 반드시 단호하게 반격하고 핵 보복을 해야 한다"라는 것이다.[32] 『군사전략학』 1987년판은 또한 핵무기를 "억지와 보복 용도에 사용하기" 위한 기본지도사상을 확인하기도 했다.[33] 4대 원칙은 중앙지휘[集中指揮], 후발제인, 엄밀방어[嚴密防護], 중점반격(重點反擊)이다.[34]

1996년 제2포병대는 전략에 관한 첫 문건인 『제2포병전략학(第二炮兵戰略學, Science of Second Artillery Strategy)』을 발간했다. 책에서는 PLA의 독립 병과로서 중국의 제2포병 전략에 대한 윤곽을 제시했지만, 발행 당시 중국의 핵전략에 아주 근접한 내용이었다.[35] 이 책에서는 제2포병의 복무전략을 "억지와 효과적인 반격 강조(重載威懾, 有效反擊)"라고 기술하고 있다. 『군사전략학』 1987년판의 내용을 반영해 핵무기의 목적은 중국에 대한 핵 공격을 막고 재래식 전쟁이 핵전쟁으로 확대되는 것을 방지하는 것이다. 이 책에서는 세 가지 주요 행동을 기술하고 있다. 첫째, 전략적 방어란 전력의 생존성을 보장하는 것을 말한다. 둘째, 전략적 억지력은 핵 공격이나 재래식 전쟁의 핵 격화를 저지하는 방법을 기술한다. 셋째, 전략적 반격은 중국이 핵무기로 공격을 받으면 어떻게 보복할지 대략적으로 제시한다. 중요한 것은 이 책이 재래식무기 사용과 핵무기 사용 간의 분명한 구별을 주장하고 있다는 점이다. 『제2포병전략학』은 중국이 핵무기로 먼저 공격을 받은 뒤에야 핵무기를 사용할 것임을 시사한다. 대규모 재래식 분쟁에서 핵무기를 먼저 사용하는 것을 침공보험(invasion insurance)의 한 형태로 그리고 있지는 않다.

중국의 군사전략과 작전교리에 관한 후속 간행물들은 계속해서 핵 반격전역(核反擊戰役)을 제2포병의 유일한 핵 전역으로 묘사하고 있다. 이 전역에 대한 다양한 설명은 국방대학의 『전역학』 2000년판과 2006년판, 『2002년 전역이론학습안내서(戰役理論學習指南, Campaign Theory Study Guide)』, 『군사전략학』 2001년판과 2013년판 등에 수록되어 있다.[36] 『제2포병전역학(第二炮兵戰役學, Science of Second Artillery Campaigns)』 2004년판과 함께 1990년대 중반의 전역 방법과 전술에 관한 교리적 문건들과 같이 제2포병이 제한적으로 배포한 문건들도 핵 반격전역을 제2포병의 유일한 핵 전역으로 기술하고 있다.[37]

3) 중국의 선언적 전략

2000년대 초반까지 중국 정부의 핵전략에 대한 공식 성명도 더욱 명확해졌다. 핵전략을 처음으로 명시하려는 시도는 중국의 『2000년 국방백서』에서 이루어졌지만, 그것은 과거의 정책을 다시 기술하는 데 그쳤다. 가장 완벽한 공식적인 설명은 『2006년 국방백서』에서 나왔는데, 이는 중국의 핵전략을 사상 처음 공개적으로 밝힌 것이다. 『2006년 백서』는 중국이 "자위적이고 방어적인 핵전략(自衛防禦核戰略)"을 추구한다고 명시했는데, 이것은 정부의 공식 표현이다. 이 전략의 두 가지 원칙은 핵무기의 "자위적 반격(自衛反擊)"과 "제한적 발전(有限發展)"이다. 『2006년 백서』는 중국이 "전략적 억제력(戰略威懾作用)"으로서 "효과적인 정예 핵전력(精干有效核力量)"을 보유하려고 한다고 밝혔다.[38] 후속『백서』들은 중국의 선제불사용 정책과 함께 이러한 표현을 반복하고 있다. 예컨대『2008년 국방백서』는 중국이 핵무기를 사용하게 될 조건을 명시했다. 평시에 중국 핵군은 어느 나라도 목표로 하지 않았다. 그러나 중국이 핵 위협에 직면하면 중국은 핵군에게 경계태세를 취하게 할 것이다. 중국이 핵무기로 공격을 받으면 핵무기로 "적에 대해 단호하게 반격하겠다"라는 것이다.[39]

2. 핵무기의 효용성에 대한 지도부의 견해

1949년 이후 중국의 당 최고 지도자들은 핵무기의 주요 목적이 핵 강제 방지와 핵 공격 억지라고 강조해 왔다. 중국의 고위 지도자들은 결코 그것들을 전투나 전쟁에서 승리하기 위한 수단으로 보지 않았다. 원자탄은 또한 국제사회의 주요 강대국으로서 중국의 지위를 증명하고 중국인들에게 국가적 자부심의 원천으로 작용하는 것과 같은 다른 이익도 주는 것으로 보였다.[40] 그러나 이러한 후자의 기능은 수십 년간 중국 핵전략의 일관성을 이해하는 데 핵심이 아니다.『제2포병전략학』1996년판이 명쾌하게 기술하고 있듯이, 제2포병의 전략은 "마오쩌둥과 덩샤오핑의 핵전략 사상에 근거하고 심지어 결정된다"라는 것이다.[41] 이들 견해가 다음에 설명되어 있다.

1) 핵 공격 억지

이전 절에서 논의한 확증보복을 통한 억지라는 중국 최고 지도자들의 관념은 핵무기의 가장 중요한 기능은 중국에 대한 핵 공격을 저지하는 것이라는 그들의 견해를 반영한다. 마오쩌둥이 핵무기를 "종이호랑이"라고 폄하했음에도 불구하고, 그는 핵무기가 미국과 그 후 소련이 중국에 대해 핵무기를 사용하는 것을 억지하는 것에 대해 높이 평가했다.[42] 마오는 핵 공격에 대한 중국의 취약성과 이 문제에 대한 해결의 필요성을 절실히 느끼고 있었다. 한국전쟁 당시인

1950년 그는 "미국이 원자폭탄으로 공격하면 우리는 어쩔 수 없이 미국의 공격을 허용할 수밖에 없다. 이것은 우리가 해결할 수 있는 것이 아니다"라고 말했다.[43] 20년 후인 1970년 그는 미국과 소련 간의 초강대국 경쟁에서 핵무기의 억제 역할에 주목했다. 그는 북베트남 대표단을 만난 자리에서 "강대국들이 세계대전을 벌일 가능성이 남아 있기는 하지만, 그들이 핵무기를 가지고 있다는 이유만으로 모두가 감히 그런 전쟁을 시작하려고 하지 않는다"라고 말했다.[44] 마오는 상호 억지 개념을 분명히 수용했으며, 이는 1964년 10월 중국이 처음으로 핵폭탄을 실험한 후 발표한 성명에 반영되었다.

저우언라이도 비슷한 견해를 가지고 있었다. 1955년 저우는 제1차 세계대전 후 또 다른 대량살상무기인 화학무기의 보유가 어떻게 상호 취약성과 그에 따른 억지력의 조건을 조성했는지를 기술했다. 이를 바탕으로 1955년 그는 핵무기의 상호 보유가 국가들이 그것을 사용하는 것을 억지할 것이기 때문에 "이제 핵무기의 사용을 금지하는 것도 가능하다"라고 결론지었다. 이후 1961년에는 "우리가 미사일이 없으면 제국주의자들이 [우리에게] 미사일을 사용할 수 있다"라고 주장하며 더욱 직설적으로 말했다.[45] 저우의 발언은 (제3장에서 기술한 바와 같이) 1950년대 미국이 중국에 대한 공격의 일환으로 핵무기 사용을 상정한 이후 재래식 전쟁 준비에 PLA가 집중했던 것을 반영했다.[46]

중국의 2세대 지도자, 특히 덩샤오핑도 유사하게 핵무기의 억지 역할을 강조했다. 1975년 가이아나 총리와의 회담에서 덩은 "프랑스도 약간의 [핵무기]를 만들었다. 우리는 프랑스가 [왜] 그것들을 만들었는지 이해한다. 영국도 조금 만들었지만 많지는 않다. 우리가 몇 개를 만드는 이유는 다른 사람들(他們)이 그것을 가지고 있다면, 우리는 그것들을 가질 것이라는 것이다. 핵무기에는 이 기능밖에 없다"[47]라고 말하며 핵무기의 억지 기능을 내비쳤다. 그해 말 그는 마찬가지로 중국의 탄도미사일 개발을 담당하는 제7기계건설부(第七機械工業部, Seventh Ministry of Machine Building, 항공우주 담당) 관리들에게 "그들도 억지력을 갖는다면, 우리는 억지력(威懾力量)을 가져야 한다. 우리는 너무 많은 것

을 할 수 없지만, 그것을 갖는 것은 유용하다"라고 말했다.[48]

마지막으로 중국의 이후 세대 지도자들도 핵무기의 억지 역할을 강조했다. 가령 장쩌민은 "세계에 핵무기가 있고 핵 억지력이 있는 한, 우리는 핵 반격력을 유지하고 발전시켜야 한다"라고 했다.[49] 다른 곳에서 장은 "반격의 핵심은 핵전쟁에서 전력의 집중 사용을 반영하는 것이다. 우리나라의 핵능력(力量)은 제한적이어서 핵 화력을 집중시키고 제한된 목표물에 대한 핵심 반격을 실행해야만 효과적으로 전략적 목표를 달성할 수 있다"라고 밝혔다.[50] 후진타오의 군사문제 접근에 대한 1차 소스 문서들은 거의 발표되지 않았지만, 고위 군 학자들이 쓴 권위 있는 논문들에 따르면, 2002년 당 총서기가 된 이후 후는 핵무기에 대한 이런 견해를 계속 강조했다.[51] 제2포병 장비부 주임을 지낸 장치화(張啓華)에 따르면 "후 주석의 중요한 지시는 3대에 걸친 핵심 지도자들의 조국의 전략적 억지의 개발에 대한 사상을 지속하고 발전시키는 것이었다".[52] 시진핑이 당 총서기와 중앙군사위 주석이 된 이후 발간된 중국 전략에 관한 권위 있는 서적들도 핵무기는 주로 핵 공격을 억지하려는 의도였다고 밝히고 있다.[53]

2) 핵 강압 방지

중국의 당 최고 지도자들, 특히 1세대는 핵무기의 또 다른 역할, 즉 핵무기 보유국이 핵무기 미보유국을 위협할 때 핵 강압에 저항하고 이를 방지하기 위한 역할을 강조했다.[54] 아이러니하게도 마오쩌둥이 원자폭탄을 '종이호랑이'라고 폄하한 이유 중 하나가 중국의 적들이 가진 그러한 파괴적인 무기에 중국 국민들이 겁을 먹지 않도록 격려하기 위한 것이었을 가능성이 있다.[55]

핵 강압을 방지할 필요성은 핵무기에 대한 마오의 제한된 언급에서 자주 등장하는 주제다. 예컨대 1954년 국방위원회의 첫 회의에서 마오는 "제국주의자들[즉, 미국]은 우리가 단지 몇 가지만 가지고 있다고 평가하고 우리를 괴롭히기 위해 온다. 이들은 '핵폭탄을 몇 개나 가지고 있는가?'라고 묻는다"라고 지적했다.[56] 중국이 1차 핵실험을 하기 전인 1964년 프랑스 의회 의원들과 만났을 때 그는 "미국과 소련은 핵무기를 잔뜩 가지고 손에 쥐고 흔들며 사람들을 겁주는 경우가 많다"라고 주장했다.[57] 마찬가지로 중국 핵무기 프로그램의 핵심 인물 중 한 명인 녜룽전 원수는 "중국 인민이 이 무기를 갖게 되면 세계 인민을 향한 [미국의] 핵 공갈이 완전히 파괴될 것"이라고 말했다.[58]

마오가 강압에 맞서는 데 주력한 것은 핵무기 추진에 대한 초기 결정을 반영한다. 마오는 "10대 관계에 대하여(論十大關系, On the Ten Great Relationships)"라는 1956년의 유명한 연설에서 "우리는 더 많은 비행기와 대포뿐만 아니라 원자폭탄도 갖고 싶어 한다. 오늘날의 세상에서는 괴롭힘을 당하기 싫다고 하더라도 이런 것이 없으면 할 수 없다"라고 했다.[59] 1958년 중앙군사위 회의에서 그는 "[우리도] 원자폭탄을 원한다. 그런 큰 것이 없다면 인정받지 못한다고 다른 사람들이 말할 것이다. 좋다. 몇 개 만들어야 한다"라며 핵무기를 더 강한 국가들에 맞설 능력과 결부시켰다.[60]

비록 중국이 핵 강제에 대항하는 것에 대한 우려는 아마도 냉전 초기 동안 가장 두드러졌겠지만, 이후 세대의 중국 지도자들 또한 이러한 핵무기의 기능을 강조해 왔다. 예컨대 1975년 덩샤오핑은 중국을 방문한 외국 대표단에게 중국은 "우리는 핵 확산을 전혀 옹호하지 않지만 핵 독점에는 더욱 강력히 반대한다"라고 했다.[61] 이와 비슷하게 장쩌민은 1960년대에 이 폭탄을 획득함으로써 중국이 "미·소의 핵 독점과 핵 공갈을 파괴해 우리나라를 세계의 몇 안 되는 핵무기 국가 중 하나로 만들었다"라고 했다.[62]

3) 핵전쟁 회피

중국의 당 최고 지도자들은 핵무기에 의미 있는 전투 효용이 없다는 데 동의했다. 물론 마오쩌둥은 무기가 아닌 사람만이 국가가 전쟁에서 이길 수 있도록 해준다고 강조했다. 예컨대 히로시마(廣島)와 나가사키(長崎)에 대한 폭격 이후에 그는 핵무기는 일반적으로 전쟁을 해결할 수 없다거나 특히 일본의 항복을 강요하지 못했다는 결론을 내렸다. 마오에게 "원자폭탄만 있고 인민들의 투쟁이 없다면 원자폭탄은 무의미하다".[63] 실제로 군사문제에 관한 마오의 저술에는 무기보다 사람이 우월하다는 언급이 아주 많다. 이러한 견해가 1949년 전후에 당이 직면했던 우수한 무기와 장비를 갖춘 적을 격파해야 한다는 주요 전략 문제의 핵심이었다.

중국의 초기 지도자들은 또한 핵무기를 전쟁터에서 사용하기 어려운 과잉 수단으로 보았다. 예컨대 예젠잉 원수는 1961년 연설에서 전술핵무기의 출현을 논하며 "핵무기의 사용은 특정한 조건의 적용을 받는다. 그것들은 어느 때나 어떤 목표물을 마음대로 타격하는 데 이용될 수는 없다"라고 지적했다.[64] 예는 더 나아가 지형, 기후, 전장의 전개 상황 모두가 핵무기가 이용될 수 있는지 여부에 영향을 미친다고 했다.

마오와 저우언라이는 핵무기가 아닌 재래식무기를 전쟁 승리의 원천으로 보았다. 저우는 1961년 8월 국방공업위원회 회의에서 핵무기로 '제국주의' 공격을 억지하기 위한 핵무기 보유의 필요성을 강조했다. 그러나 "마주보고 하는 투쟁을 위해 [우리는] 여전히 재래식무기에 의존해야 하며 재래식무기의 발전을 파악해야 한다".[65] 다음 달 버나드 몽고메리(Bernard Montgomery) 영국 육군 원수와 가진 긴 회담에서 마오는 핵무기는 "사용되지 않을 것이다. 더 많이 만들어지면 핵전쟁은 일어나지 않을 것이다"라고 했다. 그 대신에 그는 "싸우고 싶다면 여전히 재래식무기를 사용해 싸워야 한다"라며 재래식무기의 중요성을 강조했다.[66] 1965년 1월 정치국 상무위원회 확대회의에서 그는 "우리는 그들과 싸우기 위해 재래식무기만을 사용할 것이다"라고 밝혔다. 그들은 '제국주의자들'과 '수정주의자들'을 말한다.[67]

덩샤오핑은 마오, 저우, 예와 견해를 공유했다. 1970년대 중반이 되면 덩은 양국에서 핵전쟁 교리가 발달했음에도 불구하고 미국과 소련이 핵전쟁을 벌일 가능성은 낮다고 결론지었다. 덩은 1978년 멕시코 국방부 장관을 만났을 때 "미래 전쟁은 주로 재래식무기로 하는 전쟁이 될 것이며, 핵전쟁은 아닐 것이다. 그 이유는 핵무기의 파괴력이 너무 커서 적이 쉽게 사용하지 못할 것이기 때문이다"라고 했다. 덩의 견해로는, 다른 국가의 인프라를 완전히 파괴하기 위한 것이 아니라 영토를 통제하고 자원을 추출하기 위한 전쟁이 벌어졌다. 따라서 덩은 "우리는 주로 재래식무기를 개발할 것"이라고 결론을 내렸다.[68] 덴마크 총리와의 1981년 회담에서 덩은 "재래식 전쟁을 무시해서는 안 된다"라고 경고하며 "왜냐하면 핵무기로, 만약 당신이 핵무기를 가지고 있다면, 나도 가질 것이다. 만약 당신이 더 많이 가지고 있다면 나도 더 많이 가질 것이고, 아마 아무도 감히 그것들을 사용할 수 없을 것이다. 재래식 전쟁은 가능하다"라고 했다.[69] 마지막으로 1985년 군 현대화의 중국 전략적 변혁에 관한 중앙군사위 회의의 일환으로 열린 자리에서 덩은 핵전쟁이 일어날 것 같지 않다는 견해를 다시 표명했다. "오늘날 미국과 소련은 모두 원자폭탄을 너무 많이 가지고 있기 때문에 만약 전쟁이 발발해 그들이 싸운다면 누가 먼저 핵폭탄을 발사할지, 이것은 쉽지 않은 결정"이기 때문이다. 게다가 그는 "미래 세계대전이 반드시 핵전쟁이 되는 것은 아니다. 이것은 우리의 견해일 뿐만 아니라 미국이나 소련도 앞으로 재래식 전쟁이 일어날 가능성이 상당히 높다고 생각하고 있다"라고 지적했다.[70]

3. 중국 핵전략과 핵전력의 발전

중국은 군 원로들이 아닌 당 최고 지도자들이 중국의 핵전략과 전력 개발을 지배했다. 이들 지도자들, 특히 저우언라이는 어떤 종류의 무기를 개발할지, 얼마나 많은 무기를 개발할지, 그리고 모드와 전략 기반까지 정했다. 1970년대 후반 PLA의 독립 병과로서 제2포병의 개발이 가속화되었을 때, 중앙군사위는 그것의 개발에 훨씬 더 직접적으로 관여하게 되었지만, 당의 군사문제를 위한 영도기구로서였다.

1) 핵폭탄 개발 결정

중국의 당 최고 지도부는 한국전쟁을 치르는 중에 핵무기 개발을 고려하기 시작했다. 핵무기 개발에 대한 주요 논의는 1952년 초·중반에 이루어졌다. 핵 프로그램을 진전시키겠다는 정치적 결정은 우라늄의 국내 공급원을 발견한 후인 1955년 1월이 되어서야 내려졌다.[71] 중국 지도자들은 또한 핵무기를 개발하기 위해 자격을 갖춘 과학자들로 팀을 구성할 수 있기를 원했다.

1951년 6월 프랑스에 있던 중국인 대학원생 양청종(楊承宗)은 이렌 졸리오퀴리(Irene Joliot-Curie)의 지도하에 파리 대학교에서 방사선학 박사학위를 받았다. 양이 중국으로 돌아갈 채비를 하고 있을 때 이렌은 역시 저명한 프랑스 물리학자이자 자신의 남편인 프레데리크 졸리오퀴리(Frederick Joliot-Curie)와의 만남을 주선했다. 프레데리크는 마오쩌둥에게 메시지를 전해달라고 양에게 부탁했다. 메시지 내용은 "평화를 지키고 원자폭탄에 반대하려면 원자폭탄을 직접 가지고 있어야 한다"라는 것이었다. 나아가 "원자폭탄은 그렇게 끔찍하지 않고 원자폭탄의 원리는 미국인이 발명한 것이 아니다"라고도 쓰어 있었다. 프레데리크는 중국을 격려하기 위해 중국에는 첸산치앙(錢三強), 허저휘(何澤慧), 왕더자오(汪德昭) 등 중국 고유의 과학자들이 있다고 양에게 말했다.[72] 양은 중국으로 돌아온 뒤 근대물리연구소(近代物理研究所, Institute of Modern Physics)에 들어갔으며 첸산치앙 주임에게 졸리오퀴리가 마오에게 전한 메시지에 대해 말해주었다. 그 후 1951년 10월 첸은 중앙 지도부에 이 사실을 알려달라고 연구소의 또 다른 멤버인 딩잔에게 부탁했다.[73]

마오와 다른 지도자들이 언제 처음 졸리오퀴리의 메시지를 받았는지는 분명하지 않지만, 나중에 그들은 이 사실을 자주 언급하게 된다. 아무튼 중국은 1952년 3월 저우언라이가 그의 비서인 레이잉푸와 웨이밍에게 유명한 중국 과학자 주커전(竺可楨)을 찾아가라고 지시하면서 핵폭탄 개발을 모색하기 시작했다.[74] 회의 목적은 "원자폭탄의 시험 생산을 위한 기술적 전제 조건과 기타 정교한 무기들"을 더 잘 이해하기 위한 것이었다.[75] 주는 레이와 웨이에게 그러한 노력은 재래식무기를 개발하는 것보다 훨씬 더 비쌀 것이며, (선진 기술 훈련을 받은 해외 중국인을 포함해) 재능 있는 인력 집단을 필요로 하고, 수입 자재와 장비에 의존하게 될 것이라고 말했다. 레이가 돌아와 저우에게 보고할 때 레이는 "주의 의견이 전문가적이다"라고 말했다.[76]

1952년 5월 저우는 중앙군사위 위원들을 만나 군사개발 첫 5개년 규획을 논의했다. 이 회의의 다른 참가자들로는 주더, 네룽전, 펑더화이, 쑤위 등이 있었다.[77] 그들은 핵무기 개발에 대해 논의했지만 핵무기 개발 방법과 시작 시기를 결정하기 위해 더 많은 연구가 필요하다고 보았다.[78] 저우도 중국이 아직 발견하지 못한 우라늄의 국내 공급을 파악하는 것이 중요함을 알고 있었다. 1952년 11월 저우는 안산 강철(Anshan Iron Company)에서 보내온 우라늄 광석에 관한 보고서를 읽고서 즉시 마오를 비롯한 다른 당 지도자들과 공유했다. 그는 또 우라늄 공동 탐사를 위해 소련 전문가들을 초청할 것을 제안했고,[79] 중국과학원(Chinese Academy of Science: CAS) 내 근대물리연구소 개발을 지원했다. 이 연구소는 중국의 기술과 이론 작업의 중심이 된다.[80] 저우의 또 다른 비서였던 궈잉휘(郭永懷)의 회고록에는 1952년 5월 회의에서 핵무기 개발이 어떻게 논의되었는지 묘사하고 있다. 마오와 저우는 "모두 중국이 원자폭탄과 다른 정교한 무기를 갖고 있지 않으면 다른 국가들이 중국을 존중하지 않으리라고 믿었다".[81]

1952년 5월 회담 이후 중국 고위 지도자들은 중국의 핵무기 획득 필요성에 대해 계속 논의했고, 지원을 받기 위해 소련에 접근하기 시작했다. 저우의 지시에 따라 행동한 첸산치앙은 1953년 3월 중국과학원 대표단이 모스크바를 방문할 때 원자물리연구소와 시설을 방문하도록 요청받았다.[82] 모스크바 물리학연구소를 방문했을 때 첸은 상대편에게 소련이 사이클로트론(cyclotron)과 실험용 원자로의 건설을 도와줄 수 있는지 물었다.[83] 1953년 11월 펑더화이는 핵무기를 포함해 미국이 보유한 모든 무기를 중국도 갖고 싶다는 바람을 드러냈다.[84] 펑은 모스크바에 가기 전인 1954년 8월 첸과 만나는 등 핵무기 제조 과정을 계속해서 탐색했다.[85] 1954년 9월 중국의 다른 고위 지도자들과 함께 스노볼(Snowball) 핵 연습을 참관하기 위해 모스크바를 방문했을 때, 펑은 다시 사이클로트론과 실험용 원자로의 건설을 위한 지원 가능성을 살펴보았다.[86]

1954년 가을 광시성에서 우라늄이 발견되며 상황이 바뀌었다. 1954년 2월 저우는 중국의 우라늄 자원 개발을 담당하는 지질부(Ministry of Geology)에 사무소를 하나 설치했다.[87] 같은 해 6~10월에 실시된 조사에서 광시성의 산무충(杉木沖)에서 중국이 핵무기 프로그램을 지원하기 위해 충분한 토착 물자를 확보하게 되었음을 시사하는 견본이 나왔다.[88] 이 노력을 주도한 것은 지질부 부부장이었던 류제(劉傑)로 그는 광시성에서의 발견이 8월 말이나 9월 초에 이루어졌다고 회상했다.[89] 발견 사실을 저우에게 보고한 다음 날 류는 비행기로 베이징에 오라는 지시를 받았다. 중난하이(中南海)에 있는 마오의 사무실에서 류는 발견된 광석을 꺼내보였다. 그는 마오에게 "흥분되었다"라고 설명하며 "우리나라는 자원이 풍부하므로 원자력을 개발해야 한다"라고 밝혔다. 마오는 회의 말미에 "이것은 잘 처리되어야 한다. 그것이 우리의 운명을 결정할 것이다"라고 했다.[90] 따라서 1954년 8월 말이나 9월 초까지는 비공식적으로 핵폭탄 개발을 추진하기로 하는 결정이 내려졌다.

우라늄 발견에 이어 마오와 저우는 이제 중국이 핵무기 개발을 추진할 수 있다고 믿었다. 마오는 1954년 10월 니키타 흐루쇼프(Nikita Khrushchev)가 중화인민공화국 건국 5주년을 기념하기 위해 베이징을 방문했을 때 직접 이 문제를 제기했다. 마오는 흐루쇼프에게 "원자폭탄의 비밀을 중국에게 알려주고, 중국이 원자폭탄 생산을 시작하는 데 도움을 줄 것"을 요청한 것으로 알려졌다.[91] 펑더화이는 소련과의 협력을 둘러싼 협상을 관장하던 리푸춘에게 흐루쇼프의 방문 때 원자로와 가속기를 지원해 줄 것을 요청해 달라고 요구했다.[92] 펑에 따르면 그것들은 "가능한 한 빨리 건설되어야 한다".[93] 이후 1954년 10월에 마오는 자와할랄 네루(Jawaharlal Nehru) 인도 총리에게 "중국은 지금 원자폭탄이 없다. (……) 우리는 연구를 시작하고 있다"라고 했다.[94]

1955년 1월 14일 저우는 경제기획자 보이보, 지질부 부부장 류제 등과 함께 두 명의 대표적인 과학자인 리쓰광(李四光, 지질부 소속)과 첸산치앙을 불러 소규모 회의를 가졌다. 그들은 중앙위원회 서기처 회의를 준비하기 위해 핵무기 개발을 위한 기술적인 요건을 검토했다. 이 회의에서 저우는 한국전쟁 동안 중국이 직면했던 핵 위협을 핵폭탄을 획득하기 위한 주요 근거로 검토했다. 중국의 핵무기 보유 필요성을 강조하기 위해 저우는 "원자폭탄에 반대하려면 원자폭탄을 보유해야 한다"라고 했던 졸리오퀴리가 1951년 마오에게 보낸 메시지를 인용했다.[95] 우라늄이 발견되면서 저우는 "이제 상황이 달라졌다. (……) 원자력 개발을 고려해야 할 때다"라고 결론을 내렸다.[96]

다음 날인 1월 15일 원자력 개발과 핵폭탄 추진 여부를 논의하기 위해 중앙위원회 서기처 확대회의가 소집되었다. 서기처는 당 최고 지도부의 의사결정 기구로 대략 오늘날의 정치국 상무위원회에 해당했다. 당시 서기처 위원에는 현역 군 장교가 없었다.[97] 이 회의에는 그 밖에 펑더화이, 펑전(彭眞), 덩샤오핑, 리푸춘, 보이보, 류제 등이 참석했다.[98] 대략 10명 정도의 참가자 중 펑더화이만 고위 군 장교였다. 즉, 펑더화이가 폭탄 개발을 선호하기는 했지만 당 최고 지도자들이 집단적으로 이를 추진하기로 결정을 내렸다. 참석자들은 광시성에서 가져온 우라늄 조각을 들고 근대물리연구소에서 만든 중국산 가이거 계수기(Geiger counter)의 시연을 지켜보았다. 연구소의 첸산치앙 소장은 원자력에 대한 중국의 연구가 "완전히 밑바닥부터 시작"되었지만, 지금은 전문가 팀을 구성해 프로젝트를 진행하는 등 "수년간의 노력 끝에 기반이 마련되었다"라고 했다.[99] 이날 회의는 핵무기 개발을 위한 "전략적 결정"으로 마무리되었다.[100]

1955년 1월 회의 직후 핵무기 개발에 필요한 조직을 만들기 위한 조치들이 취해졌다. 당 최고 지도자들, 특히 군 원로들이 아닌 저우가 주요 결정을 전부 내렸다. 저우는 1955년부터 사망할 때까지 중국의 전략무기 개발을 감독하는 데 지배적인 역할을 맡았다. 1955년 7월 중국 핵 프로그램의 첫 조정 기구가 설립되었으며 천윈 부총리, 네룽전 원수, 경제기획자 보이보로 구성되었다.[101] 그들은 중국의 핵 산업 설립을 위한 모든 일을 감독하는 책임을 맡았고 저우에게 보고했다. 일상 업무를 처리하는 것은 보이보의 몫이었다. 1955년 초에 중국은 우라늄 채굴과 원자력 분야에서 소련과 여러 협정을 맺었는데, 이것이 천·네·보 조정 그룹의 초점이 되었다. 1955년 12월 국무원은 중국 원자력 산업의 발전을 위한 12개년 계획을 발표했는데, 이 계획은 1956년 중국 과학기술 발전을 위한 12개년 계획의 한 과제로 포함되었다. 1956년 11월 중국 원자력 산업의 발전을 관리하기 위한 부처가 설립되어 천·네·보 그룹을 대체했다.[102]

2) 전략무기 개발을 계속하기로 한 결정

1961년 중국의 당 최고 지도자들은 핵폭탄 개발에 대한 중대한 결정에 직면했다. 1959년과 1960년 소련이 중국의 핵 프로그램에 대한 지원을 모두 중단한 것이다. 중국의 전략무기 프로그램에서 소련 핵 원조의 역할은 아마도 과대평가되었을 테지만, 자문단의 철수로 중국에는 프로젝트의 특정 부분을 계속하기 위해 긴요한 장비도 없어졌고, 전달받은 장비에 대한 매뉴얼과 기술 자료도 없어졌다.[103] 또한 대약진운동의 참담한 경제정책으로 전략무기의 자원 배분 방법에 대한 핵심적인 결정이 필요한 바로 그 시점에 파괴적인 기근과 중국 경제의 붕괴가 촉발되었다. 제4장에서 논의한 것처럼 1961년 1월 당 최고 지도부는 '조정', '통합', '보충', '개선' 정책을 통해 경제 회생에 주력하기로 했다.

이런 상황에서 국방공업위원회는 7월 18일부터 8월 12일까지 베이다이허의 지도부 회동에서 업무회의를 가졌다. 업무회의에서는 (보다 일반적으로 도시 인구를 줄이기 위한 노력에 맞추어) 방위산업 분야의 노동자 감축 등 많은 주제가 다루어졌다. 7월 27일 재래식무기 대비 '정교한' 무기를 강조하는 데 따른 장점으로 초점이 옮겨갔고 "착수할지(上馬)", "그만둘지(下馬)", 즉 핵 프로그램을 계속할지를 놓고 논쟁이 벌어졌다.[104] 경제기획 담당자들은 프로그램 지속에 반대한 반면에 네룽전, 허룽, 천이(陳毅) 등 군 원로들은 대부분 프로그램의 지속을 주장했다.[105] 저우언라이는 재래식무기를 계속 생산할 것을 요구했는데, 그는 이것이 '정교화'된 무기를 개발하기 위한 기초라고 정당화했다.[106] 저우의 발언은 전략무기 개발보다 재래식무기 생산을 우선시한다는 점을 시사한 것으로 보인다.[107]

핵 프로그램 중단 여부에 대한 논의는 1961년 8월과 9월 정치국에서도 계속되었다. 대다수가 계속 추진하는 데 찬성했다.[108] 네룽전은 8월 말 마오쩌둥에게 프로그램의 지속을 주장하는 보고서를 쓰기도 했다.[109] 그럼에도 불구하고 류사오치 당 부주석은 결정하기에 앞서 "원자력산업의 기본 조건"을 조사해야 한다고 지시했다.[110] 마오, 천이, 네룽전 등은 이에 동의했다. 이후 네는 장아이핑이 조사를 지휘할 것을 제안했다.[111] 장은 무기 개발과 관련된 직책 중 총참모부 차장과 국방과학기술위원회 부주임을 맡고 있었다.

장아이핑은 조사를 수행하기 위해 류시야오(劉西堯), 류제, 주광야(朱光亞) 등 주요 과학자들과 긴밀히 협력했다. 그는 당시 중국의 핵무기를 책임지고 있는 제2기계건설부(第二機械工業部, Second Ministry of Machine Building, 핵 산업 담당)의 프로그램과 시설의 모든 측면을 연구했다. 장은 1961년 11월 저우, 덩샤오핑, 중앙군사위에 보고서를 제출했다. 장은 1964년 중국이 첫 번째 장치를 시험할 수 있을 것이라고 결론지었다. 그러나 "잘 정리해서 확고히 추진한다면 다음 해가 결정적인 해다"라고 했다.[112] 이 목표를 달성하려면 핵 프로그램에 관련된 단위들 간의 협동 능력이 향상되어야 했다. 이 프로그램에는 50개 조직에서 3000명 이상이 참여했다.[113] 장은 성공하려면 중앙 부처, 지방 부서, 성, 도시들의 "열렬한 지원"이 필요하다고 강조했다.[114] 덩은 이 보고서를 마오, 류사오치, 저우, 펑전에게 전달했다.[115] 저우와 펑은 모두 장의 보고서에 동의한다는 뜻을 밝혔고, 중앙군사위 위원들도 찬성을 표명했다.[116] 이를 통해 프로그램의 중단 여부를 둘러싼 논쟁은 일단락된 것으로 보인다.[117]

그럼에도 불구하고 장의 권고안이 이행되었는지는 분명하지 않다. 네룽전의 비서는 마오가 1962년 6월까지 이 프로그램을 계속 진행할 수 있는 마지막 결정을 내리지 않았을 수도 있다고 주장한다.[118] 마오는 그달 국민당의 공격에 대비한 전쟁 준비에 대한 보고를 받은 후 "정교한 무기의 연구·개발은 계속되어야 하며, 우리는 늦추거나 '멈춤(下馬)' 수 없다"라고 했다.[119] 다른 당 지도자들이 마오의 마지막 결정을 기다리고 있었는지, 아니면 대약진운동 이후 경제 회복을 위한 노력으로 전년도 핵 프로그램의 진행 속도가 늦추어졌는지 간에, 이 프로그램은 1962년 8월 베이다이허 회동에서 새삼 지도부의 관심을 받았다.[120] 천이 외교부장은 그 자리에서 만약 중국이 핵무기를 갖고 있었다면 "내가 외교부장을 하는 것이 훨씬 쉬웠을 것이다!"라고 했다.[121] 이후 제2기계건설부는 마오와 지도부를 대상으로 보고서를 준비했는데, 이 보고서는 지금까지 달성한 성과를 검토한 결과 중국이 1964년 또는 아무리 늦어도 1965년 상반기까지는 1차 핵실험을 할 수 있을 것이라고 결론지었다.[122] 이 보고서는 '2개년 계획'으로 알려지게 되었다.[123] 이 계획은 1962년 10월에 정비되어 [실험] 탑에서 장치를 먼저 시험하고 그다음 공기 낙하 시험을 실시했다.[124]

그러나 2년 안에 폭탄을 시험할 수 있으려면 제2기계건설부를 넘어 많은 부처의 협동이 필요했다. 이러한 목표를 달성하기 위해 정치국은 특별 조정 기구를 만들기로 했다. 류사오치는 10월 초 정치국이 핵 프로그램을 논의했을 때 "모든 면에서 협동이 매우 중요하며, 중앙은 이 분야에서 영도력을 강화하기 위한 위원회를 만들어야 한다"라고 했다.[125] 뤄루이칭은 국방공업국의 수장으로 그러한 기구의 명칭을 제안하라는 요구를 받았으며 1962년 10월 30일 제출했다.[126] 11월 초에 마오는 그들에게 "이 작업을 조정하고 완성하기 위해 많이 노력해야 한다"라고 촉구하며 승인했다.[127]

정치국은 1962년 11월 17일 당 중앙위원회 산하 기구인 중앙전문위원회(中央專門委員會, 이하 중앙전문위)를 설치했다. 당 최고 지도자들의 역할을 반영해 저우가 새 위원회의 주임을 맡았으며, 부총리급과 장관급 각각 일곱 명이 함께 했다. 위원들 대부분은 국가 기구 출신이지만, 군 위원으로 허룽(국방공업위원회 주임), 네룽전(국방과학기술위원회 주임), 장아이핑(국방과학기술위원회 부주임), 뤄루이칭(국방공업국 주임) 등이 포함되었다.[128] 1965년 3월에는 중앙전문위의 책임 범위가 중국의 탄도미사일 프로그램 개발로 확대되었고 위원들도 더 추가되었다. 중앙전문위는 어떤 종류의 핵전력을 개발하고 어떻게 발전시킬지에 대한 주요 결정과 더불어 1964년 10월 중국의 첫 핵 장치 실험에서 핵심적인 역할을 했다. 1962년 11월과 12월에 열린 중앙전문위의 처음 몇몇 회의에서는 제2기계건설부의 2개년 계획과 1965년 초까지 실험을 하기 위한 방법을 검토했다.

3) 중국의 첫 번째 핵실험

저우언라이는 중앙전문위 주임 자격으로 중국의 1차 핵실험 준비를 직접 감독했다. 중앙전문위는 1964년 4월 장아이핑을 책임자로 하는 지휘부를 설치했다. 이때부터 장의 주된 임무는 저우에게 직접 보고하면서 중국의 첫 번째 핵 장치의 실험 준비를 관리하는 것이었다.[129] 장은 1964년 8월 류시야오 제2기계건설부 부부장과 함께 실제 시험에서 사용될 모든 부품의 사전 검사[預驗]를 감독했다. 저우는 시험장과 자신의 사무실을 연결하기 위해 설치된 특별 전화선을 이용해 시험 결과를 자신에게 직접 보고하라고 장에게 지시했다.[130]

사전 검사가 성공하자 저우는 중앙전문위 제9차 회의를 소집했다. 9월 16일과 17일 위원회는 실제 실험 시기를 논의했다. 한 그룹은 1964년 10월 이전을 선호했고, 다른 그룹은 1965년 봄에 실험하는 것을 선호했다.[131] 그다음에 저우는 최종 결정을 내릴 류사오치와 마오쩌둥에게 이러한 옵션들을 보고했다. 마오는 "사람들을 놀라게 할 테니 더 일찍 해보자"라며 빠른 시일 안에 실험하는 것을 선호했다.[132] 원래 계획은 10월 초에 실험하는 것이었지만, 중국 국경일을 맞아 방문할 외국 고위 인사들과 일정이 겹치지 않도록 날짜를 10월 중순으로 변경했다.

핵실험과 관련한 비밀 유지는 중국의 핵 프로그램에 대한 당의 통제력을 다시 한번 보여준다. 저우는 실험 시점을 정치국 상무위원회 위원들과 중앙군사위 부주석 두 명, 그리고 펑전 등 여덟 명만이 알게 하라고 지시했다. 저우는 또한 실험에 사용될 암호도 고안했다. 폭탄은 "치우 아가씨(邱小姐)", 실험 탑은 "화장대(梳粧臺)", 퓨즈나 기폭제는 "땋은 머리(梳辮子)"라고 불렀다.[133] 비밀 유지를 위해 장아이핑은 자신의 조수인 리쉬거(李旭閣)를 통해 저우와 교신했다. 최신 일기예보로 실험이 중단될 위기에 처하자 장은 리를 베이징으로 보내 저우에게 알려주고 10월 15일에서 20일 사이에 날씨가 좋은 날로 실험을 연기하자고 제안했다. 저우는 동의하고 이어서 보고서를 마오, 류사오치, 린뱌오, 덩샤오핑, 펑전, 허룽, 네룽전, 뤄루이칭에게 보내 검토하도록 했다. 이들은 일정 변경을 승인했다.[134] 실험이 시작되자 장은 [신장] 뤄부포(羅布泊, Lop Nor) 호수의 실험 시설에 설치된 직통 전화를 이용해 저우에게 직접 결과를 보고했다.

중국 최초의 원자폭탄을 성공적으로 실험한 후에도 당 최고 지도자들은 계속해서 핵무기 개발을 지배했다. 1차 실험 직후 저우는 장아이핑과 류시야오에게 중국 전략무기 개발의 후속 계획인 1965년 공중투하 실험, 1966년 핵탄두 장착 미사일 실험, 1967년 수소폭탄 실험 등에 대해 '중앙(中央)'이 결정을 내렸다고 알려주었다.[135]

4) 중국 핵정책의 수립

중국의 핵무기에 대한 접근법은 핵정책(核政策)과 핵전략(核戰略)을 구분한다. 중국의 핵정책은 1964년 10월 실험에 성공한 후 채택된 국가정책 입장을 말한다. 이러한 정책들은 핵전략을 결정하는 데 있어 당 최고 지도자들의 역할을 강조하는 중국의 핵전략과 전력태세에 대한 매개변수를 확립했다. 중국의 핵전략은 보다 구체적인 작전적 문제들을 가리키며, 핵무기를 먼저 사용하지 않는다는 것과 같은 정책의 주요 주의를 위반할 수 없다. 중국의 당 최고 지도자들, 특히 마오쩌둥과 저우언라이가 중국의 핵정책을 결정했는데 이는 오늘날에도 영향력이 남아 있다.

중국이 첫 핵실험에 성공한 후 발표한 성명은 중국의 핵정책을 소개했다. 당 최고 지도자들의 지배적인 역할을 반영해, 이 문서는 「중화인민공화국 정부의 성명」이라는 제목이 붙었다.[136] 1949년 이후에 정책 결정을 발표하기 위해 정부 성명(政府聲明)을 사용하는 일은 비교적 드물었기에 내용에 권위를 더해주었다.[137] 핵심 문구는 "언제 어떤 상황에서도 중국이 핵무기를 먼저 사용하지 않을 것이라는 점을 중국 정부는 엄숙히 선언한다"라는 것이었다. 성명은 중국이 방어 목적("중국의 핵무기 개발은 방어를 위한 것이며, 미국의 핵전쟁 위협으로부터 중국 인민을 보호하기 위한 것")으로 핵무기를 개발했으며, 중국은 핵무기로 비핵 국가를 공격하지 않을 것이고, 완전 군축(complete disarmament)을 추구할 것임을 시사했다.

중국의 핵정책은 여러 면에서 중국의 핵전략 발전에 영향을 미쳤다. 첫째, 중국 군사학의 서열에서 군사전략은 더 넓은 국가의 정치적 목표에 봉사하는 것으로 정의된다. 핵 영역에서 중국의 핵정책은 이러한 정치적 목표를 요약하고 중국 핵무기의 본질적인 목적을 규정한다. 게다가 이러한 정치적 목표를 바꾸는 것은 군 지도자들의 권한을 넘어서는 것이며, 당 최고 지도자들에게 유보된 사안이다. 둘째, 당은 중국의 핵전략에 대한 명확한 지침을 만들었다. 간단히 말해 선제불사용 공약은 중국 핵군이 (중국이 먼저 핵무기를 사용하지는 않을 것이기 때문에) 보복태세를 채택하도록 했으며, 보복이 가능하기 위해 초기 핵 공격에서 살아남을 수 있는 군을 만들도록 했다. 중국의 핵정책은 중국의 핵무기에 대한 접근에 있어 당 최고 지도자들의 지배력을 반영하고 있을 뿐만 아니라 또한 중국의 후속 핵전략과 전력 개발을 제약했다. 셋째, 이 정책은 중국의 전력 개발에서 생존 가능성에 대한 최우선적인 강조를 설명하는데, 이는 중국 핵군의 대부분을 터널과 사일로에 배치하기로 한 결정과 그다음에 이동식 미사일 시스템과 잠수함발사탄도미사일을 갖추어 이동 부품을 추가하려는 바람에도 반영되었다.

중국의 당 최고 지도자들은 중국의 핵정책을 공식화했다. 1964년 10월 11일 저우는 중국의 첫 핵실험에 맞추어 발표될 성명 초안을 작성하기 시작했다. 성명 내용을 논의하기 위해 그는 외교부, 중앙전문위, 총참모부의 장교들을 모았다. 10월 13일 저우는 성명서 초안을 지도했다. 그를 보좌한 사람은 우렁시(吳冷西, ≪인민일보≫ 편집장), 차오관화(喬冠華, 외교부 부부장), 야오친(姚溱, 선전부 부주임)이었다. 저우는 성명서가 다루기를 바라는 내용을 기술했고, 그날 늦게 초안이 완성되었다. 10월 14일 저우는 마오쩌둥, 류사오치, 린뱌오, 덩샤오핑, 펑전, 허룽 등 당 최고 지도자들에게 초안을 제출해 승인을 받고자 했다.[138]

중국의 핵정책의 효과는 아마도 『제2포병전략학』 1996년판에서 가장 명백하게 나타나 있다. 전반적으로 이 책에는 "선제불사용"을 18번, 중국의 "핵정책"을 26번 언급하고 있다. 이 용어들은 제2포병의 핵무기 사용에 대한 매개변수를 설정하는 데 사용된다. 예컨대 "우리나라의 핵무기 선제불사용 정책은 제2포병이 '후발제인' 원칙을 채택해야 한다는 것을 확인한다"라고 규정하고 있다.[139] 더 나아가 "적인 핵보유국이 우리를 공격한 후에야 중앙군사위의 명령에 따라 제2포병이 단호하게 핵 반격을 할 수 있다".[140] 마찬가지로 그 책은 "제2포병은 핵미사일 전력을 개발하고 이용하는 데 선제불사용이라는 우리나라의 핵정책을 엄격히 준수할 것이다"라고 언급한다.[141] 요컨대 중국의 핵정책은 전략의 핵심 요소인 '중국이 언제 핵무기를 사용하고 어떻게 사용할지'에 영향을 미치고 제한을 가한다.

5) 군 구조와 발전

1964년 중국의 첫 원자폭탄 실험 전후로 당 최고 지도부는 중국이 개발해야 할 핵무기 종류와 개발 방식을 결정하는 데 핵심적인 역할을 했다. 중국의 전략과 전력태세는 기술에 따라 좌우되지 않았다. 그 대신 핵 공격을 억지할 수 있는 보복군을 보유한다는 목표가 중국 핵전력의 발전을 이끌었다.

중앙전문위가 설치되기 훨씬 전부터 고위 당 지도자들은 군 구조 문제에 대한 최고 수준의 지침을 제공했다. 예컨대 1962년 7월 국방부 제5학원(미사일 설계와 개발 담당) 원장 왕빈장(王秉璋)은 DF-3이 되는 중거리(中程) 미사일을 포함한 미사일 개발 틀에 대한 보고서를 중앙위원회에 전달했다. 저우언라이와 덩샤오핑은 왕의 보고서를 승인했는데, 이는 1962년 3월 DF-2의 실패한 시험에서 배운 교훈과 DF-3 개발을 위한 DF-2 프로그램의 다른 교훈에 초점을 맞추었다.[142]

중앙전문위가 설치되었을 때 그것은 당 최고 지도자들이 이러한 무기 시스템의 개발을 계속 감독할 수 있도록 했다. 예컨대 1963년 3월 핵 장치의 첫 번째 디자인이 개발된 후 저우는 원자 장치의 초기 실험뿐만 아니라 무기화에 초점을 맞추는 것이 중요하다는 신호를 보냈다. 구체적으로 저우는 중국이 "핵 장치를 폭발시켜야 할 뿐 아니라 무기 생산 문제도 해결해야 한다"라고 했다.[143] 핵실험 자체로는 억제 효과가 거의 없을 것이다. 그 대신에 중국은 전달 가능하고 따라서 사용 가능한 핵무기가 필요할 것이다.

1963년 12월과 1964년 1월 저우 휘하의 당 지도자들은 중국 핵군의 발전에 대해 일련의 중요한 결정을 내렸다. 그 원동력은 이중적이었다. 첫째, 1963년 11월에 과학자들은 폭발물 조립체와 발생 장치, 즉 원자 장치의 중요한 구성품들을 성공적으로 실험했다. 이 실험이 끝난 후 마지막 단계는 우라늄 핵을 제조하는 것이었다.[144] 따라서 중국은 성공적인 실험에 대한 자신감을 높이는 중요한 '돌파구'를 마련했다. 둘째, 1963년 8월 미국, 영국, 소련은 대기, 외기권 우주, 수중에서의 실험을 금지한 제한적인 실험 금지 조약을 체결했다. 중국은 특히 첫 실험을 지상에서 할 계획이었기 때문에 이를 중국의 핵무기 획득을 막기 위한 노력의 일환으로 보았다.

중앙전문위는 1963년 12월 7차 회의에서 중국이 어떤 종류의 핵무기를 개발해야 할지를 결정했다. 저우가 지시한 바와 같이 "핵무기에 대한 연구 방향은 미사일 탄두를 우선시해야 하고, 공중투하 폭탄은 2차적으로 해야 한다".[145]

중국은 중거리 미사일인 DF-2 개발에서 약간의 진전만 있었기 때문에 아마도 더 어려운 길을 택하고 있었을 것이다. 그럼에도 불구하고 중국의 저명한 학자이자 과학자인 쑨샹리(孫向麗)가 말했듯이, 비행기의 낮은 생존성과 제한된 범위는 "[그들이] 전략적 억지 역할을 하는 것을 어렵게 만들었다".[146] 장기적으로 볼 때 미사일은 폭격기보다 더 강력한 보복적 억지력을 제공할 것이다. 그달 말에 첸쉐썬(錢學森)은 국방과학기술위원회에 미사일 기술의 개발을 위한 경로에 대한 보고서를 제출했다. 녜룽전은 1964년 1월 이 보고서를 승인하면서 중국이 미사일 개발을 위해 장기 계획을 수립할 필요가 있다고 강조했다.[147]

1964년 1월 29일 저우는 중국이 핵무기 개발을 서둘러야 한다는 것을 시사하며 중앙전문위의 이름으로 마오에게 제출할 보고서를 준비했다. 저우는 개발과 실제 작전 무기로 군에게 장비를 갖추는 사이의 시간을 줄이고 제3차 5개년 규획(1966~1970년) 기간 안에 중국 최초의 핵무기를 배치할 수 있기를 원했다. 그다음으로 저우는 핵실험에 성공한 후에 중국이 즉시 탄두 연구를 시작하고, DF-2 개발을 서둘러 가능한 빨리 핵 탑재 미사일을 갖추도록 해야 한다고 주장했다.[148]

마오를 비롯한 당 최고 지도자들은 저우의 보고서를 승인했다. 이후 저우는 관련 부서에 구체적인 개발 계획을 마련할 것을 요구했다. 그 후 1년간 각 부서는 이 목표를 어떻게 달성할지에 대해 개략적인 그림을 그렸다. 저우는 핵실험에 성공하기 전인 1964년 7월 그의 군사 비서인 저우쟈딩(周家鼎)을 제2기계건설부에 파견해 미사일 전달 체계에 필요한 소형화를 서두르라고 지시했다.[149] 제2기계건설부는 우선 핵분열 폭탄이 탑재된 미사일 실험에 필요한 연구에 집중한 뒤 1968년까지 중국의 전략 미사일 탄두의 기초가 될 수소폭탄 실험을 목표로 할 것임을 시사했다. 중앙전문위는 1965년 2월 제2기계건설부의 계획을 승인했다.[150]

1965년 2월의 같은 회의에서 중앙전문위는 다른 두 가지 중요한 결정을 내렸다. 중앙전문위는 DF-2의 사거리를 20% 늘리기로 하고, 중국의 ICBM 개발시한을 1975년으로 못 박았다. 이런 식으로 당 최고 지도자들은 중국 핵전력의 발전을 위한 고위급의 지침을 제공했다. ICBM은 보복 능력의 필수 요소로 분명히 갈망되던 목표였다.

1965년 3월 제7기계건설부는 중앙전문위에 미사일 개발 계획을 제출했다. 이 계획은 '8년 만에 네 개의 미사일'로 알려지게 되었다. 1965~1972년에 다양한 사거리의 액체연료 미사일인 DF-2(중거리), DF-3(중거리), DF-4(장거리), DF-5(대륙간)를 개발하는 개략적인 벤치마크를 제시했기 때문이다. 이 계획의 초기 논의는 1962년 3월 DF-2의 첫 시험발사의 실패에 대한 검토의 일환으로 1963년부터 시작되었으며, 저우의 1964년 보고서보다 앞섰다.[151] 1975년까지 중국이 ICBM을 개발해야 한다는 중앙전문위의 요구를 감안할 때 1964년의 주된 문제는 이 목표를 어떻게 달성할지, 구체적으로는 중국이 먼저 장거리 미사일을 개발해야 하는지 아니면 바로 ICBM 개발로 나아가야 하는지였다.

이 문제를 결정하고자 제7기계건설부는 2월 18일부터 3월 7일까지 2000명 이상의 연구원, 경영 간부, 생산 전문가들이 참여하는 회의를 소집했다.[152] 저우는 중앙전문위 판공처의 부주임 중에 한 명인 자오얼루(趙爾陸)를 단장으로 한 팀을 파견했다.[153] 여러 문제 중에서도 ICBM 개발을 위한 노력의 일환으로 실험적인 장거리 미사일을 개발할지, 아니면 ICBM과 함께 배치될 등급의 장거리 미사일을 설계할지를 놓고 논쟁이 벌어졌다.[154] 결국 참가자들은 DF-3을 1단계로 삼아 2단 설계가 될 장거리 미사일 DF-4를 개발하기로 결정했다. 이렇게 하면 2단 미사일 설계 경험이 생기고 장거리 미사일이 더 빨리 개발될 수 있을 뿐만 아니라, 중국의 중거리 미사일과 ICBM 사이의 목표물까지도 맡아 처리할 수 있다.[155] 기술이 분명한 요인이기는 했지만, 중국의 핵전략과 전력태세에 대한 선택을 결정짓지는 못했다. ICBM 보유는 최종 목표였고, DF-4의 설계와 개발을 통해 직접 또는 먼저 관련 기술을 숙달함으로써 이를 어떻게 달성하는지가 유일한 문제였다. 1961년 초 저우는 단거리에서 장거리까지 그러한 미사일의 단계화된 개발을 개략적으로 제시했었다.[156]

1965년 3월 20일 중앙전문위는 '8년 만에 네 개의 미사일' 개발 계획을 승인했다. 사거리가 연장된 DF-2 개발 일정을 확정했으며, 1964년 책정된 DF-3을 개발하려고 했다.[157] 개발 계획은 DF-2 외에 중국이 계획한 다른 미사일에 대한 이정표도 개략적으로 제시했다. 이 계획은 1969년 DF-4의 1차 비행시험을 실시하고 1971년까지 미사일을 인증[定型]하며, DF-5는 1971년 첫 비행시험을 실시하고 1973년 인증을 받도록 했다.[158] 물론 이런 목표들은 지나치게 낙관적이었다. DF-4는 1980년에야 완성되었고, DF-5의 완전한 첫 사거리 시험은 예정보다 9년 늦게 실시되었다.[159]

6) 제2포병 창설

핵전략에서 당 최고 지도자들의 지배를 보여주는 또 다른 예는 중국의 핵무기를 통제하기 위해 중앙군사위 산하의 독립 병과로 제2포병을 창설하기로 한 결정이다. 1965년 5월 30일 자정에 저우언라이는 장아이핑을 불러 긴급회의를 가졌다. 저우는 중앙위원회와 중앙군사위가 중국 미사일군[導彈部隊]에 대한 영도기구를 만들기로 결정했다고 밝혔다. 중국이 처음으로 미사일에 사용 가능한 핵탄두 시험발사를 준비하고 있었기 때문에 시기는 적절했다.[160] 저우는 장에게 새로운 부대를 창설하라고 요구했다. 저우의 요청과 관련해 주목할 만한 것은 저우는 중앙군사위 위원도 아니었다는 점이다. 그 대신에 그는 중국의 전략무기 프로그램에 대한 최종 권한을 가진 정치국 상무위원회 위원과 중앙전문위 주임 자격으로 움직이고 있었다.

장아이핑은 저우의 요청을 이행하기 위해 재빨리 움직였다. 장은 6월 2일 중앙군사위 포병부대 사령관, 국방과학기술위원회 부주임, 총참모부 작전과 군무부 책임자 등이 포함된 그룹을 만들었다.[161] 6월 15일 장은 저우와 당시 총참모장이었던 뤄루이칭에게 예비 보고서를 제출했다. 1965년 7월 중앙군사위는 장의 보고를 토대로 중앙군사위 산하의 포병대를 재래식 포병뿐만 아니라 미사일에 주력하도록 개편한 뒤 미사일과 재래식 화포에 주력하는 두 개의 서로 다른 부대로 각각 분할할 것을 지시했다.[162] 중앙군사위 산하의 포병대는 이러한 지시를 바탕으로 미사일에 주력할 세 개 총부서에 새로운 판공실을 설치하기 시작했다.

1966년 3월 제2포병 창설과 무관한 이유로 중앙군사위는 PLA의 공안부대를 해산하기로 결정했다. 당시 미사일 부대를 포함시키기 위한 포병부대 개편은 중국 지도자들이 바랐던 것만큼 빠르게 진행되지 않고 있었다.[163] 장아이핑은 이것이 기회를 제공한다고 결정했는데, 이 기회에 공안부대의 지휘부가 미사일을 감독하는 포병부대의 부서들과 결합될 수 있을 것으로 보았다. 새 조직은 옛 공안부대 사무실에 자리 잡았다. 포병부대 사령관인 우커화(吳克華)는 장과 협의해 총참모부에 변화를 제안하는 보고서를 제출했다. 장은 총참모부 부참모장 자격으로 보고서를 승인한 뒤 중앙군사위에 제출했으며, 중앙군사위는 그 직후 이를 승인했다.[164]

장아이핑은 보고서에서 중국의 미사일 부대에 두 개의 다른 이름을 사용하기를 원했다. 내부적으로는 '로켓포병부대(火箭炮兵部隊)'라고 할 수 있을 것이다. 대외적으로는 '제2포병(第二炮兵)'이라고 불릴 것이다. 그러나 저우는 제2포병이라는 이름만 써야 한다고 주장했다.[165] 저우는 이 이름이 "미국의 전략공군(Strategic Air Force)과 차별화되며, 소련의 전략로켓군(Strategic Rocket Corps)과도 다르다. 이름은 로켓군과 대략 동일하며 비밀도 유지될 것이다"라고 말했다.[166] 1966년 6월 6일 중앙위원회와 중앙군사위는 공안부대와 포병부대의 부대들에 기반을 둔 제2포병을 창설하기로 결정했다. 1966년 7월 1일 제2포병이 정식으로 창설되었다.[167] 장이 부대 구성 방식에서 핵심 역할을 했지만, 그의 제안을 검토하고 승인한 당 최고 지도자들의 직접적인 지시에 따라 그렇게 한 것이었다. 중앙군사위는 1970년대 후반 제2포병의 발전 관리에 훨씬 더 큰 역할을 하게 되지만, 중앙군사위 지휘하의 군부대임에도 불구하고 창설에는 중요한 역할을 하지 못했다.

제2포병을 중앙군사위 직속의 독립 병과로 설립하기로 한 결정은 중국 전략 무기의 지휘권을 중앙에 집중시키려는 욕구를 강조한 것이다. 당시 포병병과와 장갑병과 등 다른 '특수'부대들도 중앙군사위 직속이었다. PLA가 숙달하기 위한 비교적 새로운 기술로서 그들의 개발 또한 면밀한 감독이 필요했다. 시간이 흐르며 이들 병과는 결국 총참모부 산하의 부대로 격하되었고, 결국 1980년대 중반에 형성된 제병연합집단군에 편입되었다. 그러나 제2포병은 중앙군사위 직속의 유일한 독립 병과로 남아 사실상 군종처럼 기능했다. 2016년 중국의 미사일 부대가 공식적으로 군종(軍種)으로 창설되었으며, 인민해방군 로켓군(PLA Rocket Force)으로 개칭되었다.

7) 제2포병 설치

제2포병이 설치된 후에는 중앙군사위가 조직의 발전에 보다 직접적인 역할을 맡게 된다. 이는 제2포병이 중앙군사위 직속 부대로 설치된 점을 감안할 때 지휘 계통을 반영한 것이다. 그것은 또한 여전히 당 최고 지도자들의 제2포병에 대한 직접적인 영향력을 허용했는데, 이들 중 일부는 중앙군사위 위원이기도 했다.

1967년 7월 12일 중앙군사위는 임무와 조직 구조를 개략적으로 설명하는 제2포병에 대한 임시규범을 발표했다. 제2포병의 1차 임무는 "적극방어를 실현하기 위한 핵 반격군 구축"이었다.[168] 게다가 규범들은 제2포병의 중앙군사위에 대한 종속을 강조했다. "그것의 개발, 배치, 움직임, 그리고 특히 작전들은 모두 중앙군사위의 중앙집권적 지도하에 있어야 하고, 극히 엄격하고 정확하게 중앙군사위의 명령을 따라야 한다."[169] 1967년 9월 12일 중앙군사위 상무위원회는 제2포병의 임무에 대한 문제를 논의했다.[170] 중앙군사위는 처음으로 제2포병의 발전 목표를 "엄밀하고 순수하며 작지만 효과적(嚴密潔純, 短小精干)"이라고 명확히 정리했다.[171] 전자는 부대의 질과 조직을 말한 것이고, 후자는 중국이 성취하고자 하는 능력을 기술했다.

문화대혁명의 혼란은 제2포병도 집어삼켰다. 1966년 7월에 창설되었음에도 불구하고 거의 1년 뒤인 1967년에야 지휘관과 정치위원이 임명되었고, 그럼에도 명령이 전파되지 않아 지휘관으로 지명된 샹서우즈(向守志)도 알지 못할 정도였다. 한 달 후 샹은 파벌 정치의 희생양이 되어 숙청되고 1968년까지 제2포병에는 지휘관이 없었다.[172] 이 기간 동안에 제2포병은 주로 몇몇 미사일 기지와 관련 기반 시설의 건설에 중점을 두었고 작전교리에는 집중하지 못했다. 제2포병의 핵 반격작전에 관한 자세한 심의는 1975년 10월 처음 이루어졌다. 당시 제2포병의 새 지도부가 작전사용(operational employment)을 검토하는 회의를 열면서, 제2포병의 작전지도사상과 사용원칙이 (창설 후 거의 10년 만에) 처음으로 논의되었다. 핵심은 '적극방어'와 양립해 제2포병이 '반격작전(反擊作戰)'을 수행하는 방법을 아는 것이었다.[173]

1978년 10월 제2포병은 작전회의를 열어 전력 발전을 논의했다. 화궈펑, 덩샤오핑, 예젠잉 등 중앙위원회와 중앙군사위 위원들이 참석자들과 만나 심의에 대한 의견을 나누었다. 리수이칭 사령관은 회의에서 제2포병을 "비대하지 않고 효과적인(精干有效) 핵 반격군"으로 발전시킬 필요가 있다고 설명했다.[174] 리의 연설은 반격전역을 다시 강조했고, 후에 중국 핵군 발전의 전반적인 지도원칙으로 채택되는 '비대하지 않고 효과적'이라는 개념을 처음으로 제기했다. 회의에서는 제2포병 작전총칙에 관한 문서도 생산했다.[175] 1980년 핵 반격작전은 PLA의 훈련 프로그램에 수용되었다.[176]

1980년 9월 중앙군사위는 제2포병의 기본 작전원칙을 수립했다. 이것은 제5장에 기술된 전략에 관한 '801 회의' 중에 있었다. 미래 전쟁에서 제2포병이 어떻게 사용될지에 대한 연설을 하는 등 당시 부사령관 겸 참모장이었던 허진헝(賀進恒)과 함께 제2포병 지휘부를 참가하도록 초청했다. 중국 핵무기를 둘러싼 고도의 중앙 집중과 기밀성을 놓고 볼 때, 그의 연설은 처음으로 PLA의 다른 고위 장교들에게 중국의 핵무기가 어떻게 사용될지를 소개한 것이었다.[177]

중앙군사위는 두 가지 원칙이 적극방어 개념과 선제불사용 정책에 부합하는 방식으로 제2포병 작전 수행의 기초가 되어야 한다고 지시했다. 그 두 가지 원칙은 '엄밀방어'와 '중점반격'이었다. 그 회의에서 당시 총참모장이자 중앙군사위 위원이었던 양더즈는 "제2포병은 면밀하게 지켜져야 하며, 중앙군사위의 지시에 따라 중점반격을 실시해야 한다"라고 밝혔다.[178]

801 회의 이후 제2포병 지도부는 이들 원칙의 의미를 살리기 위해 발 빠르게 움직였다. 1980년 10월 리수이칭은 제2포병의 작전사용을 연구하기 위해서 세 번째 회의를 소집했다.[179] 참가자들은 생존 가능성, 신속한 대응, 통합작전 능력의 향상을 강조했다.[180] 1981년 7월 제2포병 수뇌부는 작전사용에 관한 네 번째 회의를 열어 작전지도사상을 논의했다. 이어 제2포병은 적극방어라는 전략방침과 801 회의의 '정신'에 입각해 '엄밀방어·중점반격'을 작전원칙으로 공식 채택했다.[181] 이러한 원칙들은 오늘날까지 중국 핵 작전의 근간으로 남아 있다.[182]

1983년 8월 제2포병의 첫 번째 전역 수준의 연습은 이러한 작전원칙과 핵 반격 임무를 성문화했다. 기존에는 선발된 부대들이 발사 연습을 실시한 적은 있지만 독립 병과로서 제2포병이 전역 수준의 연습을 실시한 것은 이번이 처음이었다. 연습 계획은 중앙군사위의 승인과 함께 1983년 2월에 착수되었다. '글로벌 패권'을 지향하는 '청군'의 침략 과정에서 핵무기로 공격받은 뒤 핵 공격을 방어하고 핵 반격을 감행하는 데 기초한 시나리오였다.[183] 당시 제2포병 사령관인 허진헝에 따르면, 연습은 "'엄밀방어'와 '중점반격'이라는 작전원칙에 대한 이해를 심화하기 위해" 실시되었다.[184] 생존 가능성과 신속한 대응을 강조하기 위해 연습은 전쟁 초기 보호와 반격작전의 조직, 지휘, 협동을 강조했다.[185] 연습은 북동부에서 열렸고, 두 곳의 기지(基地)와 두 개의 발사부대(支隊, launch contingent)가 참가했다. 중앙군사위 위원인 양상쿤과 양더즈 등 PLA 지도부는 이번 연습의 일부였던 실탄 발사식에 참석했다.[186] 연습과 더불어 진행된 전역 방법에 대한 단체훈련 행사로 전역 방식에 대한 초안이 문서화되었고, 그 후

1985년에 발간된『제2포병전역학』제1판에 수정되어 수록되었다.[187]

이 기간 동안 제2포병 발전에 대한 핵심 원칙 중 단 하나의 원칙은 중앙군사위가 직접적으로 제2포병에 부여한 것이 아니었다. 이것은 '비대하지 않고 효과적인' 전력을 개발한다는 개념이었다. 앞서 지적했듯이 리수이칭은 1978년 작전회의 때 이 공식을 처음 제기했다. 허진형은 1984년 내부 학술지인 ≪군사학술≫에 기고한 글에서 이 구상을 더욱 발전시켰다.[188] 약간의 논쟁 후에 제2포병 상무위원회는 1984년 12월에 그것의 전반적인 개발 목표로 '비대하지 않고 효과적'을 채택했다.[189] 그럼에도 이 문구가 채택된 것은 중앙군사위의 임무, 특히 1967년 "작지만 효과적인" 전력 개발 지시와 덩샤오핑의 1978년 "적지만 유능한" 핵무기 개발 지시 등에 관한 당 최고 지도자들의 견해를 반영했기 때문이다.

8) 핵전략 개요의 초안 작업

1980년대 후반 제2포병이 중국의 핵전략에 관한 문서를 초안 작업하려고 시도하면서 중앙군사위가 핵전략의 내용에 대한 권한을 행사하고, 전략 분야에서는 당 최고 지도부에서 고위 군 장교들에게로 위임이 없었음을 보여주는 사례가 드물게 관찰된다. 이 문서는 1989년에 회수되어 출판된 적이 없기 때문에 이 일화에 대한 출처 자료는 불완전한 상태로 남아 있다. 그럼에도 불구하고 당 최고 지도자들의 승인 없이 제2포병이 중국의 핵전략에 관한 문서나 성명을 발표할 수 있는 위치에 있지 않았음은 보여준다.

1985년 3월에 제2포병은 핵 반격작전을 수행하는 방법에 대한 교리 문건인『제2포병전역학』제1판을 발간했다. 문건의 초안을 검토하고 수정하기 위한 회의에서 참석자들은 그러한 전역에 국가·군사 전략 문제들이 관련되어 있다고 결론지었다. 기지 사령관 출신으로 당시 제2포병 사령부의 자문역이었던 리리징(李力兢)은 "중국 핵전략의 합리적 근거와 권위 있는 해석이 확정되지 않았기 때문에 중국 전략로켓군에 대한 전역학도 확정될 수 없었다"라고 회고한다. 예컨대 "강대국이 핵전쟁을 개시하려면 중국이 어디를 타격해야 하는지, 상응하는 적의 핵무기 중 얼마가 파괴되어야 하는지가 불분명했다".[190]

리리징은 추가 조사 후 다른 부서에서는 핵전략을 연구하고 있지 않다는 것을 발견했다. 이어 그는 제2포병 사령관과 부사령관이었던 허진헝과 리쉬거에게 각각 보고서를 제출해 이 문제를 연구할 조직을 구성할 것을 제안했다. 허와 리는 리리징을 책임자로 삼아서 제2포병 사령부 내 군사연구부서 소속으로 구성된 소규모 연구 그룹의 설치를 승인했다.[191] 리리징은 이 그룹이 연구해서 2~3년 안으로 「중국 핵전략(中國核戰略)」이라는 제목의 권위 있는 문서를 작성할 것을 제안했다. 한 가지 설명에 따르면, 이 프로젝트는 1985년 평시 현대화로의 전환 이후 1980년대 중반에 "군 전반에 걸친 전략 연구에 의해 영감을 받았다"라고 한다.[192] 또 한 가지 설명에 따르면, 리리징은 당시 군 전체의 전략소조에 관련된 부총참모장과 이 프로젝트를 논의했다고 한다. 이후 총참모부는 제2포병과 군사과학원에 위임[責成]해 이들이 협력해 프로젝트를 완성하도록 했다.[193]

프로젝트는 1987년에 더욱 속도를 내기 시작했다. 선커휘 군사학부(軍事學部) 책임자는 제2포병이 군사과학원, 국방대학, 국방과학기술공업위원회, 국가안전부 등과 함께 '전략과 핵전략의 학술적 문제'에 관해 일련의 세미나를 개최했다고 회고했다.[194] 군 안팎의 20여 개 부대와 단위에서 50~60여 명이 참석했다. 다루어진 주제들에는 국가 안보와 핵전략, 일반 전략과 핵전략, 중국의 핵전략, 중국 미사일 개발 전략 등이 포함되었다.[195] 이러한 논의에 이어 리리징의 연구 그룹은 「핵전략강요(核戰略綱要)」라는 제목의 문서 초안을 작성하기 시작했다. 거의 3년 동안의 작업 끝에 1988년 말에 예비 초안을 완성했다. 이 「강요」는 피드백을 위해 '기밀문건(機密文件)'으로 제2포병과 PLA의 학원 중 일부와 총참모부 내에서 회람되었다.[196]

그러나 당 최고 지도자들은 초안을 회람시킨 것을 강하게 비판했다. 당시 제

2포병 사령관이었던 리쉬거의 전기에 따르면 "핵전략은 본부의 문제가 되어야 하며 제2포병이 수행해서는 안 된다".[197] 중앙군사위가 이 문건의 존재를 알게 되자 반응은 더욱 거세졌다. 류화칭 부주석은 당시 제2포병 정치위원이었던 류 리펑(劉立封)을 만나 당시 중화인민공화국 주석이자 덩샤오핑 바로 밑인 중앙 군사위 부주석이었던 양상쿤의 메시지를 전달했다.[198] 양은 이 문건을 "심하게 비판"하며 "폐기되어야 한다"라고 했다. 양은 "국가의 최고 기밀과 관련되어 있 어 심각한 결과를 초래할 것"이기 때문에 모든 사본을 회수하고 이에 대한 논 의를 금지할 것을 지시했다.[199]

「강요」의 문제는 그 내용이 아니라 제2포병이 중국의 핵전략에 관한 문서 를 작성할 권한이 없다는 점 때문이었다. 몇몇 소스는 중국 지도자들의 성명이 초안에서 논의된 전략의 기초가 되었음을 시사한다. 예컨대 리리징에 따르면 이 초안은 덩의 '제한적 보복(有限報復)'이라는 생각에 바탕을 두고 있었다고 한 다.[200] 선커휘도 마찬가지로 「강요」가 "당과 국가 지도자들의 관련 연설과 우 리나라의 핵정책"에 바탕을 두고 있었다고 회상한다.[201] 문제는 중국 핵미사일 군의 관리자로서 제2포병이 중국의 핵전략을 수립하고 작성할 위치에 있지 않 았다는 것이다. 양상쿤은 이 문서의 회람을 비판하며 "제2포병에게는 이러한 일을 할 권한이 없으므로 허용할 수 없다"라고 밝혔다.[202]

제2포병은 『제2포병전략학』 1996년판이라는 교재를 발간했다. 이는 제2포 병의 '작전이론체계'를 만들기 위한 노력의 일환으로, 전략뿐 아니라 전역 방식 과 전술을 검토한 세 권으로 된 시리즈의 일부였다. 그러나 이 책조차 중국의 국가 핵전략에 대한 설명이 아니라 제2포병의 군종 전략에 대한 것이었다.[203] 그것은 제2포병의 전략적 행동이 국가 전체 전략에 종속되어 있음을 강조한다. 중요한 것은 앞에서 논의한 전략에 관한 이전 문서와 다르게 중앙군사위가 제 8차 5개년 규획에서 이 책의 초안 작업을 군사 연구 프로젝트로 승인(그리고 감 독할 가능성이 있음)했다는 점이다.[204]

9) 전력태세

중국의 전력태세는 단적으로 말해 보복 공격을 감행하기 위해 핵무기를 사용하는 것과 일치한다. 선제불사용 정책을 고려할 때 생존성은 중국 핵전력 태세의 지배적인 동력이 되어왔다. 중국은 여러 가지 방법으로 생존성을 추구해왔다. 첫째, 순전히 중국의 거대한 국토 크기를 활용하는 것으로, 중국의 핵전력은 전국에 분산되어 있다. 제2포병이 정식으로 창설되기 전에 중국이 미사일 부대를 창설하기 시작했을 때도 분산이 핵심 원칙이었다. 가령 1960년대 초에는 중국 최초의 미사일 대대가 시안(西安), 선양, 베이징, 지난에 위치했다.[205] 1960년대 중반에 ICBM 개발 계획이 논의되었을 때 저우언라이는 북쪽의 산맥에 일부를 배치하고, 남쪽의 정글에 나머지를 배치하려고 했다.[206] 오늘날 제2포병은 여섯 곳의 기지를 갖고 있는데 각각 다른 성에 본부가 있다. 각 기지는 특정 미사일 시스템을 운용하는 발사 여단으로 구성된다. 중국의 ICBM인 DF-5와 DF-31A도 마찬가지로 여섯 개 성의 다섯 개 기지에 10개 발사 여단으로 편성되어 있다.[207]

둘째, 대부분의 기지와 발사 여단은 터널 네트워크의 일부분이며, 때때로 '지하 만리장성(地下長城)'으로 묘사되기도 한다. 중국이 한국전쟁에서 배운 것처럼 터널은 고정된 목표물을 방어하는 데 비교적 저렴한 해결책을 제공했다. 선제불사용 정책으로 중국 핵군이 1차 타격에서 살아남을 수 있도록 가능한 모든 수단을 동원하는 것이 필수적이었다. 1969년 중국과 소련 간에 긴장이 고조되는 중에 소련이 중국 핵군에 대한 '외과 수술식 타격'을 검토하고 있다는 보도가 나왔다. 저우는 서방 언론에서 이 문제에 대한 보도를 읽은 뒤 예젠잉을 불러 미사일 진지(陣地) 건설 문제를 논의했다. 저우는 중국이 작전 능력을 개발하기 위해 이들 시설의 개발에 박차를 가해야 한다고 했다. 일단 작전 능력을 확보하면 "우리는 다른 사람들의 위협이나 강제를 두려워하지 않게 된다. 외과 수술식 타격을 하려는 계획은 희망사항이 될 것이다. (……) 초기에 핵무기를 먼저 사용하지 않겠다고 약속했지만 핵 공격을 당하자마자 보복과 자위권을 갖게 된다"라고 저우는 말했다.[208]

1980년대 중반 중국이 최초의 진정한 ICBM인 DF-5를 개발해 배치하면서 제2포병은 미사일 발사 여단을 위한 대규모 건설 사업을 시작했다. DF-5 자체가 너무 커서 사일로에만 둘 수 있었다. 초기 계획에서는 사일로를 자연적인 은닉이 가능한 지형인 산지와 정글 지역에 배치할 필요가 있었다. 일부 DF-5 발사여단은 허난성 북쪽을 향해, 다른 일부는 후난성 남쪽을 향해 배치된다. 덩샤오핑은 1970년대 말에 이 계획을 승인했으며 1980년대 초에 착공해 1995년에야 완공되었다.[209]

셋째, 중국이 더욱 최신의 미사일을 개발함에 따라 기동성을 높여 생존성을 강화하는 것이 강조되었다. 1978년 8월 덩은 제2포병에 "미사일을 사용해 게릴라전을 치르도록 하라(用導彈, 打游擊戰)"라고 요구했다.[210] 중국은 육상에서 미사일을 더욱 용이하게 운반할 수 있도록 만들며 기동성을 추구했다. 이를 위해 미사일의 무게를 줄여 이동형 미사일 발사대(Transporter-Erector-Launcher: TEL)가 옮길 수 있도록 하고, 발사 시간을 줄이기 위해 액체연료에서 고체연료로 전환해야 했다. 최초의 고체연료 이동식 미사일은 DF-21로 1980년대 개발되어 1991년 첫 배치되었다. 이동형 ICBM은 2006년부터 각각 배치되기 시작한 DF-31과 DF-31A가 최초였다. 바다에서 중국은 탄도미사일 원자력잠수함(이하 SSBN) 개발을 추구해 왔다. 중국은 1950년대 후반부터 그런 야심을 품었지만 아직 완전히 실현하지는 못했다. 중국 최초의 SSBN인 샤(Xia)급은 단 한 번의 억제 순찰도 실시하지 못할 정도로 많은 기술적 문제에 직면했다.[211] 중국은 2000년대 후반 신형 디자인인 094형 또는 진(Jin)급 SSBN을 배치했다. 이 잠수함의 미사일인 JL-2는 아직 개발 중이며 언제 억제 순찰을 시작할지도 불분명하다.

10) 군 구조

중국의 핵전력 구조는 중국의 핵전략에서 핵 반격전역에 대한 단일한 초점과 일치한다. 일찍이 당 최고 지도부는 다각화된 핵군을 만들기로 결정했다. 여기에는 중국 주변과 그 너머의 목표물을 타격할 수 있는 단거리·중거리·대륙간 탄도미사일이 포함되었다. 중국은 1980년 5월에야 DF-5 시험발사가 성공하면서 진정한 대륙간 타격 능력을 달성했다. 당시에 중국은 DF-3(1971년)과 DF-4(1980년) 등 단거리 미사일도 성공적으로 배치한 상태였다. 1984년 중앙군사위는 중국 핵군을 처음으로 경계태세에 두면서 초보적인 보복 능력을 갖추었다는 신호를 보냈다.[212]

그 후로 중국은 군 현대화를 지속했다. 무기고 내 ICBM의 수는 1984년에 비해 크게 늘었지만, 세계 양대 핵 강국인 미국이나 소련/러시아에 비하면 전체 전력 규모는 미미하다. 1991년까지 중국은 DF-5 네 개만을 배치했을 수도 있다.[213] DF-5 미사일의 초기 설계는 1990년대에 배치되기 시작한 DF-5A라는 더 장거리면서 더 정확한 버전으로 생산하기 위해 수정되고 있었다. 2000년 미국 국방부는 중국이 DF-5용 사일로 18개, 미사일 20여 개를 보유한 것으로 추정했다.[214] 1999년 중화인민공화국 50주년 기념 열병식에서 중국은 2006년부터 실전 배치되기 시작한 DF-31 계열 미사일을 공개했다. 액체연료와 사일로 기반의 DF-5와 달리 DF-31은 고체연료의 3단 이동식 미사일이었다. 사거리가 더 긴 변형인 DF-31A는 미국 대륙 대부분을 타격할 수 있다.

오늘날 중국 전력태세의 전반적인 규모는 핵 강제와 공격을 억지하는 데 국한된 확증보복전략과 일치한다. 중국은 미국을 타격할 수 있는 ICBM을 대략 60개 보유하고 있다. 현재 DF-5 미사일의 절반은 다탄두 각개목표설정 재돌입 비행체(Multiple Independently targetable Reentry Vehicle, 이하 MIRV)를 장착하고 있어 중국은 약 80개의 탄두로 미국을 타격할 수 있다.[215] 중국은 DF-21과 DF-4를 비롯해 단일 탄두를 장착한 보다 단거리 미사일도 60여 개를 가지고 있다.[216] 2015년 열병식에서 소개한 DF-26은 재래식과 핵 모두에 변형이 있어 '이중 능력'으로 기술되었다. 하지만 주로 재래식 대함용으로 보인다.[217]

앞으로 전력 규모는 커질 것이 거의 확실하다. 중국은 나머지 DF-5에 MIRV를 장착할 수 있다. 중국은 또 MIRV를 탑재할 능력을 갖출 가능성이 큰 신형 이동식 ICBM인 DF-41도 개발하고 있는 것으로 알려졌다. 중국은 최종적으로 진(Jin)급인 2세대 SSBN을 배치할 수 있으며, 이 잠수함은 JL-2 미사일을 각각 12개 실을 것이다. 비록 이러한 상황 전개가 부분적으로는 DF-3, DF-4, JL-1과 같은 낡은 시스템을 폐기하고 군을 현대화하려는 욕구를 보여주지만, 중국도 미국의 미사일 방어와 재래식 대군사(counterforce) 능력이 증가함에 따라 보복 능력을 보장하고자 한다.

4. 핵전략과 전략방침

이 책 전반에 걸쳐 논의된 전략방침은 재래식 군사작전을 강조한다. 다양한 방침에 관해 이용 가능한 문서들에서는 핵전략과 핵군으로서의 제2포병은 거의 언급되지 않는다. 그럼에도 불구하고 중국 핵전력의 개발과 배치는 모든 방침에서 '적극방어'라는 기본 원리에 부합해 왔다. 1949년 이후 여러 시기에 걸쳐 이 개념은 다르게 해석되어 왔지만, 이것은 중화인민공화국의 모든 군사전략의 기본적인 조직 원리였으며 중국의 핵전략에도 일반적인 원칙으로서 역할을 해왔다.

과거의 전략방침들에서 핵문제의 중요성은 다양하게 나타났다. 1956년 전략방침은 PLA가 "핵 조건하에서" 전쟁을 치러야 한다는 가정에 근거한 것이었다. 1964년 전략방침은 이후 때때로 "일찍 싸우고, 크게 싸우고, 핵전쟁을 치를" 준비로 설명되었지만, 중국의 핵군이 어떻게 사용될지에 대한 구체적인 지침은 포함되어 있지 않았다. 실제로 중국 영토에 "적을 깊숙이 유인하는 것"을 강조한 것은 핵이 사용되지 않을 것임을 시사했다. 더구나 중국은 첫 번째 핵

실험에 성공했지만 신뢰할 만한 핵무기 운반 수단을 갖고 있지 않았다. 신뢰할 만한 운반 체계가 부족함에도 불구하고, 1967년 제2포병에 대한 중앙군사위의 임시규범은 미래의 핵 작전과 적극방어를 연계시켰다. 이 규범들은 "제2포병은 우리나라의 전략적 임무(任務)를 실현하기 위한 중요한 핵 타격 전력"이라고 지적했다.[218] 이와 비슷한 시기에 중앙군사위는 제2포병의 임무를 "적극방어를 실현하기 위한 핵 반격군 개발"이라고 기술했다.[219]

1980년 방침에서만 중국의 국가 군사전략의 맥락에서 핵전략이 논의된 것처럼 보였다. 제5장에서 언급한 '801 회의'에서, 중국은 소련이 제기하는 위협에 대처하려는 전략적 개념으로 '적극방어'를 강조하고 '유적심입'을 포기한 새로운 전략방침을 채택했다. 이 회의에서 중앙군사위는 '엄밀방어'와 '중점반격'을 제2포병의 작전원칙으로 제기했는데, 이것은 보복태세에 부합하려는 의도였다. 허진형은 1982~1985년 제2포병 사령관을 맡았는데, 1980년대 초 '비대하지 않고 효과적'이라는 원칙의 개발은 적극방어라는 전략방침을 수행하기 위한 것이었다고 회고한다.[220] 그는 자신의 전기에서도 적극방어라는 개념이 『제2포병전역학』 1985년판 초안의 내용에 영향을 주었다고 지적한다. 마찬가지로 1983년 제2포병의 첫 번째 전역 연습도 "적극방어라는 전략방침을 지침으로 사용했다".[221]

전체적인 전략방침과 핵전략의 관계는 아마도 1993년 전략방침에서 가장 명확할 것이다. 당시 PLA에서 제2포병의 역할은 핵 외에 재래식 미사일을 포함하는 것으로 넓어져 제2포병은 핵 억지력과 핵 반격 임무 외에 장거리 재래식 타격 임무도 부여받았다. 제2포병은 1993년 전략이 채택된 직후 모든 고위 장교들을 대상으로 회의를 열어 "중앙군사위 확대회의의 정신을 전파하고 연구했다".[222] 이후 PLA의 다른 군종과 마찬가지로 제2포병도 새로운 전략방침을 시행하기 위한 일련의 훈련 개혁에 착수했다. 제2포병의 다른 고위 장교들은 1990년대 조직의 발전을 1993년 전략과 연결시켰다고 기억한다.[223] 이러한 연관성을 반영해 장쩌민은 1998년 제2포병 부대를 시찰할 때 "적극방어의 전략

방침을 수행하고, '비대하지 않고 효과적'인 전략로켓군을 건설하라"라는 글자를 새겼다.[224]

교리에 관한 출판물들도 전략방침과 핵전략의 관계를 강조한다. 『제2포병 전략학』 1996년판에는 제2포병 전략 개발의 기초로서 전략방침에 대한 수많은 언급이 실려 있다. 예컨대 이 책은 제2포병을 "우리나라의 적극방어 군사전략을 수행하기 위한 전략로켓군"이라고 기술하고 있다.[225] '억지력 강화, 효과적 반격'이라는 제2포병의 복무전략은 "우리나라의 핵정책과 우리 군의 적극방어 군사전략에 근거한다".[226] 더욱이 1993년 전략방침은 "제2포병의 개발과 전략적 사용을 위한 기본 지침이자 토대"다.[227] 이 책에는 전략적 작전의 측면에서 지휘관들이 "군사전략방침의 기본 정신을 어떻게 견지해야 하는가"에 대한 상세한 논의가 담겨 있다.[228] 예컨대 "우리나라의 신시대 적극방어 전략방침과 핵정책에 따르면, 제2포병의 전략적 억지의 궁극적인 목표는 적 핵보유국이 핵 위협과 핵 공격의 위험을 무릅쓰는 것을 중단시키는 것이다".[229]

전략방침에 대한 언급은 『제2포병전역학』 2004년판에도 나온다. 예컨대 "우리나라의 적극방어 전략방침에 따라 핵군은 반격작전을 펼친다"라고 기술하고 있다.[230] 더군다나 이 책은 "제2포병 전역은 국지전의 일환이며 군사전략방침의 제약을 받는다. 따라서 제2포병 전역의 지도사상에 관해 문제를 제기하는 것은 군사전략방침에 근거해야 하며 군사전략방침의 요건을 단호하게 이행해야 한다"라고 언급한다.[231]

요약하면 PLA의 전략방침은 재래식 작전을 강조한다. 이들 방침의 대부분은 "뒤늦은 타격으로 지배력을 확보한다는 후발제인"의 내용이 포함된 적극방어라는 일반 원칙에 따른 것이다. 중국의 핵전략과 전력의 발전은 이러한 가장 일반적인 수준, 즉 보복 능력을 개발해 적극방어에 주력한다는 방침에 부합해 왔다. 그러나 이 장에서 내내 보았듯이 중국의 핵전략은 새로운 전략방침마다 변경되지는 않았다.

5. 결론

중국의 핵전략은 그 통치를 증명하는 예외다. 1949년 이후 재래식 작전을 강조하는 중국의 전략방침은 자주 바뀌었다. 고위 군 장교들은 국제 체제에서 전쟁 수행의 중대한 변화에 대응해 중국의 군사전략의 변화를 추진해 왔다. 이와는 대조적으로 중국의 핵무기 사용 전략은 대략 일정했다. 중국은 핵 타격을 억지하고 핵 강제를 막기 위해 핵전력을 개발했다. 중국은 확증보복, 즉 1차 타격에서 살아남아 적에게 용납할 수 없는 피해를 입힐 수 있는 보복 능력을 개발함으로써 이러한 목표를 달성하려고 노력해 왔다. 중국의 핵전략이 일정하게 유지된 것은 당 최고 지도부가 이런 측면의 군사문제를 고위 군 장교들에게 위임하지 않기 때문이다. 1950년대 초 핵무기 개발 결정, 1966년 제2포병의 창설, 1970년대 이후 제2포병의 발전 이래 당 최고 지도자들은 중국의 핵전략에 대한 의사결정권을 장악해 왔다. 바뀌어온 것은 중국이 이 전략을 어떻게 구현할지였다.[232]

결론

이 책은 중국 군사전략의 변화 과정을 이해하는 데 네 가지 기여를 한다. 첫째, 1949년 이후 발표된 모든 전략방침의 완전한 설명을 처음으로 제공한다. 이는 중국 전략의 변화를 설명하기 위한 노력의 중요한 첫걸음이며, 보다 폭넓게는 중국 국방정책의 진화를 이해하기 위한 것이다. 이전에는 중국의 국방정책에 대한 서구나 중국의 연구 모두 중화인민공화국의 군사전략에 대해 전면적인 검토를 하지 않았다. 지난 10년간의 군사전략에 대한 중국 학자들의 연구는 전략방침을 언급하고 있지만, 기껏해야 채택된 방침 중 몇 가지만 논의했으며 반드시 같은 전략들을 확인하는 것은 아니었다. 관련된 중국어 소스에 대한 제한적인 접근이 부과한 제약 탓에 대부분의 서구 학자들의 연구는 전략방침 자체의 내용이 아닌 중국어 성명서, 언론 보도, 무기 개발에서 중국의 전략을 유추해 왔다. 1980년대 이전의 중국의 전략은 흔히 단순히 '인민전쟁'이라고 여겨졌으며, 1980년대에는 '현대적 조건하에서의 인민전쟁'으로, 마지막으로 1990년대 이후에는 '국지전'의 변형으로 여겨졌다. 1985년의 100만 명 감군은 중국의 전략 변화로 해석되었지만 사실은 그렇지 않았다.

둘째, 이 책은 중국이 1949년 이후 채택한 전략 가운데 세 가지가 군사전략의 주요한 변화를 나타낸다는 것을 보여준다. 주요한 변화는 새로운 전쟁 비전으로 구성되며, 그다음 이 비전을 실행하기 위해 작전교리, 군 구조, 훈련 분야의 개혁을 촉진한다. 1956년 중국의 군사전략에서 첫 번째 주요한 변화는 미국의 침공을 막거나 무디게 하기 위한 진지전과 고정방어를 강조했다. 이는 국공내전의 상당 시기와 한국전쟁의 중국 공세에서 만연했던 기동전의 지배에서 확실히 벗어난 것이었다. 1980년 인민해방군(이하 PLA)은 소련의 침략에 대항하기 위해 진지전을 다시 강조했다. 이 전략은 1964년에 채택되었고, 문화대혁명 내내 사용되어 침략자에게 토지 양도, 기동전, 분산된 작전 등을 강조한 '유적심입'에서 크게 벗어난 것이었다. 1993년 중국 군사전략의 세 번째 주요한 변화는 침략으로부터 중국을 방어하는 방법에서 주변 지역에 대한 제한된 목적, 특히 영토와 주권 분쟁을 둘러싼 국지전에서 어떻게 승리할지로 옮겨갔다는 점이다.

셋째, 중국은 국제 체제에서 전쟁 수행의 중대한 전환이 일어났을 때, 하지만 당 지도부가 단결해 있을 때만 군사전략의 주요한 변화를 추진해 왔다. 전쟁 수행의 변화는 국가의 현재 능력과 미래 전쟁 요건 사이에 차이가 존재한다는 것을 그러한 변화가 보여주는 경우에 국가가 새로운 군사전략을 채택하도록 만드는 강력한 유인책이 된다. 이러한 변화의 영향은 특히 군사력을 향상시키려는 개발도상국이나 중국과 같은 군사 현대화 후발국들에서 두드러질 것이다. 이들 국가는 이미 비교열위에 놓여 있으며 더 강한 국가들에 비해 그들의 능력을 면밀히 살펴볼 필요가 있다. 국가의 군대가 아닌 당의 군대가 있는 사회주의국가에서는 당이 고위 군 장교에게 군사문제의 관리를 위한 실질적인 자율권을 부여할 가능성이 높으며, 이들 장교가 국가가 처한 안보 환경의 변화에 대응해 전략을 조정할 것이다. 고위 군 장교들도 당원이기 때문에 당은 쿠데타에 대한 우려나 군부가 당의 정치적 목표에 부합하지 않는 전략을 추진하리라는 걱정 없이 군사문제에 대한 책임을 위임할 수 있다. 그러나 이러한 위임은 당의 기본 방침과 당내 권한 구조에 대한 문제들을 놓고 당 정치 지도부가 결속되어 있을 때만 가능하다.

전쟁 수행의 변화와 당 통합은 1949년 이후 중국 군사전략의 세 가지 주요한 변화에서 두드러진 역할을 했다. 1956년 전략은 당내의 전례 없는 통합 기간에 채택되었다. 특히 쑤위와 펑더화이와 같은 PLA 고위 장교들은 PLA가 핵혁명과 함께 제2차 세계대전과 한국전쟁의 교훈을 흡수함에 따라 전략의 변화를 일으켰다. 1980년 전략은 덩샤오핑이 중국의 최고 지도자로서 입지를 공고히 하고 문화대혁명 시기의 지도부 분열과 총체적 격변을 거쳐 다시 당 통합을 일구어낸 뒤에 채택되었다. 쑤위, 쑹스룬, 양더즈, 장전 등 PLA 고위 장교들은 1973년 아랍·이스라엘 전쟁에서 탱크와 공중작전에 근거한 소련의 위협에 대한 평가에 대응해 전략의 변화를 개시하고 주도했다. 1993년 전략은 1989년 톈안먼광장에서 벌어진 폭력 진압을 놓고 당시와 이후 나타난 지도부의 분열을 딛고 덩이 당 통합을 복원한 후에 채택되었다. PLA 고위 장교들, 특히 류화칭, 츠하오톈, 장전, 장완녠 등은 1990~1991년 걸프 전쟁에서 새로운 종류의 군사작전이 등장한 것을 본 후 전략의 변화를 개시했다.

그러나 1964년 중국 군사전략의 한 가지 변화만큼은 이러한 주장으로 설명할 수 없다. 이는 당 최고 지도자, 이 경우에는 마오쩌둥이 전략을 변경하기 위한 군사문제에 개입한 유일한 사례다. 그렇지 않았다면 고위 군 장교들이 중국 군사전략의 모든 변화를 추진했다고 말할 수 있다. 1964년 전략에는 새로운 전쟁 비전이 담기지 않았지만, 내전 기간 동안인 1930년대에 PLA가 갈고 닦았던 접근 방식, 즉 기동전과 유적심입으로 회귀할 것을 요구했다. 그럼에도 불구하고 이 사례는 당 지도부 내부의 분열과 증가하는 당의 분열에 따라 전략적 의사결정 과정이 어떻게 왜곡되고 와해될 수 있는지를 보여준다. 마오는 중국의 안보를 강화하기 위해서가 아니라 1966년 문화대혁명의 시작과 함께 절정에 달하게 되는 당 지도부 내의 수정주의자들에 대한 공격의 일환으로 개입했던 것이다.

이 책의 마지막 기여는 기존의 군사전략과 달리 중국의 핵전략이 같은 기간 동안 일정하게 유지된 이유를 설명한 것이다. 이유는 간단하다. 당 최고 지도자들은 결코 고위 군 장교들에게 핵전략에 대한 책임을 위임하지 않았다. 중국의 핵전략은 중국의 국가 핵정책의 제약을 받고 있어 당 최고 지도자들의 권한으로 남아 있다. 핵전략은 중국의 핵정책에 종속되기 때문에 당 최고위층만이 결정할 수 있는 사안이다. 재래식 작전 전략과 달리 고위 군 장교들은 핵전략의 변경에 착수할 수 있는 권한을 부여받은 적이 없다.

1. 중국 군사전략의 변화와 국제관계이론

이 책의 연구 결과는 국제관계 연구의 여러 면에 기여한다. 첫째, 군사전략의 변화에 대한 동기로서 전쟁 수행의 전환에 중점을 두는 것은 군사 변화의 외부 원인에 대한 군사교리와 군사혁신에 관한 문헌들에서 제기되는 기존의 주장들을 보완한다. 그것은 국가들이 긴급하거나 즉각적인 위협에 직면하지 않았을 때도 그들의 군사전략을 바꾸도록 하는 새로운 동기를 식별해 낸다. 개발도상국이나 중국과 같은 군사 현대화 후발국들은 그들의 안보 환경을 면밀하게 감시하고 부족한 국방 자원을 절약할 필요가 있다(국방 자원은 지속적인 경제성장을 지원하지 않는 대가로 얻어지기 때문임). 국제 체제에서 전쟁이 발발하면, 이러한 국가들은 전쟁의 주요 특징과 자국의 안보에 대한 함의를 평가할 가능성이 크다. 이와 대조적으로 한 나라의 군대를 사용하기 위한 새로운 임무의 등장이나 전투에 적용될 수 있는 새로운 기술의 출현과 같이 이 책에서 확인된 다른 동기들은 이러한 국가들이 그들의 군사전략을 바꾸도록 촉진할 가능성이 적다. 따라서 전쟁 수행의 중대한 변화의 영향에 초점을 맞추면, 군사전략의 외부 원인에 대한 논쟁은 보다 더 풍부해지고 넓어진다. 중국의 경우 미국이나 소련의 침공 전망과 같이 분명한 위협이 존재했을 때도 이것들은 전략의 주요한 변화를 추진하는 것에 필요조건에 불과할 뿐 충분조건은 아닌 경우가 많았다. 전쟁 수행의 변화는 그러한 위협에 대비하는 방법을 명확히 하는 데 도움이 되었다.

둘째, 군사 조직의 변화가 민간의 개입을 필요로 하는지 여부에 대한 오랜 논쟁에서 중국은 민간의 개입 없이 고위 군 장교들이 시작한 전략적 변화에 관한 중요한 사례가 된다. 중국이 1949년 이후 채택한 아홉 개의 군사전략 중 여덟 개는 고위 군 장교들이 개시하고 주도한 것들이며, 중앙군사위원회(이하 중앙군사위) 주석 자격을 가진 당 최고 지도자의 승인만 받으면 되었다. 여기에는 1956년, 1980년, 1993년의 세 가지 주요 전략 변화는 물론 1960년, 1988년, 2004년, 2014년 전략의 사소한 조정과 정교화까지 포함된다. 또한 1977년 유적심임이 강조되면서 아무런 변화가 없었던 사례도 포함된다. 사실 1964년 전략의 변화를 가져온 유일한 민간(당) 개입 사례는 다른 국가에서 그랬듯이 장군들의 안일함에 충격을 주고자 한 것이 아니라 마오쩌둥이 당 지도부 내의 수정주의에 대응하려는 일환으로 추진되었다.

한 가지 잠재적 경고나 예외는 2014년에 발표된 전략방침과 결합된 조직 개혁과 관련이 있다. 이러한 개혁은 2013년 11월 3중전회에서 윤곽이 마련된 제도와 경제적 개혁을 추구하려는 훨씬 더 넓은 당의 노력 속에서 이루어졌다. 시진핑의 개입은 군사 개혁이 착수되기 위해서는 필수적이었을 것이다. 그러나 그가 PLA 최고 지휘부의 바람에 반해 당 최고 지도자로서의 역할에 따라 이러한 개혁을 추진했는지는 여전히 불분명하다. 개혁은 (20년간 PLA의 목표였던) PLA의 합동작전 수행 능력을 향상시키기 위해 고안된 것이기 때문에 그러한 개혁에 대한 구상이 시의 것만이 아닌 것은 거의 확실하다. 오히려 PLA 재편에 대한 이전의 노력에 기대어 그러한 변화를 가져오려고 했던 PLA 내의 사람들로부터 상당한 영향을 받았을 가능성이 크다.

셋째, 보다 일반적으로 PLA가 민간의 개입 없이 중국의 군사전략에 주요한 변화를 일으킬 수 있었던 이유, 즉 민군관계의 구조가 국가 행동을 설명하는 것에서 독립변수 또는 설명변수로 민군관계에 대한 강조가 커지는 데 기여한다. 역사적으로 민군관계에 대한 연구는 군의 정치, 특히 쿠데타에 대한 개입 여부와 언제 개입하는지를 설명하는 데 중점을 두고 이를 종속변수로 다루는 것을 강조해 왔다.[1] 그러나 새로운 연구는 민군관계의 다른 유형이나 구조가 전략 평가,[2] 군 효과성(military effectiveness),[3] 개입,[4] 핵전략[5]에 미치는 영향을 보여준다. 보다 일반적으로 전쟁과 정권 유형과 분쟁에서 '민주적 우위(democratic advantage)'를 주장하고 논의하는 훨씬 더 광범위한 연구들은 종종 민군관계의 특정한 유형에 대한 가정에 기초한다.[6] PLA의 고위 장교들이 전략적 변화를 시작할 수 있도록 하는 데 있어 당·군 관계의 역할은 특정 유형의 권위주의 국가(레닌주의 체제를 가진 사회주의국가들)에서 최고 수준의 군사문제에서의 민군관계의 영향을 보여준다. 정확히 말해 PLA는 당 산하의 당군이지 국가의 군대가 아니기 때문에 전략적 변화를 위한 민간의 개입은 필요하지 않았다. 그러한 시스템의 중앙집권화가 현대전의 전술적·작전적 수준에서 야기할 수 있는 단점에도 불구하고, 그러한 국가들이 군사전략을 변경할 수 있는 능력에는 '레닌주의적 이점'이 있을 수 있다.

넷째, 중국의 전략적 변화를 가능하게 하거나 촉진하는 데 있어 당 통합의 역할은 종종 '신고전적 현실주의'로 묘사되는 주장의 범위를 확대하는데, 이는 국내 요인이 국제 체제의 구조적 압력을 어떻게 중개하는지를 탐구하는 것이다.[7] 명칭이 어떻든 간에 중국의 전략적 변화라는 사례는 그러한 주장이 서구 민주주의국가들뿐만 아니라 사회주의국가들에서도 어떻게 적용될 수 있는지를 보여준다. 예컨대 당 통합은 랜들 스웰러(Randall Schweller)가 과소균형의 원천으로 지목하는 일종의 엘리트 응집력을 반영한다.[8] 그러나 사회주의국가에서 핵심 엘리트들은 당 엘리트들이다. 문제는 당 엘리트가 외부 위협의 본질에 동의하는지가 아니라 당이 추구해야 할 기본 정책과 당내에서 권위가 어떻게 구조화되어야 하는가에 동의하는지에 대한 것이다. 당 엘리트가 합의할 때(당이 통합될 때) 상황에 따라 고위 군 장교들이 시작한 군사전략의 변경이 채택될 것이다.

다섯째, 조직으로서의 군대는 변화에 저항하는 것으로 묘사되는 경우가 많다. 이 때문에 학자들은 전략의 변화를 이끌어내기 위해서는 민간의 개입이 필요하다고 주장해 왔다.[9] 그러나 중국의 사례에서 PLA는 전략적 변화를 추구할 상당한 의지가 있음을 입증했다. 게다가 핵전략 분야에서는 (중국의 선제불사용 정책에) 변화에 저항해 온 것은 군보다는 민간이었다. 물론 그렇다고 해서 변화에 대한 저항이 존재하지 않는다는 의미는 아니다. 1950년대에 PLA의 일부에서는 PLA 자체의 전투 경험과 전통을 버리고 소련의 조언과 교리에 지나치게 의존하는 것을 우려했다. 1980년대 초반에도 PLA의 일부, 특히 풀뿌리 수준에서의 지역 부대들은 문화대혁명의 마오주의 이상에서 멀어지는 움직임을 의심의 눈초리로 보았다. 1990년대 초부터 PLA 재편성 과정에서 일관된 패배자는 지상군 및 지역 지휘 구조와 관련된 요소였다. 그럼에도 불구하고 중앙군사위는 외부 안보 환경의 변화, 특히 전쟁 수행의 전반적인 경향에 따라 필요한 새로운 전략이나 조정된 예전의 전략들을 발표했다. 게다가 PLA는 1949년 이후 병력 감축을 10차례 추진했으며, 이 중 1997년 이후에는 세 차례에 걸쳐 100만 명의 병력을 감축했다. 이는 모든 조직에, 아마도 특히 군에 중대한 변화였을 것이다. 국군이 아닌 당군으로서 PLA의 정체성에 주목하면 왜 변화에 대한 저항이 적었는지 설명할 수 있을 것이다. 즉, 당의 자체 목표와 PLA의 목적을 구별하기 때문이다. 당 기관으로서 목적은 상황에 따라 변경될 것으로 예상된다.

여섯째, 새뮤얼 헌팅턴의 민군관계에 관한 기념비적인 연구와 달리 사회주의국가의 당·군같이 광범위한 정치적 통제를 받는 군대에서는 전문성이 뿌리를 내릴 수 있다. 국군이 아닌 당군으로서 PLA는 정치화된 세력이다. 헌팅턴의 주장에 근거해 볼 때 "주관적 통제(subjective control)"를 받는 그런 정치화된 세력은 전문적인 세력으로 행동할 가능성이 적다.[10] 그러나 전략적인 수준에서 PLA는 국가가 아닌 당에 대한 충성에도 불구하고 헌팅턴이 예상하는 것보다 더 많은 전문성을 보여주었다. 그 이유는 사회주의국가의 민군관계 구조에서 찾을 수 있다. 군의 정치화에도 불구하고 최소한의 감독만 하면서 당이 고위 장교들에게 군사문제를 위임하는 경향은 헌팅턴이 "객관적 통제(objective control)"라는 구상을 통해 전문성에 필요하다고 믿었던 자율성도 만들어낸다. 물론 문제는 PLA가 전문적인 군으로서 수행할 수 있는 자율성을 창출하는 조건은 당의 단결에 달려 있다는 점이다. 당의 단결이 나타날 때 전문성이 커질 수 있다. 단결이 없을 때는 전문성이 위축된다.

마지막으로 중국의 군사전략의 변화 양상은 강대국들이 서로의 의도를 확인할 수 있는지의 문제를 조명한다. 부정적인 주장은 불확실성을 중요시하는 구조적 현실주의의 한 흐름을 원용한다.[11] 그러나 중국 군사전략의 진화는 적어도 단기에서 중기적으로 이러한 주장이 시사하는 것처럼 의도가 불확실하지 않을 수도 있다고 암시한다. 중국의 전략방침의 내용은 적어도 중국의 일반적인 군사목표를 각기 다른 시점에 드러낸다. 중국이 방침을 전파하기 위해 공공외교에 나서지는 않지만, 당 정책의 일반적인 매개변수와 전반적인 정치적 목표에 따라 공식화된다. 군사전략의 통합과 중국의 대전략의 정치적 목표는 높았다. 이러한 이유만으로 군사 영역을 넘어서는 중국의 의도를 이해하기 위해 협의할 수 있는 여러 다른 소스 외에도, 일부 학자들이 주장하는 것처럼 의도를 이해하기 어려운 것은 아니다. 마찬가지로 중국의 의도가 바뀌면 작전교리, 군 구조, 훈련과 함께 중국 군사전략의 변화에서도 그러한 변화가 관찰될 가능성이 높다.

2. 중국 군사전략의 미래

앞으로 언제 중국이 군사전략을 또다시 바꿀지가 관건이다. 이 책에 수록된 주요 변화의 역사는 미래의 전략 변화가 언제 그리고 왜 일어날 가능성이 높은지를 밝히는 데 도움이 될 수 있다.

전반적으로 최근까지 PLA가 자신의 역량을 스스로 평가한 것은 다른 군사대국들, 특히 미국을 계속해서 "따라잡으려고" 노력하고 있음을 시사한다. 자체 성과에 대한 PLA의 분석은 상당히 중요할 수 있으며 많은 분야에서 결함이 확인되었다.[12] 시진핑이 거듭해서 PLA에 대해 "전쟁을 치르고 승리할 준비를 갖추라"라고 요구하는 것은 PLA가 그렇게 할 수 없다는 생각을 반영한 것으로 보인다. 이러한 이유로 PLA는 국제 체제에서 발생하는 다른 전쟁들, 특히 미군이나 미국의 무기, 전술, 절차를 사용하는 미국의 동맹국들이 관련된 전쟁들을 면밀하게 주시할 것이다. 물론 미국과의 관계가 크게 악화되고 중국의 관점에서 볼 때 미국이 자신들의 안보에 더 큰 위협을 가한다면, 그 위협은 중국의 군사전략에서 더 중심적인 역할을 맡을 것이다. 어쩌면 1988년 이전과 유사하게 단 하나의 적에 초점을 맞춘 새로운 전략방침을 채택하게 만들 수도 있다. 2018년의 사건들은 이러한 악화가 시작되었을 수 있음을 암시한다. 여기에는 중국 경제의 구조를 겨냥한 무역 전쟁의 시작, 아시아 등지의 민주 사회 내에서 중국의 '영향력 작전(influence operation)'에 대한 미국의 우려, 동아시아 해양 분쟁(특히 남중국해)의 긴장 고조 등이 포함된다. 2018년 「미국 국방전략」은 중국을 "전략적 경쟁자"라고 표현했다. 평화와 발전이 더 이상 중국 안보 환경의 특징이 되지 못한다는 덩샤오핑의 평가를 만약 중국 지도자들이 받아들인다면 전략의 변화, 즉 아마도 주요한 변화가 일어날 가능성이 아주 높다. 그러나 미·중 관계의 큰 악화가 없더라도 중국은 미국의 군사작전에 집중할 것이다. 미국이 세계에서 가장 선진적인 군대를 보유하고 있고 미군의 작전이 전쟁 수행의 변화를 예고할 수 있기 때문이다.

중국의 지속적인 경제성장은 군사전략의 목표가 과거보다 확장될 수 있음을 시사한다. 중화인민공화국이 건립되고 초기 40년간 군사전략은 중국 영토의 침공에 대항하는 단 하나의 도전, 즉 미국의 상륙 공격을 어떻게 물리칠지, 그리고 북쪽으로부터 소련의 지상 침공을 어떻게 물리칠지에 초점이 맞추어졌다. 그러나 지난 30년간 PLA는 침략 위협에 직면하지 않았고, 대신에 중국은 주변 지역을 따라 제한된 목표를 둘러싼 지역 분쟁에 군사전략을 집중해 왔다. 그러나 중국 경제의 성장과 더불어 중국의 이해관계는 동아시아를 넘어 확대되었다. 이에 대한 상징이 2017년 [동아프리카의] 지부티에 중국 최초의 해외기지를 세운 것이다. 따라서 새로운 해외 이익, 그리고 이에 따라 PLA에 부여받을지 모르는 임무들이 앞으로 중국의 군사전략에서 더 큰 역할을 하게 될 수도 있다. 중국의 군사전략에 주요한 변화를 가져오기에 충분할지는 불분명하지만 2014년 전략에서 확실히 해양 영역을 강조하는 역할을 했다. 단기적·중기적으로는 대만, 중국·인도 국경, 남중국해 해양 분쟁 등 중국이 지난 30년간 무력 사용을 구상했던 주요 현안들이 남아 있다. 이런 것들이 해결되지 않는 한 전략기획의 대부분을 차지하고 중국 군사전략의 중심축이 될 것이다. 그럼에도 불구하고 새로운 임무의 역할, 그리고 중국의 군사전략에 변화를 불러일으킬 이들 현안의 잠재력은 면밀히 주시할 필요가 있다.

1인당 국민소득을 기준으로 중국은 여전히 상대적으로 가난한 국가로 남아 있지만, 이제는 선진 산업 기반을 보유하고 있기도 하다. 중국은 2015년 발표한 '중국제조(中國製造, Made in China) 2025' 프로그램을 통해 다양한 선진 기술 개발의 선두 주자로 적극 나서고 있다. 인공지능, 양자컴퓨팅, 로봇공학 등의 다수는 잠재적으로 군사적인 응용이 가능한데, 이들의 개발은 중국이 새로운 전투 방식을 개발할 수 있도록 도와 결국에는 이러한 새로운 능력을 사용하기 위한 군사전략의 변화를 촉발할 수 있다. 과거에 중국은 다른 국가들이 행한 전쟁 수행의 변화에 대응해 전략을 바꾸었다. 그러나 미래에는 다른 국가들이 전쟁 수행을 보는 관점을 형성하는 군사혁신을 만들어낼 수 있을 것이고 그에 따라 전략을 바꿀 수도 있을 것이다.

중국이 군사전략의 중대하거나 경미한 변화를 추진할 수 있을지는 기본 정책과 권한 구조를 둘러싼 당 지도부의 지속적인 단결에 달려 있을 것이다. 당분열의 시기가 예측하기 어려울 수 있지만, 그러한 시기의 중요한 결과 중 하나는 새로운 군사전략의 채택을 막을 수 있다는 것이다. 시진핑은 2012년 말 총서기가 된 이후 반부패 운동을 규율 집행의 주요 도구로 삼아 당을 재구성하는 야심 찬 계획에 착수했다. 지금까지 당 지도부는 단결 상태를 유지했고 지도부의 중대한 분열은 불거지지 않았다. 그럼에도 불구하고 저우융캉(周永康) 전 정치국 상무위원이나 은퇴한 중앙군사위 부주석들인 쉬차이허우(徐才厚)와 궈보슝(郭伯雄)과 같은 최고위급 당·군 지도자들을 비롯해 반부패 운동에 휘말

린 사람들의 숫자는 공개적인 분열로 불거질 수 있는 당 엘리트 내부의 분열 가능성을 시사한다. 예컨대 경제 성장이 현재 계획보다 훨씬 더 빠르게 둔화될 경우 공개적인 분열이 드러날 수 있다. 그러나 기폭제와 상관없이 중국 안보 환경의 변화가 전략 변화에 대한 설득력 있는 이유를 제시하더라도 당 지도부의 분열이 아마도 전략의 변화를 막을 것이다. 당의 단합은 PLA가 군사전략의 중대하거나 경미한 변화를 추구하기 위한 핵심 전제 조건으로 남아 있다.

미주

서론

1   군사 변화와 혁신에 대한 문헌들은 다음을 참조할 것. Adam Grissom, "The Future of Military Innovation Studies," *Journal of Strategic Studies*, Vol. 29, No. 5(2006), pp. 905~934; Theo Farrell and Terry Terriff, "The Sources of Military Change," in Theo Farrell and Terry Terriff(eds.), *The Sources of Military Change: Culture, Politics, Technology*(Boulder, CO: Lynne Rienner, 2002), pp. 3~20; Tai Ming Cheung, Thomas G. Mahnken and Andrew L. Ross, "Frameworks for Analyzing Chinese Defense and Military Innovation," in Tai Ming Cheung(ed.), *Forging China's Military Might: A New Framework*(Baltimore, MD: Johns Hopkins University Press, 2014), pp. 15~46.

2   예컨대 다음을 참조할 것. Stephen Peter Rosen, *Winning the Next War: Innovation and the Modern Military*(Ithaca, NY: Cornell University Press, 1991); Williamson Murray and Allan R. Millet(eds.), *Military Innovation in the Interwar Period*(New York: Cambridge University Press, 1996); Barry Posen, *The Sources of Military Doctrine: France, Britain, and Germany Between the World Wars*(Ithaca, NY: Cornell University Press, 1984); Harvey M. Sapolsky, Benjamin H. Friedman and Brendan Rittenhouse Green(eds.), *US Military Innovation since the Cold War: Creation Without Destruction*(New York: Routledge, 2009).

3   일본의 경우는 다음을 볼 것. Leonard A. Humphreys, *The Way of the Heavenly Sword: The Japanese Army in the 1920s*(Stanford, CA: Stanford University Press, 1995).

4   소련에 대해서는 다음을 볼 것. Kimberly Marten Zisk, *Engaging the Enemy: Organization Theory and Soviet Military Innovation, 1955~1991*(Princeton, NJ: Princeton University Press, 1993); Harriet Fast Scott and William F. Scott, *Soviet Military Doctrine: Continuity, Formulation and Dissemination*(Boulder, CO: Westview, 1988).

5   나는 행위자로서의 PLA에 관한 연구를 다른 안보 관련 주제들과 구별하며, 중국의 무력 사용에 관한 연구들의 경우에 특히 그러하다. 예컨대 중국의 무력 사용에 대해서는 다음을 참조할 것. Allen S. Whiting, "China's Use of Force, 1950~96, and Taiwan," *International Security*, Vol. 26, No. 2(Fall 2001), pp. 103~131; M. Taylor Fravel, *Strong Borders, Secure Nation: Cooperation and Conflict in China's Territorial Disputes*(Princeton, NJ: Princeton University Press, 2008); Andrew Scobell, *China's Use of Military Force: Beyond the Great Wall and the Long March*(New York: Cambridge University Press, 2003); Thomas J. Christensen, "Windows and War: Trend Analysis and Beijing's Use of Force," in Alastair Iain Johnston and Robert S. Ross (eds.), *New Directions in the Study of China's Foreign Policy*(Stanford, CA: Stanford University Press, 2006), pp. 50~85.

6   그러한 개관에는 다음의 연구들이 포함된다. Ji You, *The Armed Forces of China*(London: I.

B. Tauris, 1999); David Shambaugh, *Modernizing China's Military: Progress, Problems, and Prospects*(Berkeley, CA: University of California Press, 2002); Ellis Joffe, *The Chinese Army after Mao*(Cambridge, MA: Harvard University Press, 1987); John Gittings, *The Role of the Chinese Army*(London: Oxford University Press, 1967); Harlan W. Jencks, *From Muskets to Missiles: Politics and Professionalism in the Chinese army, 1945~1981*(Boulder, CO: Westview, 1982).

7　고드윈의 논문과 글들은 너무 많아 다 인용할 수가 없다. 예를 들어 다음을 참조할 것. Paul H. B. Godwin, "From Continent to Periphery: PLA Doctrine, Strategy, and Capabilities towards 2000," *China Quarterly*, No. 146(1996), pp. 464~487; Paul H. B. Godwin, "Chinese Military Strategy Revised: Local and Limited War," *Annals of the American Academy of Political and Social Science*, Vol. 519(January 1992), pp. 191~201; Paul H. B. Godwin, "Changing Concepts of Doctrine, Strategy, and Operations in the Chinese People's Liberation Army, 1978~1987," *China Quarterly*, No. 112(1987), pp. 572~590.

8　일부 예외에 해당하는 연구들은 다음과 같다. Paul H. B. Godwin, "Change and Continuity in Chinese Military Doctrine: 1949~1999," in Mark A. Ryan, David M. Finkelstein and Michael A. McDevitt(eds.), *Chinese Warfighting: The PLA Experience since 1949*(Armonk, NY: M. E. Sharpe, 2003), pp. 23~55; Nan Li, "The Evolution of China's Naval Strategy and Capabilities: From 'Near Coast' and 'Near Seas' to 'Far Seas'," *Asian Security*, Vol. 5, No. 2(2009), pp. 144~169; Ka Po Ng, *Interpreting China's Military Power*(New York: Routledge, 2005).

9　이들 자료를 이용한 연구는 다음과 같다. Li, "The Evolution of China's Naval Strategy and Capabilities"; Nan Li, "Organizational Changes of the PLA, 1985~1997," *China Quarterly*, No. 158(1999), pp. 314~349; Nan Li, "The PLA's Evolving Warfighting Doctrine, Strategy, and Tactics, 1985~1995: A Chinese Perspective," *China Quarterly*, No. 146(1996), pp. 443~463; Nan Li, "Changing Functions of the Party and Political Work System in the PLA and Civil-Military Relations in China," *Armed Forces and Society*, Vol. 19, No. 3(1993), pp. 393~409; Ng, *Interpreting China's Military Power*.

10　David M. Finkelstein, "China's National Military Strategy: An Overview of the 'Military Strategic Guidelines'," in Andrew Scobell and Roy Kamphausen(eds.), *Right Sizing the People's Liberation Army: Exploring the Contours of China's Military*(Carlisle, PA: Strategic Studies Institute, Army War College, 2007), pp. 69~104; M. Taylor Fravel, "The Evolution of China's Military Strategy: Comparing the 1987 and 1999 Editions of *Zhanlue Xue*," in David M. Finkelstein and James Mulvenon(eds.), *The Revolution in Doctrinal Affairs: Emerging Trends in the Operational Art of the Chinese People's Liberation Army*(Alexandria, VA: Center for Naval Analyses, 2005), pp. 79~100.

11　중국어 자료에 광범위하게 의존하는 최근의 한 PLA 역사에서조차 전략방침은 거의 언급되지 않고 있다. 다음을 볼 것. Xiaobing Li, *A History of the Modern Chinese Army*(Lexington, KY: University Press of Kentucky, 2007).

12 Su Yu, *Su Yu wenxuan* [Su Yu's Selected Works], Vol. 3(Beijing: Junshi kexue chubanshe, 2004), p. 611.

13 다음을 볼 것. Marshal Ye Jianying's 1959 speech on military science in Ye Jianying, *Ye Jianying junshi wenxuan* [Ye Jianying's Selected Works on Military Affairs] (Beijing: Jiefangjun chubanshe, 1997), p. 395.

14 예컨대 다음을 볼 것. Shambaugh, *Modernizing China's Military*, p. 60.

제1장 군사전략의 주요 변화에 대한 설명

1 대전략에 관해서는 다음을 볼 것. Barry Posen, *The Sources of Military Doctrine: France, Britain, and Germany Between the World Wars*(Ithaca, NY: Cornell University Press, 1984); Colin Dueck, *Reluctant Crusaders: Power, Culture, and Change in America's Grand Strategy* (Princeton, NJ: Princeton University Press, 2006); Robert J. Art, *A Grand Strategy for America* (Ithaca, NY: Cornell University Press, 2003).

2 John I. Alger, *Definitions and Doctrine of the Military Art*(Wayne, NJ: Avery, 1985); John M. Collins, *Military Strategy: Principles, Practices, and Historical Perspectives*(Dulles, VA: Potomac, 2001).

3 예컨대 다음을 볼 것. Harvey M. Sapolsky, *The Polaris System Development: Bureaucratic and Programmatic Success in Government*(Cambridge, MA: Harvard University Press, 1972); Andrew J. Bacevich, *The Pentomic Era: The US Army between Korea and Vietnam*(Washington, DC: National Defense University Press, 1986); Stephen Peter Rosen, *Winning the Next War: Innovation and the Modern Military*(Ithaca, NY: Cornell University Press, 1991); Owen Reid Cote, "The Politics of Innovative Military Doctrine: The US Navy and Fleet Ballistic Missiles"(PhD dissertation, Department of Political Science, Massachusetts Institute of Technology, 1996).

4 Posen, *The Sources of Military Doctrine*, pp. 14~15; Ariel Levite, *Offense and Defense in Israeli Military Doctrine*(Boulder, CO: Westview, 1989); Jack L. Snyder, *The Ideology of the Offensive: Military Decision Making and the Disasters of 1914*(Ithaca, NY: Cornell University Press, 1984).

5 Posen, *The Sources of Military Doctrine*, p. 13; Jack Snyder, "Civil-Military Relations and the Cult of the Offensive, 1914 and 1984," *International Security*, Vol. 9, No. 1(Summer 1984), p. 27; Kimberly Marten Zisk, *Engaging the Enemy: Organization Theory and Soviet Military Innovation, 1955~1991*(Princeton, NJ: Princeton University Press, 1993), p. 4, fn. 5. 일부 연구들은 용어에 대한 정의를 내리지도 않는다. 예컨대 다음을 볼 것. Deborah D. Avant, *Political Institutions and Military Change: Lessons from Peripheral Wars*(Ithaca, NY: Cornell University Press, 1994); Rosen, *Winning the Next War*.

6 예컨대 다음을 볼 것. *Department of Defense Dictionary of Military and Associated Terms*,

Joint Publication 1-02(2006), p. 168.

7   소련의 교리 개념에 대해서는 다음을 볼 것. Willard C. Frank and Philip S. Gillette(eds.), *Soviet Military Doctrine from Lenin to Gorbachev, 1915~1991*(Westport, CT: Greenwood, 1992); Harriet Fast Scott and William F. Scott, *Soviet Military Doctrine: Continuity, Formulation and Dissemination*(Boulder, CO: Westview, 1988). 중국 문헌은 미국에서의 '교리'를 대개 '작전이론(作戰理論)'으로 번역한다(*zuozhan lilun*).

8   Suzanne Nielsen, *An Army Transformed: The US Army's Post-Vietnam Recovery and the Dynamics of Change in Military Organizations*(Carlisle, PA: Strategic Studies Institute, Army War College, 2010), p. 14.

9   같은 책, pp. 3, 19.

10 Rosen, *Winning the Next War*, p. 5; Adam Grissom, "The Future of Military Innovation Studies," *Journal of Strategic Studies*, Vol. 29, No. 5(2006), pp. 905~934. 또한 다음을 볼 것. Emily O. Goldman and Leslie C. Eliason(eds.), *The Diffusion of Military Technology and Ideas*(Palo Alto, CA: Stanford University Press, 2003); Williamson Murray and Allan R. Millet (eds.), *Military Innovation in the Interwar Period*(New York: Cambridge University Press, 1996), pp. 1~5. 이와 같이 다양한 정의는 혁신과 조직 변화에 대한 연구들에 기반을 두고 있다. 다음을 볼 것. Everett M. Rogers, *Diffusion of Innovations*, 5th ed.(New York: Free Press, 2003); James Q. Wilson, *Bureaucracy: What Government Agencies Do and Why They Do It* (New York: Basic, 1989).

11 혁신에 대한 이와 같은 정의는 새로운 전투병과의 설치와 같이 군종 병과 내에서의 변화를 기술하는 데 사용되는 경우가 많다.

12 Rosen, *Winning the Next War*, pp. 7~9.

13 Posen, *The Sources of Military Doctrine*, pp. 59~79.

14 Zisk, *Engaging the Enemy*, p. 4.

15 Gary Goertz and Paul F. Diehl, "Enduring Rivalries: Theoretical Constructs and Empirical Patterns," *International Studies Quarterly*, Vol. 37, No. 2(June 1993), pp. 147~171; William R. Thomson, "Identifying Rivals and Rivalries in World Politics," *International Studies Quarterly*, Vol. 45, No. 4(December 2001), pp. 557~586.

16 Zisk, *Engaging the Enemy*, pp. 47~81. 하지만 지스크의 설명에서 명확하지 못한 점은 국가들이 적의 전략 변화에 대응하는 것인지 아니면 적이 기존 전략의 이행에 사용하는 새로운 능력과 같은 다른 요인에 대응하는 것인지다.

17 Harvey M. Sapolsky, Benjamin H. Friedman and Brendan Rittenhouse Green(eds.), *US Military Innovation since the Cold War: Creation Without Destruction*(New York: Routledge, 2009), pp. 8~9.

18 William Reynolds Braisted, *The United States Navy in the Pacific, 1897~1909*(Austin, TX: University of Texas Press, 1958); Rosen, *Winning the Next War*, pp. 64~67.

19 예컨대 다음을 볼 것. Posen, *The Sources of Military Doctrine*, pp. 179~219.

20 같은 책, pp. 59~79; Rosen, *Winning the Next War*, p. 57.

21 Rosen, *Winning the Next War*, pp. 68~75.

22 호이트는 주로 신기술 개발에 의한 군사혁신을 발전시킬 수 있는 지역 강국에 주목한다. 다음을 볼 것. Timothy D. Hoyt, "Revolution and Counter-Revolution: The Role of the Periphery in Technological and Conceptual Innovation," in Emily O. Goldman and Leslie C. Eliason (eds.), *The Diffusion of Military Technology and Ideas*(Palo Alto, CA: Stanford University Press, 2003), pp. 179~204.

23 예를 들어 포젠은 피후견국(client state)의 신기술 사용이 혁신을 촉진할 수도 있다고 주장한다. 다음을 볼 것. Posen, *The Sources of Military Doctrine*, p. 59. 그러한 평가는 워게임이나 시뮬레이션과 같은 방식으로 드러날 수도 있다.

24 Michael Horowitz, *The Diffusion of Military Power: Causes and Consequences for International Politics*(Princeton, NJ: Princeton University Press, 2010), pp. 8, 24. 호로위츠는 혁신의 '데뷔'나 증명으로 시작되는 군사혁신의 확산, 특히 무기체계의 확산을 검토한다.

25 Martin Van Creveld, *Military Lessons of the Yom Kippur War: Historical Perspectives*(Beverly Hills, CA: Sage, 1975).

26 Jonathan M. House, *Combined Arms Warfare in the Twentieth Century*(Lawrence, KS: University Press of Kansas, 2001), pp. 269~279.

27 예컨대 제1차 세계대전이 막바지에 다다른 때에 제병협동작전의 중요성이 두드러지기는 했지만, 전간기에 국가들은 이러한 변화를 다른 방식으로 수용하려고 했다. 같은 책을 볼 것.

28 Timothy L. Thomas, John A. Tokar and Robert Tomes, "Kosovo and the Current Myth of Information Superiority," *Parameters*, Vol. 30, No. 1(Spring 2000), pp. 13~29.

29 다음을 볼 것. Posen, *The Sources of Military Doctrine*; Snyder, *The Ideology of the Offensive*.

30 Elizabeth Kier, *Imagining War: French and British Military Doctrine Between the Wars* (Princeton, NJ: Princeton University Press, 1997).

31 Austin Long, *The Soul of Armies: Counterinsurgency Doctrine and Military Culture in the US and UK*(Ithaca, NY: Cornell University Press, 2016).

32 Posen, *The Sources of Military Doctrine*, pp. 69~70.

33 같은 책, pp. 210~213.

34 Avant, *Political Institutions and Military Change*.

35 Rosen, *Winning the Next War*; Zisk, *Engaging the Enemy*; Avant, *Political Institutions and Military Change*.

36 예컨대 다음을 볼 것. "Introduction," in John A. Nagl, *Learning to Eat Soup with a Knife: Counterinsurgency Lessons from Malaya and Vietnam*(Chicago: University of Chicago Press, 2005); Sapolsky, Friedman and Green(eds.), *US Military Innovation since the Cold War*.

37 Posen, *The Sources of Military Doctrine*, pp. 74~77.

38 효과성에 대해서는 다음을 볼 것. Suzanne Nielsen, "Civil-Military Relations Theory and Military Effectiveness," *Public Administration and Management*, Vol. 10, No. 2(2003), pp. 61~84.

39   Peter Feaver, "Civil-Military Relations," *Annual Review of Political Science*, No. 2(1999), pp. 211~241; Michael C. Desch, *Civilian Control of the Military: The Changing Security Environment*(Baltimore, MD: Johns Hopkins University Press, 1999); Nielsen, "Civil-Military Relations Theory and Military Effectiveness."

40   무엇보다도 다음을 볼 것. Caitlin Talmadge, *The Dictator's Army: Battlefield Effectiveness in Authoritarian Regimes*(Ithaca, NY: Cornell University Press, 2015).

41   Posen, *The Sources of Military Doctrine*; Snyder, *The Ideology of the Offensive*.

42   Avant, *Political Institutions and Military Change*.

43   Kier, *Imagining War*.

44   Zisk, *Engaging the Enemy*.

45   Samuel P. Huntington, *The Soldier and the State: The Theory and Politics of Civil-Military Relations*(Cambridge, MA: Belknap Press of Harvard University Press, 1957).

46   James C. Mulvenon, "China: Conditional Compliance," in Muthiah Alagappa(ed.), *Coercion and Governance in Asia: The Declining Political Role of the Military*(Stanford, CA: Stanford University Press, 2001), p. 317.

47   1950년 이후 최근의 쿠데타 데이터베이스는 사회주의국가의 쿠데타는 기록하지 않는다. 다음을 볼 것. Jonathan Powell and Clayton Thyne, "Global Instances of Coups from 1950 to Present," *Journal of Peace Research*, Vol. 48, No. 2(2011), pp. 249~259.

48   Roman Kolkowicz, *The Soviet Military and the Communist Party*(Princeton, NJ: Princeton University Press, 1967); Timothy J. Colton, *Commissars, Commanders, and Civilian Authority: The Structure of Soviet Military Politics*(Cambridge, MA: Harvard University Press, 1979); William Odom, "The Party-Military Connection: A Critique," in Dale R. Herspring and Ivan Volgyes(eds.), *Civil-Military Relations in Communist Systems*(Boulder, CO: Westview, 1978), pp. 27~52; Amos Perlmutter and William M. Leogrande, "The Party in Uniform: Toward a Theory of Civil-Military Relations in Communist Political Systems," *American Political Science Review*, Vol. 76, No. 4(1982), pp. 778~789.

49   Perlmutter and Leogrande, "The Party in Uniform."

50   Odom, "The Party-Military Connection," p. 41. 내 주장의 한 가지 함의는 전략에 반영된 어떤 공격적 편견도 군대 자신의 선호가 아닌 당의 목적이라는 함수여야 한다는 점이다.

51   이 문구를 제안해 준 베리 포젠(Barry Posen)에게 감사한다.

52   Risa Brooks, *Shaping Strategy: The Civil-Military Politics of Strategic Assessment*(Princeton, NJ: Princeton University Press, 2008). 브룩스의 전략 평가 개념은 전쟁으로 가는 결정의 맥락에서 상대국의 능력에 대한 평가와 함께 한 국가의 목표를 그 국가의 군사력과 통합하는 것도 포함한다.

53   브룩스와의 차이점은 사회주의국가에서 정치적 지배가 군대의 자율성을 만든다는 것이다. 브룩스는 자율성을 위해서는 군사적 지배가 필요하다고 주장한다.

54   이는 당의 단결이 사회주의국가에서 과소균형을 설명하는 데 관건이라는 것을 암시한다. 과

소균형에 대해서는 다음을 볼 것. Randall Schweller, *Unanswered Threats: Political Constraints on the Balance of Power*(Princeton, NJ: Princeton University Press, 2006).

55   Kenneth N. Waltz, *Theory of International Politics*(New York: McGraw-Hill, 1979), p. 127.

56   사회학적 접근과 초국가적 규범과 함께 제도적 이형성에 대한 존 마이어(John Meyer)의 연구는 한 국가가 따라 하거나 모방할 수 있는 다른 메커니즘을 제공한다. 예컨대 다음을 볼 것. Theo Farrell, "Transnational Norms and Military Development: Constructing Ireland's Professional Army," *European Journal of International Relations*, Vol. 7, No. 1(2001), pp. 63~102.

57   월츠라면 개발도상국이나 군사 현대화 후발국들의 행동은 기존 강대국이나 "분쟁국(contending states)"에 집중된 그의 주장의 범위를 벗어난다고 반응할지도 모른다. 그러나 실제로 학자들은 이 주장을 2차 국가에 적용했다. 다음을 볼 것. Joao Resende-Santos, *Neorealism, States, and the Modern Mass Army*(New York: Cambridge University Press, 2007).

58   보다 자세한 내용은 다음을 볼 것. 같은 책; Barry Posen, "Nationalism, the Mass Army, and Military Power," *International Security*, Vol. 18, No. 2(1993), pp. 80~124; Jeffrey W. Taliaferro, "State Building for Future War: Neoclassical Realism and the Resource Extractive State," *Security Studies*, Vol. 15, No. 3(July 2006), pp. 464~495.

59   군사기술의 혁신에 대한 국가들의 다양한 반응에 관해서는 다음을 볼 것. Horowitz, *The Diffusion of Military Power*; Goldman and Eliason(eds.), *The Diffusion of Military Technology and Ideas*.

60   Stephen Biddle, *Military Power: Explaining Victory and Defeat in Modern Battle*(Princeton, NJ: Princeton University Press, 2004), pp. 28~51.

61   Resende-Santos, *Neorealism, States and the Modern Mass Army*; Posen, "Nationalism, the Mass Army, and Military Power."

62   예를 들어 한 국가의 작전 수준에서의 전쟁 수행 능력과 제병협동작전을 실행하는 방법은 현대 체계의 변수들 내에서 아주 다르게 나타난다. 다음을 볼 것. Robert Michael Citino, *Blitzkrieg to Desert Storm: The Evolution of Operational Warfare*(Lawrence, KS: University Press of Kansas, 2004); House, *Combined Arms Warfare in the Twentieth Century*.

63   Resende-Santos, *Neorealism, States, and the Modern Mass Army*, p. 11.

64   Goldman and Eliason(eds.), *The Diffusion of Military Technology and Ideas*; Horowitz, *The Diffusion of Military Power*.

65   Alexander L. George and Andrew Bennett, *Case Studies and Theory Development in the Social Sciences*(Cambridge, MA: MIT Press, 2005).

66   과정 추적에 대해서는 다음을 볼 것. 같은 책, pp. 205~232; Stephen Van Evera, *Guide to Methods for Students of Political Science*(Ithaca, NY: Cornell University Press, 1997), pp. 64~67; Henry E. Brady and David Collier, *Rethinking Social Inquiry: Diverse Tools, Shared Standards*(Lanham, MD: Rowman & Littlefield, 2004), pp. 207~220; Andrew Bennett and Jeffrey T. Checkel(eds.), *Process Tracing in the Social Sciences: From Metaphor to Analytic Tool*(New York: Cambridge University Press, 2014).

67 Zisk, *Engaging the Enemy*.

68 Deng Xiaoping, *Deng Xiaoping lun guofang he jundui jianshe* [Deng Xiaoping on National Defense and Army Building] (Beijing: Junshi kexue chubanshe, 1992), p. 26.

69 전략방침에 대해서는 다음을 볼 것. David M. Finkelstein, "China's National Military Strategy: An Overview of the 'Military Strategic Guidelines'," in Andrew Scobell and Roy Kamphausen (eds.), *Right Sizing the People's Liberation Army: Exploring the Contours of China's Military* (Carlisle, PA: Strategic Studies Institute, Army War College, 2007), pp. 69~140; M. Taylor Fravel, "The Evolution of China's Military Strategy: Comparing the 1987 and 1999 Editions of *Zhanlue Xue*," in David M. Finkelstein and James Mulvenon (eds.), *The Revolution in Doctrinal Affairs: Emerging Trends in the Operational Art of the Chinese People's Liberation Army* (Alexandria, VA: Center for Naval Analyses, 2005), pp. 79~100.

70 Junshi kexue yuan (ed.), *Zhongguo renmin jiefangjun junyu* [Military Terminology of the Chinese People's Liberation Army], 2011 ed. (Beijing: Junshi kexue chubanshe, 2011), p. 50.

71 미군은 전략을 "조율되거나 통합된 방식으로 전구, 국가 그리고/또는 다국적 목표를 달성하기 위해 국력의 수단을 사용하려는 신중한 구상이나 구상들의 집합"으로 정의한다. 다음을 볼 것. *Department of Defense Dictionary of Military and Associated Terms*, p. 518.

72 Junshi kexue yuan (ed.), *Zhongguo renmin jiefangjun junyu*, p. 51.

73 Wang Wenrong (ed.), *Zhanlue Xue* [The Science of Military Strategy] (Beijing: Guofang daxue chubanshe, 1999), p. 136.

74 Junshi kexue yuan (ed.), *Zhongguo renmin jiefangjun junyu*, p. 51.

75 Wang Wenrong (ed.), *Zhanlue Xue*, pp. 136~139; Gao Rui (ed.), *Zhanlue Xue* [The Science of Military Strategy] (Beijing: Junshi kexue chubanshe, 1987), pp. 81~85; Peng Guangqian and Yao Youzhi (eds.), *Zhanlue Xue* [The Science of Military Strategy] (Beijing: Junshi kexue chubanshe, 2001), pp. 182~186; Fan Zhenjiang and Ma Baoan (eds.), *Junshi zhanlue lun* [On Military Strategy] (Beijing: Guofang daxue chubanshe, 2007), pp. 149~150.

76 다음을 볼 것. Song Shilun, *Song Shilun junshi wenxuan: 1958~1989* [Song Shilun's Selected Works on Military Affairs: 1958~1989] (Beijing: Junshi kexue chubanshe, 2007), pp. 242~245.

77 Jiang Zemin, *Jiang Zemin wenxuan* [Jiang Zemin's Selected Works], Vol. 3 (Beijing: Renmin chubanshe, 2006), p. 608; *2004 nian Zhongguo de guofang* [China's National Defense in 2004] (Beijing: Guowuyuan xinwen bangongshi, 2004).

78 John L. Romjue, *From Active Defense to AirLand Battle: The Development of Army Doctrine, 1973~1982* (Fort Monroe, VA: Historical Office, US Army Training and Doctrine Command, 1984).

79 Colonel Alexander Alderson, "The Validity of British Army Counterinsurgency Doctrine After the War in Iraq 2003~2009" (PhD dissertation, Cranfield University, Defence Academy College of Management and Technology, 2009), p. 93.

80 Yuan Wei and Zhang Zhuo (eds.), *Zhongguo junxiao fazhan shi* [History of the Development

of China's Military Academies](Beijing: Guofang daxue chubanshe, 2001).

81 Patrick J. Garrity, *Why the Gulf War Still Matters: Foreign Perspectives on the War and the Future of International Security*(Los Alamos, NM: Center for National Security Studies, 1993).

82 제2차 세계대전의 군사작전에 대해서는 다음을 볼 것. Williamson Murray and Allan R. Millet, *A War to Be Won: Fighting the Second World War*(Cambridge, MA: Belknap Press of Harvard University Press, 2000).

83 대반란전(counterinsurgency wars)의 재래식 작전은 전쟁의 변화에 관한 교훈을 줄 수도 있지만, 그러한 교훈은 한 군종이나 전투병과에 한정될 가능성이 크다.

84 Biddle, *Military Power*; Citino, *Blitzkrieg to Desert Storm*; House, *Combined Arms Warfare in the Twentieth Century*; Trevor N. Dupuy, *Elusive Victory: The Arab-Israeli Wars 1947~1974* (New York: Harper & Row, 1978); Stephen Biddle, "Victory Misunderstood: What the Gulf War Tells Us about the Future of Conflict," *International Security*, Vol. 21, No. 2(Autumn 1996), pp. 139~179; Geoffrey Parker(ed.), *The Cambridge History of Warfare*(New York: Cambridge University Press, 2005); Trevor N. Dupuy, *The Evolution of Weapons and Warfare* (Indianapolis, IN: Bobbs-Merrill, 1980); Max Hastings and Simon Jenkins, *The Battle for the Falklands*(New York: Norton, 1983); James F. Dunnigan, *How to Make War: A Comprehensive Guide to Modern Warfare in the Twenty-first Century*, 4th ed.(New York: William Morrow, 2003).

85 중국의 파벌 정치에 대한 최근 연구에 관해서는 다음을 볼 것. Jing Huang, *Factionalism in Communist Chinese Politics*(New York: Cambridge University Press, 2000); Victor Shih, *Factions and Finance in China: Elite Conflict and Inflation*(Cambridge: Cambridge University Press, 2008).

86 분열에 관한 한 가지 연관 지표는 잠재적 도전자 혹은 계승자와 비교할 때 최고 지도자의 중앙위원회 내 분파의 크기가 될 수 있을 것이다. 파벌 분석에 관해서는 다음을 볼 것. Victor Shih, Wei Shan and Mingxing Liu, "Gauging the Elite Political Equilibrium in the CCP: A Quantitative Approach Using Biographical Data," *China Quarterly*, No. 201(March 2010), pp. 29~103.

87 중국 정치 체계에 대해서는 다음을 볼 것. Kenneth Lieberthal, *Governing China: From Revolution Through Reform*, 2nd. ed.(New York: W. W. Norton, 2004).

88 Richard Baum, *Burying Mao: Chinese Politics in the Age of Deng Xiaoping*(Princeton, NJ: Princeton University Press, 1994); Joseph Fewsmith, *China Since Tiananmen: The Politics of Transition*(Cambridge: Cambridge University Press, 2001).

제2장 1949년 이전 중국공산당의 군사전략

1 반 슬라이크가 지적했듯이 중국어로 게릴라를 말하는 '유격'이라는 단어에는 '움직이다'와 '때리다'가 합쳐져 있다. 다음을 볼 것. Lyman P. Van Slyke, "The Battle of the Hundred

Regiments: Problems of Coordination and Control during the Sino-Japanese War," *Modern Asian Studies*, Vol. 30, No. 4(1996), p. 983.

2 저우언라이, 주더, 허룽, 네룽전, 류보청이 참가했다.

3 Guofang daxue zhanshi jianbian bianxiezu(ed.), *Zhongguo renmin jiefangjun zhanshi jianbian* [A Brief History of the Chinese People's Liberation Army], 2001 revised ed.(Beijing: Jiefangjun chubanshe, 2003), pp. 9~12.

4 같은 책, p. 17.

5 Yuan Wei(ed.), *Zhongguo zhanzheng fazhan shi* [A History of the Development of War in China](Beijing: Renmin chubanshe, 2001), pp. 842~847.

6 다음을 볼 것. Stephen C. Averill, *Revolution in the Highlands: China's Jinggangshan Base* (Lanham, MD: Rowman & Littlefield, 2006).

7 Guofang daxue zhanshi jianbian bianxiezu(ed.), *Zhongguo renmin jiefangjun zhanshi jianbian*, pp. 58~66; Yuan Wei(ed.), *Zhongguo zhanzheng fazhan shi*, pp. 837~851.

8 이 시기 PLA 사령관들에 대한 짧은 전기들은 다음을 볼 것. William W. Whitson and Zhenxia Huang, *The Chinese High Command: A History of Communist Military Politics, 1927~71* (New York: Praeger, 1973), pp. 224~274.

9 같은 책.

10 Guofang daxue zhanshi jianbian bianxiezu(ed.), *Zhongguo renmin jiefangjun zhanshi jianbian*, p. 58.

11 같은 책.

12 전역에 관해서는 다음을 볼 것. Whitson and Huang, *The Chinese High Command*, pp. 268~279; Edward L. Dreyer, *China at War, 1901~1949*(New York: Routledge, 1995), pp. 160~162; Guofang daxue zhanshi jianbian bianxiezu(ed.), *Zhongguo renmin jiefangjun zhanshi jianbian*, pp. 68~70.

13 Dreyer, *China at War*, pp. 162~164; Guofang daxue zhanshi jianbian bianxiezu(ed.), *Zhongguo renmin jiefangjun zhanshi jianbian*, pp. 70~73.

14 Dreyer, *China at War*, p. 164.

15 전역에 관해서는 다음을 볼 것. Whitson and Huang, *The Chinese High Command*, pp. 270~272; Dreyer, *China at War*, pp. 162~164; Guofang daxue zhanshi jianbian bianxiezu(ed.), *Zhongguo renmin jiefangjun zhanshi jianbian*, pp. 70~73.

16 Dreyer, *China at War*, p. 165; Guofang daxue zhanshi jianbian bianxiezu(ed.), *Zhongguo renmin jiefangjun zhanshi jianbian*, p. 74.

17 William Wei, *Counterrevolution in China: The Nationalists in Jiangxi during the Soviet Period* (Ann Arbor, MI: University of Michigan Press, 1985), pp. 46~47.

18 전역에 관해서는 다음을 볼 것. Whitson and Huang, *The Chinese High Command*, pp. 272~274; Dreyer, *China at War*, pp. 165~168; Guofang daxue zhanshi jianbian bianxiezu(ed.), *Zhongguo renmin jiefangjun zhanshi jianbian*, pp. 73~75.

19 Yuan Wei(ed.), *Zhongguo zhanzheng fazhan shi*, p. 854.

20 Tony Saich(ed.), *The Rise to Power of the Chinese Communist Party: Documents and Analysis* (New York: Routledge, 2015), p. 563.

21 Zhongyang dang'an guan(ed.), *Zhonggong zhongyang wenjian xuanji* [Selected Documents of the Central Committee of the Chinese Communist Party], Vol. 8(Beijing: Zhongyang dangxiao chubanshe, 1991), p. 236.

22 Stuart R. Schram(ed.), *Mao's Road to Power*, Vol. 4(The Rise and Fall of the Chinese Soviet Republic, 1931~1934)(Armonk, NY: M. E. Sharpe, 1997), pp. li~lxiii.

23 Pang Xianzhi(ed.), *Mao Zedong nianpu, 1893~1949 (shang)* [A Chronicle of Mao Zedong's Life, 1893~1949 (Part 1)](Beijing: Zhongyang wenxian chubanshe, 2013), p. 389.

24 Mao Zedong, *Mao Zedong xuanji* [Mao Zedong's Selected Works], Vol. 1., 2nd ed.(Beijing: Renmin chubanshe, 1991), p. 203.

25 Dreyer, *China at War*, p. 187.

26 Whitson and Huang, *The Chinese High Command*, pp. 275~277; Dreyer, *China at War*, pp. 187~189; Guofang daxue zhanshi jianbian bianxiezu(ed.), *Zhongguo renmin jiefangjun zhanshi jianbian*, pp. 101~103.

27 자세한 설명은 다음을 볼 것. Wei, *Counterrevolution in China*, pp. 101~125.

28 같은 책, p. 106.

29 Guofang daxue zhanshi jianbian bianxiezu(ed.), *Zhongguo renmin jiefangjun zhanshi jianbian*, pp. 105~106.

30 Dreyer, *China at War*, p. 194.

31 전역에 관해서는 다음을 볼 것. Whitson and Huang, *The Chinese High Command*, pp. 278~281; Dreyer, *China at War*, pp. 190~194; Guofang daxue zhanshi jianbian bianxiezu(ed.), *Zhongguo renmin jiefangjun zhanshi jianbian*, pp. 104~109.

32 대장정에 관한 최근 분석은 다음을 볼 것. Shuyun Sun, *The Long March: The True History of Communist China's Founding Myth*(New York: Anchor Books, 2008).

33 마오쩌둥 연설에 관한 유일한 설명은 그의 연대기를 볼 것. Pang Xianzhi(ed.), *Mao Zedong nianpu, 1893~1949 (shang)*, p. 442. 마오의 구상은 회의 결의에 담겼던 것으로 보인다. 다음을 볼 것. Zhongyang dang'an guan(ed.), *Zhonggong zhongyang wenjian xuanji* [Selected Documents of the Central Committee of the Chinese Communist Party], Vol. 10(1934~1935)(Beijing: Zhongyang dangxiao chubanshe, 1991), p. 454.

34 Mao Zedong, *Mao Zedong xuanji*, Vol. 1, pp. 170~244.

35 같은 책, pp. 189~190.

36 같은 책, p. 197.

37 같은 책, p. 230.

38 같은 책, p. 196.

39 같은 책, p. 230.

40 Mao Zedong, *Mao Zedong junshi wenxuan* [Mao Zedong's Selected Works on Military Affairs], Vol. 1(Beijing: Junshi kexue chubanshe, 1993), pp. 413~421.

41 같은 책, p. 413.

42 같은 책.

43 1936년 말이나 한 해 뒤에 중국공산당은 홍군이 산시성의 5만 명에 달하는 병력 증가를 포함해 20만 명으로 늘어나기를 바랐다.

44 Guofang daxue zhanshi jianbian bianxiezu(ed.), *Zhongguo renmin jiefangjun zhanshi jianbian*, p. 254.

45 공식적인 개요는 다음을 볼 것. 같은 책; Shou Xiaosong(ed.), *Zhongguo renmin jiefangjun de 80 nian: 1927~2007* [Eighty Years of the Chinese People's Liberation Army: 1927~2007](Beijing: Junshi kexue chubanshe, 2007), pp. 114~116.

46 Guofang daxue zhanshi jianbian bianxiezu(ed.), *Zhongguo renmin jiefangjun zhanshi jianbian*, p. 254; Shou Xiaosong(ed.), *Zhongguo renmin jiefangjun de 80 nian*, p. 115.

47 Shou Xiaosong(ed.), *Zhongguo renmin jiefangjun de 80 nian*, p. 115. 다음을 볼 것. Chen Furong and Zeng Luping, "Luochuan huiyi junshi fenqi tansuo" [An Exploration of the Military Differences at the Luochuan Meeting], *Yan'an daxue xuebao (shehui kexue ban)*, Vol. 28, No. 5(2006), pp. 13~15.

48 Mao Zedong, *Mao Zedong junshi wenxuan* [Mao Zedong's Selected Works on Military Affairs], Vol. 2(Beijing: Junshi kexue chubanshe, 1993), pp. 44~45, 53~54.

49 Shou Xiaosong(ed.), *Zhongguo renmin jiefangjun de 80 nian*, p. 115.

50 Mao Zedong, *Mao Zedong wenji* [Mao Zedong's Collected Works], Vol. 2(Beijing: Renmin chubanshe, 1993), p. 441.

51 이들 에세이에는 "항일유격전에서의 전략문제(Problems of Strategy in the Guerrilla War Against Japan)"와 "지구전론(On Protracted War)"이 포함된다. 다음을 볼 것. Mao Zedong, *Mao Zedong xuanji* [Mao Zedong's Selected Works], Vol. 2, 2nd ed.(Beijing: Renmin chubanshe, 1991), pp. 404~438, 439~518.

52 Guofang daxue zhanshi jianbian bianxiezu(ed.), *Zhongguo renmin jiefangjun zhanshi jianbian*, p. 357.

53 Dreyer, *China at War*, p. 252.

54 같은 책, p. 253.

55 Lyman P. Van Slyke, "The Chinese Communist Movement during the Sino-Japanese War, 1937~1945," *The Nationalist Era in China, 1927~1949*(Ithaca, NY: Cornell University Press, 1991), p. 189.

56 Whitson and Huang, *The Chinese High Command*, p. 68.

57 다양한 동기에 대한 완전한 설명은 다음을 볼 것. Van Slyke, "The Battle of the Hundred Regiments," pp. 979~1005.

58 팔로군은 105개 연대를 공격에 사용했으며 이름이 거기서 유래했다.

59   Guofang daxue zhanshi jianbian bianxiezu(ed.), *Zhongguo renmin jiefangjun zhanshi jianbian*, p. 365.

60   Whitson and Huang, *The Chinese High Command*, p. 71; Van Slyke, "The Battle of the Hundred Regiments," p. 1000.

61   Dreyer, *China at War*, p. 253.

62   Van Slyke, "The Chinese Communist Movement during the Sino-Japanese War," p. 189.

63   같은 글, p. 277.

64   같은 글.

65   Guofang daxue zhanshi jianbian bianxiezu(ed.), *Zhongguo renmin jiefangjun zhanshi jianbian*, pp. 517~518.

66   Liu Shaoqi, *Liu Shaoqi xuanji* [Liu Shaoqi's Selected Works], Vol. 1(Beijing: Renmin chubanshe, 1981), p. 372.

67   Steven I. Levine, *Anvil of Victory: The Communist Revolution in Manchuria, 1945~1948*(New York: Columbia University Press, 1987).

68   보다 자세한 논의는 다음을 볼 것. Christopher R. Lew, *The Third Chinese Revolutionary Civil War, 1945~49: An Analysis of Communist Strategy and Leadership*(New York: Routledge, 2009), pp. 20~34.

69   Guofang daxue zhanshi jianbian bianxiezu(ed.), *Zhongguo renmin jiefangjun zhanshi jianbian*, pp. 517~518.

70   Mao Zedong, *Mao Zedong xuanji* [Mao Zedong's Selected Works], 2nd ed., Vol. 4(Beijing: Renmin chubanshe, 1991), p. 1187.

71   같은 책, p. 1372.

72   Mao Zedong, *Mao Zedong junshi wenxuan* [Mao Zedong's Selected Works on Military Affairs], Vol. 3(Beijing: Junshi kexue chubanshe, 1993), pp. 482~485.

73   Lew, *The Third Chinese Revolutionary Civil War*, pp. 62~66.

74   Guofang daxue zhanshi jianbian bianxiezu(ed.), *Zhongguo renmin jiefangjun zhanshi jianbian*, pp. 558~559.

75   Dreyer, *China at War*, p. 253.

76   Zhongyang dang'an guan(ed.), *Zhonggong zhongyang wenjian xuanji* [Selected Documents of the Central Committee of the Chinese Communist Party], Vol. 16(1946~1947)(Beijing: Zhongyang dangxiao chubanshe, 1991), pp. 475~476.

77   Mao Zedong, *Mao Zedong xuanji*, Vol. 4, pp. 1229~1234.

78   Odd Arne Westad, *Decisive Encounters: The Chinese Civil War, 1946~1950*(Stanford, Calif: Stanford University Press, 2003), pp. 168~172; Guofang daxue zhanshi jianbian bianxiezu(ed.), *Zhongguo renmin jiefangjun zhanshi jianbian*, pp. 561~574; Lew, *The Third Chinese Revolutionary Civil War*, pp. 75~85.

79   Guofang daxue zhanshi jianbian bianxiezu(ed.), *Zhongguo renmin jiefangjun zhanshi jianbian*,

pp. 595~596.

80 Westad, *Decisive Encounters*, pp. 192~199; Guofang daxue zhanshi jianbian bianxiezu(ed.), *Zhongguo renmin jiefangjun zhanshi jianbian*, pp. 596~602; Lew, *The Third Chinese Revolutionary Civil War*, pp. 108~114.

81 Guofang daxue zhanshi jianbian bianxiezu(ed.), *Zhongguo renmin jiefangjun zhanshi jianbian*, pp. 602~603; Lew, *The Third Chinese Revolutionary Civil War*, p. 116.

82 Westad, *Decisive Encounters*, pp. 199~211; Guofang daxue zhanshi jianbian bianxiezu(ed.), *Zhongguo renmin jiefangjun zhanshi jianbian*, pp. 602~607; Lew, *The Third Chinese Revolutionary Civil War*, pp. 114~123.

83 Guofang daxue zhanshi jianbian bianxiezu(ed.), *Zhongguo renmin jiefangjun zhanshi jianbian*, pp. 607~611; Lew, *The Third Chinese Revolutionary Civil War*, pp. 123~129.

84 1933년 7월, 저우언라이는 당 지도부에서 온 전보에 중화소비에트에서 군사작전에 대해 '전략방침'을 포함하는 내용이 담겨 있었다고 기술했다. 다음을 볼 것. Zhou Enlai, *Zhou Enlai junshi wenxuan*[Zhou Enlai's Selected Works on Military Affairs], Vol. 1(Beijing: Renmin chubanshe, 1997), p. 302.

85 Zhongyang dang'an guan(ed.), *Zhonggong zhongyang wenjian xuanji*, Vol. 10(1934~1935), pp. 441~444.

86 같은 책, pp. 441~442.

87 같은 책, p. 460.

88 Zhongyang dang'an guan(ed.), *Zhonggong zhongyang wenjian xuanji*, Vol. 10(1934~1935), p. 589.

89 Guofang daxue zhanshi jianbian bianxiezu(ed.), *Zhongguo renmin jiefangjun zhanshi jianbian*, p. 341. 이것은 '남쪽을 공고히 하고 동쪽에서 싸우며 북쪽을 개발한다'는 것이었다.

90 같은 책, p. 342.

91 Peng Dehuai, *Peng Dehuai junshi wenxuan*[Peng Dehuai's Selected Works on Military Affairs] (Beijing: Zhongyang wenxian chubanshe, 1988), p. 587.

92 Wang Wenrong(ed.), *Zhanlue Xue*[The Science of Military Strategy](Beijing: Guofang daxue chubanshe, 1999), pp. 136~139; Gao Rui(ed.), *Zhanlue Xue*[The Science of Military Strategy] (Beijing: Junshi kexue chubanshe, 1987), pp. 81~85; Peng Guangqian and Yao Youzhi(eds.), *Zhanlue Xue*[The Science of Military Strategy](Beijing: Junshi kexue chubanshe, 2001), pp. 182~186; Fan Zhenjiang and Ma Baoan(eds.), *Junshi zhanlue lun*[On Military Strategy](Beijing: Guofang daxue chubanshe, 2007), pp. 149~150.

93 Mao Zedong, *Mao Zedong wenji*[Mao Zedong's Collected Works], Vol. 1(Beijing: Renmin chubanshe, 1993), pp. 376~382.

94 같은 책, p. 379.

95 그 문구가 『마오 선집(Mao Zedong wenji)』에 나오기는 하지만 군사령관은 주더였으며 이러한 접근을 아마 고안했을 것이다. 다음을 볼 것. Lei Mou, "Youji zhanzheng 'shiliu zikuai'

de xingcheng yu fazhan"[The Origins and Development of the 'Sixteen Characters' of Guerrilla Warfare], *Guangming ribao*, December 13, 2017, p. 11. PLA 자료에 따르면 마오쩌둥과 주더 둘 다의 탓이었다. 다음을 볼 것. Shou Xiaosong(ed.), *Zhongguo renmin jiefangjun de 80 nian*, p. 27.

96   Junshi kexue yuan(ed.), *Zhongguo renmin jiefangjun junyu* [Military Terminology of the Chinese People's Liberation Army], 2011 ed.(Beijing: Junshi kexue chubanshe, 2011), p. 52.

97   Peng Guangqian and Yao Youzhi(eds.), *Zhanlue Xue*, pp. 453~454.

98   Mao Zedong, *Mao Zedong wenji*, Vol. 2, p. 152.

99   Mao Zedong, *Mao Zedong junshi wenji* [Mao Zedong's Collected Works on Military Affairs], Vol. 1(Beijing: Junshi kexue chubanshe, 1993), p. 181.

100 이러한 유형화는 다음의 연구에 약간 기반하고 있다. Alexander Chieh-cheng Huang, "Transformation and Refinement of Chinese Military Doctrine: Reflection and Critique on the PLA's View," in James Mulvenon and Andrew N. D. Yang(eds.), *Seeking Truth from Facts: A Retrospective on Chinese Military Studies in the Post-Mao Era*(Santa Monica, CA: RAND, 2001), p. 132.

101 Mao Zedong, *Mao Zedong xuanji* [Mao Zedong's Selected Works], 2nd ed., Vol. 3(Beijing: Renmin chubanshe, 1991), pp. 1038~1041.

102 같은 책, pp. 12~44.

103 같은 책, pp. 170~244.

104 Saich(ed.), *The Rise to Power of the Chinese Communist Party*, p. 560.

105 Mao Zedong, *Mao Zedong xuanji*, Vol. 2, p. 477.

106 같은 책, p. 511.

107 같은 책, p. 480.

108 군사과학원에서 나온 인민전쟁에 대한 최근 요약은 다음을 볼 것. Yuan Dejin, *Mao Zedong junshi sixiang jiaocheng* [Lectures on Mao Zedong's Military Thought](Beijing: Junshi kexue chubanshe, 2000), pp. 135~158.

109 Suzanne Pepper, *Civil War in China: The Political Struggle, 1945~1949*(Lanhan, MD: Rowman & Littlefield, 1999), p. 292.

110 William Wei, "Power Grows Out of the Barrel of a Gun: Mao and Red Army," in David A. Graff and Robin Higham(eds.), *A Military History of China*(Lexington, KY: University Press of Kentucky, 2012), pp. 234~236.

111 같은 책, p. 234.

112 Lin Piao, "Long Live the Victory of People's War," *Peking Review*, No. 36(September 3, 1965), pp. 9~20.

113 Ralph L. Powell, "Maoist Military Doctrines," *Asian Survey*, Vol. 8, No. 4(April 1968), pp. 239~262.

114 예컨대 다음을 볼 것. Harlan W. Jencks, "People's War under Modern Conditions: Wishful

Thinking, National Suicide, or Effective Deterrent?," *China Quarterly*, No. 98(June 1984), pp. 305~319.

115 Dennis Blasko, "The Evolution of Core Concepts: People's War, Active Defense, and Offshore Defense," in Roy Kamphausen, David Lai and Travis Tanner(eds.), *Assessing the People's Liberation Army in the Hu Jintao Era*(Carlisle, PA: Strategic Studies Institute, Army War College, 2014), pp. 81~128.

116 Junshi kexue yuan(ed.), *Zhongguo renmin jiefangjun junyu*, p. 47.

117 Dennis Blasko, "China's Evolving Approach to Strategic Deterrence," in Joe McReynolds(ed.), *China's Evolving Military Strategy*(Washington, DC: Jamestown Foundation, 2016), p. 349.

118 Junshi kexue yuan(ed.), *Zhongguo renmin jiefangjun junyu*, p. 8.

119 같은 책, p. 5.

120 같은 책.

121 같은 책, p. 190.

122 같은 책.

123 중국의 지정학적 환경에 대해서는 다음을 볼 것. Andrew J. Nathan and Robert S. Ross, *The Great Wall and the Empty Fortress: China's Search for Security*(New York: W. W. Norton, 1997).

124 중국의 여러 영토 분쟁에 대해서는 다음을 볼 것. M. Taylor Fravel, *Strong Borders, Secure Nation: Cooperation and Conflict in China's Territorial Disputes*(Princeton, NJ: Princeton University Press, 2008).

125 중국과 대만에 대해서는 다음을 볼 것. Steven M. Goldstein, *China and Taiwan*(Cambridge: Polity, 2015).

126 He Di, "The Last Campaign to Unify China: The CCP's Unrealized Plan to Liberate Taiwan, 1949~1950," in Mark A. Ryan, David M. Finkelstein and Michael A. McDevitt(eds.), *Chinese Warfighting: The PLA Experience since 1949*(Armonk, NY: M. E. Sharpe, 2003), pp. 73~90.

127 중국의 한국전쟁 참전에 대해서는 다음을 볼 것. Allen S. Whiting, *China Crosses the Yalu: The Decision to Enter the Korean War*(New York: Macmillan, 1960); Chen Jian, *China's Road to the Korean War: The Making of the Sino-American Confrontation*(New York: Columbia University Press, 1994); Thomas J. Christensen, *Worse Than a Monolith: Alliance Politics and Problems of Coercive Diplomacy in Asia*(Princeton, NJ: Princeton University Press, 2011), pp. 28~108.

128 위임에 대해서는 다음을 볼 것. Whitson and Huang, *The Chinese High Command*, p. 466.

129 린뱌오 관리하의 동북에서 PLA의 발전에 대해서는 다음을 볼 것. Harold M. Tanner, *Where Chiang Kai-shek Lost China: The Liao-Shen Campaign, 1948*(Bloomington, IN: Indian University Press, 2015); Chen Li, "From Burma Road to 38th Parallel: The Chinese Forces' Adaptation in War, 1942~1953"(PhD thesis, Faculty of Asian and Middle Eastern Studies, Cambridge University, 2012).

제3장 1956년 전략: '조국보위'

1 예컨대 다음을 볼 것. David Shambaugh, *Modernizing China's Military: Progress, Problems, and Prospects*(Berkeley, CA: University of California Press, 2002), p. 60; Ka Po Ng, *Interpreting China's Military Power*(New York: Routledge, 2005), pp. 58~59.

2 Zhang Zhen, *Zhang Zhen huiyilu (xia)*[Zhang Zhen's Memoirs](Beijing: Jiefangjun chubanshe, 2003), p. 364. 장전은 1992년부터 1997년까지 중앙군사위 부주석을 맡았다.

3 Peng Dehuai, *Peng Dehuai junshi wenxuan* [Peng Dehuai's Selected Works on Military Affairs] (Beijing: Zhongyang wenxian chubanshe, 1988), p. 601.

4 Wang Yan(ed.), *Peng Dehuai zhuan* [Peng Dehuai's Biography](Beijing: Dangdai Zhongguo chubanshe, 1993), p. 537.

5 같은 책, p. 538.

6 Yin Qiming and Cheng Yaguang, *Diyi ren guofang buzhang*[First Minister of Defense] (Guangzhou: Guangdong jiaoyu chubanshe, 1997), p. 46; Yu Huamin and Hu Zhefeng, *Zhongguo junshi sixiang shi*[History of Chinese Military Thought](Kaifeng: Henan daxue chubanshe: 1999), p. 180.

7 Peng Dehuai, *Peng Dehuai junshi wenxuan*, pp. 584~601.

8 Jiang Jiantian, "Wojun zhandou tiaoling tixi de xingcheng"[Formation of Our Army's Combat Regulations System], *Jiefangjun Bao*, July 16, 2000. 달리 주석을 달지 않는 한 ≪해방군보≫ 의 모든 기사는 이 신문의 이스트뷰(EastView) 데이터베이스에서 얻은 것이다.

9 Zhou Jun and Zhou Zaohe, "Renmin jiefangjun diyidai zhandou tiaoling xingcheng chutan" [Prelimarinary Exploration of the Formation of the PLA's First Generation Combat Regulations], *Junshi lishi*, No. 1(1996), pp. 25~27; Ren Jian, *Zuozhan tiaoling gailun* [An Introduction to Operations Regulations](Beijing: Junshi kexue chubanshe, 2016), pp. 38~43.

10 전력 구조의 관련 요소는 예비군 창설과 전시 동원 계획의 개발이었다. 펑더화이는 상비군 규모를 줄이려고 했기 때문에 중국이 공격받으면 동원될 수 있는 충분한 예비군을 원했다.

11 모든 수치는 다음의 연구가 출처다. Shou Xiaosong(ed.), *Zhongguo renmin jiefangjun de 80 nian: 1927~2007*[Eighty Years of the Chinese People's Liberation Army: 1927~2007](Beijing: Junshi kexue chubanshe, 2007), p. 339.

12 같은 책, p. 338.

13 "Xunlian zongjianbu banfa xin de xunlian dagang"[Training Supervision Department Issues New Training Program], *Jiefangjun Bao*, January 16, 1958.

14 Ma Xiaotian and Zhao Keming(eds.), *Zhongguo renmin jiefangjun guofang daxue shi: Di'er juan (1950~1985)*[History of the Chinese People's Liberation Army's National Defense University: Vol. 2 (1950~1985)](Beijing: Guofang daxue chubanshe, 2007).

15 Jin Ye, "Yi Liaodong bandao kangdenglu zhanyi yanxi"[Recalling the Liaodong Peninsula Anti-Landing Campaign Exercise], in Xu Huizi(ed.), *Zongcan moubu: Huiyi shiliao* [General

Staff Department: Recollections and Historical Materials](Beijing: Jiefangjun chubanshe, 1995), pp. 456~462.

16 Shou Xiaosong(ed.), *Zhongguo renmin jiefangjun de 80 nian*, p. 345.

17 Su Yu, *Su Yu wenxuan*[Su Yu's Selected Works], Vol. 3(Beijing: Junshi kexue chubanshe, 2004), p. 57.

18 같은 책, p. 58.

19 Qi Dexue(ed.), *KangMei yuanChao zhanzheng shi*[History of the War to Resist America and Aid Korea], Vol. 3(Beijing: Junshi kexue chubanshe, 2000), p. 555. 또한 다음을 볼 것. Chen Li, "From Civil War Victor to Cold War Guard: Positional Warfare in Korea and the Transformation of the Chinese People's Liberation Army, 1951~1953," *Journal of Strategic Studies*, Vol. 38, No. 1-2(2015), pp. 138~214.

20 Qi Dexue(ed.), *KangMei yuanChao zhanzheng shi*, Vol. 3, p. 555. 또한 다음을 볼 것. Li, "From Civil War Victor to Cold War Guard," pp. 183~214.

21 이것은 미군은 약 3만 7000명이 전사한 데 비해 PLA는 거의 40만 명이 전사했다는 예측에 근거하고 있다. 중국인 사상자에 대한 예측에 대해서는 다음을 볼 것. Michael Clodfelter, *Warfare and Armed Conflicts: A Statistical Reference to Casualty and Other Figures, 1500~2000*(Jefferson, NC: MacFarland, 2002), p. 173.

22 Qi Dexue(ed.), *KangMei yuanChao zhanzheng shi*, Vol. 3, p. 552.

23 Peng Dehuai, *Peng Dehuai junshi wenxuan*, p. 492.

24 공군력의 역할에 대해서는 다음을 볼 것. Zhang Zhen, *Zhang Zhen huiyilu (shang)*[Zhang Zhen's Memoirs](Beijing: Jiefangjun chubanshe, 2003); Xu Yan, *Di yi ci jiaoliang: KangMei yuanChao zhanzheng de lishi huigu yu fansi*[First Contest: Reviewing and Rethinking the War to Resist America and Aid Korea](Beijing: Zhongguo guangbo dianshi chubanshe, 1998); Shou Xiaosong(ed.), *Zhongguo renmin jiefangjun de 80 nian*, pp. 306~329.

25 Qi Dexue(ed.), *KangMei yuanChao zhanzheng shi*, Vol. 3, p. 552.

26 같은 책.

27 Su Yu, *Su Yu wenxuan*, Vol. 3, p. 151.

28 Ye Jianying, *Ye Jianying junshi wenxuan*[Ye Jianying's Selected Works on Military Affairs](Beijing: Jiefangjun chubanshe, 1997), pp. 244~265; Su Yu, *Su Yu wenxuan*, Vol. 3, pp. 164~171.

29 핵 혁명의 함의에 대해서는 가령 다음을 볼 것. Su Yu, *Su Yu wenxuan*. Vol. 3, pp. 164~171.

30 Frederick C. Teiwes, "The Establishment and Consolidation of the New Regime," in Roderick MacFarquhar(ed.), *The Politics of China: The Eras of Mao and Deng*(Cambridge: Cambridge University Press, 1997), p. 8.

31 같은 글, pp. 45~50.

32 티위스(Teiwes) 외에 다음 연구도 볼 것. Avery Goldstein, *From Bandwagon to Balance-of-Power Politics: Structural Constraints and Politics in China, 1949~1978*(Stanford, CA: Stanford

University Press, 1991).

33 이 문단은 다음에 주로 의존했다. Teiwes, "The Establishment and Consolidation of the New Regime," pp. 5~15.

34 Mao Zedong, *Mao Zedong wenji* [Mao Zedong's Collected Works], Vol. 5(Beijing: Renmin chubanshe, 1996), p. 345.

35 Teiwes, "The Establishment and Consolidation of the New Regime," pp. 28~42.

36 Han Huaizhi and Tan Jingqiao(eds.), *Dangdai Zhongguo jundui de junshi gongzuo (shang)* [Military Work of Contemporary China's Armed Forces (Part 1)](Beijing: Zhongguo shehui kexue chubanshe, 1989), pp. 276~319.

37 공안군(public security force)의 역사에 대한 연구는 다음을 볼 것. Xuezhi Guo, *China's Security State: Philosophy, Evolution, and Politics*(New York: Cambridge University Press, 2012).

38 Wang Yan(ed.), *Peng Dehuai zhuan*, pp. 494~495.

39 Wang Yan(ed.), *Peng Dehuai nianpu* [A Chronicle of Peng Dehuai's Life](Beijing: Renmin chubanshe, 1998), p. 530.

40 다른 위원들은 주더, 펑더화이, 린뱌오, 류보청, 허룽, 천이, 뤄룽환(羅榮桓), 쉬샹첸, 녜룽전, 예졘잉이었다. 이 시기 중앙군사위에 대해서는 다음을 볼 것. Nan Li, "The Central Military Commission and Military Policy in China," in James Mulvenon and Andrew N. D. Yang(eds.), *The People's Liberation Army as Organization: V 1.0,*, *Reference Volume*(Santa Monica, CA: RAND, 2002), pp. 45~94; David Shambaugh, "Building the Party-State in China, 1949~1965: Bringing the Soldier Back In," in Timothy Cheek and Tony Saich(eds.), *New Perspectives on State Socialism in China*(Armonk, NY: M. E. Sharpe, 1997), pp. 125~150. 1949년부터 1954년까지 중앙군사위는 중앙인민정부 인민혁명군 위원회(People's Revolution Military Commission of the Central People's Government, 中央人民政府人民革命軍事委員會)로 알려져 있었다. 여기에 공산당원이 아닌 위원(대부분이 전직 국민당 장군들)들이 포함되어 있었기 때문이다. 1954년 9월에 이 기구는 정부기관인 중화인민공화국 국방위원회(The National Defense Commission of the PRC, 中華人民共和國國防委員會)로 이름을 바꾸었으며, 중국공산당 중앙위원회 산하에 새로운 중앙군사위가 설립되었다. 여기에는 공산당원만이 소속되었다.

41 Wang Yan(ed.), *Peng Dehuai nianpu*, p. 577.

42 Huang Kecheng, "Huiyi wushi niandai zai junwei, zongcan gongzuo de qingkuang"[Remembering Work Situations from the 1950s in the CMC and GSD], in Xu Huizi(ed.), *Zongcan moubu: Huiyi shiliao* [General Staff Department: Recollections and Historical Materials](Beijing: Jiefangjun chubanshe, 1995), p. 328.

43 이것은 내가 이 시기 중앙군사위 확대회의에 관한 이용 가능한 설명들을 읽은 내용에 기반한다. 마오쩌둥은 1952년 초에 이들 회의에 참석하는 것을 멈추었던 것 같다.

44 Huang Kecheng, "Huiyi wushi niandai zai junwei, zongcan gongzuo de qingkuang," p. 328.

45 Zhang Zhen, *Zhang Zhen huiyilu (shang)*, p. 473. 장전은 총참모부 작전부장이었다.

46 같은 책, p. 474.

47 Su Yu, *Su Yu wenxuan*, Vol. 3, pp. 71~75.

48 같은 책, p. 75.

49 같은 책, p. 73.

50 Zhu Ying(ed.), *Su Yu zhuan* [Su Yu's Biography] (Beijing: Dangdai Zhongguo chubanshe, 2000), pp. 868~869.

51 Zhang Zhen, *Zhang Zhen huiyilu (shang)*, p. 476. 이 계획은 공개된 적이 없다.

52 Shou Xiaosong(ed.), *Zhongguo renmin jiefangjun junshi* [A Military History of the Chinese People's Liberation Army], Vol. 4(Beijing: Junshi kexue chubanshe, 2011), p. 296. 미국·국민 당 합동 공격에 대해서는 다음을 볼 것. Zhang Zhen, *Zhang Zhen huiyilu (shang)*, p. 475.

53 Shou Xiaosong(ed.), *Zhongguo renmin jiefangjun junshi*, Vol. 4, pp. 296, 299.

54 같은 책, p. 299.

55 Zhang Zhen, *Zhang Zhen huiyilu (shang)*, p. 476.

56 이것은 보병부대만 말한 것으로 포병, 기갑, 공병 및 공안대는 제외한다. 전력 감축에 대한 1951년의 원래 결정은 한국전쟁의 평화 회담이 개시된 뒤에 내려졌다. 다음을 볼 것. Shou Xiaosong(ed.), *Zhongguo renmin jiefangjun junshi*, Vol. 4, p. 286.

57 Zhang Zhen, *Zhang Zhen huiyilu (shang)*, p. 476.

58 Shou Xiaosong(ed.), *Zhongguo renmin jiefangjun junshi*, Vol. 4, pp. 297~299.

59 Zhang Zhen, *Zhang Zhen huiyilu (shang)*, p. 476. 각 사단은 3개의 보병연대, 1개의 포병연 대, 1개의 전차연대, 1개의 대전차대대, 1개의 대공대대로 구성되었다. 다음을 볼 것. Shou Xiaosong(ed.), *Zhongguo renmin jiefangjun junshi*, Vol. 4, p. 297.

60 Zhang Zhen, *Zhang Zhen huiyilu (shang)*, pp. 476~477.

61 Yin Qiming and Cheng Yaguang, *Diyi ren guofang buzhang*, p. 140.

62 같은 책, p. 141.

63 Shou Xiaosong(ed.), *Zhongguo renmin jiefangjun junshi*, Vol. 4, p. 336.

64 Wang Yan(ed.), *Peng Dehuai nianpu*, p. 557.

65 같은 책, p. 558.

66 같은 책, p. 560.

67 Peng Dehuai, *Peng Dehuai junshi wenxuan*, p. 476.

68 Wang Yan(ed.), *Peng Dehuai nianpu*, p. 563. 황커청, 린뱌오, 천이, 가오강이 포함되었다.

69 Peng Dehuai, *Peng Dehuai junshi wenxuan*, p. 474.

70 같은 책, p. 470. 펑더화이도 "일부 동지들이 (……) 성공에 너무 흥분하고 조급해한다"라고 비판했다.

71 같은 책, p. 472.

72 같은 책, p. 498.

73 같은 책.

74 Shou Xiaosong(ed.), *Zhongguo renmin jiefangjun de 80 nian*, p. 331.

75 Shou Xiaosong(ed.), *Zhongguo renmin jiefangjun junshi* [A Military History of the Chinese

People's Liberation Army], Vol. 5(Beijing: Junshi kexue chubanshe, 2011), p. 116.

76 Peng Dehuai, *Peng Dehuai junshi wenxuan*, p. 500.

77 같은 책, p. 501.

78 같은 책, p. 500.

79 Shou Xiaosong(ed.), *Zhongguo renmin jiefangjun junshi*, Vol. 5, pp. 43~60.

80 Xie Guojun(ed.), *Junqi piaopiao* [The Army's Flag Fluttering] (Beijing: Jiefangjun chubanshe, 1999), p. 175; Shou Xiaosong(ed.), *Zhongguo renmin jiefangjun junshi*, Vol. 5, pp. 5, 10.

81 Xie Guojun(ed.), *Junqi piaopiao*, p. 175.

82 같은 책.

83 Shou Xiaosong(ed.), *Zhongguo renmin jiefangjun de 80 nian*, p. 338; Nie Rongzhen, *Nie Rongzhen junshi wenxuan* [Nie Rongzhen's Selected Works on Military Affairs] (Beijing: Jiefangjun chubanshe, 1992), p. 381.

84 Shou Xiaosong(ed.), *Zhongguo renmin jiefangjun de 80 nian*, p. 338.

85 이 점에 대해서는 다음을 볼 것. Ye Jianying, *Ye Jianying junshi wenxuan*, pp. 269~270.

86 Liu Jixian(ed.), *Ye Jianying nianpu* [A Chronicle of Ye Jianying's Life], Vol. 2(Beijing: Zhongyang wenxian chubanshe, 2007), p. 818.

87 Ye Jianying, *Ye Jianying junshi wenxuan*, p. 268.

88 Shou Xiaosong(ed.), *Zhongguo renmin jiefangjun junshi*, Vol. 5, pp. 70~71.

89 같은 책, p. 71.

90 Jin Ye, "Yi Liaodong bandao kangdenglu zhanyi yanxi," p. 453.

91 Ye Jianying, *Ye Jianying junshi wenxuan*, p. 271.

92 Peng Dehuai, *Peng Dehuai junshi wenxuan*, p. 528.

93 같은 책, p. 531.

94 같은 책, p. 530.

95 같은 책.

96 같은 책, p. 531.

97 같은 책, p. 532.

98 같은 책.

99 같은 책, pp. 532~533.

100 당 대표들의 회의이기는 하지만 당대회나 전국인민대표대회와 혼동해서는 안 된다. 이 회의는 제1차 5개년 규획과 가오강과 라오수스의 숙청을 논의하고 중앙통제위원회를 창설하기 위해 소집되었다.

101 Mao Zedong, *Jianguo yilai Mao Zedong junshi wengao* [Mao Zedong's Military Manuscripts since the Founding of the Nation], Vol. 2(Beijing: Junshi kexue chubanshe, 2010), p. 265.

102 같은 책.

103 Yin Qiming and Cheng Yaguang, *Diyi ren guofang buzhang*, p. 43.

104 Wang Yan(ed.), *Peng Dehuai zhuan*, p. 535. 다음을 볼 것. Chen Haoliang, "Peng Dehuai

dui xin Zhongguo jiji fangyu zhanlue fangzhen xingcheng de gongxian"[Peng Dehuai's Contribution to the Formation of New China's Strategic Guideline of Active Defense], *Junshi lishi*, No. 2(2003), p. 44.

105 다음에서 인용했다. Yin Qiming and Cheng Yaguang, *Diyi ren guofang buzhang*, p. 43. 다음을 볼 것. Pang Xianzhi and Feng Hui(eds.), *Mao Zedong nianpu, 1949~1976*[A Chronicle of Mao Zedong's Life, 1949~1976], Vol. 2(Beijing: Zhongyang wenxian chubanshe, 2013), p. 368.

106 Wang Yazhi, *Peng Dehuai junshi canmou de huiyi: 1950 niandai ZhongSu junshi guanxi jianzheng*[The Recollection of Peng Dehuai's Military Staff Officer: Witnessing Sino-Soviet Military Relations in the 1950s](Shanghai: Fudan daxue chubanshe, 2009), p. 142.

107 같은 책.

108 같은 책.

109 Mao Zedong, *Jianguo yilai Mao Zedong junshi wengao*, Vol. 2, p. 292.

110 Zheng Wenhan, *Mishu rijili de Peng laozong*[Leader Peng in his Secretary's Diary](Beijing: Junshi kexue chubanshe, 1998), pp. 69, 71, 76, 80. 쑤위의 비서였던 주잉이 모은 쑤위의 연보는 전략에 대한 쑤의 아이디어와 제안이 전략방침의 근간을 이루었다는 것을 암시한다. 다음을 볼 것. Zhu Ying and Wen Jinghu, *Su Yu nianpu*[A Chronicle of Su Yu's Life](Beijing: Dangdai Zhongguo chubanshe, 2006), pp. 593~594.

111 Shou Xiaosong(ed.), *Zhongguo renmin jiefangjun junshi*, Vol. 5, p. 106.

112 펑더화이의 보고는 공개되지 않았지만 몇몇 자료들에서 기술되고 발췌되었다. 다음을 볼 것. Wang Yan(ed.), *Peng Dehuai zhuan*, pp. 536~538; Yin Qiming and Cheng Yaguang, *Diyi ren guofang buzhang*, pp. 40~47; Wang Yazhi, *Peng Dehuai junshi canmou de huiyi*, pp. 142~144; Shou Xiaosong(ed.), *Zhongguo renmin jiefangjun junshi*, Vol. 5, pp. 105~113. 펑은 군대 건설에 관해 국방위원회에서 한 1957년의 연설에서 전략의 본질을 설명했다. 다음을 볼 것. Peng Dehuai, *Peng Dehuai junshi wenxuan*, pp. 584~601. 끝으로 방침은 다음의 글에 요약되어 있다. Xu Shiyou, *Xu Shiyou junshi wenxuan*[Xu Shiyou's Selected Works on Military Affairs](Beijing: Junshi kexue chubanshe, 2013), pp. 390~420.

113 Mao Zedong, *Jianguo yilai Mao Zedong junshi wengao*, Vol. 2, p. 303.

114 Yin Qiming and Cheng Yaguang, *Diyi ren guofang buzhang*, p. 45.

115 Peng Dehuai, *Peng Dehuai junshi wenxuan*, p. 587.

116 같은 책.

117 같은 책, pp. 587~588.

118 반둥 회의에 대해서는 다음을 볼 것. John W. Garver, *China's Quest: The History of the Foreign Relations of the People's Republic*(New York: Oxford University Press, 2016), pp. 92~112.

119 다음에서 인용했다. Wang Yan(ed.), *Peng Dehuai zhuan*, p. 537.

120 Peng Dehuai, *Peng Dehuai junshi wenxuan*, p. 588.

121 다음에서 인용했다. Wang Yan(ed.), *Peng Dehuai zhuan*, p. 537.

122 다음에서 인용했다. 같은 책, p. 538.

123 Peng Dehuai, *Peng Dehuai junshi wenxuan*, pp. 588~589; Shou Xiaosong(ed.), *Zhongguo renmin jiefangjun junshi*, Vol. 5, p. 108. 또한 Xu Shiyou, *Xu Shiyou junshi wenxuan*, p. 393.

124 Peng Dehuai, *Peng Dehuai junshi wenxuan*, p. 589.

125 같은 책, p. 590.

126 Xu Shiyou, *Xu Shiyou junshi wenxuan*, p. 394.

127 Yin Qiming and Cheng Yaguang, *Diyi ren guofang buzhang*, p. 46.

128 Xu Shiyou, *Xu Shiyou junshi wenxuan*, p. 395.

129 같은 책.

130 같은 책, p. 399.

131 다음에서 인용했다. 같은 책, p. 403.

132 Yin Qiming and Cheng Yaguang, *Diyi ren guofang buzhang*, pp. 46~47.

133 Xu Shiyou, *Xu Shiyou junshi wenxuan*, p. 398; Shou Xiaosong(ed.), *Zhongguo renmin jiefangjun junshi*, Vol. 5, p. 109.

134 Xu Shiyou, *Xu Shiyou junshi wenxuan*, p. 398.

135 Shou Xiaosong(ed.), *Zhongguo renmin jiefangjun junshi*, Vol. 5, p. 109.

136 Yin Qiming and Cheng Yaguang, *Diyi ren guofang buzhang*, p. 47.

137 Peng Dehuai, *Peng Dehuai junshi wenxuan*, p. 591.

138 Yin Qiming and Cheng Yaguang, *Diyi ren guofang buzhang*, p. 47.

139 같은 책.

140 같은 책.

141 Shou Xiaosong(ed.), *Zhongguo renmin jiefangjun junshi*, Vol. 5, p. 109.

142 Wang Yan(ed.), *Peng Dehuai zhuan*, p. 538; Shou Xiaosong(ed.), *Zhongguo renmin jiefangjun junshi*, Vol. 5, pp. 111~112; Yin Qiming and Cheng Yaguang, *Diyi ren guofang buzhang*, pp. 47~48.

143 Yin Qiming and Cheng Yaguang, *Diyi ren guofang buzhang*, p. 47.

144 Peng Dehuai, *Peng Dehuai junshi wenxuan*, p. 599.

145 Yin Qiming and Cheng Yaguang, *Diyi ren guofang buzhang*, p. 48.

146 Wang Yan(ed.), *Peng Dehuai zhuan*, p. 538.

147 권위 있는 한 자료에 따르면 "처음으로 전략 개념이 [중국의] 해군 전략사상을 완전히 형성하는 데 사용된 것"은 1980년대 '근해방어'라는 표현이었다고 한다. 다음을 볼 것. Qin Tian and Huo Xiaoyong(eds.), *Zhonghua haiquan shilun* [A History of Chinese Sea Power] (Beijing: Guofang daxue chubanshe, 2000), p. 300.

148 Fang Gongli, Yang Xuejun and Xiang Wei, *Zhongguo renmin jiefangjun haijun 60 nian* [60 Years of the Chinese PLA Navy] (Qingdao: Qingdao chubanshe: 2009), p. 106. 이 회담에 관한 설명은 다음을 볼 것. Xiao Jinguang, *Xiao Jinguang huiyilu (xuji)* [Xiao Jinguang's Memoirs (sequel)] (Beijing: Jiefangjun chubanshe, 1989), pp. 135~145. 샤오징팡(蕭勁光)은 해군 사령관이었다.

149 Fang Gongli, Yang Xuejun and Xiang Wei, *Zhongguo renmin jiefangjun haijun 60 nian*, p. 107.

150 Yin Qiming and Cheng Yaguang, *Diyi ren guofang buzhang*, p. 78.

151 Wang Yazhi, *Peng Dehuai junshi canmou de huiyi*, p. 115; Shen Zhihua, *Sulian zhuanjia zai Zhongguo* [Soviet Experts in China] (Beijing: Zhongguo guoji guangbo chubanshe, 2003), pp. 407~408.

152 Wang Yan(ed.), *Peng Dehuai nianpu*, p. 637.

153 Wang Yazhi, *Peng Dehuai junshi canmou de huiyi*, p. 140.

154 Yin Qiming and Cheng Yaguang, *Diyi ren guofang buzhang*, p. 82.

155 같은 책.

156 예를 들어 1952년 9월 펑더화이가 모스크바를 방문했을 때 소련은 한국에서 B-29가 소련 미그-15에 의해 격추되었음에도 불구하고 B-29 설계에 기반을 둔 T-4 폭격기를 중국에게 구입하라고 제안했다. 소련은 이미 제트 추진 Tu-16 폭격기를 만들기 시작했으나 이 기종의 판매는 거부했다. 같은 책, p. 87.

157 물론 중국은 소련식 전략, 특히 핵무기를 실행할 수 있는 수단이 부족했다. 그럼에도 불구하고 이것은 유사한 물질적 자원을 가진 국가들에 보다 적용 가능한 모방에 대한 논쟁의 한계를 보여준다.

158 이들 회의에 대해서는 다음을 볼 것. Wang Yan(ed.), *Peng Dehuai zhuan*, pp. 535~536; Yin Qiming and Cheng Yaguang, *Diyi ren guofang buzhang*, pp. 43~44; Wang Yazhi, *Peng Dehuai junshi canmou de huiyi*, pp. 130~131.

159 Liu Xiao, *Chu shi Sulian ba nian* [Eight Years as Ambassador to the Soviet Union] (Beijing: Zhonggong dangshi ziliao chubanshe, 1986), p. 13.

160 Wang Yazhi, *Peng Dehuai junshi canmou de huiyi*, p. 130.

161 같은 책, p. 131.

162 같은 책.

163 Yin Qiming and Cheng Yaguang, *Diyi ren guofang buzhang*, p. 78.

164 같은 책.

165 Wang Yazhi, *Peng Dehuai junshi canmou de huiyi*, p. 82. 소련식 접근 방법에 대한 설명은 다음을 볼 것. David M. Glantz, *The Military Strategy of the Soviet Union: A History* (London: Frank Cass, 1992).

166 Jin Ye, "Yi Liaodong bandao kangdenglu zhanyi yanxi."

167 Yin Qiming and Cheng Yaguang, *Diyi ren guofang buzhang*, p. 78.

168 Wang Yazhi, *Peng Dehuai junshi canmou de huiyi*, p. 125.

169 류보청은 1927년 러시아의 프룬제 군사대학(Frunze Military Academy)에서 공부했으며, 소련 군사 문서를 번역하는 데 중추적인 역할을 했다. 국공내전 때는 제2야전군 사령관이었으며 PLA의 위대한 장군들 중 한 명으로 여겨진다. 류의 번역가로서의 역할에 대해서는 다음을 볼 것. Chen Shiping and Cheng Ying, *Junshi fanyijia Liu Bocheng* [Expert Military Translator Liu Bocheng] (Taiyuan: Shuhai chubanshe, 1988).

170 Wang Yan(ed.), *Peng Dehuai nianpu*, p. 628.

171 같은 책, p. 637.

172 쑤위는 새로 설립된 군사과학원으로 전보되었다.

173 총후근부는 일반 재무 및 군수품 부서들을, 총정치부는 일반 간부 부서를 흡수했다. 훈련 및 군 감독 부서들은 폐지되었다.

174 Shou Xiaosong(ed.), *Zhongguo renmin jiefangjun de 80 nian*, p. 336.

175 Wang Yan(ed.), *Peng Dehuai zhuan*, p. 544.

176 실제로 특히 상위 부대들에서 이러한 직위들은 한 명이 겸직했다. 펑더화이는 한국전쟁에서 PLA의 지휘관이자 정치위원이었다.

177 Yin Qiming and Cheng Yaguang, *Diyi ren guofang buzhang*, p. 93.

178 Wang Yazhi, *Peng Dehuai junshi canmou de huiyi*, p. 207.

179 같은 책, p. 210.

180 중전회와 펑더화이의 해임에 대해서는 다음을 볼 것. Frederick C. Teiwes and Warren Sun, *China's Road to Disaster: Mao, Central Politicians, and Provincial Leaders in the Unfolding of the Great Leap Forward, 1955~1959*(Armonk, NY: M. E. Sharpe, 1999), pp. 202~214; Frederick C. Teiwes, *Politics and Purges in China: Rectification and the Decline of Party Norms, 1950~1965*(Armonk, NY: M. E. Sharpe, 1979), pp. 384~411; Roderick MacFarquhar, *The Origins of the Cultural Revolution*, Vol. 2(New York: Columbia University Press, 1983), pp. 187~254.

181 명칭에도 불구하고 '판공청'은 협동위원회였다. 다음을 볼 것. Fu Xuezheng, "Zai zhongyang junwei bangongting gongzuo de rizi"[Working in the Central Military Commission's Office], *Dangshi tiandi*, No. 1(2006), pp. 18~16.

182 Shou Xiaosong(ed.), *Zhongguo renmin jiefangjun junshi*, Vol. 5, p. 202.

183 같은 책, p. 206.

184 같은 책, pp. 202~204.

185 Wang Yan(ed.), *Peng Dehuai zhuan*, p. 539.

186 Ma Xiaotian and Zhao Keming(eds.), *Zhongguo renmin jiefangjun guofang daxue shi*, p. 241.

187 홍콩에서 출판된 린뱌오의 선집과 비서 회고록에서 발췌한 것조차 린이 전략의 조정에 관한 보고서를 전달했다는 것을 보여주지는 않는다. 그 대신에 중앙군사위 회의에서 논의된 맥락에 따라 변경되었을 것이다. 다음을 볼 것. Li De and She Yun(eds.), *Lin Biao yuanshuai wenji (xia)*[Marshal Lin Biao's Selected Works](Xianggang: Fenghuang shupin, 2013), p. 227.

188 한 회고는 뤄루이칭조차 중국 전략의 새로운 슬로건을 지지하지 않았음을 암시한다. 리톈여우(李天佑)에 따르면 뤄는 리의 하이난섬 요새 강화 요청을 승인했는데, 이 지역은 린뱌오의 지침에 따라 '열어두어야' 할 지역이 되었을 것이다. 다음을 볼 것. Liu Tianye, Xia Daoyuan and Fan Shu, *Li Tianyou jiangjun zhuan*[General Li Tianyou's Biography](Beijing: Jiefangjun chubanshe), pp. 355~356.

189 Li De and She Yun(eds.), *Lin Biao yuanshuai wenji (xia)*, p. 227.

190 Li De and Shu Yun, *Wo gei Lin Biao yuanshuai dang mishu, 1959~1964*[I Served as Marshal

Lin Biao's Secretary, 1959~1964](Hong Kong: Fenghuang shupin, 2014), p. 16. 다른 소스들
은 1960년 전략에서 초기의 분기점은 상하이 북쪽 장쑤성의 롄윈강이었다. 다음을 볼 것.
Shou Xiaosong(ed.) *Zhanlue Xue*[The Science of Military Strategy](Beijing: Junshi kexue
chubanshe, 2013), p. 45.

191 한 가지 자세한 설명에 관해서는 다음을 볼 것. Hu Zhefeng, "Jianguo yilai ruogan junshi
zhanlue fangzhen tansuo"[Exploration and Analysis of Several Military Strategic Guidelines
since the Founding of the Nation], *Dangdai Zhongguo shi yanjiu*, No. 4(2000), p. 24.

192 Jiang Nan and Ding Wei, "Lengzhan shiqi Zhongguo fanqinlue zhanzheng zhanlue zhidao de
bianqe"[Evolution of China's Strategic Guidance in Anti-aggression Wars during the Cold War],
Junshi lishi, No. 1(2013), p. 16.

193 Li De and Shu Yun, *Wo gei Lin Biao yuanshuai dang mishu*, p. 16.

194 같은 책, p. 47.

195 다음을 볼 것. table 1.1 above.

196 Wang Yan(ed.), *Peng Dehuai nianpu*, pp. 603~606.

197 Zheng Wenhan, *Mishu rijili de Peng laozong*, p. 47.

198 Yin Qiming and Cheng Yaguang, *Diyi ren guofang buzhang*, p. 187.

199 같은 책.

200 Guofang daxue dangshi dangjian zhengzhi gongzuo jiaoyan shi(ed.), *Zhonghua renmin
jiefangjun zhengzhi gongzuo shi: Shehui zhuyi shiqi*[History of Political Work in the PLA:
The Socialist Period](Beijing: Guofang daxue chubanshe, 1989), pp. 162~173; Frederick C.
Teiwes and Warren Sun, *The Tragedy of Lin Biao: Riding the Tiger during the Cultural Revo-
lution*(Honolulu: University of Hawaii Press, 1996), pp. 188~191.

201 Teiwes and Sun, *The Tragedy of Lin Biao*, p. 191.

202 Li Deyi, "Mao Zedong jiji fangyu zhanlue sixiang de lishi fazhan yu sikao"[The Historical De-
velopment of and Reflections on Mao Zedong's Strategic Thinking about Active Defense],
Junshi lishi, No. 4(2002), p. 52.

203 Peng Guangqian, *Zhongguo junshi zhanlue wenti yanjiu*[Research on Issues in China's Mili-
tary Strategy](Beijing: Jiefangjun chubanshe, 2006), p. 91.

204 Zhang Zishen(ed.), *Yang Chengwu nianpu*[A Chronicle of Yang Chengwu's Life](Beijing:
Jiefangjun chubanshe, 2014), pp. 353, 357; Huang Yao(ed.), *Luo Ronghuan nianpu*[A Chron-
icle of Luo Ronghuan's Life](Beijing: Renmin chubanshe, 2002), pp. 849~850.

205 Liu Jixian(ed.), *Ye Jianying nianpu*, Vol. 2, p. 883.

206 Jiang Jiantian, "Wojun zhandou tiaoling tixi de xingcheng"; Ye Jianying, *Ye Jianying junshi
wenxuan*, pp. 380~385, 426~435, 446~455, 494~502; Ren Jian, *Zuozhan tiaoling gailun*, pp.
38~43.

207 Ren Jian, *Zuozhan tiaoling gailun*, p. 44.

208 Shou Xiaosong(ed.), *Zhongguo renmin jiefangjun de 80 nian*, p. 378; Wang Yan(ed.), *Peng

Dehuai zhuan, p. 538.

209 Shou Xiaosong(ed.), *Zhongguo renmin jiefangjun junshi*, Vol. 5, pp. 204~205.

210 Zhou Junlun(ed.), *Nie Rongzhen nianpu*, p. 922.

211 Shou Xiaosong(ed.), *Zhongguo renmin jiefangjun de 80 nian*, p. 379.

212 Ma Xiaotian and Zhao Keming(eds.), *Zhongguo renmin jiefangjun guofang daxue shi*, p. 273.

213 같은 책, p. 290.

214 Shou Xiaosong(ed.), *Zhongguo renmin jiefangjun de 80 nian*, p. 382.

215 같은 책, p. 383.

제4장 1964년 전략: '유적심입'

1 PLA 연구자인 위엔더진(袁德金)은 1964년 10월 22일 마오가 그러한 지시를 내렸다고 주장을 뒷받침하는 문서가 왜 존재하지 않는지를 보여주었다. Yuan Dejin, "Mao Zedong yu 'zaoda, dada, da hezhanzheng' sixiang de tichu"[Mao Zedong and the Proposition of 'Fighting an Early, Major, Nuclear War'], *Junshi lishi*, No. 5(2010), pp. 1~6.

2 Su Yu, *Su Yu wenxuan*[Su Yu's Selected Works], Vol. 3(Beijing: Junshi kexue chubanshe, 2004), pp. 404~405.

3 Shou Xiaosong(ed.), *Zhongguo renmin jiefangjun junshi*[A Military History of the Chinese People's Liberation Army], Vol. 5(Beijing: Junshi kexue chubanshe, 2011), p. 201.

4 Liu Jixian(ed.), *Ye Jianying nianpu*[A Chronicle of Ye Jianying's Life], Vol. 2(Beijing: Zhongyang wenxian chubanshe, 2007), pp. 437~438.

5 Shou Xiaosong(ed.), *Zhongguo renmin jiefangjun junshi*, Vol. 5, p. 202.

6 같은 책, p. 306.

7 Zhou Enlai, *Zhou Enlai junshi wenxuan*[Zhou Enlai's Selected Works on Military Affairs], Vol. 4(Beijing: Renmin chubanshe, 1997), p. 426.

8 같은 책, p. 434.

9 Shou Xiaosong(ed.), *Zhongguo renmin jiefangjun junshi*, Vol. 5, p. 294.

10 "Chiang Urges Early Action," *New York Times*, March 30, 1962, p. 2.

11 Melvin Gurtov and Byong-Moo Hwang, *China Under Threat: The Politics of Strategy and Diplomacy*(Baltimore, MD: Johns Hopkins University Press, 1980), pp. 127~128; Allen S. Whiting, *The Chinese Calculus of Deterrence: India and Indochina*(Ann Arbor, MI: University of Michigan Press, 1975), pp. 62~72.

12 Wang Shangrong, "Xin Zhongguo jiansheng hou jici zhongda zhanzheng"[Several Major Wars After the Emergence of New China], in Zhu Yuanshi(ed.), *Gongheguo yaoshi koushushi*[An Oral History of the Republic's Important Events](Changsha: Henan renmin chubanshe, 1999), pp. 277~278.

13 Zhou Enlai, *Zhou Enlai junshi wenxuan*, Vol. 4, pp. 434~435.

14 M. Taylor Fravel, *Strong Borders, Secure Nation: Cooperation and Conflict in China's Territorial Disputes*(Princeton, NJ: Princeton University Press, 2008), pp. 101~105.

15 Junshi lilun jiaoyanshi, *Zhongguo renmin jiefangjun 1950~1979 zhanshi jiangyi*[Teaching Materials on the War History of the Chinese People's Liberation Army 1950~1979](n.p.: n.p., 1987), p. 60.

16 이 당시 중국은 주변국들과 국경 분쟁을 해결하고자 했다. 다음을 볼 것. Fravel, *Strong Borders, Secure Nation*, pp. 70~125.

17 Shou Xiaosong(ed.), *Zhongguo renmin jiefangjun junshi*, Vol. 5, pp. 297~298.

18 같은 책, p. 298.

19 Zhou Enlai, *Zhou Enlai junshi wenxuan*, Vol. 4, p. 426. 저우언라이는 회의에서 주도적인 역할을 하지는 않았지만, 대약진운동으로 창출된 경제 위기가 PLA가 이용할 수 있는 자원을 제한했다는 점을 고려할 때 그의 참가는 이 일의 중요성을 보여준다.

20 Shou Xiaosong(ed.), *Zhongguo renmin jiefangjun junshi*, Vol. 5, p. 299.

21 같은 책, p. 298.

22 같은 책, p. 301; Mao Zedong, *Jianguo yilai Mao Zedong junshi wengao* [Mao Zedong's Military Manuscripts since the Founding of the Nation], Vol. 3(Beijing: Junshi kexue chubanshe, 2010), p. 144.

23 이 시기 중국의 의사결정에 관한 논의는 다음을 볼 것. Yang Qiliang, *Wang Shangrong jiangjun*[General Wang Shangrong](Beijing: Dangdai Zhongguo chubanshe, 2000), pp. 484~492.

24 Shou Xiaosong(ed.), *Zhongguo renmin jiefangjun junshi*, Vol. 5, p. 314. 한 가지 소스에 따르면 전투임무를 띤 부대는 당초 해안에서 수백 킬로미터 떨어진 곳에 배치했으나 이후 해안에 최대한 가깝게 이동하라는 지시를 받았다. 다음을 볼 것. Junshi lilun jiaoyanshi, *Zhongguo renmin jiefangjun 1950~1979 zhanshi jiangyi*, p. 61.

25 Shou Xiaosong(ed.), *Zhongguo renmin jiefangjun junshi*, Vol. 5, p. 316; Wang Shangrong, "Xin zhongguo," p. 278.

26 Junshi lilun jiaoyanshi, *Zhongguo renmin jiefangjun 1950~1979 zhanshi jiangyi*, p. 61.

27 Yang Qiliang, *Wang Shangrong*, p. 486.

28 Shou Xiaosong(ed.), *Zhongguo renmin jiefangjun junshi*, Vol. 5, p. 316; Junshi lilun jiaoyanshi, *Zhongguo renmin jiefangjun 1950~1979 zhanshi jiangyi*, p. 61.

29 Junshi lilun jiaoyanshi, *Zhongguo renmin jiefangjun 1950~1979 zhanshi jiangyi*, p. 62.

30 Wang Bingnan, *ZhongMei huitan jiunian huigu*[Reflections on Nine Years of Chinese-American Talks](Beijing: Shijie zhishi chubanshe, 1985), pp. 85~90.

31 Shou Xiaosong(ed.), *Zhongguo renmin jiefangjun junshi*, Vol. 5, p. 323.

32 같은 책, pp. 323~329; Zhang Zishen(ed.), *Yang Chengwu nianpu* [A Chronicle of Yang Chengwu's Life](Beijing: Jiefangjun chubanshe, 2014), pp. 356, 371, 373~374; Liu Yongzhi(ed.), *Zongcan moubu dashiji* [A Chronology of the General Staff Department](Beijing: Lantian chubanshe, 2009), pp. 459, 481.

33 인도와의 전쟁에 대한 중국의 의사결정에 관해서는 다음을 볼 것. Fravel, *Strong Borders, Secure Nation*, pp. 173~219; John W. Garver, "China's Decision for War with India in 1962," in Alastair Iain Johnston and Robert S. Ross(eds.), *New Directions in the Study of China's Foreign Policy*(Stanford, CA: Stanford University Press, 2006), pp. 86~130.

34 Shou Xiaosong(ed.), *Zhongguo renmin jiefangjun junshi*, Vol. 5, p. 306. 이 수치에는 철도 및 공병부대와 함께 공안군이 포함되어 있다.

35 같은 책; Jiang Tiejun(ed.), *Dang de guofang jundui gaige sixiang yanjiu* [A Study of the Party's Thought on National Defense and Army Reform](Beijing: Junshi kexue chubanshe, 2015), p. 68.

36 Song Shilun, *Song Shilun junshi wenxuan: 1958~1989* [Song Shilun's Selected Works on Military Affairs: 1958~1989](Beijing: Junshi kexue chubanshe, 2007), p. 244.

37 Han Huaizhi, *Han Huaizhi lun junshi* [Han Huaizhi on Military Affairs](Beijing: Jiefangjun chubanshe, 2012), pp. 202~206.

38 Shou Xiaosong(ed.), *Zhongguo renmin jiefangjun junshi* [A Military History of the Chinese People's Liberation Army], Vol. 6(Beijing: Junshi kexue chubanshe, 2011), pp. 47, 114.

39 Barry Naughton, "The Third Front: Defense Industrialization in the Chinese Interior," *China Quarterly*, No. 115(Autumn 1988), p. 365.

40 Shou Xiaosong(ed.), *Zhongguo renmin jiefangjun junshi*, Vol. 5, pp. 392~393. 여기에는 3선에 관한 중국과 서구의 연구들이 포함되어 있다. 예컨대 다음을 볼 것. Chen Donglin, *Sanxian jianshe: Beizhan shiqi de xibu kaifa* [Construction of the Third Line: Western Development in a Period of Preparing for War](Beijing: Zhonggong zhongyang dangxiao chubanshe, 2004), pp. 74~93; Lorenz M. Luthi, "The Vietnam War and China's Third-Line Defense Planning before the Cultural Revolution, 1964~1966," *Journal of Cold War Studies*, Vol. 10, No. 1(2008), pp. 26~51.

41 Li Xiangqian, "1964 nian: Yuenan zhanzheng shengji yu Zhongguo jingji zhengzhi de biandong" [The Year of 1964: The Escalation of the Vietnam War and the Fluctuations in China's Economics and Politics], in Zhang Baijia and Niu Jun(eds.), *Lengzhan yu Zhongguo* [The Cold War and China](Beijing: Shijie zhishi chubanshe, 2002), pp. 319~340. 리샹첸은 전략방침의 변화가 아닌 3선 개발을 추진하는 결정에 주로 초점을 맞추고 있다. 필자도 리보다 훨씬 더 국내 요소를 강조한다.

42 문화대혁명의 기원에 대해서는 다른 연구들보다 다음을 볼 것. Roderick MacFarquhar, *The Origins of the Cultural Revolution*, Vol. 3(New York: Columbia University Press, 1997); Kenneth Lieberthal, "The Great Leap Forward and the Split in the Yenan Leadership," in John King Fairbank and Roderick MacFarquhar(eds.), *The Cambridge History of China*, Vol. 14(Cambridge: Cambridge University Press, 1987), pp. 293~359; Harry Harding, "The Chinese State in Crisis," in Roderick MacFarquhar and John K. Fairbank(eds.), *The Cambridge History of China*, Vol. 15, Part 2(Cambridge: Cambridge University Press, 1991), pp. 107~217; Andrew G. Walder,

China Under Mao: A Revolution Derailed(Cambridge, MA: Harvard University Press, 2015), pp. 180~199.

43 Walder, *China Under Mao*, p. 201. 다음을 볼 것. Roderick MacFarquhar and Michael Schoenhals, *Mao's Last Revolution*(Cambridge, MA: Belknap Press of Harvard University Press, 2006).

44 대약진운동에 대한 개략적인 내용은 다음을 볼 것. Walder, *China Under Mao*, pp. 152~179; Carl Riskin, *China's Political Economy: The Quest for Development since 1949*(New York: Oxford University Press, 1987), pp. 81~147; Frederick C. Teiwes and Warren Sun, *China's Road to Disaster: Mao, Central Politicians, and Provincial Leaders in the Unfolding of the Great Leap Forward, 1955~1959*(Armonk, NY: M. E. Sharpe, 1999); Lieberthal, "Great Leap Forward," pp. 293~359; Roderick MacFarquhar, *The Origins of the Cultural Revolution*, Vol. 2(New York: Columbia University Press, 1983).

45 Walder, *China Under Mao*, p. 155.

46 같은 책, p. 171.

47 같은 책, p. 177.

48 Jisheng Yang, *Tombstone: The Great Chinese Famine, 1958~1962*(New York: Farrar, Straus & Giroux, 2013), p. 1. 양지성(楊繼繩)은 3600만 명으로 추정한다.

49 MacFarquhar, *The Origins of the Cultural Revolution*, Vol. 3, p. 66.

50 이 회의에 대한 자세한 설명은 다음을 볼 것. 같은 책, pp. 137~181.

51 Liu Shaoqi, *Liu Shaoqi xuanji* [Liu Shaoqi's Selected Works], Vol. 2(Beijing: Renmin chubanshe, 1981), p. 421.

52 Walder, *China Under Mao*, pp. 182~183; MacFarquhar, *The Origins of the Cultural Revolution*, Vol. 3, pp. 145~158.

53 Pang Xianzhi and Feng Hui(eds.), *Mao Zedong nianpu, 1949~1976* [A Chronicle of Mao Zedong's Life, 1949~1976], Vol. 4(Beijing: Zhongyang wenxian chubanshe, 2013), pp. 97, 198, 352, 511.

54 Walder, *China Under Mao*, p. 184; Yang, *Tombstone*, p. 506.

55 Walder, *China Under Mao*, pp. 185~188.

56 Wang Guangmei and Liu Yuan, *Ni suo buzhidao de Liu Shaoqi* [The Liu Shaoqi You Do Not Know](Zhengzhou: Henan renmin chubanshe, 2000), p. 90.

57 MacFarquhar, *The Origins of the Cultural Revolution*, Vol. 3, pp. 274~283.

58 Pang Xianzhi and Jin Chongji, *Mao Zedong zhuan, 1949~1976* [Mao Zedong's Biography 1949~1976](Beijing: Zhongyang wenxian chubanshe, 2003), p. 1259~1960.

59 같은 책, p. 1260.

60 Walder, *China Under Mao*, pp. 180~199.

61 Wu Lengxi, *Shinian lunzhan: 1956~1966 ZhongSu guanxi huiyilu* [Ten Years of Polemics: A Recollection of Chinese-Soviet Relations from 1956 to 1966](Beijing: Zhongyang wenxian chubanshe, 1999), pp. 561~562.

62 같은 책. 그럼에도 불구하고 이 운동은 계급투쟁을 추구한다는 마오쩌둥의 목적을 결코 달성하지 못했으며 그보다는 지방 간부들의 부패를 타파하는 데 주로 초점을 두었다.

63 Riskin, *China's Political Economy*, p. 158.

64 Harry Harding, *Organizing China: The Problem of Bureaucracy, 1949~1976*(Stanford, CA: Stanford University Press, 1981), p. 197.

65 MacFarquhar, *The Origins of the Cultural Revolution*, Vol. 3, pp. 334~348.

66 Walder, *China Under Mao*, p. 195.

67 같은 책.

68 Wu Lengxi, *Shinian lunzhan*, p. 733. 또한 Pang Xianzhi and Feng Hui(eds.), *Mao Zedong nianpu, 1949~1976*[A Chronicle of Mao Zedong's Life, 1949~1976], Vol. 5(Beijing: Zhongyang wenxian chubanshe, 2013), p. 324. 이런 언급의 중요성에 대해서는 다음을 볼 것. Li Xiangqian, "1964 nian," p. 336.

69 보이보에 따르면 '식'은 곡식을 말하고, '의'는 직물과 비닐, 나일론 및 플라스틱 제품을 말하며, '일상용품'은 보통 가정의 가구, 왹, 조리 기구, 보온병을 말한다. 다음을 볼 것. Bo Yibo, *Ruogan zhongda juece yu shijian de huigu*[Reviewing Several Major Decisions and Events](Beijing: Zhonggong zhongyang dangshi chubanshe, 1993), p. 1194.

70 Pang Xianzhi and Feng Hui(eds.), *Mao Zedong nianpu, 1949~1976*, Vol. 5, p. 236.

71 Bo Yibo, *Ruogan zhongda juece yu shijian de huigu*, p. 1194.

72 Fan Weizhong and Jin Chongji, *Li Fuchun zhuan*[Li Fuchun's Biography](Beijing: Zhongyang wenxian chubanshe, 2001), p. 629.

73 Bo Yibo, *Ruogan zhongda juece yu shijian de huigu*, p. 1196; Fan Weizhong and Jin Chongji, *Li Fuchun zhuan*, p. 629.

74 Bo Yibo, *Ruogan zhongda juece yu shijian de huigu*, p. 1196.

75 Jin Chongji(ed.), *Zhou Enlai zhuan*[Zhou Enlai's Biography], Vol. 4(Beijing: Zhongyang wenxian chubanshe, 1998), p. 1968. 다음을 볼 것. Naughton, "The Third Front," pp. 351~386.

76 Pang Xianzhi and Feng Hui(eds.), *Mao Zedong nianpu, 1949~1976*, Vol. 5, pp. 348~349.

77 Chen Donglin, *Sanxian jianshe*, p. 255.

78 Pang Xianzhi and Feng Hui(eds.), *Mao Zedong nianpu, 1949~1976*, Vol. 5, p. 348.

79 Fan Weizhong and Jin Chongji, *Li Fuchun zhuan*, p. 631.

80 Pang Xianzhi and Feng Hui(eds.), *Mao Zedong nianpu, 1949~1976*, Vol. 5, pp. 354~355.

81 같은 책.

82 Jin Chongji(ed.), *Zhou Enlai zhuan*, Vol. 4, p. 1768.

83 예컨대 마오쩌둥의 공식 연대기에는 이 일자 전에 3선을 언급한 적이 없다.

84 Chen Donglin, *Sanxian jianshe*, p. 50.

85 이 회의에 대한 완전한 원고는 이용 가능한 것이 없다. 마오쩌둥의 발언은 다음과 같은 몇 가지 소스들에서 찾아볼 수 있다. Pang Xianzhi and Feng Hui(eds.), *Mao Zedong nianpu, 1949~1976*, Vol. 5, pp. 357~369; Bo Yibo, *Ruogan zhongda juece yu shijian de huigu*, pp.

1199~1200; Mao Zedong, *Jianguo yilai Mao Zedong junshi wengao*, Vol. 3, pp. 225~226; Mao Zedong, "Zai zhongyang gongzuo huiyi de jianghua(June 6, 1964)"[Speech at the Central Work Conference], in Song Yongyi(ed.), *The Database for the History of Contemporary Chinese Political Movements, 1949~* (Harvard University: Fairbank Center for Chinese Studies, 2013). 마오의 연대기 편찬자들이 지적하듯이 보이보의 회고록에는 6월 8일이 아니라 6월 6일에 회의가 열렸다고 잘못 적혀 있다. 이는 마오가 그날 어떤 회의든 참석했다는 기록이 없는데도 원고의 일부 중 하나가 6월 6일로 되어 있기 때문일 것이다.

86 Mao Zedong, "Zai zhongyang gongzuo huiyi de jianghua." 다음을 볼 것. Bo Yibo, *Ruogan zhongda juece yu shijian de huigu*, pp. 1199~1200.

87 Chen Donglin, *Sanxian jianshe*, p. 53.

88 이것은 지도자들이 외부의 위협을 과장해 대전략의 변화에 대한 지지를 동원한다는 크리스텐슨의 주장을 떠올리게 한다. 이 경우 마오쩌둥은 국내 정책의 변화를 정당화하기 위해 대외 위협을 과장했다. 다음을 볼 것. Thomas J. Christensen, *Useful Adversaries: Grand Strategy, Domestic Mobilization, and Sino-American Conflict, 1947~1958*(Princeton, NJ: Princeton University Press, 1996).

89 Mao Zedong, "Zai zhongyang gongzuo huiyi de jianghua"; Bo Yibo, *Ruogan zhongda juece yu shijian de huigu*, pp. 1199~1200.

90 Mao Zedong, *Jianguo yilai Mao Zedong junshi wengao*, Vol. 3, p. 225.

91 같은 책.

92 Mao Zedong, "Zai zhongyang gongzuo huiyi de jianghua." 다음을 볼 것. Mao Zedong, *Jianguo yilai Mao Zedong junshi wengao*, Vol. 3, pp. 225~226.

93 Mao Zedong, *Jianguo yilai Mao Zedong junshi wengao*, Vol. 3, p. 225.

94 Bo Yibo, *Ruogan zhongda juece yu shijian de huigu*, p. 1148; Pang Xianzhi and Feng Hui (eds.), *Mao Zedong nianpu, 1949~1976*, Vol. 5, p. 358.

95 Pang Xianzhi and Feng Hui(eds.), *Mao Zedong nianpu, 1949~1976*, Vol. 5, p. 358.

96 Mao Zedong, "Zai zhongyang changwei shang de jianghua." 또한 Pang Xianzhi and Feng Hui (eds.), *Mao Zedong nianpu, 1949~1976*, Vol. 5, p. 359.

97 이것은 중앙위원회 서기처의 고위급 직원이었던 메이싱의 회고에 기반하고 있다. 이에 관해서는 다음을 볼 것. Chen Donglin, *Sanxian jianshe*, p. 66.

98 다음에서 인용했다. Huang Yao and Zhang Mingzhe(eds.), *Luo Ruiqing zhuan* [Luo Ruiqing's Biography](Beijing: Dangdai Zhongguo chubanshe, 1996), p. 472.

99 린뱌오는 7월 10~11일에 브리핑을 받았다. 다음을 볼 것. Huang Yao, "1965 nian zhongyang junwei zuozhan huiyi fengbo de lailong qumai"[The Origin and Development of the Storm at the 1965 CMC Operations Meeting], *Dangdai Zhongguo yanjiu*, Vol. 22, No. 1(2015), p. 90. 린의 전략방침 수립에 대한 마오쩌둥의 거부 통보가 늦어진 것은 린과 뤄루이칭 사이에 향후 1년간 불거질 긴장감에서 과소평가된 요인일 수 있다. 린은 중앙군사위 제1부주석과 국방부 부장으로 당에서 최고위급 군 지도자였지만, 마오는 전략을 변경하기 위해 개입하기 전

에 그에게조차 자문을 구하지 않았다.

100 "Mao Zedong zai Shisanling shuiku de jianghua"[Mao Zedong's Speech at the Ming Tombs' Reservoir], June 16, 1964, from the Fujian Provincial Archive. 달리 언급하지 않는 한 연설에 관한 모든 인용은 이 문서에서 가져온 것이다. 자료를 공유해 준 앤드루 케네디에게 감사한다. 연설에 관한 케네디의 설명은 다음을 볼 것. Andrew Kennedy, *The International Ambitions of Mao and Nehru: National Efficacy Beliefs and the Making of Foreign Policy*(New York: Cambridge University Press, 2011), pp. 117~118. 연설의 군사 부분은 다음에서 발췌했다. Mao Zedong, *Jianguo yilai Mao Zedong junshi wengao*, Vol. 3, pp. 227~228. 또 다른 연설 버전으로는 다음을 볼 것. Mao Zedong, "Zai shisanling guanyu difang dangwei zhua junshi he peiyang jiebanren de jianghua"[Speech at the Ming Tombs on Local Party Committees' Grasping Military Affairs and Cultivating Successors], in Song Yongyi(ed.), *The Database for the History of Contemporary Chinese Political Movements, 1949~* (Harvard University: Fairbank Center for Chinese Studies, 2013).

101 후계자에 대해 연설한 부분의 더 긴 버전은 다음에서 찾아볼 수 있다. *Jianguo yilai Mao Zedong wengao*[Mao Zedong's Manuscripts since the Founding of the Nation], Vol. 11(Beijing: Zhongyang wenxian chubanshe, 1993), p. 85~88; Mao Zedong, "Zai shisanling guanyu difang dangwei zhua junshi he peiyang jiebanren de jianghua."

102 Pang Xianzhi and Feng Hui(eds.), *Mao Zedong nianpu, 1949~1976*, Vol. 5, p. 369. 또한 Mao Zedong, *Jianguo yilai Mao Zedong junshi wengao*, Vol. 3, pp. 251~252. 류사오치 또한 "최악을 대비할 것"을 강조했다.

103 Mao Zedong, *Jianguo yilai Mao Zedong junshi wengao*, Vol. 3, pp. 251~252.

104 같은 책.

105 같은 책, p. 251.

106 같은 책.

107 Fan Weizhong and Jin Chongji, *Li Fuchun zhuan*, p. 636.

108 같은 책.

109 같은 책.

110 같은 책, p. 639.

111 다음에서 인용했다. Chen Donglin, *Sanxian jianshe*, p. 63.

112 다음에서 인용했다. Pang Xianzhi and Feng Hui(eds.), *Mao Zedong nianpu, 1949~1976*, Vol. 5, p. 397.

113 같은 책, p. 402.

114 Barry Naughton, "Industrial Policy during the Cultural Revolution: Military Preparation, Decentralization, and Leaps Forward," in Christine Wong, William A. Joseph and David Zweig (eds.), *New Perspectives on the Cultural Revolution*(Cambridge, MA: Harvard University Press, 1991), p. 165.

115 같은 글, pp. 164~166.

116 Chen Donglin, *Sanxian jianshe*, pp. 59~73.

117 연안 급습에 대한 설명은 다음을 볼 것. Shou Xiaosong(ed.), *Zhongguo renmin jiefangjun junshi*, Vol. 5, pp. 315~328.

118 Graham A. Cosmas, *MACV: The Joint Command in the Years of Escalation, 1962~1967*(Washington, DC: Center of Military History, United States Army, 2006), pp. 117~178.

119 Fravel, *Strong Borders, Secure Nation*, pp. 101~105.

120 Office of National Estimates, *The Soviet Military Buildup Along the Chinese Border*, SM-7-68 (Top Secret)(Central Intelligence Agency, 1968); Central Intelligence Agency, *Military Forces Along the Sino-Soviet Border*, SM-70-5(Top Secret)(Central Intelligence Agency, 1970).

121 이들 회담에 대해서는 다음을 볼 것. Fravel, *Strong Borders, Secure Nation*, pp. 119~123.

122 Huang Yao and Zhang Mingzhe(eds.), *Luo Ruiqing zhuan*, p. 385; Zhang Zishen(ed.), *Yang Chengwu nianpu*, pp. 386~387.

123 이 점에 대해서는 다음을 볼 것. Li Xiangqian, "1964 nian," p. 324.

124 Mao Zedong, "Zai zhongyang gongzuo huiyi de jianghua."

125 Pang Xianzhi and Feng Hui(eds.), *Mao Zedong nianpu, 1949~1976*, Vol. 5, p. 385.

126 "Mao Zedong zai Shisanling shuiku de jianghua," from the Fujian Provincial Archive.

127 마오쩌둥의 평가에서 긴급함이 결여된 점에 대해서는 다음을 볼 것. Li Xiangqian, "1964 nian," pp. 327, 332.

128 Mao Zedong, *Jianguo yilai Mao Zedong junshi wengao*[Mao Zedong's Military Manuscripts since the Founding of the Nation], Vol. 2(Beijing: Junshi kexue chubanshe, 2010), p. 265. 다음을 볼 것. Ch. 3.

129 Liu Chongwen and Chen Shaochou(eds.), *Liu Shaoqi nianpu, 1898~1969 (xia)*[A Chronicle of Liu Shaoqi's Life, 1898~1969](Beijing: Zhongyang wenxian chubanshe, 1996), p. 594.

130 Pang Xianzhi and Feng Hui(eds.), *Mao Zedong nianpu, 1949~1976*, Vol. 5, p. 375.

131 Mao Zedong, *Jianguo yilai Mao Zedong junshi wengao*, Vol. 3, p. 284.

132 같은 책, p. 285.

133 Qiang Zhai, *China and the Vietnam Wars, 1950~1975*(Chapel Hill, NC: University of North Carolina Press, 2000), p. 143.

134 http://www.history.com/topics/vietnam-war/vietnam-war-history.

135 Zhai, *China and the Vietnam Wars, 1950~1975*, pp. 133~139.

136 전문은 다음을 볼 것. Zhai Qiang, *CWIHP Bulletin*, Iss. 6-7(Winter 1994/1996), p. 235. 이 일화에 대해서는 다음을 볼 것. James G. Hershberg and Jian Chen, "Informing the Enemy: Sino-American 'Signaling' in the Vietnam War, 1965," in Priscilla Roberts(ed.), *Behind the Bamboo Curtain: China, Vietnam, and the World Beyond Asia*(Stanford, CA: Stanford University Press, 2006), pp. 193~258.

137 같은 글, pp. 226~227, 231.

138 Mao Zedong, *Jianguo yilai Mao Zedong junshi wengao*, Vol. 3, p. 306. 일부 소스에 따르면

중국이 미국 항공기를 공격했다고 하지만 9월에야 하이커우(海口) 부근에서 중국의 첫 번째 공격이 이루어졌다. 다음을 볼 것. Xiaoming Zhang, "Air Combat for the People's Republic: The People's Liberation Army Air Force in Action, 1949~1969," in Mark A. Ryan, David M. Finkelstein and Michael A. McDevitt(eds.), *Chinese Warfighting: The PLA Experience since 1949*(Armonk, NY: M. E. Sharpe, 2003), p. 291.

139 "Zhon0gguo linkong burong qinfan!"[China's Airspace is Inviolable!], *Jiefangjun Bao*, April 12, 1965.

140 Pang Xianzhi and Feng Hui(eds.), *Mao Zedong nianpu, 1949~1976*, Vol. 5, p. 487.

141 같은 책.

142 Yang Shengqun and Yan Jianqi(eds.), *Deng Xiaoping nianpu(1904~1974)*[A Chronicle of Deng Xiaoping's Life(1904~1974)](Beijing: Zhongyang wenxian chubanshe, 2009), p. 1856.

143 Zhongyang wenxian yanjiu shi(ed.), *Jianguo yilai zhongyao wenxian xuanbian*[Selection of Important Documents since the Founding of the Country], Vol. 20(Beijing: Zhongyang wenxian chubanshe, 1998), pp. 141~145.

144 비슷한 군 전체 작전회의가 1963년 3월, 1964년 3월, 1966년 4월에 열렸다. 1965년 4월 작전회의에서 베트남에 관한 논의를 하기는 했지만, 이러한 회의 소집이 특이한 것은 아니었다. 다음을 볼 것. Zhang Zishen(ed.), *Yang Chengwu nianpu*, pp. 274, 395, 430.

145 같은 책, p. 418.

146 다음에서 인용했다. Huang Yao, "1965 nian zhongyang junwei zuozhan huiyi fengbo de lailong qumai," p. 93. 다음을 볼 것. Deng Xiaoping, *Deng Xiaoping junshi wenxuan*[Deng Xiaoping's Selected Works on Military Affairs], Vol. 2(Beijing: Junshi kexue chubanshe, 2004), p. 345; Zhang Zishen(ed.), *Yang Chengwu nianpu*, p. 418.

147 Huang Yao, "1965 nian zhongyang junwei zuozhan huiyi fengbo de lailong qumai," p. 92. 또한 Pang Xianzhi and Feng Hui(eds.), *Mao Zedong nianpu, 1949~1976*, Vol. 5, p. 538.

148 Shou Xiaosong(ed.), *Zhongguo renmin jiefangjun junshi*, Vol. 5, p. 394.

149 이 문단은 주로 다음을 참조했다. Pang Xianzhi and Feng Hui(eds.), *Mao Zedong nianpu, 1949~1976*, Vol. 5, p. 492.

150 Mao Zedong, *Jianguo yilai Mao Zedong junshi wengao*, Vol. 3, p. 311.

151 같은 책, p. 314. 다음을 볼 것. Luo Ruiqing, "Luo Ruiqing chuanda Mao Zedong zhishi(June 23, 1965)"[Luo Ruiqing Transmits Mao's Instructions], in Song Yongyi(ed.), *The Database for the History of Contemporary Chinese Political Movements, 1949~* (Harvard University: Fairbank Center for Chinese Studies, 2013).

152 Xu Shiyou, *Xu Shiyou junshi wenxuan*[Xu Shiyou's Selected Works on Military Affairs](Beijing: Junshi kexue chubanshe, 2013), pp. 390~420.

153 다음에서 인용했다. Luo Ruiqing, "Luo Ruiqing chuanda Mao Zedong zhishi." 따라서 적이 바로 진입하는 것을 막는다는 마오쩌둥의 이전 진술과 상반되는 것으로 보인다.

154 Hershberg and Chen, "Informing the Enemy," p. 234.

155 Luo Ruiqing, "Luo Ruiqing chuanda Mao Zedong zhishi."

156 다음에서 인용했다. 같은 글.

157 다음에서 인용했다. 같은 글.

158 다음에서 인용했다. 같은 글.

159 같은 글.

160 PLA 지도부 자체는 1964년 여름부터 마오쩌둥의 발언에 대한 회의를 열어왔기 때문에 그런 요약을 받을 필요가 없었다.

161 뤄루이칭은 중국이 전쟁을 준비하기 위해 필요한 전쟁의 특징을 설명하고 있었는데, 이러한 전쟁은 규모가 크고, 빠르게 발생하며, (미국이 사용하는) 핵무기를 포함하고 있을 것이다. 이것이 아마도 "조기에, 크고, 핵전쟁인" 전쟁을 치르기 위해 무엇을 알고 있어야 하는지에 대한 첫 번째 언급일 것이다.

162 Luo Ruiqing, "Luo Ruiqing chuanda Mao Zedong zhishi."

163 Pang Xianzhi and Feng Hui(eds.), *Mao Zedong nianpu, 1949~1976*, Vol. 5, p. 520.

164 같은 책.

165 같은 책, p. 534.

166 같은 책, p. 538.

167 같은 책.

168 Liu Yongzhi(ed.), *Zongcan moubu dashiji*, p. 539. 다음을 볼 것. Zhang Zishen(ed.), *Yang Chengwu nianpu*, pp. 428~429.

169 Yuan Dejin, "Mao Zedong yu xin Zhongguo junshi zhanlue fangzhen de queli he tiaozheng jiqi qishi"[Mao Zedong and the Establishment and Adjustment of New China's Military Strategic Guideline and Its Implications], *Junshi lishi yanjiu*, No. 1(2010), p. 25.

170 3월의 충돌과 그 여파에 대해서는 다음을 볼 것. M. Taylor Fravel, *Strong Borders, Secure Nation: Cooperation and Conflict in China's Territorial Disputes*(Princeton, NJ: Princeton University Press, 2008), pp. 201~219; John Wilson Lewis and Litai Xue, *Imagined Enemies: China Prepares for Uncertain War*(Stanford, CA: Stanford University Press, 2006), pp. 44~76.

171 Shou Xiaosong(ed.), *Zhongguo renmin jiefangjun junshi*[A Military History of the Chinese People's Liberation Army], Vol. 6(Beijing: Junshi kexue chubanshe, 2011), p. 104.

172 Yuan Dejin and Wang Jianfei, "Xin Zhongguo chengli yilai junshi zhanlue fangzhen de lishi yanbian ji qishi"[The Evolution of Military Strategic Guidelines since the Establishment of New China and Its Implications], *Junshi lishi*, No. 6(2007), p. 3.

173 Shou Xiaosong(ed.), *Zhongguo renmin jiefangjun junshi*, p. 104.

174 Liu Zhinan, "1969 nian, Zhongguo zhanbei yu dui MeiSu guanxi de yanjiu he tiaozheng"[China's War Preparations and the Story of the Readjustment of Relations with the United States and Soviet Union in 1969], *Dangdai Zhongguo shi yanjiu*, No. 3(1999), pp. 41~50.

175 Shou Xiaosong(ed.), *Zhongguo renmin jiefangjun junshi*, Vol. 6, pp. 114~115.

176 같은 책, p. 113.

177 Guo Xiangjie(ed.) *Zhang Wannian zhuan (shang)* [Zhang Wannian's Biography] (Beijing: Jie-fangjun chubanshe, 2011), p. 304

178 문화대혁명 당시 PLA에 대해서는 다음을 볼 것. Li Ke and Hao Shengzhang, *Wenhua dageming zhong de renmin jiefangjun* [The People's Liberation Army during the Cultural Revolution] (Beijing: Zhonggong dangshi ziliao chubanshe, 1989); Andrew Scobell, *China's Use of Military Force: Beyond the Great Wall and the Long March*(Cambridge: Cambridge University Press, 2003), pp. 94~118.

179 Li Ke and Hao Shengzhang, *Wenhua dageming zhong de renmin jiefangjun* [The People's Liberation Army during the Cultural Revolution] (Beijing: Zhonggong dangshi ziliao chubanshe, 1989), p. 63.

180 Directorate of Intelligence, *The PLA and the "Cultural Revolution,"* POLO XXV, Central Intelligence Agency, October 28, 1967, p. 167.

181 Shou Xiaosong(ed.), *Zhongguo renmin jiefangjun junshi*, Vol. 6, p. 18.

182 Edward C. O'Dowd, *Chinese Military Strategy in the Third Indochina War: The Last Maoist War* (New York: Routledge, 2007), p. 28.

183 Li Ke and Hao Shengzhang, *Wenhua dageming zhong de renmin Jiefangjun*, pp. 260~261.

184 Shou Xiaosong(ed.), *Zhongguo renmin jiefangjun junshi*, Vol. 6, p. 120.

185 같은 책, pp. 116~117, 120~123.

제5장 1980년 전략: '적극방어'

1 예컨대 다음을 볼 것. Ellis Joffe, *The Chinese Army after Mao*(Cambridge, MA: Harvard University Press, 1987), pp. 70~93; Harlan W. Jencks, "People's War under Modern Conditions: Wishful Thinking, National Suicide, or Effective Deterrent?," *China Quarterly*, No. 98(June 1984), pp. 305~319; Paul H. B. Godwin, "People's War Revised: Military Doctrine, Strategy and Operations," in Charles D. Lovejoy and Bruce W. Watson(eds.), *China's Military Reforms: International and Domestic Implications*(Boulder, CO: Westview, 1984), pp. 1~13; David Shambaugh, *Modernizing China's Military: Progress, Problems, and Prospects*(Berkeley, CA: University of California Press, 2002), p. 62.

2 이 지역에는 중국 둥베이(東北), 화베이(華北), 시베이(西北)가 포함된다.

3 M. Taylor Fravel, *Strong Borders, Secure Nation: Cooperation and Conflict in China's Territorial Disputes*(Princeton, NJ: Princeton University Press, 2008), pp. 201~219; John Wilson Lewis and Litai Xue, *Imagined Enemies: China Prepares for Uncertain War*(Stanford, CA: Stanford University Press, 2006), pp. 44~76.

4 Fravel, *Strong Borders, Secure Nation*, p. 205.

5 방침에 대한 소스들은 다음과 같다. Xu Yan, *Zhongguo guofang daolun* [Introduction to China's National Defense](Beijing: Guofang daxue chubanshe, 2006), pp. 304~305, 351~352; Junshi

kexue yuan Junshi lishi yanjiu suo, *Zhongguo renmin jiefangjun gaige fazhan 30 nian* [Thirty Years of the Reform and Development of the Chinese People's Liberation Army] (Beijing: Junshi kexue chubanshe, 2008), pp. 20~21; Zhang Weiming, *Huabei dayanxi: Zhongguo zuida junshi yanxi jishi* [North China Exercise: The Record of China's Largest Military Exercise] (Beijing: Jiefangjun chubanshe, 2008), pp. 18~20, 35~39; Xie Hainan, Yang Zufa and Yang Jianhua, *Yang Dezhi yi sheng* [Yang Dezhi's Life] (Beijing: Zhonggong dangshi chubanshe, 2011), pp. 313~315; Shou Xiaosong(ed.), *Zhongguo renmin jiefangjun de 80 nian: 1927~2007* [Eighty Years of the Chinese People's Liberation Army: 1927~2007] (Beijing: Junshi kexue chubanshe, 2007), pp. 455~457. 더 자세한 설명은 다음을 볼 것. Han Huaizhi, *Han Huaizhi lun junshi* [Han Huaizhi on Military Affairs] (Beijing: Jiefangjun chubanshe, 2012), pp. 293~301.

6   Xu Yan, *Zhongguo guofang daolun*, p. 304.

7   Jonathan Ray, *Red China's "Capitalist Bomb": Inside the Chinese Neutron Bomb Program* (Washington, DC: Center for the Study of Chinese Military Affairs, Institute for National Strategic Studies, National Defense University, 2015).

8   Junshi kexue yuan junshi lishi yanjiu suo, *Zhongguo renmin jiefangjun gaige fazhan 30 nian*, p. 21; Xu Yan, *Zhongguo guofang daolun*, p. 304.

9   Xu Yan, *Zhongguo guofang daolun*, pp. 304~305.

10 1980년대 초 ≪군사학술(Junshi xueshu)≫에 실린 많은 논문들이 베트남에서의 작전을 다루고 있다. 다음을 볼 것. Junshi xueshu zazhishe(ed.), *Junshi xueshu lunwen xuan (xia)* [Collection of Essays from Military Arts] (Beijing: Junshi kexue chubanshe, 1984); Junshi xueshu zazhishe(ed.), *Junshi xueshu lunwen xuan (shang)* [Collection of Essays from Military Arts] (Beijing: Junshi kexue chubanshe, 1984). 자세한 설명은 다음을 볼 것. Harlan W. Jencks, "China's 'Punitive' War Against Vietnam," *Asian Survey*, Vol. 19, No. 8(August 1979), pp. 801~815; King C. Chen, *China's War with Vietnam, 1979: Issues, Decisions, and Implications* (Stanford, CA: Hoover Institution, 1986); Edward C. O'Dowd, *Chinese Military Strategy in the Third Indochina War: The Last Maoist War* (New York: Routledge, 2007); Xiaoming Zhang, *Deng Xiaoping's Long War: The Military Conflict between China and Vietnam, 1979~1991* (Chapel Hill, NC: University of North Carolina Press, 2015).

11 Yang Zhiyuan, "Wojun bianxiu zuozhan tiaoling de chuangxin fazhan ji qishi" [The Innovative Development and Implications of Our Army's Compilation and Revision of Operations Regulations], *Zhongguo junshi kexue*, No. 6(2009), p. 113.

12 Gao Rui(ed.), *Zhanlue Xue* [The Science of Military Strategy] (Beijing: Junshi kexue chubanshe, 1987); Song Shilun, *Song Shilun junshi wenxuan: 1958~1989* [Song Shilun's Selected Works on Military Affairs: 1958~1989] (Beijing: Junshi kexue chubanshe, 2007), pp. 558~559; Yang Zhiyuan, "Wojun bianxiu zuozhan tiaoling de chuangxin fazhan ji qishi," p. 113.

13 Xu Yan, *Zhongguo guofang daolun*, pp. 323~324.

14 두 번의 감축에 대한 자세한 내용은 다음을 볼 것. Ding Wei and Wei Xu, "20 shiji 80 niandai

renmin jiefangjun tizhi gaige, jingjian zhengbian de huigu yu sikao"[Review and Reflections on the Streamlining and Reorganization of the PLA in the Eighties of the 20th Century], *Junshi lishi*, No. 6(2014), pp. 52~57; Nan Li, "Organizational Changes of the PLA, 1985~1997," *China Quarterly*, No. 158(1999), pp. 314~349.

15 Deng Xiaoping, *Deng Xiaoping junshi wenxuan*[Deng Xiaoping's Selected Works on Military Affairs], Vol. 3(Beijng: Junshi kexue chubanshe, 2004), p. 178.

16 Yuan Wei and Zhang Zhuo(eds.), *Zhongguo junxiao fazhan shi*[History of the Development of China's Military Academies](Beijing: Guofang daxue chubanshe, 2001), p. 825.

17 Zhang Zhen, *Zhang Zhen junshi wenxuan*[Zhang Zhen's Selected Works on Military Affairs], Vol. 2(Beijing: Jiefangjun chubanshe, 2005), p. 217; Guo Xiangjie(ed.), *Zhang Wannian zhuan (xia)*[Zhang Wannian's Biography](Beijing: Jiefangjun chubanshe, 2011), p. 399.

18 "Zong canmoubu pizhun banfa xunlian dagang"[GSD Approves and Issues Training Program], *Jiefangjun Bao*, February 8, 1981. 초안 작업은 1980년에 끝났을 것이다. 다음을 볼 것. Liu Yongzhi(ed.), *Zongcan moubu dashiji*[A Chronology of the General Staff Department] (Beijing: Lantian chubanshe, 2009), p. 739.

19 Zhang Zhen, *Zhang Zhen huiyilu (xia)*[Zhang Zhen's Memoirs](Beijing: Jiefangjun chubanshe, 2003), p. 212.

20 Zhu Ying(ed.), *Su Yu zhuan*[Su Yu's Biography](Beijing: Dangdai Zhongguo chubanshe, 2000), p. 1000.

21 같은 책.

22 Su Yu, *Su Yu wenxuan*[Su Yu's Selected Works], Vol. 3(Beijing: Junshi kexue chubanshe, 2004), pp. 529~531.

23 같은 책, pp. 563~567.

24 쑤위는 종종 자신의 생각을 마오쩌둥의 구호와 연결시키기 위해 고심을 많이 했다.

25 Su Yu, *Su Yu wenxuan*, Vol. 3, pp. 529~531.

26 같은 책, p. 529.

27 같은 책. 쑤위가 기동전을 완전히 거부한 것은 아니다. 1974년의 한 보고서에서 그는 궁극적으로 침략군을 격퇴하기 위해서는 그것이 중요하다고 강조했다. 다음을 볼 것. 같은 책, pp. 563~567.

28 같은 책, p. 568.

29 같은 책, pp. 568~572.

30 군사과학원은 1972년에야 연구 활동을 재개했다.

31 Ma Suzheng, *Bashi huimou*[Reflecting on Eighty Years](Beijing: Changzheng chubanshe, 2008), p. 146.

32 같은 책.

33 같은 책.

34 Liang Ying, "Luetan di sici zhongdong zhanzheng de tedian"[Brief Discussion of the Fourth

Middle East War], *Jiefangjun Bao*, December 15, 1975.

35 Ye Jianying, *Ye Jianying junshi wenxuan* [Ye Jianying's Selected Works on Military Affairs] (Beijing: Jiefangjun chubanshe, 1997), pp. 681~682. 예젠잉의 연설은 마오쩌둥이 1962년에 처음으로 유적심입을 제기했다고 잘못 말하고 있다.

36 Mu Junjie(ed.), *Song Shilun zhuan* [Song Shilun's Biography] (Beijing: Junshi kexue chubanshe, 2007), p. 601.

37 Su Yu, *Su Yu wenxuan*, Vol. 3, pp. 626~631.

38 Ye Jianying, *Ye Jianying junshi wenxuan*, p. 1960.

39 린뱌오 자신이 수동적 방어를 추구하기 위해 루산 회의에서 펑더화이를 비판했다는 아이러니를 간과해서는 안 된다.

40 Deng Xiaoping, *Deng Xiaoping lun guofang he jundui jianshe* [Deng Xiaoping on National Defense and Army Building] (Beijing: Junshi kexue chubanshe, 1992), p. 26.

41 Zhang Zhen, *Zhang Zhen huiyilu (xia)*, p. 194.

42 Su Yu, *Su Yu wenxuan*, Vol. 3, pp. 626~631.

43 같은 책, p. 626.

44 같은 책, p. 627.

45 같은 책.

46 같은 책, p. 629.

47 같은 책, pp. 640~653.

48 같은 책, p. 642.

49 같은 책, p. 654. 다음을 볼 것. 같은 책, p. 641.

50 같은 책, pp. 670~695.

51 공격에 대한 또 다른 동기는 중국이 얼마나 현대식 전투에 준비가 미흡했는지를 보여주기도 할 것이다.

52 Su Yu, *Su Yu wenxuan*, Vol. 3, p. 672.

53 같은 책, p. 673.

54 같은 책, p. 674.

55 쑤위는 대부분 S. P. 이바노프(S. P. Ivanov)가 쓴 『전쟁의 초기(The Initial Period of War)』를 언급했을 가능성이 크다. 이 책은 1974년에 출판되었다.

56 Su Yu, *Su Yu wenxuan*, Vol. 3, p. 678.

57 같은 책, p. 682.

58 같은 책, p. 679.

59 같은 책, p. 680.

60 같은 책, p. 682.

61 Zhu Ying(ed.), *Su Yu zhuan*, pp. 1035~1036.

62 같은 책, p. 1035.

63 같은 책, pp. 1035~1036.

64 Junshi kexue yuan lishi yanjiusuo, *Zhongguo renmin jiefangjun gaige fazhan 30 nian* [30 Years of Reform and Development of the Chinese People's Liberation Army] (Beijing: Junshi kexue chubanshe, 2008), p. 19.

65 Xu Xiangqian, *Xu Xiangqian junshi wenxuan* [Xu Xiangqian's Selected Works on Military Affairs] (Beijing: Jiefangjun chubanshe, 1993), pp. 276, 279.

66 쑤위의 구상을 지지하는 글을 쓴 사람들은 다음과 같다. 양더즈(쿤밍 군구 사령관), 쑹스룬 (군사과학원 원장), 왕비청(王必成, 우한 군구 사령관), 장밍, 탄산허(공병부대 사령관), 장 펑(지난 군구 부사령관), 한화이즈(총장 보좌역) 다음을 볼 것. Junshi xueshu zazhishe(ed.), *Junshi xueshu lunwen xuan (xia)*; Junshi xueshu zazhishe(ed.), *Junshi xueshu lunwen xuan (shang)*.

67 Yang Dezhi, "Weilai fanqinlue zhanzheng chuqi zuozhan de jige wenti" [Several Questions on Operations during the Initial Phase of a Future Anti-agression War], in Junshi xueshu zazhi she(ed.), *Junshi xueshu lunwen xuan (xia)* [Collection of Essays from Military Arts] (Beijing: Junshi kexue chubanshe, 1984), p. 30.

68 같은 글, p. 38.

69 Song Shilun, *Song Shilun junshi wenxuan*, p. 191.

70 같은 책, p. 240.

71 같은 책, p. 233.

72 Sun Xuemin, "Moushi renzhen yanjiu da tanke xunlian jiaoxuefa" [A Certain Division Seriously Studies Teaching Methods for Fighting Tanks], *Jiefangjun Bao*, September 13, 1978.

73 Yao Youzhi, Zhao Tianyou and Wu Yiheng, "Tuchu da tanke xunlian, zheng dang da tanke nengshou" [Give Prominence to Training Fighting Tanks, Strive to Become Masters at Fighting Tanks], *Jiefangjun Bao*, March 1, 1979.

74 나머지 두 개는 『전쟁의 초기』와 『군사전략(Military Strategy)』이었다. Huang Jiansheng and Qi Donghui, "Nanjing budui moujun juban zhanzheng chuqi fan tuxi yanjiu ban" [A Certain Army in Nanjing Holds a Study Group on Countering a Surprise Attack in the Initial Period of a War], *Jiefangjun Bao*, July 5, 1981.

75 Junshi kexue yuan waijun junshi yanjiu bu(trans.), *ZhongDong zhanzheng quanshi* [A Complete History of the Wars in the Middle East] (Beijing: Junshi kexue chubanshe, 1985).

76 Roderick MacFarquhar and Michael Schoenhals, *Mao's Last Revolution* (Cambridge, MA: Belknap Press of Harvard University Press, 2006). 4인방은 장칭(江青), 왕훙원(王洪文), 야오 원위안(姚文元), 장춘차오(張春橋)였다.

77 문화대혁명 이후 엘리트 분열은 다음을 볼 것. Frederick C. Teiwes and Warren Sun, *The End of the Maoist Era: Chinese Politics during the Twilight of the Cultural Revolution, 1972~ 1976* (Armonk, NY: M. E. Sharpe, 2007), pp. 12~14; Richard Baum, *Burying Mao: Chinese Politics in the Age of Deng Xiaoping* (Princeton, NJ: Princeton University Press, 1994), pp. 27~29; Roderick MacFarquhar, "The Succession to Mao and the End of Maoism, 1969~82," in Roderick

MacFarquhar(ed.), *The Politics of China*(New York: Cambridge University Press, 1993), pp. 278~279.

78 Teiwes and Sun, *The End of the Maoist Era*, p. 489.

79 같은 책, pp. 536~595.

80 Ezra F. Vogel, *Deng Xiaoping and the Transformation of China*(Cambridge, MA: Belknap Press of Harvard University Press, 2011), p. 196. 덩의 복권에 대해서는 다음을 볼 것. Joseph Torigian, "Prestige, Manipulation, and Coercion: Elite Power Struggles and the Fate of Three Revolutions"(PhD dissertation, Department of Political Science, Massachusetts Institute of Technology, 2016).

81 MacFarquhar, "The Succession to Mao and the End of Maoism," p. 315.

82 웨이궈칭(韋國淸, 총정치부 주임), 장옌파(공군 사령관), 쑤위, 뤄루이칭, 리셴녠, 천시롄(베이징 군구), 쑤전화(蘇振華, 해군 정치위원). 1978년 말 천시롄은 화궈펑과의 연합으로 타격을 입게 된다.

83 그럼에도 불구하고 화는 이들 지위를 보통의 당 절차를 거쳐 얻지 못했다.

84 Vogel, *Deng Xiaoping and the Transformation of China*, p. 170; Teiwes and Sun, *The End of the Maoist Era*, p. 489.

85 Teiwes and Sun, *The End of the Maoist Era*.

86 Frederick C. Teiwes and Warren Sun, "China's New Economic Policy Under Hua Guofeng: Party Consensus and Party Myths," *China Journal*, No. 66(2011), pp. 1~23; Torigian, "Prestige, Manipulation, and Coercion."

87 이에 대한 훌륭한 설명은 다음을 볼 것. Torigian, "Prestige, Manipulation, and Coercion."

88 Torigian, "Prestige, Manipulation, and Coercion," p. 398.

89 같은 글, pp. 282~457.

90 톈안먼사건은 저우언라이를 추모하기 위해 톈안먼광장에서 일어났던 자발적인 시위를 진압한 것을 말한다. 그 시위들은 '반혁명적'인 것으로 낙인찍혔다. 당시 마오쩌둥과 4인방으로부터 우파적 일탈이라 비판받고 있던 덩샤오핑이 비난을 받았다. 다음을 볼 것. Frederick C. Teiwes and Warren Sun, "The First Tiananmen Incident Revisited: Elite Politics and Crisis Management at the End of the Maoist Era," *Pacific Affairs*, Vol. 77, No. 2(2004), pp. 211~235.

91 Vogel, *Deng Xiaoping and the Transformation of China*, p. 236; Torigian, "Prestige, Manipulation, and Coercion," p. 351.

92 Vogel, *Deng Xiaoping and the Transformation of China*, p. 196.

93 베트남 공격에 대한 덩샤오핑의 결정에 대해서는 다음을 볼 것. Zhang, *Deng Xiaoping's Long War*, pp. 40~66.

94 Fu Xuezheng, "Zai zhongyang junwei bangongting gongzuo de rizi"[Working in the Central Military Commission's Office], *Dangshi tiandi*, No. 1(2006), p. 14.

95 겅뱌오, 웨이궈칭(韋國淸), 양용(부총참모장), 왕핑(총후근부 정치위원), 왕샹룽(王尙榮, 부총참모장), 량비예(梁必業, 총정치부 부주임), 훙쉬에즈(洪學智, 방위산업국), 샤오훙다(肖

洪達, 중앙군사위 사무국 주임). 다음을 볼 것. Xu Ping, "Zhongyang junwei sanshe bangong huiyi"[The Three Office Meetings Established by the CMC], *Wenshi jinghua*, No. 2(2005), p. 64.

96 Yang Dezhi, Xu Shiyou, Han Xianchu, Yang Yong and Wang Ping. 다음을 볼 것. Xu Ping, "Jianguohou zhongyang junwei renyuan goucheng de bianhua"[The Changing Compostion of the CMC After the Founding of the Country], *Dangshi bolan*, No. 9(2002), p. 48.

97 쿤밍 군구에서는 장즈슈(張銍秀)가 양더즈를 대신해 사령관이 되었는데 이렇게 해서 양은 총참모장이 되었다. 광저우 군구에서는 장차이첸(張才千)이 (건강이 좋지 않았던) 왕비성(王必成)을 대신해 사령관을 맡았고 왕은 군사과학원에 합류했다. 지난 군구에서는 라오서우쿤(饒守坤)이 정스위(曾思玉) 대신 사령관이 되었는데 정은 은퇴가 가까웠다. 란저우 군구에서는 두이더(杜義德)가 한셴추(韓先楚)를 대신해 사령관이 되었으나 한은 계속 중앙군사위 위원으로 남았다. 마지막으로 베이징 군구에서는 정치적 이유로 친지웨이(秦基偉)가 천시롄을 대신해 사령관이 되었는데 천은 화궈펑과의 유대 때문에 PLA에서 더 이상 활동할 수가 없게 된다. 게다가 선양·광둥·우한·쿤밍 군구에서는 처음으로 정치위원이 임명되었다.

98 인사이동의 자세한 내용은 다음을 볼 것. T'ieh Chien, "Reshuffle of Regional Military Commanders in Communist China," *Issues and Studies*, Vol. 16, No. 3(1980), pp. 1~4; Gerald Segal and Tony Saich, "Quarterly Chronicle and Documentation," *China Quarterly*, No. 83(1980), p. 616; Gerald Segal and Tony Saich, "Quarterly Chronicle and Documentation," *China Quarterly*, No. 82(June 1980), pp. 381~382. 인사이동 이면의 이유에 대한 분석은 다음을 볼 것. Chien, "Reshuffle of Regional Military Commanders in Communist China."

99 Vogel, *Deng Xiaoping and the Transformation of China*, p. 363.

100 화궈펑은 당 부주석이 될 것이고 당원 자격을 박탈당한 적이 없다. 다음을 볼 것. Liu Jixian (ed.), *Ye Jianying nianpu* [A Chronicle of Ye Jianying's Life], Vol. 2(Beijing: Zhongyang wenxian chubanshe, 2007), p. 1193. 토리지안이 보여준 바와 같이 화는 문화대혁명 기간에 당이나 PLA에 참여한 젊은 병사들 사이에서 잠재적인 영향력을 보유하고 있었을 수도 있다. 다음을 볼 것. Torigian, "Prestige, Manipulation, and Coercion."

101 Jiang Tiejun(ed.), *Dang de guofang jundui gaige sixiang yanjiu* [A Study of the Party's Thought on National Defense and Army Reform](Beijing: Junshi kexue chubanshe, 2015), p. 58.

102 Junshi kexue yuan lishi yanjiusuo, *Zhongguo renmin jiefangjun gaige fazhan 30 nian*, p. 25; Shenyang junqu zhengzhibu yanju shi(ed.), *Shenyang junqu dashiji, 1945~1985*(n.p.: n.p., 1985), pp. 213~214.

103 Shenyang junqu zhengzhibu yanju shi(ed.), *Shenyang junqu dashiji, 1945~1985*, p. 218.

104 Guo Xiangjie(ed.), *Zhang Wannian zhuan (shang)* [Zhang Wannian's Biography](Beijing: Jiefangjun chubanshe, 2011), p. 399.

105 Xie Hainan, Yang Zufa and Yang Jianhua, *Yang Dezhi yi sheng*, p. 313.

106 같은 책.

107 Zhang Zhen, *Zhang Zhen huiyilu (xia)*, p. 193.

108 같은 책.

109 같은 책, p. 194.

110 같은 책, pp. 193, 198.

111 Xie Hainan, Yang Zufa and Yang Jianhua, *Yang Dezhi yi sheng*, p. 312.

112 같은 책, p. 314.

113 Li Yuan, *Li Yuan huiyilu* [Li Yuan's Memoir] (Beijing: Jiefangjun chubanshe, 2009), p. 364.

114 Zhang Zhen, *Zhang Zhen huiyilu (xia)*, p. 200.

115 같은 책; Yang Dezhi, "Xinshiqi zongcanmoubu di junshi gongzuo" [The General Staff Department's Military Work in the New Period], in Xu Huizi(ed.), *Zongcan moubu: Huiyi shiliao* [General Staff Department: Recollections and Historical Materials] (Beijing: Jiefangjun chubanshe, 1995), p. 655.

116 Zhang Zhen, *Zhang Zhen huiyilu (xia)*, p. 198.

117 같은 책.

118 같은 책, p. 197.

119 같은 책, p. 199.

120 같은 책.

121 Yang Dezhi, "Xinshiqi zongcanmoubu di junshi gongzuo," p. 656.

122 Song Shilun, *Song Shilun junshi wenxuan*, pp. 242~245.

123 이 시한은 양더즈의 전기나 장전의 회고록에서는 언급되지 않는다.

124 Mu Junjie(ed.), *Song Shilun zhuan*, p. 602.

125 Zhang Zhen, *Zhang Zhen huiyilu (xia)*, p. 201; Xie Hainan, Yang Zufa and Yang Jianhua, *Yang Dezhi yi sheng*, p. 314.

126 Liu Yongzhi(ed.), *Zongcan moubu dashiji*, p. 739.

127 Xie Hainan, Yang Zufa and Yang Jianhua, *Yang Dezhi yi sheng*, p. 313.

128 같은 책, p. 314.

129 같은 책, p. 315.

130 Song Shilun, *Song Shilun junshi wenxuan*, p. 244; Zhang Weiming, *Huabei dayanxi*, p. 38.

131 Song Shilun, *Song Shilun junshi wenxuan*, p. 244.

132 Deng Xiaoping, *Deng Xiaoping junshi wenxuan*, Vol. 3, p. 177.

133 Ye Jianying, *Ye Jianying junshi wenxuan*, p. 719.

134 Xie Hainan, Yang Zufa and Yang Jianhua, *Yang Dezhi yi sheng*, p. 314.

135 Zhang Weiming, *Huabei dayanxi*, p. 36.

136 같은 책.

137 Ye Jianying, *Ye Jianying junshi wenxuan*, p. 422.

138 Song Shilun, *Song Shilun junshi wenxuan*, p. 244. 다음을 볼 것. Zhang Zhen, *Zhang Zhen huiyilu (xia)*, pp. 197~198.

139 Shi Jiazhu and Cui Changfa, "60 nian renmin haijun jianshe zhidao sixiang de fengfu he fazhan" [The Enrichment and Development of Guiding Thought on Navy Building in the Past

60 Years], *Junshi lishi*, No. 3(2009), p. 24. 1949년 이후 중국의 해군 전략을 잘 정리한 글로는 다음을 볼 것. Nan Li, "The Evolution of China's Naval Strategy and Capabilities: From 'Near Coast' and 'Near Seas' to 'Far Seas'," *Asian Security*, Vol. 5, No. 2(2009), pp. 144~169.

140 Deng Xiaoping, *Deng Xiaoping lun guofang he jundui jianshe*, p. 57.

141 Wu Dianqing, *Haijun: Zongshu dashiji* [Navy: Summary and Chronology] (Beijing: Jiefangjun chubanshe, 2006), p. 175.

142 Liu Huaqing, *Liu Huaqing huiyilu* [Liu Huaqing's Memoirs] (Beijing: Jiefangjun chubanshe, 2004), p. 436. 1980년 전략방침과의 연계에 대해서는 다음을 볼 것. Wu Dianqing, *Haijun*, pp. 171, 188~189.

143 보고서의 자세한 요약은 다음을 볼 것. Jiang Weimin(ed.), *Liu Huaqing nianpu* [A Chronicle of Liu Huaqing's Life], Vol. 2(Beijing: Jiefangjun chubanshe, 2016), p. 688~692. 하지만 중앙군사위가 언제 보고서를 승인했는지는 불분명하다.

144 Liu Huaqing, *Liu Huaqing huiyilu*, p. 438.

145 Bernard D. Cole, "The PLA Navy and 'Active Defense'," in Stephen J. Flanagan and Michael E. Marti(eds.), *The People's Liberation Army and China in Transition* (Washington, DC: National Defense University Press, 2003), pp. 129~138.

146 O'Dowd, *Chinese Military Strategy*, pp. 45~55; Zhang, *Deng Xiaoping's Long War*, pp. 67~77.

147 다양한 추정에 관해서는 다음을 볼 것. O'Dowd, *Chinese Military Strategy*, p. 3; Chen, *China's War with Vietnam, 1979*, pp. 88, 103.

148 Zhang, *Deng Xiaoping's Long War*, p. 119.

149 한 가지 주의할 점은 중국의 최고 부대가 소련의 위협을 방어하기 위해 계속 북방에 배치되어 있었다는 것이다.

150 O'Dowd, *Chinese Military Strategy*, pp. 28~30, 111~121; Zhang, *Deng Xiaoping's Long War*, pp. 134~137.

151 Deng Xiaoping, *Deng Xiaoping junshi wenxuan*, Vol. 3, p. 28.

152 Zhang, *Deng Xiaoping's Long War*, p. 59.

153 장과 오다우드(Zhang and O'Dowd)가 사용한 소스들에 이들 평가가 들어 있다.

154 Yang Zhiyuan, "Wojun bianxiu zuozhan tiaoling de chuangxin fazhan ji qishi," p. 113.

155 같은 글. 이 시기 작전교리 개발의 도전에 관해서는 다음을 볼 것. Chen Li, "Operational Idealism: Doctrine Development of the Chinese People's Liberation Army under Soviet Threat, 1969~1989," *Journal of Strategic Studies*, Vol. 40, No. 5(2017), pp. 663~695.

156 Yang Zhiyuan, "Wojun bianxiu zuozhan tiaoling de chuangxin fazhan ji qishi," pp. 113~114.

157 같은 글, p. 113.

158 Zou Baoyi and Liu Jinsheng, "Xinyidai hecheng jundui douzheng tiaoling kaishi shixing" [Use of New Generation Combined Army Combat Regulations Has Begun], *Jiefangjun Bao*, June 7, 1988.

159 Ren Jian, *Zuozhan tiaoling gailun* [An Introduction to Operations Regulations] (Beijing: Junshi

kexue chubanshe, 2016), p. 47.

160 Liu Yixin, Wu Xiang and Xie Wenxin(eds.), *Xiandai zhanzheng yu lujun* [Modern Warfare and the Ground Forces] (Beijing: Jiefangjun chubanshe, 2005), p. 479.

161 Ren Jian, *Zuozhan tiaoling gailun*, p. 47.

162 Mu Junjie(ed.), *Song Shilun zhuan*, p. 516.

163 Song Shilun, *Song Shilun junshi wenxuan*, pp. 291~292.

164 Mu Junjie(ed.), *Song Shilun zhuan*, p. 518.

165 Gao Rui(ed.), *Zhanlue Xue*.

166 Song Shilun, *Song Shilun junshi wenxuan*, p. 417.

167 M. Taylor Fravel, "The Evolution of China's Military Strategy: Comparing the 1987 and 1999 Editions of *Zhanlue Xue*," in David M. Finkelstein and James Mulvenon(eds.), *The Revolution in Doctrinal Affairs: Emerging Trends in the Operational Art of the Chinese People's Liberation Army* (Alexandria, VA: Center for Naval Analyses, 2005), p. 89.

168 1975년 덩샤오핑의 권력 회복에 대해서는 다음을 볼 것. Teiwes and Sun, *The End of the Maoist Era*, pp. 178~304; Vogel, *Deng Xiaoping and the Transformation of China*, pp. 91~157.

169 Jiang Tiejun(ed.), *Dang de guofang jundui gaige sixiang yanjiu*, p. 58.

170 같은 책.

171 같은 책, p. 68.

172 중국의 국방비 지출과 국방 예산의 모든 수치들은 다음에서 가져왔다. China Data Online, http://www.chinadataonline.org.

173 He Qizong, Ren Haiquan and Jiang Qianlin, "Deng Xiaoping yu jundui gaige" [Deng Xiaoping and Military Reform], *Junshi lishi*, No. 4(2014), p. 2.

174 Deng Xiaoping, *Deng Xiaoping junshi wenxuan*, Vol. 3, p. 169.

175 Junshi kexue yuan lishi yanjiusuo, *Zhongguo renmin jiefangjun gaige fazhan 30 nian*, p. 25.

176 같은 책.

177 Deng Xiaoping, *Deng Xiaoping junshi wenxuan*, Vol. 3, p. 168.

178 Junshi kexue yuan lishi yanjiusuo, *Zhongguo renmin jiefangjun gaige fazhan 30 nian*, p. 26; Yang Dezhi, "Xinshiqi zongcanmoubu de junshi gongzuo," p. 651; Ding Wei and Wei Xu, "20 shiji 80 niandai renmin jiefangjun tizhi gaige, jingjian zhengbian de huigu yu sikao," p. 53.

179 Junshi kexue yuan lishi yanjiusuo, *Zhongguo renmin jiefangjun gaige fazhan 30 nian*, pp. 26~27.

180 Jiang Tiejun(ed.), *Dang de guofang jundui gaige sixiang yanjiu*, p. 59.

181 Junshi kexue yuan lishi yanjiusuo, *Zhongguo renmin jiefangjun gaige fazhan 30 nian*, p. 28; Ding Wei and Wei Xu, "20 shiji 80 niandai renmin jiefangjun tizhi gaige, jingjian zhengbian de huigu yu sikao," p. 57.

182 Junshi kexue yuan lishi yanjiusuo, *Zhongguo renmin jiefangjun gaige fazhan 30 nian*, p. 28; Ding Wei and Wei Xu, "20 shiji 80 niandai renmin jiefangjun tizhi gaige, jingjian zhengbian de

huigu yu sikao," p. 57.

183 Junshi kexue yuan lishi yanjiusuo, *Zhongguo renmin jiefangjun gaige fazhan 30 nian*, pp. 34~36.

184 Yang Dezhi, "Xinshiqi zongcanmoubu de junshi gongzuo," p. 652.

185 같은 글.

186 같은 글.

187 Liu Yongzhi(ed.), *Zongcan moubu dashiji*, p. 785.

188 Hong Baoshou, "Zhongguo renmin jiefangjun 70 nianlai gaige fazhan de huigu yu sikao"[Reviewing and Reflecting on the Reform and Development of the Chinese People's Liberation Army over 70 years], *Zhongguo junshi kexue*, No. 3(1999), p. 23. 다른 소스들은 120만 명을 줄여 군의 규모가 400만 명을 약간 웃도는 정도가 되었다고 주장한다. 다음을 볼 것. Ding Wei and Wei Xu, "20 shiji 80 niandai renmin jiefangjun tizhi gaige, jingjian zhengbian de huigu yu sikao," p. 54.

189 Junshi kexue yuan lishi yanjiusuo, *Zhongguo renmin jiefangjun gaige fazhan 30 nian*, p. 28; Ding Wei and Wei Xu, "20 shiji 80 niandai renmin jiefangjun tizhi gaige, jingjian zhengbian de huigu yu sikao," p. 54.

190 Ding Wei and Wei Xu, "20 shiji 80 niandai renmin jiefangjun tizhi gaige, jingjian zhengbian de huigu yu sikao," p. 57.

191 1980년까지 철도부대는 3개 사령부, 15개 사단, 3개 독립연대, 2개 군사학원, 1개 연구소에 속한 41만 6000명의 병력을 보유했다. 1970년대 말이 되면 공병부대는 49만 6000명의 병력이 10개의 군 전체를 관장하는 사령부, 32개 사단급 파견대, 5개 사단급 군사학원에 소속되어 있었다. 1981년에는 공병부대가 34만 명으로 줄어들었다. 다음을 볼 것. Junshi kexue yuan lishi yanjiusuo, *Zhongguo renmin jiefangjun gaige fazhan 30 nian*, pp. 34~36.

192 Ding Wei and Wei Xu, "20 shiji 80 niandai renmin jiefangjun tizhi gaige, jingjian zhengbian de huigu yu sikao," p. 54.

193 Junshi kexue yuan lishi yanjiusuo, *Zhongguo renmin jiefangjun gaige fazhan 30 nian*, pp. 28~29.

194 Yang Shangkun, *Yang Shangkun huiyilu*[Yang Shangkun's Memoirs](Beijing: Zhongyang wenxian chubanshe, 2001), p. 360.

195 Deng Xiaoping, *Deng Xiaoping junshi wenxuan*, Vol. 3, p. 186.

196 Junshi kexue yuan lishi yanjiusuo, *Zhongguo renmin jiefangjun gaige fazhan 30 nian*, p. 92.

197 같은 책, p. 93; Lujun di sanshiba jituanjun junshi bianshen weiyuanhui, *Lujun di sanshiba jituanjun junshi*[A History of the Thirty-Eighth Group Army](Beijing: Jiefangjun wenyi chubanshe, 1993), p. 664.

198 Ding Wei and Wei Xu, "20 shiji 80 niandai renmin jiefangjun tizhi gaige, jingjian zhengbian de huigu yu sikao," p. 55.

199 Zhang Zhen, *Zhang Zhen huiyilu (xia)*, p. 251.

200 Yuan Wei and Zhang Zhuo(eds.), *Zhongguo junxiao fazhan shi*, p. 825.

201 같은 책, p. 826.

202 Shou Xiaosong(ed.), *Zhongguo renmin jiefangjun de 80 nian*, p. 411.

203 Guo Xiangjie(ed.), *Zhang Wannian zhuan*, p. 399. 장완녠은 1992년에는 총참모장이 되고 1995년부터 2002년까지는 중앙군사위 부주석이 된다.

204 같은 책.

205 Zhang Zhen, *Zhang Zhen junshi wenxuan*, Vol. 2, p. 217.

206 같은 책.

207 Zhang Zhen, *Zhang Zhen huiyilu (shang)*[Zhang Zhen's Memoirs](Beijing: Jiefangjun chubanshe, 2003), p. 244. 1978년에 PLA는 두 번째 훈련 프로그램을 발표했다. 그러나 이 프로그램의 목적은 문화대혁명으로 중단되었던 "정상적인 훈련명령을 우선적으로 복구"하는 것이었다. 다음을 볼 것. Liu Fengan, "Goujian xinxihua tiaojianxia junshi xunlian xin tixi"[Establishing a New System for Military Training Under Informatized Conditions], *Jiefangjun Bao*, August 1, 2008, p. 3.

208 "Zong canmoubu pizhun banfa xunlian dagang."

209 Zhang Zhen, *Zhang Zhen junshi wenxuan*, Vol. 2, p. 199.

210 같은 책, p. 195.

211 Yuan Wei and Zhang Zhuo(eds.), *Zhongguo junxiao fazhan shi*, p. 876.

212 Li Dianren(ed.), *Guofang daxue 80 nian dashi jiyao*[Record of Important Events in Eighty Years of the National Defense University](Beijing: Guofang daxue chubanshe, 2007).

213 Zhang Zhen, *Zhang Zhen huiyilu (xia)*, p. 206.

214 같은 책, p. 212.

215 Junshi kexue yuan lishi yanjiusuo, *Zhongguo renmin jiefangjun gaige fazhan 30 nian*, p. 43.

216 같은 책. '르포 문헌'이기는 하지만 자세한 논의는 다음을 볼 것. Zhang Weiming, *Huabei dayanxi: Zhongguo zuida junshi yanxi jishi*[North China Exercise: The Record of China's Largest Military Exercise](Beijing: Jiefangjun chubanshe, 2007).

217 Xie Hainan, Yang Zufa and Yang Jianhua, *Yang Dezhi yi sheng*, p. 322.

218 Zhang Zhen, *Zhang Zhen huiyilu (xia)*, p. 210.

219 Xie Hainan, Yang Zufa and Yang Jianhua, *Yang Dezhi yi sheng*, p. 321.

220 Zhang Zhen, *Zhang Zhen huiyilu (xia)*, p. 210.

221 같은 책, p. 211.

222 Deng Xiaoping, *Deng Xiaoping junshi wenxuan*, Vol. 3, p. 205.

223 Zhang Zhen, *Zhang Zhen huiyilu (xia)*, p. 212; Xie Hainan, Yang Zufa and Yang Jianhua, *Yang Dezhi yi sheng*, p. 322.

224 Zhang Zhen, *Zhang Zhen huiyilu (xia)*, p. 208; Xie Hainan, Yang Zufa and Yang Jianhua, *Yang Dezhi yi sheng*, p. 321.

225 Zhang Zhen, *Zhang Zhen huiyilu (xia)*, p. 213.

226 Junshi kexue yuan lishi yanjiusuo, *Zhongguo renmin jiefangjun gaige fazhan 30 nian*, p. 42.

227 같은 책, p. 43.

228 Zhang Zhen, *Zhang Zhen huiyilu (xia)*, p. 213; Junshi kexue yuan lishi yanjiusuo, *Zhongguo renmin jiefangjun gaige fazhan 30 nian*, p. 43.

229 Leng Rong and Wang Zuoling(eds.), *Deng Xiaoping nianpu, 1975~1997*[A Chronicle of Deng Xiaoping's Life, 1975~1997], Vol. 2(Beijing: Zhongyang wenxian chubanshe, 2004), p. 802.

230 Yang Dezhi, "Xinshiqi zongcanmoubu de junshi gongzuo," p. 654.

231 He Zhengwen, "Caijun baiwan jiqi qianqianhouhou"[The Whole Story of Reducing One Million], in Xu Huizi(ed.), *Zongcan moubu: Huiyi shiliao* [General Staff Department: Recollections and Historical Materials](Beijing: Jiefangjun chubanshe, 1995), p. 726.

232 Zong Wen, "Baiwan da caijun: Deng Xiaoping de qiangjun zhilu"[Great One Million Downsizing: Deng Xiaoping's Road to a Strong Army], *Wenshi bolan*, No. 10(2015), p. 6; Xie Hainan, Yang Zufa and Yang Jianhua, *Yang Dezhi yi sheng*, pp. 343~344.

233 Zong Wen, "Baiwan da caijun," p. 6.

234 Xie Hainan, Yang Zufa and Yang Jianhua, *Yang Dezhi yi sheng*, p. 344.

235 Deng Xiaoping, *Deng Xiaoping junshi wenxuan*, Vol. 3, p. 265.

236 같은 책, p. 266.

237 같은 책.

238 같은 책, p. 267.

239 Yang Dezhi, "Xinshiqi zongcanmoubu de junshi gongzuo," p. 653.

240 Xie Hainan, Yang Zufa and Yang Jianhua, *Yang Dezhi yi sheng*, pp. 345~346.

241 같은 책, p. 346.

242 Shou Xiaosong(ed.), *Zhongguo renmin jiefangjun de 80 nian*, p. 460; Junshi kexue yuan lishi yanjiusuo, *Zhongguo renmin jiefangjun gaige fazhan 30 nian*, p. 43.

243 Shou Xiaosong(ed.), *Zhongguo renmin jiefangjun de 80 nian*, p. 460; Junshi kexue yuan lishi yanjiusuo, *Zhongguo renmin jiefangjun gaige fazhan 30 nian*, p. 43.

244 Deng Xiaoping, *Deng Xiaoping junshi wenxuan*, Vol. 3, p. 273.

245 같은 책, p. 274.

246 Pan Hong, "1985 nian baiwan dacaijun"[The One Million Downsizing in 1985], *Bainian chao*, No. 12(2015), p. 44; Ding Wei and Wei Xu, "20 shiji 80 niandai renmin jiefangjun tizhi gaige, jingjian zhengbian de huigu yu sikao," p. 55.

247 Hong Baoshou, "Zhongguo renmin jiefangjun 70 nianlai gaige fazhan de huigu yu sikao," p. 23.

248 Ding Wei and Wei Xu, "20 shiji 80 niandai renmin jiefangjun tizhi gaige, jingjian zhengbian de huigu yu sikao," p. 55.

249 같은 글. 특히 란저우 군구는 우루무치(烏魯木齊) 군구를, 청두 군구는 쿤밍 군구를, 난징 군구는 푸저우 군구를, 지난 군구와 광저우 군구는 우한 군구의 일부를 각각 흡수했으며, 베이

징 군구와 선양 군구는 그대로 남았다.

250 같은 글.

251 같은 글.

252 Yao Yunzhu, "The Evolution of Military Doctrine of the Chinese PLA from 1985 to 1995," *Korean Journal of Defense Analysis*, Vol. 7, No. 2(1995), p. 57. 이 논쟁에 대해서는 다음을 볼 것. Nan Li, "The PLA's Evolving Warfighting Doctrine, Strategy and Tactics, 1985~95: A Chinese Perspective," *China Quarterly*, No. 146(1996), pp. 443~463.

253 Huang Yingxu, "Zhongguo jiji fangyu zhanlue fangzhen de queli yu tiaozheng"[The Establishment and Adjustment of China's Strategic Guideline of Active Defense], *Zhongguo junshi kexue*, Vol. 15, No. 1(2002), p. 63.

254 군사과학원의 전략가인 미전위(糜振玉)가 ≪군사학술≫에 발표한 1988년 논문에서 새로운 전략이 다루어야 할 많은 쟁점들을 개략적으로 제시했다는 점을 잊지 말아야 한다. 다음을 볼 것. Mi Zhenyu, *Zhanzheng yu zhanlue lilun tanyan* [Exploration of War and Strategic Theory] (Beijing: Jiefangjun chubanshe, 2003), pp. 269~286.

255 Qi Changming, "Jiaqiang zhanlue yanjiu, shenhua jundui gaige"[Deepen Military Reform, Strengthen Research on Strategy], *Jiefangjun Bao*, May 8, 1988; Gu Boliang and Liu Guohua, "Wojun zhanyi xunlian chengji xianzu"[Results of Our Army's Campaign Training], *Jiefangjun Bao*, December 26, 1988.

256 Zhang Zhen, *Zhang Zhen huiyilu (shang)*, p. 332.

257 Han Huaizhi, *Han Huaizhi lun junshi*, pp. 636~637; Gu Boliang and Liu Guohua, "Wojun zhanyi xunlian chengji xianzu."

258 Kong Fanjun, *Chi Haotian zhuan* [Chi Haotian's Biography] (Beijing: Jiefangjun chubanshe, 2009), p. 324.

259 Chen Zhou, "Shilun Zhongguo weihu heping yu fazhan de fangyuxing guofang zhengce"[An Analysis of China's Defensive National Defense Policy for Maintaining Peace and Development], *Zhongguo junshi kexue*, Vol. 20, No. 6(2007), p. 2; Bi Wenbo, "Lun Zhongguo xinshiqi junshi zhanlue siwei (shang)"[On China's Military Strategic Thought in the New Period], *Junshi lishi yanjiu*, No. 2(2004), p. 45.

260 Zhang Yining, Cai Renzhao and Sun Kejia, "Gaige kaifang sanshi nian Zhongguo junshi zhanlue de chuangxin fazhan"[Innovative Development of China's Military Strategy in Thirty Years of Reform and Opening], *Xuexi shibao*, December 9, 2008, p. 7.

261 Chen Zhou, "Zhuanjia jiedu Zhongguo de junshi zhanlue baipishu"[Expert Unpacks the White Paper China's Military Strategy], *Guofang*, No. 6(2015), p. 18; Zhang Yang(ed.), *Jiakuai tuijin guofang he jundui xiandaihua* [Accelerate and Promote National Defense and Armed Forces Modernization] (Beijing: Renmin chubanshe, 2015), p. 93. "해양 기획 및 관리"에 대한 언급은 1988년 3월 중국이 남중국해에서 분쟁 대상인 여섯 개의 암초를 점령하고 새롭게 점령한 암초들을 방어할 필요성에서 포함되었다.

262 Li Deyi, "Mao Zedong jiji fangyu zhanlue sixiang de lishi fazhan yu sikao"[The Historical De-
velopment of and Reflections on Mao Zedong's Strategic Thinking about Active Defense],
Junshi lishi, No. 4(2002), p. 52; Peng Guangqian, *Zhongguo junshi zhanlue wenti yanjiu* [Re-
search on Issues in China's Military Strategy](Beijing: Jiefangjun chubanshe, 2006), pp. 96~97.

263 이 분쟁에 대해서는 다음을 볼 것. Fravel, *Strong Borders, Secure Nation*, pp. 267~299; Zhang,
Deng Xiaoping's Long War, pp. 141~168.

264 Fravel, *Strong Borders, Secure Nation*, pp. 199~201.

265 Bi Wenbo, "Lun Zhongguo xinshiqi junshi zhanlue siwei (shang)," p. 45.

266 Yang Shangkun, *Yang Shangkun huiyilu*, pp. 366~367.

267 Zou Baoyi and Liu Jinsheng, "Xinyidai hecheng jundui douzheng tiaoling kaishi shixing."

268 Yang Shangkun, *Yang Shangkun huiyilu*, pp. 366~367.

269 Su Ruozhou, "Quanjun jinnian an xin xunlian dagang shixun"[This Year the Entire Army Will
Train According to the New Training Program], *Jiefangjun Bao*, February 15, 1990.

제6장 1993년 전략: '첨단 기술 조건하 국지전'

1   Jiang Zemin, *Jiang Zemin wenxuan* [Jiang Zemin's Selected Works], Vol. 1(Beijing: Renmin
chubanshe, 2006), p. 285.

2   같은 책, p. 286.

3   같은 책, p. 285.

4   같은 책, p. 289.

5   Ren Jian, *Zuozhan tiaoling gailun* [An Introduction to Operations Regulations](Beijing: Junshi
kexue chubanshe, 2016), p. 47.

6   Jiang Zemin, *Jiang Zemin wenxuan*, Vol. 1, p. 290.

7   같은 책. 전략방침 사상에 대해서는 다음을 볼 것. Ren Jian, *Zuozhan tiaoling gailun*, p. 49.

8   Jiang Zemin, *Jiang Zemin wenxuan*, Vol. 1, p. 290.

9   Liu Huaqing, *Liu Huaqing huiyilu* [Liu Huaqing's Memoirs](Beijing: Jiefangjun chubanshe,
2004), p. 645.

10 Peng Guangqian and Yao Youzhi(eds.), *Zhanlue Xue* [The Science of Military Strategy](Bei-
jing: Junshi kexue chubanshe, 2001), pp. 453~454.

11 Dai Yifang(ed.), *Junshi xue yanjiu huigu yu zhanwang* [Reflections and Prospects for Military
Studies](Beijing: Junshi kexue chubanshe, 1995), pp. 76~83.

12 이 단락은 주로 다음을 참조했다. Yang Zhiyuan, "Wojun bianxiu zuozhan tiaoling de
chuangxin fazhan ji qishi"[The Innovative Development and Implications of Our Army's Com-
pilation and Revision of Operations Regulations], *Zhongguo junshi kexue*, No. 6(2009), pp.
112~118.

13 Dennis Blasko, *The Chinese Army Today: Tradition and Transformation for the 21st Century*

(New York: Routledge, 2006), p. 22.

14   Jiang Zemin, *Lun guofang yu jundui jianshe* [On National Defense and Army Building] (Beijing: Jiefangjun chubanshe, 2002), p. 424.

15   같은 책, p. 78.

16   Zhang Jian and Ren Yanjun, "Xinyidai junshi xunlian dagang banfa" [New Generation Training Program Issued], *Jiefangjun Bao*, December 12, 1995.

17   Dong Wenjiu and Su Ruozhou, "Xin de junshi xunlian yu kaohe dagang pinfa" [Promulgation of the New Military Training and Evaluation Program], *Jiefangjun Bao*, August 10, 2001.

18   1990년대 훈련에 대해서는 다음을 볼 것. Blasko, *The Chinese Army Today*, pp. 144~170; David Shambaugh, *Modernizing China's Military: Progress, Problems, and Prospects* (Berkeley, CA: University of California Press, 2002), pp. 94~107.

19   Blasko, *The Chinese Army Today*, pp. 152~153.

20   걸프 전쟁에 관한 중국의 견해에 대한 이전 분석들에 대해서는 다음을 볼 것. Harlan W. Jencks, "Chinese Evaluations of 'Desert Storm': Implications for PRC Security," *Journal of East Asian Affairs*, Vol. 6, No. 2(1992), pp. 447~477; Paul H. B. Godwin, "From Continent to Periphery: PLA Doctrine, Strategy, and Capabilities towards 2000," *China Quarterly*, No. 146(1996), pp. 464~487; Dean Cheng, "Chinese Lessons from the Gulf Wars," in Andrew Scobell, David Lai and Roy Kamphausen(eds.), *Chinese Lessons from Other Peoples' Wars* (Carlisle, PA: Strategic Studies Institute, Army War College, 2011), pp. 153~200; Shambaugh, *Modernizing China's Military*, pp. 71~77.

21   "The Operation Desert Shield/Desert Storm Timeline," US Department of Defense, August 8, 2000, http://archive.defense.gov/news/newsarticle.aspx?id=45404.

22   Jencks, "Chinese Evaluations of 'Desert Storm'," pp. 447~477.

23   Liu Huaqing, *Liu Huaqing junshi wenxuan* [Liu Huaqing's Selected Works on Military Affairs], Vol. 2(Beijing: Jiefangjun chubanshe, 2008), p. 127.

24   같은 책, p. 129. 총참모부는 (어디로 파견되었는지는 알려져 있지 않지만) 이미 페르시아만에 연구진을 파견해 상황을 직접 평가했다.

25   같은 책, p. 128.

26   Kong Fanjun, *Chi Haotian zhuan* [Chi Haotian's Biography] (Beijing: Jiefangjun chubanshe, 2009), p. 326.

27   Zhang Zhen, *Zhang Zhen junshi wenxuan* [Zhang Zhen's Selected Works on Military Affairs], Vol. 2(Beijing: Jiefangjun chubanshe, 2005), p. 521.

28   Jiang Zemin, *Lun guofang yu jundui jianshe*, p. 32.

29   Liu Huaqing, *Liu Huaqing junshi wenxuan*, Vol. 2, p. 139.

30   Liu Huaqing, *Liu Huaqing huiyilu*, p. 610.

31   Chi Haotian, *Chi Haotian junshi wenxuan* [Chi Haotian's Selected Works on Military Affairs] (Beijing: Jiefangjun chubanshe, 2009), p. 282.

32 Zhang Zhen, *Zhang Zhen junshi wenxuan*, Vol. 2, p. 469.

33 같은 책, p. 470.

34 Jiang Zemin, *Lun guofang yu jundui jianshe*, p. 32.

35 Liu Huaqing, *Liu Huaqing huiyilu*, p. 610.

36 Jiang Zemin, *Jiang Zemin wenxuan*, Vol. 1, p. 145.

37 Zhang Zhen, *Zhang Zhen junshi wenxuan*, Vol. 2, p. 521.

38 Junshi kexue yuan lishi yanjiu bu, *Haiwan zhanzheng quanshi* [A Complete History of the Gulf War] (Beijing: Junshi kexue chubanshe, 2000). 1991년 연구에 대해서는 다음을 볼 것. Liu Yichang, Wang Wenchang and Wang Xianchen(eds.), *Haiwan zhanzheng* [The Gulf War] (Beijing: Junshi kexue chubanshe, 1991).

39 Junshi kexue yuan lishi yanjiu bu, *Haiwan zhanzheng quanshi*, p. 512.

40 같은 책, p. 466.

41 Kong Fanjun, *Chi Haotian zhuan*, p. 327.

42 Joseph Fewsmith, *China Since Tiananmen: The Politics of Transition* (Cambridge: Cambridge University Press, 2001), pp. 21~74.

43 같은 책, p. 33.

44 1989년 계엄령의 시행 이면의 정책 결정에서 자오쯔양의 역할에 대해서는 다음을 볼 것. Joseph Torigian, "Prestige, Manipulation, and Coercion: Elite Power Struggles and the Fate of Three Revolutions" (PhD dissertation, Department of Political Science, Massachusetts Institute of Technology, 2016).

45 Joseph Fewsmith, "Reaction, Resurgence, and Succession: Chinese Politics since Tiananmen," in Roderick MacFarquhar(ed.), *The Politics of China: Sixty Years of The People's Republic of China* (New York: Cambridge University Press, 2011), p. 468.

46 Richard Baum, *Burying Mao: Chinese Politics in the Age of Deng Xiaoping* (Princeton, NJ: Princeton University Press, 1994), p. 319.

47 같은 책, p. 294.

48 같은 책, pp. 302~303.

49 Fewsmith, *China Since Tiananmen*, pp. 37~38.

50 같은 책, pp. 38~40; Baum, *Burying Mao*, p. 322.

51 Baum, *Burying Mao*, p. 322.

52 같은 책.

53 같은 책.

54 Fewsmith, *China Since Tiananmen*, pp. 44~45.

55 같은 책, pp. 45~46.

56 같은 책, pp. 55~56.

57 같은 책, pp. 57~58.

58 Baum, *Burying Mao*, p. 334; Fewsmith, *China Since Tiananmen*, p. 53.

59 Baum, *Burying Mao*, p. 334.

60 같은 책, p. 338.

61 Shambaugh, *Modernizing China's Military*, pp. 26~27.

62 David Shambaugh, "The Soldier and the State in China: The Political Work System in the People's Liberation Army," *China Quarterly*, No. 127(1991), p. 552.

63 같은 글.

64 양상쿤은 이러한 움직임에 반대했다고 하는데, 아마 본인이 주석이 되고자 하는 야망을 품고 있었기 때문일 것이다. 다음을 볼 것. Baum, *Burying Mao*, p. 301.

65 Michael D. Swaine, *The Military & Political Succession in China: Leadership, Institutions, Beliefs*(Santa Monica, CA: RAND, 1992), p. 63.

66 군 현대화를 지지한 류화칭도 부주석으로 임명되어 양씨 형제들에 대한 균형을 제공했다.

67 Robert F. Ash, "Quarterly Documentation," *China Quarterly*, No. 131(September 1992), p. 900.

68 같은 글, pp. 879~885. 다음을 볼 것. Shou Xiaosong(ed.), *Zhongguo renmin jiefangjun bashi nian dashiji*[A Chronology of Eighty Years of the Chinese People's Liberation Army](Beijing: Junshi kexue chubanshe, 2007), p. 482.

69 이 전역에 대한 명쾌한 설명은 다음을 볼 것. Shambaugh, "The Soldier and the State in China," p. 559.

70 같은 글, pp. 558~559.

71 같은 글, p. 565.

72 Shambaugh, *Modernizing China's Military*, p. 29.

73 Swaine, *The Military & Political Succession in China*, p. 145.

74 Baum, *Burying Mao*, p. 306.

75 Dennis J. Blasko, Philip T. Klapakis and John F. Corbett, "Training Tomorrow's PLA: A Mixed Bag of Tricks," *China Quarterly*, No. 146(1996), pp. 488~524.

76 군에 대한 제8차 5개년 규획에 대한 자세한 설명은 다음을 볼 것. Liu Huaqing, *Liu Huaqing huiyilu*, pp. 580~590; Kong Fanjun, *Chi Haotian zhuan*, pp. 342~346.

77 Liu Huaqing, *Liu Huaqing huiyilu*, pp. 580~589.

78 같은 책, p. 589.

79 Yuan Dejin, "30 nian Zhongguo jundui gaige lunlue"[30 Years of China's Military Reforms], *Junshi lishi yanjiu*, No. 4(2008), p. 4.

80 Kong Fanjun, *Chi Haotian zhuan*, pp. 342~343. 중요한 개혁 중 하나는 포병, 기갑, 공병, 화학방어, 육군항공 병과부서들을 합쳐 병종부(兵種部, Branch Department)를 창설한 것이다.

81 Liu Huaqing, *Liu Huaqing huiyilu*, p. 589.

82 Shambaugh, "The Soldier and the State in China," p. 564.

83 양씨 형제들에 반대한 군사 원로들에는 양더즈, 천시롄, 경뱌오, 우슈추안(伍修權), 양청우(楊成武), 장아이핑, 홍쉬에즈가 포함된다. 양바이빙 제거를 추진한 현역 지도자들에는 친지웨이(국방부장), 장전(국방대학 총장), 츠하오톈(총참모장)이 포함되었다. Li Feng, "Military

Elders and Generals in Active Service Took Joint Action to Write a Letter to Deng Xiaoping Demanding the Ouster of the Yang Brothers from Office," *Ching Chi Jih Pao*, October 21, 1992, Foreign Broadcast Information Service(FBIS) #HK2110060592; Lo Ping, "The Inside Story of the Reduction of Yang Baibing's Military Power," *Cheng Ming*, No. 181(November 1992), FBIS #HK0411121992, pp. 6~8.

84 Fewsmith, *China Since Tiananmen*, p. 58.

85 같은 책, pp. 59~60.

86 Lu Tianyi, "Jundui yao dui gaige kaifang fazhan jingji 'baojia huhang'"[The Military Must 'Protect and Escort' Reform and Opening and Developing the Economy], *Jiefangjun Bao*, March 22, 1992.

87 Fewsmith, *China Since Tiananmen*, p. 60.

88 Yang Baibing, "Jianfuqi wei guojia gaige he jianshe baojia huhang de chonggao shiming"[Shoulder the Lofty Goal of Protecting and Escorting National Reform and Development], *Jiefangjun Bao*, July 29, 1992.

89 "Central Military Commission Organizes Visit to Shenzhen, Zhuhai for Senior Military Officers," *Ming Pao*, March 11, 1992, FBIS #HK1103074792, p. 2.

90 자세한 내용은 다음을 볼 것. Baum, *Burying Mao*; Fewsmith, *China Since Tiananmen*.

91 Fewsmith, *China Since Tiananmen*, p. 66.

92 위용보는 총정치부 주임이 되었고, 저우원위엔(周文元)은 선양 군구의 부정치위원이 되었으며, 리지나이(李繼耐)는 국방과학기술공업위원회의 부정치위원이 되었다.

93 Willy Wo-Lap Lam, *China after Deng Xiaoping: The Power Struggle in Beijing since Tiananmen*(Hong Kong: P A Professional Consultants, 1995), pp. 213~214.

94 Liu Huaqing, *Liu Huaqing huiyilu*, p. 630.

95 Jiang Zemin, *Jiang Zemin wenxuan*, Vol. 1, p. 489.

96 Guo Xiangjie(ed.), *Zhang Wannian zhuan (xia)*[Zhang Wannian's Biography](Beijing: Jiefangjun chubanshe, 2011), pp. 4~5.

97 Jiang Zemin, *Lun guofang yu jundui jianshe*, p. 74.

98 다음 글에서 가져와 표현을 바꾸어 인용했다. Wu Quanxu, *Kuayue shiji de biange: Qinli junshi xunlian lingyu guanche xin shiqi junshi zhanlue fangzhen shi er nian*[Change across the Century: Twelve Years of Personal Experience Implementing the Military Strategic Guideline in Military Training](Beijing: Junshi kexue chubanshe, 2005), pp. 9~10.

99 Jiang Zemin, *Lun guofang yu jundui jianshe*, p. 21.

100 세미나가 열렸을 때 류화칭은 리펑 총리와 광시성에 시찰을 나갔기 때문에 불참했다. 다음을 볼 것. Jiang Weimin(ed.), *Liu Huaqing nianpu*[A Chronicle of Liu Huaqing's Life], Vol. 2 (Beijing: Jiefangjun chubanshe, 2016), pp. 1003~1006.

101 Guo Xiangjie(ed.), *Zhang Wannian zhuan*, p. 60.

102 같은 책, p. 62.

103 Zhang Zhen, *Zhang Zhen huiyilu (shang)* [Zhang Zhen's Memoirs] (Beijing: Jiefangjun chubanshe, 2003), p. 361.

104 Guo Xiangjie(ed.), *Zhang Wannian zhuan*, p. 62.

105 같은 책, p. 63.

106 Zhang Wannian, *Zhang Wannian junshi wenxuan* [Zhang Wannian's Selected Works on Military Affairs] (Beijing: Jiefangjun chubanshe, 2008), p. 365.

107 같은 책.

108 Zhang Zhen, *Zhang Zhen huiyilu (shang)*, p. 362; Jiang Weimin(ed.), *Liu Huaqing nianpu*, Vol. 2, pp. 1008~1009.

109 Zhang Zhen, *Zhang Zhen huiyilu (shang)*, p. 364.

110 Jiang Zemin, *Jiang Zemin wenxuan*, Vol. 1, p. 285.

111 같은 책, p. 279.

112 Jiang Weimin(ed.), *Liu Huaqing nianpu*, Vol. 2, p. 865.

113 같은 책, pp. 893, 957, 1009.

114 Jiang Zemin, *Jiang Zemin wenxuan*, Vol. 1, p. 280.

115 같은 책, p. 279.

116 같은 책.

117 중국의 재래식 탄도미사일 개발에 대해서는 다음을 볼 것. Christopher P. Twomey, "The People's Liberation Army's Selective Learning: Lessons of the Iran-Iraq 'War of the Cities' Missile Duels and Uses of Missiles in Other Conflicts," in Andrew Scobell, David Lai and Roy Kamphausen(eds.), *Chinese Lessons from Other Peoples' Wars* (Carlisle, PA: Strategic Studies Institute, Army War College, 2011), pp. 115~152; Michael S. Chase and Andrew Erickson, "The Conventional Missile Capabilities of China's Second Artillery Force: Cornerstone of Deterrence and Warfighting," *Asian Security*, Vol. 8, No. 2(2012), pp. 115~137.

118 Liu Huaqing, *Liu Huaqing huiyilu*, p. 635.

119 같은 책, p. 638.

120 같은 책.

121 같은 책.

122 같은 책.

123 Zhang Zhen, *Zhang Zhen junshi wenxuan*, Vol. 2, p. 546.

124 같은 책, p. 547.

125 같은 책, p. 548.

126 다음에서 인용했다. Wu Quanxu, *Kuayue shiji de biange*, p. 13.

127 같은 책, p. 14; Guo Xiangjie(ed.), *Zhang Wannian zhuan*, p. 87.

128 Guo Xiangjie(ed.), *Zhang Wannian zhuan*, p. 89.

129 같은 책, p. 88.

130 Wu Quanxu, *Kuayue shiji de biange*, p. 17.

131 Zhao Xuepeng, "'Sizhong gangmu' jixun chuixiang xunlian chongfenghao"['Four Kinds of Outlines' Group Training Sounded the Bugle Call for Training], *Jiefangjun Bao*, October 8, 2008, p. 21.

132 Guo Xiangjie(ed.), *Zhang Wannian zhuan*, p. 88.

133 Wu Quanxu, *Kuayue shijie de biange*, p. 19.

134 Guo Xiangjie(ed.), *Zhang Wannian zhuan*, p. 89.

135 같은 책, p. 88.

136 다음에서 인용했다. Wu Quanxu, *Kuayue shiji de biange*, p. 22.

137 같은 책, p. 23.

138 Guo Xiangjie(ed.), *Zhang Wannian zhuan*, pp. 92~93.

139 이 시기 중 연습에 대해서는 다음을 볼 것. Blasko, Klapakis and Corbett, "Training Tomorrow's PLA."

140 Guo Xiangjie(ed.), *Zhang Wannian zhuan*, p. 95.

141 같은 책, pp. 94~95.

142 Zhang Wannian, *Zhang Wannian junshi wenxuan*, p. 515.

143 같은 책, p. 505.

144 Wu Quanxu, *Kuayue shiji de biange*, p. 19.

145 Zhang Jian and Ren Yanjun, "Xinyidai junshi xunlian dagang banfa."

146 같은 글.

147 회의에 대한 검토는 다음을 볼 것. Wu Quanxu, *Kuayue shiji de biange*, pp. 61~69.

148 Zhang Wannian, *Zhang Wannian junshi wenxuan*, p. 506.

149 PLA의 작전규범에 대해서는 다음을 볼 것. Yang Zhiyuan, "Wojun bianxiu zuozhan tiaoling de chuangxin fazhan ji qishi"; Wang An(ed.), *Jundui tiaoling tiaoli jiaocheng*[Lectures on Military Regulations and Rules](Beijing: Junshi kexue chubanshe, 1999), pp. 124~138.

150 Zhang Wannian, *Zhang Wannian junshi wenxuan*, pp. 506~508.

151 같은 책, p. 506.

152 같은 책, pp. 50~507.

153 같은 책, p. 507.

154 Yang Zhiyuan, "Wojun bianxiu zuozhan tiaoling de chuangxin fazhan ji qishi," pp. 112~118.

155 Wang An(ed.), *Jundui tiaoling tiaoli jiaocheng*, pp. 126~127.

156 같은 책, p. 130.

157 같은 책, p. 127. 이들 전역에 대한 자세한 설명은 다음을 볼 것. Wang Houqing and Zhang Xingye(eds.), *Zhanyi xue*[The Science of Campaigns](Beijing: Guofang daxue chubanshe, 2000); Xue Xinglin(ed.), *Zhanyi lilun xuexi zhinan*[Campaign Theory Study Guide](Beijing: Guofang daxue chubanshe, 2002). 영문 요약은 다음을 볼 것. Blasko, *The Chinese Army Today*; Roger Cliff, *China's Military Power: Assessing Current and Future Capabilities*(New York: Cambridge University Press, 2015), pp. 17~25.

158 Wang An(ed.), *Jundui tiaoling tiaoli jiaocheng*, p. 129.

159 같은 책, pp. 129~130.

160 이들 원칙은 작전에 중점을 둔 것으로 1947년 연설에서 나온다. 다음을 볼 것. Mao Zedong, *Mao Zedong xuanji* [Mao Zedong's Selected Works], 2nd ed., Vol. 4(Beijing: Renmin chubanshe, 1991), pp. 1247~1248.

161 Xu Guocheng, Feng Liang and Zhou Zhenduo(eds.), *Lianhe zhanyi yanjiu* [A Study of Joint Campaigns](Jinan: Huanghe chubanshe, 2004), p. 25. 다음을 볼 것. Wang An(ed.), *Jundui tiaoling tiaoli jiaocheng*, p. 127.

162 다음을 볼 것. Wang Houqing and Zhang Xingye(eds.), *Zhanyi xue*, pp. 1010~1114; Xue Xinglin(ed.), *Zhanyi lilun xuexi zhinan*, pp. 28~29. 이들 원칙을 검토한 영문 연구는 다음을 볼 것. Blasko, *The Chinese Army Today*, pp. 105~116.

163 Blasko, *The Chinese Army Today*, pp. 98~104. 전술 수준에서 유사한 원칙 목록은 다음을 볼 것. Hao Zizhou and Huo Gaozhen(eds.), *Zhanshuxue jiaocheng* [Lectures on the Science of Tactics](Beijing: Junshi kexue chubanshe, 2000), pp. 184~215.

164 Hao Zizhou and Gaozhen(eds.), *Zhanshuxue jiaocheng*, p. 134.

165 Wang An(ed.), *Jundui tiaoling tiaoli jiaocheng*, p. 136.

166 Ren Jian, *Zuozhan tiaoling gailun*, p. 51. 다음을 볼 것. Wang An(ed.), *Jundui tiaoling tiaoli jiaocheng*, p. 137; Hao Zizhou and Gaozhen(eds.), *Zhanshuxue jiaocheng*, pp. 134~136.

167 이것은 PLA 제도화의 증가를 보여준다. 류화칭은 중앙군사위 부주석으로서 PLA의 제8차 5개년 규획의 입안을 주도했다.

168 Zhang Wannian, *Zhang Wannian junshi wenxuan*, p. 490.

169 같은 책, p. 492.

170 Guo Xiangjie(ed.), *Zhang Wannian zhuan*, p. 80.

171 같은 책, p. 81.

172 같은 책, p. 82.

173 Zhang Wannian, *Zhang Wannian junshi wenxuan*, pp. 517~522.

174 Guo Xiangjie(ed.), *Zhang Wannian zhuan*, p. 83.

175 Jiang Zemin, *Lun guofang yu jundui jianshe*, p. 194.

176 Liu Huaqing, *Liu Huaqing junshi wenxuan*, Vol. 2, pp. 448~449.

177 같은 책.

178 Guo Xiangjie(ed.), *Zhang Wannian zhuan*, pp. 135~136.

179 톈안먼사건 이후 중앙군사위는 사회적 소요에 가장 먼저 대응하고자 인민무장경찰부대를 강화하기로 결정했다. 인민무장경찰부대의 진화에 대해서는 다음을 볼 것. Murray Scot Tanner, "The Institutional Lessons of Disaster: Reorganizing The People's Armed Police After Tiananmen," in James Mulvenon and Andrew N. D. Yang(eds.), *The People's Liberation Army as Organization: V 1.0.*, *Reference Volume*(Santa Monica, CA: RAND, 2002).

180 Guo Xiangjie(ed.), *Zhang Wannian zhuan*, p. 137.

181 같은 책.

182 같은 책, p.138.

183 Ding Wei and Wei Xu, "20 shiji 80 niandai renmin jiefangjun tizhi gaige, jingjian zhengbian de huigu yu sikao"[Review and Reflections on the Streamlining and Reorganization of the PLA in the Eighties of the 20th Century], *Junshi lishi*, No. 6(2014), p. 55.

184 Guo Xiangjie(ed.), *Zhang Wannian zhuan*, pp. 138~140.

185 Junshi kexue yuan lishi yanjiusuo, *Zhongguo renmin jiefangjun gaige fazhan 30 nian* [30 Years of Reform and Development of the Chinese People's Liberation Army](Beijing: Junshi kexue chubanshe, 2008), p.207.

186 Jiang Zemin, *Lun guofang yu jundui jianshe*, p. 299.

187 같은 책, p. 301.

188 Guo Xiangjie(ed.), *Zhang Wannian zhuan*, p. 151.

189 Junshi kexue yuan lishi yanjiusuo, *Zhongguo renmin jiefangjun gaige fazhan 30 nian*, p. 211.

190 같은 책.

191 Harlan W. Jencks, "The General Armament Department," in James Mulvenon and Andrew N. D. Yang(eds.), *The People's Liberation Army as Organization: V 1.0.*, *Reference Volume*(Santa Monica, CA: RAND, 2002), pp. 273~308.

192 *2006 nian Zhongguo de guofang* [China's National Defense in 2006](Beijing: Guowuyuan xinwen bangongshi, 2006).

193 Blasko, *The Chinese Army Today*, p. 22.

제7장 1993년 이후 중국의 군사전략: '정보화'

1 Jiang Tiejun(ed.), *Dang de guofang jundui gaige sixiang yanjiu* [A Study of the Party's Thought on National Defense and Army Reform](Beijing: Junshi kexue chubanshe, 2015), p. 129.

2 장쩌민은 2004년 6월 중앙군사위 회의에서 새로운 방침을 소개하는 연설을 했지만, 그의 선집에는 이 연설이 포함되어 있지 않다. 다음을 볼 것. Jiang Zemin, *Jiang Zemin wenxuan* [Jiang Zemin's Selected Works], Vol. 3(Beijing: Renmin chubanshe, 2006), p. 608; Shou Xiaosong (ed.), *Zhanlue Xue* [The Science of Military Strategy](Beijing: Junshi kexue chubanshe, 2013), p. 47.

3 Li Yousheng(ed.), *Lianhe zhanyi xue jiaocheng* [Lectures on the Science of Joint Campaigns] (Beijing: Junshi kexue chubanshe, 2012), pp. 201~203.

4 Wen Bin, "Dingzhun junshi douzheng jidian"[Pinpointing the Basis of Preparations for Military Struggle], *Xuexi shibao*, June 1, 2015, p. A7.

5 Jiang Zemin, *Jiang Zemin wenxuan*, Vol. 3, p. 608. 중국어 '정보화(信息化)'도 때로는 영어로 '정보화(informationization)'라고 번역된다.

6 같은 책.

7   같은 책.

8   *2004 nian Zhongguo de guofang* [China's National Defense in 2004] (Beijing: Guowuyuan xin-wen bangongshi, 2004).

9   Joe McReynolds and James Mulvenon, "The Role of Informatization in the People's Liberation Army under Hu Jintao," in Roy Kamphausen, David Lai and Travis Tanner(eds.) *Assessing the People's Liberation Army in the Hu Jintao Era* (Carlisle, PA: Strategic Studies Institute, Army War College, 2014), p. 211.

10 같은 글, p. 230.

11 Dennis J. Blasko, "Integrating the Services and Harnessing the Military Area Commands," *Journal of Strategic Studies*, Vol. 39, No. 5-6(2016), p. 12. 하지만 이들 작전 중 일부는 2차 효과 면에서 치명적일 수 있다.

12 Dean Cheng, "The PLA's Wartime Structure," in Kevin Pollpeter and Kenneth W. Allen(eds.), *The PLA as Organization 2.0* (Vienna, VA: Defense Group, 2015), p. 461.

13 같은 글, p. 462. 이 주제에 대한 자세한 연구는 다음을 볼 것. Jeff Engstrom, *Systems Confrontation and System Destruction Warfare: How the Chinese People's Liberation Army Seeks to Wage Modern Warfare* (Santa Monica, CA: RAND, 2018); Kevin McCauley, *PLA System of Systems Operations: Enabling Joint Operations* (Washington, DC: Jamestown Foundation, 2017).

14 *2004 nian Zhongguo de guofang*.

15 Wu Jianhua and Su Ruozhou, "Zongcan bushu quanjun xinniandu junshi xunlian gongzuo" [General Staff Department arranges army-wide annual training work], *Jiefangjun Bao*, February 1, 2004.

16 Zong zhengzhi bu, *Shuli he luoshi kexue fazhanguan lilun xuexi duben* [A Reader for Establishing and Implementing the Theory of Scientific Development] (Beijing: Jiefangjun chubanshe, 2006), pp. 203~214; Zhang Yuliang(ed.), *Zhanyi xue* [The Science of Campaigns] (Beijing: Guofang daxue chubanshe, 2006).

17 Hu Jintao, *Hu Jintao wenxuan* [Hu Jintao's Selected Works], Vol. 1(Beijing: Renmin chubanshe, 2016), p. 453. 합동작전에 대한 중국의 접근 방식에 대한 연구로는 다음을 볼 것. Joel Wuthnow, "A Brave New World for Chinese Joint Operations," *Journal of Strategic Studies*, Vol. 40, Nos. 1-2(2017), pp. 169~195.

18 Dean Cheng, *Cyber Dragon: Inside China's Information Warfare and Cyber Operations* (Santa Babara, CA: Praeger, 2016), p. 85.

19 같은 책, p. 79.

20 Zhang Yuliang(ed.), *Zhanyi xue*.

21 Qiao Jie(ed.), *Zhanyi xue jiaocheng* [Lectures on the Science of Campaigns] (Beijing: Junshi kexue chubanshe, 2012), p. 172.

22 Tan Yadong(ed.), *Lianhe zuozhan jiaocheng* [Lectures on Joint Operations] (Beijing: Junshi kexue chubanshe, 2013), p. 68.

23 Li Yousheng(ed.), *Lianhe zhanyi xue jiaocheng*, pp. 87~89.

24 Yang Zhiyuan, "Wojun bianxiu zuozhan tiaoling de chuangxin fazhan ji qishi"[The Innovative Development and Implications of Our Army's Compilation and Revision of Operations Regulations], *Zhongguo junshi kexue*, No. 6(2009), p. 113.

25 같은 글, p. 115.

26 Ren Jian, *Zuozhan tiaoling gailun* [An Introduction to Operations Regulations](Beijing: Junshi kexue chubanshe, 2016), p. 53.

27 National Institute for Defense Studies, *NIDS China Security Report 2016: The Expanding Scope of PLA Activities and the PLA Strategy*(Tokyo: National Institute for Defense Studies, 2016), p. 14.

28 같은 책, p. 15.

29 같은 책, p. 27.

30 Abraham Denmark, "PLA Logistics 2004-11: Lessons Learned in the Field," in Roy Kamphausen, David Lai and Travis Tanner(eds.), *Learning by Doing: The PLA Trains at Home and Abroad* (Carlisle, PA: Strategic Studies Institute, Army War College, 2012), pp. 297~336; Susan Puska, "Taming the Hydra: Trends in China's Military Logistics since 2000," in Roy Kamphausen, David Lai and Andrew Scobell(eds.), *The PLA at Home and Abroad: Assessing the Operational Capabilities of China's Military*(Carlisle, PA: Strategic Studies Institute, Army War College, 2010), pp. 553~636.

31 McReynolds and Mulvenon, "The Role of Informatization in the People's Liberation Army under Hu Jintao," pp. 228~229.

32 이 체계와 연습에서 사용은 다음을 볼 것. Wanda Ayuso and Lonnie Henley, "Aspiring to Jointness: PLA Training, Exercises, and Doctrine, 2008~2012," in Roy Kamphausen, David Lai and Travis Tanner(eds.), *Assessing the People's Liberation Army in the Hu Jintao Era*(Carlisle, PA: Strategic Studies Institute, Army War College, 2014), p. 183.

33 Wu Tianmin, "Goujian xinxihua tiaojianxia junshi xunlian tixi"[Building a Training System Under Informatized Conditions], *Jiefangjun Bao*, August 1, 2008.

34 이들 연습 목록과 설명에 대해서는 다음을 볼 것. McCauley, *PLA System of Systems Operations*, pp. 50~57.

35 이들 연습 목록과 설명에 대해서는 다음을 볼 것. 같은 책, pp. 58~65.

36 Huang Chao, "Wei renzhen guanche Hu Jintao guanyu jiaqiang lianhe xunlian zhongyao zhishi"[Earnestly Carry Out Hu Jintao's Important Instructions on Joint Training], *Jiefangjun Bao*, February 25, 2009.

37 Qiao Jie(ed.), *Zhanyi xue jiaocheng*, pp. 30~31.

38 이 논쟁에 대해서는 다음을 볼 것. David M. Finkelstein, *China Reconsiders Its National Security: "The Great Peace and Development Debate of 1999"*(Arlington, VA: CNA, 2000).

39 코소보 전쟁의 영향에 대해서는 다음을 볼 것. Fiona S. Cunningham, "Maximizing Leverage:

Explaining China's Strategic Force Postures in Limited Wars"(PhD dissertation, Department of Political Science, Massachusetts Institute of Technology, 2018).

40 Wang Xuedong, *Fu Quanyou zhuan (xia)* [Fu Quanyou's Biography] (Beijing: Jiefangjun chubanshe, 2015), p. 207.

41 같은 책, p. 209.

42 Zhang Wannian, *Zhang Wannian junshi wenxuan* [Zhang Wannian's Selected Works on Military Affairs] (Beijing: Jiefangjun chubanshe, 2008), p. 704.

43 Wang Xuedong, *Fu Quanyou zhuan*, p. 717. 다음을 볼 것. Fu Quanyou, *Fu Quanyou junshi wenxuan* [Fu Quanyou's Selected Works on Military Affairs] (Beijing: Jiefangjun chubanshe, 2015), p. 740.

44 Huang Bin(ed.), *Kesuowo zhanzheng yanjiu* [A Study of the Kosovo War] (Beijing: Jiefangjun chubanshe, 2000), p. 98.

45 같은 책, pp. 78~89.

46 여기에는 E-8C 그라울러(Growler), U-2S, RC-135, EC-130, E-2C, E-3이 포함된다.

47 Huang Bin(ed.), *Kesuowo zhanzheng yanjiu*, pp. 98~100.

48 같은 책, p. 80.

49 같은 책, p. 150.

50 같은 책.

51 푸취엔여우도 미국의 '전면 공습[全空襲戰, total air attack warfare]'을 강조했다(*quankong xizhan*). 다음을 볼 것. Wang Xuedong, *Fu Quanyou zhuan*, p. 303.

52 Fu Quanyou, *Fu Quanyou junshi wenxuan*, p. 740.

53 Jiang Zemin, *Jiang Zemin wenxuan*, Vol. 3, p. 162.

54 같은 책, pp. 576~599.

55 같은 책, p. 578.

56 같은 책, pp. 579~581.

57 같은 책, p. 582.

58 같은 책, p. 585.

59 같은 책.

60 Huang Bin(ed.), *Kesuowo zhanzheng yanjiu*, p. 150.

61 같은 책, pp. 162~164; Wang Xuedong, *Fu Quanyou zhuan*, p. 303.

62 Ma Yongming, Liu Xiaoli and Xiao Yunhua(eds.), *Yilake zhanzheng yanjiu* [A Study of the Iraq War] (Beijing: Junshi kexue chubanshe, 2003).

63 Chen Dongxiang(ed.), *Pingdian Yilake zhanzheng* [Evaluating the Iraq War] (Beijing: Junshi kexue chubanshe, 2003).

64 He Zhu, *Zhuanjia pingshuo Yilake zhanzheng* [Experts Evaluate the Iraq War] (Beijing: Junshi kexue chubanshe, 2004).

65 Chen Dongxiang(ed.), *Pingdian Yilake zhanzheng*, p. 1.

66 He Zhu, *Zhuanjia pingshuo Yilake zhanzheng*, p. 89.

67 Ma Yongming, Liu Xiaoli and Xiao Yunhua(eds.), *Yilake zhanzheng yanjiu*, p. 143.

68 같은 책, p. 150.

69 Chen Dongxiang(ed.), *Pingdian Yilake zhanzheng*, p. 175.

70 같은 책; He Zhu, *Zhuanjia pingshuo Yilake zhanzheng*, p. 83.

71 Ma Yongming, Liu Xiaoli and Xiao Yunhua(eds.), *Yilake zhanzheng yanjiu*, pp. 153~154.

72 He Zhu, *Zhuanjia pingshuo Yilake zhanzheng*, p. 83.

73 Chen Dongxiang(ed.), *Pingdian Yilake zhanzheng*, p. 172.

74 같은 책, pp. 319~326; Ma Yongming, Liu Xiaoli and Xiao Yunhua(eds.), *Yilake zhanzheng yanjiu*, pp. 153~155.

75 Chen Dongxiang(ed.), *Pingdian Yilake zhanzheng*, p. 320.

76 Ma Yongming, Liu Xiaoli and Xiao Yunhua(eds.), *Yilake zhanzheng yanjiu*, p. 167.

77 Chen Dongxiang(ed.), *Pingdian Yilake zhanzheng*, p. 192.

78 Zong zhengzhi bu, *Shuli he luoshi kexue fazhanguan lilun xuexi duben*, p. 77. 이 연설은 다음의 자료에 재발간되어 있다. Hu Jintao, *Hu Jintao wenxuan*, Vol. 1, pp. 256~262.

79 Zong zhengzhi bu, *Shuli he luoshi kexue fazhanguan lilun xuexi duben*, p. 78.

80 같은 책, p. 79.

81 같은 책, p. 80.

82 같은 책, p. 196.

83 같은 책, p. 253.

84 비전쟁 군사작전의 중국식 정의에는 '해상 보급로 안보(sea lane security)'와 같이 전투 작전으로 분류될 만한 작전들이 포함된다.

85 다양한 종류의 비전쟁 작전을 논의하는 권위 있는 소스들에 대한 검토는 다음을 볼 것. M. Taylor Fravel, "Economic Growth, Regime Insecurity, and Military Strategy: Explaining the Rise of Noncombat Operations in China," *Asian Security*, Vol. 7, No. 3(2011), p. 191.

86 Tan Wenhu, "Duoyanghua junshi renwu qianyin junshi xunlian chuangxin"[Diversified Military Tasks Draw Innovations in Military Training], *Jiefangjun Bao*, July 1, 2008, p. 12.

87 Fravel, "Economic Growth, Regime Insecurity, and Military Strategy," p. 191.

88 *Zhongguo de junshi zhanlue*[China's Military Strategy](Beijing: Guowuyuan xinwen bangongshi, 2015). 이 부분은 다음을 주로 참조했다. M. Taylor Fravel, "China's New Military Strategy: 'Winning Informationized Local Wars'," *China Brief*, Vol. 15, No. 13(2015), pp. 3~6. 2014년 방침 결정에 관한 중국어 자료는 제한적이다. 다음을 볼 것. Luo Derong, "Junduijianshe yu junshi douzheng junbei de xingdong gangling: Dui xin xingshi xia junshi zhanlue fangzhen de jidian renshi"[Action Plan for Army Building and Preparations for Military Struggle: Several Points on the Military Strategic Guideline in the New Situation], *Zhongguo junshi kexue*, No. 1(2017), pp. 88~96; Junshi kexue yuan Mao Zeodong junshi sixiang yanjiusuo, "Qiangguo qiangjun zhanlue xianxing: Shenru xuexi guanche Xi zhuxi xin xingshi xia junshi zhanlue

fangzhen zhongyao lunshu"[Strong Nation, Strong Army, Strategy First: Thoroughly Study and Implement Chairman Xi's Important Expositions on the Military Strategic Guideline in the New Period], *Jiefangjun Bao*, September 2, 2016.

89   "Yao dao haishang zhanzheng? Zhongguo yingzuo haishang junshi douzheng zhunbei"[Fight a War at Sea? China Should Prepare for Maritime Military Struggle], *Huanqiu shibao*, May 26, 2015, http://mil.huanqiu.com/strategysituation/2015-05/6526726_2.html.

90   Wen Bin, "Dingzhun junshi douzheng jidian"[Pinpointing the Basis of Preparations for Military Struggle], *Xuexi shibao*, June 1, 2015, p. A7.

91   *Zhongguo de junshi zhanlue.*

92   *Zhongguo de junshi zhanlue*; Chen Zhou, "Zhuanjia jiedu Zhongguo de junshi zhanlue baipishu"[Expert Unpacks the White Paper China's Military Strategy], *Guofang*, No. 6(2015), p. 18.

93   *Zhongguo de junshi zhanlue.*

94   백서의 영문판은 각각 '연안 해역 방어(offshore waters defense)'와 '공해 보호(open seas protection)'라는 용어를 사용했다.

95   PLA 내에서 각 군종은 PLA에 대한 전략방침과 더불어 자체적인 전략 개념을 가지고 있다.

96   2017년 12월 난징에서 인터뷰.

97   Wang Hongguang, "Cong lishi kan jinri Zhongguo de zhanlue fangxiang"[Looking at China's Strategic Directions Today from a Historical Perspective], *Tongzhou gongjin*, No. 3(March 2015), p. 48. 왕홍광(王洪光) 장군은 난징 군구의 전직 부사령관으로 지금은 은퇴했다.

98   같은 글, p. 49~50.

99   Jiang Zemin, *Jiang Zemin wenxuan*, Vol. 3, pp. 576~599.

100   Liang Pengfei, "Zongcan zongzheng yinfa 'guanyu tigao junshi xunlian shizhan shuiping de yijian xuexi xuanchuan tigang'"[GSD and GPD Issues Study and Publicity Outline for "The Opinion on Improving the Realistic Combat Level of Military Training"], *Jiefangjun Bao*, August 21, 2014, p. 1.

101   Wang Tubin and Luo Zheng, "Guofangbu juxing shengda zhaodaihui relie qingzhu jianjun 87 zhounian"[The Ministry of Defense Holds Grand Reception to Celebrate 87th Anniversary of Founding the Army], *Jiefangjun Bao*, August 2, 2014.

102   Xi Jinping, *Xi Jinping guofang he jundui jianshe zhongyao lunshu xuanbian (er)*[A Selection of Xi Jinping's Important Expositions on National Defense and Army Building (2)](Beijing: Jiefangjun chubanshe, 2015), pp. 62~63.

103   같은 책, p. 80.

104   Blasko, "Integrating the Services and Harnessing the Military Area Commands"; Joel Wuthnow and Philip C. Saunders, *Chinese Military Reform in the Age of Xi Jinping: Drivers, Challenges, and Implications*(Washington, DC: National Defense University Press, 2017).

105   "Zhonggong zhongyang guanyu quanmian shenhua gaige ruogan zhongda wenti de jueding"

[Decision of the Central Committee of the Communist Party of China on Some Major Issues Concerning Comprehensively Deepening Reform], November 13, 2013, http://www.gov.cn/jrzg/2013-11/15/content_2528179.htm.

106 Xi Jinping, *Xi Jinping guofang he jundui jianshe zhongyao lunshu xuanbian* [A Selection of Xi Jinping's Important Expositions on National Defense and Army Building] (Beijing: Jiefangjun chubanshe, 2014), p. 220.

107 같은 책, p. 223.

제8장 1964년 이후 중국의 핵전략

1   John Wilson Lewis and Litai Xue, *China Builds the Bomb* (Stanford, CA: Stanford University Press, 1988).

2   같은 책, p. 210.

3   John Wilson Lewis and Hua Di, "China's Ballistic Missile Programs: Technologies, Strategies, Goals," *International Security*, Vol. 17, No. 2(1992), p. 20.

4   이 부분은 주로 다음에서 참조했다. M. Taylor Fravel and Evan S. Medeiros, "China's Search for Assured Retaliation: The Evolution of Chinese Nuclear Strategy and Force Structure," *International Security*, Vol. 35, No. 2(Fall 2010), pp. 48~87.

5   Mao Zedong, *Mao Zedong waijiao wenxuan* [Mao Zedong's Selected Works on Diplomacy] (Beijing: Shijie zhishi chubanshe, 1994), p. 540.

6   Zhou Enlai, *Zhou Enlai wenhua wenxuan* [Zhou Enlai's Selected Works on Culture] (Beijing: Zhongyang wenxian chubanshe, 1998), p. 535.

7   Mao Zedong, *Mao Zedong wenji* [Mao Zedong's Collected Works], Vol. 7(Beijing: Xinhua chubanshe, 1999), p. 407.

8   Nie Rongzhen, *Nie Rongzhen huiyilu* [Nie Rongzhen's Memoirs] (Beijing: Jiefangjun chubanshe, 1986), p. 814. 네룽전의 선집이나 활동 연대기 어디에도 그가 공식 자격으로 이러한 발언을 한 내용이 없다. 그는 1961년에 중국이 핵 프로그램을 지속해야 할지를 논의했을 때 이러한 말을 한 것 같다(이하를 볼 것).

9   Leng Rong and Wang Zuoling(eds.), *Deng Xiaoping nianpu, 1975~1997* [A Chronicle of Deng Xiaoping's Life, 1975~1997], Vol. 1(Beijing: Zhongyang wenxian chubanshe, 2004), p. 404.

10 Zhongyang junwei bangongting(ed.), *Deng Xiaoping guanyu xin shiqi jundui jianshe lunshu xuanbian* [Deng Xiaoping's Selected Expositions on Army Building in the New Period] (Beijing: Bayi chubanshe, 1993), pp. 44~45.

11 Zhou Enlai, *Zhou Enlai wenhua wenxuan*, p. 661.

12 Zhongyang junwei bangongting(ed.), *Deng Xiaoping guanyu xin shiqi jundui jianshe lunshu xuanbian*, p. 99.

13 장아이핑의 역할에 대해서는 다음을 볼 것. Dong Fanghe, *Zhang Aiping zhuan* [Zhang Aiping's

Biography](Beijing: Renmin chubanshe, 2000); Lu Qiming and Fan Minruo, *Zhang Aiping yu liangdan yixing* [Zhang Aiping and the Two Bombs, One Satellite](Beijing: Zhongyang wenxian chubanshe, 2011); Zhang Sheng, *Cong zhanzheng zhong zoulai: Liangdai junren de duihua* [Coming from War: A Dialogue of Two Generations of Soldiers](Beijing: Zhongguo qingnian chubanshe, 2008). 장성(張聖)은 장아이핑의 아들이다.

14 Zhang Aiping, *Zhang Aiping junshi wenxuan* [Zhang Aiping's Selected Works on Military Affairs](1994), p. 392. 장아이핑은 1982년부터 1998년까지 국방부장이었다.

15 Richard M. Nixon, *RN: The Memoirs of Richard Nixon* (New York: Grosset & Dunlap, 1978), p. 557.

16 Leng Rong and Wang Zuoling(eds.), *Deng Xiaoping nianpu, 1975~1997*, Vol. 1, pp. 779~780.

17 Jiang Zemin, *Jiang Zemin wenxuan* [Jiang Zemin's Selected Works], Vol. 1(Beijing: Renmin chubanshe, 2006), p. 156.

18 Jiang, paraphrased in Shan Xiufa(ed.), *Jiang Zemin guofang he jundui jianshe sixiang yanjiu* [Research on Jiang Zemin's Thought on National Defense and Army Building](Beijing: Junshi kexue chubanshe, 2004), p. 342.

19 Jiang Zemin, *Jiang Zemin wenxuan* [Jiang Zemin's Selected Works], Vol. 3(Beijing: Renmin chubanshe, 2006), p. 585. 중국의 전략적 억지 개념에 대해서는 다음을 볼 것. Peng Guangqian and Yao Youzhi(eds.), *Zhanlue Xue* [The Science of Military Strategy](Beijing: Junshi kexue chubanshe, 2001), pp. 230~245.

20 *Renmin Ribao*, June 29, 2006, p. 1.

21 *Renmin Ribao*, December 6, 2012, p. 1.

22 다음을 볼 것. Li Tilin, "Gaige kaifang yilai Zhongguo hezhanlue lilun de fazhan" [The Development of China's Nuclear Strategy Theory since Reform and Opening], *Zhongguo junshi kexue*, No. 6(2008), pp. 37~44; Jing Zhiyuan and Peng Zhiyuan, "Huiguo di'er paobing zai gaige kaifang zhong jiakuai jianshe fazhan de guanghui licheng" [Recalling the Brilliant Process of the Accelerated Building and Development of the Second Artillery during Reform and Opening], in Di'er paobing zhengzhibu(ed.), *Huihuang niandai: Huigu zai gaige kaifang zhong fazhan qianjin de di'er paobing* [Glorious Age: Reviewing the Development and Progress of the Second Artillery during Reform and Opening](Beijing: Zhongyang wenxian chubanshe, 2008).

23 이 시기에 대해서는 다음을 볼 것. Wu Lie, *Zhengrong suiyue* [Memorable Years](Beijing: Zhonyang wenxian chubanshe, 1999), pp. 350~369; Wu Lie, "Erpao lingdao jiguan jiannan yansheng" [The Difficult Birth of the Second Artillery's Leadership Structure], in Di'er paobing zhengzhibu(ed.), *Yu gongheguo yiqi chengzhang: Wo zai zhanlue daodan budui de nanwang jiyi* [Growing Together with the Republic: My Unforgettable Memories in the Strategic Rocket Forces](Beijing: Zhongyang wenxian chubanshe, 2009), pp. 192~195; Liao Chengmei, "Fengyun shinian hua zhanbei" [Ten Years of the Storms of War Preparations], in Di'er paobing zheng-

zhibu(ed.), *Yu gongheguo yiqi chengzhang: Wo zai zhanlue daodan budui de nanwang jiyi* [Growing Together with the Republic: My Unforgettable Memories in the Strategic Rocket Forces](Beijing: Zhongyang wenxian chubanshe, 2009), pp. 196~201.

24   Wu Lie, *Zhengrong suiyue*, p. 358.

25   Li Shuiqing, "Gaige, cong zheli qibu"[Reform, Started from Here], in Di'er paobing zhengzhibu (ed.), *Huihuang niandai*, p. 29.

26   He Jinheng, "'Jinggan youxiao' zongti jianshe mubiao de queli"[The Establishment of the Overall Development Goal of 'Lean and Effective'], in Di'er paobing zhengzhibu(ed.), *Huihuang niandai*, p. 43.

27   Li Shuiqing, *Cong hongxiaogui dao huojian siling: Li Shuiqing's huiyilu* [From Little Red Devil to Rocket Commander: Li Shuiqing's Memoir](Beijing: Jiefangjun chubanshe, 2009), p. 513.

28   Li Shuiqing, "Gaige, cong zheli qibu," p. 30. 이 보고서의 본문은 이용 가능하지 않다.

29   같은 글, p. 25.

30   Gao Rui(ed.), *Zhanlue Xue* [The Science of Military Strategy](Beijing: Junshi kexue chubanshe, 1987). 초안에 대해서는 다음을 볼 것. Song Shilun, *Song Shilun junshi wenxuan: 1958~1989* [Song Shilun's Selected Works on Military Affairs: 1958~1989](Beijing: Junshi kexue chubanshe, 2007), p. 352.

31   Gao Rui(ed.), *Zhanlue Xue*, p. 114.

32   같은 책, p. 235. 다음을 볼 것. 같은 책, p. 115. 한 구절은 '경보즉시발사(launch on warning)' 또는 '공격대응발사(launch under attack)'에 대한 포부를 밝히고 있다. 다음을 볼 것. 같은 책, p. 136.

33   같은 책, p. 115.

34   이들 지도원칙의 중요성에 대해서는 다음을 볼 것. Alastair Iain Johnston, "Comments," prepared for RAND-CNA conference on the PLA(December 2002). '엄밀방어[嚴密防護]'는 영어로 'strict protection(엄밀 보호)'으로 번역될 수 있다.

35   Di'er paobing silingbu(ed.), *Di'er paobing zhanlue xue* [The Science of Second Artillery Strategy](Beijing: Lantian chubanshe, 1996).

36   Gao Rui(ed.), *Zhanlue Xue*; Peng Guangqian and Yao Youzhi(eds.), *Zhanlue Xue*; Shou Xiaosong(ed.), *Zhanlue Xue* [The Science of Military Strategy](Beijing: Junshi kexue chubanshe, 2013); Wang Houqing and Zhang Xingye(eds.), *Zhanyi xue* [The Science of Campaigns](Beijing: Guofang daxue chubanshe, 2000); Zhang Yuliang(ed.), *Zhanyi xue* [The Science of Campaigns](Beijing: Guofang daxue chubanshe, 2006).

37   Yu Xijun(ed.), *Di'er paobing zhanyi xue* [The Science of Second Artillery Campaigns](Beijing: Jiefangjun chubanshe, 2004); Di'er paobing silingbu(ed.), *Di'er paobing zhanyi fa* [Second Artillery Campaign Methods](Beijing: Lantian chubanshe, 1996); Di'er paobing silingbu(ed.), *Di'er paobing zhanshu xue* [The Science of Second Artillery Tactics](Beijing: Lantian chubanshe, 1996); Di'er paobing silingbu(ed.), *Di'er paobing zhanlue xue.*

38 이 문장들은 2006년 백서의 공식 영어판을 사용한다. 영어판의 번역이 일부 중국어 단어의 핵심을 완전히 담아내지 못하기 때문에 중국어 버전의 해당 용어도 포함된다.

39 *2008 nian Zhongguo de guofang* [China's National Defense in 2006] (Beijing: Guowuyuan xinwen bangongshi, 2008).

40 중국 지도자들의 견해에 대한 중국어 분석은 다음을 볼 것. Sun Xiangli, *He shidai de zhanlue xuanze: Zhongguo hezhanlue wenti yanjiu* [Strategic Choices of the Nuclear Era: Research on Issues in China's Nuclear Strategy] (Beijing: Chinese Academy of Engineering Physics, 2013). 축약된 영어 번역에 대해서는 다음을 볼 것. Xiangli Sun, "The Development of Nuclear Weapons in China," in Bin Li and Zhao Tong(eds.), *Understanding Chinese Nuclear Thinking* (Washington, DC: Carnegie Endowment for International Peace, 2016), pp. 79~102.

41 Di'er paobing silingbu(ed.), *Di'er paobing zhanlue xue*, p. 9.

42 Mao Zedong, *Mao Zedong wenji*, Vol. 7, p. 328. 핵전략에 대한 중국 지도부의 견해에 관한 간결한 요약은 다음을 볼 것. Yao Yunzhu, "Chinese Nuclear Policy and the Future of Minimum Deterrence," in Christopher P. Twomey(ed.), *Perspectives on Sino-American Strategic Nuclear Issues* (New York: Palgrave Macmillan, 2008), pp. 111~124. 핵무기에 대한 마오쩌둥의 접근 방식에 관한 자세한 분석은 다음을 볼 것. Cai Lijuan, *Mao Zedong de hezhanlue sixiang yanjiu* [Mao Zedong's Nuclear Strategic Thought] (Institute of International Studies, Tsinghua University, 2002). 1940년대 말과 1950년대 핵무기에 대한 중국의 생각은 다음을 볼 것. Alice Langley Hsieh, *Communist China's Strategy in the Nuclear Era* (Englewood Cliffs, NJ: Prentice-Hall, 1962); Mark A. Ryan, *Chinese Attitudes Toward Nuclear Weapons: China and the United States during the Korean War* (Armonk, NY: M. E. Sharpe, 1989). 중국과 그보다 넓은 핵 질서에 대해서는 다음을 볼 것. Nicola Horsburgh, *China and Global Nuclear Order: From Estrangement to Active Engagement* (New York: Oxford University Press, 2015).

43 다음에서 인용했다. Yin Xiong and Huang Xuemei, *Shijie yuanzidan fengyulu* [The Stormy Record of the Atom Bomb in the World] (Beijing: Xinhua chubanshe, 1999), p. 258.

44 *Mao Zedong yu Zhongguo yuanzineng shiye* [Mao Zedong and China's Nuclear Energy Industry] (Beijing: Yuanzineng chubanshe, 1993), p. 13. 다음에서 인용했다. Cai, *Mao Zedong de hezhanlue sixiang yanjiu*, p. 18.

45 Zhou Enlai, *Zhou Enlai junshi wenxuan* [Zhou Enlai's Selected Works on Military Affairs], Vol. 4(Beijing: Renmin chubanshe, 1997), p. 422.

46 Ye Jianying, *Ye Jianying junshi wenxuan* [Ye Jianying's Selected Works on Military Affairs] (Beijing: Jiefangjun chubanshe, 1997), pp. 244~251.

47 Deng Xiaoping, *Deng Xiaoping junshi wenxuan* [Deng Xiaoping's Selected Works on Military Affairs], Vol. 3(Beijing: Junshi kexue chubanshe, 2004), p. 16. 이 맥락에서 '그들'은 특히 미국과 소련과 같은 다른 핵무기 보유국들을 가리킨다.

48 Leng Rong and Wang Zuoling(eds.), *Deng Xiaoping nianpu, 1975~1997*, Vol. 1, p. 351.

49 Li Tilin, "Gaige kaifang yilai Zhongguo hezhanlue lilun de fazhan," p. 41.

50 같은 글, p. 42.

51 Jing Zhiyuan and Peng Zhiyuan, "Huiguo di'er paobing zai gaige kaifang zhong jiakuai jianshe fazhan de guanghui licheng," pp. 1~22. 징즈위안(靖志遠)과 펑즈위안은 각각 제2포병의 사령관과 정치위원이었다. 다음을 볼 것. Zhou Kekuan, "Xin shiqi heweishe lilun yu shixian de xin fazhan"[New Developments in the Theory and Practice of Nuclear Deterrence in the New Period], Zhongguo junshi kexue, No. 1(2009), pp. 16~20.

52 Zhang Qihua, "Huihuang suiyue zhu changjian"[Glorious Times Casting a Long Sword], in Di'er paobing zhengzhibu(ed.), Huihuang niandai, p. 522.

53 Zhang Yang(ed.), Jiakuai tuijin guofang he jundui xiandaihua [Accelerate and Promote National Defense and Armed Forces Modernization](Beijing: Renmin chubanshe, 2015); Shou Xiaosong(ed.), Zhanlue Xue.

54 협박에 대한 마오쩌둥의 우려에 기초해 어떤 저명한 중국 학자는 중국의 억제는 '반(反)핵강압'으로 가장 잘 특징지을 수 있다고 주장했다. 다음을 볼 것. Li Bin, "Zhongguo hezhanlue bianxi"[Analysis of China's Nuclear Strategy], Shijie jingji yu zhengzhi, No. 9(2006), pp. 16~22.

55 Ryan, Chinese Attitudes Toward Nuclear Weapons, p. 17; Ralph L. Powell, "Great Powers and Atomic Bombs Are 'Paper Tigers'," China Quarterly, No. 23(1965), pp. 55~63.

56 Mao Zedong, Mao Zedong junshi wenji [Mao Zedong's Collected Works on Military Affairs], Vol. 6(Beijing: Junshi kexue chubanshe, 1993), p. 359.

57 Mao Zedong, Mao Zedong wenji [Mao Zedong's Collected Works], Vol. 8(Beijing: Xinhua chubanshe, 1999), p. 370.

58 Nie Rongzhen, Nie Rongzhen junshi wenxuan [Nie Rongzhen's Selected Works on Military Affairs](Beijing: Jiefangjun chubanshe, 1992), p. 498.

59 Mao Zedong, Mao Zedong wenji, Vol. 7, p. 27.

60 Mao Zedong, Mao Zedong wenji [Mao Zedong's Collected Works], Vol. 6(Beijing: Xinhua chubanshe, 1999), p. 374.

61 Leng Rong and Wang Zuoling(eds.), Deng Xiaoping nianpu, 1975~1997, Vol. 1, p. 92.

62 Jiang Zemin, Jiang Zemin wenxuan [Jiang Zemin's Selected Works], Vol. 2(Beijing: Renmin chubanshe, 2006), p. 269.

63 Mao Zedong, Mao Zedong xuanji [Mao Zedong's Selected Works], 2nd ed., Vol. 4(Beijing: Renmin chubanshe, 1991), pp. 1133~1134.

64 Ye Jianying, Ye Jianying junshi wenxuan, p. 490.

65 Jin Chongji(ed.), Zhou Enlai zhuan [Zhou Enlai's Biography], Vol. 4(Beijing: Zhongyang wenxian chubanshe, 1998), p. 1745; Zhou Enlai, Zhou Enlai wenhua wenxuan, p. 575.

66 Pang Xianzhi and Feng Hui(eds.), Mao Zedong nianpu, 1949~1976 [A Chronicle of Mao Zedong's Life, 1949~1976], Vol. 5(Beijing: Zhongyang wenxian chubanshe, 2013), p. 27.

67 같은 책, p. 473.

68 Leng Rong and Wang Zuoling(eds.), Deng Xiaoping nianpu, 1975~1997, Vol. 1, p. 308.

69 Zhongyang junwei bangongting(ed.), *Deng Xiaoping guanyu xin shiqi jundui jianshe lunshu xuanbian*, p. 44.

70 Deng Xiaoping, *Deng Xiaoping junshi wenxuan* [Deng Xiaoping's Selected Works on Military Affairs], Vol. 2(Beijing: Junshi kexue chubanshe, 2004), p. 273. 다음을 볼 것. Leng Rong and Wang Zuoling(eds.), *Deng Xiaoping nianpu, 1975~1997*, Vol. 1, p. 101.

71 Guo Yingui, "Zhou Enlai yu Zhongguo de hewuqi"[Zhou Enlai and China's Nuclear Weapons], in Li Qi(ed.), *Zai Zhou Enlai shenbian de rizi: Xihuating gongzuo renyuan de huiyi* [Days at Zhou Enlai's Side: Recollections of the Staff Members of West Flower Hall](Beijing: Zhongyang wenxian chubanshe, 1998), p. 273.

72 이는 양청중(楊承宗)의 구술 역사에 기초하고 있다. 다음을 볼 것. Yang Chengzong, "Wo wei Yuliao Juli chuanhua gei Mao zhuxi"[I Gave Chairman Mao a Message from Joliot-Curie], *Bainian chao*, No. 2(2012), pp. 25~30.

73 Ge Nengquan(ed.), *Qian Sanqiang nianpu* [A Chronicle of Qian Sanqiang's Life(Jinan: Shandong youyi chubanshe, 2002), p. 89.

74 레이잉푸는 저우의 군사 비서였으며, 웨이밍은 저우의 문화과학 비서였다.

75 이것은 중국의 과학 역사가인 판훙예(樊洪業)의 논문과 더불어 첸산치앙의 공식 연보에 담겨 있는 레이잉푸의 회고에 기반하고 있다. 다음을 볼 것. Ge Nengquan(ed.), *Qian Sanqiang nianpu*, p. 95; Fan Hongye, "Yuanzidan de gushi: Ying cong 1952 nian qi"[The Story of the Atomic Bomb: It Should Start in 1952], *Zhonghua dushu bao*, December 15, 2004.

76 Ge Nengquan(ed.), *Qian Sanqiang nianpu*, p. 95. 장쥐원은 주커전과의 만남이 1952년 5월 중앙군사위 회의 이후라고 주장한다. 두 개의 회의가 있었을 가능성이 있다.

77 Peng Dehuai zhuanji zu, *Peng Dehuai quanzhuan* [Peng Dehuai's Complete Biography](Beijing: Zhongguo dabaike quanshu chubanshe, 2009), pp. 1073; Zhang Zuowen, "Zhou Enlai yu daodan hewuqi"[Zhou Enlai and Missile Nuclear Weapons], in Li Qi(ed.), *Zai Zhou Enlai shenbian de rizi: Xihuating gongzuo renyuan de huiyi* [Days at Zhou Enlai's Side: Recollections of the Staff Members of West Flower Hall](Beijing: Zhongyang wenxian chubanshe, 1998), pp. 657~658.

78 Ge Nengquan(ed.), *Qian Sanqiang nianpu*, p. 94. 다음을 볼 것. Guo Yingui, "Zhou Enlai yu Zhongguo de hewuqi," p. 273.

79 Zhang Zuowen, "Zhou Enlai yu daodan hewuqi," pp. 657~658.

80 Guo Yingui, "Zhou Enlai yu Zhongguo de hewuqi," p. 273.

81 같은 글.

82 Zhang Zuowen, "Zhou Enlai yu daodan hewuqi," p. 658.

83 Ge Nengquan(ed.), *Qian Sanqiang nianpu*, p. 102.

84 Wang Yan(ed.), *Peng Dehuai nianpu* [A Chronicle of Peng Dehuai's Life](Beijing: Renmin chubanshe, 1998), p. 563.

85 같은 책, p. 575.

86   Ge Nengquan(ed.), *Qian Sanqiang nianpu*, p. 112; Wang Yan(ed.), *Peng Dehuai nianpu*, p. 577. 펑더화이는 1955년 5월 모스크바를 다시 방문했을 때 거의 요청을 반복하게 된다.

87   Zhang Zuowen, "Zhou Enlai yu daodan hewuqi," p. 658.

88   같은 글.

89   Peng Jichao, "Mao Zedong yu liangdan yixing"[Mao Zedong and Two Bombs and One Satellite], *Shenjian*, No. 3(2013).

90   같은 글. 다음을 볼 것. 'Jam-dpal-rgya-mtsho, *Li Jue zhuan*[Li Jue's Biography](Zhongguo Zangxue chubanshe: 2004), p. 435.

91   Mao가 다음에서 인용했다. Roland Timerbaev, "How the Soviet Union Helped China Develop the A-bomb," *Digest of Yaderny Kontrol(Nuclear Control)*, No. 8(Summer-Fall 1998), p. 44.

92   Ge Nengquan(ed.), *Qian Sanqiang nianpu*, p. 113.

93   같은 책.

94   Mao Zedong, *Mao Zedong wenji*[Mao Zedong's Collected Works], Vol. 6(Beijing: Renmin chubanshe, 1996), p. 367.

95   다음에서 인용했다. Sun Xiangli, *He shidai de zhanlue xuanze*, p. 5.

96   다음에서 인용했다. 같은 책, p. 6.

97   중앙위원회 서기처에는 마오쩌둥, 저우언라이, 주더, 류사오치가 포함되었다.

98   Li Ping and Ma Zhisun(eds.), *Zhou Enlai nianpu, 1949~1976*[A Chronicle of Zhou Enlai's Life, 1949~1976], Vol. 2(Beijing: Zhongyang wenxian chubanshe, 1997), p. 441.

99   Ge Nengquan(ed.), *Qian Sanqiang nianpu*, p. 115.

100 Pang Xianzhi and Feng Hui(eds.), *Mao Zedong nianpu, 1949~1976*[A Chronicle of Mao Zedong's Life, 1949~1976], Vol. 2(Beijing: Zhongyang wenxian chubanshe, 2013), p. 338.

101 네룽전은 무기개발 담당 군 원로였다.

102 이 부분은 주로 중국 핵 프로그램의 공식 역사를 참조했다. 다음을 볼 것. Li Jue et al.(eds.), *Dangdai Zhongguo he gongye*[Contemporary China's Nuclear Industry](Beijing: Dangdai Zhongguo chubanshe, 1987).

103 소련 기술의 이전에 대해서는 다음을 볼 것. Yanqiong Liu and Jifeng Liu, "Analysis of Soviet Technology Transfer in the Development of China's Nuclear Programs," *Comparative Technology Transfer and Society*, Vol. 7, No. 1(April 2009), pp. 66~110.

104 Zhang Aiping, *Zhang Aiping junshi wenxuan*, p. 238. 프로그램의 지속 여부를 놓고 토론하는 것이 특징이기는 했지만, 재래식무기를 우선시하고 전략무기에 대한 작업 속도를 줄여야 하는 등 논의의 범위가 넓었다. 다음을 볼 것. Zhang Xianmin and Zhou Junlun, "1961 nian liangdan 'shangma' 'xiama' zhizheng"[The Dispute in 1961 over 'Mounting' or 'Dismounting' the Two Bombs], *Lilun shiye*, No. 12(2016), pp. 55~58.

105 Lu Qiming and Fan Minruo, *Zhang Aiping yu liangdan yixing*, p. 66; Nie Rongzhen, *Nie Rongzhen huiyilu*, p. 814. 회의에서 진행된 논의에 대한 상세한 검토는 다음을 볼 것. Zhang Xianmin and Zhou Junlun, "1961 nian liangdan 'shangma' 'xiama' zhizheng," pp. 54~59.

106 Li Ping and Ma Zhisun(eds.), *Zhou Enlai nianpu, 1949~1976*, Vol. 2, p. 426.

107 Zhou Enlai, *Zhou Enlai junshi wenxuan*, Vol. 4, p. 422.

108 언제 정치국 논의가 있었는지는 확실하지 않다. 장아이핑의 전기에 따르면 8월이나 9월이었다. 다음을 볼 것. Lu Qiming and Fan Minruo, *Zhang Aiping yu liangdan yixing*, pp. 66~68. 네룽전의 전기에는 정치국 회의를 언급하고 있지 않다.

109 Nie Rongzhen, *Nie Rongzhen junshi wenxuan*, pp. 488~495.

110 Lu Qiming and Fan Minruo, *Zhang Aiping yu liangdan yixing*, p. 67. 루이스와 쉬에(Lewis and Xue)는 마오쩌둥이 네룽전의 편을 들어 1961년 여름의 토론에서 핵폭탄 개발을 진행하는 것을 선호했다고 진술했다. 그러나 그들은 1962년 6월에 1961년 핵 프로그램을 지지하기 위해 마오가 한 발언을 1961년으로 잘못 말했다.

111 같은 책.

112 Zhang Aiping, *Zhang Aiping junshi wenxuan*, p. 239.

113 보고서의 복사본은 다음을 볼 것. 같은 책, pp. 238~245.

114 같은 책, p. 245.

115 같은 책, p. 238; Lu Qiming and Fan Minruo, *Zhang Aiping yu liangdan yixing*, p. 76.

116 Lu Qiming and Fan Minruo, *Zhang Aiping yu liangdan yixing*, p. 76.

117 같은 책, p. 59.

118 Zhang Xianmin and Zhou Junlun, "1961 nian liangdan 'shangma' 'xiama' zhizheng," p. 59.

119 Pang Xianzhi and Feng Hui(eds.), *Mao Zedong nianpu, 1949~1976*, Vol. 5, p. 105.

120 Xi Qixin, *Zhu Guangya zhuan* [Zhu Guangya's Biography] (Beijing: Renmin chubanshe, 2015), p. 320.

121 Huang Yao and Zhang Mingzhe(eds.), *Luo Ruiqing zhuan* [Luo Ruiqing's Biography] (Beijing: Dangdai Zhongguo chubanshe, 1996), p. 412.

122 한 가지 소스에 따르면, 저우언라이는 이러한 시간 프레임 안에 폭탄을 시험할 수 있도록 하라고 제2부(Second Ministry)에 지시했다. 다음을 볼 것. 'Jam-dpal-rgya-mtsho, *Li Jue zhuan*, p. 357.

123 Huang Yao and Zhang Mingzhe(eds.), *Luo Ruiqing zhuan*, p. 412.

124 같은 책.

125 같은 책, p. 413.

126 이 보고서의 복사본은 다음을 볼 것. Luo Ruiqing, *Luo Ruiqing junshi wenxuan* [Luo Ruiqing's Selected Works on Military Affairs] (Beijing: Dangdai Zhongguo chubanshe, 2006), pp. 618~620.

127 Pang Xianzhi and Feng Hui(eds.), *Mao Zedong nianpu, 1949~1976*, Vol. 5, p. 167.

128 허룽, 네룽전, 장아이핑은 모두 중국의 무기 프로그램을 감독하는 데 관여했고, 뤄루이칭은 총참모장으로 군무를 총괄하고 있었다. 모두가 중앙군사위 위원이었다.

129 Lu Qiming and Fan Minruo, *Zhang Aiping yu liangdan yixing*, p. 121.

130 같은 책, p. 179.

131 같은 책, p. 186.

132 다음에서 인용했다. 같은 책, p. 187.

133 같은 책, p. 189.

134 같은 책.

135 같은 책, pp. 229~230.

136 *Renmin ribao*, October 17, 1964, p. 1.

137 다른 국가와 합동으로 발표되는 정부 성명이 보다 일반적이다.

138 Jin Chongji(ed.), *Zhou Enlai zhuan*, Vol. 4, pp. 1758~1762; Li Ping and Ma Zhisun(eds.), *Zhou Enlai nianpu, 1949~1976*, Vol. 2, pp. 675~676.

139 Di'er paobing silingbu(ed.), *Di'er paobing zhanlue xue*, p. 10.

140 같은 책.

141 같은 책, p. 23. 중국의 선제불사용 원칙에 대한 문헌은 『제2포병전역학』 2004년판에서도 찾아볼 수 있다. 다음을 볼 것. Yu Xijun(ed.), *Di'er paobing zhanyi xue*, pp. 59, 60, 282, 298, 305, 356. 이 책은 중국의 핵정책이 바뀌었다고 주장하고 있지만(p. 294), 그럼에도 불구하고 이는 전략에 대한 정책의 제한 사항을 강조한다. 2000년대 중국의 선제불사용 원칙의 변화에 대한 논의에도 불구하고 핵정책은 변경되지 않았다. 다음을 볼 것. Fravel and Medeiros, "China's Search for Assured Retaliation," p. 80.

142 DF-2는 소련의 R-5에 기반한 중국의 첫 번째 중거리 탄도미사일로 사거리는 1050킬로미터였다. DF-3은 중국 설계에 기반한 최초의 중거리 탄도미사일로 사거리는 2650킬로미터였다. 다음을 볼 것. Lewis and Di, "China's Ballistic Missile Programs," pp. 9~10.

143 Jin Chongji(ed.), *Zhou Enlai zhuan*, Vol. 4, p. 1753.

144 Lewis and Xue, *China Builds the Bomb*, pp. 159~160.

145 Jin Chongji(ed.), *Zhou Enlai zhuan*, Vol. 4, p. 1753; Liu Xiyao, "Woguo 'liangdan' yanzhi juece guocheng zhuiji"[Immediate Record of the Decision-making Process for Our Country's Research on 'Two Bombs'], *Yanhuang chunqiu*, No. 5(1996), p. 7.

146 Sun Xiangli, *He shidai de zhanlue xuanze*, p. 23.

147 Zhou Junlun(ed.), *Nie Rongzhen nianpu*[A Chronicle of Nie Rongzhen's Life](Beijing: Renmin chubanshe, 1999), p. 921; Zhang Xianmin(ed.), *Qian Xuesen nianpu*[A Chronicle of Qian Xuesen's Life], Vol. 1(Beijing: Zhongyang wenxian chubanshe, 2015).

148 이용 가능한 보고서의 복사본이 없다. 하지만 저우언라이의 비서 중 한 명이었던 장쥐원이 요약한 것이 있다. 다음을 볼 것. Zhang Zuowen, "Zhou Enlai yu daodan hewuqi," pp. 663~664. DF-2는 제한된 사정거리 때문에 미봉책이었지만, 충분하지는 않더라도 운반 가능한 핵무기를 배치하려는 중국의 열망을 반영했다.

149 Liu Xiyao, "Woguo 'liangdan' yanzhi juece guocheng zhuiji," p. 7.

150 Zhang Zuowen, "Zhou Enlai yu daodan hewuqi," p. 664.

151 DF-2는 소련이 제공한 설계에 일부 기초하기는 했지만 중국이 자체적으로 설계하려고 시도한 최초의 미사일이었다.

152 Zhang Xianmin(ed.), *Qian Xuesen nianpu*, Vol. 1, p. 309.

153 Xu Xuesong, "Zhongguo ludi didi zhanlue daodan fazhan de lishi huigu yu jingyan qishi" [Historical Review and Implications of the Development of China's Land-based Surface-to-Surface Strategic Missiles], *Junshi lishi*, No. 2(2017), p. 25; Xie Guang(ed.), *Dangdai Zhongguo de guofang keji gongye* [Contemporary China's Defense Science and Technology Industry], Vol. 1(Beijing: Dangdai Zhongguo chubanshe, 1992), p. 83.

154 Liu Jiyuan(ed.), *Zhongguo hangtian shiye fazhan de zhexue sixiang* [The Philosophy of the Development of China's Aerospace Industry] (Beijing: Beijing daxue chubanshe, 2013), p. 33.

155 "Zhongguo Dongfeng sihao daodan yanzhi shi: Jiaqiang Zhongguo de zhanlue he liliang" [The Development History of China's Dongfeng-4: Strengthening China's Strategic Nuclear Power], May 28, 2015, http://military.china.com/history4/62/20150528/19760409_all.html과 같은 글.

156 Li Ping and Ma Zhisun(eds.), *Zhou Enlai nianpu, 1949~1976*, Vol. 2, p. 426.

157 Liu Jiyuan(ed.), *Zhongguo hangtian shiye fazhan de zhexue sixiang*, p. 30.

158 같은 책, pp. 33, 35.

159 Xu Xuesong, "Zhongguo ludi didi zhanlue daodan fazhan de lishi huigu yu jingyan qishi," p. 27.

160 Lu Qiming and Fan Minruo, *Zhang Aiping yu liangdan yixing*, pp. 267~268; Dong Fanghe, *Zhang Aiping zhuan*, pp. 805~806.

161 그 당시 중국 포병은 중앙군사위 직속의 병과였다.

162 Dong Fanghe, *Zhang Aiping zhuan*, p. 812.

163 Xiang Shouzhi, *Xiang Shouzhi huiyilu* [Xiang Shouzhi's Memoirs] (Beijing: Jiefangjun chubanshe, 2006), p. 331; Dong Fanghe, *Zhang Aiping zhuan*, p. 813.

164 Xiang Shouzhi, *Xiang Shouzhi huiyilu*, p. 331; Dong Fanghe, *Zhang Aiping zhuan*, p. 812.

165 Lu Qiming and Fan Minruo, *Zhang Aiping yu liangdan yixing*, p. 273; Dong Fanghe, *Zhang Aiping zhuan*, p. 813.

166 다음에서 인용했다. Wu Lie, *Zhengrong suiyue*, p. 354.

167 Lu Qiming and Fan Minruo, *Zhang Aiping yu liangdan yixing*, p. 273.

168 Wu Lie, *Zhengrong suiyue*, p. 358.

169 같은 책, p. 357.

170 Liu Jixian(ed.), *Ye Jianying nianpu* [A Chronicle of Ye Jianying's Life], Vol. 2(Beijing: Zhongyang wenxian chubanshe, 2007), p. 970.

171 He Jinheng, "'Jinggan youxiao' zongti jianshe mubiao de queli," p. 43.

172 Xiang Shouzhi, *Xiang Shouzhi huiyilu*, pp. 330~341.

173 Li Shuiqing, "Gaige, cong zheli qibu," p. 31.

174 He Jinheng, "'Jinggan youxiao' zongti jianshe mubiao de queli," p. 43.

175 Han Chengchen, "He Jinheng," in Di'er paobing zhengzhibu(ed.), *Di'er paobing gaoji jiangling zhuan* [Biographies of the Second Artillery's Senior Generals] (n.p.: Di'er paobing zhengzhibu,

2006), p. 359.

176 Li Shuiqing, "Gaige, cong zheli qibu," p. 31.

177 같은 글.

178 다음에서 인용했다. Zhang Aiping(ed.), *Zhongguo renmin jiefangjun (xia)* [The Chinese People's Liberation Army], Vol. 2(Beijing: Dangdai Zhongguo chubanshe, 1994), p. 121.

179 Wang Huanping, "Li Shuiqing," in Di'er paobing zhengzhibu(ed.), *Di'er paobing gaoji jiangling zhuan* [Biographies of the Second Artillery's Senior Generals] (n.p.: Di'er paobing zhengzhibu, 2006), p. 240; Han Chengchen, "He Jinheng," p. 361.

180 Li Shuiqing, "Gaige, cong zheli qibu," p. 31.

181 Zhang Aiping(ed.), *Zhongguo renmin jiefangjun (xia)*, Vol. 2, p. 121.

182 Yu Xijun(ed.), *Di'er paobing zhanyi xue*, p. 303; Shou Xiaosong(ed.), *Zhanlue Xue*, p. 175.

183 시나리오에 관한 자세한 설명에 대해서는 다음을 볼 것. Yang Wenting, "Dongfeng di yi zhi: Ji yici fangwei zuozhan yanxi" [The First East Wind: Remembering One Defensive Combat Exercise], in Di'er paobing zhengzhibu(ed.), *Huihuang niandai*, pp. 107~113.

184 Han Chengchen, "He Jinheng," p. 365.

185 같은 글.

186 Liu Lifeng zhuan bianxiezu, "Liu Lifeng," in Di'er paobing zhengzhibu(ed.), *Di'er paobing gaoji jiangling zhuan* [Biographies of the Second Artillery's Senior Generals] (n.p.: Di'er paobing zhengzhibu, 2006), p. 413.

187 다음을 볼 것. Shen Kehui, "Erpao junshi lilun yanjiu de tansuo" [Exploring the Second Artillery's Research on Military Theory], in Di'er paobing zhengzhibu(ed.), *Huihuang niandai*, p. 140. 2004년에 신판이 발간되었다.

188 He Jinheng, "'Jinggan youxiao' zongti jianshe mubiao de queli," p. 45.

189 같은 글.

190 Xu Jian, *Niaokan diqiu: Zhongguo zhanlue daodan zhendi gongcheng jishi* [A Bird's-Eye View of the Earth: The Record of the Engineering of China's Strategic Missile Bases] (Beijing: Zuojia chubanshe, 1997), p. 363.

191 Shen Kehui, "Erpao junshi lilun yanjiu de tansuo," p. 141.

192 Dai Yifang(ed.), *Junshi xue yanjiu huigu yu zhanwang* [Reflections and Prospects for Military Studies] (Beijing: Junshi kexue chubanshe, 1995), p. 360.

193 Xu Jian, *Niaokan diqiu*, p. 363.

194 Shen Kehui, "Erpao junshi lilun yanjiu de tansuo," p. 142.

195 같은 글.

196 Xu Jian, *Niaokan diqiu*, p. 364; Xu Jian, "Li Xuge" [Li Xuge], in Di'er paobing zhengzhibu (ed.), *Di'er paobing gaoji jiangling zhuan* [Biographies of the Second Artillery's Senior Generals] (n.p.: Di'er paobing zhengzhibu, 2006), p. 489.

197 Xu Jian, "Li Xuge," p. 489.

198 같은 글. 류화칭의 연보는 '비밀작업[保密工作]'을 논의하기 위해 류리펑과 회의한 것을 보여 준다. 다음을 볼 것. Jiang Weimin(ed.), *Liu Huaqing nianpu* [A Chronicle of Liu Huaqing's Life], Vol. 2(Beijing: Jiefangjun chubanshe, 2016), p. 812.

199 "Zhuan ji: Yige kangzhan laobing de zishu" [Record: A War of Resistance Veteran's Own Words], Gushan qiaofu de boke, February 26, 2011, http://blog.sina.com.cn/s/blog_5edd0b a60100pcra.html(accessed July 2, 2015). 중앙군사위의 비평에 대해서는 다음을 볼 것. Xu Jian, "Li Xuge," p. 489. 이러한 비평에 대한 간접적이지만 확실한 자료는 다음을 볼 것. Xu Jian, *Niaokan diqiu*, p. 364.

200 Xu Jian, *Niaokan diqiu*, p. 364.

201 Shen Kehui, "Erpao junshi lilun yanjiu de tansuo," p. 141.

202 "Zhuan ji: Yige kangzhan laobing de zishu."

203 Di'er paobing silingbu(ed.), *Di'er paobing zhanlue xue*, p. 1.

204 Dai Yifang(ed.), *Junshi xue yanjiu huigu yu zhanwang*, p. 361.

205 Li Ke and Hao Shengzhang, *Wenhua dageming zhong de renmin jiefangjun* [The People's Liberation Army during the Cultural Revolution](Beijing: Zhonggong dangshi ziliao chubanshe, 1989), p. 358.

206 Xu Jian, *Niaokan diqiu*, p. 14.

207 Fiona S. Cunningham and M. Taylor Fravel, "Assuring Assured Retaliation: China's Nuclear Posture and U.S.-China Strategic Stability," *International Security*, Vol. 40, No. 2(Fall 2015), pp. 42~44.

208 Xu Jian, *Niaokan diqiu*, pp. 13~14.

209 프로젝트의 자세한 내용은 앞의 책을 참조할 것.

210 Xu Jian, "Li Xuge," p. 486.

211 Hans M. Kristensen and Robert S. Norris, "Chinese Nuclear Forces, 2015," *Bulletin of the Atomic Scientists*, Vol. 71, No. 4(2015), p. 82.

212 Di'er paobing silingbu(ed.), *Di'er paobing zhanlue xue*, p. 3.

213 Lewis and Di, "China's Ballistic Missile Programs," p. 19.

214 Office of the Secretary of Defense, *Military Power of the People's Republic of China 2000*(Department of Defense, 2000); National Air and Space Intelligence Center, *Ballistic and Cruise Missile Threat*(Wright-Patterson Air Force Base, 2009), p. 21.

215 Hans M. Kristensen and Robert S. Norris, "Chinese Nuclear Forces, 2018," *Bulletin of the Atomic Scientists*, Vol. 74, No. 4(2018), p. 290. 여기에는 DF-5A, DF-5B, DF-31, DF-31A의 탄두가 포함된다. DF-31AG에 대한 더 많은 정보가 제공되고 새로운 DF-41이 배치되면 이 숫자는 늘어날 가능성이 있다. JL-2를 탑재한 중국 SSBN이 억제 순찰을 하는지 여부는 여전히 불투명하다.

216 같은 글.

217 같은 글, pp. 291~292. 또한 다음을 볼 것. Wang Changqin and Fang Guangming, "Women

weishenme fazhan dongfeng-26 dadao daodan"[Why We Had to Develop the Dongfeng-26 Ballistic Missile], *Zhongguo qingnian bao*, November 30, 2015, p. 9.

218 Wu Lie, *Zhengrong suiyue*, p. 357.

219 같은 책, p. 358.

220 He Jinheng, "'Jinggan youxiao' zongti jianshe mubiao de queli," pp. 44, 46.

221 Yang Wenting, "Dongfeng di yi zhi," p. 108.

222 Xu Bin, "Erpao junshi xunlian gaige de zuyi"[The Path of Training Reforms in the Second Artillery], in Di'er paobing zhengzhibu(ed.), *Huihuang niandai*, pp. 430~431.

223 Yu Xijun, "Xinshiji xinjieduan zhanlue daodan budui zuozhan lilun de chuangxin yu xin fazhan"[Innovations and New Developments in the Operational Theory of the Strategic Rocket Forces at the New Stage of the New Century], in Di'er paobing zhengzhibu(ed.), *Huihuang niandai*, pp. 441~446.

224 Zhao Qiuling and Zhang Guang, "Yongbu tingbu de ziwo chaoyue"[Never Stop Transcending Onseself], in Di'er paobing zhengzhibu(ed.), *Huihuang niandai*, p. 361.

225 Di'er paobing silingbu(ed.), *Di'er paobing zhanlue xue*, p. 1.

226 같은 책, p. 9.

227 같은 책, p. 25.

228 같은 책, p. 58.

229 같은 책, p. 114.

230 Yu Xijun(ed.), *Di'er paobing zhanyi xue*, p. 93.

231 같은 책, p. 122.

232 Cunningham and Fravel, "Assuring Assured Retaliation."

결론

1 리뷰에 대해서는 다음을 볼 것. Peter Feaver, "Civil-Military Relations," *Annual Review of Political Science*, No. 2(1999), pp. 211~241.

2 Risa Brooks, *Shaping Strategy: The Civil-Military Politics of Strategic Assessment*(Princeton, NJ: Princeton University Press, 2008).

3 Suzanne Nielsen, "Civil-Military Relations Theory and Military Effectiveness," *Public Administration and Management*, Vol. 10, No. 2(2003); Caitlin Talmadge, *The Dictator's Army: Battlefield Effectiveness in Authoritarian Regimes*(Ithaca, NY: Cornell University Press, 2015).

4 Stefano Recchia, *Reassuring the Reluctant Warriors: US Civil-Military Relations and Multilateral Intervention*(Ithaca, NY: Cornell University Press, 2016).

5 Vipin Narang, *Nuclear Strategy in the Modern Era: Regional Powers and International Conflict* (Princeton, NJ: Princeton University Press, 2014).

6 Dan Reiter and Allan Stam, *Democracies at War*(Princeton, NJ: Princeton University Press,

2002); Risa Brooks, "Making Military Might: Why Do States Fail and Succeed?," *International Security*, Vol. 28, No. 2(2003), pp. 149~191. 정권 유형과 실적에 대해서는 다음을 볼 것. Jessica Weeks, *Dictators at War and Peace*(Ithaca, NY: Cornell University Press, 2014).

7   Randall Schweller, "The Progressiveness of Neoclassical Realism," in Colin Elman and Miriam Fendius Elman(eds.), *Progress in International Relations Theory: Appraising the Field*(Cambridge, MA: MIT Press, 2003), pp. 311~347; Stephen E. Lobell, Norrin M. Ripsman and Jeffrey W. Taliaferro(eds.), *Neoclassical Realism, the State, and Foreign Policy*(New York: Cambridge University Press, 2009).

8   Randall Schweller, *Unanswered Threats: Political Constraints on the Balance of Power*(Princeton, NJ: Princeton University Press, 2006).

9   Barry Posen, *The Sources of Military Doctrine: France, Britain, and Germany Between the World Wars*(Ithaca, NY: Cornell University Press, 1984).

10   Samuel P. Huntington, *The Soldier and the State: The Theory and Politics of Civil-Military Relations*(Cambridge, MA: Belknap Press of Harvard University Press, 1957).

11   Sebastian Rosato, "The Inscrutable Intentions of Great Powers," *International Security*, Vol. 39, No. 3(2014/15), pp. 48~88; John J. Mearsheimer, *The Tragedy of Great Power Politics*(New York: W. W. Norton, 2001).

12   가령 다음을 볼 것. Michael Chase et al., *China's Incomplete Military Transformation: Assessing the Weaknesses of the People's Liberation Army (PLA)*(Santa Monica, CA: RAND, 2015).

참고문헌

● 중국어 문헌

① 연대기와 문서 모음

2004 nian Zhongguo de guofang [China's National Defense in 2004]. 2004. Beijing: Guowuyuan xinwen bangongshi.

2006 nian Zhongguo de guofang [China's National Defense in 2006]. 2006. Beijing: Guowuyuan xinwen bangongshi.

2008 nian Zhongguo de guofang [China's National Defense in 2008]. 2008. Beijing: Guowuyuan xinwen bangongshi.

Chi Haotian. 2009. *Chi Haotian junshi wenxuan* [Chi Haotian's Selected Works on Military Affairs]. Beijing: Jiefangjun chubanshe.

Deng Xiaoping. 1992. *Deng Xiaoping lun guofang he jundui jianshe* [Deng Xiaoping on National Defense and Army Building]. Beijing: Junshi kexue chubanshe.

_____. 2004. *Deng Xiaoping junshi wenxuan* [Deng Xiaoping's Selected Works on Military Affairs], Vol. 3. Beijing: Junshi kexue chubanshe.

Fu Quanyou. 2015. *Fu Quanyou junshi wenxuan* [Fu Quanyou's Selected Works on Military Affairs]. Beijing: Jiefangjun chubanshe.

Ge Nengquan(ed.). 2002. *Qian Sanqiang nianpu* [A Chronicle of Qian Sanqiang's Life], Vol. 2. Jinan: Shandong youyi chubanshe.

Han Huaizhi. 2012. *Han Huaizhi lun junshi* [Han Huaizhi on Military Affairs]. Beijing: Jiefangjun chubanshe.

Hu Jintao. 2016. *Hu Jintao wenxuan* [Hu Jintao's Selected Works], Vol. 3. Beijing: Renmin chubanshe.

Huang Yao(ed.). 2002. *Luo Ronghuan nianpu* [A Chronicle of Luo Ronghuan's Life]. Beijing: Renmin chubanshe.

Jiang Weimin(ed.). 2016. *Liu Huaqing nianpu* [A Chronicle of Liu Huaqing's Life], Vol. 3. Beijing: Jiefangjun chubanshe.

Jiang Zemin. 2002. *Lun guofang yu jundui jianshe* [On National Defense and Army Building]. Beijing: Jiefangjun chubanshe.

_____. 2006. *Jiang Zemin wenxuan* [Jiang Zemin's Selected Works], Vol. 3. Beijing: Renmin chubanshe.

Leng Rong and Wang Zuoling(eds.). 2004. *Deng Xiaoping nianpu, 1975~1997* [A Chronicle of Deng Xiaoping's Life, 1975~1997], Vol. 2. Beijing: Zhongyang wenxian chubanshe.

Li De and She Yun(eds.). 2013. *Lin Biao yuanshuai wenji (shang, xia)* [Marshal Lin Biao's Selected Works]. Xianggang: Fenghuang shupin.

Li Ping and Ma Zhisun(eds.). 1997. *Zhou Enlai nianpu, 1949~1976*[A Chronicle of Zhou Enlai's Life, 1949~1976], Vol. 3. Beijing: Zhongyang wenxian chubanshe.

Liu Chongwen and Chen Shaochou(eds.). 1996. *Liu Shaoqi nianpu, 1898~1969*[A Chronicle of Liu Shaoqi's Life, 1898~1969]. Beijing: Zhongyang wenxian chubanshe.

Liu Huaqing. 2008. *Liu Huaqing junshi wenxuan*[Liu Huaqing's Selected Works on Military Affairs], Vol. 2. Beijing: Jiefangjun chubanshe.

Liu Jixian(ed.). 2007. *Ye Jianying nianpu*[A Chronicle of Ye Jianying's Life], Vol. 2. Beijing: Zhongyang wenxian chubanshe.

Liu Shaoqi. 1981. *Liu Shaoqi xuanji*[Liu Shaoqi's Selected Works], Vol. 2. Beijing: Renmin chubanshe.

Liu Yongzhi(ed.). 2009. *Zongcan moubu dashiji*[A Chronology of the General Staff Department]. Beijing: Lantian chubanshe.

Luo Ruiqing. 2006. *Luo Ruiqing junshi wenxuan*[Luo Ruiqing's Selected Works on Military Affairs]. Beijing: Dangdai Zhongguo chubanshe.

_____. 2013. "Luo Ruiqing chuanda Mao Zedong zhishi(June 23, 1965)"[Luo Ruiqing Transmits Mao's Instructions]. in Song Yongyi(ed.). *The Database for the History of Contemporary Chinese Political Movements, 1949~*. Harvard University: Fairbank Center for Chinese Studies.

Mao Zedong. 1991. *Mao Zedong xuanji*[Mao Zedong's Selected Works], Vol. 4. Beijing: Renmin chubanshe.

_____. 1993. *Jianguo yilai Mao Zedong wengao*[Mao Zedong's Manuscripts since the Founding of the Nation], Vol. 13. Beijing: Zhongyang wenxian chubanshe.

_____. 1993. *Mao Zedong junshi wenji*[Mao Zedong's Collected Works on Military Affairs], Vol. 6. Beijing: Junshi kexue chubanshe.

_____. 1993. *Mao Zedong wenji*[Mao Zedong's Collected Works], Vol. 8. Beijing: Renmin chubanshe.

_____. 1994. *Mao Zedong waijiao wenxuan*[Mao Zedong's Selected Works on Diplomacy]. Beijing: Shijie zhishi chubanshe.

_____. 2010. *Jianguo yilai Mao Zedong junshi wengao*[Mao Zedong's Military Manuscripts since the Founding of the Nation], Vol. 3. Beijing: Junshi kexue chubanshe.

_____. 2013. "Zai shisanling guanyu difang dangwei zhua junshi he peiyang jiebanren de jianghua (June 16, 1964)"[Speech at the Ming Tombs on Local Party Committees' Grasping Military Affairs and Cultivating Successors]. in Song Yongyi(ed.). *The Database for the History of Contemporary Chinese Political Movements, 1949~*. Harvard University: Fairbank Center for Chinese Studies.

_____. 2013. "Zai zhongyang changwei shang de jianghua(June 8, 1964)"[Speech at the Politburo Standing Committee]. in Song Yongyi(ed.). *The Database for the History of Contemporary Chinese Political Movements, 1949~*. Harvard University: Fairbank Center for Chinese Studies.

_____. 2013. "Zai zhongyang gongzuo huiyi de jianghua(June 6, 1964)"[Speech at the Central Work

Conference]. in Song Yongyi(ed.). *The Database for the History of Contemporary Chinese Political Movements, 1949~*. Harvard University: Fairbank Center for Chinese Studies.

Nie Rongzhen. 1992. *Nie Rongzhen junshi wenxuan* [Nie Rongzhen's Selected Works on Military Affairs]. Beijing: Jiefangjun chubanshe.

Pang Xianzhi(ed.). 2013. *Mao Zedong nianpu, 1893~1949 (shang, zhong, xia)* [A Chronicle of Mao Zedong's Life, 1893~1949]. Beijing: Zhongyang wenxian chubanshe.

Pang Xianzhi and Feng Hui(eds.). 2013. *Mao Zedong nianpu, 1949~1976* [A Chronicle of Mao Zedong's Life, 1949~1976], Vol. 6. Beijing: Zhongyang wenxian chubanshe.

Shenyang junqu zhengzhibu yanjiu shi(ed.). 1985. *Shenyang junqu dashiji, 1945~1985*. n.p.: n.p.

Shou Xiaosong(ed.). 2007. *Zhongguo renmin jiefang jun bashi nian dashiji* [A Chronology of Eighty Years of the Chinese People's Liberation Army]. Beijing: Junshi kexue chubanshe.

Song Shilun. 2007. *Song Shilun junshi wenxuan: 1958~1989* [Song Shilun's Selected Works on Military Affairs: 1958~1989]. Beijing: Junshi kexue chubanshe.

Su Yu. 2004. *Su Yu wenxuan* [Su Yu's Selected Works], Vol. 3. Beijing: Junshi kexue chubanshe.

Wang Yan(ed.). 1998. *Peng Dehuai nianpu* [A Chronicle of Peng Dehuai's Life]. Beijing: Renmin chubanshe.

Xi Jinping. 2014. *Xi Jinping guofang he jundui jianshe zhongyao lunshu xuanbian* [A Selection of Xi Jinping's Important Expositions on National Defense and Army Building]. Beijing: Jiefangjun chubanshe.

_____. 2015. *Xi Jinping guofang he jundui jianshe zhongyao lunshu xuanbian (er)* [A Selection of Xi Jinping's Important Expositions on National Defense and Army Building (2)]. Beijing: Jiefangjun chubanshe.

Xu Shiyou. 2013. *Xu Shiyou junshi wenxuan* [Xu Shiyou's Selected Works on Military Affairs]. Beijing: Junshi kexue chubanshe.

Xu Xiangqian. 1993. *Xu Xiangqian junshi wenxuan* [Xu Xiangqian's Selected Works on Military Affairs]. Beijing: Jiefangjun chubanshe.

Yang Shengqun and Yan Jianqi(eds.). 2009. *Deng Xiaoping nianpu(1904~1974)* [A Chronicle of Deng Xiaoping's Life(1904~1974)], Vol. 3. Beijing: Zhongyang wenxian chubanshe.

Ye Jianying. 1997. *Ye Jianying junshi wenxuan* [Ye Jianying's Selected Works on Military Affairs]. Beijing: Jiefangjun chubanshe.

Zhang Aiping. 1994. *Zhang Aiping junshi wenxuan* [Zhang Aiping's Selected Works on Military Affairs]. Beijing: Changzheng chubanshe.

Zhang Wannian. 2008. *Zhang Wannian junshi wenxuan* [Zhang Wannian's Selected Works on Military Affairs]. Beijing: Jiefangjun chubanshe.

Zhang Xianmin(ed.). 2015. *Qian Xuesen nianpu* [A Chronicle of Qian Xuesen's Life], Vol. 2. Beijing: Zhongyang wenxian chubanshe.

Zhang Zhen. 2005. *Zhang Zhen junshi wenxuan* [Zhang Zhen's Selected Works on Military Affairs],

Vol. 2. Beijing: Jiefangjun chubanshe.

Zhang Zishen(ed.). 2014. *Yang Chengwu nianpu* [A Chronicle of Yang Chengwu's Life]. Beijing: Jiefangjun chubanshe.

Zhongyang dang'an guan(ed.). 1991. *Zhonggong zhongyang wenjian xuanji* [Selected Documents of the Central Committee of the Chinese Communist Party], Vol. 18. Beijing: Zhongyang dangxiao chubanshe.

Zhongyang junwei bangongting(ed.). 1993. *Deng Xiaoping guanyu xin shiqi jundui jianshe lunshu xuanbian* [Deng Xiaoping's Selected Expositions on Army Building in the New Period]. Beijing: Bayi chubanshe.

Zhongyang wenxian yanjiu shi(ed.). 1998. *Jianguo yilai zhongyao wenxian xuanbian* [Selection of Important Documents since the Founding of the Country], Vol. 20. Beijing: Zhongyang wenxian chubanshe.

Zhou Enlai. 1997. *Zhou Enlai junshi wenxuan* [Zhou Enlai's Selected Works on Military Affairs], Vol. 4. Beijing: Renmin chubanshe.

_____. 1998. *Zhou Enlai wenhua wenxuan* [Zhou Enlai's Selected Works on Culture]. Beijing: Zhongyang wenxian chubanshe.

Zhou Junlun(ed.). 1999. *Nie Rongzhen nianpu* [A Chronicle of Nie Rongzhen's Life]. Beijing: Renmin chubanshe.

Zhu Ying and Wen Jinghu. 2006. *Su Yu nianpu* [A Chronicle of Su Yu's Life]. Beijing: Dangdai Zhongguo chubanshe.

Zong zhengzhi bu. 2006. Shuli he luoshi kexue fazhanguan lilun xuexi duben [A Reader for Establishing and Implementing the Theory of Scientific Development]. Beijing: Jiefangjun chubanshe.

② 전기와 회고록

HHND = Di'er paobing zhengzhibu(ed.). 2008. *Huihuang niandai: Huigu zai gaige kaifang zhong fazhan qianji de di'er paobing* [Glorious Age: Reviewing the Development and Progress of the Second Artillery During Reform and Opening]. Beijing: Zhongyang wenxian chubanshe.

Bo Yibo. 1993. *Ruogan zhongda juece yu shijian de huigu* [Reviewing Several Major Decisions and Events]. Beijing: Zhonggong zhongyang dangshi chubanshe.

Chen Shiping and Cheng Ying. 1988. *Junshi fanyijia Liu Bocheng* [Expert Military Translator Liu Bocheng]. Taiyuan: Shuhai chubanshe.

Dong Fanghe. 2000. *Zhang Aiping zhuan* [Zhang Aiping's Biography]. Beijing: Renmin chubanshe.

Fan Weizhong and Jin Chongji. 2001. *Li Fuchun zhuan* [Li Fuchun's Biography]. Beijing: Zhongyang wenxian chubanshe.

Guo Xiangjie(ed.). 2011. *Zhang Wannian zhuan (shang, xia)* [Zhang Wannian's Biography]. Beijing:

Jiefangjun chubanshe.

Guo Yingui. 1998. "Zhou Enlai yu Zhongguo de hewuqi"[Zhou Enlai and China's Nuclear Weapons]. in Li Qi(ed.). *Zai Zhou Enlai shenbian de rizi: Xihuating gongzuo renyuan de huiyi* [Days at Zhou Enlai's Side: Recollections of the Staff Members of West Flower Hall]. Beijing: Zhongyang wenxian chubanshe.

Han Chengchen. 2006. "He Jinheng." in Di'er paobing zhengzhibu(ed.). *Di'er paobing gaoji jiangling zhuan* [Biographies of the Second Artillery's Senior Generals]. n.p.: Di'er paobing zhengzhibu.

He Jinheng. 2008. "'Jinggan youxiao' zongti jianshe mubiao de queli"[The Establishment of the Overall Development Goal of 'Lean and Effective']. in *HHND*.

He Zhengwen. 1995. "Caijun baiwan jiqi qianqianhouhou"[The Whole Story of Reducing One Million]. in Xu Huizi(ed.). *Zongcan moubu: Huiyi shiliao* [General Staff Department: Recollections and Historical Materials]. Beijing: Jiefangjun chubanshe.

Huang Kecheng. 1995. "Huiyi wushi niandai zai junwei, zongcan gongzuo de qingkuang"[Remembering Work Situations from the 1950s in the CMC and GSD]. in Xu Huizi(ed.). *Zongcan moubu: Huiyi shiliao* [General Staff Department: Recollections and Historical Materials]. Beijing: Jiefangjun chubanshe.

Huang Yao and Zhang Mingzhe(eds.). 1996. *Luo Ruiqing zhuan* [Luo Ruiqing's Biography]. Beijing: Dangdai Zhongguo chubanshe.

'Jam-dpal-rgya-mtsho. 2004. *Li Jue zhuan* [Li Jue's Biography]. Zhongguo Zangxue chubanshe.

Jin Chongji(ed.). 1998. *Zhou Enlai zhuan* [Zhou Enlai's Biography], Vol. 4. Beijing: Zhongyang wenxian chubanshe.

Jin Ye. 1995. "Yi Liaodong bandao kangdenglu zhanyi yanxi"[Recalling the Liaodong Peninsula Anti-Landing Campaign Exercise]. in Xu Huizi(ed.). *Zongcan moubu: Huiyi shiliao* [General Staff Department: Recollections and Historical Materials]. Beijing: Jiefangjun chubanshe.

Jing Zhiyuan and Peng Zhiyuan. 2008. "Huiguo di'er paobing zai gaige kaifang zhong jiakuai jianshe fazhan de guanghui licheng"[Recalling the Brilliant Process of the Accelerated Building and Development of the Second Artillery during Reform and Opening]. in *HHND*.

Kong Fanjun. 2009. *Chi Haotian zhuan* [Chi Haotian's Biography]. Beijing: Jiefangjun chubanshe.

Li De and Shu Yun. 2014. *Wo gei Lin Biao yuanshuai dang mishu, 1959~1964* [I Served as Marshal Lin Biao's Secretary, 1959~1964]. Hong Kong: Fenghuang shupin.

Li Yuan. 2009. *Li Yuan huiyilu* [Li Yuan's Memoir]. Beijing: Jiefangjun chubanshe.

Li Shuiqing. 2008. "Gaige, cong zheli qibu"[Reform, Started from Here]. in *HHND*.

_____. 2009. *Cong hongxiaogui dao huojian siling: Li Shuiqing's huiyilu* [From Little Red Devil to Rocket Commander: Li Shuiqing's Memoir]. Beijing: Jiefangjun chubanshe.

Liao Chengmei. 2009. "Fengyun shinian hua zhanbei"[Ten Years of the Storms of War Preparations]. in Di'er paobing zhengzhibu(ed.). *Yu gongheguo yiqi chengzhang: Wo zai zhanlue daodan budui de nanwang jiyi* [Growing Together with the Republic: My Unforgettable Memories in the Strategic Rocket Forces]. Beijing: Zhongyang wenxian chubanshe.

Liu Huaqing. 2004. *Liu Huaqing huiyilu* [Liu Huaqing's Memoirs]. Beijing: Jiefangjun chubanshe.

Liu Lifeng zhuan bianxiezu. 2006. "Liu Lifeng." in Di'er paobing zhengzhibu(ed.). *Di'er paobing gaoji jiangling zhuan* [Biographies of the Second Artillery's Senior Generals]. n.p.: Di'er paobing zhengzhibu.

Liu Tianye, Xia Daoyuan and Fan Shu. *Li Tianyou jiang jun zhuan* [General Li Tianyou's Biography]. Beijing: Jiefangjun chubanshe.

Liu Xiao. 1986. *Chu shi Sulian ba nian* [Eight Years as Ambassador to the Soviet Union]. Beijing: Zhonggong dangshi ziliao chubanshe.

Ma Suzheng. 2008. *Bashi huimou* [Reflecting on Eighty Years]. Beijing: Changzheng chubanshe.

Mu Junjie(ed.). 2007. *Song Shilun zhuan* [Song Shilun's Biography]. Beijing: Junshi kexue chubanshe.

Nie Rongzhen. 1986. *Nie Rongzhen huiyilu* [Nie Rongzhen's Memoirs]. Beijing: Jiefangjun chubanshe.

Pang Xianzhi and Jin Chongji. 2003. *Mao Zedong zhuan, 1949~1976* [Mao Zedong's Biography, 1949~1976]. Beijing: Zhongyang wenxian chubanshe.

Peng Dehuai. 1988. *Peng Dehuai junshi wenxuan* [Peng Dehuai's Selected Works on Military Affairs]. Beijing: Zhongyang wenxian chubanshe.

Peng Dehuai zhuanji zu. 2009. *Peng Dehuai quanzhuan* [Peng Dehuai's Complete Biography]. Beijing: Zhongguo dabaike quanshu chubanshe.

Shen Kehui. 2008. "Erpao junshi lilun yanjiu de tansuo" [Exploring the Second Artillery's Research on Military Theory]. in *HHND*.

Wang Bingnan. 1985. *ZhongMei huitan jiunian huigu* [Reflections on Nine Years of Chinese-American Talks]. Beijing: Shijie zhishi chubanshe.

Wang Huanping. 2006. "Li Shuiqing." in Di'er paobing zhengzhibu(ed.). *Di'er paobing gaoji jiangling zhuan* [Biographies of the Second Artillery's Senior Generals]. n.p.: Di'er paobing zhengzhibu.

Wang Shangrong. 1999. "Xin Zhongguo jiansheng hou jici zhongda zhanzheng" [Several Major Wars After the Emergence of New China]. in Zhu Yuanshi(ed.). *Gongheguo yaoshi koushushi* [An Oral History of the Republic's Important Events]. Changsha: Henan renmin chubanshe.

Wang Xuedong. 2015. *Fu Quanyou zhuan (shang, xia)* [Fu Quanyou's Biography]. Beijing: Jiefangjun chubanshe.

Wang Yan(ed.). 1993. *Peng Dehuai zhuan* [Peng Dehuai's Biography]. Beijing: Dangdai Zhongguo chubanshe.

Wang Yazhi. 2009. *Peng Dehuai junshi canmou de huiyi: 1950 niandai ZhongSu junshi guanxi jianzheng* [The Recollection of Peng Dehuai's Military Staff Officer: Witnessing Sino-Soviet Military Relations in the 1950s]. Shanghai: Fudan daxue chubanshe.

Wu Lengxi. 1999. *Shinian lunzhan: 1956~1966 ZhongSu guanxi huiyilu* [Ten Years of Polemics: A Recollection of Chinese-Soviet Relations from 1956 to 1966]. Beijing: Zhongyang wenxian chubanshe.

Wu Lie. 1999. *Zhengrong suiyue* [Memorable Years]. Beijing: Zhonyang wenxian chubanshe.

_____. 2009. "Erpao lingdao jiguan jiannan yansheng" [The Difficult Birth of the Second Artillery's Leadership Structure]. in Di'er paobing zhengzhibu(ed.). *Yu gongheguo yiqi chengzhang: Wo zai zhanlue daodan budui de nanwang jiyi* [Growing Together with the Republic: My Unforgettable Memories in the Strategic Rocket Forces]. Beijing: Zhongyang wenxian chubanshe.

Wu Quanxu. 2005. *Kuayue shiji de biange: Qinli junshi xunlian lingyu guanche xin shiqi junshi zhanlue fangzhen shi er nian* [Change across the Century: Twelve Years of Personal Experience Implementing the Military Strategic Guideline in Military Training]. Beijing: Junshi kexue chubanshe.

Xi Qixin. 2015. *Zhu Guangya zhuan* [Zhu Guangya's Biography]. Beijing: Renmin chubanshe.

Xiang Shouzhi. 2006. *Xiang Shouzhi huiyilu* [Xiang Shouzhi's Memoirs]. Beijing: Jiefangjun chubanshe.

Xiao Jinguang. 1989. *Xiao Jinguang huiyilu (xuji)* [Xiao Jinguang's Memoirs (sequel)]. Beijing: Jiefangjun chubanshe.

Xie Hainan, Yang Zufa and Yang Jianhua. 2011. *Yang Dezhi yi sheng* [Yang Dezhi's Life]. Beijing: Zhonggong dangshi chubanshe.

Xu Bin. 2008. "Erpao junshi xunlian gaige de zuyi" [The Path of Training Reforms in the Second Artillery]. in *HHND*.

Xu Jian. 2006. "Li Xuge" [Li Xuge]. in Di'er paobing zhengzhibu(ed.). *Di'er paobing gaoji jiangling zhuan* [Biographies of the Second Artillery's Senior Generals]. n.p.: Di'er paobing zhengzhibu.

Yang Dezhi. 1995. "Xinshiqi zongcanmoubu di junshi gongzuo" [The General Staff Department's Military Work in the New Period]. in Xu Huizi(ed.). *Zongcan moubu: Huiyi shiliao* [General Staff Department: Recollections and Historical Materials]. Beijing: Jiefangjun chubanshe.

Yang Qiliang. 2000. *Wang Shangrong jiang jun* [General Wang Shangrong]. Beijing: Dangdai Zhongguo chubanshe.

Yang Shangkun. 2001. *Yang Shangkun huiyilu* [Yang Shangkun's Memoirs]. Beijing: Zhongyang wenxian chubanshe.

Yang Wenting. 2008. "Dongfeng di yi zhi: Ji yici fangwei zuozhan yanxi" [The First East Wind: Remembering One Defensive Combat Exercise]. in *HHND*.

Yin Qiming and Cheng Yaguang. 1997. *Diyi ren guofang buzhang* [First Minister of Defense]. Guangzhou: Guangdong jiaoyu chubanshe.

Yu Xijun. 2008. "Xinshiji xinjieduan zhanlue daodan budui zuozhan lilun de chuangxin yu xin fazhan" [Innovations and New Developments in the Operational Theory of the Strategic Rocket Forces at the New Stage of the New Century]. in *HHND*.

Zhang Qihua. 2008. "Huihuang suiyue zhu changjian"[Glorious Times Casting a Long Sword]. in *HHND*.

Zhang Zhen. 2003. *Zhang Zhen huiyilu (shang, xia)*[Zhang Zhen's Memoirs]. Beijing: Jiefangjun chubanshe.

Zhang Zuowen. "Zhou Enlai yu daodan hewuqi"[Zhou Enlai and Missile Nuclear Weapons]. in Li Qi(ed.). *Zai Zhou Enlai shenbian de rizi: Xihuating gongzuo renyuan de huiyi* [Days at Zhou Enlai's Side: Recollections of the Staff Members of West Flower Hall]. Beijing: Zhongyang wen-xian chubanshe, 1998.

Zhao Qiuling and Zhang Guang. 2008. "Yongbu tingbu de ziwo chaoyue"[Never Stop Transcending Oneself]. in *HHND*.

Zhu Ying(ed.). 2000. *Su Yu zhuan*[Su Yu's Biography]. Beijing: Dangdai Zhongguo chubanshe.

③ 교리 자료

Di'er paobing silingbu(ed.). 1996. *Di'er paobing zhanlue xue*[The Science of Second Artillery Strat-egy]. Beijing: Lantian chubanshe.

_____. 1996. *Di'er paobing zhanshu xue*[The Science of Second Artillery Tactics]. Beijing: Lantian chubanshe.

_____. 1996. *Di'er paobing zhanyi fa*[Second Artillery Campaign Methods]. Beijing: Lantian chu-banshe.

Fan Zhenjiang and Ma Baoan(eds.). 2007. *Junshi zhanlue lun*[On Military Strategy]. Beijing: Guofang daxue chubanshe.

Gao Rui(ed.). 1987. *Zhanlue xue*[The Science of Military Strategy]. Beijing: Junshi kexue chuban-she.

Hao Zizhou and Huo Gaozhen(eds.). 2000. *Zhanshuxue jiaocheng*[Lectures on the Science of Tactics]. Beijing: Junshi kexue chubanshe.

Junshi kexue yuan(ed.). 2011. *Zhongguo renmin jiefang jun junyu*[Military Terminology of the Chinese People's Liberation Army], 2011 ed. Beijing: Junshi kexue chubanshe.

Li Yousheng(ed.). 2012. *Lianhe zhanyi xue jiaocheng*[Lectures on the Science of Joint Campaigns]. Beijing: Junshi kexue chubanshe.

Peng Guangqian and Yao Youzhi(eds.). 2001. *Zhanlue xue*[The Science of Military Strategy]. Beijing: Junshi kexue chubanshe.

Qiao Jie(ed.). 2012. *Zhanyi xue jiaocheng*[Lectures on the Science of Campaigns]. Beijing: Junshi kexue chubanshe.

Shou Xiaosong(ed.). 2013. *Zhanlue Xue*[The Science of Military Strategy]. Beijing: Junshi kexue chubanshe.

Tan Yadong(ed.). 2013. *Lianhe zuozhan jiaocheng*[Lectures on Joint Operations]. Beijing: Junshi kexue chubanshe.

Wang An(ed.). 1999. *Jundui tiaoling tiaoli jiaocheng* [Lectures on Military Regulations and Rules]. Beijing: Junshi kexue chubanshe.

Wang Houqing and Zhang Xingye(eds.). 2000. *Zhanyi xue* [The Science of Military Campaigns]. Beijing: Guofang daxue chubanshe.

Wang Wenrong(ed.). 1999. *Zhanlue xue* [The Science of Military Strategy]. Beijing: Guofang daxue chubanshe.

Xu Guocheng, Feng Liang and Zhou Zhenduo(eds.). 2004. *Lianhe zhanyi yanjiu* [A Study of Joint Campaigns]. Jinan: Huanghe chubanshe.

Xue Xinglin(ed.). 2002. *Zhanyi lilun xuexi zhinan* [Campaign Theory Study Guide]. Beijing: Guofang daxue chubanshe.

Yu Xijun(ed.). 2004. *Di'er paobing zhanyi xue* [The Science of Second Artillery Campaigns]. Beijing: Jiefangjun chubanshe.

Yuan Dejin. 2000. *Mao Zedong junshi sixiang jiaocheng* [Lectures on Mao Zedong's Military Thought]. Beijing: Junshi kexue chubanshe.

Zhang Yuliang(ed.). 2006. *Zhanyi xue* [The Science of Campaigns]. Beijing: Guofang daxue chubanshe.

④ 단행본과 기사

Bi Wenbo. 2004. "Lun Zhongguo xinshiqi junshi zhanlue siwei (shang)" [On China's Military Strategic Thought in the New Period]. *Junshi lishi yanjiu*, No. 2, pp. 43~56.

Chen Donglin. 2004. *Sanxian jianshe: Beizhan shiqi de xibu kaifa* [Construction of the Third Line: Western Development in a Period of Preparing for War]. Beijing: Zhonggong zhongyang dangxiao chubanshe.

Chen Dongxiang(ed.). 2003. *Pingdian Yilake zhanzheng* [Evaluating the Iraq War]. Beijing: Junshi kexue chubanshe.

Chen Furong and Zeng Luping. 2006. "Luochuan huiyi junshi fenqi tansuo" [An Exploration of the Military Differences at the Luochuan Meeting]. *Yan'an daxue xuebao (shehui kexue ban)*, Vol. 28, No. 5, pp. 13~15.

Chen Haoliang. 2003. "Peng Dehuai dui xin Zhongguo jiji fangyu zhanlue fangzhen xingcheng de gongxian" [Peng Dehuai's Contribution to the Formation of New China's Strategic Guideline of Active Defense]. *Junshi lishi*, No. 2, pp. 43~45.

Chen Zhou. 2007. "Shilun Zhongguo weihu heping yu fazhan de fangyuxing guofang zhengce" [An Analysis of China's Defensive National Defense Policy for Maintaining Peace and Development]. *Zhongguo junshi kexue*, Vol. 20, No. 6, pp. 1~10.

_____. 2015. "Zhuanjia jiedu Zhongguo de junshi zhanlue baipishu" [Expert unpacks the White Paper China's Military Strategy]. *Guofang*, No. 6, pp. 16~20.

Dai Yifang(ed.). 1995. *Junshi xue yanjiu huigu yu zhanwang* [Reflections and Prospects for Military

Studies]. Beijing: Junshi kexue chubanshe.

Ding Wei and Wei Xu. 2014. "20 shiji 80 niandai renmin jiefangjun tizhi gaige, jingjian zhengbian de huigu yu sikao"[Review and Reflections on the Streamlining and Reorganization of the PLA in the Eighties of the 20th Century]. *Junshi lishi*, No. 6, pp. 52~57.

Dong Wenjiu and Su Ruozhou. 2001.8.10. "Xin de junshi xunlian yu kaohe dagang pinfa"[Promulgation of the New Military Training and Evaluation Program]. *Jiefangjun Bao*.

Fan Hongye. 2004.12.15. "Yuanzidan de gushi: Ying cong 1952 nian qi"[The Story of the Atomic Bomb: It Should Start in 1952]. *Zhonghua dushu bao*.

Fang Gongli, Yang Xuejun and Xiang Wei. 2009. *Zhongguo renmin jiefang jun haijun 60 nian* [60 Years of the Chinese PLA Navy]. Qingdao: Qingdao chubanshe.

Fu Xuezheng. 2006. "Zai zhongyang junwei bangongting gongzuo de rizi"[Working in the Central Military Commission's Office]. *Dangshi tiandi*, No. 1, pp. 8~16.

Gu Boliang and Liu Guohua. 1988.12.26. "Wojun zhanyi xunlian chengji xianzu"[Results of Our Army's Campaign Training]. *Jiefangjun Bao*.

Guofang daxue dangshi dangjian zhengzhi gongzuo jiaoyan shi(ed.). 1989. *Zhonghua renmin jiefangjun zhengzhi gongzuo shi: Shehui zhuyi shiqi* [History of Political Work in the PLA: The Socialist Period]. Beijing: Guofang daxue chubanshe.

Guofang daxue zhanshi jianbian bianxiezu(ed.). 2003. *Zhongguo renmin jiefang jun zhanshi jianbian* [A Brief History of the Chinese People's Liberation Army], 2001 revised ed. Beijing: Jiefangjun chubanshe.

Han Huaizhi and Tan Jingqiao(eds.). 1989. *Dangdai Zhongguo jundui de junshi gongzuo (shang)* [Military Work of Contemporary China's Armed Forces (Part 1)]. Beijing: Zhongguo shehui kexue chubanshe.

He Qizong, Ren Haiquan and Jiang Qianlin. 2014. "Deng Xiaoping yu jundui gaige"[Deng Xiaoping and Military Reform]. *Junshi lishi*, No. 4, pp. 1~8.

He Zhu. 2004. *Zhuanjia pingshuo Yilake zhanzheng* [Experts Evaluate the Iraq War]. Beijing: Junshi kexue chubanshe.

Hong Baoshou. 1999. "Zhongguo renmin jiefangjun 70 nianlai gaige fazhan de huigu yu sikao"[Reviewing and Reflecting on the Reform and Development of the Chinese People's Liberation Army over 70 years]. *Zhongguo junshi kexue*, No. 3, pp. 22~29.

Hu Zhefeng. 2000. "Jianguo yilai ruogan junshi zhanlue fangzhen tansuo"[Exploration and Analysis of Several Military Strategic Guidelines since the Founding of the Nation]. *Dangdai Zhongguo shi yanjiu*, No. 4, pp. 21~32.

Huang Bin(ed.). 2000. *Kesuowo zhanzheng yanjiu* [A Study of the Kosovo War]. Beijing: Jiefangjun chubanshe.

Huang Chao. 2009.2.25. "Wei renzhen guanche Hu Jintao guanyu jiaqiang lianhe xunlian zhongyao zhishi"[Earnestly Carry Out Hu Jintao's Important Instructions on Joint Training]. *Jiefangjun* bao.

Huang Jiansheng and Qi Donghui. 1981.7.5. "Nanjing budui moujun juban zhanzheng chuqi fan tuxi yanjiu ban"[A Certain Army in Nanjing Holds a Study Group on Countering a Surprise Attack in the Initial Period of a War]. *Jiefangjun Bao.*

Huang Yao. 2015. "1965 nian zhongyang junwei zuozhan huiyi fengbo de lailong qumai"[The Origin and Development of the Storm at the 1965 CMC Operations Meeting]. *Dangdai Zhongguo yanjiu,* Vol. 22, No. 1, pp. 88~99.

Huang Yingxu. 2002. "Zhongguo jiji fangyu zhanlue fangzhen de queli yu tiaozheng"[The Establishment and Adjustment of China's Strategic Guideline of Active Defense]. *Zhongguo junshi kexue,* Vol. 15, No. 1, pp. 57~64.

Jiang Jiantian. 2000.7.16. "Wojun zhandou tiaoling tixi de xingcheng"[Formation of Our Army's Combat Regulations System]. *Jiefangjun Bao.*

Jiang Nan and Ding Wei. 2013. "Lengzhan shiqi Zhonguo fanqinlue zhanzheng zhanlue zhidao de biange"[Evolution of China's Strategic Guidance in Anti-aggression Wars during the Cold War]. *Junshi lishi,* No. 1, pp. 15~18.

Jiang Tiejun(ed.). 2015. *Dang de guofang jundui gaige sixiang yanjiu* [A Study of the Party's Thought on National Defense and Army Reform]. Beijing: Junshi kexue chubanshe.

Jiefangjun Bao. 1958.1.16. "Xunlian zongjianbu banfa xin de xunlian dagang"[Training Supervision Department Issues New Training Program].

_____. 1965.4.12. "'Zhongguo linkong burong qinfan!'"[China's Airspace is Inviolable!].

_____. 1981.2.8. "Zong canmoubu pizhun banfa xunlian dagang"[GSD Approves and Issues Training Program].

Junshi kexue yuan junshi lishi yanjiu suo. 2008. *Zhongguo renmin jiefang jun gaige fazhan 30 nian* [30 Years of the Reform and Development of the Chinese People's Liberation Army]. Beijing: Junshi kexue chubanshe.

Junshi kexue yuan lishi yanjiu bu. 2000. *Haiwan zhanzheng quanshi* [A Complete History of the Gulf War]. Beijing: Junshi kexue chubanshe.

Junshi kexue yuan lishi yanjiusuo. 2008. *Zhongguo renmin jiefang jun gaige fazhan 30 nian* [30 Years of Reform and Development of the Chinese People's Liberation Army]. Beijing: Junshi kexue chubanshe.

Junshi kexue yuan Mao Zeodong junshi sixiang yanjiusuo. 2016.9.2. "Qiangguo qiangjun zhanlue xianxing-Shenru xuexi guanche Xi zhuxi xin xingshi xia junshi zhanlue fangzhen zhongyao lunshu"[Strong Nation, Strong Army, Strategy First: Thoroughly Study and Implement Chairman Xi's Important Expositions on the Military Strategic Guideline in the New Period]. *Jiefangjun bao.*

Junshi kexue yuan waijun junshi yanjiu bu(trans.). 1985. *ZhongDong zhanzheng quanshi* [A Complete History of the Wars in the Middle East]. Beijing: Junshi kexue chubanshe.

Junshi lilun jiaoyanshi. 1987. *Zhongguo renmin jiefangjun 1950~1979 zhanshi jiangyi* [Teaching Materials on the War History of the Chinese People's Liberation Army 1950~1979]. n.p.: n.p.

Junshi xueshu zazhishe(ed.). 1984. *Junshi xueshu lunwen xuan (shang, xia)* [Selection of Essays from Military Arts]. Beijing: Junshi kexue chubanshe.

Lei Mou. 2017.12.13. "Youji zhanzheng 'shiliu zikuai' de xingcheng yu fazhan" [The Origins and Development of the 'Sixteen Characters' of Guerrilla Warfare]. *Guangming ribao.*

Li Bin. 2006. "Zhongguo hezhanlue bianxi" [Analysis of China's Nuclear Strategy]. *Shijie jing ji yu zhengzhi*, No. 9, pp. 16~22.

Li Deyi. 2002. "Mao Zedong jiji fangyu zhanlue sixiang de lishi fazhan yu sikao" [The Historical Development of and Reflections on Mao Zedong's Strategic Thinking about Active Defense]. *Junshi lishi*, No. 4, pp. 49~54.

Li Dianren(ed.). 2007. *Guofang daxue 80 nian dashi jiyao* [Record of Important Events in Eighty Years of the National Defense University]. Beijing: Guofang daxue chubanshe.

Li Jue et al.(eds.). 1987. *Dangdai Zhongguo he gongye* [Contemporary China's Nuclear Industry]. Beijing: Dangdai Zhongguo chubanshe.

Li Ke and Hao Shengzhang. 1989. *Wenhua dageming zhong de renmin jiefang jun* [The People's Liberation Army During the Cultural Revolution]. Beijing: Zhonggong dangshi ziliao chubanshe.

Li Tilin. 2008. "Gaige kaifang yilai Zhongguo hezhanlue lilun de fazhan" [The Development of China's Nuclear Strategy Theory since Reform and Opening]. *Zhongguo junshi kexue*, No. 6, pp. 37~44.

Li Xiangqian. 2002. "1964 nian: Yuenan zhanzheng shengji yu Zhongguo jingji zhengzhi de biandong" [The Year of 1964: The Escalation of the Vietnam War and the Fluctuations in China's Economics and Politics]. in Zhang Baijia and Niu Jun(eds.). *Lengzhan yu Zhongguo* [The Cold War and China]. Beijing: Shijie zhishi chubanshe.

Liang Pengfei. 2014.8.21. "Zongcan zongzheng yinfa 'guanyu tigao junshi xunlian shizhan shuiping de yijian xuexi xuanchuan tigang'" [GSD and GPD Issues Study and Publicity Outline for 'The Opinion on Improving the Realistic Combat Level of Military Training']. *Jiefangjun Bao.*

Liang Ying. 1975.12.15. "Luetan di sici zhongdong zhanzheng de tedian" [Brief Discussion of the 4th Middle East War]. *Jiefangjun Bao.*

Liu Fengan. 2008.8.1. "Goujian xinxihua tiaojianxia junshi xunlian xin tixi" [Establishing a New System for Military Training Under Informatized Conditions]. *Jiefangjun Bao*, p. 3.

Liu Jiyuan(ed.). 2013. *Zhongguo hangtian shiye fazhan de zhexue sixiang* [The Philosophy of the Development of China's Aerospace Industry]. Beijing: Beijing daxue chubanshe.

Liu Xiyao. 1996. "Woguo 'liangdan' yanzhi juece guocheng zhuiji" [Immediate Record of the Decision-Making Process for Our Country's Research on 'Two Bombs']. *Yanhuang chunqiu*, No. 5, pp. 1~9.

Liu Yichang, Wang Wenchang and Wang Xianchen(eds.). 1991. *Haiwan zhanzheng* [The Gulf War]. Beijing: Junshi kexue chubanshe.

Liu Yixin, Wu Xiang and Xie Wenxin(eds.). 2005. *Xiandai zhanzheng yu lujun* [Modern Warfare and the Ground Forces]. Beijing: Jiefangjun chubanshe.

Lu Qiming and Fan Minruo. 2011. *Zhang Aiping yu liangdan yixing* [Zhang Aiping and the Two Bombs, One Satellite]. Beijing: Zhongyang wenxian chubanshe.

Lu Tianyi. 1992.3.22. "Jundui yao dui gaige kaifang fazhan jingji 'baojia huhang'" [The Military Must "Protect and Escort" Reform and Opening and Developing the Economy]. *Jiefangjun Bao*.

Lujun di sanshiba jituanjun junshi bianshen weiyuanhui. 1993. *Lujun di sanshiba jituanjun junshi* [A History of the Thirty-Eighth Group Army]. Beijing: Jiefangjun wenyi chubanshe.

Luo Derong. 2017. "Jundui jianshe yu junshi douzheng junbei de xingdong gangling: Dui xin xingshi xia junshi zhanlue fangzhen de jidian renshi" [Action Plan for Army Building and Preparations for Military Struggle: Several Points on the Military Strategic Guideline in the New Situation]. *Zhongguo junshi kexue*, No. 1, pp. 88~96.

Ma Xiaotian and Zhao Keming(eds.). 2007. *Zhongguo renmin jiefangjun guofang daxue shi: Di'er juan (1950~1985)* [History of the Chinese People's Liberation Army's National Defense University: Vol. 2 (1950~1985)]. Beijing: Guofang daxue chubanshe.

Ma Yongming, Liu Xiaoli and Xiao Yunhua(eds.). 2003. *Yilake zhanzheng yanjiu* [A Study of the Iraq War]. Beijing: Junshi kexue chubanshe.

Mi Zhenyu. 2003. *Zhanzheng yu zhanlue lilun tanyan* [Exploration of War and Strategic Theory]. Beijing: Jiefangjun chubanshe.

Pan Hong. 2015. "1985 nian baiwan dacaijun" [The One Million Downsizing in 1985]. *Bainian chao*, No. 12, pp. 40~46.

Peng Guangqian. 2006. *Zhongguo junshi zhanlue wenti yanjiu* [Research on Issues in China's Military Strategy]. Beijing: Jiefangjun chubanshe.

Peng Jichao. 2013. "Mao Zedong yu liangdan yixing" [Mao Zedong and Two Bombs and One Satellite]. *Shenjian*, No. 3, pp. 4~26.

Qi Changming. 1988.5.8. "Jiaqiang zhanlue yanjiu, shenhua jundui gaige" [Deepen Military Reform, Strengthen Research on Strategy]. *Jiefangjun Bao*.

Qi Dexue(ed.). 2000. *KangMei yuanChao zhanzheng shi* [History of the War to Resist America and Aid Korea], Vol. 3. Beijing: Junshi kexue chubanshe.

Qin Tian and Huo Xiaoyong(eds.). 2000. *Zhonghua haiquan shilun* [A History of Chinese Sea Power]. Beijing: Guofang daxue chubanshe.

Ren Jian. 2016. *Zuozhan tiaoling gailun* [An Introduction to Operations Regulations]. Beijing: Junshi kexue chubanshe.

Shan Xiufa(ed.). 2004. *Jiang Zemin guofang he jundui jianshe sixiang yanjiu* [Research on Jiang's Zemin's Thought on National Defense and Army Building]. Beijing: Junshi kexue chubanshe.

Shen Zhihua. 2003. *Sulian zhuanjia zai Zhongguo* [Soviet Experts in China]. Beijing: Zhongguo guoji guangbo chubanshe.

Shi Jiazhu and Cui Changfa. 2009. "60 nian renmin haijun jianshe zhidao sixiang de fengfu he fazhan"[The Enrichment and Development of Guiding Thought on Navy Building in the Past 60 Years]. *Junshi lishi*, No. 3, pp. 22~26.

Shou Xiaosong(ed.). 2007. *Zhongguo renmin jiefangjun de 80 nian: 1927~2007*[Eighty Years of the Chinese People's Liberation Army: 1927~2007]. Beijing: Junshi kexue chubanshe.

_____. 2011. *Zhongguo renmin jiefangjun junshi*[A Military History of the Chinese People's Liberation Army], Vol. 6. Beijing: Junshi kexue chubanshe.

Su Ruozhou. 1990.2.15. "Quanjun jinnian an xin xunlian dagang shixun"[This Year the Entire Army Will Train According to the New Training Program]. *Jiefangjun Bao*.

Sun Xiangli. 2013. *He shidai de zhanlue xuanze: Zhongguo he zhanlue wenti yanjiu*[Strategic Choices of the Nuclear Era: Research on Issues in China's Nuclear Strategy]. Beijing: Chinese Academy of Engineering Physics.

Sun Xuemin. 1978.9.13. "Moushi renzhen yanjiu da tanke xunlian jiaoxuefa"[A Certain Division Seriously Studies Teaching Methods for Fighting Tanks]. *Jiefangjun Bao*.

Tan Wenhu. 2008.7.1. "Duoyanghua junshi renwu qianyin junshi xunlian chuangxin"[Diversified Military Tasks Draw Innovations in Military Training]. *Jiefangjun Bao*.

Wang Changqin and Fang Guangming. 2015.11.30. "Women weishenme fazhan dongfeng-26 dadao daodan"[Why We Had to Develop the Dongfeng-26 Ballistic Missile]. *Zhongguo qingnian bao*, p. 9.

Wang Guangmei and Liu Yuan. 2000. *Ni suo buzhidao de Liu Shaoqi*[The Liu Shaoqi You Do Not Know]. Zhengzhou: Henan renmin chubanshe.

Wang Hongguang. 2015. "Cong lishi kan jinri Zhongguo de zhanlue fangxiang"[Looking at China's Strategic Directions Today from a Historical Perspective]. *Tongzhou gongjin*, No. 3(March), pp. 44~50.

Wang Tubin and Luo Zheng. 2014.8.2. "Guofangbu juxing shengda zhaodaihui relie qingzhu jianjun 87 zhounian"[The Ministry of Defense Holds Grand Reception to Celebrate 87th Anniversary of Founding the Army]. *Jiefangjun Bao*.

Wen Bin. 2015.6.1. "Dingzhun junshi douzheng jidian"[Pinpointing the Basis of Preparations for Military Struggle]. *Xuexi shibao*.

Wu Dianqing. 2006. *Haijun: Zongshu dashiji*[Navy: Summary and Chronology]. Beijing: Jiefangjun chubanshe.

Wu Jianhua and Su Ruozhou. 2004.2.1. "Zongcan bushu quanjun xinniandu junshi xunlian gongzuo"[General Staff Department Arranges Army-wide Annual Training Work]. *Jiefangjun bao*.

Wu Tianmin. 2008.8.1. "Goujian xinxihua tiaojianxia junshi xunlian tixi"[Building a Training System Under Informatized Conditions]. *Jiefangjun Bao*.

Xie Guang(ed.). 1992. *Dangdai Zhongguo de guofang keji gongye*[Contemporary China's Defense Science and Technology Industry], Vol. 1. Beijing: Dangdai Zhongguo chubanshe.

Xie Guojun(ed.). 1999. *Junqi piaopiao* [The Army's Flag Fluttering]. Beijing: Jiefangjun chubanshe.

Xu Jian. 1997. *Niaokan diqiu: Zhongguo zhanlue daodan zhendi gongcheng jishi* [A Bird's-Eye View of the Earth: The Record of the Engineering of China's Strategic Missile Bases]. Beijing: Zuojia chubanshe.

Xu Ping. 2002. "Jianguohou zhongyang junwei renyuan goucheng de bianhua" [The Changing Composition of the CMC After the Founding of the Country]. *Dangshi bolan*, No. 9, pp. 45~55.

_____. 2005. "Zhongyang junwei sanshe bangong huiyi" [The Three Office Meetings Established by the CMC]. *Wenshi jinghua*, No. 2, pp. 61~64.

Xu Xuesong. 2017. "Zhongguo ludi didi zhanlue daodan fazhan de lishi huigu yu jingyan qishi" [Historical Review and Implications of the Development of China's Land-based Surface-to-Surface Strategic Missiles]. *Junshi lishi*, No. 2, pp. 21~27.

Xu Yan. 1998. *Di yi ci jiaoliang: KangMei yuanChao zhanzheng de lishi huigu yu fansi* [First Contest: Reviewing and Rethinking the War to Resist America and Aid Korea]. Beijing: Zhongguo guangbo dianshi chubanshe.

_____. 2006. *Zhongguo guofang daolun* [Introduction to China's National Defense]. Beijing: Guofang daxue chubanshe.

Yang Baibing. 1992.7.29. "Jianfuqi wei guojia gaige he jianshe baojia huhang de chonggao shiming" [Shoulder the Lofty Goal of Protecting and Escorting National Reform and Development]. *Jiefangjun Bao*.

Yang Chengzong. 2012. "Wo wei Yuliao Juli chuanhua gei Mao zhuxi" [I Gave Chairman Mao a Message from Joliot-Curie]. *Bainian chao*, No. 2, pp. 25~30.

Yang Dezhi. 1984. "Weilai fanqinlue zhanzheng chuqi zuozhan de jige wenti" [Several Questions on Operations During the Initial Phase of a Future Anti-aggression War]. in Junshi xueshu zazhi she(ed.). *Junshi xueshu lunwen xuan (xia)* [Selection of Essays from Military Arts]. Beijing: Junshi kexue chubanshe.

Yang Zhiyuan. 2009. "Wojun bianxiu zuozhan tiaoling de chuangxin fazhan ji qishi" [The Innovative Development and Implications of Our Army's Compilation and Revision of Operations Regulations]. *Zhongguo junshi kexue*, No. 6, pp. 112~118.

Yao Youzhi, Zhao Tianyou and Wu Yiheng. 1979.3.1. "Tuchu da tanke xunlian, zheng dang da tanke nengshou" [Give Prominence to Training Fighting Tanks, Strive to Become Masters at Fighting Tanks]. *Jiefangjun Bao*.

Yin Xiong and Huang Xuemei. 1999. *Shijie yuanzidan fengyulu* [The Stormy Record of the Atom Bomb in the World]. Beijing: Xinhua chubanshe.

Yu Huamin and Hu Zhefeng. 1999. *Zhongguo junshi sixiang shi* [History of Chinese Military Thought]. Kaifeng: Henan daxue chubanshe.

Yuan Dejin. 2008. "30 nian Zhongguo jundui gaige lunlue" [30 Years of China's Military Reforms]. *Junshi lishi yanjiu*, No. 4, pp. 1~11.

_____. 2010. "Mao Zedong yu xin Zhongguo junshi zhanlue fangzhen de queli he tiaozheng jiqi qishi"[Mao Zedong and the Establishment and Adjustment of New China's Military Strategic Guideline and Its Implications]. *Junshi lishi yanjiu*, No. 1, pp. 22~27.

_____. 2010. "Mao Zedong yu 'zaoda, dada, da hezhanzheng' sixiang de tichu"[Mao Zedong and the Proposition of 'Fighting an Early, Major, Nuclear War']. *Junshi lishi*, No. 5, pp. 1~6.

Yuan Wei(ed.). 2001. *Zhongguo zhanzheng fazhan shi*[A History of the Development of War in China]. Beijing: Renmin chubanshe.

Yuan Wei and Zhang Zhuo(eds.). 2001. *Zhongguo junxiao fazhan shi*[History of the Development of China's Military Academies]. Beijing: Guofang daxue chubanshe.

Zhang Aiping(ed.). 1994. *Zhongguo renmin jiefang jun (shang, xia)*[The Chinese People's Liberation Army]. Beijing: Dangdai Zhongguo chubanshe.

Zhang Jian and Ren Yanjun. 1995.12.12. "Xinyidai junshi xunlian dagang banfa"[New Generation Training Program Issued]. *Jiefangjun Bao*.

Zhang Sheng. 2008. *Cong zhanzheng zhong zoulai: Liangdai junren de duihua*[Coming from War: A Dialogue of Two Generations of Soldiers]. Beijing: Zhongguo qingnian chubanshe.

Zhang Weiming. 2008. *Huabei dayanxi: Zhongguo zuida junshi yanxi jishi*[North China Exercise: The Record of China's Largest Military Exercise]. Beijing: Jiefangjun chubanshe.

Zhang Xianmin and Zhou Junlun. 2016. "1961 nian liangdan 'shangma' 'xiama' zhizheng"[The Dispute in 1961 over 'Mounting' or 'Dismounting' the Two Bombs]. *Lilun shiye*, No. 12, pp. 54~59.

Zhang Yang(ed.). 2015. *Jiakuai tuijin guofang he jundui xiandaihua*[Accelerate and Promote National Defense and Armed Forces Modernization]. Beijing: Renmin chubanshe.

Zhang Yining, Cai Renzhao and Sun Kejia. 2008.12.9. "Gaige kaifang sanshi nian Zhongguo junshi zhanlue de chuangxin fazhan"[Innovative Development of China's Military Strategy in Thirty Years of Reform and Opening]. *Xuexi shibao*.

Zhao Xuepeng. 2008.10.8. "'Sizhong gangmu' jixun chuixiang xunlian chongfenghao"['Four Kinds of Outlines' Group Training Sounded the Bugle Call for Training]. *Jiefangjun bao*.

Zheng Wenhan. 1998. *Mishu rijili de Peng laozong*[Leader Peng in His Secretary's Diary]. Beijing: Junshi kexue chubanshe.

Zhongguo de junshi zhanlue[China's Military Strategy]. 2015. Beijing: Guowuyuan xinwen bangongshi.

Zhou Jun and Zhou Zaohe. 1996. "Renmin jiefangjun diyidai zhandou tiaoling xingcheng chutan"[Preliminary Exploration of the Formation of the PLA's First Generation Combat Regulations]. *Junshi lishi*, No. 1, pp. 25~27.

Zhou Kekuan. 2009. "Xin shiqi heweishe lilun yu shixian de xin fazhan"[New Developments in the Theory and Practice of Nuclear Deterrence in the New Period]. *Zhongguo junshi kexue*, No. 1, pp. 16~20.

Zong Wen. 2015. "Baiwan da caijun: Deng Xiaoping de qiangjun zhilu"[Great One Million Downsizing: Deng Xiaoping's Road to a Strong Army]. *Wenshi bolan*, No. 10, pp. 5~11.

Zou Baoyi and Liu Jinsheng. 1988.6.7. "Xinyidai hecheng jundui douzheng tiaoling kaishi shixing" [Use of New Generation Combined Army Combat Regulations Has Begun]. *Jiefangjun Bao*.

● 영어 자료

Alger, John I. 1985. *Definitions and Doctrine of the Military Art*. Wayne, NJ: Avery Publishing Group.

Art, Robert J. 2003. *A Grand Strategy for America*. Ithaca, NY: Cornell University Press.

Ash, Robert F. 1992. "Quarterly Documentation." *China Quarterly*, No. 131(September), pp. 864~907.

Avant, Deborah D. 1994. *Political Institutions and Military Change: Lessons from Peripheral Wars*. Ithaca, NY: Cornell University Press.

Averill, Stephen C. 2006. *Revolution in the Highlands: China's Jinggangshan Base*. Lanham, MD: Rowman & Littlefield.

Ayuso, Wanda and Lonnie Henley. 2014. "Aspiring to Jointness: PLA Training, Exercises, and Doctrine, 2008~2012." in Roy Kamphausen, David Lai and Travis Tanner(eds.). *Assessing the People's Liberation Army in the Hu Jintao Era*. Carlisle, PA: Strategic Studies Institute, Army War College.

Bacevich, Andrew J. 1986. *The Pentomic Era: The US Army between Korea and Vietnam*. Washington, DC: National Defense University Press.

Baum, Richard. 1994. *Burying Mao: Chinese Politics in the Age of Deng Xiaoping*. Princeton, NJ: Princeton University Press.

Bennett, Andrew and Jeffrey T. Checkel(eds.). 2014. *Process Tracing in the Social Sciences: From Metaphor to Analytic Tool*. New York: Cambridge University Press.

Biddle, Stephen. 1996. "Victory Misunderstood: What the Gulf War Tells Us about the Future of Conflict." *International Security*, Vol. 21, No. 2(Autumn), pp. 139~179.

_____. 2004. *Military Power: Explaining Victory and Defeat in Modern Battle*. Princeton, NJ: Princeton University Press.

Blasko, Dennis J. 2006. *The Chinese Army Today: Tradition and Transformation for the 21st Century*. New York: Routledge.

_____. 2014. "The Evolution of Core Concepts: People's War, Active Defense, and Offshore Defense." in Roy Kamphausen, David Lai and Travis Tanner(eds.). *Assessing the People's Liberation Army in the Hu Jintao Era*. Carlisle, PA: Strategic Studies Institute, Army War College.

_____. 2016. "China's Evolving Approach to Strategic Deterrence." in Joe McReynolds(ed.). *China's Evolving Military Strategy*. Washington, DC: Jamestown Foundation.

_____. 2016. "Integrating the Services and Harnessing the Military Area Commands." *Journal of Strategic Studies*, Vol. 39, Nos. 5-6, pp. 685~708.

Blasko, Dennis J., Philip T. Klapakis and John F. Corbett. 1996. "Training Tomorrow's PLA: A Mixed Bag of Tricks." *China Quarterly*, No. 146, pp. 488~524.

Brady, Henry E. and David Collier. 2004. *Rethinking Social Inquiry: Diverse Tools, Shared Standards*. Lanham, MD: Rowman & Littlefield.

Braisted, William Reynolds. 1958. *The United States Navy in the Pacific, 1897~1909*. Austin: University of Texas Press.

Brooks, Risa. 2003. "Making Military Might: Why Do States Fail and Succeed?" *International Security*, Vol. 28, No. 2, pp. 149~191.

_____. 2008. *Shaping Strategy: The Civil-Military Politics of Strategic Assessment*. Princeton, NJ: Princeton University Press.

Central Intelligence Agency. 1970. *Military Forces Along the Sino-Soviet Border*, SM-70-5(Top Secret). Central Intelligence Agency.

Chase, Michael S. and Andrew Erickson. 2012. "The Conventional Missile Capabilities of China's Second Artillery Force: Cornerstone of Deterrence and Warfighting." *Asian Security*, Vol. 8, No. 2, pp. 115~137.

Chase, Michael S. et al. 2015. *China's Incomplete Military Transformation: Assessing the Weaknesses of the People's Liberation Army(PLA)*. Santa Monica, CA: RAND.

Chen, Jian. 1994. *China's Road to the Korean War: The Making of the Sino-American Confrontation*. New York: Columbia University Press.

Chen, King C. 1986. *China's War with Vietnam, 1979: Issues, Decisions, and Implications*. Stanford, CA: Hoover Institution Press.

Cheng, Dean. 2011. "Chinese Lessons from the Gulf Wars." in Andrew Scobell, David Lai and Roy Kamphausen(eds.). *Chinese Lessons from Other Peoples' Wars*. Carlisle, PA: Strategic Studies Institute, Army War College.

_____. 2015. "The PLA's Wartime Structure." in Kevin Pollpeter and Kenneth W. Allen(eds.). *The PLA as Organization 2.0*. Vienna, VA: Defense Group.

_____. 2016. *Cyber Dragon: Inside China's Information Warfare and Cyber Operations*. Santa Barbara, CA: Praeger.

Cheung, Tai Ming, Thomas G. Mahnken and Andrew L. Ross. 2014. "Frameworks for Analyzing Chinese Defense and Military Innovation." in Tai Ming Cheung(ed.). *Forging China's Military Might: A New Framework*. Baltimore: Johns Hopkins University Press.

Chien, T'ieh. 1980. "Reshuffle of Regional Military Commanders in Communist China." *Issues and Studies*, Vol. 16, No. 3, pp. 1~4.

Christensen, Thomas J. 1996. *Useful Adversaries: Grand Strategy, Domestic Mobilization, and Sino-American Conflict, 1947~1958*. Princeton, NJ: Princeton University Press.

_____. 2006. "Windows and War: Trend Analysis and Beijing's Use of Force." in Alastair Iain Johnston and Robert S. Ross(eds.). *New Directions in the Study of China's Foreign Policy*. Stanford, CA: Stanford University Press.

_____. 2011. *Worse Than a Monolith: Alliance Politics and Problems of Coercive Diplomacy in Asia*.

Princeton, NJ: Princeton University Press.

Citino, Robert Michael. 2004. *Blitzkrieg to Desert Storm: The Evolution of Operational Warfare*. Lawrence, KS: University Press of Kansas.

Cliff, Roger. 2015. *China's Military Power: Assessing Current and Future Capabilities*. New York: Cambridge University Press.

Clodfelter, Michael. 2002. *Warfare and Armed Conflicts: A Statistical Reference to Casualty and Other Figures, 1500~2000*. Jefferson, NC: MacFarland.

Cole, Bernard D. 2003. "The PLA Navy and 'Active Defense'." in Stephen J. Flanagan and Michael E. Marti(eds.). *The People's Liberation Army and China in Transition*. Washington, DC: National Defense University Press.

Collins, John M. 2001. *Military Strategy: Principles, Practices, and Historical Perspectives*. Dulles, VA: Potomac.

Colton, Timothy J. 1979. *Commissars, Commanders, and Civilian Authority: The Structure of Soviet Military Politics*. Cambridge, MA: Harvard University Press.

Cosmas, Graham A. 2006. *MACV: The Joint Command in the Years of Escalation, 1962~1967*. Washington, DC: Center of Military History, United States Army.

Cote, Owen Reid. 1996. "The Politics of Innovative Military Doctrine: The U.S. Navy and Fleet Ballistic Missiles." PhD dissertation, Department of Political Science, Massachusetts Institute of Technology.

Cunningham, Fiona S. 2018. "Maximizing Leverage: Explaining China's Strategic Force Postures in Limited Wars," PhD dissertation, Department of Political Science, Massachusetts Institute of Technology.

Cunningham, Fiona S. and M. Taylor Fravel. 2015. "Assuring Assured Retaliation: China's Nuclear Posture and U.S.-China Strategic Stability." *International Security*, Vol. 40, No. 2(Fall), pp. 7~50.

Denmark, Abraham. 2012. "PLA Logistics 2004-11: Lessons Learned in the Field." in Roy Kamphausen, David Lai and Travis Tanner(eds.). *Learning by Doing: The PLA Trains at Home and Abroad*. Carlisle, PA: Army War College, Strategic Studies Institute.

Department of Defense Dictionary of Military and Associated Terms. 2006. Joint Publication 1-02.

Desch, Michael C. 1999. *Civilian Control of the Military: The Changing Security Environment*. Baltimore: Johns Hopkins University Press.

Directorate of Intelligence. 1967. *The PLA and the "Cultural Revolution.*" POLO XXV(October 28), Central Intelligence Agency.

Dreyer, Edward L. 1995. *China at War, 1901~1949*. New York: Routledge.

Dueck, Colin. 2006. *Reluctant Crusaders: Power, Culture and Change in America's Grand Strategy*. Princeton, NJ: Princeton University Press.

Dunnigan, James F. 2003. *How to Make War: A Comprehensive Guide to Modern Warfare in the Twenty-first Century*. New York: William Morrow.

Dupuy, Trevor N. 1978. *Elusive Victory: The Arab-Israeli Wars, 1947~1974.* New York: Harper & Row.

_____. 1980. *The Evolution of Weapons and Warfare.* Indianapolis, IN: Bobbs-Merrill.

Engstrom, Jeff. 2018. *Systems Confrontation and System Destruction Warfare: How the Chinese People's Liberation Army Seeks to Wage Modern Warfare.* Santa Monica, CA: RAND.

Farrell, Theo. 2001. "Transnational Norms and Military Development: Constructing Ireland's Professional Army." *European Journal of International Relations,* Vol. 7, No. 1, pp. 63~102.

Farrell, Theo and Terry Terriff. 2002. "The Sources of Military Change." in Theo Farrell and Terry Terriff(eds.). *The Sources of Military Change: Culture, Politics, Technology.* Boulder, CO: Lynne Rienner.

Feaver, Peter. 1999. "Civil-Military Relations." *Annual Review of Political Science,* No. 2, pp. 211~241.

Fewsmith, Joseph. 2001. *China Since Tiananmen: The Politics of Transition.* Cambridge: Cambridge University Press.

_____. 2011. "Reaction, Resurgence, and Succession: Chinese Politics since Tiananmen." in Roderick MacFarquhar(ed.). *The Politics of China: Sixty Years of The People's Republic of China.* New York: Cambridge University Press.

Finkelstein, David M. 2000. *China Reconsiders Its National Security: "The Great Peace and Development Debate of 1999."* Arlington, VA: CNA.

_____. 2007. "China's National Military Strategy: An Overview of the 'Military Strategic Guidelines'." in Andrew Scobell and Roy Kamphausen(eds.). *Right Sizing the People's Liberation Army: Exploring the Contours of China's Military.* Carlisle, PA: Strategic Studies Institute, Army War College.

Frank, Willard C. and Philip S. Gillette(eds.). 1992. *Soviet Military Doctrine from Lenin to Gorbachev, 1915~1991.* Westport, CT: Greenwood.

Fravel, M. Taylor. 2005. "The Evolution of China's Military Strategy: Comparing the 1987 and 1999 Editions of *Zhanlue Xue.*" in David M. Finkelstein and James Mulvenon(eds.). *The Revolution in Doctrinal Affairs: Emerging Trends in the Operational Art of the Chinese People's Liberation Army.* Alexandria, VA: Center for Naval Analyses.

_____. 2008. *Strong Borders, Secure Nation: Cooperation and Conflict in China's Territorial Disputes.* Princeton, NJ: Princeton University Press.

_____. 2011. "Economic Growth, Regime Insecurity, and Military Strategy: Explaining the Rise of Noncombat Operations in China." *Asian Security,* Vol. 7, No. 3, pp. 177~200.

_____. 2015. "China's New Military Strategy: 'Winning Informationized Local Wars'." *China Brief,* Vol. 15, No. 13, pp. 3~6.

Fravel, M. Taylor and Evan S. Medeiros. 2010. "China's Search for Assured Retaliation: The Evolution of Chinese Nuclear Strategy and Force Structure." *International Security,* Vol. 35, No. 2 (Fall), pp. 48~87.

Garrity, Patrick J. 1993. *Why the Gulf War Still Matters: Foreign Perspectives on the War and the Future of International Security.* Los Alamos, NM: Center for National Security Studies.

Garver, John W. 2006. "China's Decision for War with India in 1962." in Alastair Iain Johnston and Robert S. Ross(eds.). *New Directions in the Study of China's Foreign Policy.* Stanford, CA: Stanford University Press.

_____. 2016. *China's Quest: The History of the Foreign Relations of the People's Republic.* New York: Oxford University Press.

George, Alexander L. and Andrew Bennett. 2005. *Case Studies and Theory Development in the Social Sciences.* Cambridge, MA: MIT Press.

Gittings, John. 1967. *The Role of the Chinese Army.* London: Oxford University Press.

Glantz, David M. 1992. *The Military Strategy of the Soviet Union: A History.* London: Frank Cass.

Godwin, Paul H. B. 1984. "People's War Revised: Military Doctrine, Strategy and Operations." in Charles D. Lovejoy and Bruce W. Watson(eds.). *China's Military Reforms: International and Domestic Implications.* Boulder, CO: Westview.

_____. 1987. "Changing Concepts of Doctrine, Strategy, and Operations in the Chinese People's Liberation Army, 1978~1987." *China Quarterly*, No. 112, pp. 572~590.

_____. 1992. "Chinese Military Strategy Revised: Local and Limited War." *Annals of the American Academy of Political and Social Science*, Vol. 519(January), pp. 191~201.

_____. 1996. "From Continent to Periphery: PLA Doctrine, Strategy, and Capabilities towards 2000." *China Quarterly*, No. 146, pp. 464~487.

_____. 2003. "Change and Continuity in Chinese Military Doctrine: 1949~1999." in Mark A. Ryan, David M. Finkelstein and Michael A. McDevitt(eds.). *Chinese Warfighting: The PLA Experience since 1949.* Armonk, NY: M. E. Sharpe.

Goertz, Gary and Paul F. Diehl. 1993. "Enduring Rivalries: Theoretical Constructs and Empirical Patterns." *International Studies Quarterly*, Vol. 37, No. 2(June), pp. 147~171.

Goldman, Emily O. and Leslie C. Eliason(eds.). 2003. *The Diffusion of Military Technology and Ideas.* Palo Alto, CA: Stanford University Press.

Goldstein, Avery. 1991. *From Bandwagon to Balance-of-Power Politics: Structural Constraints and Politics in China, 1949~1978.* Stanford, CA: Stanford University Press.

Goldstein, Steven M. 2015. *China and Taiwan.* Cambridge: Polity.

Grissom, Adam. 2006. "The Future of Military Innovation Studies." *Journal of Strategic Studies*, Vol. 29, No. 5, pp. 905~934.

Guo, Xuezhi. 2012. *China's Security State: Philosophy, Evolution, and Politics.* New York: Cambridge University Press.

Gurtov, Melvin and Byong-Moo Hwang. 1980. *China under Threat: The Politics of Strategy and Diplomacy.* Baltimore: Johns Hopkins University Press.

Harding, Harry. 1981. *Organizing China: The Problem of Bureaucracy, 1949~1976.* Stanford, CA:

Stanford University Press.

_____. 1991. "The Chinese State in Crisis." in Roderick MacFarquhar and John K. Fairbank(eds.). *The Cambridge History of China, Vol. 15, Part 2.* Cambridge: Cambridge University Press.

Hastings, Max and Simon Jenkins. 1983. *The Battle for the Falklands.* New York: Norton.

He, Di. 2003. "The Last Campaign to Unify China: The CCP's Unrealized Plan to Liberate Taiwan, 1949~1950." in Mark A. Ryan, David M. Finkelstein and Michael A. McDevitt(eds.). *Chinese Warfighting: The PLA Experience since 1949.* Armonk, NY: M. E. Sharpe.

Hershberg, James G. and Jian Chen. 2006. "Informing the Enemy: Sino-American 'Signaling' in the Vietnam War, 1965." in Priscilla Roberts(ed.). *Behind the Bamboo Curtain: China, Vietnam, and the World Beyond Asia.* Stanford, CA: Stanford University Press.

Horowitz, Michael. 2010. *The Diffusion of Military Power: Causes and Consequences for International Politics.* Princeton, NJ: Princeton University Press.

Horsburgh, Nicola. 2015. *China and Global Nuclear Order: From Estrangement to Active Engagement.* New York: Oxford University Press.

House, Jonathan M. 2001. *Combined Arms Warfare in the Twentieth Century.* Lawrence, KS: University Press of Kansas.

Hoyt, Timothy D. 2003. "Revolution and Counter-Revolution: The Role of the Periphery in Technological and Conceptual Innovation." in Emily O. Goldman and Leslie C. Eliason(eds.). *The Diffusion of Military Technology and Ideas.* Palo Alto, CA: Stanford University Press.

Hsieh, Alice Langley. 1962. *Communist China's Strategy in the Nuclear Era.* Englewood Cliffs, NJ: Prentice-Hall.

Huang, Alexander Chieh-cheng. 2001. "Transformation and Refinement of Chinese Military Doctrine: Reflection and Critique on the PLA's View." in James Mulvenon and Andrew N. D. Yang(eds.). *Seeking Truth from Facts: A Retrospective on Chinese Military Studies in the Post-Mao Era.* Santa Monica, CA: RAND.

Huang, Jing. 2000. *Factionalism in Communist Chinese Politics.* New York: Cambridge University Press.

Humphreys, Leonard A. 1995. *The Way of the Heavenly Sword: The Japanese Army in the 1920's.* Stanford, CA: Stanford University Press.

Huntington, Samuel P. 1957. *The Soldier and the State: The Theory and Politics of Civil-Military Relations.* Cambridge, MA: Belknap Press of Harvard University Press.

Jencks, Harlan W. 1979. "China's 'Punitive' War Against Vietnam." *Asian Survey*, Vol. 19, No. 8 (August), pp. 801~815.

_____. 1982. *From Muskets to Missiles: Politics and Professionalism in the Chinese Army, 1945~1981.* Boulder, CO: Westview.

_____. 1984. "People's War under Modern Conditions: Wishful Thinking, National Suicide, or Effective Deterrent?." *China Quarterly*, No. 98(June), pp. 305~319.

_____. 1992. "Chinese Evaluations of 'Desert Storm': Implications for PRC Security." *Journal of East Asian Affairs*, Vol. 6, No. 2, pp. 447~477.

_____. 2002. "The General Armament Department." in James Mulvenon and Andrew N. D. Yang (eds.). *The People's Liberation Army as Organization: V 1.0., Reference Volume*. Santa Monica, CA: RAND.

Joffe, Ellis. 1987. *The Chinese Army after Mao*. Cambridge, MA: Harvard University Press.

Kennedy, Andrew. 2011. *The International Ambitions of Mao and Nehru: National Efficacy Beliefs and the Making of Foreign Policy*. New York: Cambridge University Press.

Kier, Elizabeth. 1997. *Imagining War: French and British Military Doctrine between the Wars*. Princeton, NJ: Princeton University Press.

Kolkowicz, Roman. 1967. *The Soviet Military and the Communist Party*. Princeton, NJ: Princeton University Press.

Kristensen, Hans M. and Robert S. Norris. 2015. "Chinese Nuclear Forces, 2015." *Bulletin of the Atomic Scientists*, Vol. 71, No. 4, pp. 77~84.

_____. 2018. "Chinese Nuclear Forces, 2018." *Bulletin of the Atomic Scientists*, Vol. 74, No. 4, pp. 289~295.

Lam, Willy Wo-Lap. 1995. *China after Deng Xiaoping: The Power Struggle in Beijing since Tiananmen*. Hong Kong: P A Professional Consultants.

Levine, Steven I. 1987. *Anvil of Victory: The Communist Revolution in Manchuria, 1945~1948*. New York: Columbia University Press.

Levite, Ariel. 1989. *Offense and Defense in Israeli Military Doctrine*. Boulder, CO: Westview.

Lew, Christopher R. 2009. *The Third Chinese Revolutionary Civil War, 1945~49: An Analysis of Communist Strategy and Leadership*. New York: Routledge.

Lewis, John Wilson and Hua Di. 1992. "China's Ballistic Missile Programs: Technologies, Strategies, Goals." *International Security*, Vol. 17, No. 2, pp. 5~40.

Lewis, John Wilson and Litai Xue. 1988. *China Builds the Bomb*. Stanford, CA: Stanford University Press.

_____. 2006. *Imagined Enemies: China Prepares for Uncertain War*. Stanford, CA: Stanford University Press.

Li, Chen. 2012. "From Burma Road to 38th Parallel: The Chinese Forces' Adaptation in War, 1942~1953," PhD thesis, Faculty of Asian and Middle Eastern Studies, Cambridge University.

_____. 2015. "From Civil War Victor to Cold War Guard: Positional Warfare in Korea and the Transformation of the Chinese People's Liberation Army, 1951~1953." *Journal of Strategic Studies*, Vol. 38, No. 1-2, pp. 183~214.

_____. 2017. "Operational Idealism: Doctrine Development of the Chinese People's Liberation Army under Soviet Threat, 1969~1989." *Journal of Strategic Studies*, Vol. 40, No. 5, pp. 663~695.

Li, Nan. 1993. "Changing Functions of the Party and Political Work System in the PLA and Civil-

Military Relations in China." *Armed Forces and Society*, Vol. 19, No. 3, pp. 393~409.

_____. 1996. "The PLA's Evolving Warfighting Doctrine, Strategy and Tactics, 1985~95: A Chinese Perspective." *China Quarterly*, No. 146, pp. 443~463.

_____. 1999. "Organizational Changes of the PLA, 1985~1997." *China Quarterly*, No. 158, pp. 314~349.

_____. 2002. "The Central Military Commission and Military Policy in China." in James Mulvenon and Andrew N. D. Yang(eds.). *The People's Liberation Army as Organization: V 1.0., Reference Volume*. Santa Monica, CA: RAND.

_____. 2009. "The Evolution of China's Naval Strategy and Capabilities: From 'Near Coast' and 'Near Seas' to 'Far Seas'." *Asian Security*, Vol. 5, No. 2, pp. 144~169.

Li, Xiaobing. 2007. *A History of the Modern Chinese Army*. Lexington, KY: University Press of Kentucky.

Lieberthal, Kenneth. 1987. "The Great Leap Forward and the Split in the Yenan Leadership." in John King Fairbank and Roderick MacFarquhar(eds.). *The Cambridge History of China, Vol. 14*. Cambridge: Cambridge University Press.

_____. 2004. *Governing China: From Revolution through Reform*. New York: W. W. Norton.

Liu, Yanqiong and Jifeng Liu. 2009. "Analysis of Soviet Technology Transfer in the Development of China's Nuclear Programs." *Comparative Technology Transfer and Society*, Vol. 7, No. 1(April), pp. 66~110.

Lobell, Stephen E., Norrin M. Ripsman and Jeffrey W. Taliaferro(eds.). 2009. *Neoclassical Realism, the State, and Foreign Policy*. New York: Cambridge University Press.

Long, Austin. 2016. *The Soul of Armies: Counterinsurgency Doctrine and Military Culture in the US and UK*. Ithaca: Cornell University Press.

Luthi, Lorenz M. 2008. "The Vietnam War and China's Third-Line Defense Planning before the Cultural Revolution, 1964~1966." *Journal of Cold War Studies*, Vol. 10, No. 1, pp. 26~51.

MacFarquhar, Roderick. 1983. *The Origins of the Cultural Revolution, Vol. 2*. New York: Columbia University Press.

_____. 1993. "The Succession to Mao and the End of Maoism, 1969~82." in Roderick MacFarquhar (ed.). *The Politics of China*. New York: Cambridge University Press.

_____. 1997. *The Origins of the Cultural Revolution, Vol. 3*. New York: Columbia University Press.

MacFarquhar, Roderick and Michael Schoenhals. 2006. *Mao's Last Revolution*. Cambridge, MA: Belknap Press of Harvard University Press.

McCauley, Kevin. 2017. *PLA System of Systems Operations: Enabling Joint Operations*. Washington, DC: Jamestown Foundation.

McReynolds, Joe and James Mulvenon. 2014. "The Role of Informatization in the People's Liberation Army under Hu Jintao." in Roy Kamphausen, David Lai and Travis Tanner(eds.). *Assessing the People's Liberation Army in the Hu Jintao Era*. Carlisle, PA: Strategic Studies Institute, Army War College.

Mearsheimer, John J. 2001. *The Tragedy of Great Power Politics*. New York: W. W. Norton.

Mulvenon, James C. 2001. "China: Conditional Compliance." in Muthiah Alagappa(ed.). *Coercion and Governance in Asia: The Declining Political Role of the Military*. Stanford, CA: Stanford University Press.

Murray, Williamson and Allan R. Millet(eds.). 1996. *Military Innovation in the Interwar Period*. New York: Cambridge University Press.

_____. 2000. *A War to Be Won: Fighting the Second World War*. Cambridge, MA: Belknap Press of Harvard University Press.

Nagl, John A. 2005. *Learning to Eat Soup with a Knife: Counterinsurgency Lessons from Malaya and Vietnam*. Chicago: University of Chicago Press.

Narang, Vipin. 2014. *Nuclear Strategy in the Modern Era: Regional Powers and International Conflict*. Princeton, NJ: Princeton University Press.

Nathan, Andrew J. and Robert S. Ross. 1997. *The Great Wall and the Empty Fortress: China's Search for Security*. New York: W. W. Norton.

National Air and Space Intelligence Center. 2009. *Ballistic and Cruise Missile Threat*. Wright-Patternson Air Force Base.

National Institute for Defense Studies. 2016. *NIDS China Security Report 2016: The Expanding Scope of PLA Activities and the PLA Strategy*. Tokyo: National Institute for Defense Studies.

Naughton, Barry. 1988. "The Third Front: Defense Industrialization in the Chinese Interior." *China Quarterly*, No. 115(Autumn), pp. 351~386.

_____. 1991. "Industrial Policy During the Cultural Revolution: Military Preparation, Decentralization, and Leaps Forward." in Christine Wong, William A. Joseph. and David Zweig(eds.). *New Perspectives on the Cultural Revolution*, Cambridge, MA: Harvard University Press.

Ng, Ka Po. 2005. *Interpreting China's Military Power*. New York: Routledge.

Nielsen, Suzanne. 2003. "Civil-Military Relations Theory and Military Effectiveness." *Public Administration and Management*, Vol. 10, No. 2, pp. 61~84.

_____. 2010. *An Army Transformed: The U.S. Army's Post-Vietnam Recovery and the Dynamics of Change in Military Organizations*. Carlisle, PA: Army War College, Strategic Studies Institute.

Nixon, Richard M. 1978. *RN: The Memoirs of Richard Nixon*. New York: Grosset & Dunlap.

O'Dowd, Edward C. 2007. *Chinese Military Strategy in the Third Indochina War: The Last Maoist War*. New York: Routledge.

Odom, William. 1978. "The Party-Military Connection: A Critique." in Dale R. Herspring and Ivan Volgyes(eds.). *Civil-Military Relations in Communist Systems*. Boulder, CO: Westview.

Office of National Estimates. 1968. *The Soviet Military Buildup Along the Chinese Border*, SM-7-68 (Top Secret). Central Intelligence Agency.

Office of the Secretary of Defense. 2000. *Military Power of the People's Republic of China 2000*.

Department of Defense.

Parker, Geoffrey(ed.). 2005. *The Cambridge History of Warfare.* New York: Cambridge University Press.

Pepper, Suzanne. 1999. *Civil War in China: The Political Struggle, 1945~1949.* Lanham, MD: Rowman & Littlefield.

Perlmutter, Amos and William M. Leogrande. 1982. "The Party in Uniform: Toward a Theory of Civil-Military Relations in Communist Political Systems." *American Political Science Review,* Vol. 76, No. 4, pp. 778~789.

Piao, Lin. 1965. "Long Live the Victory of People's War." *Peking Review,* No. 36(September 3), pp. 9~20.

Posen, Barry. 1984. *The Sources of Military Doctrine: France, Britain, and Germany between the World Wars.* Ithaca: Cornell University Press.

_____. 1993. "Nationalism, the Mass Army and Military Power." *International Security,* Vol. 18, No. 2, pp. 80~124.

Powell, Jonathan and Clayton Thyne. 2011. "Global Instances of Coups from 1950 to Present." *Journal of Peace Research,* Vol. 48, No. 2, pp. 249~259.

Powell, Ralph L. 1965. "Great Powers and Atomic Bombs Are 'Paper Tigers'." *China Quarterly,* No. 23, pp. 55~63.

_____. 1968. "Maoist Military Doctrines." *Asian Survey,* Vol. 8, No. 4(April), pp. 239~262.

Puska, Susan. 2010. "Taming the Hydra: Trends in China's Military Logistics since 2000." in Roy Kamphausen, David Lai and Andrew Scobell(eds.). *The PLA at Home and Abroad: Assessing the Operational Capabilities of China's Military.* Carlisle, PA: Army War College, Strategic Studies Institute.

Ray, Jonathan. 2015. *Red China's "Capitalist Bomb": Inside the Chinese Neutron Bomb Program.* Washington, DC: Center for the Study of Chinese Military Affairs, Institute for National Strategic Studies, National Defense University.

Recchia, Stefano. 2016. *Reassuring the Reluctant Warriors: U.S. Civil-Military Relations and Multilateral Intervention.* Ithaca, NY: Cornell University Press.

Reiter, Dan and Allan Stam. 2002. *Democracies at War.* Princeton, NJ: Princeton University Press.

Resende-Santos, Joao. 2007. *Neorealism, States and the Modern Mass Army.* New York: Cambridge University Press.

Riskin, Carl. 1987. *China's Political Economy: The Quest for Development since 1949.* New York: Oxford University Press.

Rogers, Everett M. 2003. *Diffusion of Innovations.* New York: Free Press.

Romjue, John L. 1984. *From Active Defense to AirLand Battle: The Development of Army Doctrine, 1973~1982.* Fort Monroe, VA: Historical Office, US Army Training and Doctrine Command.

Rosato, Sebastian. 2014/15. "The Inscrutable Intentions of Great Powers." *International Security,*

Vol. 39, No. 3, pp. 48~88.

Rosen, Stephen Peter. 1991. *Winning the Next War: Innovation and the Modern Military*. Ithaca, NY: Cornell University Press.

Ryan, Mark A. 1989. *Chinese Attitudes toward Nuclear Weapons: China and the United States During the Korean War*. Armonk, NY: M. E. Sharpe.

Saich, Tony(ed.). 2015. *The Rise to Power of the Chinese Communist Party: Documents and Analysis*. New York: Routledge.

Sapolsky, Harvey M. 1972. *The Polaris System Development: Bureaucratic and Programmatic Success in Government*. Cambridge, MA: Harvard University Press.

Sapolsky, Harvey M., Benjamin H. Friedman and Brendan Rittenhouse Green(eds.). 2009. *US Military Innovation since the Cold War: Creation without Destruction*. New York: Routledge.

Schram, Stuart R.(ed.). 1997. *Mao's Road to Power, Vol. 4: The Rise and Fall of the Chinese Soviet Republic, 1931~1934*. Armonk, NY: M. E. Sharpe.

_____. 1997. *Mao's Road to Power, Vol. 5: Toward the Second United Front, January 1935 ~ July 1937*. Armonk, NY: M. E. Sharpe.

Schweller, Randall. 2003. "The Progressiveness of Neoclassical Realism." in Colin Elman and Miriam Fendius Elman(eds.). *Progress in International Relations Theory: Appraising the Field*. Cambridge, MA: MIT Press.

_____. 2006. *Unanswered Threats: Political Constraints on the Balance of Power*. Princeton, NJ: Princeton University Press.

Scobell, Andrew. 2003. *China's Use of Military Force: Beyond the Great Wall and the Long March*. New York: Cambridge University Press.

Scott, Harriet Fast and William F. Scott. 1988. *Soviet Military Doctrine: Continuity, Formulation and Dissemination*. Boulder, CO: Westview.

Segal, Gerald and Tony Saich. 1980. "Quarterly Chronicle and Documentation." *China Quarterly*, No. 82(June), pp. 369~394.

_____. 1980. "Quarterly Chronicle and Documentation." *China Quarterly*, No. 83, pp. 598~637.

Shambaugh, David. 1991. "The Soldier and the State in China: The Political Work System in the People's Liberation Army." *China Quarterly*, No. 127, pp. 527~568.

_____. 1997. "Building the Party-State in China, 1949~1965: Bringing the Soldier Back In." in Timothy Cheek and Tony Saich(eds.). *New Perspectives on State Socialism in China*. Armonk, NY: M. E. Sharpe.

_____. 2002. *Modernizing China's Military: Progress, Problems, and Prospects*. Berkeley, CA: University of California Press.

Shih, Victor. 2008. *Factions and Finance in China: Elite Conflict and Inflation*. Cambridge: Cambridge University Press.

Shih, Victor, Wei Shan and Mingxing Liu. 2010. "Gauging the Elite Political Equilibrium in the CCP:

A Quantitative Approach Using Biographical Data." *China Quarterly*, No. 201(March), pp. 79~103.

Snyder, Jack. 1984. "Civil-Military Relations and the Cult of the Offensive, 1914 and 1984." *International Security*, Vol. 9, No. 1(Summer), pp. 108~146.

Snyder, Jack L. 1984. *The Ideology of the Offensive: Military Decision Making and the Disasters of 1914*. Ithaca, NY: Cornell University Press.

Sun, Shuyun. 2008. *The Long March: The True History of Communist China's Founding Myth*. New York: Anchor.

Sun, Xiangli. 2016. "The Development of Nuclear Weapons in China." in Bin Li and Zhao Tong (eds.). *Understanding Chinese Nuclear Thinking*. Washington, DC: Carnegie Endowment for International Peace.

Swaine, Michael D. 1992. *The Military & Political Succession in China: Leadership, Institutions, Beliefs*. Santa Monica, CA: RAND.

Taliaferro, Jeffrey W. 2006. "State Building for Future War: Neoclassical Realism and the Resource Extractive State." *Security Studies*, Vol. 15, No. 3(July), pp. 464~495.

Talmadge, Caitlin. 2015. *The Dictator's Army: Battlefield Effectiveness in Authoritarian Regimes*. Ithaca, NY: Cornell University Press.

Tanner, Harold M. 2015. *Where Chiang Kai-shek Lost China: The Liao-Shen Campaign, 1948*. Bloomington, IN: Indiana University Press.

Tanner, Murray Scot. 2002. "The Institutional Lessons of Disaster: Reorganizing the People's Armed Police after Tiananmen." in James Mulvenon and Andrew N. D. Yang(eds.). *The People's Liberation Army as Organization: V 1.0., Reference Volume*. Santa Monica, CA: RAND.

Teiwes, Frederick C. 1979. *Politics and Purges in China: Rectification and the Decline of Party Norms, 1950~1965*. Armonk, NY: M. E. Sharpe.

_____. 1997. "The Establishment and Consolidation of the New Regime." in Roderick MacFarquhar (ed.). *The Politics of China: The Eras of Mao and Deng*. Cambridge: Cambridge University Press.

Teiwes, Frederick C. and Warren Sun. 1996. *The Tragedy of Lin Biao: Riding the Tiger during the Cultural Revolution*. Honolulu: University of Hawaii Press.

_____. 1999. *China's Road to Disaster: Mao, Central Politicians and Provincial Leaders in the Unfolding of the Great Leap Forward, 1955~1959*. Armonk, NY: M. E. Sharpe.

_____. 2004. "The First Tiananmen Incident Revisited: Elite Politics and Crisis Management at the End of the Maoist Era." *Pacific Affairs*, Vol. 77, No. 2, pp. 211~235.

_____. 2007. *The End of the Maoist Era: Chinese Politics during the Twilight of the Cultural Revolution, 1972~1976*. Armonk, NY: M. E. Sharpe.

_____. 2011. "China's New Economic Policy Under Hua Guofeng: Party Consensus and Party Myths." *China Journal*, No. 66, pp. 1~23.

Thomas, Timothy L., John A. Tokar and Robert Tomes. 2000. "Kosovo and the Current Myth of Information Superiority." *Parameters*, Vol. 30, No. 1(Spring), pp. 13~29.

Thomson, William R. 2001. "Identifying Rivals and Rivalries in World Politics." *International Studies Quarterly*, Vol. 45, No. 4(December), pp. 557~586.

Timerbaev, Roland. 1998. "How the Soviet Union Helped China Develop the A-bomb." *Digest of Yaderny Kontrol(Nuclear Control)*, No. 8(Summer-Fall), pp. 44~49.

Torigian, Joseph. 2016. "Prestige, Manipulation, and Coercion: Elite Power Struggles and the Fate of Three Revolutions," PhD dissertation, Department of Political Science, Massachusetts Institute of Technology.

Twomey, Christopher P. 2011. "The People's Liberation Army's Selective Learning: Lessons of the Iran-Iraq 'War of the Cities' Missile Duels and Uses of Missiles in Other Conflicts," in Andrew Scobell, David Lai and Roy Kamphausen(eds.). *Chinese Lessons from Other Peoples' Wars*. Carlisle, PA: Army War College, Strategic Studies Institute.

Van Creveld, Martin. 1975. *Military Lessons of the Yom Kippur War: Historical Perspectives*. Beverly Hills, CA: Sage.

Van Evera, Stephen. 1997. *Guide to Methods for Students of Political Science*. Ithaca, NY: Cornell University Press.

Van Slyke, Lyman P. 1991. "The Chinese Communist Movement During the Sino-Japanese War, 1937~1945." in *The Nationalist Era in China, 1927~1949*. Ithaca, NY: Cornell University Press.

_____. 1996. "The Battle of the Hundred Regiments: Problems of Coordination and Control during the Sino-Japanese War." *Modern Asian Studies*, Vol. 30, No. 4, pp. 919~1005.

Vogel, Ezra F. 2011. *Deng Xiaoping and the Transformation of China*. Cambridge, MA: Belknap Press of Harvard University Press.

Walder, Andrew G. 2015. *China Under Mao: A Revolution Derailed*. Cambridge, MA: Harvard University Press.

Waltz, Kenneth N. 1979. *Theory of International Politics*. New York: McGraw-Hill.

Weeks, Jessica. 2014. *Dictators at War and Peace*. Ithaca, NY: Cornell University Press.

Wei, William. 1985. *Counterrevolution in China: The Nationalists in Jiangxi during the Soviet Period*. Ann Arbor, MI: University of Michigan Press.

_____. 2012. "Power Grows Out of the Barrel of a Gun: Mao and Red Army." in David A. Graff and Robin Higham(eds.). *A Military History of China*. Lexington, KY: University Press of Kentucky.

Westad, Odd Arne. 2003. *Decisive Encounters: The Chinese Civil War, 1946~1950*. Stanford, CA: Stanford University Press.

Whiting, Allen S. 1960. *China Crosses the Yalu: The Decision to Enter the Korean War*. New York: Macmillan.

_____. 1975. *The Chinese Calculus of Deterrence: India and Indochina*. Ann Arbor, MI: University of Michigan Press.

_____. 2001. "China's Use of Force, 1950~96, and Taiwan." *International Security*, Vol. 26, No. 2 (Fall), pp. 103~131.

Whitson, William W. and Zhenxia Huang. 1973. *The Chinese High Command: A History of Communist Military Politics, 1927~71*. New York: Praeger.

Wilson, James Q. 1989. *Bureaucracy: What Government Agencies Do and Why They Do It*. New York: Basic.

Wuthnow, Joel. 2017. "A Brave New World for Chinese Joint Operations." *Journal of Strategic Studies*, Vol. 40, Nos. 1-2, pp. 169~195.

Wuthnow, Joel and Philip C. Saunders. 2017. *Chinese Military Reform in the Age of Xi Jinping: Drivers, Challenges, and Implications*. Washington, DC: National Defense University Press.

Yang, Jisheng. 2013. *Tombstone: The Great Chinese Famine, 1958~1962*. New York: Farrar, Straus & Giroux.

Yao, Yunzhu. 1995. "The Evolution of Military Doctrine of the Chinese PLA from 1985 to 1995." *Korean Journal of Defense Analysis*, Vol. 7, No. 2, pp. 57~80.

_____. 2008. "Chinese Nuclear Policy and the Future of Minimum Deterrence." in Christopher P. Twomey(ed.). *Perspectives on Sino-American Strategic Nuclear Issues*. New York: Palgrave Macmillan.

You, Ji. 1999. *The Armed Forces of China*. London: I. B. Tauris.

Zhai, Qiang. 2000. *China and the Vietnam Wars, 1950~1975*. Chapel Hill, NC: University of North Carolina Press.

Zhang, Xiaoming. 2003. "Air Combat for the People's Republic: The People's Liberation Army Air Force in Action, 1949~1969." in Mark A. Ryan, David M. Finkelstein and Michael A. McDevitt (eds.). *Chinese Warfighting: The PLA Experience since 1949*. Armonk, NY: M. E. Sharpe.

_____. 2015. *Deng Xiaoping's Long War: The Military Conflict between China and Vietnam, 1979~ 1991*. Chapel Hill, NC: University of North Carolina Press.

Zisk, Kimberly Marten. 1993. *Engaging the Enemy: Organization Theory and Soviet Military Innovation, 1955~1991*. Princeton, NJ: Princeton University Press.

찾아보기

지은이

테일러 프래블(M. Taylor Fravel)

국제안보, 특히 중국과 동아시아를 주로 연구하는 국제정치학자로서 미국 매사추세츠 공과대학교(MIT) 정치학과 교수이자 같은 학과의 안보 연구 프로그램 디렉터를 맡고 있다. 미들베리 대학교를 거쳐 스탠퍼드 대학교에서 박사학위를 받았으며 하버드 대학교에서 박사후연구원으로 근무했다. 『중국의 영토분쟁: 타협과 무력충돌의 메커니즘』과 『현대 중국의 군사전략: 적극방어에서 핵전략까지』를 쓰고 여러 논문을 권위 있는 학술지에 발표하며 활발하게 안보 관련 연구를 수행하고 있다. 미중관계전국위원회(The National Committee on U.S.-China Relations: NCUSCR) 위원이자 해양인식프로젝트(Maritime Awareness Project: MAP) 수석 조사관으로도 활동하는 중이다.

옮긴이

이강규

한국국방연구원 연구위원으로, 한국의 국방전략 전반과 미국의 대중국 정책을 중심으로 한 미·중 전략경쟁을 연구하고 있다. 서울대학교 동양사학과와 국제대학원에서 공부하고, 미국 덴버 대학교에서 중국 대외정책으로 박사학위를 받았다. 연구원에 들어온 후 국방부 연구과제 전체 심의위원, *The Korean Journal of Defense Analysis*와 ≪국방정책연구≫ 편집위원, 청와대 국가안보실 행정관 등을 역임했으며, 최근에는 한국국방연구원 안보전략연구센터 국방전략연구실장으로 근무했다.

한울아카데미 2507

현대 중국의 군사전략 적극방어에서 핵전략까지

지은이 테일러 프래블
옮긴이 이강규
펴낸이 김종수 | **펴낸곳** 한울엠플러스(주)
초판 1쇄 인쇄 2024년 2월 15일 | **초판 1쇄 발행** 2024년 3월 22일
주소 10881 경기도 파주시 광인사길 153 한울시소빌딩 3층
전화 031-955-0655 | **팩스** 031-955-0656 | **홈페이지** www.hanulmplus.kr
등록번호 제406-2015-000143호

Printed in Korea.
ISBN 978-89-460-7507-8 93390

※ 책값은 겉표지에 표시되어 있습니다.

우주경쟁의 세계정치
복합지정학의 시각

**주요국의 우주전략과 우주공간에 대한 쟁점을
복합지정학의 시각에서 분석하다**

이 책은 서울대학교 미래전연구센터 총서 세 번째 책이다. 앞
선 두 권의 책이 4차 산업혁명이 미래전에 끼칠 영향에 대해 분
석했다면, 이 책은 새로운 전장 영역이자 우리 삶에 영향을 주
는 사회적 공간으로 부상하고 있는 '우주'에 대해 심층적으로
다루었다.

복합공간인 우주를 이해하기 위해서는 전통적인 고전 지정학
적 시각을 넘어서는 보다 정교한 분석틀이 필요하다. 이 책은
이러한 문제의식에 기반해, 현재 제기되고 있는 우주에 관한
쟁점들, 나아가 이에 걸맞은 국제 사회의 역할에 대한 고민을
'복합지정학의 시각'으로 분석했다.

미국과 중국을 필두로 주요국들은 우주산업 개발에 앞장서고
있다. 여기에 냉전기 이후의 부침을 극복하고 우주 관련 이슈
에 적극적인 태도를 보이는 러시아, 다른 국가에 대한 의존성
을 낮추고 독립성을 높이려고 시도하는 유럽연합까지 더해 그
경쟁이 치열해지고 있는 상황이다. 이에 이 책은 각국의 우주
전략을 분석하고 우리나라에 주는 함의를 도출하고자 했다.

엮은이
김상배

지은이
**김상배·최정훈·김지이·알리나
쉬만스카·한상현·이강규·이승
주·안형준·유준구**

2021년 5월 3일 발행
신국판
352면

★ 서울대학교 미래전연구센터
　총서 3

벼랑 끝에 선 타이완
미중 경쟁과 양안관계의 국제정치

미·중 갈등하에 동북아의 화약고로 부상한 타이완
중국의 위협을 극복하기 위한 과제와 해법을 모색하다

타이완은 한국과 유사하게 1980년대에 권위주의에서 민주주의로 성공적으로 이행한 국가다. 이후 대의제 민주주의하에서 정치적·제도적 발전을 거듭했지만, 오늘날에는 사회 고령화, 세대 갈등 등 수많은 내부 문제에 직면해 있다. 무엇보다 중국의 장기적인 위협은 타이완의 자생 문제를 악화시키고 있다.

이 책은 타이완의 문제를 미국과 중국을 중심으로 한 대외 관계에서만 찾는 기존의 타이완 관련 서적들과 달리, 타이완이 직면한 다양한 국내 이슈와 정책적 선택을 다룬다. 이를 통해 타이완이 대내외적 도전에 어떻게 대응해야 하는지를 분석한다. 미국의 타이완 전문가 리처드 부시는 양안관계와 타이완의 전략적 문제를 다양한 각도에서 다루며 타이완이 안보를 극대화하면서 경제적·사회적 발전도 유지하는 방안을 모색한다.

지은이
리처드 부시

옮긴이
박행웅·이용빈

2023년 8월 31일 발행
신국판
576면

현대 중국의 정치와 외교
또 하나의 초강대국은 탄생할 것인가

중국을 이해하기 위한 핵심은 무엇인가?
중국의 안과 밖이, 내정과 외교가 교착하는 곳에 있는 핵심

오랜 역사의 거대 신흥국 중국. 중국이 나아가는 길은 예측하기 어렵다. 중국연구의 최대 장애는 중국에서 국가란 무엇인지를 서구 개념으로는 파악할 수 없다는 점이다. 중국연구의 대가인 저자는 이 책에서 거대한 중국의 정치와 외교를 통째로 분석하는 난문에 도전해 중국의 중국적 특징을 다양한 자료와 역사적 사실, 국제관계 등을 통해 고찰, 분석, 규정해 낸다.

저자는 거대해진 현대 중국을 이해하는 핵심이 안(내정)과 밖(외교)을 나누지 않고 '통째로' 분석하는 것에, 중국의 문제는 내정과 외교의 경계선이 교착하는 곳에 있다고 본다. 이를 풀어가기 위해 일본의 중국연구에 대한 분석에서 시작해 중국정치에서 당과 국가와 군의 메커니즘을 기능적으로 분석하고 정책결정의 기본유형을 세 가지로 정리해 중국적 특징을 검증해 낸다. 그리고 국유기업에 초점을 맞추어 중국을 국가자본주의라 규정하고 중국에 있어서의 국가의 절대적인 합법성이라는 중국적 특질도 묘사해 낸다. 이를 바탕으로 중국외교의 중국적인 면을 정책결정, 대외 군사행동, 대외 원조 등을 통해 논의한다. 이어서 안과 밖의 교착을 상징하는 주제라 할 수 있는 홍콩, 타이완, 위구르, 티베트 문제를 분석해 장래의 여러 패턴을 고찰한다. 그리고 종장에서 중국의 레짐 변용의 가능성에 관해 한국 등 권위주의에서 민주화로 이행한 동아시아의 경험과 대비하며 검증한다.

지은이
모리 가즈코

옮긴이
이용빈

감수자
정승욱

2023년 3월 5일 발행
신국판
320면

미중 디지털 패권경쟁

기술·안보·권력의 복합지정학

복합지정학의 시각으로 분석한 미중 디지털 패권경쟁
디지털 패권을 잡을 나라는 어디인가?

4차 산업혁명으로 촉발된 미국과 중국의 경쟁은 기술 분야를 시작으로 플랫폼, 체제, 첨단 군사기술까지 아우르는 지정학적 갈등의 문제로 진화했다. 여기에 코로나19 사태가 겹치면서 경쟁은 더욱 심화된 국면을 맞았다. 비대면 생활로 인해 경쟁의 무대가 사이버 공간으로 옮겨가면서 사이버 공간에서도 국가와 진영의 경계가 높아지고 있다. 이 책은 이러한 급진적이고 복합적으로 진행 중인 미중 경쟁의 현실을 명확하게 제시하고 가까운 미래를 전망하고자 한다. 이를 바탕으로 지정학적으로 주요한 위치에 놓인 한국이 전략을 수립하는 데에도 기여할 수 있을 것이다.

이 책은 미중 경쟁을 제대로 이해하기 위해서는 지정학적 문제뿐 아니라 탈지정학적 문제까지도 포괄하는 보다 넓은 시각이 필요하다는 인식하에 '복합지정학'의 시각을 원용했다. 복합지정학의 시각으로 보았을 때, 미중 경쟁은 '신흥기술 경쟁'인 동시에, 기술과 안보가 만나는 지점에서 진행되는 '신흥안보 갈등'이고, 권력의 성격과 권력 주체, 권력 구조의 변동까지 수반하는 '신흥권력 경쟁'으로 이해할 수 있다. 이러한 인식을 바탕으로 이 책은 기술, 안보, 권력의 3부로 나누어 최근 몇 년간 미중 경쟁의 주요 이슈를 분석했다. 이 치열한 경쟁에 무엇이 변수로 작용할 것이며, 경쟁의 방향이 어디를 향할 것인지 다양한 가능성을 열어두고 검토했다.

지은이
김상배

2022년 4월 6일 발행
신국판
352면

★ **2023 대한민국학술원 우수**
   학술도서
★ **서울대학교 미래전연구센터**
   총서 5